測　量　学

中村英夫・清水英範 共著

技報堂出版

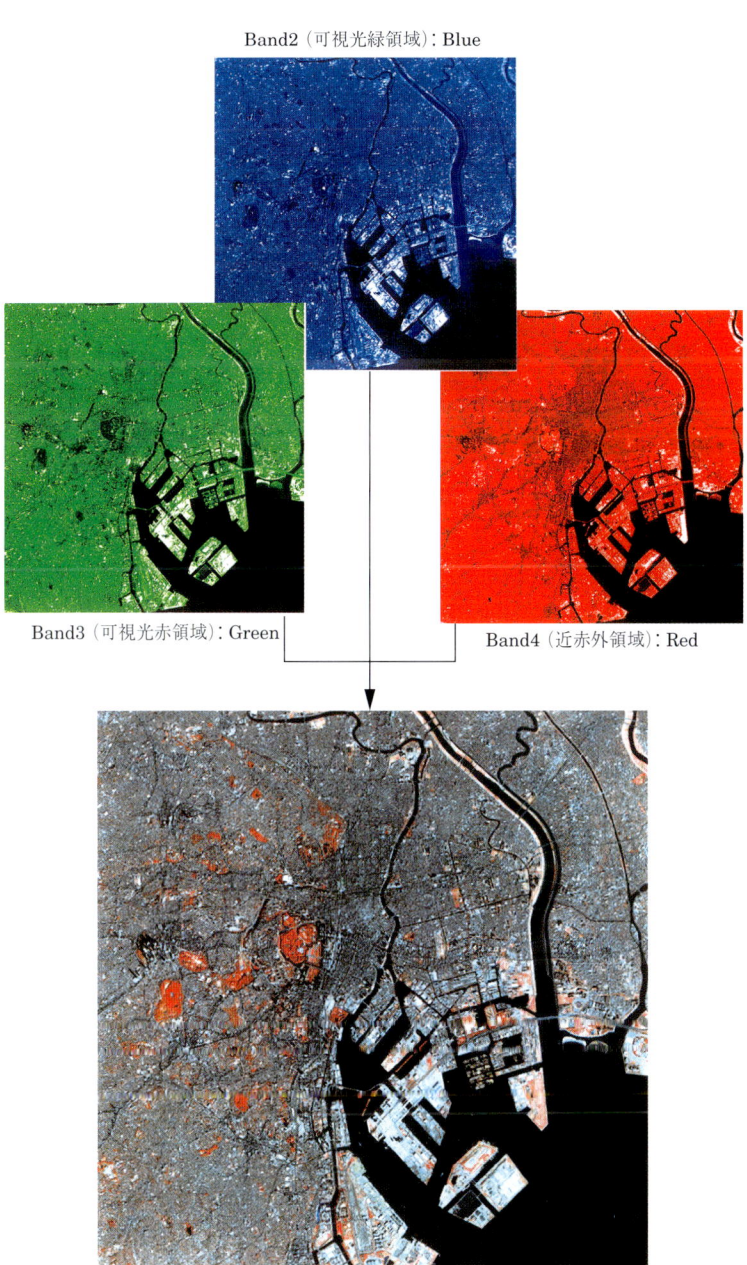

LANDSAT TMデータの赤外カラー合成画像
（東京大学測量／地域計画研究室作成）

新宿副都心ビル街（東京都）：中日本航空株式会社提供

矢木沢ダム（群馬県）：建設省国土地理院提供

　空中写真を立体的に見るには，肉眼立体視とレンズ（立体鏡）を通して行う方法がある．肉眼立体視においては，左目で左の写真を，右目で右の写真を別々に見て両眼の焦点を遠方に合わせると，左右のぼんやりとした像が中央で立体像として明瞭になり遠近や奥行きを判断できる．立体像が得にくい場合は，中央にはがきやノートを立てて2つの写真を分離して見るとよい．レンズを通して行うには立体鏡を用いるが，この方法は比較的容易に立体視することができる．

まえがき

　本書の最も旧い版は1977年に「講義と演習」シリーズの一冊「測量学」として技報堂出版より出版されたものである．この版は中村英夫の東京工業大学工学部での講義ノートをもとに，東京大学生産技術研究所村井俊治助教授（当時）の協力を得て著されたものである．村井俊治氏が測定値の処理，地形測量，河川測量および沿岸海域測量の3章を著し，残りの8章を中村が記述した．これを東京大学工学部などでの講義と実習に用いたが，いくつかの部分で説明不足や不明確な記述があることに気がついた．また光波測距儀の急速な普及など測量技術の進歩も著しく，かなりの部分を書き改める必要が生じた．

　そのため1981年に中村が改訂を全体にわたって施し，計算例なども付け加え，新たに「測量学」として出版されることになった．それから10数年が経過したが，その間，本書は東京大学工学部をはじめいくつかの大学の土木工学系学科で測量学の教科書として用いられてきた．この間にも測量技術は大きな技術革新を遂げてきた．きわめて大きいものとしては汎地球測位システム（GPS）や地理情報システム（GIS）の技術的発展と実務での導入などを挙げることができるし，そのほかにも情報化の進展に伴う数多くの技術的，工学的発展が進んだ．そこで，このたび，これらの最新の技術進歩を加えるべく大幅な改訂を行った．

　1997年度以降，中村の跡を継いで東京大学で測量学を講ずることになった清水英範助教授（1998年4月より教授）が改訂の原案を作り，それを中村がさらに修正加筆する形で改訂の執筆を行った．その際すでに陳腐化した記述は削除するようにした．しかし，現在では使われることが少なくなった方法や器械などでも現代の測量学を正しく理解するには必要と思われる事項はあえて残すこととした．その場合はそうした方法・器械などは今では使われることが少ないことは極力明記した．

　この書物を見ればすぐわかるように測量は人類の持つ最も古い科学であり，技術体系である．それと同時に，これはこの10数年来最も顕著な技術革新が進んだ分野でもあり，それは今もさらに進展の途次にある．測量はいつの時代にあっても文明の基礎であった．現代においてもそれにかわりはなく，いずれの国においてもその地の生活や産業の活動を支える最も基礎的な技術体系である．本書はこの基本的な工学であり，かつ現代も日進月歩の技術である測量学の全体像を，主として大学学生に可能な

限り明解に示そうとしたものである．

　そうはいうものの著者達の限られた能力と知識，そして限られた紙幅の中では，この企てのいくばくが成し遂げられたのかは極めて疑問である．おおかたの読者の御指摘，御批判を頂き，必要な修正を適宜加えて行ければと考えている．

　終わりに最初の版の執筆に際して御助力を頂いた村井俊治教授に改めて謝意を表したい．

　1999年12月

中　村　英　夫
清　水　英　範

目　　次

第 1 章　測量学序説

1.1 測量とは ………………………………………………………………………… 1
　1.1.1 測地的測量と平面的測量 ……………………………………………… 1
　1.1.2 測量の分類 ……………………………………………………………… 2
1.2 測量の歴史 ……………………………………………………………………… 5
　1.2.1 古代および中世の測量 ………………………………………………… 5
　1.2.2 近代測量の黎明 ………………………………………………………… 7
　1.2.3 近代測量方法の確立 …………………………………………………… 9
　1.2.4 現在の測量技術 ……………………………………………………… 11
1.3 わが国測量の発展史 ………………………………………………………… 13
　1.3.1 中国流の測量 ………………………………………………………… 13
　1.3.2 南蛮流の測量 ………………………………………………………… 14
　1.3.3 国家基本測量の確立 ………………………………………………… 18
　1.3.4 土木測量の発展 ……………………………………………………… 20
　1.3.5 第二次世界大戦後の測量 …………………………………………… 21
　1.3.6 現代における測量の趨勢 …………………………………………… 22
1.4 測量学の基本事項 …………………………………………………………… 23
　1.4.1 地球の形 ……………………………………………………………… 23
　1.4.2 地球上の位置の表示 ………………………………………………… 26
　1.4.3 高さの基準 …………………………………………………………… 33
　1.4.4 国家基準点 …………………………………………………………… 34

第 2 章　測定値の処理

2.1 誤差理論 ……………………………………………………………………… 39
　2.1.1 測定の分類 …………………………………………………………… 39
　2.1.2 誤差の分類 …………………………………………………………… 40
　2.1.3 誤差の法則 …………………………………………………………… 41
　2.1.4 正規曲線 ……………………………………………………………… 43
　2.1.5 正規関数の標準化 …………………………………………………… 46
　2.1.6 測定の精度を表す指数 ……………………………………………… 47
　2.1.7 誤差の伝播 …………………………………………………………… 50
2.2 最小二乗法 …………………………………………………………………… 59
　2.2.1 最小二乗法の原理 …………………………………………………… 59
　2.2.2 条件のない直接測定における最小二乗法 ………………………… 61

2.2.3 条件のない間接測定における最小二乗法 ……………………… 65
2.2.4 条件のある直接測定における最小二乗法 ……………………… 80
2.2.5 条件のある間接測定における最小二乗法 ……………………… 87
2.2.6 条件方程式法と観測方程式法 ………………………………… 94

第3章 角測定

3.1 角 …………………………………………………………………… 99
　3.1.1 角の定義 ………………………………………………………… 99
　3.1.2 角の計量単位 …………………………………………………… 100
3.2 トランシット ……………………………………………………… 101
　3.2.1 トランシット …………………………………………………… 101
　3.2.2 望遠鏡 …………………………………………………………… 102
　3.2.3 鉛直軸および水平軸 …………………………………………… 108
　3.2.4 読取り装置 ……………………………………………………… 109
　3.2.5 整準装置と水準器 ……………………………………………… 112
　3.2.6 トランシットの仕様と性能 …………………………………… 113
　3.2.7 トランシットの調整 …………………………………………… 113
3.3 角測定の方法 ……………………………………………………… 116
　3.3.1 水平角の測定 …………………………………………………… 116
　3.3.2 鉛直角の測定 …………………………………………………… 121
3.4 偏心観測 …………………………………………………………… 123
　3.4.1 偏心の補正 ……………………………………………………… 123
　3.4.2 器械位置が偏心した場合の補正 ……………………………… 124
　3.4.3 測標位置が偏心した場合の補正 ……………………………… 125
3.5 方位角の測定 ……………………………………………………… 125
　3.5.1 北極星と方位角 ………………………………………………… 125
　3.5.2 北極星の観測 …………………………………………………… 127

第4章 距離測定

4.1 概説 ………………………………………………………………… 129
　4.1.1 距離の定義と分類 ……………………………………………… 129
　4.1.2 必要精度と測定方法 …………………………………………… 130
4.2 巻尺による距離 …………………………………………………… 130
　4.2.1 測定器材 ………………………………………………………… 130
　4.2.2 巻尺による距離の測定法 ……………………………………… 131
　4.2.3 測定結果の補正 ………………………………………………… 133
　4.2.4 インバール尺による精密測定 ………………………………… 134
4.3 スタジア測量 ……………………………………………………… 134
　4.3.1 スタジア測量の原理 …………………………………………… 134
　4.3.2 視準線が傾斜した場合のスタジア測量 ……………………… 135

4.3.3　スタジア測量の方法 ……………………………………………………… 137
　　　4.3.4　スタジア測量の精度 ……………………………………………………… 137
　　　4.3.5　その他の間接距離測定法 ………………………………………………… 140
　4.4　電磁波測距儀による距離測定 …………………………………………………… 141
　　　4.4.1　電磁波測距儀の種類 ……………………………………………………… 141
　　　4.4.2　光波測距の原理 …………………………………………………………… 141
　　　4.4.3　光波測距における補正 …………………………………………………… 143
　　　4.4.4　光波測距儀の構造と性能 ………………………………………………… 144
　4.5　トータルステーション …………………………………………………………… 146
　　　4.5.1　トータルステーションとは ……………………………………………… 146
　　　4.5.2　トータルステーションの種類 …………………………………………… 147
　　　4.5.3　トータルステーションの機能と利用分野 ……………………………… 148

第5章　水準測量

　5.1　概説 ………………………………………………………………………………… 151
　　　5.1.1　定義と分類 ………………………………………………………………… 151
　　　5.1.2　高さの基準 ………………………………………………………………… 152
　5.2　直接水準測量 ……………………………………………………………………… 153
　　　5.2.1　直接水準測量の方法 ……………………………………………………… 153
　　　5.2.2　精度と測量方法 …………………………………………………………… 153
　　　5.2.3　直接水準測量の作業方法 ………………………………………………… 156
　　　5.2.4　直接水準測量における誤差 ……………………………………………… 158
　5.3　直接水準測量の器械 ……………………………………………………………… 160
　　　5.3.1　レベルの分類 ……………………………………………………………… 160
　　　5.3.2　Yレベル …………………………………………………………………… 162
　　　5.3.3　ティルティングレベル …………………………………………………… 162
　　　5.3.4　自動レベル ………………………………………………………………… 165
　　　5.3.5　標尺および標尺台 ………………………………………………………… 168
　5.4　三角水準測量 ……………………………………………………………………… 169
　　　5.4.1　三角水準測量の方法 ……………………………………………………… 169
　　　5.4.2　三角水準測量の補正 ……………………………………………………… 170
　5.5　水準網の調整 ……………………………………………………………………… 172
　　　5.5.1　水準網 ……………………………………………………………………… 172
　　　5.5.2　水準網の調整計算 ………………………………………………………… 173

第6章　基準点測量

　6.1　基準点測量 ………………………………………………………………………… 183
　　　6.1.1　基準点測量とは …………………………………………………………… 183
　　　6.1.2　基準点測量の等級 ………………………………………………………… 183
　　　6.1.3　三角測量と基準点測量方式の変遷 ……………………………………… 184

6.2 代表的な基準点測量方式 ……………………………………………… 186
  6.2.1 多角測量 ………………………………………………………… 186
  6.2.2 測距・測角混合型の測量 ……………………………………… 186
  6.2.3 三辺測量 ………………………………………………………… 187
  6.2.4 多角測量の意義 ………………………………………………… 187
6.3 多角測量 ………………………………………………………………… 188
  6.3.1 多角網の一般型 ………………………………………………… 188
  6.3.2 多角網の計画と選定 …………………………………………… 189
  6.3.3 多角測量における観測と点検 ………………………………… 191
6.4 多角測量の簡易調整法 ………………………………………………… 194
  6.4.1 簡単な多角網の簡易調整計算 ………………………………… 195
  6.4.2 結合多角網の簡易調整計算 …………………………………… 202
6.5 基準点測量の厳密調整法 ……………………………………………… 211
  6.5.1 厳密調整の方法 ………………………………………………… 211
  6.5.2 距離の観測方程式 ……………………………………………… 211
  6.5.3 角の観測方程式 ………………………………………………… 212
  6.5.4 観測方程式の重み ……………………………………………… 214
  6.5.5 最確値の計算とその精度の推定 ……………………………… 215
6.6 測距・測角混合型の調整計算 ………………………………………… 221
  6.6.1 測距のみによる座標調整―三辺測量 ………………………… 221
  6.6.2 測角のみによる座標調整―三角測量 ………………………… 225
  6.6.3 測距・測角を組み合わせた座標調整 ………………………… 229
  6.6.4 測距・測角を組み合わせた図形調整 ………………………… 233
6.7 三角測量 ………………………………………………………………… 236
  6.7.1 三角網の配置計画 ……………………………………………… 237
  6.7.2 踏査,選点,造標 ……………………………………………… 239
  6.7.3 三角網の調整条件 ……………………………………………… 240
  6.7.4 測点調整 ………………………………………………………… 241
  6.7.5 図形調整 ………………………………………………………… 242
  6.7.6 四辺形の調整 …………………………………………………… 245
  6.7.7 単列三角鎖の調整 ……………………………………………… 251

第7章 GPS 測量

7.1 概説 ……………………………………………………………………… 259
  7.1.1 GPS 測量の分類 ………………………………………………… 259
  7.1.2 GPS 測量の利点 ………………………………………………… 260
7.2 GPS 衛星と電波信号 …………………………………………………… 260
  7.2.1 GPS 衛星 ………………………………………………………… 261
  7.2.2 電波信号 ………………………………………………………… 262
  7.2.3 衛星の制御 ……………………………………………………… 262
7.3 単独測位の原理 ………………………………………………………… 263

7.3.1 単独測位の基本的な原理 ………………………………………… 263
7.3.2 測位計算 ……………………………………………………………… 264
7.3.3 衛星配置と測位精度 ………………………………………………… 266
7.3.4 ディファレンシャル測位 …………………………………………… 268
7.4 干渉測位の原理 …………………………………………………………………… 269
7.4.1 干渉測位の基本的な原理 …………………………………………… 269
7.4.2 整数値バイアスによる多重解 ……………………………………… 271
7.4.3 静的干渉測位 ………………………………………………………… 273
7.4.4 キネマティック測位 ………………………………………………… 274
7.4.5 サイクルスリップとその処理 ……………………………………… 277
7.5 GPS 測地系から日本測地系への変換 ………………………………………… 277
7.5.1 GPS 測地系と日本測地系 …………………………………………… 277
7.5.2 WGS-84 系と日本測地系の座標変換 ……………………………… 278
7.6 GPS 測量の三次元網平均計算 ………………………………………………… 281
7.6.1 観測方程式の基本式 ………………………………………………… 282
7.6.2 仮定三次元網平均計算 ……………………………………………… 283
7.6.3 三次元網平均計算による標高の測定 ……………………………… 284
7.6.4 ジオイド傾斜を内生化した三次元網平均計算 …………………… 286

第 8 章　地　形　測　量

8.1 地形測量の方法 …………………………………………………………………… 291
8.1.1 地形測量の作業と方法 ……………………………………………… 291
8.1.2 平板測量 ……………………………………………………………… 292
8.2 地形図の種類および精度 ………………………………………………………… 295
8.2.1 地形図の種類 ………………………………………………………… 295
8.2.2 地形図の精度 ………………………………………………………… 296
8.3 地形の表現 ………………………………………………………………………… 297
8.3.1 地形の表現方法 ……………………………………………………… 297
8.3.2 等高線による地形表現 ……………………………………………… 298
8.3.3 図式による地物の表現 ……………………………………………… 300
8.4 等高線図の利用 …………………………………………………………………… 310

第 9 章　写　真　測　量

9.1 概説 ………………………………………………………………………………… 315
9.1.1 写真測量と写真判読 ………………………………………………… 315
9.1.2 写真測量の特徴 ……………………………………………………… 315
9.1.3 写真 …………………………………………………………………… 316
9.2 写真測量の基礎 …………………………………………………………………… 318
9.2.1 中心投影 ……………………………………………………………… 318
9.2.2 遠近感 ………………………………………………………………… 319

9.2.3　ステレオ写真と肉眼実体鏡 …………………………………… 320
　　9.2.4　実体鏡 …………………………………………………………… 321
　　9.2.5　余色実体視 ……………………………………………………… 322
　　9.2.6　鉛直写真とその幾何学的関係 ………………………………… 323
　　9.2.7　2枚の重複する完全な鉛直写真の幾何学的関係 …………… 324
　　9.2.8　視差測定桿による高さの測定 ………………………………… 325
　　9.2.9　写真座標から立体座標への変換 ……………………………… 326
　　9.2.10　写真座標の測定 ………………………………………………… 328
　　9.2.11　写真の縮尺 ……………………………………………………… 329
　　9.2.12　傾きのある写真の投影 ………………………………………… 332
9.3　地形図作製のための写真撮影 ……………………………………………… 335
　　9.3.1　地形図作製のための仕様 ……………………………………… 335
　　9.3.2　撮影計画 ………………………………………………………… 335
　　9.3.3　撮影 ……………………………………………………………… 337
　　9.3.4　標定基準点と対空標識 ………………………………………… 338
　　9.3.5　写真処理 ………………………………………………………… 339
9.4　地形図の図化 ………………………………………………………………… 341
　　9.4.1　実体図化機 ……………………………………………………… 341
　　9.4.2　写真の標定 ……………………………………………………… 346
　　9.4.3　空中三角測量 …………………………………………………… 353
　　9.4.4　地形図の図化 …………………………………………………… 355
　　9.4.5　地形図の編集および製図 ……………………………………… 356
　　9.4.6　写真図 …………………………………………………………… 356
9.5　ディジタルマッピング ……………………………………………………… 360
　　9.5.1　ディジタルマッピング概説 …………………………………… 360
　　9.5.2　解析図化機 ……………………………………………………… 361
　　9.5.3　ディジタルテレインモデル …………………………………… 363
　　9.5.4　ディジタルマッピングの標準化 ……………………………… 366
　　9.5.5　ディジタルフォトグラメトリィ ……………………………… 367
9.6　地上写真測量 ………………………………………………………………… 369
　　9.6.1　地上写真測量概説 ……………………………………………… 369
　　9.6.2　地上写真の撮影 ………………………………………………… 370
　　9.6.3　地上写真の図化 ………………………………………………… 372
9.7　写真測量の応用 ……………………………………………………………… 373
　　9.7.1　三次元的測量 …………………………………………………… 373
　　9.7.2　上空からの広範囲にわたる調査 ……………………………… 374
　　9.7.3　瞬間の記録 ……………………………………………………… 374
9.8　写真判読 ……………………………………………………………………… 376
　　9.8.1　写真判読概説 …………………………………………………… 376
　　9.8.2　写真判読の一般的方法 ………………………………………… 377
　　9.8.3　地物および土地利用の判読 …………………………………… 378
　　9.8.4　地形および地質の判読 ………………………………………… 379

第10章 リモートセンシング

- 10.1 概説 ………………………………………………………………… 383
- 10.2 リモートセンシングの原理 ………………………………………… 384
  - 10.2.1 電磁波の種類と性質 ………………………………………… 384
  - 10.2.2 電磁波の反射・放射とリモートセンシング ………………… 386
  - 10.2.3 物体の分光特性 ……………………………………………… 387
- 10.3 人工衛星とセンサー ………………………………………………… 388
  - 10.3.1 プラットホームの種類 ……………………………………… 388
  - 10.3.2 センサーの種類 ……………………………………………… 389
  - 10.3.3 主な人工衛星とセンサー …………………………………… 392
- 10.4 リモートセンシングデータの補正処理 …………………………… 398
  - 10.4.1 リモートセンシングデータの形式 ………………………… 398
  - 10.4.2 放射量補正 …………………………………………………… 399
  - 10.4.3 幾何補正 ……………………………………………………… 401
- 10.5 リモートセンシングデータの画像表現 …………………………… 403
  - 10.5.1 加法混色と減法混色 ………………………………………… 403
  - 10.5.2 フォールスカラー合成 ……………………………………… 404
  - 10.5.3 HSI 合成による画像表現 …………………………………… 405
- 10.6 リモートセンシングデータの分類 ………………………………… 407
  - 10.6.1 教師付き分類と教師無し分類 ……………………………… 407
  - 10.6.2 最尤法による教師付き分類 ………………………………… 408
  - 10.6.3 クラスター分析による教師無し分類 ……………………… 410

第11章 路線測量

- 11.1 路線計画の方法と路線測量 ………………………………………… 413
- 11.2 路線の幾何構成 ……………………………………………………… 417
  - 11.2.1 路線の幾何形状 ……………………………………………… 417
  - 11.2.2 平面線形 ……………………………………………………… 417
  - 11.2.3 縦断線形 ……………………………………………………… 419
  - 11.2.4 路線の幅員構成と拡幅 ……………………………………… 422
  - 11.2.5 路線の横断勾配 ……………………………………………… 424
- 11.3 緩和曲線 ……………………………………………………………… 426
  - 11.3.1 クロソイド曲線 ……………………………………………… 427
  - 11.3.2 三次らせん …………………………………………………… 428
  - 11.3.3 三次放物線 …………………………………………………… 429
  - 11.3.4 レムニスケート曲線 ………………………………………… 429
  - 11.3.5 半波長正弦逓減曲線 ………………………………………… 430
- 11.4 平面線形の座標計算 ………………………………………………… 431
  - 11.4.1 座標による路線位置の表示 ………………………………… 431

11.4.2　クロソイド曲線の計算 …………………………………………… 432
　　11.4.3　2つの座標系の間の変換式 ………………………………………… 435
　　11.4.4　主要点座標の計算 ………………………………………………… 435
　　11.4.5　中間点の座標 ……………………………………………………… 442
　11.5　中心杭の設置 ………………………………………………………………… 443
　　11.5.1　主要点の設置 ……………………………………………………… 443
　　11.5.2　中間点設置の計算 ………………………………………………… 444
　11.6　トンネル測量 ………………………………………………………………… 446
　　11.6.1　概説 ………………………………………………………………… 446
　　11.6.2　坑外基準点測量 …………………………………………………… 447
　　11.6.3　作業坑から坑内への測点移設 …………………………………… 448
　　11.6.4　坑内測量 …………………………………………………………… 450
　　11.6.5　断面測量 …………………………………………………………… 451

第12章　河川測量および沿岸海域測量

　12.1　河川測量 ……………………………………………………………………… 455
　　12.1.1　概説 ………………………………………………………………… 455
　　12.1.2　平面測量 …………………………………………………………… 455
　　12.1.3　高低測量 …………………………………………………………… 456
　　12.1.4　流量測定 …………………………………………………………… 458
　　12.1.5　水位観測 …………………………………………………………… 464
　12.2　沿岸海域測量 ………………………………………………………………… 465
　　12.2.1　概説 ………………………………………………………………… 465
　　12.2.2　海図の基準面 ……………………………………………………… 466
　　12.2.3　海域の地図 ………………………………………………………… 467
　　12.2.4　深浅測量 …………………………………………………………… 468
　　12.2.5　船位測量 …………………………………………………………… 471
　　12.2.6　汀線測量 …………………………………………………………… 474
　　12.2.7　海底地質の調査 …………………………………………………… 474

第13章　地籍調査

　13.1　概説 …………………………………………………………………………… 477
　13.2　地籍調査の歴史的経緯 ……………………………………………………… 478
　13.3　地籍調査の方法 ……………………………………………………………… 479
　　13.3.1　一筆地調査 ………………………………………………………… 480
　　13.3.2　地籍測量 …………………………………………………………… 481
　　13.3.3　地積測定 …………………………………………………………… 482
　　13.3.4　地籍図，地籍簿の作成 …………………………………………… 483
　　13.3.5　地籍調査に準ずる調査 …………………………………………… 483
　13.4　地籍調査と関連する土地制度 ……………………………………………… 485

　　　　　　　　　　　　　　　　　　　　　　　　　　　　目　次　xi

　　　13.4.1　地籍調査と不動産登記 ………………………………………… 485
　　　13.4.2　地籍調査と固定資産税務 ……………………………………… 486
　13.5　地籍調査の現状と課題 ……………………………………………… 487
　　　13.5.1　地籍調査の進捗状況 …………………………………………… 487
　　　13.5.2　多目的地籍 ……………………………………………………… 491

第 14 章　地理情報システム

　14.1　概説 …………………………………………………………………… 493
　14.2　地理情報の数値表現方法 …………………………………………… 495
　　　14.2.1　幾何情報と属性情報 …………………………………………… 495
　　　14.2.2　基本的な表現方法 ……………………………………………… 495
　14.3　ラスター型データモデル …………………………………………… 497
　　　14.3.1　ラン・レングス符号化 ………………………………………… 498
　　　14.3.2　クォドトゥリーモデル ………………………………………… 498
　14.4　ベクター型データモデル …………………………………………… 499
　　　14.4.1　用語の定義とデータモデルの分類 …………………………… 500
　　　14.4.2　スパゲッティモデル …………………………………………… 500
　　　14.4.3　ポリゴンモデル ………………………………………………… 502
　　　14.4.4　位相モデル ……………………………………………………… 503
　14.5　地理情報システムによる情報の検索・解析手法 ………………… 505
　　　14.5.1　地理情報システムと計算幾何学 ……………………………… 505
　　　14.5.2　計算幾何学とアルゴリズムの評価 …………………………… 506
　　　14.5.3　計算幾何学の例題：点位置決定問題 ………………………… 507
　　　14.5.4　地理情報システムの検索・解析機能 ………………………… 509
　14.6　地理情報の入力・編集と幾何補正 ………………………………… 511
　　　14.6.1　地理情報の入力と編集 ………………………………………… 511
　　　14.6.2　幾何補正 ………………………………………………………… 516
　14.7　地理情報システムの利用の現状と課題 …………………………… 518
　　　14.7.1　都市管理分野における GIS の利用 …………………………… 518
　　　14.7.2　土木設計分野における GIS の利用 …………………………… 520
　　　14.7.3　地域計画分野における GIS の利用 …………………………… 522
　　　14.7.4　GIS の整備に関する今後の課題 ……………………………… 524

測量史年表 …………………………………………………………………… 531

付　　表 ……………………………………………………………………… 541

索　　引 ……………………………………………………………………… 543

第1章 測量学序説

　本章では，まず本書で述べられる測量学の範囲を明らかにし，さらに現在の測量学に至るまでの古代からの歩みを示し，測量学の意義や技術体系についての理解を深めようとする．
　加えて，測量学の基礎となっている測地学的な諸事項をまとめて示すこととする．

1.1 測量とは

1.1.1 測地的測量と平面的測量

　測量 (surveying) とは，地球上の自然または人工物（これを地物という）の位置関係を求め，これを数値や図で表現し，あるいはそれらの測定資料をもとにして種々の分析処理を行う一連の技術である．
　測量の骨格をなす技術は言うまでもなく，地物の位置を求める測位 (positioning) の技術である．測量における測位技術は，その科学的基礎を測地学 (geodesy) においている．測地学は，地球の形状や地球上の各地点の位置関係を解明することを主たる目的とする学問体系である．そこでは，地球全体に対して1つの固定された座標系が仮定され，この座標系によって地球の形状が定義され，これに基づき地球上の任意の地点の位置が決定される．このように，球状である地球の形状を考慮し，地点の位置を三次元直交空間上の座標，あるいは経度，緯度，高さとして表現しようとする測位の方法を測地的測量 (geodetic surveying) と呼ぶ．
　一方，われわれが土地の境界を決めたり，土木工事を行ったりする場合に必要とするのは，地球上の極めて限られた部分の測位であることが多い．このような場合，地球のその部分は基本的に平面であり，その上に地表の起伏があると考えても必要な精度は十分確保できるのが一般である．このような立場から地表の水平位置と高さ（基準平面からの高低差）を求める測位方法を平面的測量 (plane surveying) と呼ぶ．
　土木工学での調査，計画，工事に際して用いられるのは一般に平面的測量である．しかし，平面的測量は測地的測量と独立なものではなく，その成果は測地的測量の成

果と結びつけられる．また平面的測量には，従来より，平面での水平位置の測量と高さの測量からなる独自の技術体系が築かれてきたが，近年では測量技術として平面的測量と測地的測量とを明確に分離することが困難になっている．地形図作製のために不可欠な技術である空中写真測量 (aerial photogrammetry) や，近年普及が著しいGPS (汎地球測位システム：Global Positioning System) の技術は，基本的には地点間の相対的な三次元位置を求める技術であり，平面的測量にも測地的測量にも応用できる．さらに，土木工事も青函トンネルや東京湾横断道路，本州四国連絡橋の工事に代表されるように大型化しており，そこでは平面的測量では必要な精度は得られず，地球の形状を考慮に入れた測地的測量が必要になっている．

以上のように，現代においては土木工学の測量技術を従来の平面的測量の枠組みのみでとらえるのは，技術的な観点からも社会的な要請への対応という視点からももはや合理的ではなくなっている．それゆえ本書では，測地学の基礎的事項についても必要に応じてその概略を示す．また，伝統的な平面的測量の方法に加え，より汎用的かつ広範囲にわたる測量技術としての空中写真測量やGPS測量についても詳述する．

1.1.2 測量の分類

測量は一般に基準点測量，細部測量，応用測量に分類される．

a) 基準点測量

基準点測量は，細部測量などの他の測量に際して基準となる座標既知点を新たに設ける測量であり，測量の中で最も重要で高い精度が要求される．基準点測量の主な方法は以下に示すとおりである．

i) 平面的測量　測点間の距離測定や角測定によって測点の水平位置 (平面座標) を求め，水準測量によって標高を求める方法．水平位置の決定には，角測定，距離測定の結果から最小二乗法によって平面座標の最確値を求める方法が用いられる．水平位置と標高を独立に求める方法は平面的測量の伝統的な方法であり，単に基準点測量という場合には，この測量手法を意味するのが一般である．

本書の前半部は，この平面的測量の方法を中心に説明する．まず，角や距離の測定値の誤差を最小二乗法によって調整し，座標の最確値とその精度を求める方法について詳しく説明する．また，平面的測量の基礎をなす，角測定，距離測定，水準測量 (高低差の測定) の各手法について述べる．

明治以降の永い間，広範囲の基準点測量を高精度に行う唯一の測量方式は三角測量であった．三角測量は，測点間を結んでできる三角形の集合からなる測量網 (三角網) を設定し，一部の辺長の距離測定以外は，角測定のみから測点の位置を求める方法である．巻尺を用いる旧来の距離測定は，後述するトランシットによる角測定と比

してきわめて精度が低かった．そのため，可能な限り角測定を多くし，距離測定を減らす方式として三角測量が最適な測量方式であったのである．

しかし，1960年代後半になり，光波測距儀という高精度な距離測定機器が普及してくると，角の測定を主体として基準点測量を行う必要性がなくなった．そのため，三角網において辺長の距離測定のみから測点の位置を求める三辺測量，測点を結ぶ折線や多角形からなる測量網において辺長および隣接辺のなす角を順次測定する多角（トラバース）測量が一般的な測量方式となった．三辺測量は旧来の三角測量と同様に，測点間の見通しが十分にとれる広域を対象とした基準点測量に適しており，建設省国土地理院は，後述するGPS測量が普及するまでの間，三角点の再測量を行う精密測地網測量に三辺測量を利用してきた．

一方，基本的に三角網を組む必要のある三辺測量は，市街地のように測点間の見通しをとりにくい地域には不向きである．また現在においては，トータルステーションと呼ばれる測距，測角を同時に行う測量機器が広く普及しており，距離測定のみから基準点測量が行えるという利点もなくなっている．そのため，地方自治体などが行う公共測量や土木工事などのための測量においては，多角測量が最も標準的な測量方式として利用されている．現在では，建設省の公共測量作業規程においても，多角測量のみを基準点測量の基本方式として位置づけている．

本書では，このような背景を踏まえ，多角測量を中心に基準点測量の方法を解説する．なお，最小二乗法による多角測量の誤差調整法は角と距離の測定結果の誤差を調整する方法であり，その基本的な方法を理解しておけば，三辺測量や三角測量，さらには測距と測角を任意に組み合わせた測量にもそのまま応用することができる．本書では，多角測量方式によらない代表的な測量方式をいくつか取り上げ，これらの解法についても補足的な説明を行うこととする．

なお，三角測量はその実用上の意味は失っているが，幾何学的な条件を考慮した誤差の調整法や，測量網の「図形の強さ」といった測量の基礎知識を一層理解する上での教材としての意義は失っていない．また，長い伝統の上で培われた三角網の配置計画や三角点の選定の方法などは，多角測量，三辺測量などの測量に際しても重要な意味をもっている．そこで本書では，基準点測量の章の最後に三角測量の節を割き，その概要を記している．

ii) GPS測量　　人工衛星から送信される電波を用いた測位システムである．静的干渉測位法を用いると相対位置にして1 ppm（測定距離の100万分の1)程度の高精度の測位が可能となり，基本測量における基準点測量にも十分利用可能である．この測位法は近年急速に普及しており，既に国が実施する精密測地網測量にも利用されている．また，キネマティック測位と呼ばれる測定時間を短縮化する技術が進展して

おり，細部測量の技術としても利用されている．人工衛星の電波を利用するために，測点間の見通しを必要としない，天候に影響を受けない等々の多大な利点を有しており，今後は基準点測量の主流となると思われる．

b) 細部測量

細部測量は，基準点に基づいて局地的な地形や地物の位置を決める測量である．細部測量のうち，特に地形図を作製することを目的とする測量を地形測量と呼ぶ．細部測量の主な方法は以下に示すとおりである．

i) 平板測量 基準点に平板を設置し，これより地物を見通すことにより図解して表示する方法．地形図を作成するための最も基本的かつ簡便な方法であり，従来から広く利用されている．

ii) 空中写真測量 複数の空中写真から立体視の原理によって地表と相似な光学的モデルを作成し，これにより地点間の相対的な空間位置を求める方法．航空写真測量ともいう．再現した立体モデルを基準点の位置に合わせることにより，任意の地点の地上座標を求めることが可能になる．現在の中小縮尺の地形図の作成は，そのほとんどが空中写真測量によっているし，1/500 ぐらいまでの大縮尺地図の作成もこれによることが多い．高精度を必要としない場合には，基準点測量の手法としても利用することができる．

iii) 衛星リモートセンシング 地表から反射，放射する電磁波を人工衛星で捕捉し，これを画像データとして地表の様相を再現する方法．基準点によって画像の幾何補正をすることにより小縮尺の地図としても使えるため，細部測量の一手法として位置づけることができる．現在のところ，地上の分解能（画像の解像度）は高いもので $10\,m$ 程度であり，$1/100\,000 \sim 1/200\,000$ 以下の小縮尺地図にしか利用できない．しかし，地上分解能にして $1 \sim 3\,m$ の高分解能センサーを搭載した衛星の打ち上げ計画が進行中であり，近い将来，衛星リモートセンシングは，細部測量の有力な手法としての意味を持つようになるだろう．

c) 応用測量

応用測量は特定の調査目的のために行われる測量であって，道路・鉄道などの路線の計画，設計，工事等のために行われる路線測量，河川の調査・計画や工事のために行われる河川測量，森林調査のために行われる林野測量，上下水道・ガス・電力・通信線などの管路の敷設のために行われる管路測量，地籍の調査・確定のために行われる地籍測量等々と多様な測量がある．これらの測量は基本的には上記の各種測量手法の応用であるが，路線測量における路線設計や河川測量における深浅測量，流速測定など，従来から測量分野として位置づけられている独自の設計，調査手法なども含まれている．本書ではこれら数多くの応用測量のうち，特に土木工学において重要な路

線測量，河川・沿岸域測量そして地籍調査を取り上げ説明する．

近年，これら測量技術と密接に関連する地理情報システム (Geographic Information System : GIS) と呼ばれる技術が急速に普及している．GIS は，地理情報，すなわち地図に代表される空間的な位置と関連づけられる多様な情報を同一座標系のもとに一元的に管理し，これらを種々の目的のために効率的に利用することを支援する計算処理システムである．GIS は，貴重な測量成果を正確に管理し，これを一層有効に利用する上で極めて重要な道具といえる．本書の冒頭で，測量は地物の位置を求めるだけでなく，その表現やデータ処理を包括する技術であることを述べたが，その意味で GIS は測量技術の主要な一部門として位置づけられよう．本書では，測量を学ぶ者が是非とも理解しておく必要のある GIS の基礎的な理論，技術についても説明する．

1.2 測量の歴史

1.2.1 古代および中世の測量[1)~3),11)]

測量的な知識が生れたのは，おそらく人々が定着して農耕を営むようになってからのことと思われる．用排水を適切に流し，また耕地の境界を決めるためには，どうしても土地を測る何らかの技術が要求されたと想像されるからである．

紀元前 2600 年ごろにつくられたエジプトのピラミッド群は，その工事の規模の大きさとともに，その基礎としての測量技術が相当なものであったことをも想像させるものである．エジプト文明の末期には文化もさらに進み，また人々の行動圏も広がったが，これに呼応して測量や地図に関する知識も発達し，土木工事のためだけでなく，旅行さらには学問的興味からも測量法は進歩したようである．

ギリシャ時代になるとピタゴラス学派の哲学者によって，地球球体説が唱えられ，アリストテレス (Aristoteles) は月食の際に月に映る地球の影によりそれを実証した．この地球球体説に基づいてエラトステネス (Eratosthenes) は紀元前 200 年ごろ地球の大きさを求めた (図 1.1)．彼はまずシェナ (今日のアスワン) とアレクサンドリアの間で距離と方位角を測って，現在でいうトラバース測量をしてその 2 地点の相対位置を求めた．さらに北回帰線に近いこのシェナと同一子午線上の北方にあるアレクサンドリアにおいて，井戸に射し込む夏至の太陽光の角度より緯度差を求

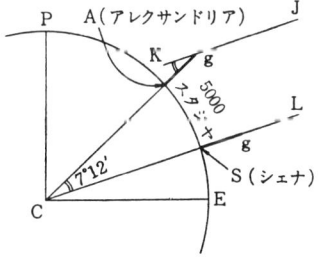

図-1.1 エラトステネスによる地球の大きさの測定 (地図の歴史：織田武雄著，講談社刊より)

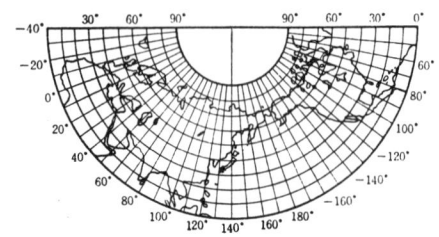

図-1.2 トレミー円錐図法（地図編集および製図：小川泉著，山海堂刊より）

めて，これらから地球の1象限の弧長が11 560 kmになるとした。[1)]

また紀元150年ごろにトレミー(Ptolemy)は地図の投影法として今日でいう単円錐図法を考えだしている(図-1.2)[11)]．

ローマ人は実用性を重んじ，したがってローマ時代においては土木，建築などの分野で大きな発展が見られた．広大なその領土からローマへ通ずる何本もの道路が建設され，その道路にはローマを起点として里程標が設けられた．そしてこの道路を基準にしてその領土内の地図がつくられた．この地図がどのようなものであったかの詳細は明らかではないが，「ギリシャ人は星で地を測り，ローマ人は里程標(マイルストーン)で地を測った」と言われるように，これは道路を中心として，都市，宿駅などの配置を示した極めて実用的なものであった．

一方，同じローマ時代において，ギリシャ系の地理学者プトレマイオス(Ptolemaios)は大部の地理書を著したが，これは地球の測定に関する数理的課題や地図作製の方法について述べた極めて学問的なものであった．その書に付された世界地図では，地球の円周を360に等分した経緯度線を用いている(図-1.3)．ただ，この時代でも緯度は太陽や北極星の観測によって比較的正確に測ることができたが，経度の測定ができなかったため，でき上がった地図では東西間の距離が極めて不正確であり，この地図での西端のカナリヤ諸島と東端のたぶん現在の西安(中国)と思われる地点の経度は実際より1/3近くもより離れたものとなっている．しかし，この地理書は近世の地図の発達にも大きな貢献をなしたと言われている．[1)]

中世に入るとヨーロッパでは科学的なものの見方は消え去り，科学文明はイスラム

図-1.3 プトレマイオスの世界図（地図の歴史：織田武雄著，講談社刊より）

世界へ移る．9世紀にはプトレマイオスの地理書がラテン語に訳され，また緯度1°にあたる子午線の長さが実測され，これを約113 kmと算定した．これより計算すると地球の円周は約40 700 kmになり，実際の値と極めて近いものであった．

11世紀に始まる十字軍の遠征を契機として，地中海を中心としての海上交通が勃興するにつれ，羅針盤が利用され始めた．この羅針盤の利用に伴ってポルトラノ(Portolano)形海図と呼ばれる港と港を結ぶ方位線を書き入れた海図が発達した．磁針が南北を指すという性質は11世紀に中国で発見されたといわれているが，これがアラビア人を通じてヨーロッパへ伝えられ，磁針をピボットで支えてそれに方位盤を取り付けた羅針盤が12世紀末に発明されたといわれている．さらに図-1.4のような十字桿(クロススタッフ)と呼ばれる太陽方向を視準して緯度測定を行う装置や，時期ごとの太陽の傾斜角を示した赤緯表も用いられるようになり，これらが15世紀にポルトガル，スペインなどを中心にして行われる大航海，大発見を可能ならしめた．[1)]

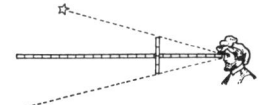

図-1.4 十字桿による観測(地図の歴史：織田武雄著，講談社刊より)

1.2.2 近代測量の黎明

ルネサンスにより科学的な精神が生れるとともに，測量の分野にも続々と新しい方法や装置が生れてきた．地球儀は既にギリシャ時代につくられていたといわれるが，地球球体説が否定された中世では見られなくなった．しかし近世初頭にプトレマイオスの地理書の復活などによって，ヨーロッパで再び地球球体説が認められるとともに地球儀もつくられ始めた．

16世紀末に現在のベルギー生れのメルカトール(Mercator)は，メルカトール図法と呼ばれている円筒図法を考案し，これにのっとった世界図を完成した．[1)] それまでの地図では経緯線が正方方眼をなしており，そのため経線が極に近づくにつれ収斂する関係が無視され，赤道を離れるに従って地図上の角のひずみは拡大し，これを用いての航海はしばしば大きな誤りを生じた．これに対しメルカトール図法は，各緯線間隔が赤道でのそれに対して拡大されるようになっている．これは等角投影であり，地図上の角は実際の角に等しく，任意の方向線は地図上で直線で表しうるようになる．この図法は現在でも広く用いられている．図-1.5は，メルカトール図法によると赤道付近の正方形が，緯度の異なる地域ではどのように拡大，変形されるかを示している．[11)]

1617年にはオランダのスネル(Snell)(ラテン名でスネリウスとも呼ばれる)が三角測量を考案し，この方法により緯度1°の長さを測定した．しかしこれには望遠鏡は使用されず，測角の精度は低いものであった．望遠鏡およびヴァーニヤのついた測角

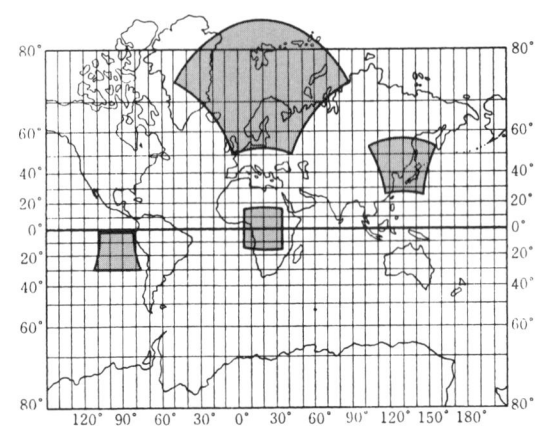

図-1.5 メルカトール図法による世界図(地図編集および製図小川泉著,山海堂刊より)

儀は,1660年代にパリの天文台長ピカール(Picard)によって初めて使用された.ピカールおよびその後継者たちは,フランスを南北に縦断する三角鎖を設けてパリを通る子午線の長さを測定した.その測定結果によると,緯度1°の長さは南へ下るほど長くなっていたが,これはニュートン(Newton),ホイヘンス(Huygens)らが重力の研究に基づいて,地球は南北に短い扁平楕円体であるとした説に反するものであった.しかし後になって,ニュートンらが理論的に唱えた説のほうが正しいことが,フランス学士院の派遣した測量調査隊による北緯60°付近と赤道付近での測定結果により実証された.[18]

ともかく三角測量では数kmあるいはそれ以上離れた地点間の距離を1回の観測で求めることができ,また三角形の内角和が180°でなければならないといった条件をどの程度測定値が満たしているかをみることにより,測定のチェックが可能である.そのため,これまで距離,角の測定ともに誤差が入りやすく,長い区間の測定の難しい多角(トラバース)測量に頼っていた広域にわたる測量が,三角測量の考案により精度的に著しく改善されることになった.[1,3]

18世紀中期には,ルイ15世はフランス全土の地形図の作製を測量家セザールカッシニ(Cassini, César)に命じ,19本の基線と800個の三角網をもとにする縮尺1/86 400の地形図作製を国家的一大事業として着手せしめた.このカッシニ図と呼ばれる地形図はカッシニ親子4代の事業により約1世紀の年月を費やして1818年に完成した(**図-1.6**).[1] カッシニ図においては地形の表現はまだ緩い傾斜か強い傾斜かを文字記号で示すだけであった.しかし水準測量が発達するにつれ,もっと正確な地形の表現法が必要となり,19世紀においては地形の傾斜角に応じて線の太さや間隔を変え,図に濃淡をつけて地形起伏のありさまを表現する,いわゆるケバ式方法が考案され,広く用いられるようになった(**図-1.7**).

しかし地形の緩急が一見してわかるとはいえ,ケバ式では絶対的な高度を示すことはできないし,またそれを描くには多くの手数と熟練を要する.こうした難点を除い

1.2 測量の歴史

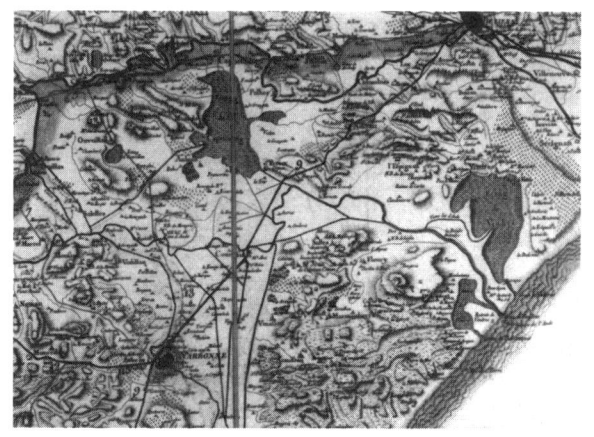

図-1.6 カッシニの地形図(地中海に面するナルボンヌ周辺)

た画期的な方法として，1727年オランダにおいて河口の深度図を等深線で描いたものがつくられた．これはおそらく潮汐の干満による汀線の昇降をみて思いついたものと思われる．等しい高度の点を結んだ連続線で地形を表すこの方法は，当初，海の深浅測量結果を表すのに用いられていたが，陸上では1799年につくられたフランス地形図に初めて採用された．その後ほとんどの地形図において，この等高線による地形の表現法が用いられるようになった．[1]

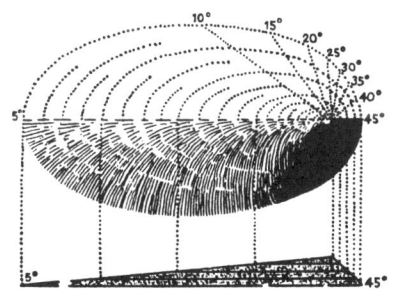

図-1.7 レーマンのケバ模式図(地図の歴史：織田武雄著，講談社刊より)

1.2.3 近代測量方法の確立

測量方法が進歩するにつれ，それに伴う計算も複雑になり，高い精度が要求されるようになった．当時の人々にとって乗除算は不得意な計算であったし，また労多いものであった．17世紀にスコットランドのネーピア(Napier)によって発明された対数の利用は，こうした計算の労苦を著しく軽減した．ブリッグスはネーピアの後を継ぎ対数の計算に一生を捧げ，常用対数表を完成させた．その後も対数表や三角関数表をつくるために，実に多くの数学者がその生涯を捧げた．[3]

このような数表作成のための計算を行う最も雄大な計画の1つは，18世紀末から19世紀初めにかけてナポレオンの命のもとにフランスで行われた集団作業による計

算である．ナポレオンはカッシニの基本測量とその広大な版図の地籍測量を目的として，大規模な数表作成計画を立てた(図-1.8)．この計画は流れ作業に組織化されて，計算式を決める数人の数学者のもとに，計算式の取扱いに熟練した8〜10人の計算者が，最終間隔の5〜10倍の間隔をおいて選ばれた変数の値に対する関数値を計算した．そしてさらに，その下に初等算術を理解するだけの下級計算員が約100人で，この変数の間の値に対する関数値を与えられた規則に従って内挿して最終的な数表を決定した．このように，そこでは計算は計算工場とでもいえる分業組織で行われたが，このような組織は計算の指令を発し，それを制御する制御部と，その計算を実行する演算部をもつ現在の電子計算機の機構に類似していることに気が付くのである．

図-1.8 ナポレオン以降行われた地籍測量の光景(南ドイツでの例)

事実イギリスのバベッジ(Babbage)はフランスでのこの計算組織を知り，各個の計算者を機械に置き換えてすべての計算を自動化することを考えた．この構想は実行され，0から9までの数字車をもつ数千個の歯車で構成される機械を蒸気機関で作動させる解析機関(analytical engine)という名の自動計算機として製作された．当時の工作精度などの技術水準をもってしては，この解析機関を有効に作動させることはできなかったが，この基本的な構想はそのままエレクトロニクスに置き換えられて現在の電子計算機につながってゆくのである．

近代測量技術の確立に対してのいま1つの数学面からの大きな貢献は，19世紀初頭におけるドイツのガウス(Gauss)による誤差理論の確立と最小二乗法の考案である．これにより多数の観測値を合理的に処理することが可能となった．ガウスは，虚数論，級数論などの純粋数学から天文学，物理学に至る広範な分野で業績を残した偉大な科学者であるが，測地・測量学の分野においても誤差理論や最小二乗法のほか，

楕円体面から平面への等角写像の理論や測地三角網の概念を提示するなど，近代測地・測量学の確立に多大な貢献をなした．現代ドイツの 10 マルク紙幣はガウスの測量学への貢献を示している（**図-1.9**）．

図-1.9 ドイツの 10 マルク紙幣（表面と裏面）

1.2.4 現在の測量技術

多角測量，三角測量を中心とした基準点測量と平板測量による地形測量を組み合わせた，地形図作成のための近代的な測量技術が確立されてしばらく経った頃，測量の分野にまた新たな技術が現れようとする．写真測量の登場である．19 世紀中ごろ，フランスの地形図作成を指導していたロスダー (Laussedat) は，写真の中心投影の幾何学から三次元測量が可能であることを示し，これを簡単な地図作成に応用した．これが写真測量の始まりであり，この業績によってロスダーは写真測量の父と呼ばれている．その後，イタリアのポロ (Porro) とドイツのコッペ (Koppe) による写真を用いた被写体立体像の再現手法 (ポロ・コッペの原理) の考案，ドイツのプルフリッヒによる立体座標測定機 (ステレオコンパレーター) の発明，ドイツのグルーバー (Gruber) による機械的な標定方法の考案などの技術革新を経て，20 世紀初頭には写真測量技術の主要部が完成することになる．

20 世紀に入ると航空機から撮影した写真を用いた写真測量が試みられ，第一次世界大戦以降，各地で地図づくりに実用化されるようになっていく．特に第二次世界大戦における航空機，撮影カメラ，図化機などの器材および処理技術の大きな進歩は，それ以来航空機を利用した写真測量 (空中写真測量) による地形図作成を普及させ，

以後ほぼすべての中小縮尺地形図の作成に空中写真測量が利用されるようになる．作業を機械化，分業化し，工場生産的工程をとる写真測量は，旧来の地形測量に比べて測量作業を格段に高能率化するものだったからである．

　1960年代後半以降の電子工学技術の進展もまた測量に大きな変革を与えた．電磁波，特に光波を用いた距離測定機(光波測距儀)の開発は，従来は高精度が期待できなかった長い区間の距離測定を改善し，その結果として角の測定を主体とする三角測量に代わって，辺の距離測定を主体とする三辺測量や，測距と測角を適宜組み合わせた測量手法が頻繁に使われるようになった．角測定機に自動読取り機構が備えられた電子式セオドライトが誕生したのも60年代末である．そして70年代には，光波測距儀と電子式セオドライトが合体したトータルステーションが開発，普及し，測距，測角が同時に行えるようになり，測量作業が飛躍的に効率化されるようになる．

　また，電子計算機の高性能化と低価格化に伴う急速な普及は，最小二乗法による大量かつ複雑な測量網の誤差調整計算を極めて効率的に行うことを可能にし，計算作業面からの測量方法に対する制約を大きく解放した．写真測量における標定の問題を数学的に解く解析写真測量の考え方が示されたのは1950年代であるが，これを実際に可能ならしめたのは計算機の進展であることは言うまでもない．1960年代から70年代においては，解析写真測量のための解析図化機の研究開発が精力的に行われ，1976年の第13回国際写真測量学会において世界初の実用解析図化機が発表されるに至った．その後の解析図化機の発展は著しく，現在では旧来の機械的，光学的機構に基づく実体図化機は大幅に減少し，解析図化機が主流になっている．

　1970年代には人工衛星とセンサーの技術の発達に支えられて，人工衛星からのリモートセンシングによる地表の調査が可能になった．1972年にアメリカの航空宇宙局(NASA)が世界初の地球観測衛星LANDSATを打ち上げて以来，フランスのSPOT，わが国のMOS-1など，これまでに数多くの衛星が地表の調査のために打ち上げられ，小縮尺の地図作成に利用されている．

　人工衛星を利用した測位システム(GPS)がアメリカによって開発されたのも1970年代初頭である．幾多の実験的な運用と研究開発を経て，1993年には衛星の配備がほぼ完了し，世界中で常時，高精度な測位が可能になっている．現在，多くの国で国家基準点の測量をGPS測位法に変更しており，わが国でも既に精密測地網測量をGPSで実施している．

　データベースや画像処理，計算幾何学などの計算機関連技術の進展は，地図データを計算機で管理し，これを多様な方法や媒体で表現したり，他の情報と適宜組み合わせて利用することを可能にした．すなわち，地理情報システム(GIS)の出現である．GISの基本的な考え方が示されたのも計算機が普及し始めた1970年代初頭であり，

その後，計算機関連工学の発達に導かれて GIS の技術も大きく進展した．近年では，トータルステーションや解析写真測量，GPS の普及によって測量成果は数値データの形で取得することが多くなっており，GIS はこれらの成果を正確に管理する記録装置として不可欠なものとなっている．また GIS は，地図などの測量成果を一層有効に利用する上で重要な道具であり，近年では社会基盤施設管理，固定資産管理，都市計画，防災計画，自動車のナビゲーション，マーケティングなどのさまざまな分野に利用されている．

1.3 わが国測量の発展史[1)~6)]

1.3.1 中国流の測量[3)~5)]

太古よりわが国において用いられてきた長さの尺度は，例えば両手や両脚を広げたときの長さのように，人間の身体の一部分を利用して，これとの比較で物の長短を表すといった極めて原始的なものであった．6世紀に入ると仏教伝来に伴い大陸の度量衡や測量などの方法が伝えられ，特に7世紀初頭の遣隋使の学問僧は大陸の進んだ方法を多く持ち帰った．645年の大化の改新での班田収受の制定はその成果の1つの大きなあらわれであって，土地の広さの調査や新田開発，利水工事に測量が広く行われたとみられる．今日算経と称する中国より伝えられたその当時用いられた算数の教科書が知られているが，その中には種々な形の面積の計算法や比例計算法など，いずれも測量のための算法が記されている．隋，唐の測量書である海島算法もその中に含まれているが，そこに示されている計算法は今日の幾何学的な方法と大きく変わるものではなかった．[5)]

平城京は710年に長安を模した条坊制の都市計画により造られたが，この大規模な格子状の都市計画はかなり高度な測量法を離れては成立しえないことは明らかである．当時の役所には算師と呼ばれる高い地位の官吏がおり，これは算術家であると同時に測量技師であった．

このようにして局地的な測量は次第に随所で行われていったが，わが国全土の一貫した測量が行われるのは，はるか後世になってからである．わが国の現存する最古の地図は8世紀に僧行基が作製した海道図，別名行基図である (**図-1.10**)．行基は諸国を行脚し，仏教を広めると同時に道路をつくり，橋を架け，また開墾，灌漑などの土木工事を行い，人心の善導と公益を図った有能な土木技師であった．彼はその見聞に基づく豊富な知識と博学をもとにしてこの海道図をつくった．[4)]

713年には度量衡の制度が改められ，大尺 (唐の大尺にほぼ等しい) と小尺 (大尺の5/6) が決められたが，この大尺は1885年にメートル法条約加盟に至るまで永く国定

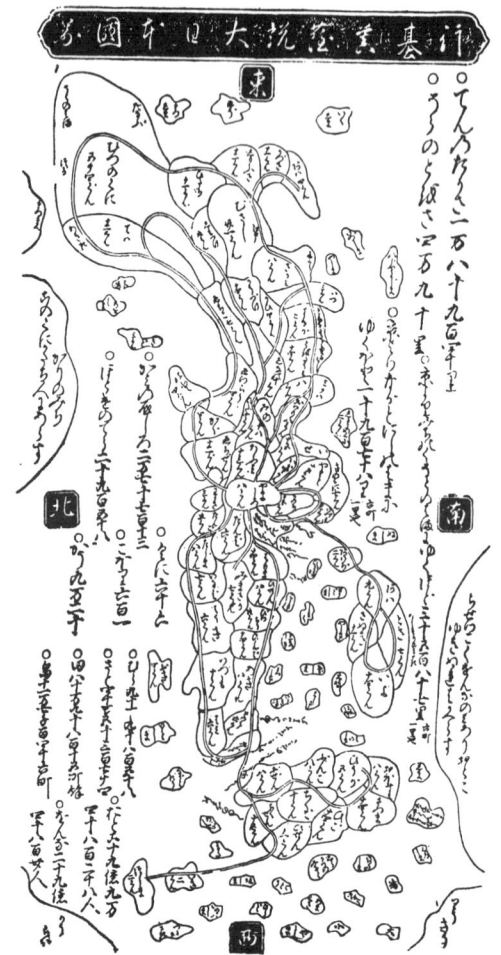

図-1.10　行基図（日本地図史：秋岡武次郎，河出書房刊より）

の尺度（曲尺）として用いられたのである。[5]

鎌倉，室町と続く中世については現存する文献には測量に関する事項はほとんど記されていない．しかし，例えば1189年に源頼朝が奥羽地方の地図を作製させたという記録があるところからみても，軍事目的で，あるいは荘園の経営管理のために測量が行われていたことは間違いない．

応仁の乱以降国内は乱れ，度量衡も土地台帳も混乱した．この不統一の状態を改めたのは秀吉であって，天下統一を果すや太閤検地と呼ばれる大規模な土地の測量を全国的に実施し，土地台帳を整備せしめ，またこの結果を総合して一大国絵図をつくり上げた．[2]

その後江戸時代に入っても，租税徴収のため幕府ならびに各藩においてしばしば検地が行われた．また1644年には幕府は諸国に命じて国郡および諸城の図をつくらせ，11年の年月を経て全75葉のいわゆる正保古国絵図を完成した（図-1.11）．しかしこの頃までの測量法はまだ中国伝来の古来の海島術と磁針観測にたよる方法で，低級な域を出るものでなかった．[4]

1.3.2　南蛮流の測量[4]〜[7]

わが国の西洋流測量術は，江戸初期の寛永期（1624〜1643）のころ，長崎の与力，樋口伝右衛門がオランダ人医師カスパルから伝授されたことに始まる．この測量術は

規矩伝法と呼ばれ，算術に依存せず，コンパスと定規によって遠近高低を測定する方法，すなわち現在の平板測量に相当する方法であった．

1657年，本郷に発した明暦の大火（振袖火事）は江戸市中を焦土に帰しめた．幕府は正確な江戸図の必要性を認め，このための測量を兵学測量術に通じた大目付北条氏長に命じた．氏長は大測量隊を組織し，規矩伝法をはじめとする西洋流の測量術をもってこの大事業をわずか数十日で成し遂げたという．こうして，実測による初めての江戸図（明暦江戸測量図）が完成する（**図-1.12**）．その後，遠近道印（金沢の医師藤井半知との説が有力）ら

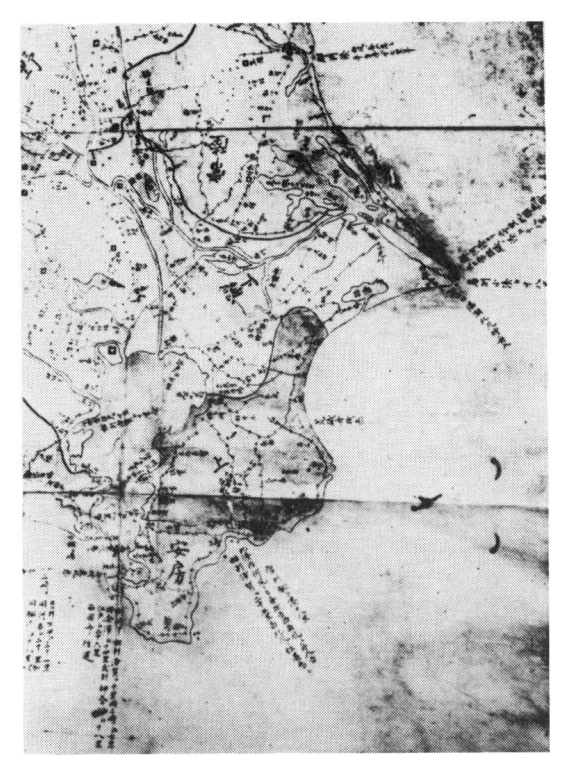

図-1.11 徳川幕府撰正保日本図の部分（房総半島周辺，街道上に1里ごとに2個の点を打ち距離を明示）（日本地図史：秋岡武次郎著，河出書房刊より）

によって江戸の絵図が数多く刊行されるが，それらの多くは明暦江戸測量図を原型とし，これを独自の測量結果などによって修正したものであると言われている．

1654年には，江戸の住民玉川庄右衛門，清右衛門兄弟らによって玉川上水が完成している．玉川上水の建設は多摩川の水を羽村で取水し，これを直線距離にして約40 km遠方の江戸市中へ導くという大工事であり，しかも武蔵野の開墾に役立てるため可能な限り尾根筋を通すというものであった．この江戸時代屈指と称えられる大事業を玉川兄弟らはわずか7カ月（一説には1年半）という短い期間で完成させた．当時の土木技術，特に測量技術の水準の高さに驚かされると同時に，兄弟の労苦が偲ばれるのである．『明治以前日本土木史』によれば，「両人の苦心実に惨憺を極めたるものの如く，伝ふる所に依れば，高低の測量は夜間を利用して，近き所は人夫に線光を採らしめ，遠方は提灯を振らしめ，双方の火を見通しつつ土地の高低を測り，再三之

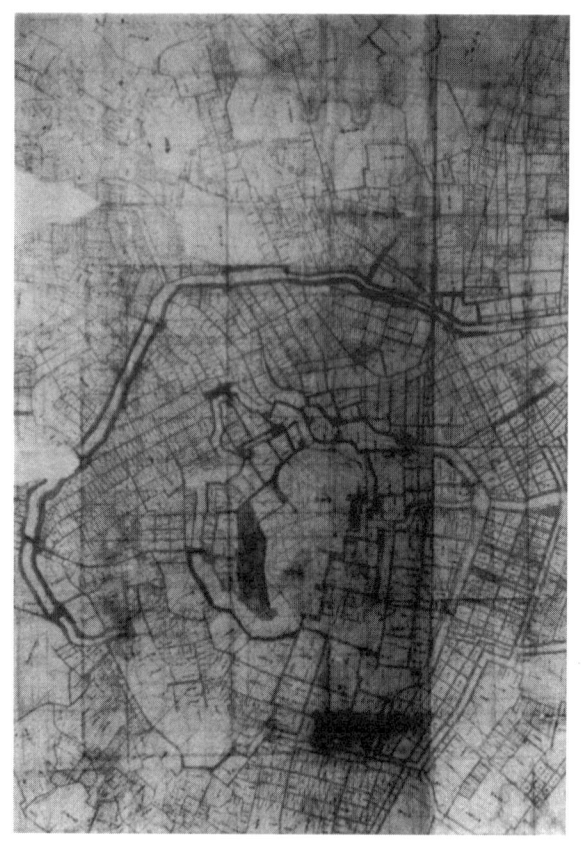

図-1.12 明暦江戸測量図（図翁遠近道印　元禄の絵地図作者：深井甚三著，桂書房刊より）

を反覆して水路を定めた」という．

　わが国における経緯度の観測は，安井算哲（渋川春海）が1678年江戸麻布で北緯35°38′と求めたのが最初である．これは北極星の高度を測定して得たものであるが，現在の値と1′程度しか違わない精度の高いものであった．

　その後オランダ人を通じて西洋流の測量術および天文学も漸次導入され，それらに関する著書も出版され，また幾多の測地学者，天文学者が輩出した．

　1719年には将軍吉宗は関孝和の門人建部彦次郎に命じて日本輿地図をつくらせた．これは見盤および磁石を用いて観測し，孝和の三角法によって計算してつくったもので，縮尺1/21 600の地図で海岸，河川，駅路等々が示されたものであった．元禄・享保年間には多くの数学家，測量家が続出し，樋口流，関流等々の方法をつくり上げて

いった．月山，鳥海山，富士山の高さが測定されたのもこのころで，例えば，1727年福田履軒の測定によれば，富士山の高さは3 885.96 m であり，現在の測定値 3 775.63 m（山頂の二等三角点の標高）と比べるとき，かなり高い精度の測定であったことがわかる．[5]

わが国の測量の歴史の中で特筆すべきは，1800年から行われた伊能忠敬の全国測量である．忠敬は50歳を越してから幕府の天文方高橋至時（よしとき）の弟子となって測量術を学び，北海道東海岸より実測を始め，18年の歳月を要し，日本全国にわたる海岸線の実測を完成した（図-1.13）．[6] 忠敬の

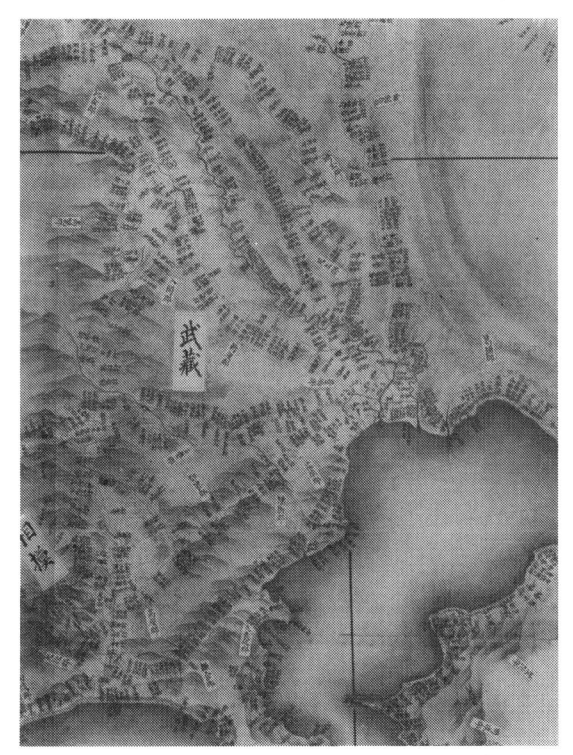

図-1.13 伊能忠敬日本沿海地図中図の一部
（東京国立博物館所蔵）

時代にはまだ三角測量は使われず，もっぱら道線法と呼ばれた多角測量を用いた．すなわち，長い縄または鎖で距離を測り，その測線が屈折する地点においては方位盤と磁石により方位角を測定する器械で測った．この道線法による測定では1つ1つの距離や角の誤差がたとえわずかであっても，これが累積すると大きな誤差となるため，忠敬は随所で望見できる山頂や堂塔，島などを数地点より観測し，交会法を利用して道線法によって得られた結果の補正を行い，また随所で天体観測を行い精度の確保を図った．それに際して忠敬が求めた経緯度の長さは，子午線1°の長さが110 749 m，緯度35°における経度1°の長さが90 720 m であり，今日求められている110 910 m，91 277 m と比べてみても極めて正確なものであった．[5]

忠敬は途中から幕府の官吏となり，測量作業はその公務として進められたが，それでもなお，各地の大名など必ずしも好意的ではない中を，人跡まれな海岸線をしかも多くの部下を統括して不屈の精神により3万km以上にわたって実測を行った．その

ような彼の業績に対してわれわれは最大の敬意を払うものである．忠敬の完成した大日本沿海実測録全14巻（いわゆる伊能図）には，1/36 000，1/216 000，1/432 000の大中小の3図と若干の特別図が納められているが，これらには経緯度も記されていて詳細をきわめ，当時のヨーロッパの地図に優るとも劣らず，明治に入ってからも内務省あるいは陸海軍の地図として活用され，特に陸地測量部の輯成 1/200 000 図は伊能図に基づくもので，広く利用された．[2]

忠敬の仕事はその弟子間宮林蔵などに引き継がれ，さらに辺地，島嶼（しょ）などの実測が進められた．また1826年には，ドイツ人シーボルト（Siebold）に忠敬図を渡したことにより天文方高橋景保（至時の長子）以下が罪に問われ，シーボルトも国外追放となる事件を生んだ．1855年ペリーは江戸湾を初めとする日本近海の測量をすることを望んだが幕府はこれを認めず，自ら品川，神奈川の両港の測量を始めた．これがわが国での水路測量の始まりであろう．[6]

1.3.3 国家基本測量の確立[2],[6]

維新後明治政府は近代的国家づくりの基礎として国土の調査に意を注いだが，当初その測量業務はいくつかの政府機関によってそれぞれ別個に進められた．民部省地理司は，主として地籍図作製を目的としたが，初期においては西洋流の地籍測量法ではなく，天保図の測量方法を踏襲してこの図の訂正版をつくるにとどまっていた．工部省測量司はマックウェン以下5人のイギリス人を招いて，その指導のもとに明治5年に東京において13点の三角点をもつ市街地の三角測量を開始した．発表されたこの成果は後に縮尺 1/5 000 の東京実測全図の基礎となった．さらに明治8年には関東地方全域において大三角測量，すなわち，後の一等三角測量網の測量に着手し，また東京・塩釜間の水準測量も行った．その後，大阪，京都などの主要都市の市街図を作成した．内務省の設置とともに工部省の業務は内務省に受け継がれた．[2]

また兵部省参謀局も地理調査と地図の編集作成を行い，これが後に参謀本部陸地測量部となり，さらに現在の国土地理院へと受け継がれてゆく．

そのほか1870年（明治3）には，東京・横浜間の鉄道建設のための測量がイギリス人技師モレル（Morel）によって開始され，明治4年には北海道開拓使がアメリカ人ワッソンの指導のもとに，近代的な三角測量，地質調査および地図作成を始め，1884年には北海道全体の約1/3の測量を終えた．1878年陸軍の参謀本部は全国を 1/20 000 の細部地形図で網羅する全国測量計画を立てた．

その後，行政上国防上の見地から測量業務を一元化すべきであるとの認識が高まり，1884年（明治17）わが国の測量業務は陸軍に統合され，内務省は地誌編纂に重点をおくようになった．

1.3 わが国測量の発展史

　このような近代的な測量の導入期における経緯から，わが国の近代測量は2つの大きな流れが競合した．すなわち内務省の系統は英米式の測量法を取り入れ，陸軍は初めにフランス式を後にドイツ流の測量法を採用した．その両者の違いは尺度や地図図式に表れるのみでなく，英米式が平面的測量法が中心となるのに対してドイツ式は測地的測量が重点となるものであった．この両者の違いが融合されるのは第二次大戦後に測量法や国土調査法が施行されるまで続くが，その名残はいまだに内務省系である土木測量ではトラバース測量と称し，陸軍系の国土地理院の測量では多角測量（ドイツ語の Polygonierung の訳）と呼んでいることなどにも見うけられるのである．

　1884年には万国測地会議が開かれ，ここでイギリスのグリニッジ天文台を通る子午線をもって経度0°とすることが決められ，それまで京都あるいは東京を通る子午線を基準としていたわが国においても，このグリニッジ子午線に基づく経度により表されることとなった．なお，わが国の標準時は東経135°の子午線（兵庫県明石市内を通る）上で設定され，これはグリニッジ標準時の−9時間に相当する．

　初期の全国測量計画においては縮尺1/20 000地図を基本図として作製しようとするものであったが，陸地測量部は1890年（明治23）これを1/50 000に改め，全国の基本図の完成を早めることにした．それでも全国（台湾，南樺太，朝鮮などを含む）の1/50 000図が完成したのは約50年後の1937年（昭和12）になってからであった．[6]

　1887年（明治20）前後はわが国の測量の基盤が確立された時期であった．すなわち，わが国の経緯度原点が東京・麻布に設けられ，これより鹿野山および筑波山を望む方向がそれぞれ原方位角として求められたし，また霊岸島量水標や油壺を初めとする験潮場を設けて平均海面を測定し，これより東京・三宅坂（現在の永田町）に水準原点を設けること，あるいは神奈川県相模原や滋賀県饗庭野などに基線が設置されること等が行われたのもこの時期であった．

　これらの基礎の確立に伴い，一二三等三角網，一二等水準網が全国に広げられてゆき，地形図作製の基礎となった．またドイツより導入された最小二乗法による平均計算，すなわち誤差調整計算も採用されるようになった．

　写真測量の原理がわが国に伝えられたのは1907年（明治40）ごろであるが，これが最初に実用化されたのは1914年桜島の噴火後，高熱のため近づけない桜島を地上写真撮影により図化したのが初めてである．このように当初実用化された写真測量は主として地上写真測量であったが，昭和に入ると初めは気球から，後には航空機から撮影された写真をドイツなどから輸入された図化機を用いて図化することが始められた．1935年（昭和10）以降になると，満洲，樺太などや本土でも空中写真測量が1/50 000や1/25 000地形図作製に実用化されるようになった．

　このようにして第二次大戦までに全国の1/50 000地形図やそれより編集された1/

200 000 帝国図などがほぼ完全に整備され，また部分的にではあるが 1/25 000 地形図の作製が進められた．[6)]

1.3.4 土木測量の発展[6)]

明治維新後の鉄道，河川，港湾を初めとする大規模な土木工事の興隆とともに近代的な土木測量が発達した．

1873年(明治6)大阪港，淀川の調査計画に従事したオランダ人デレーケ(de Rijke)は安治川の最低干潮面を水準基準面とし，Osaka Peil (OP) と名づけた．利根川修築のための計画を行ったリンドウ(Lindow)は利根川河口に Japan Peil (JP) を，それより結んだ江戸川河口の水位標に Yedokawa Peil (YP) を設けた．さらに荒川水系には Arakawa Peil (AP) が設けられ，東京の低地部の水準の基準として広く用いられるようになる．近代的河川測量はこのように明治の初期から始められたが，当初は全国的な三角網や水準網がなかったため，各河川で独自に三角網や水準網を組み，これに基づいて縮尺 1/3 000 平面図をつくっていた．

明治時代の大きな土木工事の1つは鉄道建設であるが，当時の鉄道計画にあたっては，多くの場合今日のように地形図を作製し，その図上での選定により路線の位置を計画するという方法ではなく，直接現地を何度も踏査して杭を打ち，その後測量をして路線を決めてゆくという方法をとった．鉄道の測量も明治の初めにおいてはモレル，ボイルらのイギリス人や北海道ではクロフォード(Crawford)らのアメリカ人により行われたが，1878年(明治11)から80年にかけて建設された京都-大津間の東海道線(現在線と異なり京都市伏見区深草まわりの線)では，日本人技師のみによって測量から工事まですべてが行われた．地形図を初めにつくって図上選定する方法が最初に取り入れられたのは，明治末期の磐越西線の計画に際してである．

明治期の大土木工事として琵琶湖疎水，安積疎水などの水路工事がある．田辺朔郎らにより1885年(明治18)から90年にかけて行われた琵琶湖疎水の延長約 2.5 km の長等山トンネル建設に際しては，隧道の両坑口および立坑の位置を三角測量によって決め，さらに立坑を通して下げ振りにより隧道内に設置した点を基準にして坑内測量を行って中心線を掘進とともに決めるという，現在とさして変わらぬ方法により測量がなされた．その結果，貫通時に両坑口からの測量で見いだされた中心線の食い違いは，平面位置，高低差ともに 1 cm 内外という極めて高い精度のものを得た．

このように工事用の測量は明治時代に基本的方法としては確立され，その後は測量器材の進歩とともに徐々に現在の方法へと発達してきた．一方，土木工事の計画調査のための測量は次第に，地形図をつくり，その図上で計画を行う合理化された方向への発展を示し，昭和に入るとこの目的のために写真測量が導入され始めた．昭和10

年代には，国鉄は航空機，撮影カメラ，図化機などの一切の器材を保有して直営で航空測量作業を進めた．

しかしながら土木測量は比較的局地的な測量を行うものであり，また先に述べたように陸地測量部のドイツ流の測量と異なる英米流の方法を主としていたため，陸地測量部の行う国の基本測量とは必ずしも結びつけられず，独自に三角網を組み，局地的な座標系を設けて測量することが一般であった．

1.3.5 第二次世界大戦後の測量[2]

第二次世界大戦後のわが国の測量の発展は，法律的な整備，新しい器材の発達，業務量の増大という3つに要約することができよう．

戦後間もなく，わが国の測量の枠組を決める測量法と国土調査法の2つの法律の制定がなされた．測量法は，わが国の基本測量（国土地理院が行うすべての測量の基礎になる測量）や公共測量（国または地方公共団体，公社公団等が費用を負担して行う測量）などの正確さを確保し，かつ重複を避けるため，各種測量の技術的な規制と調整を図るものである．測量技術に関しての規定は従前より一機関内の内規としては存在したが，一般の公共測量の計画や実施，あるいはその成果などを規制するものではなく，この測量法が初めてであった．測量法では，基本測量や公共測量に従事する技術者の国家資格として測量士，測量士補の登録制度を定め，これにより技術者の水準確保をも図っている．

一方，国土調査法は国土の開発，保全および利用の高度化のため，また，地籍の明確化を図るため国土の実態を総合的に調査することを目的に制定された法律で，国や地方公共団体等が行うべき基準点の測量，地籍測量，土地分類調査，水資源調査を規定している．

これらの法律に基づいて新たに四等三角点や二等多角点，二等水準点といった基準点が，$1 km^2$に2点の密度というヨーロッパ諸国に匹敵する密度で設けられてゆくことになり，そのためより取扱いが簡単で局地的な精度の高い13の座標系（現在は19座標系に拡張）が新平面座標系として設定された．

戦後の戦災復興，経済再建およびそれに続く経済の大きな成長は，上に述べた国土調査法等の法律的な整備とあいまってわが国の測量調査の業務量を飛躍的に増加せしめた．基本測量としては1/2 500（都市部）および1/5 000（山間部）地形図などが国土基本図として新たに全国的に整備されるようになり，そのため縮尺1/10 000での空中写真撮影や基準点測量が行われてきた．特に，ダム建設，河川改修，道路・鉄道・港湾建設等々の大規模な土木事業や宅地造成，都市再開発，工業地区建設などのための公共測量は膨大な量となり，しかもこれらは短期間での調査が要求されるもので

あった．このような大量の測量が可能となったのは，空中写真測量の大々的な導入や，計算機や測量器材の進歩普及という技術的発展によるものであるが，それと同時に民間の測量機関の技術的能力の拡大にもよるといえよう．測量法等による国の基本測量と土木測量との調整や空中写真測量の普及は，土木事業のための測量方法をも著しく変革させた．写真測量による地形図に基づいての図上での計画が一般的となり，またこれまで用いたような局地的な座標系の代りに新平面直角座標系によって位置を決められる統一的な体系となってきた．

わが国の戦後の空中写真測量は，戦後間もなく米軍が全国の撮影を 1/40 000 (主要地域は 1/10 000) の写真縮尺で行ったのに始まるが，その後 1952 年 (昭和 27) に民間航空が再開するとともにわが国独自での写真撮影，図化が行われた．当初は森林調査のための航空測量が多くを占めたが，公共土木事業の増大とともに建設計画のための地形図図化を目的とするものに次第にその重点が移行した．その後，わが国は世界有数の撮影カメラや図化機の保有国となり，その技術水準も極めて高いものとなっていった．

電磁波測距儀の普及は，三角測量に代わる三辺測量や大規模な多角測量の普及をもたらしたし，また電子計算機の普及は計算に要する時間や労力を大幅に軽減するとともに，より厳密な解と高い精度の確保を可能にした．

これらの新しい技術の進展にも助けられ，1983 年度には 1/25 000 地形図が北方領土，竹島などを除くわが国の主権が及ぶ国土全域について完成し，わが国は，この縮尺の地図を完備した世界でも数少ない国の一つとなった．また，都市計画区域を中心とする平野部やその周辺部を対象に，1/2 500 あるいは 1/5 000 大縮尺地形図である国土基本図の整備が進められている．近年では，解析空中写真測量によって数値地図データを直接取得するディジタルマッピングも普及しており，国土基本図の作成や更新を効率化している．

1.3.6　現代における測量の趨勢

現代の測量は，地理情報システム (GIS)，衛星リモートセンシング，衛星測位システム (GPS) という 3 つの新技術によって大きな変革期を向かえようとしている．

GIS 技術の進展は，測量の成果を旧来の紙に描くアナログ地図だけでなく，数値地図データベースとして作成，提供することを可能にした．国による数値データの開発も，1970 年代においては国土数値情報と呼ばれる土地利用データを中心とする数値メッシュデータの作成が中心であったが，解析写真測量によるディジタルマッピング技術の発展もあって，80 年代以降は地形図の数値データベース化が精力的に進められている．現在では，地方自治体等がこれらのデータベースを核に他の情報を付加

し，独自の情報システムを開発することが可能になっており，施設管理や都市計画など種々の分野に利用されている．GIS 技術の進展は，測量成果の管理と流通，そして利用の形態を大きく変えようとしている．

1972 年の LANDSAT の打上げ以来，わが国でも衛星リモートセンシングの有効利用に向けて活発な応用研究がなされてきた．また，1987 年には国産初の地球観測衛星 MOS-1（もも 1 号）を打ち上げるなど，独自の研究開発も進めている．1991 年からは衛星リモートセンシングデータを利用した国土数値情報の更新作業が進められている．また，全国を対象とした植生調査などにも応用が試みられている．こうしてわが国のリモートセンシング技術も完全に実用化段階に入ったと言えよう．現在利用しうる衛星画像の地上分解能は最も高いもので 10 m であるが，この解像度ではわが国では地形図作成には利用できない．しかし，分解能 1～数 m のセンサーを搭載する人工衛星の打上げも計画されており，将来的にはわが国でも地形図作成への国産衛星リモートセンシングデータの利用が実現するであろう．

GPS は従来の測量の体系を根底から変える可能性のある画期的な技術である．人工衛星の電波を利用する GPS は，測点間を視準することなしに高精度な三次元測位を行う実用的な測量手法で，これまで存在しなかった測量法である．このような特徴により，GPS は現在多くの測地，測量の分野に応用されている．建設省国土地理院は地震予知のための地殻変動観測や精密測地網測量（一次・二次基準点測量）に静的干渉測位と呼ばれる高精度な GPS 測位法を利用している．また，地方自治体等が行う公共測量での利用も近年飛躍的に増大している．工事測量の分野にも GPS 測量はいち早く導入され，出来高測量などに積極的に利用されている．

1.4 測量学の基本事項

1.4.1 地球の形[2),13),14)]

地表面のある地域での測量成果を他の地域でのそれに相互関連させるためには，まず地球がどのような形をしていると見なすべきかを決めねばならない．

地球上の任意の点で簡単に錘でもって知りうる方向は重力方向である．われわれはこの方向に直角な平面でもって水平面を考え，また重力方向を含む方向で縦断面を考える．別の言い方をすれば，われわれは重力に直角な面として水準面を考え，これを基準として測定を行っている．

このような平面は潮汐，温度差，海流などの影響がないとした，しかもトンネルでもって大陸の中をも結ばれているような海面として想定することができる．このように想定された面はジオイド（geoid）と呼ばれ，これを地球の基準の形状と見なすこと

図-1.14 (鉛直線偏寄／地形面／ジオイド面／回転楕円体面／重力方向)

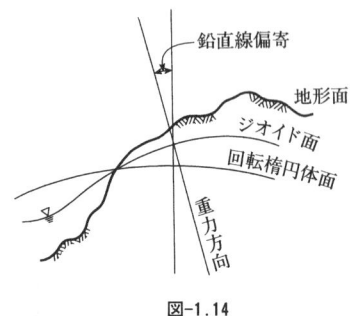

ができ，ほぼ回転楕円体をなしている．しかし地球の重力はその方向もその大きさも地球内部の不均質さのために場所によって異なっている．そのため等重力ポテンシャル面であるジオイドは一様な面とはなりえず，地球表面を1つの回転楕円体と見なしたとき，それより不規則なずれを示す．この偏奇の大きさは赤道直径より短径を0.3％短くとった回転楕円体面より50 mを超えるものでないことが知られている．**図-1.14**は楕円体面とジオイド面を示したものである．楕円体面の法線とジオイド面の法線は以上のような理由により一致せず，鉛直線偏寄と呼ばれる小さな角度差をつくる．その大きさは最大でも30″を超えるものではない．

地表のある区域を測定する場合，地表のすべての点を重力方向にジオイド面上に投影するとしよう．そうすると地表の2点間の距離はその点のジオイド面への足のジオイド上で測られた最短距離となるし，高さはジオイド面からその点までの距離，すなわち海抜標高と通常呼ばれているものとなる．

しかしながら，先に述べたように，このジオイドの形を正確に唯一な形として表すことはできない．そのためわれわれは，地球のジオイド面に最もよく適合するように数学的に想定した1つの回転楕円体を考える．これを地球楕円体 (earth ellipsoid あるいは単に ellipsoid) という．19世紀に入り，各地で重力測量や弧長測量が実施され，その結果に基づいて各種の地球楕円体が求められた．ドイツ，オランダではベッセル (Bessel) 楕円体が，イギリスではエアリー (Airy) 楕円体が，アメリカ，フランスではクラーク (Clarke) 楕円体が採用された．日本では，明治時代の初頭にドイツから測地学を学んだこともあって，ベッセル楕円体を採用した．

地球楕円体の形はその赤道半径 a と極半径 b の長さで決められる．地球においては赤道半径が極半径より若干長いことはよく知られているが，地球楕円体におけるその扁平率すなわち $(a-b)/a$ は約 1/300 である．各種の地球楕円体についてのこれらの諸元の概略値を**表-1.1**に示しておく．

なお，各国が異なる地球楕円体を採用していることは種々の不便をきたすため，国際的に地球楕円体を統一しようという動きが今世紀当初よりなされている．国際測地学および地球物理学連合 (IUGG : International Union of Geodesy and Geophysics) は，1924年の第2回総会においてヘイフォード (Hayford) によって1909年に提案された楕円体を国際標準楕円体とすることを決議し，各国に対しこれを勧告した．しかし，1950年代後半から，人工衛星の軌道解析から重力ポテンシャルが求められるよ

表-1.1 主な地球楕円体の諸元

楕円体名	発表年	赤道半径 a (km)	極半径 b (km)	扁平率 $(a-b)/a$	主な採用国
Everest	1830	6 377.276	6 356.075	1/300.8	インド, タイ
Bessel	1841	6 377.397	6 356.079	1/299.2	ドイツ, オランダ, 日本, 韓国
Airy	1849	6 377.564	6 356.257	1/299.3	イギリス
Clarke	1866	6 378.206	6 356.584	1/299.0	アメリカ, カナダ
Clarke	1880	6 378.249	6 356.515	1/293.5	フランス
Hayford	1909	6 378.388	6 356.912	1/297.0	イタリア, ベルギー
Krasovsky	1940	6 378.245	6 356.863	1/298.3	ロシア
GRS80	1980	6 378.137	6 356.752	1/298.25	アメリカ, カナダ, オーストラリア

うになり,ヘイフォード楕円体の矛盾が徐々に判明してきた.1967年には,IUGGの第14回総会において測地基準系1967へと改訂され,現在では1979年の第17回総会において決議された測地基準系1980 (Geodetic Reference System 1980 : GRS80) が国際標準楕円体となっている.

各国が採用する地球楕円体を国際標準楕円体に変更することは,各国の国家基準点座標の改訂,それに伴う地形図等の修正,さらには関係法令の改正等を意味するものであり,そのための労力と経費は膨大となる.そのため,わが国をはじめ多くの国では,標準楕円体の重要性を認識しつつも,従来からの地球楕円体を継続利用してきた.しかしながら,先にも述べたように,現代においてはGPS,すなわち人工衛星を利用した高精度な測地,測量を行うことが可能になっており,国家基準点の測量もGPSで実施する時代になっている.また,航海や航空の管制にGPSを利用する研究開発も試みられ,一部実用に供されてもいる.このような時代においては,もはや各国が異なる測地体系を有する合理性はほとんどなくなっているといってよい.アメリカを中心とする北米諸国やオーストラリアなど,既にGRS80への移行をほぼ完了,あるいは実施中の国もあり,わが国においても本格的な検討を開始している.ちなみに,国土地理院の計算によれば,わが国がGRS80に移行した場合,後述する日本経緯度原点の位置は現在よりも北緯が約12″大きく,東経が約12″小さくなるという.これは,距離にして450m程度北西にずれることを意味する.

さて,表-1.1からも明らかなように,地球楕円体の形状は半径と扁平率によってのみ規定される.これを各国が利用するには,地球楕円体を各国のジオイドに可能な限りあうように空間に固定することが行われる.こうして,各国が実際に測地測量を行う際に準拠する地球楕円体が決定されている.これを準拠楕円体 (reference ellipsoid)という．わが国では，ベッセル楕円体を以下のように固定して準拠楕円体としている．

① 日本経緯度原点を通る鉛直線は，ベッセル楕円体の北緯35度39分17.5148秒，東経139度44分40.5020秒に立てた垂線と一致する．
② 経緯度原点から千葉県鹿野山の三角点をみた方位角が，ベッセル楕円体の上記の点における方位角156度25分28.442秒に一致する．
③ 日本水準原点の直下24.4140 mのところをベッセル楕円体の面が通過している．

1.4.2 地球上の位置の表示

a) 経緯度

地上の点の位置を経度および緯度でもって表すものを測地学座標と呼ぶ．

経度はグリニッジ天文台を通る子午線 L_0 を基準にし，ある地点Pを通る子午線 L までの角距離 λ でもって表す．この λ は L_0 において $\lambda=0$ として東西に180°までとり，それぞれ東経および西経と呼ばれる．緯度は地点Pにおいて準拠楕円体の法線が赤道面となす角 φ で表され，赤道 B_0 において $\varphi=0$ として南北にそれぞれ90°までとり，北緯および南緯と呼ばれる（図-1.15）．

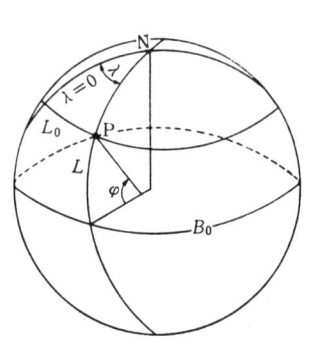

図-1.15 緯度と経度

b) 地球の球への近似

地球を回転楕円体ではなく球と見なせば，すべての取扱いは簡単になる．そのため必要とする精度に応じてこれを球と見なすことがしばしばある．その場合，地球全体を1つの球と見なす場合と，ある限られた地表面を1つの球の表面と見なす場合がある．前者は小縮尺の世界地図などの地理学的地図の作製の場合に限られる．われわれが目的とする測量の場合は後者の扱いがなされる．

このとき，球の半径としては次の中等曲率半径を用いる．

$$中等曲率半径 \quad r = \sqrt{MN} \tag{1.1}$$

ここで，M：その地域の中央地点を通る子午線の曲率半径，N：その直交する方向の曲率半径（平行圏半径）．

M, N は次のように表される．

$$M = \frac{a(1-e^2)}{(\sqrt{1-e^2 \sin^2 \varphi})^3} \tag{1.2}$$

$$N = \frac{a}{\sqrt{1-e^2\sin^2\varphi}} \tag{1.3}$$

ここで，a：長径（赤道半径），b：短径（極半径），$e^2=(a^2-b^2)/a^2$：楕円率，φ：その地点の緯度．

c) 平面直角座標

平面直角座標は地点の位置を平面的な直角座標で表す方法である．すなわち，**図-1.16**において2点 P_1 および P_2 の位置は，座標原点 O を通る子午線の方向を X 軸とし，原点において子午線に直交する方向を Y 軸とする座標系における座標値 (X_1, Y_1) および (X_2, Y_2) で表される．この場合 X 軸は北向きに正をとり，Y 軸は東向きを正とする．方位角 φ は X 軸より時計回りに正としてとる．このとき，各座標は図の方位角および距離 S より

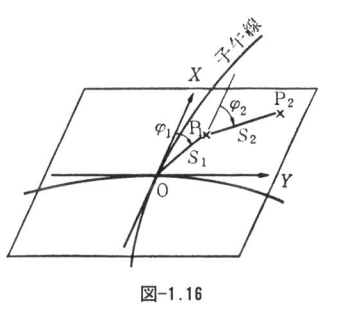

$$X_1 = S_1\cos\varphi_1, \qquad Y_1 = S_1\sin\varphi_1 \tag{1.4}$$
$$X_2 = X_1 + S_2\cos\varphi_2, \qquad Y_2 = Y_1 + S_2\sin\varphi_2 \tag{1.5}$$

となる．

本書で目的とするような大縮尺測量においては，**a)** で述べた経緯度を用いることはまれであり，経緯度に基づいて計算された平面直角座標が一般に用いられる．

地上の各地点の位置が準拠楕円体の上に投影された位置として定義されるとき，2点間の距離は準拠楕円体に沿ったこの2点間の最短距離となる．したがって平面直角座標で定義された距離 S と準拠楕円体上で定義された距離 S' は異なる．そのため，この差の精度 $(S-S')/S'$ が許容しうる範囲内にあるときにのみ，1つの平面直角座標での位置の表示が許されることになる．わが国で設定されている平面直角座標系では，これを 1/10 000 としている．この許容限度を超える範囲において別の座標系が設定され，わが国では，第1系（九州西部地域）から始まって第13系（北海道東部地域）に至る13の座標系と東京都諸島部の第14，第18，第19系および沖縄県の第15～17系が**図-1.17**に示されるように設定されている（**表-1.2**）．このほか精度を4/10 000 として適用範囲を広くとったUTM座標系（Universal Transversal Mercator System）も国際的に用いられている．しかしこの座標系は，1/25 000 以下の中縮尺地図の投影にのみ利用されるものである．

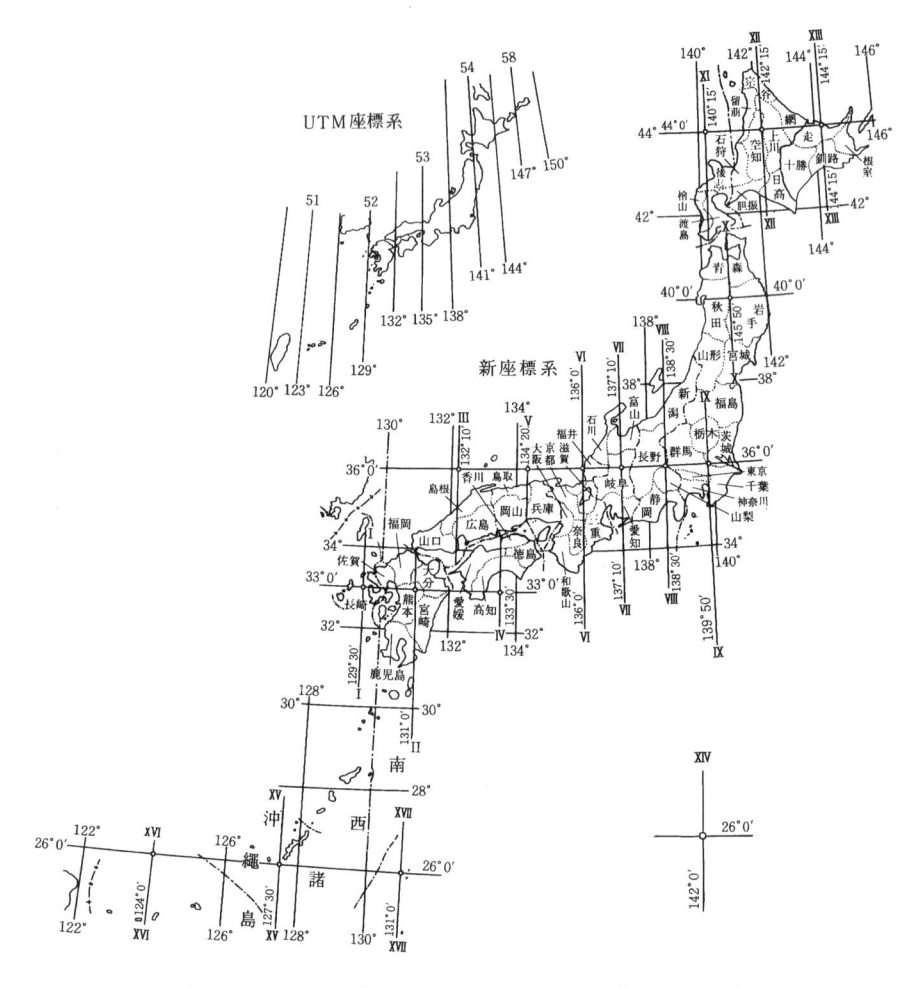

図-1.17 UTM座標系と平面直角座標系(第18系,第19系は省略)

表-1.2 平面直角座標系

系番号	原点の緯度(B),経度(L)	適 用 区 域
I	B= 33°0′0″.0000 L=129°30′0″.0000	長崎県および北方北緯32°,南方北緯27°,西方東経128°18′,東方東経130°を境界線とする区域内(奄美群島は東経130°13′までを含む.)にある鹿児島県所属のすべての島,小島,環礁および岩礁を含む.
II	B= 33°0′0″.0000 L=131°0′0″.0000	福岡県,佐賀県,熊本県,大分県,宮崎県および第1系の区域内を除く鹿児島県

1.4 測量学の基本事項　29

III	B= 36° 0′0″.0000 L=132°10′0″.0000	山口県，島根県，広島県
IV	B= 33° 0′0″.0000 L=133°30′0″.0000	香川県，愛媛県，徳島県，高知県
V	B= 36° 0′0″.0000 L=134°20′0″.0000	兵庫県，鳥取県，岡山県
VI	B= 36° 0′0″.0000 L=136° 0′0″.0000	京都府，大阪府，福井県，滋賀県，三重県，奈良県，和歌山県
VII	B= 36° 0′0″.0000 L=137°10′0″.0000	石川県，富山県，岐阜県，愛知県
VIII	B= 36° 0′0″.0000 L=138°30′0″.0000	新潟県，長野県，山梨県，静岡県
IX	B= 36° 0′0″.0000 L=139°50′0″.0000	東京都(XIV系，XVIII系およびXIX系に規定する区域を除く．)，福島県，栃木県，茨城県，埼玉県，千葉県，群馬県，神奈川県
X	B= 40° 0′0″.0000 L=140°50′0″.0000	青森県，秋田県，山形県，岩手県，宮城県
XI	B= 44° 0′0″.0000 L=140°15′0″.0000	小樽市，函館市，伊達市，胆振支庁管内のうち有珠郡および虻田郡，檜山支庁管内，後志支庁管内，渡島支庁管内
XII	B= 44° 0′0″.0000 L=142°15′0″.0000	札幌市，旭川市，稚内市，留萌市，美唄市，夕張市，岩見沢市，苫小牧市，室蘭市，士別市，名寄市，芦別市，赤平市，三笠市，滝川市，砂川市，江別市，千歳市，歌志内市，深川市，紋別市，富良野市，登別市，恵庭市，石狩支庁管内，網走支庁管内のうち紋別郡，上川支庁管内，宗谷支庁管内，日高支庁管内，胆振支庁管内(有珠郡および虻田郡を除く．)空知支庁管内，留萌支庁管内
XIII	B= 44° 0′0″.0000 L=144°15′0″.0000	北見市，帯広市，釧路市，網走市，根室市，根室支庁管内，釧路支庁管内，網走支庁管内(紋別郡を除く．)，十勝支庁管内
XIV	B= 26° 0′0″.0000 L=142° 0′0″.0000	東京都のうち北緯28°から南であり，かつ東経140°30′から東であり東経143°から西である区域
XV	B= 26° 0′0″.0000 L=127°30′0″.0000	沖縄県のうち東経126°から東であり，かつ東経130°から西である区域
XVI	B= 26° 0′0″.0000 L=124° 0′0″.0000	沖縄県のうち東経126°から西である区域
XVII	B= 26° 0′0″.0000 L=131° 0′0″.0000	沖縄県のうち東経130°から東である区域
XVIII	B= 20° 0′0″.0000 L=136° 0′0″.0000	東京都のうち北緯28°から南であり，かつ東経140°30′から西である区域
XIX	B= 26° 0′0″.0000 L=154° 0′0″.0000	東京都のうち北緯28°から南であり，かつ東経143°から東である区域

(最終改正　建設省告示第1303号　昭和61年7月15日)

d) 地表面の平面への投影[9),13),15)]

回転楕円体面である地表面を平面に投影する場合，角，距離，面積などをすべてもとの大きさ，形と相似に投影することは不可能である．そこで，いわゆる等角投影法が用いられる．等角投影法は複素関数のもつ等角写像の性質を応用して行われる投影法で，これによれば，楕円体面と平面の対応する点の近傍では任意の2方向の夾角がおのおの等しくなる．このことは，楕円体面の微小図形はほぼ相似変換されることを意味し，また縮尺も方向によらず位置のみに依存することを意味している．等角投影法は19世紀前半にガウス(Gauss)によってその理論が打ち立てられたものであるが，これが20世紀初めにクリューゲル(Krüger)によってさらに修正され，ガウス・クリューゲル投影法として広く用いられている．現在のわが国の平面直角座標系もこの投影法によったものである．また，先に述べたUTM座標系も，地球を経度幅6度ごとの60経度帯に分け，各経度帯の範囲内でガウス・クリューゲル投影法を適用した平面座標系である．

この投影法は準拠楕円体に対し，平面座標系の原点を含む子午線(基準子午線)に接する円筒を図-1.18のようにかぶせたもので，この子午線(原子午線ともいう)をX軸としている．世界地図などに広く使われているメルカトール図法は，図-1.19に示されているような投影法であるが，ガウス・クリューゲルの投影法はこのメルカトール図法における円筒を横にしたようなものであり，そのため横メルカトール投影とも呼ばれている．

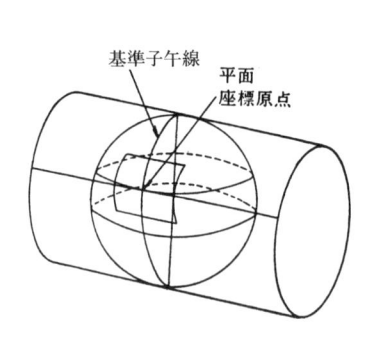

図-1.18 ガウス・クリューゲル投影法　　図-1.19 メルカトール投影

ガウス・クリューゲルの投影法に基づき，点の経緯度からその点の平面直角座標を求めるには次式によればよい．

$$\frac{X}{m_0} \fallingdotseq B + \frac{N}{2}\sin\varphi\cos\varphi\left(\frac{\Delta\lambda}{\rho}\right)^2 + \frac{N}{24}\sin\varphi\cos^3\varphi\frac{N}{M}\left(4\frac{N}{M}+1\right)$$
$$\times\left(\frac{\Delta\lambda}{\rho}\right)^4 + \frac{N}{720}\sin\varphi\cos^5\varphi(61-58\tan^2\varphi+\tan^4\varphi)\left(\frac{\Delta\lambda}{\rho}\right)^6 \quad (1.6)$$
$$\frac{Y}{m_0} \fallingdotseq N\cos\varphi\left(\frac{\Delta\lambda}{\rho}\right) + \frac{N}{6}\cos^3\varphi\left(\frac{N}{M}-\tan^2\varphi\right)\left(\frac{\Delta\lambda}{\rho}\right)^3$$

$$+\frac{N}{120}\cos^5\varphi\,(5-18\tan^2\varphi+\tan^4\varphi)\left(\frac{\Delta\lambda}{\rho}\right)^5 \tag{1.7}$$

ここで，γ は子午線収差，すなわちその地点における真北方向と X 軸平行線とのなす角であり，次式で求められる．

$$\gamma \fallingdotseq \sin\varphi\,\Delta\lambda + \frac{1}{3}\sin\varphi\cos^2\varphi\,\frac{N}{M}\left(2\frac{N}{M}-1\right)\frac{(\Delta\lambda)^3}{\rho^2}$$
$$+\frac{1}{15}\sin\varphi\cos^4\varphi\,(2-\tan^2\varphi)\frac{(\Delta\lambda)^5}{\rho^4} \tag{1.8}$$

ただし上式で，

γ ：子午線収差．一般に真北の X 軸平行線からの方向角で定義し，右回りを＋，左回りを－の符号を付けて表記する．すなわち，その地点が座標原点の東にあれば－，西にあれば＋である．

B ：赤道から座標原点までの子午線の弧長

M ：子午線曲率半径

N ：平行圏曲率半径

φ ：その地点の緯度

$\Delta\lambda$ ：その点と座標系原点の経度差（$=\lambda-\lambda_0$）

m_0 ：原点における縮尺係数（0.9999）

ρ ：弧度に換算するための定数

となる．

なお，計算はベッセル楕円体によっている．またこれによって求めた精度は，座標値が 1 cm，角が 0.01″ である．実際の投影においては，円筒は楕円体に接するのでなく，**図-1.20** のように円筒が座標原点を通る緯度線（基準緯度線）を切るようにする．このようにすることによって，座標原点付近では，投影された距離（S）は楕円体上の距離（S'）に比べて縮小され，原点より離れるに従ってその差はなくなり，さらに離れると，投影された距離は拡大されたものとなる．

わが国の平面直角座標系では，座標原点において $(S'-S)/S'=1/10\,000$ すなわち $S/S'=0.9999$ としているので，原点付近では平面に投影された距離は，球面上のそれに比べて 1/10 000 縮小され，原点より約 90 km 離れた所で両者は一致し，さらに進むにつれ平面上の距離は増し，約 130 km の地点で 1/10 000 長くなる．そのため平面直角座標系の適用範囲は原点より約 130 km 以内となる．それに行政区域の境界を考慮し，表-1.2 に示されるような適用

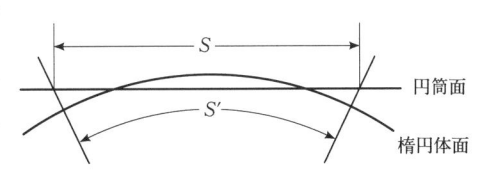

図-1.20 楕円体上の距離（S'）と投影された距離（S）

区域が決められている．

平面直角座標系においてその座標値 (X, Y) が与えられているとき，その点の経緯度 (λ, φ) は次のようにして求められる．

まず赤道からの子午線弧長が，与えられた X に等しくなる緯度 φ' を求め，これより子午線曲率半径 M'，平行圏曲率半径 N' を次式より計算する．

$$M' = \frac{a(1-e^2)}{(1-e^2\sin^2\varphi')^{3/2}} \tag{1.9}$$

$$N' = \frac{a}{(1-e^2\sin^2\varphi')^{1/2}} \tag{1.10}$$

これを用いて φ および $\Delta\lambda$ は

$$\varphi' - \varphi = \frac{Y^2\rho}{2M'N'}\tan\varphi' - \frac{Y^4\rho}{24M'N'^3}\left(5 + 3\tan^2\varphi' + \frac{e^2}{1-e^2}\cos^2\varphi'\right.$$
$$\left. - 9\frac{e^2}{1-e^2}\tan^2\varphi'\right) + \frac{Y^6\rho}{720M'N'^5}(61 + 90\tan^2\varphi' + 45\tan^4\varphi') \tag{1.11}$$

$$\Delta\lambda = \frac{Y\rho}{N'\cos\varphi'} - \frac{Y^3\rho}{6N'^3\cos\varphi'}\left(1 + 2\tan^2\varphi' + \frac{e^2}{1-e^2}\cos^2\varphi'\right)$$
$$+ \frac{Y^5\rho}{120N'^5\cos\varphi'}(5 + 28\tan^2\varphi' + 24\tan^4\varphi') \tag{1.12}$$

により算出される．

e) 北と方位角

いわゆる北という語は測地学的には正確な表現ではなく，次のような3つの北を区別して考えなければならない．

第一は真北 (true north) と呼ばれるもので，その地点を通る子午線の北極方向を指す．

第二は方眼北 (grid north) または座北と呼ばれるもので，その地点を含む地域で適用されている平面直角座標の X 軸のなす方向である．これは座標原点を含む子午線上，すなわち X 軸上では真北と一致しているが，その地点が X 軸より離れるに従い，真北との差は拡大するものであることは明らかである．

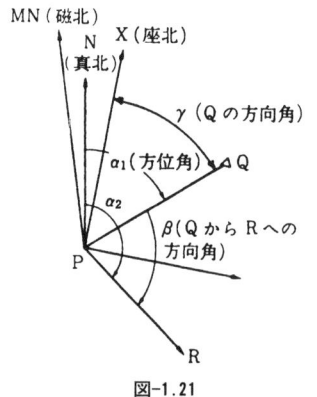

第三は磁北 (magnetic north) であって，その地点で磁針の示す方向である．地球内部の不均質さのため，この磁針の指す方向は真北とは一致せず，偏りをもつ．これは偏角と呼ばれ，北海道では西へ偏角 (西偏) 約 8°，鹿児島で西偏約 4°程度である．

われわれの対象とする測量においては一般に方眼

図-1.21

北を用いるが，小地域の独立した測量においては磁北もしばしば用いられる．真北は北極星を観測することによって求めることができる．

ある地点 A から他の地点 B がどの方向にあるかをいう場合，方位角 (azimth) でこれをいうか，方向角 (bearing) で表すかの 2 通りの表現がある．方位角は地点 P における真北の方向を 0 として右回りに測った地点 Q に対する角である．一方，方向角は真北以外の任意の方向 Q から地点 R へ右回りに測った角であるが，しばしば方眼北 (座北) からの角を指す．図-1.21 は種々の北および方位角，方向角を示している．

1.4.3 高さの基準

地上の各地点の測地経緯度は，準拠楕円体上に投影された (楕円体面に垂直に下ろした) 位置によって決定される．したがって，各地点の標高は，準拠楕円体面を基準にとり，そこからの高さ (楕円体高) によって定義するのが一見わかりやすい．しかし，先にも述べたとおり，準拠楕円体と等重力ポテンシャル面としてのジオイドは完全に一致することはなく，ジオイドは楕円体面に対して起伏をもっている．したがって，楕円体高によって標高を定義すると，標高の低い地点から高い地点へと水が流れるといったことも起こりわれわれの実感と結びつかず，実用上きわめて不便な事が起こりうる．

そのため，わが国の高さの基準は東京湾平均海面 (中等海面) をとり，これを標高 0 m としている．しかし，平均海面を基準に全国の水準測量を実施するのは実用上不便であるので，実際には東京・三宅坂の尾崎記念公園内に日本水準原点を設け，その標高を 24.4140 m と定めている．すなわち，東京湾平均海面がジオイドと一致していることを仮定し，さらに日本水準原点直下 24.4140 m のところをジオイドが水平に (水準原点直下方向に対して鉛直に) 連なっていることを仮定している．なお，わが国の準拠楕円体は日本水準原点の直下 24.4140 m のところを通過するように固定されていることは先に述べたとおりであるが，これは準拠楕円体とジオイドが日本水準原点直下で接していることを仮定するものではない．準拠楕円体は，あくまで日本全体のジオイドの近似回転楕円体であり，日本水準原点直下 24.4140 m のところで準拠楕円体とジオイドが交わることだけが仮定されているのである．

なお，わが国の東京湾平均海面は，隅田川河口にあった霊岸島験潮場での 1873 年 (明治 6) から 79 年までの約 6 年半の観測に基づいて決定されている．日本水準原点の標高は，当初 24.5000 m とされていたが，関東大震災後に 24.4140 m に改訂され，現在に至っている．現在，三浦半島にある油壺験潮場において東京湾平均海面の継続的な観測が続けられ，また油壺験潮場と水準原点の間で定期的な水準測量が実施さ

れ，水準原点の標高が監視されている．しかし，水準原点の標高を修正することは，わが国全体の水準測量の成果値を修正することを意味し，種々の不便をきたす．そのため，日本水準原点の標高は，関東大震災後の改訂以後，修正は加えられていないのである．

1.4.4 国家基準点

以上に述べられたように，わが国では各地点の位置および標高を示すために統一した座標系と水準原点 (original bench mark または standard datum of leveling) が設けられている (図-1.22)．しかし個々の局地的な測量を行うに際してこのような統一的な測量体系に準拠するためには，その近くにこれらの体系により決められている基準点が必要である．

わが国ではこの基準点が国土地理院の測量により，三角点 (triangulation station)，多角点および水準点 (bench mark) として全国に設置されている．これらの基準点を国家基準点といい，国家基準点を設置するために国土地理院が実施する測量を基本測量という．

図-1.22　日本水準原点
東京都千代田区永田町 1-1
(憲政記念館構内)
原点標石に埋めこんだ水晶板の目盛り口の線が東京湾平均海面上 24.4140 m

基本測量においては，設置される基準点の密度により等級がつけられており，またその測量方法も異なる (表-1.3 参照).

三角点設置のための測量は，その精度や点の配置の粗さにより一等から四等測量に分けられており，この測量により一等～四等三角点および図根点が設けられている．ここで，本点とは正規の密度で設けられた点であり，補点とは本点の間に設けられた補助的な点である．一等三角点 (本点および補点) は現在全国で約 1 000 点，二等は約 5 100 点，三等は約 33 000 点，四等は約 58 000 点設けられている．これらの三角点は，その名が示すとおり従来は三角測量によって設置されていた．しかし，電磁波測距儀の急速な普及に伴い，測量方式は三角測量から三辺測量へと移行した．国土地理院は 1974 年 (昭和 49) から，基準点の高精度化とその成果の地震予知への利用を目的に，三辺測量を主体とした精密測地網測量を実施してきた．精密測地網測量は，一・二等三角点を再測量する一次基準点測量と三等三角点を再測量する二次基準点測量に分けられている．したがって，現在の三角点のほとんどは，三角測量ではなく三辺測量でその座標値が求められているのであって，三角という名は従来の慣例にならって使われているに過ぎない．なお建設省国土地理院では，1994 (平成 6) 年度

表-1.3 国家基準点の配置密度

三角点	密　度 平均間隔(km)	一等本点	一等補点	二等点	三等点	四等点	図根点
		1 500 km²に 1点 45	500 km²に 1点 25	三等以上を通じて 8 km²に1点 8		四等以上を通じて 2 km²に1点 1.5	必要地区に 1 km²に1点
					3		

多角点	平均間隔(km)	二等多角本点	二等多角補点(方位標)	三等多角点
		1	0.5	0.3〜0.35

水準点	平均間隔(km)	一等水準点	二等水準点	三等水準点
		2 (国道・主要地方道沿い)	1 (国道・主要地方道沿い)	1 (府県道等沿い)

(平成3年3月末現在)

表-1.4 三角点成果表

座標系	XIII	三等 三角点　母（　3）	風蓮台	頁	4
			m	点の記番号	03609
B= 43°21′ 2″.979			X=−71 965.22	基準地域 メッシュコード	6544-06-23
L=144 47 57.551			Y=+44 526.59		
			H=+　93.560	1/5万	6544-04

視準点の名称	平均方向角	平面距離	球面距離	備考
	−0°22′37″.5	m	m	
真　北　方　向　角	159 52 39	4 500.07	4 500.41	
1　15　上　風　蓮	222 52 19	6 969.81	6 970.36	
2　20　陳　入　出	263 49 7	5 527.93	5 528.36	
3　11　風　蓮　台				

よりGPSを主体とした精密測地網測量を実施している．

　多角測量はその精度により一二三等多角測量に分けられ，これによりそれぞれ一二三等多角点が設けられている．一等多角測量は三等三角測量とほぼ同じ精度で行われるものであるが，現在，三等三角点網が完備したので一等多角測量は行われなくなり，したがって，一等多角点もほとんどない．二等多角測量は四等三角測量とほぼ同程度の精度をもつ．

　基本測量で行う水準測量は一二三等および測標水準測量に分けられ，これより一二

三等水準点が設けられている．測標水準測量は三角点の高さを求めるための三等水準測量に準じた測量であり，したがって，これによって水準点は設けられない．現在，全国でほぼ18 000点の一等水準点，7 400点の二等水準点，720点の三等水準点が設けられている．

これらの基準点は，現地に永久標識として設置されており，またその位置や標高の数値は成果表として国土地理院に保管され，必要に応じて閲覧することができる．

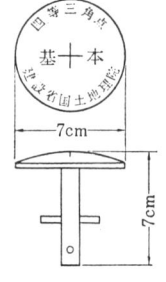

表-1.4は三角点の成果表の一例を示している．また，図-1.23(a)は四等三角点の永久標識の概観を示す．標石の中心には十字線が刻まれている．なお，三角点はビルの屋上等に設けられる場合もあるが，そのような場合には図-1.23(b)のような金属標識をモルタルの中に埋め込んだものが用いられる．岩石など堅固な地盤に三角点を設置する際にもこれと同様な方法がとられる．

図-1.23(a) 三角点の標識

図-1.23(b) 三角点の標識(金属製)

参 考 文 献

〈測量史に関する文献〉
1) 織田武雄：地図の歴史(世界編，日本編)，講談社
2) 武田通治：測量学概論，山海堂
3) 武田通治：測量 — 古代から現在まで，古今書院
4) 秋岡武次郎：日本地図史，河出書房
5) 土木学会編：明治以前日本土木史，岩波書店
6) 測量地図百年史編集委員会：測量地図百年史，(社)日本測量協会
7) 川村博忠：近世絵図と測量術，古今書院

〈測量学の基礎に関する文献〉
8) 武田通治：測量学概論，山海堂
9) 檀原 毅：測量工学，森北出版
10) 測量辞典編集委員会：測量辞典，森北出版
11) 小川 泉：地図編集および製図，山海堂
12) 測地学の概観出版委員会：測地学の概観，(社)日本測地学会
13) 萩原幸男：測地学入門，東京大学出版会
14) Crossmann : Geodätische Rechnungen und Abbildungen, Verlag Konrad Wittwer
15) M. Kneissl : Jordan/Eggert/Kneissl Handbuch der Vermessungskunde Band Ⅳ/1, 2, Mathematische Geodäsie (Landesvermessung), Metzlersche Verlagsbuchhandlung

なお，測量，地図の歴史に関しては他にも興味深い書物が多い．いくつか例をあげておくので参考にされたい．

16) 井上ひさし：四千万歩の男 (全五巻)，講談社
17) ジョン・ノーブル・ウィルフォード (鈴木主税訳)：地図を作った人々—古代から現代にいたる地図製作の偉大な物語，河出書房新社
18) フロランス・トリストラム (喜多迅鷹，デルマス柚紀子訳)：地球を測った男たち，リブロポート
19) 海野一隆：地図の文化史—世界と日本，八坂書房
20) デーヴァ・ソーベル (藤井留美訳)：経度への挑戦——秒にかけた四百年，翔泳社
21) 壇原 毅：地球を測った科学者の群像—測地・地図の発展小史，(社) 日本測量協会
22) 織田武雄：古地図の博物誌，古今書院
23) 小島宗治：測天量地，清和出版社
24) 長久保光明：地図史通論，暁印書館

第2章　測定値の処理

　測量では，長さ，角，高さなどの測定が行われ，これらの測定値を用いて測点の位置を示す座標が計算される．一般に，測定値には誤差が含まれ，計算値にはこの誤差が伝播される．

　この章では，測量学における誤差理論と，それに基づいた誤差調整法である最小二乗法について述べる．最小二乗法は，測定においてのみでなく，あらゆる測定値の処理に広く応用されている．

2.1　誤差理論 (theory of errors)

　ここでは，まず最初に測定の分類および測定に伴う誤差の分類を行った後，誤差の法則から誤差の確率密度関数を誘導し，測定の精度を表す指数について述べる．さらに，誤差伝播の法則と，重み係数および重みの意味について述べる．

2.1.1　測定の分類

　測定をその性格から分類すると，次の2つに分けることができる．
　　①　条件のない測定
　　②　条件のある測定
　条件のない測定とは，測定値がある条件を満たさなければならないなどの拘束や制約をもたない場合の測定をいう．条件のある測定とは，三角形の3つの内角の測定のように個々の測定値の間に満たすべき制約条件式が存在する場合の測定をいう．

　なお測量学では，条件のない測定のことを独立測定と呼ぶことがあるが，統計学における独立事象（すなわち，測定の場合であれば，ある測定の結果と他の測定の結果が相互に影響を及ぼさないこと）と混乱するために，本書では条件のない測定という表現を用いている．

　測定をその方法から分類すると，次の2つに分けられる．
　　①　直接測定

② 間接測定

直接測定とは，求めるべき距離や角度などを直接に器械などを用いて測定することを指す．間接測定とは，求めるべき量を直接測定するのでなく，測定値を計算式に代入することによって計算により間接的に求める測定を指す．

以上に述べた測定の分類を整理し，簡単な例をあげると**表-2.1**のようになる．

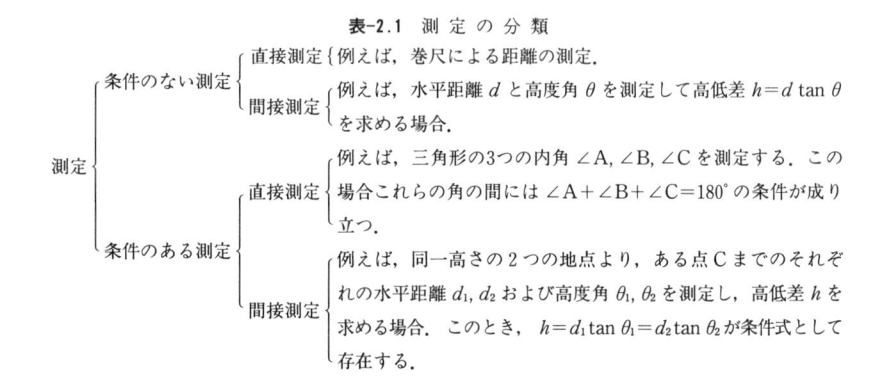

表-2.1 測定の分類

測定
- 条件のない測定
  - 直接測定：例えば，巻尺による距離の測定．
  - 間接測定：例えば，水平距離 d と高度角 θ を測定して高低差 $h = d\tan\theta$ を求める場合．
- 条件のある測定
  - 直接測定：例えば，三角形の3つの内角 $\angle A$, $\angle B$, $\angle C$ を測定する．この場合これらの角の間には $\angle A + \angle B + \angle C = 180°$ の条件が成り立つ．
  - 間接測定：例えば，同一高さの2つの地点より，ある点Cまでのそれぞれの水平距離 d_1, d_2 および高度角 θ_1, θ_2 を測定し，高低差 h を求める場合．このとき，$h = d_1\tan\theta_1 = d_2\tan\theta_2$ が条件式として存在する．

また，測定された値に含まれる誤差（誤差の生じる確率分布）が等しいと考えられる場合には，等精度の測定と呼ばれる．測定回数が異なったり，使用した測定器械の性能が異なったりして，各測定値に含まれる誤差が異なると考えられる場合には，異精度の測定と呼ばれる．

2.1.2 誤差の分類

測定において起こりうる誤差を分類すると，次の3つに分けられる．

① 定誤差 (systematic error)
② 偶然誤差 (random error)
③ 過　誤 (mistake)

定誤差とは，原因が明らかで，ある条件のもとでは常に一定の質と量の誤差が生じるものをいう．定誤差には，測定者の個人的なもの，器械に固有のもの，および温度による膨張など物理的なものがある．その原因と特性を究明すれば，理論的に定誤差を取り除くことができる．定誤差は系統誤差とも呼ばれる．

偶然誤差とは，原因が明らかでなく，定誤差や過誤を取り除いてもなお残る小さな誤差であって，誤差の符号や大きさがランダムに生じるものをいう．同じ条件のもとで行われた多数回の測定において生じる偶然誤差は，全体的には一定の法則に基づい

た確率で生じると考えられる．誤差理論では，測定回数が多数回である場合には，偶然誤差は正規分布をなすものとされ，それらの誤差を **2.2** で詳述する最小二乗法によって補正して，真値の推定値が求められる．この真値の推定値は最確値と呼ばれ，また誤差の補正は誤差調整あるいは単に調整と呼ばれることが多い．

　誤差理論で用いられる誤差という用語は，特にことわらない限りこの偶然誤差を意味し，真値と測定値との差をいう．

　しかし，測定によって真値を知ることができないので，誤差そのものはわからない．したがって，誤差の代りに真値の推定値である最確値と測定値の差が用いられ，これを残差と呼んでいる．最小二乗法では，残差の二乗和を最小にするような値が最確値として求められ，測定値が調整される．

　過誤とは，測定者の不注意によって生ずる誤りであって，目盛の読み間違いや，記帳，計算の誤りなどをいう．過誤は十分注意するか，データチェックにより除去できる．誤差理論では過誤は誤差として取り扱わない．

2.1.3 誤差の法則

　まず，偶然誤差はどのような分布をもつかを調べてみよう．

　表-2.2 は，ある量の測定を 50 回行って得た測定値を，階級に分けて整理した結果を示している．このように階級別の度数を示す表を度数分布表と呼ぶが，ここでさらに，各階級の度数 f を全体の合計度数 n で割り，相対度数 f/n を求めておく．

　図-2.1 は，測定値の階級を横軸に，度数を縦軸にとって，表-2.2 の度数分布をヒストグラムに描いたものである．また，**図-2.2** は，累積度数曲線を描いたものである．この図で，25％，50％，75％，90％の累積相対度数に対応する測定値は，それぞれ，下 4 分位値，中位値，上 4 分位値，90 位値と呼ばれる．

表-2.2　測定値の度数分布表

階級	測定値	度数	相対度数	累積度数	相対累積度数
1	250～260	2	0.04	2	0.04
2	260～270	4	0.08	6	0.12
3	270～280	7	0.14	13	0.26
4	280～290	12	0.24	25	0.50
5	290～300	11	0.22	36	0.72
6	300～310	8	0.16	44	0.88
7	310～320	5	0.10	49	0.98
8	320～330	1	0.02	50	1.00
計		50	1.00		

次に，測定回数を無限大，階級の幅を無限小，偶然誤差の範囲を $-\infty$ から $+\infty$ まで拡張した相対度数分布のヒストグラムを想定してみよう．これは，**図-2.3** に示されるように，中央に対して左右対称で，横軸を漸近線として，中央部に凸部を有する釣鐘状の連続曲線となる．測定値の平均値を原点にとり横軸を x と表すと，図-2.3のようになる．このとき測定値の平均が真の値を示すとすれば，x は正負の符号をもつ誤差の大きさを表し，y は誤差 x の生ずる確率密度を表すことになる．すなわち，この曲線は誤差分布の確率密度関数 (probability density function) であり，誤差曲線 (error density curve) と呼ばれる．誤差曲線 $y=f(x)$ が与えられると，誤差 x が $a \leq x \leq b$ である確率 $\mathrm{Prob}(a \leq x \leq b)$ は，

$$\mathrm{Prob}(a \leq x \leq b) = \int_a^b f(x)dx \quad (2.1)$$

によって計算できる．言うまでもなく

$$\int_{-\infty}^{\infty} f(x)dx = 1 \quad (2.2)$$

である．

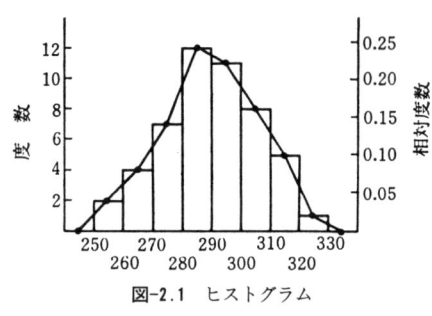

図-2.1 ヒストグラム

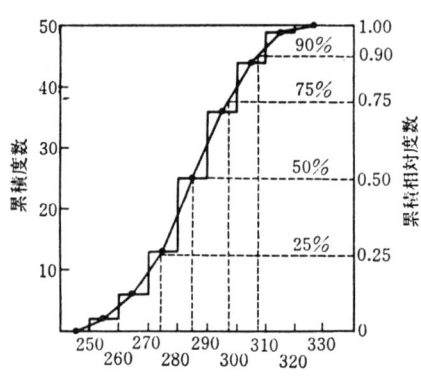

図-2.2 累積度数曲線

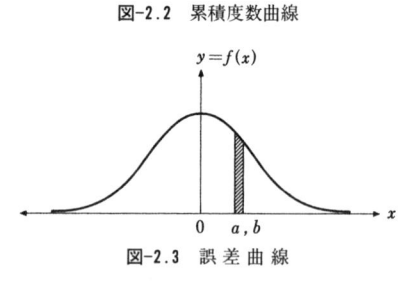

図-2.3 誤差曲線

以上のように測定回数が極めて多いときには，偶然誤差の生じる確率について，次に示す3つの公理が認められる．

① 絶対値の小さい誤差の生じる確率は，大きい誤差の生じる確率よりも大きい．

② 絶対値の等しい正負の誤差は，同じ確率で生じる．

③ 絶対値の非常に大きい誤差は，ほとんど生じない．

これは，誤差の三公理と呼ばれる．

なお，誤差が正規分布 (normal distribution) に従って分布することは，次節に示されるようにガウスによって誘導されており，この確率密度を示す $y=f(x)$ の曲線は正規曲線と呼ばれる．

2.1.4 正規曲線 (normal density curve)

前節で述べた正規曲線 $y=f(x)$ は，どのような関数形をもっているかを見てみよう．

いま，極めて多数回の測定を行い，測定値 M_i ($i=1, 2, \cdots\cdots, n$) が得られたとする．真の値を X とすると，測定値 M_i の誤差 x_i は，

$$x_i = M_i - X \tag{2.3}$$

である．

誤差 $x_1, x_2, \cdots\cdots, x_n$ の生ずる確率は，それぞれ $f(x_1)dx_1, f(x_2)dx_2, \cdots\cdots, f(x_n)dx_n$ であるから，各誤差の独立性を仮定すれば，これらの誤差が一団となって生ずる確率 P は，おのおのの確率の積に等しい．すなわち，

$$P = f(x_1)f(x_2)\cdots\cdots f(x_n)dx_1 \cdot dx_2 \cdots\cdots dx_n \tag{2.4}$$

ここで，誤差 $x_i = M_i - X$ は真の値 X の関数であるから，P の値は X の値によって異なる．

X が真の値である可能性が最も大きいのは，P の値が最大，すなわち一団の誤差の生ずる確率が最も高い場合であると考えられる．すなわち，$x_1, x_2, \cdots\cdots, x_n$ が真の誤差であるための条件は，$dP/dX = 0$ であると考えられる．

ところで，dx_i は無限小であるから X には無関係である．したがって，式 (2.4) は次のように表せる．

$$P(x) = K f(x_1) f(x_2) \cdots\cdots f(x_n) \tag{2.5}$$

ここで，K は定数で，dx_i の積である．

また，条件 $dP/dX = 0$ は，対数をとって $d\log P/dX = 0$ としてもよいから，式 (2.5) の両辺の対数をとって X で微分して 0 とおくと，次式が得られる．

$$\frac{d \log P}{dX} = \frac{d \log f(x_1)}{dx_1}\frac{dx_1}{dX} + \frac{d \log f(x_2)}{dx_2}\frac{dx_2}{dX} + \cdots\cdots$$
$$+ \frac{d \log f(x_n)}{dx_n}\frac{dx_n}{dX} = 0 \tag{2.6}$$

$x_i = M_i - X$ より $dx_i/dX = -1$ を得るから，上式は次のようになる．

$$\frac{d \log f(x_1)}{dx_1} + \frac{d \log f(x_2)}{dx_2} + \cdots\cdots + \frac{d \log f(x_n)}{dx_n} = 0 \tag{2.7}$$

ところで，測定回数 n は極めて大きいから，誤差の公理 ② より，次の式が成り立つと考えられる．

$$x_1 + x_2 + \cdots\cdots + x_n = 0 \tag{2.8}$$

式 (2.7) と式 (2.8) が常に同時に成り立つためには，両式の各項の比がそれぞれ等

しくなければならないから，次の関係式が成り立つ．

$$\frac{d\log f(x_1)}{x_1 dx_1}=\frac{d\log f(x_2)}{x_2 dx_2}=\cdots\cdots=\frac{d\log f(x_n)}{x_n dx_n} \tag{2.9}$$

いま，上式の値を λ とおけば，任意の誤差 x に関して次の式が成り立つ．

$$\frac{d\log f(x)}{x dx}=\lambda \tag{2.10}$$

変数を分離して

$$d\log f(x)=\lambda x dx \tag{2.11}$$

とし，両辺を積分すれば次の式が得られる．

$$\log f(x)=\frac{1}{2}\lambda x^2+\log C \tag{2.12}$$

ゆえに

$$f(x)=Ce^{\frac{1}{2}\lambda x^2} \tag{2.13}$$

ここで，C：積分定数．

さて，誤差の公理①から，誤差 x の絶対値が小さくなれば $f(x)$ は大きくなり，誤差 x の絶対値が大きくなれば $f(x)$ は小さくならなければならないので，便宜上，$\lambda/2=-h^2\,(h>0)$ とおくと，式 (2.13) は次のようになる．

$$f(x)=Ce^{-h^2x^2} \tag{2.14}$$

また，式 (2.2)，すなわち正規曲線 $y=f(x)$ と x 軸との間でつくられる面積は 1 でなければならないので，次の式が得られる．

$$\int_{-\infty}^{\infty}f(x)dx=2C\int_0^{\infty}e^{-h^2x^2}dx=1 \tag{2.15}$$

C の値を定めるために上式を変形する．すなわち，$hx=t$ とおくと $dx=dt/h$ となるから，上式は

$$\frac{2C}{h}\int_0^{\infty}e^{-t^2}dt=1 \tag{2.16}$$

となる．

結局，C の値を定めるには式 (2.16) の左辺の積分の値を求めればよい．そこで

$$I=\int_0^{\infty}e^{-t^2}dt=\int_0^{\infty}e^{-u^2}du \tag{2.17}$$

とおき，t と u に関する二重積分を D とすると，D は次の式で表される．

$$D=\int_0^{\infty}\int_0^{\infty}\exp[-(t^2+u^2)]dt\,du=\int_0^{\infty}e^{-t^2}dt\int_0^{\infty}e^{-u^2}du=I^2 \tag{2.18}$$

上式において $u=tv$ とおくと，$du=t\,dv$ となるから，D は次のように求まる．

$$D=I^2=\int_0^{\infty}\int_0^{\infty}\exp[-t^2(1+v^2)]t\,dt\,dv=\int_0^{\infty}dv\int_0^{\infty}\exp[-t^2(1+v^2)]t\,dt$$

$$= \int_0^\infty \left[-\frac{1}{2(1+v^2)} \exp\left[-t^2(1+v^2)\right]\right]_0^\infty dv$$

$$= \frac{1}{2}\int_0^\infty \frac{1}{1+v^2}dv = \frac{1}{2}\left[\tan^{-1}v\right]_0^\infty = \frac{\pi}{4} \tag{2.19}$$

ゆえに

$$I = \frac{\sqrt{\pi}}{2} \tag{2.20}$$

したがって，式 (2.16)，(2.17) より，C の値は次のように求まる．

$$C = \frac{h}{2I} = \frac{h}{\sqrt{\pi}} \tag{2.21}$$

この C の値を，式 (2.14) に代入すれば，正規曲線の方程式は次のようになる．

$$y = f(x) = \frac{h}{\sqrt{\pi}}e^{-h^2x^2} \tag{2.22}$$

次に正規曲線の特徴を示しておこう．

① y は x の偶関数であるから，曲線は y 軸に対して対称である．

② $h > 0$ であるから常に y は正である．

③ $x = 0$ のとき，y は最大値 $h/\sqrt{\pi}$ をとり，x が無限大になれば，y は 0 に近づく．

④ $\dfrac{dy}{dx} = -\dfrac{2h^3}{\sqrt{\pi}}e^{-h^2x^2}x$, $\dfrac{d^2y}{dx^2} = -\dfrac{2h^3}{\sqrt{\pi}}e^{-h^2x^2}(1-2h^2x^2)$

であるから，x の絶対値が大きくなるにつれて，y は減少曲線を描き，$|x| = 1/\sqrt{2}\,h$ で変曲点をもつ．したがって，$0 \leq |x| < 1/\sqrt{2}\,h$ で曲線は上に凸，$|x| > 1/\sqrt{2}\,h$ で曲線は下方に凸となる．

変曲点における y 座標は次のようになる．

$$y = \frac{h}{\sqrt{\pi}}e^{-1/2} \fallingdotseq 0.61\frac{h}{\sqrt{\pi}} \tag{2.23}$$

また，正規曲線の 2 つの変曲点の x 座標のうち，正のものを σ とおくと，次のように表される．

$$\sigma = \frac{1}{\sqrt{2}\,h} \tag{2.24}$$

この σ は，**2.1.6** で明らかにされるように母標準偏差を意味する．

⑤ h は精度を表す指数であり，精度指数と呼ばれる．h が大きいほど正規曲線は中央が高い曲線にな

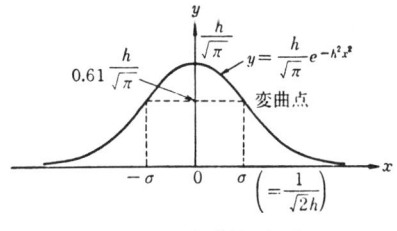

図-2.4　正規曲線の概形

り，h が小さいほど正規曲線は平べったい形となる．すなわち，h が大きいほど精度はよく，h が小さいほど精度は悪いことを示す．

以上に述べた結果から正規曲線の概形を描くと，**図-2.4** のようになる．

2.1.5 正規関数の標準化

式 (2.24) により，精度指数 h を σ で表すと，正規関数は次のように表される．

$$y = \frac{1}{\sqrt{2\pi}\sigma} \exp\left[-\frac{1}{2}\left(\frac{x}{\sigma}\right)^2\right] \tag{2.25}$$

誤差 x は測定値の単位を有するので，x を σ で割って次のように無次元化する．

$$t = \frac{x}{\sigma} \tag{2.26}$$

この t は σ を単位として測られた誤差であり，標準単位と呼ばれる．

先に述べたように，誤差 x の生ずる確率 $p(x)$ は

$$p(x) = f(x)dx = \frac{1}{\sqrt{2\pi}\sigma} \exp\left[-\frac{1}{2}\left(\frac{x}{\sigma}\right)^2\right]dx \tag{2.27}$$

と表されるが，ここで，$dx = \sigma dt$ であるから，誤差 t の生ずる確率 $p(t)$ は次のように表される．

$$p(t) = \frac{1}{\sqrt{2\pi}} e^{-t^2/2} dt \tag{2.28}$$

したがって，確率変数 t に関する確率密度関数 y は

$$y = f(t) = \frac{1}{\sqrt{2\pi}} e^{-t^2/2} \tag{2.29}$$

となる．これを標準正規確率密度関数 (standard normal density function) といい，この曲線を標準正規曲線 (standard normal density curve) という．

この標準確率密度関数は，平均が 0，分散 σ^2 が 1 の正規分布を表し，$N(0, 1)$ と書かれる．一般に平均が X，分散 σ^2 の正規分布を $N(X, \sigma^2)$ と書く．

誤差が $-\infty$ より任意の x までの間に落ちる確率，すなわち累積正規分布関数 $F(x)$ を標準化された標準単位 t の関数で表すと，次のようになる．

$$F(x) = \int_{-\infty}^{t} \frac{1}{\sqrt{2\pi}} e^{-t^2/2} dt = \frac{1}{2} + \frac{1}{\sqrt{2\pi}} \int_{0}^{t} e^{-t^2/2} dt \tag{2.30}$$

したがって，誤差が a と b $(a<b)$ の間に生ずる確率 $P(a<x<b)$ は，次の式から求められる．

$$P(a<x<b) = F(b) - F(a) = \frac{1}{\sqrt{2\pi}} \int_{0}^{b/\sigma} e^{-t^2/2} dt - \frac{1}{\sqrt{2\pi}} \int_{0}^{a/\sigma} e^{-t^2/2} dt \tag{2.31}$$

なお，

$$I = \frac{1}{\sqrt{2\pi}} \int_0^t e^{-t^2/2} dt \tag{2.32}$$

を確率積分と呼び，仮説検定や信頼区間を論じるときにしばしば用いられる．

付表-1(巻末)は確率積分の数値表である．ここでは，例として，$t(=x/\sigma)$ が特殊な範囲にある確率をいくつかあげておく．言うまでもなく，以下の各値は標準正規分布の正負両側の範囲を考えており，式(2.32)に t の値を代入して得られた結果を2倍することにより求められる．

$$P\{-\sigma < x < \sigma\} = 0.6827$$
$$P\{-2\sigma < x < 2\sigma\} = 0.9545$$
$$P\{-3\sigma < x < 3\sigma\} = 0.9973$$
$$P\{-0.6745\sigma < x < 0.6745\sigma\} = 0.5000$$
$$P\{-1.96\sigma < x < 1.96\sigma\} = 0.9500$$
$$P\{-2.58\sigma < x < 2.58\sigma\} = 0.9900$$

2.1.6 測定の精度を表す指数

測定の精度を示すのに，精度指数 h の代りに，測量学では h と関係をもつ次の値がしばしば用いられる．

a) 標準偏差 (standard deviation)

各測定において生じる誤差は，無限に測定を繰り返したときに得られるであろうと想定される誤差の集団からランダムに供給された値であるとみなすことができる．この供給源のことを母集団(population)と呼び，母集団を規定する確率分布の分散を母分散と呼ぶ．

母集団の確率密度関数を $f(x)$ とするとき，母分散 σ^2 は分散の定義により次のように表すことができる．

$$\sigma^2 = \int_{-\infty}^{\infty} \left\{ x - \int_{-\infty}^{\infty} xf(x)dx \right\}^2 f(x)dx = \int_{-\infty}^{\infty} x^2 f(x)dx = \frac{2h}{\sqrt{\pi}} \int_0^{\infty} x^2 e^{-h^2 x^2} dx$$
$$= \frac{2h}{\sqrt{\pi}} \int_0^{\infty} x(xe^{-h^2 x^2})dx = \left[-\frac{1}{\sqrt{\pi}h} \frac{x}{e^{h^2 x^2}} \right]_0^{\infty} + \frac{1}{\sqrt{\pi}h} \int_0^{\infty} e^{-h^2 x^2} dx \tag{2.33}$$

このとき

$$\lim_{x \to \infty} \frac{x}{e^{h^2 x^2}} = \lim_{x \to \infty} \frac{\dfrac{d}{dx}x}{\dfrac{d}{dx}e^{h^2 x^2}} = \lim_{x \to \infty} \frac{1}{2h^2 x e^{h^2 x^2}} = 0$$

となり，式(2.15)と式(2.21)より

$$\int_0^{\infty} \frac{h}{\sqrt{\pi}} e^{-h^2 x^2} dx = \frac{1}{2}$$

となるから，結局 σ^2 は次のようになる．

$$\sigma^2 = \frac{1}{2h^2} \tag{2.34}$$

よって，母標準偏差 $\sigma\,(\sigma>0)$ は，次式で表せる．

$$\sigma = \frac{1}{\sqrt{2}\,h} \tag{2.35}$$

しかし，実際には測定回数は有限であり，真の誤差がわからないため，母分散を知ることはできない．そこで，誤差の代わりに **2.2.1** で示される残差 v を用い，次のような推定量により母分散を推定する．

$$\hat{\sigma}^2 = \frac{v_1^2 + v_2^2 + \cdots + v_n^2}{f} \tag{2.36}$$

ここで，f は自由度 (degree of freedom) と呼ばれ，以下の式で定義される．

(測定回数)＋(条件式数)－(未知変量の数)

式 (2.36) において，残差の 2 乗和を単に測定回数で除すのではなく自由度 f で除すのは，そうすることにより母分散の不偏推定量 (unbiased estimator) が得られることが知られているからである．不偏推定量とは，その分布の期待値が真値と一致するという統計的な性質である．すなわち，式 (2.36) は $E(\hat{\sigma}^2) = \sigma^2$ を満たし（証明は，**2.2.2**, **2.2.3** を参照），母分散を過大にあるいは過小にではなく偏りなく推定するという意味において望ましい性質をもつ．式 (2.36) で示される推定量，もしくはこれを用いて推定された分散の値を不偏分散 (unbiased variance) あるいは標本分散 (sample variance) という．

自由度が意味するところを直感的に理解するための説明をしておく．いま，2 つの地点間の距離を求めるために 1 回だけの直接測定が許されたとしよう．1 回の測定しかできないのであるから，その測定値をもって距離を知るよりなく，測定値にいかなる誤差が生じているかを議論する情報は何一つない．そこには誤差という概念が生じない．このとき，自由度はどうなるであろうか．未知変量は地点間の距離であり，その数は 1 である．測定回数は 1 である．また，未知変量である距離を拘束する条件式は存在しないから，条件式数は 0 である．したがって，自由度は $f = 1 + 0 - 1 = 0$ である．次に，三角形の 3 つの内角を求めるために，そのうちの 2 つの角を測定したとしよう．三角形の内角の和は 180°であるから，2 つの内角の測定により，他のもう 1 つの内角を知ることができる．この問題にも測定の誤差を議論する情報はない．この場合，未知変量は 3，測定回数は 2，条件式数は 1 であるから，自由度は $f = 2 + 1 - 3 = 0$ である．以上の例からわかるように，自由度が 0 であるとは，誤差を議論する余地がない状態を示す．

では，自由度が 1 以上とはどのような場合であろうか．いま，ある距離を測定する

ために3回の直接測定をし，m_1, m_2, m_3 を得たとしよう．このとき，測定回数が3であるから自由度は $f=3+0-1=2$ である．この問題においては，仮に測定誤差がなければ，少なくとも $m_1=m_2=m_3$ なる2つの独立な条件を満たすはずであるから，この条件からの乖離の度合いによって誤差を議論することができる．また，三角形の3つの内角を求めるために，3つの内角すべてを直接測定し，$\theta_1, \theta_2, \theta_3$ を得たとしよう．このとき，自由度は $f=3+1-3=1$ である．この問題において，もし測定誤差がなければ，少なくとも $\theta_1+\theta_2+\theta_3=180°$ を満たすはずであり，この条件からの乖離の度合いにより誤差を議論できる．以上からわかるように，自由度があるとは，誤差を議論するための条件があることを意味し，自由度とはその条件の数を意味するのである．

　測量学では，平均二乗偏差，すなわち残差の二乗和を単に測定回数で除すことにより母分散の1つの推定値とし，その平方根によって誤差を評価することがある．これを中等誤差 m と呼び，次式で表される．

$$m=\sqrt{\frac{v_1^2+v_2^2+\cdots+v_n^2}{n}} \tag{2.37}$$

なお，標本から計算される分散という意味から，不偏分散と平均二乗偏差を総称して標本分散という場合があり，さらには平均二乗偏差だけを指して標本分散と呼ぶこともあるので注意されたい．

b) 確率誤差(probable error)

確率誤差 r は，r より絶対値の大きい誤差の起こる確率と，r より絶対値の小さい誤差の起こる確率が等しいような誤差をいう．すなわち

$$\int_{-r}^{r} \frac{h}{\sqrt{\pi}} e^{-h^2 x^2} dx = \frac{1}{2} \tag{2.38}$$

を満足する r のことである．

　上式を標準単位 $t=x/\sigma$ で表すと

$$2\int_{0}^{r/\sigma} \frac{1}{\sqrt{2\pi}} e^{-t^2/2} dt = \frac{1}{2}$$

となり，確率積分 I は次のようになる．

$$I=\int_{0}^{r/\sigma} \frac{1}{\sqrt{2\pi}} e^{-t^2/2} dt = 0.25 \tag{2.39}$$

付表-1を参照して，$r/\sigma=0.6745$ のとき $I=0.25$ を得る．したがって，確率誤差 r は次のようになる．

$$r=0.6745\sigma \tag{2.40}$$

c) 平均誤差(mean error)

平均誤差 e は，誤差の絶対値の期待値であって，次の式から求められる．

$$e=\int_{-\infty}^{\infty}|x|f(x)dx=2\int_0^{\infty}xf(x)dx$$
$$=2\int_0^{\infty}x\frac{h}{\sqrt{\pi}}e^{-h^2x^2}dx=2\left[-\frac{1}{2\sqrt{\pi}h}e^{-h^2x^2}\right]_0^{\infty}=\frac{1}{\sqrt{\pi}h} \tag{2.41}$$

ゆえに

$$e=\frac{1}{\sqrt{\pi}h}=\sqrt{\frac{2}{\pi}}\sigma=0.7979\sigma \tag{2.42}$$

d) 特殊誤差間の関係

標準偏差 σ, 確率誤差 r および平均誤差 e を総称して特殊誤差と呼ぶ. 特殊誤差の間に成り立つ関係をまとめると, 次のようになる.

$$\left.\begin{array}{l}\sigma=1.4826r=1.2533e\\ r=0.6745\sigma=0.8453e\\ e=0.7979\sigma=1.1829r\end{array}\right\} \tag{2.43}$$

2.1.7 誤差の伝播

a) 誤差伝播の法則 (propagation law of errors)

変数 $x_1, x_2, \cdots\cdots, x_n$ およびそれらの測定精度が与えられているとき, これらの変数によってつくられる関数

$$y=f(x_1, x_2, \cdots\cdots, x_n) \tag{2.44}$$

の精度がどのようになるかを考えてみよう.

まず最初に最も簡単な関数

$$y=ax \tag{2.45}$$

の場合を考えてみる.

変数 x の n 個の実現値に対する誤差を $\varepsilon_1, \varepsilon_2, \cdots\cdots, \varepsilon_n$ とし, それらに対応する y の誤差を, $\varepsilon_{y1}, \varepsilon_{y2}, \cdots\cdots, \varepsilon_{yn}$ とすれば, 次の式が成り立つ.

$$\left.\begin{array}{l}\varepsilon_{y1}=a\varepsilon_1\\ \varepsilon_{y2}=a\varepsilon_2\\ \cdots\cdots\cdots\cdots\\ \varepsilon_{yn}=a\varepsilon_n\end{array}\right\} \tag{2.46}$$

したがって, y の精度, すなわち分散 $\sigma_y{}^2$ は x の精度, すなわち分散 $\sigma_x{}^2$ から次のように求まる.

$$\sigma_y{}^2=\sum_{i=1}^n\varepsilon_{yi}{}^2/n=a^2\sum_{i=1}^n\varepsilon_i{}^2/n=a^2\sigma_x{}^2 \tag{2.47}$$

次に, 2 つの変数でつくられる簡単な関数として

$$y=x_1+x_2 \tag{2.48}$$

を考えよう．

いま，n 組の実現値に対する x_1 の誤差を $\varepsilon_{11}, \varepsilon_{12}, \ldots\ldots, \varepsilon_{1n}$ とし，x_2 の誤差を $\varepsilon_{21}, \varepsilon_{22}, \ldots\ldots, \varepsilon_{2n}$ とする．y の誤差は，$(\varepsilon_{11}, \varepsilon_{21})$ の組に対して ε_{y1}，$(\varepsilon_{12}, \varepsilon_{22})$ の組に対して $\varepsilon_{y2}, \ldots\ldots, (\varepsilon_{1n}, \varepsilon_{2n})$ の組に対して ε_{yn} とすると，次の式が成り立つ．

$$\left.\begin{array}{l}\varepsilon_{y1}=\varepsilon_{11}+\varepsilon_{21}\\ \varepsilon_{y2}=\varepsilon_{12}+\varepsilon_{22}\\ \cdots\cdots\cdots\cdots\cdots\\ \varepsilon_{yn}=\varepsilon_{1n}+\varepsilon_{2n}\end{array}\right\} \tag{2.49}$$

したがって，y の分散 σ_y^2 は次のようにして求まる．

$$\begin{aligned}\sigma_y^2 &= \sum_{i=1}^n \varepsilon_{yi}^2/n = \sum_{i=1}^n \varepsilon_{1i}^2/n + \sum_{i=1}^n \varepsilon_{2i}^2/n + 2\sum_{i=1}^n \varepsilon_{1i}\varepsilon_{2i}/n \\ &= \sigma_{x_1}^2 + \sigma_{x_2}^2 + 2\sigma_{x_1 x_2}\end{aligned} \tag{2.50}$$

ここで，$\sigma_{x_1}^2$ は，x_1 の分散，$\sigma_{x_2}^2$ は x_2 の分散，$\sigma_{x_1 x_2}$ は x_1 と x_2 の共分散である．

共分散 $\sigma_{x_1 x_2}$ とは，x_1 と x_2 の誤差 ε_1 と ε_2 の積の相加平均をいう．x_1 と x_2 が互いに独立の場合には，n が大きければ誤差の公理 ② から等しい正負の値が同数だけ生じるので，相乗積 $\varepsilon_1\varepsilon_2$ の相加平均は 0 となり，したがって共分散 $\sigma_{x_1 x_2}$ も 0 となる．

したがって上式で，x_1 と x_2 が互いに独立ならば

$$\sigma_y^2 = \sigma_{x_1}^2 + \sigma_{x_2}^2 \tag{2.51}$$

となる．

次に，線形の一般の関数形

$$y = a_1 x_1 + a_2 x_2 + \cdots\cdots + a_n x_n \tag{2.52}$$

を考えよう．

前と同様に考えると，容易に y の分散が次のように導かれる．

$$\begin{aligned}\sigma_y^2 =\ & a_1^2 \sigma_{x_1}^2 + a_2^2 \sigma_{x_2}^2 + \cdots\cdots + a_n^2 \sigma_{x_n}^2 \\ & + 2a_1 a_2 \sigma_{x_1 x_2} + 2a_1 a_3 \sigma_{x_1 x_3} + \cdots\cdots + 2a_{n-1} a_n \sigma_{x_{n-1} x_n}\end{aligned} \tag{2.53}$$

$x_1, x_2, \ldots\ldots, x_n$ が互いに独立なときは，次のようになる．

$$\sigma_y^2 = a_1^2 \sigma_{x_1}^2 + a_2^2 \sigma_{x_2}^2 + \cdots\cdots + a_n^2 \sigma_{x_n}^2 \tag{2.54}$$

次に，任意の関数形

$$y = f(x_1, x_2, \ldots\ldots, x_n) \tag{2.55}$$

を考える．

$x_1, x_2, \ldots\ldots, x_n$ の測定値を $m_1, m_2, \ldots\ldots, m_n$ とし

$$x_1 = m_1 + \varepsilon_1, \quad x_2 = m_2 + \varepsilon_2, \quad \ldots\ldots, \quad x_n = m_n + \varepsilon_n$$

とおく．$\varepsilon_1, \varepsilon_2, \ldots\ldots, \varepsilon_n$ は誤差で微小な量である．

測定値 $m_1, m_2, \cdots, m_n$ の周りに上式をテーラー展開すると，次のように線形近似で

きる．

$$y \fallingdotseq f(m_1, m_2, \cdots\cdots, m_n) + \frac{\partial f}{\partial x_1}\varepsilon_1 + \frac{\partial f}{\partial x_2}\varepsilon_2 \cdots\cdots + \frac{\partial f}{\partial x_n}\varepsilon_n \qquad (2.56)$$

上式で，$f(m_1, m_2, \cdots\cdots, m_n)$ および微係数 $\partial f/\partial x_i$ は定数であるから，式(2.52)の場合と同様に，任意の関数 y の分散 $\sigma_y{}^2$ は次のように求まる．

$$\begin{aligned}\sigma_y{}^2 =& \left(\frac{\partial f}{\partial x_1}\right)^2 \sigma_{x_1}{}^2 + \left(\frac{\partial f}{\partial x_2}\right)^2 \sigma_{x_2}{}^2 + \cdots\cdots + \left(\frac{\partial f}{\partial x_n}\right)^2 \sigma_{x_n}{}^2 \\ & + 2\frac{\partial f}{\partial x_1}\frac{\partial f}{\partial x_2}\sigma_{x_1 x_2} + 2\frac{\partial f}{\partial x_1}\frac{\partial f}{\partial x_3}\sigma_{x_1 x_2} + \cdots\cdots + 2\frac{\partial f}{\partial x_{n-1}}\frac{\partial f}{\partial x_n}\sigma_{x_{n-1} x_n}\end{aligned} \quad (2.57)$$

これが，変数 $x_1, x_2, \cdots\cdots, x_n$ の誤差がそれらの変数のつくる関数 $y=f(x_1, x_2, \cdots\cdots, x_n)$ の誤差に及ぼす影響を表す一般式であり，誤差伝播の法則と呼ばれる．

$x_1, x_2, \cdots\cdots, x_n$ が互いに独立な場合，共分散を0とおいて，次の式が得られる．

$$\sigma_y{}^2 = \left(\frac{\partial f}{\partial x_1}\right)^2 \sigma_{x_1}{}^2 + \left(\frac{\partial f}{\partial x_2}\right)^2 \sigma_{x_2}{}^2 + \cdots\cdots + \left(\frac{\partial f}{\partial x_n}\right)^2 \sigma_{x_n}{}^2 \qquad (2.58)$$

b) 重み係数（コファクター）と重み

上記の誤差伝播の法則は，以下に述べるような変数の重み係数を導入して簡単に表せる．

分散および共分散によってつくられる次のマトリクスを，分散‐共分散マトリクスと呼ぶ．

$$\boldsymbol{\Sigma} = \begin{bmatrix} \sigma_{x_1}{}^2 & \sigma_{x_1 x_2} & \cdots\cdots & \sigma_{x_1 x_n} \\ \sigma_{x_2 x_1} & \sigma_{x_2}{}^2 & \cdots\cdots & \sigma_{x_2 x_n} \\ \vdots & \vdots & & \vdots \\ \sigma_{x_n x_1} & \sigma_{x_n x_2} & \cdots\cdots & \sigma_{x_n}{}^2 \end{bmatrix} \qquad (2.59)$$

このとき，$\boldsymbol{\Sigma}$ の各要素は未知であるが，その比はわかっているものとする．すなわち，ある一定の分散 σ^2（分散係数）を用いて次のように表す．

$$\sigma^2 = \frac{\sigma_{x_1}{}^2}{g_{11}} = \frac{\sigma_{x_1 x_2}}{g_{12}} = \cdots = \frac{\sigma_{x_i x_k}}{g_{ik}} = \cdots = \frac{\sigma_{x_n}{}^2}{g_{nn}} \qquad (2.60)$$

ここで，$g_{11}, g_{12}, \cdots, g_{nn}$ を重み係数（コファクター：cofactor）という．分散‐共分散マトリクスはコファクターを用いて次のように書き直すことができる．

$$\boldsymbol{\Sigma} = \sigma^2 \begin{bmatrix} g_{11} & g_{12} & \cdots\cdots & g_{1n} \\ g_{21} & g_{22} & \cdots\cdots & g_{2n} \\ \vdots & \vdots & & \vdots \\ g_{n1} & g_{n2} & \cdots\cdots & g_{nn} \end{bmatrix} \qquad (2.61)$$

なお，コファクターは σ^2 によって決まる係数であり，比に意味をもつ．上記のマトリクスは，独立な等精度（等分散）の測定では単位行列の正数倍行列，独立な異精度の測定では対角行列となることは式 (2.60) の定義から明らかである．

コファクターを用いて誤差伝播の法則を記述してみよう．

いま，
$$y = f(x_1, x_2, \cdots\cdots, x_n) \tag{2.62}$$
の分散 σ_y^2 を求める問題を考える．まず，y のコファクターを G_{yy} とする．このとき，式 (2.60) より
$$\sigma^2 = \frac{\sigma_y^2}{G_{yy}}, \quad \sigma_y^2 = \sigma^2 G_{yy} \tag{2.63}$$
である．また，分散 σ_y^2 は誤差伝播の法則から
$$\sigma_y^2 = \left(\frac{\partial f}{\partial x_1}\right)^2 \sigma_{x_1}^2 + \left(\frac{\partial f}{\partial x_2}\right)^2 \sigma_{x_2}^2 + \cdots\cdots + \left(\frac{\partial f}{\partial x_n}\right)^2 \sigma_{x_n}^2$$
$$+ 2\frac{\partial f}{\partial x_1}\frac{\partial f}{\partial x_2}\sigma_{x_1 x_2} + 2\frac{\partial f}{\partial x_1}\frac{\partial f}{\partial x_3}\sigma_{x_1 x_3} + \cdots\cdots + 2\frac{\partial f}{\partial x_{n-1}}\frac{\partial f}{\partial x_n}\sigma_{x_{n-1} x_n} \tag{2.64}$$

となる．この式の両辺を分散係数 σ^2 で割ると，
$$\frac{\sigma_y^2}{\sigma^2} = \left(\frac{\partial f}{\partial x_1}\right)^2 \frac{\sigma_{x_1}^2}{\sigma^2} + \left(\frac{\partial f}{\partial x_2}\right)^2 \frac{\sigma_{x_2}^2}{\sigma^2} + \cdots\cdots + \left(\frac{\partial f}{\partial x_n}\right)^2 \frac{\sigma_{x_n}^2}{\sigma^2}$$
$$+ 2\frac{\partial f}{\partial x_1}\frac{\partial f}{\partial x_2}\frac{\sigma_{x_1 x_2}}{\sigma^2} + 2\frac{\partial f}{\partial x_1}\frac{\partial f}{\partial x_3}\frac{\sigma_{x_1 x_3}}{\sigma^2} + \cdots\cdots + \frac{\partial f}{\partial x_{n-1}}\frac{\partial f}{\partial x_n}\frac{\sigma_{x_{n-1} x_n}}{\sigma^2} \tag{2.65}$$

となり，結局のところ
$$G_{yy} = \left(\frac{\partial f}{\partial x_1}\right)^2 g_{11} + \left(\frac{\partial f}{\partial x_2}\right)g_{22} + \cdots\cdots + \left(\frac{\partial f}{\partial x_n}\right)g_{nn}$$
$$+ 2\frac{\partial f}{\partial x_1}\frac{\partial f}{\partial x_2}g_{12} + 2\frac{\partial f}{\partial x_1}\frac{\partial f}{\partial x_3}g_{13} + \cdots\cdots + 2\frac{\partial f}{\partial x_{n-1}}\frac{\partial f}{\partial x_n}g_{n-1,n} \tag{2.66}$$

となる．ここで，以下のような表記上の演算子を定義する．
$$g_i g_k = g_{ik} \tag{2.67}$$

この演算子を用いると，式 (2.66) は，
$$G_{yy} = G_y^2 = \left\{\frac{\partial f}{\partial x_1}g_1 + \frac{\partial f}{\partial x_2}g_2 + \cdots\cdots + \frac{\partial f}{\partial x_n}g_n\right\}^2 \tag{2.68}$$
となり，

$$\boxed{G_y = \frac{\partial f}{\partial x_1}g_1 + \frac{\partial f}{\partial x_2}g_2 + \cdots\cdots + \frac{\partial f}{\partial x_n}g_n} \tag{2.69}$$

と表現できる．このように，コファクターを用いることにより，誤差伝播の法則を比

較的簡単に記述できる．y の分散 $\sigma_y{}^2$ を求めるには，式 (2.68)，式 (2.69) から G_{yy} を求め，式 (2.63) より $\sigma_y{}^2 = \sigma^2 G_{yy}$ のように求めればよい．

次に，コファクター $g_{11}, g_{22}, \cdots, g_{nn}$ の逆数 p_i を導入してみる．

$$p_i = \frac{1}{g_{ii}} = \frac{\sigma^2}{\sigma_{x_i}{}^2} \tag{2.70}$$

このとき，$\sigma_{x_i}{}^2$ が大きいほど p_i は小さく，$\sigma_{x_i}{}^2$ が小さいほど p_i は大きくなることがわかる．すなわち，p_i はその測定の精度が高いほど (分散が小さいほど) 大きな値をとる．この p_i のことを，測定の重み (weight) という．

重みはコファクターと同様に分散係数 σ^2 に依存する係数であり，その絶対値ではなく比に意味をもつ．重みは，各測定の使用機器の精度がわかっていればそれらの比によって求めることができる．また，各測定の使用機器が同じであるときは，**2.2.2** で示すように各測定の測定回数に比例した値を与える．

さて，これまで特に定義することなしに使ってきた分散係数 σ^2 は式 (2.70) より，$p_i = 1$ とした測定の分散であるといえる．このため，σ^2 を単位重みの分散 (variance of unit weight) と呼ぶ．

例題 2-1 いま図-2.5 に示されるように点 P_2 の座標 (x_2, y_2) が，点 P_1 の座標 (x_1, y_1) から距離 d および角 θ を測定して

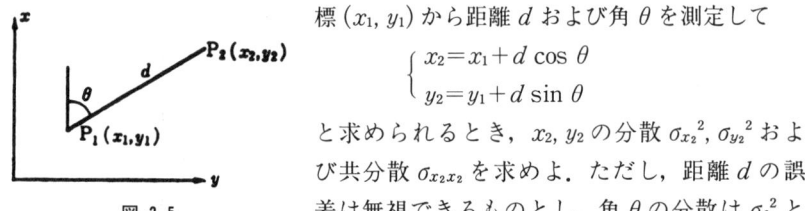

$$\begin{cases} x_2 = x_1 + d\cos\theta \\ y_2 = y_1 + d\sin\theta \end{cases}$$

と求められるとき，x_2, y_2 の分散 $\sigma_{x_2}{}^2, \sigma_{y_2}{}^2$ および共分散 $\sigma_{x_2 y_2}$ を求めよ．ただし，距離 d の誤差は無視できるものとし，角 θ の分散は $\sigma_\theta{}^2$ とする．x と y は互いに独立ではないが，角 θ との間は独立であるとする．

図-2.5

解 x_2, y_2 の重み係数を求めると次のようになる．

$$\begin{cases} G_{x_2} = \dfrac{\partial x_2}{\partial x_1} g_{x_1} + \dfrac{\partial x_2}{\partial \theta} g_\theta = g_{x_1} - (d\sin\theta) g_\theta \\ G_{y_2} = \dfrac{\partial y_2}{\partial y_1} g_{y_1} + \dfrac{\partial y_2}{\partial \theta} g_\theta = g_{y_1} + (d\cos\theta) g_\theta \end{cases}$$

辺々相乗すると $g_{x_1}\theta = g_{y_1}\theta = 0$ であるから

$$\begin{cases} G_{x_2 x_2} = G_{x_2} G_{x_2} = g_{x_1 x_1} + d^2 \sin^2\theta \, g_{\theta\theta} \\ G_{y_2 y_2} = G_{y_2} G_{y_2} = g_{y_1 y_1} + d^2 \cos^2\theta \, g_{\theta\theta} \\ G_{x_2 y_2} = G_{x_2} G_{y_2} = g_{x_1 y_1} - d^2 \sin\theta \cos\theta \, g_{\theta\theta} \end{cases}$$

よって，分散および共分散は次のように求まる．

$$\begin{cases} \sigma_{x_2}{}^2 = G_{x_2x_2}\sigma^2 = \sigma_{x_1}{}^2 + d^2 \sin^2\theta\ \sigma_\theta{}^2 \\ \sigma_{y_2}{}^2 = G_{y_2y_2}\sigma^2 = \sigma_{y_1}{}^2 + d^2 \cos^2\theta\ \sigma_\theta{}^2 \\ \sigma_{x_2y_2} = G_{x_2y_2}\sigma^2 = \sigma_{x_1y_1} - d^2 \sin\theta \cos\theta\ \sigma_\theta{}^2 \end{cases}$$

例題 2-2 図-2.6 に示すように，点 P の座標 (x, y) を，既知の 2 点 A $(0,0)$，B $(0,b)$ を用いて，次の 3 つの方法により測量して求めた．距離および角に誤差があり，これらは互いに独立で，その分散はそれぞれ $\sigma_l{}^2$ および $\sigma_\theta{}^2$ であったとき，点 P の座標 (x, y) の分散および共分散を 3 つの方法に対してそれぞれ求めよ．

また，$l_1 = l_2 = l = 1$，$\theta_1 = \theta_2 = \theta = 45°$，と測定され，その中等誤差は $\sigma_l = 10^{-4}$，$\sigma_\theta = 1' = 1/3\,437.747$ rad であったとしたとき，P の座標の分散および共分散を数値計算せよ．ただし，$b = \sqrt{2}$ とする．

① 点 A, B より内角 θ_1, θ_2 を測定し，2 直線の交点として点 P の座標を求める（前方交会法）．

② 点 A, B より 2 辺の距離 l_1, l_2 を測定し，その交点として点 P の座標を求める（三辺測量法）．

③ 点 A より距離 l，方位角 θ を測定し，点 P の座標を求める（多角測量法）．

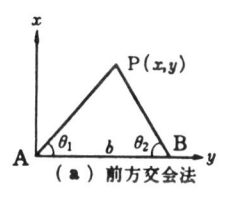

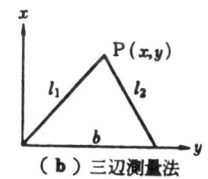

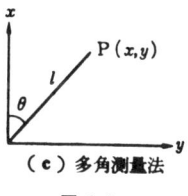

図-2.6

解 ① 前方交会法

$$x = y \tan\theta_1 \qquad (1)$$

$$x = (b - y) \tan\theta_2 \qquad (2)$$

式（1），（2）より

$$x = \frac{b \tan\theta_1 \tan\theta_2}{\tan\theta_1 + \tan\theta_2} \qquad (3)$$

$$y = \frac{b \tan\theta_2}{\tan\theta_1 + \tan\theta_2} \qquad (4)$$

図-2.7

式（3），（4）をそれぞれ θ_1, θ_2 について偏微分し，x, y のコノァクター G_x, G_y を求めると，

$$G_x = \frac{\partial x}{\partial \theta_1} g_{\theta_1} + \frac{\partial x}{\partial \theta_2} g_{\theta_2}$$

$$= \frac{b}{(\tan\theta_1 + \tan\theta_2)^2} \left\{ \left(\frac{\tan\theta_2}{\cos\theta_1}\right)^2 g_{\theta_1} + \left(\frac{\tan\theta_1}{\cos\theta_2}\right)^2 g_{\theta_2} \right\}$$

$$G_y = \frac{\partial y}{\partial \theta_1} g_{\theta_1} + \frac{\partial y}{\partial \theta_2} g_{\theta_2}$$

$$=\frac{b}{(\tan\theta_1+\tan\theta_2)^2}\left\{-\frac{\tan\theta_2}{\cos^2\theta_1}g_{\theta_1}+\frac{\tan\theta_1}{\cos^2\theta_2}g_{\theta_2}\right\}$$

$$G_{xx}=g_xg_x=\left(\frac{\partial x}{\partial\theta_1}\right)^2g_{\theta_1\theta_1}+\left(\frac{\partial x}{\partial\theta_2}\right)^2g_{\theta_2\theta_2}$$

$$=\frac{b^2}{(\tan\theta_1+\tan\theta_2)^4}\left\{\left(\frac{\tan\theta_2}{\cos\theta_1}\right)^4g_{\theta_1\theta_1}+\left(\frac{\tan\theta_1}{\cos\theta_2}\right)^4g_{\theta_2\theta_2}\right\}$$

$$G_{yy}=g_yg_y=\left(\frac{\partial y}{\partial\theta_1}\right)^2g_{\theta_1\theta_1}+\left(\frac{\partial y}{\partial\theta_2}\right)^2g_{\theta_2\theta_2}$$

$$=\frac{b^2}{(\tan\theta_1+\tan\theta_2)^4}\left\{\left(\frac{\tan\theta_2}{\cos^2\theta_1}\right)^2g_{\theta_1\theta_1}+\left(\frac{\tan\theta_1}{\cos^2\theta_2}\right)^2g_{\theta_2\theta_2}\right\}$$

$$G_{xy}=g_xg_y=\frac{\partial x}{\partial\theta_1}\frac{\partial y}{\partial\theta_1}g_{\theta_1\theta_1}+\frac{\partial x}{\partial\theta_2}\frac{\partial y}{\partial\theta_2}g_{\theta_2\theta_2}$$

$$=\frac{b^2}{(\tan\theta_1+\tan\theta_2)^4}\left\{-\frac{\tan^3\theta_2}{\cos^4\theta_1}g_{\theta_1\theta_1}+\frac{\tan^3\theta_1}{\cos^4\theta_2}g_{\theta_2\theta_2}\right\}$$

ゆえに,

$$\sigma_x{}^2=\frac{b^2}{(\tan\theta_1+\tan\theta_2)^4}\left\{\left(\frac{\tan\theta_2}{\cos\theta_1}\right)^4\sigma_{\theta_1}{}^2+\left(\frac{\tan\theta_1}{\cos\theta_2}\right)^4\sigma_{\theta_2}{}^2\right\}$$

$$\sigma_y{}^2=\frac{b^2}{(\tan\theta_1+\tan\theta_2)^4}\left\{\left(\frac{\tan\theta_2}{\cos^2\theta_1}\right)^2\sigma_{\theta_1}{}^2+\left(\frac{\tan\theta_1}{\cos^2\theta_2}\right)^2\sigma_{\theta_2}{}^2\right\}$$

$$\sigma_{xy}=\frac{b^2}{(\tan\theta_1+\tan\theta_2)^4}\left\{-\frac{\tan^3\theta_2}{\cos^4\theta_1}\sigma_{\theta_1}{}^2+\frac{\tan^3\theta_1}{\cos^4\theta_2}\sigma_{\theta_2}{}^2\right\}$$

与えられた数値を入れて計算すると上式は,

$$\sigma_x{}^2=\sigma_\theta{}^2=(1/3\,438)^2 \quad \text{よって} \quad \sigma_x=\pm 1/3\,438=\pm 2.9\times10^{-4}$$

$$\sigma_y{}^2=\sigma_\theta{}^2=(1/3\,438)^2 \quad \text{よって} \quad \sigma_y=\pm 1/3\,438=\pm 2.9\times10^{-4}$$

$$\sigma_{xy}=0$$

② 三辺測量

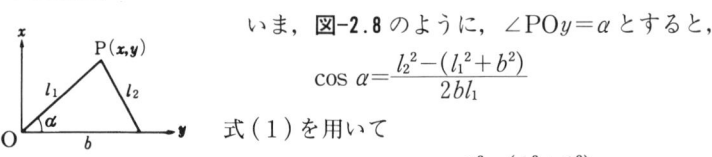

いま, 図-2.8 のように, ∠POy=α とすると,

$$\cos\alpha=\frac{l_2{}^2-(l_1{}^2+b^2)}{2bl_1} \tag{1}$$

式(1)を用いて

$$y=l_1\cos\alpha=\frac{l_2{}^2-(l_1{}^2+b^2)}{2b} \tag{2}$$

$$x^2=l_1{}^2-y^2 \tag{3}$$

式(2),(3)から

$$\left.\begin{array}{l}\dfrac{\partial y}{\partial l_1}=-\dfrac{l_1}{b}\\[2mm]\dfrac{\partial y}{\partial l_2}=\dfrac{l_2}{b}\end{array}\right\} \tag{4}$$

図-2.8

$$\frac{\partial(x^2)}{\partial l_1}=2x\frac{\partial x}{\partial l_1}=2l_1-2y\frac{\partial y}{\partial l_1}$$

すなわち

$$\frac{\partial x}{\partial l_1}=\frac{1}{x}\frac{l_2{}^2-l_1{}^2+b^2}{2b^2}l_1 \tag{5}$$

同様に

$$\frac{\partial x}{\partial l_2}=-\frac{1}{x}\frac{l_2{}^2-l_1{}^2-b^2}{2b^2}l_2 \tag{6}$$

式(4), (5), (6)から

$$G_x=\frac{\partial x}{\partial l_1}g_{l_1}+\frac{\partial x}{\partial l_2}g_{l_2}$$

$$=\frac{1}{2b^2\sqrt{l_1{}^2-\left\{\dfrac{l_2{}^2-(l_1{}^2+b^2)}{2b}\right\}^2}}\{l_1(l_2{}^2-l_1{}^2+b^2)g_{l_1}-l_2(l_2{}^2-l_1{}^2-b^2)g_{l_2}\}$$

$$G_y=\frac{\partial y}{\partial l_1}g_{l_1}+\frac{\partial y}{\partial l_2}g_{l_2}=-\frac{l_1}{b}g_{l_1}+\frac{l_2}{b}g_{l_2}$$

$$G_{xx}=G_xG_x=\left(\frac{\partial x}{\partial l_1}\right)^2g_{l_1l_1}+\left(\frac{\partial x}{\partial l_2}\right)^2g_{l_2l_2}$$

$$=\frac{1}{4b^4\left[l_1{}^2-\left\{\dfrac{l_2{}^2-(l_1{}^2+b^2)}{2b}\right\}^2\right]}\{l_1{}^2(l_2{}^2-l_1{}^2+b^2)^2g_{l_1l_1}$$
$$+l_2{}^2(l_2{}^2-l_1{}^2-b^2)g_{l_2l_2}\}$$

$$G_{yy}=G_yG_y=\left(\frac{\partial y}{\partial l_1}\right)^2g_{l_1l_1}+\left(\frac{\partial y}{\partial l_2}\right)^2g_{l_2l_2}$$

$$=\frac{1}{b^2}(l_1{}^2g_{l_1l_1}+l_2{}^2g_{l_2l_2})$$

$$G_{xy}=G_xG_y=\frac{\partial x}{\partial l_1}\frac{\partial y}{\partial l_1}g_{l_1l_1}+\frac{\partial x}{\partial l_2}\frac{\partial y}{\partial l_2}g_{l_2l_2}$$

$$=\frac{-1}{2b^3\sqrt{l_1{}^2-\left\{\dfrac{l_2{}^2-(l_1{}^2+b^2)}{2b}\right\}^2}}\{l_1{}^2(l_2{}^2-l_1{}^2+b^2)g_{l_1l_1}$$
$$+l_2{}^2(l_2{}^2-l_1{}^2-b^2)g_{l_2l_2}\}$$

よって

$$\sigma_x{}^2=\frac{1}{4b^4\left[l_1{}^2-\left\{\dfrac{l_2{}^2-(l_1{}^2+b^2)}{2b}\right\}^2\right]}\{l_1{}^2(l_2{}^2-l_1{}^2+b^2)^2\sigma_{l_1}{}^2$$
$$+l_2{}^2(l_2{}^2-l_1{}^2-b^2)\sigma_{l_2}{}^2\}$$

$$\sigma_y{}^2=\frac{1}{b^2}(l_1{}^2\sigma_{l_1}{}^2+l_2{}^2\sigma_{l_2}{}^2)$$

$$\sigma_{xy} = \frac{-1}{2b^2 \sqrt{l_1^2 - \left\{\frac{l_2^2 - (l_1^2 + b^2)}{2b}\right\}^2}} \{l_1^2(l_2^2 - l_1^2 + b^2)\sigma_{l_1}^2$$
$$+ l_2^2(l_2^2 - l_1^2 - b^2)\sigma_{l_2}^2\}$$

数値計算をすると

$\sigma_x^2 = 0$ 　　　　よって　$\sigma_x = 0$

$\sigma_y^2 = \sigma_l^2 = 10^{-8}$ 　　よって　$\sigma_y = \pm 10^{-4}$

$\sigma_{xy} = 0$

③ 極座標法

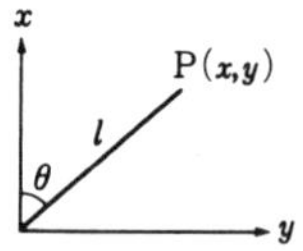

図-2.9

$x = l \cos \theta$ 　　　　　　　　　(1)

$y = l \sin \theta$ 　　　　　　　　　(2)

式(1), (2) より

$$G_x = \frac{\partial x}{\partial l} g_l + \frac{\partial x}{\partial \theta} g_\theta$$

$= \cos \theta \times g_l - l \sin \theta \times g_\theta$ 　　　　(3)

$G_y = \frac{\partial y}{\partial l} g_l + \frac{\partial y}{\partial \theta} g_\theta$

$= \sin \theta \times g_l + l \cos \theta \times g_\theta$ 　　　　(4)

式(3), (4) より

$$G_{xx} = G_x G_x = \left(\frac{\partial x}{\partial l}\right)^2 g_{ll} + \left(\frac{\partial x}{\partial \theta}\right)^2 g_{\theta\theta}$$

$= \cos^2 \theta \times g_{ll} + l^2 \sin^2 \theta \times g_{\theta\theta}$

$$G_{yy} = G_y G_y = \left(\frac{\partial y}{\partial l}\right)^2 g_{ll} + \left(\frac{\partial y}{\partial \theta}\right)^2 g_{\theta\theta}$$

$= \sin^2 \theta \times g_{ll} + l^2 \cos^2 \theta \times g_{\theta\theta}$

$$G_{xy} = G_x G_y = \frac{\partial x}{\partial l} \frac{\partial y}{\partial l} g_{ll} + \frac{\partial x}{\partial \theta} \frac{\partial y}{\partial \theta} g_{\theta\theta}$$

$= \sin \theta \cos \theta (g_{ll} - l^2 g_{\theta\theta})$

よって

$\sigma_x^2 = \cos^2 \theta \times \sigma_l^2 + l^2 \sin^2 \theta \times \sigma_\theta^2$

$\sigma_y^2 = \sin^2 \theta \times \sigma_l^2 + l^2 \cos^2 \theta \times \sigma_\theta^2$

$\sigma_{xy} = \sin \theta \cos \theta (\sigma_l^2 - l^2 \sigma_\theta^2)$

与えられた数値を代入すると

$$\sigma_x^2 = \frac{1}{2}(\sigma_l^2 + \sigma_\theta^2) = \frac{1}{2}(1 + 8.4) \times 10^{-8} = 4.7 \times 10^{-8}$$

よって

$$\sigma_x = \pm 2.2 \times 10^{-4}$$

$$\sigma_y{}^2 = \frac{1}{2}(\sigma_l{}^2 + \sigma_\theta{}^2) = 4.7 \times 10^{-8}$$

よって

$$\sigma_y = \pm 2.2 \times 10^{-4}$$

$$\sigma_{xy} = \frac{1}{2}(\sigma_l{}^2 - \sigma_\theta{}^2) = \frac{1}{2}(1 - 8.4) \times 10^{-8} = -3.7 \times 10^{-8}$$

以上により，それぞれの方法により求点の精度が異なることがわかる．

2.2 最小二乗法 (method of least squares)

この節では，測定値の誤差を調整する方法である最小二乗法の原理と，種々の測定に対する最小二乗法の使い方について述べる．なお，以後の説明においては，各測定値は誤差が相互に連動して生じるようなことがない，いわゆる相互に独立な測定によって得られるものとし，測定値間の共分散は存在しないものとする．

2.2.1 最小二乗法の原理

一般に，真の値を測定によって得ることは不可能である．そのため，実際には1つの量について数多くの測定を行い，そこで得られる多くの測定値から最も確からしい値を求めて，それを真の値の推定値とする．この値を最確値 (most probable value) という．

各測定値と最確値の差を残差 (residual) と呼び，測定値と真の値との差として定義される誤差 (error) と区別する．

最確値を求めるための最も基本的な方法は最尤法 (maximum likelihood method) である．

いま，ある量 X を極めて多くの回数 n 回測定して，測定値 $M_1, M_2, \cdots\cdots, M_n$ を得たとする．このとき各測定値の誤差 $x_1, x_2, \cdots\cdots, x_n$ は，次のように表される．

$$x_1 = M_1 - X, \quad x_2 = M_2 - X, \quad \cdots\cdots, \quad x_n = M_n - X \tag{2.71}$$

ここで誤差 x_i は，おのおのある確率分布に従う確率変数であると考え，その確率密度関数を $f_i(x_i)$ とする．すなわち，誤差 x_i は，確率密度関数 $f_i(x_i)$ に従う確率変数の実現値と考える．

このとき，誤差 $x_1, x_2, \cdots, x_n$ が生じたのは，それらが同時に生起する確率（同時確率）が最も大きかったからであると考えられる．誤差 x_i は連続変数であるから，同時確率の最大化は，同時確率密度の最大化であり，次式のように表される．

$$\max L(x_i) = \prod_{i=1}^{n} f_i(x_i) \tag{2.72}$$

この最適化問題を解くことによって未知変数（この場合 X）の最確値を求める方法を総称して最尤法という．また，最適化問題の目的関数である $L(x_i)$ を尤度関数(likelihood function) という．

最尤法では，$f_i(x_i)$ に対してどのような関数を与えるかによって種々の解法が得られる．しかし，測定が理想的な状態で行われたとすれば，前節で述べたように $f_i(x_i)$ は正規確率密度関数と考えてよい．このとき最尤法は，式 (2.25) から次のように表される．

$$\max L(x_i) = \prod_{i=1}^{n} \frac{1}{\sqrt{2\pi}\sigma_i} \exp\left[-\frac{1}{2}\left(\frac{x_i}{\sigma_i}\right)^2\right] \tag{2.73}$$

ここで，σ_i は x_i がおのおの従う正規分布の標準偏差である．この尤度関数 $L(x_i)$ の最大化は対数をとっても成立するから

$$\begin{aligned}\log L(x_i) &= \sum_{i=1}^{n} \log \frac{1}{\sqrt{2\pi}\sigma_i} \exp\left[-\frac{1}{2}\left(\frac{x_i}{\sigma_i}\right)^2\right] \\ &= \sum_{i=1}^{n}\left[-\frac{1}{2}\left(\frac{x_i}{\sigma_i}\right)^2 + 定数\right]\end{aligned} \tag{2.74}$$

となり，誤差の分布に正規分布を仮定した最尤法は，次の最適化問題と等価となる．

$$\min \sum_{i=1}^{n} \frac{x_i^2}{\sigma_i^2} \tag{2.75}$$

式 (2.75) を用いて最確値を求める方法を最小二乗法という．一般には，求めるべき X の最確値 X_0 を最適化問題の変数としたほうがわかりやすいので，残差 $v_i = M_i - X_0$ を使って

$$\min \sum_{i=1}^{n} \frac{v_i^2}{\sigma_i^2} \tag{2.76}$$

と表すことが多い．

また，各測定の重みを p_i とすると，p_i は σ_i^2 に反比例するから以下のように表すことができる．

$$\min \sum_{i=1}^{n} p_i v_i^2 \tag{2.77}$$

もちろん，等精度な測定がなされ，σ_i^2 が一定，すなわち，p_i が一定であれば，

$$\min \sum_{i=1}^{n} v_i^2 \tag{2.78}$$

と表せる．さらに，測量学においてはガウスの総和記号を用いて，等精度のときは，

$$\min \sum_{i=1}^{n} v_i^2 = [vv] \tag{2.79}$$

また，異精度のときは，

$$\min \sum_{i=1}^{n} p_i v_i^2 = [pvv] \tag{2.80}$$

と表すこともある．

一般に最小二乗法は，誤差（残差）の二乗和，あるいは誤差（残差）の重みつき二乗和を最小にするように未知変数の最確値を求める方法として定義され，変数がいかなる確率分布に従うかに依存しない汎用的な最確値推定法として位置づけられている．ここでの例題においても次節に具体的な計算が示されるように，測定値 $M_1, M_2, \cdots, M_n$ と各測定の重み $p_1, p_2, \cdots, p_n$ が与えられれば，式(2.77)や式(2.80)を使って，測定値が従う確率分布を意識することなく，最確値を求めることができる．

しかし，測量学において最確値を求めるために最小二乗法を用いるのは，
① 偶然誤差は正規分布に従う
② 確率変数に正規分布を仮定した最尤法は最小二乗法に等しい

の2つが理論的根拠となっていることを十分理解しておく必要がある．

以下に，種々の測定の場合について，最小二乗法による最確値の求め方，およびその最確値の精度の求め方について述べることにする．

2.2.2 条件のない直接測定における最小二乗法

a) 最確値の計算

いまある量 X を n 回測定し，その測定値 $M_1, M_2, \cdots, M_n$，およびその重み $p_1, p_2, \cdots, p_n$ を得たとする．このとき，ある量 X の最確値を X_0 とすると，X_0 は次のようにして求められる．

すなわち，残差 v_i は，

$$\left. \begin{array}{l} v_1 = M_1 - X_0 \\ v_2 = M_2 - X_0 \\ \cdots\cdots\cdots\cdots \\ v_n = M_n - X_0 \end{array} \right\} \tag{2.81}$$

と表されるから，最確値 X_0 は次の条件から求められる．

等精度のときは

$$\min S = \sum_{i=1}^{n} v_i^2 = [vv] = (M_1 - X_0)^2 + (M_2 - X_0)^2 + \cdots\cdots + (M_n - X_0)^2 \tag{2.82}$$

異精度のときは

$$\min S = \sum_{i=1}^{n} p_i v_i^2 = [pvv] = p_1(M_1 - X_0)^2 + p_2(M_2 - X_0)^2 + \cdots\cdots + p_n(M_n - X_0)^2 \tag{2.83}$$

したがって，X_0 は，

$$\frac{dS}{dX_0}=0 \tag{2.84}$$

を満足する値となる．

これより等精度のときは，X_0 は次のようになる．

$$X_0=\frac{M_1+M_2+\cdots\cdots+M_n}{n}=\frac{[M]}{n} \tag{2.85}$$

すなわち，等精度直接測定の最確値は測定値の相加平均となる．異精度の場合には，最確値 X_0 は次のように求まる．

$$X_0=\frac{p_1M_1+p_2M_2+\cdots\cdots+p_nM_n}{p_1+p_2+\cdots\cdots+p_n}=\frac{[pM]}{[p]} \tag{2.86}$$

すなわち，異精度直接測定では，測定値の重みつき平均となる．

b) 等精度の場合の測定値および最確値の精度の推定

次に，単位重み（重みが 1）の測定値の分散 σ^2，および最確値の分散 σ_0^2 をいかにして推定したらよいかを考えてみよう．

いま真の値を X とし，それに対する測定値を $M_1, M_2, \cdots\cdots, M_n$ とし，その誤差を $x_1, x_2, \cdots\cdots, x_n$ とする．また最確値を X_0 とし，残差を $v_1, v_2, \cdots\cdots, v_n$ としよう．

まず最初に，各測定値の精度が等しい場合を考えることにする．

$$\left.\begin{array}{ll} M_1-X=x_1, & M_1-X_0=v_1 \\ M_2-X=x_2, & M_2-X_0=v_2 \\ \cdots\cdots\cdots\cdots, & \cdots\cdots\cdots\cdots \\ M_n-X=x_n, & M_n-X_0=v_n \end{array}\right\} \tag{2.87}$$

上式から，$M_1, M_2, \cdots\cdots, M_n$ を消去すると次の式が得られる．

$$\left.\begin{array}{l} v_1=x_1-(X_0-X) \\ v_2=x_2-(X_0-X) \\ \cdots\cdots\cdots\cdots\cdots\cdots \\ v_n=x_n-(X_0-X) \end{array}\right\} \tag{2.88}$$

両辺を二乗して辺々加えると，次の式が得られる．

$$[vv]=[xx]-2(X_0-X)[x]+n(X_0-X)^2 \tag{2.89}$$

ここで，$x_i=M_i-X$ であるから，式 (2.85) を用いて

$$[x]=[M]-nX=nX_0-nX=n(X_0-X) \tag{2.90}$$

と変形できる．これを式 (2.89) に代入すると

$$[vv]=[xx]-n(X_0-X)^2 \tag{2.91}$$

となる.ここで統計量 $[vv]$ の期待値 $E([vv])$ は次のようになる.

$$E([vv]) = E([xx]) - nE\{(X_0-X)^2\}$$
$$= E(x_1^2) + E(x_2^2) + \cdots + E(x_n^2) - nE\{(X_0-X)^2\} \quad (2.92)$$

ここで,式 (2.85), (2.87) より

$$(X_0-X)^2 = \left\{\frac{[M]}{n} - \frac{[M]-[x]}{n}\right\}^2 = \left\{\frac{[x]}{n}\right\}^2$$
$$= \frac{1}{n^2}\{x_1^2 + x_2^2 + \cdots + x_n^2 + 2(x_1 x_2 + \cdots + x_{n-1} x_n)\} \quad (2.93)$$

となり,

$$E(x_i^2) = \sigma^2, \quad E(x_i x_j) = 0 \quad (i \neq j)$$

であるから

$$E\{(X_0-X)^2\} = \frac{1}{n^2}\{E(x_1^2) + E(x_2^2) + \cdots + E(x_n^2)$$
$$+ 2E(x_1 x_2) + \cdots + 2E(x_{n-1} x_n)\}$$
$$= \frac{1}{n^2}\{n\sigma^2\}$$
$$= \frac{\sigma^2}{n} \quad (2.94)$$

となる.したがって,$E([vv])$ は次のようになる.

$$E([vv]) = n\sigma^2 - \sigma^2 = (n-1)\sigma^2 \quad (2.95)$$

よって

$$\sigma^2 = E\left(\frac{[vv]}{n-1}\right) \quad (2.96)$$

統計量 $[vv]/(n-1)$ の期待値が σ^2 に等しいことは,$[vv]/(n-1)$ が σ^2 の不偏推定量であることを意味する.これを不偏分散 (unbiased variance) といい,$\hat{\sigma}^2$ で表すことにすれば,

$$\hat{\sigma}^2 = \frac{[vv]}{n-1} = \frac{S}{n-1} \quad (2.97)$$

となる.

ここで,$(n-1)$ は自由度であり,したがって測定値の分散の不偏推定量は残差の平方和を自由度で割ったものである.

中等誤差の二乗 m^2 は,

$$m^2 = \frac{[vv]}{n} = \frac{S}{n} \quad (2.98)$$

と表されるが,これは不偏分散と異なることに注意しなければならない.

$\hat{\sigma}$ は測定値の母標準偏差 σ の推定値であり, 式 (2.97) より次の式で表される.

$$\hat{\sigma}=\sqrt{\frac{[vv]}{n-1}}=\sqrt{\frac{S}{n-1}} \tag{2.99}$$

次に, 最確値の精度を考える.

最確値 X_0 は, 式 (2.85) から

$$X_0=\frac{1}{n}M_1+\frac{1}{n}M_2+\cdots\cdots+\frac{1}{n}M_n$$

と表されるから, X_0 の分散 σ_0^2 は誤差伝播の法則より次のように求められる.

$$\sigma_0^2=\left(\frac{1}{n}\right)^2\sigma^2+\left(\frac{1}{n}\right)^2\sigma^2+\cdots\cdots+\left(\frac{1}{n}\right)^2\sigma^2=\frac{\sigma^2}{n} \tag{2.100}$$

上式は, 等精度のときの直接測定の最確値 X_0 の重みが n, すなわち測定回数であることを示している.

以上により, 最確値 X_0 の不偏分散 $\hat{\sigma}_0^2$ は次のように表される.

$$\hat{\sigma}_0^2=\frac{[vv]}{n(n-1)}=\frac{S}{n(n-1)} \tag{2.101}$$

例題 2-3 ある長さを8回測定したら, **表-2.3** のような結果となった. このときの最確値とその確率誤差の推定値を求めよ.

表-2.3

	M_i
1	25.213
2	25.221
3	25.198
4	25.218
5	25.250
6	25.123
7	25.201
8	25.231

解 最確値 X_0 は

$$X_0=\frac{1}{n}\sum_{i=1}^{n}M_i=25.207$$

残差平方和 S は

$$S=\sum_{i=1}^{n}v_i{}^2=0.00995$$

これより, 測定値の不偏分散 $\hat{\sigma}^2$ は

$$\hat{\sigma}^2=\frac{S}{n-1}=0.00142$$

最確値 X_0 の不偏分散 $\hat{\sigma}_0^2$ は

$$\hat{\sigma}_0^2=\frac{S}{n(n-1)}=0.00018$$

確率誤差 r は

$$r=0.6745\sigma$$

であるから, 最確値の確率誤差の推定値 $\hat{r}_0$ は

$$\hat{r}_0=0.6745\,\hat{\sigma}_0=0.6745\sqrt{\frac{S}{n(n-1)}}=0.0090$$

したがって, 最確値とその確率誤差の推定値は, 次のようになる.

$$X_0 \pm \hat{r}_0 = 25.207 \pm 0.009$$

c) 異精度の場合の測定値および最確値の精度の推定

各回の測定が異精度であり，その重みが $p_1, p_2, \cdots\cdots, p_n$ であったときは，1回の測定のもたらす誤差二乗または残差二乗は，式 (2.80) より，$p_i x_i^2$ または $p_i v_i^2$ であるから，式 (2.87) の $x_i = M_i - x$, $v_i = M_i - x_0$ の代りに，測定 i のもたらす誤差あるいは残差の式として，次のように考えればよい．

$$\begin{aligned}\sqrt{p_i}\,x_i &= \sqrt{p_i}(M_i - X) \\ \sqrt{p_i}\,v_i &= \sqrt{p_i}(M_i - X_0)\end{aligned} \qquad (2.102)$$

この式を用いて，等精度の場合の式 (2.87)〜(2.101) と全く同様な計算を行えば，異精度のときの重み p_i の測定値 M_i の不偏分散 $\hat{\sigma}_i^2$ および最確値 X_0 の不偏分散 $\hat{\sigma}_0^2$ は次のように求まる．

$$\hat{\sigma}_i^2 = \frac{[pvv]}{p_i(n-1)} \qquad (2.103)$$

$$\hat{\sigma}_0^2 = \frac{[pvv]}{[p](n-1)} \qquad (2.104)$$

2.2.3　条件のない間接測定における最小二乗法

a) 最確値の計算

q 個の未知量 $X_1, X_2, \cdots\cdots, X_q$ と，n 個の直接測定される量 $M_1, M_2, \cdots\cdots, M_n$ との間にある関係式が成立すべきであることが，理論的あるいは実験的に知られているものとする．このような方程式を観測方程式 (observation equations) と呼んでいる．ここで，$n > q$ でなければならない．

$$\left.\begin{aligned}M_1 &= f_1(X_1, X_2, \cdots\cdots, X_q) \\ M_2 &= f_2(X_1, X_2, \cdots\cdots, X_q) \\ &\cdots\cdots\cdots\cdots\cdots\cdots\cdots\cdots\cdots \\ M_n &= f_n(X_1, X_2, \cdots\cdots, X_q)\end{aligned}\right\} \text{観測方程式} \qquad (2.105)$$

ところが，実際の測定では測定誤差が存在するため，式 (2.105) は厳密には成り立たず，未知量 $X_1, X_2, \cdots\cdots, X_q$ は最確値として推定されなければならない．この最確値を，$X_{01}, X_{02}, \cdots\cdots, X_{0q}$ とし，残差を v_i $(i=1, \cdots\cdots, n)$ とすると，次の残差方程式 (residual equations) と呼ばれる方程式が得られる．

$$\left.\begin{array}{l} v_1 = M_1 - f_1(X_{01}, X_{02}, \cdots\cdots, X_{0q}) \\ v_2 = M_2 - f_2(X_{01}, X_{02}, \cdots\cdots, X_{0q}) \\ \cdots\cdots\cdots\cdots\cdots\cdots\cdots\cdots\cdots\cdots\cdots \\ v_n = M_n - f_n(X_{01}, X_{02}, \cdots\cdots, X_{0q}) \end{array}\right\} \text{残差方程式} \quad (2.106)$$

最確値 $X_{01}, X_{02}, \cdots\cdots, X_{0q}$ は,これらの残差の二乗和を最小にする値,すなわち次の式を満足する値として求められる.

$$\left.\begin{array}{ll} \text{等精度のとき} & \dfrac{\partial[vv]}{\partial X_{01}} = \dfrac{\partial[vv]}{\partial X_{02}} = \cdots\cdots = \dfrac{\partial[vv]}{\partial X_{0q}} = 0 \\[2mm] \text{異精度のとき} & \dfrac{\partial[pvv]}{\partial X_{01}} = \dfrac{\partial[pvv]}{\partial X_{02}} = \cdots\cdots = \dfrac{\partial[pvv]}{\partial X_{0q}} = 0 \end{array}\right\} \quad (2.107)$$

これらの方程式を正規方程式 (normal equations) と呼ぶ.

f_i の関数形が非線形である場合には,一般に上記の正規方程式を解くことが困難となるので,関数 f_i を近似値 $X_1', X_2', \cdots\cdots, X_q'$ の周りにテーラー展開し,次に示すように線形近似する.

すなわち,近似値 X_j' に対する補正量を

$$x_j = X_j - X_j' \quad (2.108)$$

とおき,f_i を近似値の周りにテーラー展開して二次項以上を省略すると,次の式が得られる.

$$M_i \fallingdotseq f_i(X_1', X_2', \cdots\cdots, X_q') + \frac{\partial f_i}{\partial X_1}x_1 + \frac{\partial f_i}{\partial X_2}x_2 + \cdots\cdots + \frac{\partial f_i}{\partial X_q}x_q \quad (2.109)$$

ここで

$$\left.\begin{array}{l} f_i(X_1', X_2', \cdots\cdots, X_q') = M_i' \\ M_i - M_i' = m_i \\ \dfrac{\partial f_i}{\partial X_j} = a_{ij} \end{array}\right\} \quad (2.110)$$

とおくと,式 (2.105) の観測方程式は次のように線形近似される.

$$a_{i1}x_1 + a_{i2}x_2 + \cdots\cdots + a_{iq}x_q = m_i \quad (2.111)$$

したがって,非線形の関数の場合には,近似値 X_j' に対する補正量 x_j の最確値 x_{0j} を求め,$X_j' + x_{0j}$ を新しい近似値 X_j' として同じことを繰り返し,近似値の変化が無視できるまで行えばよい.

そこで,いま観測方程式がすべて次に示されるような一次式で表されたとし,未知変量 x_i の最確値 x_{0i} を求める問題を考えてみよう.

$$
\left.\begin{array}{l}
a_{11}x_1 + a_{12}x_2 + \cdots\cdots + a_{1q}x_q = m_1 \\
a_{21}x_1 + a_{22}x_2 + \cdots\cdots + a_{2q}x_q = m_2 \\
\cdots\cdots\cdots\cdots\cdots\cdots\cdots\cdots\cdots\cdots\cdots\cdots \\
a_{n1}x_1 + a_{n2}x_2 + \cdots\cdots + a_{nq}x_q = m_n
\end{array}\right\} \text{観測方程式} \tag{2.112}
$$

ここで，$n > q$．

上記の観測方程式をマトリクス表示すると，次のようになる．

$$\boldsymbol{AX} = \boldsymbol{M} \tag{2.113}$$

ここで

$$\boldsymbol{A} = \begin{bmatrix} a_{11} & a_{12} & \cdots\cdots & a_{1q} \\ a_{21} & a_{22} & \cdots\cdots & a_{2q} \\ \vdots & \vdots & \ddots & \vdots \\ a_{n1} & a_{n2} & \cdots\cdots & a_{nq} \end{bmatrix}, \quad \boldsymbol{X} = \begin{bmatrix} x_1 \\ x_2 \\ \vdots \\ x_q \end{bmatrix}, \quad \boldsymbol{M} = \begin{bmatrix} m_1 \\ m_2 \\ \vdots \\ m_n \end{bmatrix} \tag{2.114}$$

残差方程式は次のようになる．

$$
\left.\begin{array}{l}
v_1 = m_1 - (a_{11}x_{01} + a_{12}x_{02} + \cdots\cdots + a_{1q}x_{0q}) \\
v_2 = m_2 - (a_{21}x_{01} + a_{22}x_{02} + \cdots\cdots + a_{2q}x_{0q}) \\
\cdots\cdots\cdots\cdots\cdots\cdots\cdots\cdots\cdots\cdots\cdots\cdots \\
v_n = m_n - (a_{n1}x_{01} + a_{n2}x_{02} + \cdots\cdots + a_{nq}x_{0q})
\end{array}\right\} \text{残差方程式} \tag{2.115}
$$

あるいは

$$\boldsymbol{V} = \boldsymbol{M} - \boldsymbol{A}\boldsymbol{X}_0 \tag{2.116}$$

ここで

$$\boldsymbol{V} = \begin{bmatrix} v_1 \\ v_2 \\ \vdots \\ v_n \end{bmatrix}, \quad \boldsymbol{X}_0 = \begin{bmatrix} x_{01} \\ x_{02} \\ \vdots \\ x_{0q} \end{bmatrix} \tag{2.117}$$

各測定が等精度のときは，残差の二乗和

$$S = [vv] = \boldsymbol{V}^t \boldsymbol{V} \tag{2.118}$$

が最小となるように，次の正規方程式をつくる．

$$\frac{\partial [vv]}{\partial x_{01}} = \frac{\partial [vv]}{\partial x_{02}} = \cdots\cdots = \frac{\partial [vv]}{\partial x_{0q}} = 0 \tag{2.119}$$

あるいは

$$\frac{\partial \boldsymbol{V}^t \boldsymbol{V}}{\partial \boldsymbol{X}_0} = 0 \tag{2.120}$$

となる．

すなわち，式 (2.115), (2.119) より最確値は次に示されるような連立一次方程式で表される正規方程式の解として求められる．

$$
\left.\begin{array}{l}
[a_1a_1]x_{01}+[a_1a_2]x_{02}+\cdots\cdots+[a_1a_q]x_{0q}=[a_1m] \\
[a_2a_1]x_{01}+[a_2a_2]x_{02}+\cdots\cdots+[a_2a_q]x_{0q}=[a_2m] \\
\cdots\cdots\cdots\cdots\cdots\cdots\cdots\cdots\cdots\cdots\cdots\cdots\cdots\cdots \\
[a_qa_1]x_{01}+[a_qa_2]x_{02}+\cdots\cdots+[a_qa_q]x_{0q}=[a_qm]
\end{array}\right\}
\tag{2.121}
$$

ここで

$$[a_ia_j]=a_{1i}a_{1j}+a_{2i}a_{2j}+\cdots\cdots+a_{ni}a_{nj}$$
$$[a_im]=a_{1i}m_1+a_{2i}m_2+\cdots\cdots+a_{ni}m_n$$

あるいは，式 (2.121) は

$$A^tAX_0=A^tM \tag{2.122}$$

ここで，A^t は A の転置マトリクスである．

したがって，最確値は上記の連立一次方程式を解いて次のように求められる．

$$X_0=(A^tA)^{-1}A^tM \tag{2.123}$$

各測定が異精度のときは，重みつきの残差の二乗和 S

$$S=[pvv]=V^tPV \tag{2.124}$$

が最小となるように，次の正規方程式を解けばよい．

$$\frac{\partial[pvv]}{\partial x_{01}}=\frac{\partial[pvv]}{\partial x_{02}}=\cdots\cdots=\frac{\partial[pvv]}{\partial x_{0q}}=0 \tag{2.125}$$

あるいは

$$\frac{\partial V^tPV}{\partial X_0}=0 \tag{2.126}$$

ここで

$$P=\begin{bmatrix} p_1 & 0 & \cdots\cdots & 0 \\ 0 & p_2 & & \\ \vdots & & \ddots & \\ 0 & & & p_n \end{bmatrix} \tag{2.127}$$

結局，次に示されるような連立一次方程式が得られる．

$$
\left.\begin{array}{l}
[pa_1a_1]x_{01}+[pa_1a_2]x_{02}+\cdots\cdots+[pa_1a_q]x_{0q}=[pa_1m] \\
[pa_2a_1]x_{01}+[pa_2a_2]x_{02}+\cdots\cdots+[pa_2a_q]x_{0q}=[pa_2m] \\
\cdots\cdots\cdots\cdots\cdots\cdots\cdots\cdots\cdots\cdots\cdots\cdots\cdots\cdots \\
[pa_qa_1]x_{01}+[pa_qa_2]x_{02}+\cdots\cdots+[pa_qa_q]x_{0q}=[pa_qm]
\end{array}\right\}
\tag{2.128}
$$

ここで

$$[pa_ia_j]=p_1a_{1i}a_{1j}+p_2a_{2i}a_{2j}+\cdots\cdots+p_na_{ni}a_{nj}$$
$$[pa_im]=p_1a_{1i}m_1+p_2a_{2i}m_2+\cdots\cdots+p_na_{ni}m_n$$

あるいは

$$A^t PA X_0 = A^t PM \tag{2.129}$$

したがって各測定が異精度のときの最確値は，次のようにして得られる．

$$X_0 = (A^t PA)^{-1} A^t PM \tag{2.130}$$

b) 各測定値の精度の推定

重み1の測定値の不偏分散 $\hat{\sigma}^2$ は

$$\hat{\sigma}^2 = \frac{[vv]}{n-q} \tag{2.131}*$$

となる．ここで，$(n-q)$ は自由度である．

また，各測定が異精度であるとき，重み1の測定値の不偏分散は

$$\hat{\sigma}^2 = \frac{[pvv]}{n-q}$$

であり，このとき，重み p_i の測定値の不偏分散 $\hat{\sigma}_i^2$ は次式で得られる．

$$\hat{\sigma}_i^2 = \frac{[pvv]}{p_i(n-q)} \tag{2.132}*$$

---

* 以下に式 (2.131)，(2.132) を導いておく．ただし，これは省略して先に進んでも差し支えない．

最確値 $x_{01}, x_{02}, \cdots, x_{0q}$ と真値 $x_1, x_2, \cdots, x_q$ との差を $\delta_1, \delta_2, \cdots, \delta_q$ とする．観測方程式は式 (2.113) から次のように書ける．

$$AX = A(X_0 - \delta) = M \tag{2.133}$$

測定値の誤差を ε_i とすると

$$\varepsilon = M - AX = M - A(X_0 - \delta) \tag{2.134}$$

であり，残差 V は式 (2.116) から $M - AX_0$ であるから，次のように書ける．

$$V = \varepsilon - A\delta \tag{2.135}$$

両辺に V^t を乗じた式と，ε^t を乗じた式をつくると

$$V^t V = V^t \varepsilon - V^t A\delta, \quad \varepsilon^t V = \varepsilon^t \varepsilon - \varepsilon^t A\delta \tag{2.136}$$

となる．ここで，$\varepsilon^t V = V^t \varepsilon$ であり，式 (2.122) から $A^t(M - AX_0) = A^t V = 0$ であるので，$V^t A$ もゼロベクトルとなる．したがって，式 (2.136) は次のように書ける．

$$V^t V = \varepsilon^t \varepsilon - \varepsilon^t A\delta \tag{2.137}$$

ところで，式 (2.116) と，式 (2.135) の類似性と一次独立ベクトルの一義性から，$V^t V$ を最小にする X_0 が存在するときは，同様に δ も存在し，式 (2.123) における X_0 を δ とおき，M を ε とおいて，次のように求められる．

$$\boldsymbol{\delta} = (\boldsymbol{A}^t\boldsymbol{A})^{-1}\boldsymbol{A}^t\boldsymbol{\varepsilon} \tag{2.138}$$

したがって,式 (2.137) は次のように書ける.
$$\boldsymbol{V}^t\boldsymbol{V} = \boldsymbol{\varepsilon}^t\boldsymbol{\varepsilon} - \boldsymbol{\varepsilon}^t\boldsymbol{A}(\boldsymbol{A}^t\boldsymbol{A})^{-1}\boldsymbol{A}^t\boldsymbol{\varepsilon} \tag{2.139}$$

ここで
$$\boldsymbol{V}^t\boldsymbol{V} = [vv] = v_1^2 + v_2^2 + \cdots\cdots + v_n^2, \quad \boldsymbol{\varepsilon}^t\boldsymbol{\varepsilon} = [\varepsilon\varepsilon] = \varepsilon_1^2 + \varepsilon_2^2 + \cdots\cdots + \varepsilon_n^2 \tag{2.140}$$

$(\boldsymbol{A}^t\boldsymbol{A})^{-1}$ を $\boldsymbol{C}$ とおくと

$$\boldsymbol{C} = (\boldsymbol{A}^t\boldsymbol{A})^{-1} = \begin{bmatrix} [a_1a_1] & [a_1a_2] & \cdots\cdots & [a_1a_q] \\ [a_2a_1] & [a_2a_2] & \cdots\cdots & [a_2a_q] \\ \vdots & \vdots & & \vdots \\ [a_qa_1] & [a_qa_2] & \cdots\cdots & [a_qa_q] \end{bmatrix}^{-1} = \begin{bmatrix} c_{11} & c_{12} & \cdots\cdots & c_{1q} \\ c_{21} & c_{22} & & c_{2q} \\ \vdots & & \ddots & \vdots \\ c_{q1} & c_{q2} & \cdots\cdots & c_{qq} \end{bmatrix} \tag{2.141}$$

と表される.したがって,$\boldsymbol{\varepsilon}^t\boldsymbol{A}(\boldsymbol{A}^t\boldsymbol{A})^{-1}\boldsymbol{A}^t\boldsymbol{\varepsilon}$ は,次のように表される.

$$\boldsymbol{\varepsilon}^t\boldsymbol{A}(\boldsymbol{A}^t\boldsymbol{A})^{-1}\boldsymbol{A}^t\boldsymbol{\varepsilon} = [[\varepsilon a_1][\varepsilon a_2]\cdots\cdots[\varepsilon a_q]]\begin{bmatrix} c_{11} & & c_{1q} \\ & \ddots & \\ c_{q1} & & c_{qq} \end{bmatrix}\begin{bmatrix} [\varepsilon a_1] \\ [\varepsilon a_2] \\ \vdots \\ [\varepsilon a_q] \end{bmatrix}$$

$$= \sum_{k=1}^{q}\left\{\sum_{j=1}^{q} c_{jk}\left(\sum_{i=1}^{n}\varepsilon_i a_{ij}\right)\right\}\left(\sum_{j=1}^{n}\varepsilon_j a_{ik}\right) \tag{2.142}$$

ところで,$\boldsymbol{A}^t\boldsymbol{A}$ の逆行列が $\boldsymbol{C}$ であることから
$$\sum_{j=1}^{q} c_{jk} \times \sum_{i=1}^{n} a_{ij}a_{ik} = 1 \tag{2.143}$$

が成り立つから,式 (2.142) の一般項は,次のように書き換えることができる.

$$\sum_{j=1}^{q} c_{jk}\left(\sum_{i=1}^{n}\varepsilon_i a_{ij}\right)\left(\sum_{i=1}^{n}\varepsilon_i a_{ik}\right)$$
$$= \sum_{j=1}^{q} c_{jk}(\varepsilon_1 a_{1j} + \varepsilon_2 a_{2j} + \cdots\cdots + \varepsilon_n a_{nj})(\varepsilon_1 a_{1k} + \varepsilon_1 a_{2k} + \cdots\cdots + \varepsilon_n a_{nk})$$
$$= \sum_{j=1}^{q} c_{jk}\left\{\sum_{i=1}^{n} a_{ij}a_{ik}\varepsilon_i^2 + \sum_{i=1}^{n}\sum_{l=1}^{n} a_{ij}a_{lk}\varepsilon_i\varepsilon_l\right\} \quad (i \neq l) \tag{2.144}$$

ε_i について期待値を考えると
$$\left.\begin{array}{l} E(\varepsilon_i^2) = \sigma^2 \\ E(\varepsilon_i \varepsilon_l) = 0 \quad (i \neq l) \end{array}\right\} \tag{2.145}$$

であるから,式 (2.142) の一般項の期待値は
$$E\left\{\sum_{j=1}^{q} c_{jk}\left(\sum_{i=1}^{n}\varepsilon_i a_{ij}\right)\left(\sum_{i=1}^{n}\varepsilon_i a_{ik}\right)\right\} = \sigma^2 \sum_{j=1}^{q} c_{jk}\sum_{i=1}^{n} a_{ij}a_{ik} = \sigma^2 \tag{2.146}$$

となる.よって,式 (2.142) の期待値は次のようになる.
$$E\{\boldsymbol{\varepsilon}^t\boldsymbol{A}(\boldsymbol{A}^t\boldsymbol{A})^{-1}\boldsymbol{A}^t\boldsymbol{\varepsilon}\} = q\sigma^2 \tag{2.147}$$

したがって,$\boldsymbol{V}^t\boldsymbol{V} = [vv]$ の期待値は次のように求まる.
$$E([vv]) = E([\varepsilon\varepsilon]) - E\{\boldsymbol{\varepsilon}^t\boldsymbol{A}(\boldsymbol{A}^t\boldsymbol{A})^{-1}\boldsymbol{A}^t\boldsymbol{\varepsilon}\} = n\sigma^2 - q\sigma^2$$

よって
$$E\left(\frac{[vv]}{n-q}\right) = \sigma^2 \tag{2.148}$$

したがって,単位重みの測定値の分散 σ^2 の不偏分散 $\hat{\sigma}^2$ は次の式で求められる.
$$\hat{\sigma}^2 = \frac{[vv]}{n-q}$$

ここで，$(n-q)$ は自由度を表す．

各測定が異精度のときは，残差 v_i を単位重みの残差 $\sqrt{p_i}\,v_i$ で置き換えれば，前と同様に不偏分散が求まる．

$$\hat{\sigma}^2 = \frac{[pvv]}{n-q} \tag{2.149}$$

これより重み p_i の測定値の不偏分散 $\hat{\sigma}_i^2$ は次の式から求められる．

$$\hat{\sigma}_i^2 = \frac{\hat{\sigma}^2}{p_i} = \frac{[pvv]}{p_i(n-q)}$$

---

c) 最確値の精度の推定

測定値 $m_1, m_2, \cdots\cdots, m_n$ の単位重みの分散 σ^2 が求められると，最確値 $x_{01}, x_{02}, \cdots\cdots, x_{0q}$ の分散 $\sigma_{01}^2, \sigma_{02}^2, \cdots\cdots, \sigma_{0q}^2$ は，式 (2.123) に誤差伝播の法則を適用することにより，次のように求めることができる．すなわち，式 (2.123)

$$X_0 = (A^t A)^{-1} A^t M$$

において

$$(A^t A)^{-1} A^t = B \tag{2.150}$$

とおくと，

$$X_0 = BM \tag{2.151}$$

あるいは

$$\begin{bmatrix} x_{01} \\ x_{02} \\ \vdots \\ x_{0q} \end{bmatrix} = \begin{bmatrix} b_{11} & b_{12} & \cdots\cdots & b_{1n} \\ b_{21} & b_{22} & \cdots\cdots & b_{2n} \\ \vdots & \vdots & & \vdots \\ b_{q1} & q_{q2} & \cdots\cdots & b_{qn} \end{bmatrix} \begin{bmatrix} m_1 \\ m_2 \\ \vdots \\ m_n \end{bmatrix} \tag{2.152}$$

と表される．この

$$x_{0j} = b_{j1}m_1 + b_{j2}m_2 + \cdots\cdots + b_{jn}m_n \qquad (j=1, 2, \cdots\cdots, q) \tag{2.153}$$

に誤差伝播の法則を適用することにより，最確値 x_{0j} の分散 σ_{0j}^2 は，

$$\sigma_{0j}^2 = (b_{j1}^2 + b_{j2}^2 + \cdots\cdots + b_{jn}^2)\sigma^2 \tag{2.154}$$

として求められる．

コファクターマトリクスを用いると，これは最確値の計算過程の値を用いて極めて簡単に計算できる．すなわち，式 (2.69) のコファクターの定義より

$$\begin{aligned} G_{x_{0j}} &= \left(\frac{\partial x_{0j}}{\partial m_1}\right)g_1 + \left(\frac{\partial x_{0j}}{\partial m_2}\right)g_2 + \cdots\cdots + \left(\frac{\partial x_{0j}}{\partial m_n}\right)g_n \\ &= b_{j1}g_1 + b_{j2}g_2 + \cdots\cdots + b_{jn}g_n \end{aligned} \tag{2.155}$$

測定が等精度であれば，測定値のコファクターマトリクス g は，

$$\boldsymbol{g} = \begin{bmatrix} g_{11} & g_{12} & \cdots & g_{1n} \\ g_{21} & g_{22} & \cdots & g_{2n} \\ \vdots & \vdots & & \vdots \\ g_{n1} & g_{n2} & \cdots & g_{nn} \end{bmatrix} = \begin{bmatrix} 1 & 0 & \cdots & 0 \\ 0 & 1 & \cdots & 0 \\ \vdots & \vdots & & \vdots \\ 0 & 0 & \cdots & 1 \end{bmatrix} \tag{2.156}$$

である.

最確値 x_{0j} の分散 $\sigma_{0j}{}^2$ は,式(2.65)の定義より

$$\sigma_{0j}{}^2 = G_{xjj}\sigma^2 \tag{2.157}$$

であり,$G_{xjk}(k=1, 2, \cdots, q)$ を要素とする最確値のコファクターマトリクス

$$\boldsymbol{G}_{xx} = \begin{bmatrix} G_{x11} & G_{x12} & \cdots & G_{x1q} \\ G_{x21} & G_{x22} & \cdots & G_{x2q} \\ \vdots & \vdots & & \vdots \\ G_{xq1} & G_{xq2} & \cdots & G_{xqq} \end{bmatrix} \tag{2.158}$$

は,

$$\begin{aligned} G_{xjk} &= G_{x0j} \times G_{x0k} \\ &= (b_{j1}g_1 + b_{j2}g_2 + \cdots + b_{jn}g_n)(b_{k1}g_1 + b_{k2}g_2 + \cdots + b_{kn}g_n) \end{aligned} \tag{2.159}$$

より,次のように求められる.

$$\begin{aligned} \boldsymbol{G}_{xx} &= \begin{bmatrix} b_{11} & b_{12} & \cdots & b_{1n} \\ b_{12} & b_{22} & \cdots & b_{2n} \\ \vdots & \vdots & & \vdots \\ b_{q1} & b_{q2} & \cdots & b_{qn} \end{bmatrix} \begin{bmatrix} g_{11} & 0 & \cdots & 0 \\ 0 & g_{22} & \cdots & 0 \\ \vdots & \vdots & & \vdots \\ 0 & 0 & \cdots & g_{nn} \end{bmatrix} \begin{bmatrix} b_{11} & b_{21} & \cdots & b_{q1} \\ b_{12} & b_{22} & \cdots & b_{q2} \\ \vdots & \vdots & & \vdots \\ b_{1n} & b_{2n} & \cdots & b_{qn} \end{bmatrix} \\ &= \boldsymbol{B} \boldsymbol{g} \boldsymbol{B}^t \end{aligned} \tag{2.160}$$

これに式(2.150)を代入すると,$(\boldsymbol{A}^t \boldsymbol{A})^{-1}$ が対称行列であることから

$$\begin{aligned} \boldsymbol{G}_{xx} &= (\boldsymbol{A}^t \boldsymbol{A})^{-1} \boldsymbol{A}^t \boldsymbol{g} [(\boldsymbol{A}^t \boldsymbol{A})^{-1} \boldsymbol{A}^t]^t \\ &= (\boldsymbol{A}^t \boldsymbol{A})^{-1} \boldsymbol{A}^t \boldsymbol{A} (\boldsymbol{A}^t \boldsymbol{A})^{-1} = (\boldsymbol{A}^t \boldsymbol{A})^{-1} \end{aligned} \tag{2.161}$$

すなわち

$$\sigma^2 \boldsymbol{G}_{xx} = \sigma^2 (\boldsymbol{A}^t \boldsymbol{A})^{-1} \tag{2.162}$$

の対角要素として,最確値の分散 $\sigma_{01}{}^2, \sigma_{02}{}^2, \cdots, \sigma_{0q}{}^2$ が得られる.

測定が異精度のときは,測定値 m_i ($i=1, 2, \cdots, n$) の重み p_i のマトリクス $\boldsymbol{P}$ を用いて,式(2.130)より

$$\sigma^2 \boldsymbol{G}_{xx} = \sigma^2 (\boldsymbol{A}^t \boldsymbol{P} \boldsymbol{A})^{-1} \tag{2.163}$$

として，最確値の精度を求めることができる．

例題 2-4 あるばねのばね定数 k を求めるため，種々な荷重 x のもとでのばねの長さ y を測定し，表-2.4 のような結果を得た．この結果を図示したのが図-2.10 である．

このときのばね定数 k および荷重 0 でのばねの長さ l の最確値およびその不偏分散を求めよ．ただし，荷重 x の測定には誤差はなく，ばねの長さ y の測定は等精度であるとする．

解 (1) 最確値　観測方程式は
$$y_i = kx_i + l \quad (i=1, \cdots\cdots, 8)$$
であり，残差方程式は k, l の最確値を k_0, l_0 とすると
$$v_i = y_i - (k_0 x_i + l_0)$$
である．

正規方程式は，
$$\frac{\partial [vv]}{\partial k_0} = 0 \quad \text{より}$$
$$[xx]k_0 + [x]l_0 = [xy]$$
$$\frac{\partial [vv]}{\partial l_0} = 0 \quad \text{より}$$
$$[x]k_0 + nl_0 = [y]$$

表-2.4 荷重 x_i でのばねの長さ y_i

x_i	y_i
10	17.52
20	20.13
30	24.85
40	28.50
50	32.16
60	36.05
70	39.84
80	43.30

となるので，これを解けば，k_0, l_0 は次のように求められる．
$$k_0 = \frac{n[xy] - [x][y]}{n[xx] - [x][x]}$$
$$l_0 = \frac{[xx][y] - [x][xy]}{n[xx] - [x][x]}$$

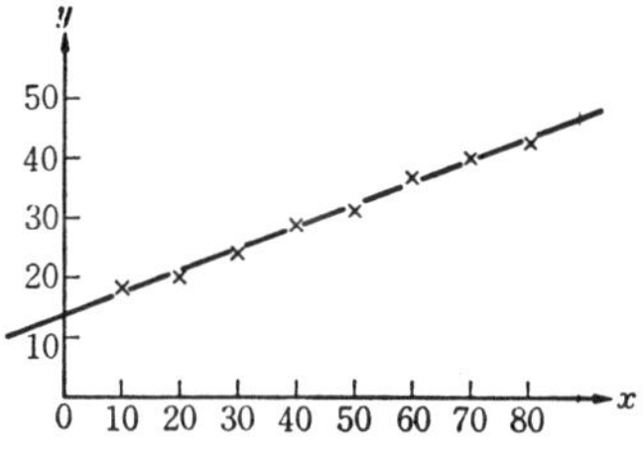

マトリクス表示によりこれを求めるとすれば，

図-2.10 荷重 x_i でのばねの長さ y_i

$$A = \begin{bmatrix} x_1 & 1 \\ x_2 & 1 \\ \vdots & \vdots \\ x_n & 1 \end{bmatrix}, \quad A^t = \begin{bmatrix} x_1 & x_2 & \cdots\cdots & x_n \\ 1 & 1 & \cdots\cdots & 1 \end{bmatrix}$$

として，式 (2.123) より次のようになる．

$$\begin{bmatrix} k_0 \\ l_0 \end{bmatrix} = (\boldsymbol{A}^t \boldsymbol{A})^{-1} \boldsymbol{A}^t \begin{bmatrix} y_1 \\ y_2 \\ \vdots \\ y_n \end{bmatrix}$$

$$= \frac{1}{n[xx]-[x][x]} \begin{bmatrix} n & -[x] \\ -[x] & [xx] \end{bmatrix} \begin{bmatrix} x_1 & x_2 & \cdots\cdots & x_n \\ 1 & 1 & \cdots\cdots & 1 \end{bmatrix} \begin{bmatrix} y_1 \\ y_2 \\ \vdots \\ y_n \end{bmatrix}$$

$$= \frac{1}{n[xx]-[x][x]} \begin{bmatrix} n[xy]-[x][y] \\ [xx][y]-[x][xy] \end{bmatrix}$$

したがって,**表-2.5** のように計算すれば

$k_0 = 0.3765$

$l_0 = 13.35$

が得られる.

(2) **最確値の不偏分散**　測定値 y の不偏分散は,式 (2.131) より

$$\hat{\sigma}^2 = \frac{[vv]}{n-q} = \frac{0.838}{8-2} = 0.1397$$

である.最確値の不偏分散 $\hat{\sigma}_k{}^2, \hat{\sigma}_l{}^2$ は,式 (2.157) より

$\hat{\sigma}_k{}^2 = G_{kk} \hat{\sigma}^2,$

$\hat{\sigma}_l{}^2 = G_{ll} \hat{\sigma}^2$

であり,コファクター G_{kk}, G_{ll} は式 (2.161) より,次のコファクターマトリクス G の対角要素として求められる.

表-2.5　計算結果

i	x_i	y_i	$x_i x_i$	$x_i y_i$	v_i
1	10	17.52	100	175.2	0.405
2	20	20.13	400	402.6	-0.750
3	30	24.85	900	745.5	0.205
4	40	28.50	1 600	1 140.0	0.090
5	50	32.16	2 500	1 608.0	-0.015
6	60	36.05	3 600	2 163.0	0.110
7	70	39.84	4 900	2 788.8	0.135
8	80	43.30	6 400	3 464.0	-0.170
Σ	360	242.35	20 400	12 487.1	$[vv]=0.838$

$$\boldsymbol{G} = \begin{bmatrix} G_{kk} & G_{kl} \\ G_{lk} & G_{ll} \end{bmatrix}$$

$$= (\boldsymbol{A}^t \boldsymbol{A})^{-1} = \begin{bmatrix} \dfrac{n}{n[xx]-[x][x]} & \dfrac{-[x]}{n[xx]-[x][x]} \\ \dfrac{-[x]}{n[xx]-[x][x]} & \dfrac{[xx]}{n[xx]-[x][x]} \end{bmatrix}$$

すなわち,表-2.5 の値より計算して

$$\boldsymbol{G} = \frac{1}{33\,600} \begin{bmatrix} 8 & -360 \\ -360 & 20\,400 \end{bmatrix}$$

$G_{kk}=0.000238, \quad G_{ll}=0.6071, \quad G_{kl}=G_{lk}=-0.01071$

これは，c) において述べたように，上記の k_0, l_0 の式に誤差伝播の式を適用して求めることと同義である．例えば，$\hat{\sigma}_k{}^2$ は，

$$\hat{\sigma}_k{}^2 = \left(\frac{\partial k_0}{\partial y_1}\right)^2 \hat{\sigma}^2 + \left(\frac{\partial k_0}{\partial y_2}\right)^2 \hat{\sigma}^2 + \cdots\cdots + \left(\frac{\partial k_0}{\partial y_n}\right)^2 \hat{\sigma}^2$$

$$= \left\{\frac{nx_1-[x]}{n[xx]-[x][x]}\right\}^2 \hat{\sigma}^2 + \cdots\cdots + \left\{\frac{nx_n-[x]}{n[xx]-[x][x]}\right\}^2 \hat{\sigma}^2$$

$$= \frac{n}{n[xx]-[x][x]} \hat{\sigma}^2$$

となり，$G_{kk}\hat{\sigma}^2$ と同じ値が得られる．このようにして

$$\hat{\sigma}_k{}^2 = 0.000238\,\hat{\sigma}^2 = 0.00003325, \qquad \hat{\sigma}_l{}^2 = 0.6071\,\hat{\sigma}^2 = 0.08480$$

が得られる．

d) 最確値の信頼区間

これまで最確値 x_0 で未知量の真の値 x を推定してきたが，この推定の信頼度を信頼区間 (confidence interval) として表してみる．

信頼区間を求めるには，測定値の分散が既知の場合と未知の場合を分けて考える．測定値の分散が既知の場合とは，ある測定が極めて多数の回数行われており，それより求められた分散が母集団の分散，すなわち母分散であると仮定できるような場合である．このように母分散が求められている場合以外は，これを未知として取り扱う．

i） 測定値の分散 σ^2 が既知の場合　最確値 x_0 の分散 $\sigma_0{}^2$ は，x_0 のコファクターを G_{xx} とすると式 (2.157) より $\sigma_0{}^2 = G_{xx}\sigma^2$ となる．したがって，x_0 の真の値を x とすると，次に示す t の値は，$N(0,1)$ の正規分布に従う．

$$t_1 = \frac{x_0-x}{\sigma\sqrt{G_{xx}}} \tag{2.164}$$

そのとき，t の値が確率 $(1-\alpha)$ で落ちる区間を $100\times(1-\alpha)$ ％の信頼区間という．

この信頼区間に対応する t の値が t_α であるとき，x が $(1-\alpha)$ の確率で落ちる区間，すなわち信頼区間は次のように与えられる．

$$x_0 - t_\alpha \sigma_0 \leqq x \leqq x_0 + t_\alpha \sigma_0 \tag{2.165}$$

$(1-\alpha)$ は，信頼係数 (confidence coefficient) と呼ばれ，2.1.5 で示したように

$1-\alpha=0.99$ のとき　$t_\alpha=2.58$
$1-\alpha=0.95$ のとき　$t_\alpha=1.96$

である．

ii） 測定値の分散 σ^2 が未知の場合　単位重みの測定値の分散の推定値 $\hat{\sigma}^2$ を，式 (2.131) または式 (2.132) より求め，さらに式 (2.162) または式 (2.163) から最確値の分散 $\sigma_0{}^2 = G_{xx}\hat{\sigma}^2$ を求める．

このとき，次の式で与えられる t の値は，正規分布に従わずに，$(n-q)$ の自由度の t 分布 (t-distribution) に従う．

$$t = \frac{x_0 - x}{\hat{\sigma}_0} \tag{2.166}$$

t 分布の曲線は，縦軸に関して対称形で正規分布の曲線に似ている．自由度が大きくなると，正規分布の曲線と一致する．

$(1-\alpha)$ なる信頼係数に対応する t の値を t_α とするとき，x の信頼区間は次のようになる．

$$x_0 - t_\alpha \hat{\sigma}_0 \leq x \leq x_0 + t_\alpha \hat{\sigma}_0 \tag{2.167}$$

t 分布のときの t_α は，**付表-2**(巻末)の t 分布表から，自由度 $\phi = n-q$ と α の値から求められる．

例題 2-5 例題 2-4 で得られた最確値の信頼係数 0.95 のもとでの信頼区間を求めよ．

解 信頼係数 $1-\alpha = 0.95$ のとき，付表-2 で $\phi = n-q = 6$ の値として

$$t_\alpha = 2.447$$

と得られるから

$$t_\alpha \hat{\sigma}_k = 2.447 \times 0.00577 = 0.0141$$
$$t_\alpha \hat{\sigma}_l = 2.447 \times 0.291 = 0.71$$

となる．したがって，k および l の信頼区間は次のようになる．

$$0.3624 \leq k \leq 0.3906, \quad 12.64 \leq l \leq 14.06$$

e) 重回帰分析 (multiple regression analysis)

1つの変量 y が他の q 個の変量 $x_i (i=1, \cdots, q)$ で説明されると考えられるとき，この変量の間に数式モデル

$$y = f(x_1, x_2, \cdots, x_q) \tag{2.168}$$

をつくり上げる必要がしばしば生ずる．

測量学などでは，この関数の形は物理的ないし幾何学的法則性に従って設定され，それより，**a)** にあげたような方法により，パラメータが推定される．しかし社会現象のような場合，この関数形は必ずしも定かでなく，測定された各変量の値から各変量の間の関係を表せる数式モデルを求めたいという場合がある．このような場合，重回帰分析と呼ばれる方法が用いられる．

重回帰分析は，変量の組 y_j と $(x_{1j}, x_{2j}, \cdots, x_{qj} : j=1, 2, \cdots, n)$ の n 個のデータの組を用いて，一般に線形の回帰式

$$y = a_0 + a_1 x_1 + \cdots + a_q x_q \tag{2.169}$$

を求めようとするものである．

すなわち，残差を v_j として

$$\left.\begin{array}{l} y_1 = a_0 + a_1 x_{11} + \cdots\cdots + a_q x_{q1} + v_1 \\ \vdots \\ y_n = a_0 + a_1 x_{1n} + \cdots\cdots + a_q x_{qn} + v_n \end{array}\right\} \quad (2.170)$$

とし，$[vv]$ を最小にするものとしてパラメータ $a_0, a_1, \cdots\cdots, a_q$ の最確値を推定する．

この推定の方法は，間接測定の最小二乗法の場合と全く同じであるが，重回帰分析においては，測定値 y と回帰推定値 y_0 (関数の最確値)

$$y_0 = a_0 + a_1 x_1 + \cdots\cdots + a_q x_q \quad (2.171)$$

の相関係数 (correlation coefficient) (これを重相関係数と呼ぶ) を用いて推定精度を表し，この推定が有意であるか否かを確かめることが必要である．

重相関係数 (multiple correlation coefficient) は，

$$R = \frac{\sum_{j=1}^{n}(y_j - \bar{y})(y_{0j} - \bar{y}_0)}{\sqrt{\sum_{j=1}^{n}(y_j - \bar{y})^2 \sum_{j=1}^{n}(y_{0j} - \bar{y}_0)^2}} \quad (2.172)$$

ここで

$$\bar{y} = \frac{1}{n}\sum_{j=1}^{n} y_j$$

$$\bar{y}_0 = \frac{1}{n}\sum_{j=1}^{n} y_{0j} = \frac{1}{n}\sum_{j=1}^{n}(a_0 + a_1 x_{1j} + \cdots\cdots + a_q x_{qj})$$

である．

よく知られているように，2つの変量 x と y の間の相関は，相関係数

$$r_{xy} = \frac{\sum_{j=1}^{n}(x_j - \bar{x})(y_j - \bar{y})}{\sqrt{\sum_{j=1}^{n}(x_j - \bar{x})^2 \sum_{j=1}^{n}(y_j - \bar{y})^2}} \quad (2.173)$$

ここで

$$\bar{x} = \frac{1}{n}\sum_{j=1}^{n} x_j, \qquad \bar{y} = \frac{1}{n}\sum_{i=1}^{n} y_j$$

で表され，r_{xy} が1に近づくほど相関は高くなるが，これと同様に重相関においては，R が1に近づくほど $y_0 = a_0 + a_1 x_1 + \cdots\cdots + a_q x_q$ と y との相関は高いことになる．経験的には $R \geq 0.85$ で推定は有意であると考えられる．

重回帰式の係数 $a_1, a_2, \cdots\cdots, a_q$ は偏回帰係数 (partial regression coefficient) とも呼ばれ，例えば a_1 は，$x_2, x_3, \cdots\cdots, x_q$ が一定のとき x_1 の変化によって起こる y_0 の変化関係を示す．

回帰式にとり入れられた変数 x_i が意味をもつか否かは，変数 x_i の偏回帰係数 a_i に関する次のような値 (t 値)

$$t = |a_{i0} - a_i| / \hat{\sigma}_0 \tag{2.174}$$

を用い，$a_i = 0$ とする帰無仮説が棄却されるか否かの検定により確かめられる．ここに，a_i は偏回帰係数，a_{i0} は a_i の推定値，$\hat{\sigma}_0$ は a_{i0} の分散である．すなわち，$t = |a_{i0} - 0|/\hat{\sigma}_0$ を計算し，これが $(1-\alpha)$ なる信頼係数のもとで自由度 ϕ ($\phi = n - q - 1$) の t_α より大であれば仮説 $a_i = 0$ は棄却され，変数 x_i はこの関数の構造変数として意味をもつと判断される．

また，変数 $x_1, x_2, \cdots\cdots, x_{i-1}, x_{i+1}, \cdots\cdots, x_q$ を固定したとき，x_i と y の間にどの程度の相関があるかは偏相関係数 $r_{iy \cdot 1,2,\cdots\cdots,i-1,i+1,\cdots\cdots,q}$ で表される．$r_{iy \cdot 1,2,\cdots\cdots,i-1,i+1,\cdots\cdots,q}$ は次のようにして求められる（導き方は省略）．

$$r_{iy \cdot 1,2,\cdots\cdots,i-1,i+1,\cdots\cdots,q} = \frac{-r^{iy}}{\sqrt{r^{ii} \cdot r^{yy}}} \tag{2.175}$$

ここで，r^{iy}, r^{ii}, r^{yy} はそれぞれ，次に示す相関係数行列 $\boldsymbol{R}$（変数 $y, x_1, \cdots\cdots, x_q$ の個々の間の単相関係数を要素とする行列）の逆行列 $\boldsymbol{R}^{-1}$ の要素である．すなわち

$$\boldsymbol{R} = \begin{bmatrix} r_{11} & r_{12} & \cdots & r_{1i} & \cdots & r_{1q} & r_{1y} \\ r_{21} & & & & & & \\ \vdots & & & & & & \\ r_{l1} & \cdots\cdots & & r_{li} & \cdots & r_{lq} & r_{ly} \\ \vdots & & & & & & \\ r_{q1} & \cdots\cdots & & r_{qi} & \cdots & r_{qq} & r_{qy} \\ r_{y1} & \cdots\cdots & & r_{yi} & \cdots & r_{yq} & r_{yy} \end{bmatrix} \tag{2.176}$$

ここに

$$r_{li} = \frac{\sum_{j=1}^n (x_{jl} - \bar{x}_l)(x_{ji} - \bar{x}_i)}{\sqrt{\sum_{j=1}^n (x_{jl} - \bar{x}_l)^2 \sum_{j=1}^n (x_{ji} - \bar{x}_i)^2}} \quad (i = 1, 2, \cdots\cdots, q \,;\, l = 1, 2, \cdots\cdots, q)$$

として

$$\boldsymbol{R}^{-1} = \begin{bmatrix} r^{11} & r^{12} & \cdots & r^{1i} & \cdots & r^{1q} & r^{1y} \\ r^{21} & & & & & & \\ \vdots & & & & & & \\ r^{l1} & \cdots\cdots & & r^{li} & \cdots & r^{lq} & r^{ly} \\ \vdots & & & & & & \\ r^{q1} & \cdots\cdots & & r^{qi} & \cdots & r^{qq} & r^{qy} \\ r^{y1} & \cdots\cdots & & r^{yi} & \cdots & r^{yq} & r^{yy} \end{bmatrix} \tag{2.177}$$

$r_{iy \cdot 1,2,\cdots\cdots,i-1,i+1,\cdots\cdots,q}$ 以外の偏相関係数についても全く同様に求められる．

重回帰分析の詳しい説明は，測量学の範囲を逸脱するので省略するが，これは土木

2.2 最小二乗法

計画学などの分野でも広く用いられるものであるので，最後に 1 つの例を示しておく．

例題 2-6 大都市圏以外の各県における燃料油の消費量 y を，家庭用消費の指標である人口 x_1 と，産業用消費の指標である工業出荷額 x_2 とによって説明する重回帰式とその精度を推定せよ．

解 まず，重回帰式が次式で表されるものとする．

$$y = a_1 x_1 + a_2 x_2$$

県別の 20 のサンプルについての y, x_1, x_2 の値は，**表-2.6** に示すとおりであるが，これを用いて重回帰式の推定を行う．

すでに述べたように，重回帰分析における重回帰式の推定は，独立な間接測定の最確値の推定と全く同じである．ここで，上式の y, a, x はそれぞれ式 (2.111) の m, x, a に対応する．したがって，式 (2.123) を利用すれば，a_1, a_2 は次式より得られる．

表-2.6

県　名	燃料油 y(千 kl)	人　口 x_1(千人)	工業出荷額 x_2(10 億円)
青　森	2 686	1 533	660
岩　手	1 798	1 427	808
秋　田	2 094	1 266	650
山　形	1 942	1 245	888
福　島	3 718	2 012	1 712
山　梨	741	801	702
富　山	3 158	1 093	1 831
石　川	1 437	1 097	1 039
福　井	1 857	787	863
和歌山	2 399	1 095	2 032
鳥　取	792	597	437
島　根	809	782	458
徳　島	1 632	830	726
香　川	2 332	986	1 394
高　知	1 139	834	420
佐　賀	1 422	862	686
長　崎	2 674	1 590	916
宮　崎	1 541	1 127	628
鹿児島	1 922	1 771	776
沖　縄	1 698	1 100	432

$$\begin{bmatrix} a_1 \\ a_2 \end{bmatrix} = \left(\begin{bmatrix} x_{11} & \cdots & x_{20 \cdot 1} \\ x_{12} & \cdots & x_{20 \cdot 2} \end{bmatrix} \begin{bmatrix} x_{11} & x_{12} \\ \vdots & \vdots \\ x_{20 \cdot 1} & x_{20 \cdot 2} \end{bmatrix} \right)^{-1} \begin{bmatrix} x_{11} & \cdots & x_{20 \cdot 1} \\ x_{12} & \cdots & x_{20 \cdot 2} \end{bmatrix} \begin{bmatrix} y_1 \\ \vdots \\ y_{20} \end{bmatrix}$$

ここに，x_{1j}：j 県の人口，x_{2j}：j 県の工業出荷額，y_j：j 県の燃料油消費量．これらの値を代入すれば，

$$\begin{bmatrix} a_1 \\ a_2 \end{bmatrix} = \begin{bmatrix} 1.00 \\ 0.874 \end{bmatrix}$$

よって，求められる重回帰式は，

$$y = 1.00 \ x_1 + 0.874 \ x_2$$

この結果を解釈すれば，燃料油は家庭用として人口1000人当り1.00千kl，産業用として工業出荷額10億円当り0.874千kl消費されていることになる．

このとき重相関係数は，yの観測値y_j(表-2.6)と，yの推定値$y_{oj}(j=1, 2, \cdots, 20)$，およびそれらの平均値$\bar{y}, \bar{y}_0$を式(2.172)に代入して得られ，その値は$R=0.885$である．

次に，偏回帰係数a_1, a_2の有意性を確かめるためにt値を求めると，式(2.174)を用いて，$t_{a1}=6.27 \geq t_{a=0.01}=2.90, t_{a2}=4.48 \geq t_{a=0.01}$となって，$a_1, a_2$ともに信頼水準0.99で有意である．

さらに，式(2.173)を用いて変数間の相関係数を求めて式(2.176)に代入し，その逆行列$\boldsymbol{R}^{-1}$〔式(2.177)〕を求める．この要素の値を式(2.175)に代入するとそれぞれの偏相関係数が得られ，その値は，$r_{1y\cdot 2}=0.823, r_{2y\cdot 1}=0.737$となる．

この例でみてもわかるように，重回帰分析の場合，この推定が有意であるか否かを知ることが最も大切であって，相関係数を求めることが必要である．一方，測量のデータの場合は式の有意性には問題はなく，測定値やそれから推定した最確値の精度を知ることが必要である．このため，この両者は同じ最小二乗法による推定であるが，その推定の目的とその結果の検討の仕方は，おのずから異なったものとなる．

2.2.4 条件のある直接測定における最小二乗法

a) 最確値の計算

いま，q個の未知量$x_1, x_2, \cdots, x_q$を直接測定した結果，測定値$m_1, m_2, \cdots, m_q$が得られたとする．ところが，これら未知量の間にはu個$(u<q)$の条件方程式が存在する場合がある．このときの未知量の最確値$x_{01}, x_{02}, \cdots, x_{0q}$の求め方を以下に示そう．

まず観測方程式は次のように書ける．

$$\left.\begin{array}{l} x_1 = m_1 \quad (\text{重み} \ p_1) \\ x_2 = m_2 \quad (\text{重み} \ p_2) \\ \quad \vdots \\ x_q = m_q \quad (\text{重み} \ p_q) \end{array}\right\} \quad (2.178)$$

測定値の残差をv_iとすると，次の残差方程式が得られる．

$$\left.\begin{array}{l} v_1 = m_1 - x_{01} \\ v_2 = m_2 - x_{02} \\ \quad \vdots \\ v_q = m_q - x_{0q} \end{array}\right\} \quad (2.179)$$

あるいは

$$V = M - X_0 \tag{2.180}$$

さらにこれらの最確値の間には次の条件方程式 (condition equations) が成立しなければならないとする.

$$\left.\begin{array}{l} f_1 = b_{11}x_{01} + b_{12}x_{02} + \cdots\cdots + b_{1q}x_{0q} + b_{01} = 0 \\ f_2 = b_{21}x_{01} + b_{22}x_{02} + \cdots\cdots + b_{2q}x_{0q} + b_{02} = 0 \\ \vdots \\ f_u = b_{u1}x_{01} + b_{u2}x_{02} + \cdots\cdots + b_{uq}x_{0q} + b_{0u} = 0 \end{array}\right\} \tag{2.181}$$

あるいは

$$BX_0 + B_0 = 0 \tag{2.182}$$

最確値 X_0 は，残差の平方和 $S = [pvv]$ を，条件式 (2.181) あるいは (2.182) のもとに最小にする値として求められる.

ある条件のもとで，関数の極大または極小を求める問題を解く方法として，ラグランジュの未定係数法 (Lagrange's method of interminate coefficient) が用いられる．すなわち，ラグランジュの未定係数 $\lambda_1, \lambda_2, \cdots\cdots, \lambda_u$ を用いて，次の関数の絶対極値を求める問題に直す．

$$F = [pvv] - 2\lambda_1 f_1 - 2\lambda_2 f_2 - \cdots\cdots - 2\lambda_u f_u \tag{2.183}$$

F の絶対極値は次の式から得られる．

$$\frac{\partial F}{\partial x_{01}} = \frac{\partial F}{\partial x_{02}} = \cdots\cdots = \frac{\partial F}{\partial x_{0q}} = 0 \tag{2.184}$$

結局，式 (2.181) の u 個の条件式と，式 (2.184) の q 個の方程式を同時に満足するような q 個の最確値と u 個の未定係数を求めればよい．

普通，上記の方程式を解く場合，最確値を消去して，残差 v_1 を未知変数として解いたほうがわかりやすい．すなわち，式 (2.179) を式 (2.181) に代入すると，条件式は次のように変形される．

$$\left.\begin{array}{l} f_1 = b_{11}v_1 + b_{12}v_2 + \cdots\cdots + b_{1q}v_q - w_1 = 0 \\ f_2 = b_{21}v_1 + b_{22}v_2 + \cdots\cdots + b_{2q}v_q - w_2 = 0 \\ \vdots \\ f_u = b_{u1}v_1 + b_{u2}v_2 + \cdots\cdots + b_{uq}v_q - w_u = 0 \end{array}\right\} \tag{2.185}$$

あるいは

$$f = BV - W = 0 \tag{2.186}$$

ここで

$$w_i = b_{i1}m_1 + b_{i2}m_2 + \cdots\cdots + b_{iq}m_q + b_{0i} \tag{2.187}$$

あるいは

$$W = BM + B_0 \tag{2.188}$$

式 (2.184) の方程式は次のようになる．

$$\frac{\partial F}{\partial v_1} = \frac{\partial F}{\partial v_2} = \cdots\cdots = \frac{\partial F}{\partial v_q} = 0 \tag{2.189}$$

ところで，F は，式 (2.183) より，次のように書ける．

$$\begin{aligned}
F = & p_1 v_1{}^2 + p_2 v_2{}^2 + \cdots\cdots + p_q v_q{}^2 \\
& - 2\lambda_1 (b_{11} v_1 + b_{12} v_2 + \cdots\cdots + b_{1q} v_q - w_1) \\
& - 2\lambda_2 (b_{21} v_1 + b_{22} v_2 + \cdots\cdots + b_{2q} v_q - w_2) \\
& \qquad\qquad \vdots \\
& - 2\lambda_u (b_{u1} v_1 + b_{u2} v_2 + \cdots\cdots + b_{uq} v_q - w_u)
\end{aligned} \tag{2.190}$$

あるいは

$$\boldsymbol{\lambda} = \begin{bmatrix} \lambda_1 \\ \lambda_2 \\ \vdots \\ \lambda_u \end{bmatrix}, \quad \boldsymbol{P} = \begin{bmatrix} p_1 & 0 & \cdots\cdots & 0 \\ 0 & p_2 & & \\ \vdots & & \ddots & \\ 0 & & & p_q \end{bmatrix}$$

と書くと，式 (2.186) を用いて

$$F = \boldsymbol{V}^t \boldsymbol{P} \boldsymbol{V} - 2\boldsymbol{\lambda}^t \boldsymbol{f} = \boldsymbol{V}^t \boldsymbol{P} \boldsymbol{V} - 2\boldsymbol{\lambda}^t (\boldsymbol{B}\boldsymbol{V} - \boldsymbol{W}) \tag{2.191}$$

したがって，式 (2.189) は次のようになる．

$$\left. \begin{aligned}
\frac{\partial F}{\partial v_1} &= 2 p_1 v_1 - 2(\lambda_1 b_{11} + \lambda_2 b_{21} + \cdots\cdots + \lambda_u b_{u1}) = 0 \\
& \vdots \\
\frac{\partial F}{\partial v_q} &= 2 p_q v_q - 2(\lambda_1 b_{1q} + \lambda_2 b_{2q} + \cdots\cdots + \lambda_u b_{uq}) = 0
\end{aligned} \right\} \tag{2.192}$$

すなわち

$$\frac{\partial F}{\partial \boldsymbol{V}} = 2\boldsymbol{P}\boldsymbol{V} - 2\boldsymbol{B}^t \boldsymbol{\lambda} = 0 \tag{2.193}$$

よって

$$\boldsymbol{P}\boldsymbol{V} = \boldsymbol{B}^t \boldsymbol{\lambda} \tag{2.194}$$

ここで，上式の重みマトリクス $\boldsymbol{P}$ の代りに，コファクター $g_{ii} = 1/p_i$ からなるコファクターマトリクス

$$\boldsymbol{g} = \begin{bmatrix} g_{11} & 0 & \cdots & 0 \\ 0 & g_{22} & \cdots & 0 \\ \vdots & \vdots & & \vdots \\ 0 & 0 & \cdots & g_{qq} \end{bmatrix} = \begin{bmatrix} \dfrac{1}{p_1} & 0 & \cdots & 0 \\ 0 & \dfrac{1}{p_2} & \cdots & 0 \\ \vdots & \vdots & & \vdots \\ 0 & 0 & \cdots & \dfrac{1}{p_q} \end{bmatrix} = \boldsymbol{P}^{-1}$$

を用いると,残差 $\boldsymbol{V}$ は次のように表せる.

$$\boldsymbol{V} = \boldsymbol{g}\boldsymbol{B}^t\boldsymbol{\lambda} \tag{2.195}$$

上式を再び式 (2.186) にあてはめると,$\lambda_1, \lambda_2, \cdots, \lambda_u$ に関する次の連立一次方程式が得られる.

$$\boldsymbol{B}\boldsymbol{g}\boldsymbol{B}^t\boldsymbol{\lambda} = \boldsymbol{W} \tag{2.196}$$

よって,未定係数は上式を解いて,次の式から得られる.

$$\boldsymbol{\lambda} = (\boldsymbol{B}\boldsymbol{g}\boldsymbol{B}^t)^{-1}\boldsymbol{W} \tag{2.197}$$

$\lambda_1, \lambda_2, \cdots, \lambda_u$ が求まれば,式 (2.195) より,残差 $v_1, v_2, \cdots, v_q$ が求まり,さらに,式 (2.180) を変形して

$$\begin{aligned}\boldsymbol{X}_0 &= \boldsymbol{M} - \boldsymbol{V} \\ &= \boldsymbol{M} - \boldsymbol{g}\boldsymbol{B}^t\boldsymbol{\lambda}\end{aligned} \tag{2.198}$$

から最確値が求められる.

b) 精度の推定

次に残差の平方和 $S = [pvv] = \boldsymbol{V}^t\boldsymbol{P}\boldsymbol{V}$ は,式 (2.195),(2.196) から次の式で得られる.

$$S = \boldsymbol{\lambda}^t\boldsymbol{W} = \lambda_1 w_1 + \lambda_2 w_2 + \cdots + \lambda_u w_u = [\lambda w] \tag{2.199}$$

条件式の個数が u のとき自由度は $n-q+u$ であるから,単位重みの測定値の不偏分散 $\hat{\sigma}^2$ は,次式のように書くことができる.

$$\hat{\sigma}^2 = \frac{S}{n-q+u} = \frac{[pvv]}{n-q+u} = \frac{[\lambda w]}{n-q+u} \tag{2.200}$$

重み p_i あるいは,コファクター g_{ii} の測定値の不偏分散 $\hat{\sigma}_i^2$ は,次のようになる.

$$\hat{\sigma}_i^2 = g_{ii}\hat{\sigma}^2 = \frac{\hat{\sigma}^2}{p_i} \tag{2.201}$$

最確値 x_{0i} の精度を表す不偏分散 $\hat{\sigma}_{xi}^2$ は,次の式から求められる.

$$\hat{\sigma}_{xi}^2 = G_{xii}\hat{\sigma}^2 \tag{2.202}$$

ここで,G_{xii} は次のコファクターマトリクス $\boldsymbol{G}_{xx}$ の対角要素である.

$$G_{xx}=\begin{bmatrix} G_{x11} & G_{x12} & \cdots\cdots & G_{x1q} \\ G_{x21} & G_{x22} & \cdots\cdots & G_{x2q} \\ \vdots & & \ddots & \vdots \\ G_{xq1} & G_{xq2} & \cdots\cdots & G_{xqq} \end{bmatrix} \qquad (2.203)$$

この G_{xx} を求めるには，最確値 X_0 を測定値 M の陽関数で表し，これより G_{x0i} を求めればよい．まず，式 (2.188), (2.199), (2.200) から

$$\begin{aligned} X_0 &= M - gB^t\lambda \\ &= M - gB^t(BgB^t)^{-1}W \\ &= M - gB^t(BgB^t)^{-1}(BM + B_0) \\ &= [I - gB^t(BgB^t)^{-1}B]M - gB^t(BgB^t)^{-1}B_0 \end{aligned} \qquad (2.204)$$

ここで

$$\begin{aligned} I - gB^t(BgB^t)^{-1}B &= I - D \\ &= \begin{bmatrix} 1-d_{11} & -d_{12} & \cdots\cdots & -d_{1q} \\ -d_{21} & 1-d_{22} & \cdots\cdots & -d_{2q} \\ \vdots & \vdots & & \vdots \\ -d_{q1} & -d_{q2} & \cdots\cdots & 1-d_{qq} \end{bmatrix} \end{aligned} \qquad (2.205)$$

とおくと

$$\begin{aligned} G_{x0i} &= \left(\frac{\partial x_{0i}}{\partial m_1}\right)g_1 + \left(\frac{\partial x_{0i}}{\partial m_2}\right)g_2 + \cdots\cdots + \left(\frac{\partial x_{0i}}{\partial m_q}\right)g_q \\ &= (-d_{i1}g_1) + (-d_{i2}g_2) + \cdots\cdots + (1-d_{ii})g_i + \cdots\cdots + (-d_{iq})g_q \end{aligned}$$

であり，

$$G_{xik} = G_{x0i} \times G_{x0k}$$

であるから，G_{xik} を要素とするコファクターマトリクス G_{xx} は，

$$\begin{aligned} G_{xx} &= \begin{bmatrix} 1-d_{11} & -d_{12} & \cdots\cdots & -d_{1q} \\ -d_{21} & 1-d_{22} & \cdots\cdots & -d_{2q} \\ \vdots & \vdots & & \vdots \\ -d_{q1} & -d_{q2} & \cdots\cdots & 1-d_{qq} \end{bmatrix} \\ &\quad \times \begin{bmatrix} g_1 & 0 & \cdots\cdots & 0 \\ 0 & g_2 & \cdots\cdots & 0 \\ \vdots & \vdots & & \vdots \\ 0 & 0 & \cdots\cdots & g_q \end{bmatrix} \begin{bmatrix} 1-d_{11} & -d_{21} & \cdots\cdots & -d_{q1} \\ -d_{12} & -d_{22} & \cdots\cdots & -d_{q2} \\ \vdots & \vdots & & \vdots \\ -d_{1q} & -d_{2q} & \cdots\cdots & 1-d_{qq} \end{bmatrix} \\ &= (I-D)g(I-D)^t \end{aligned} \qquad (2.206)$$

これに，式 (2.205) を代入すると，

$$G_{xx} = [I - gB^t(BgB^t)^{-1}B]g[I - gB^t(BgB^t)^{-1}B]^t \qquad (2.207)$$

ここで，(BgB^t) および g は対称行列であるから，

$$G_{xx} = [I - gB^t(BgB^t)^{-1}B]g[I - B^t(BgB^t)^{-1}Bg]$$
$$= [I - gB^t(BgB^t)^{-1}B][g - gB^t(BgB^t)^{-1}Bg]$$
$$= g - 2gB^t(BgB^t)^{-1}Bg + gB^t(BgB^t)^{-1}Bg$$
$$= g - gB^t(BgB^t)^{-1}Bg \tag{2.208}$$

この行列の対角要素として $G_{x11}, G_{x22}, \cdots, G_{xqq}$ が得られ,それより最確値の不偏分散 $\hat{\sigma}_{xi}^2 = G_{xii}\hat{\sigma}^2$ が求められる.

例題 2-7 三角形の3つの内角を測定したとき,次のような測定値が得られた.このとき,三角形の内角の和が $180°$ になるように最小二乗法を用いて内角の最確値を求めよ.また最確値の分散および共分散を求めよ.ただし,単位重みの分散は 360 と仮定する.

$x_1 : 75°34'42''$, 標準偏差 $13.4''$
$x_2 : 62°27'33''$, 標準偏差 $9.5''$
$x_3 : 41°57'26''$, 標準偏差 $8.5''$

解 残差方程式は次のようになる.

$v_1 = 75°34'42'' - x_{01}$
$v_2 = 62°27'33'' - x_{02}$
$v_3 = 41°57'26'' - x_{03}$

条件方程式は,次のようになる.

$x_{01} + x_{02} + x_{03} - 180° = 0$

あるいは

$v_1 + v_2 + v_3 = 179°59'41'' - 180° = -19''$

ところで,測定値の分散-共分散マトリクスは次のようになる.

$$\begin{bmatrix} \sigma_1^2 & 0 & 0 \\ 0 & \sigma_2^2 & 0 \\ 0 & 0 & \sigma_3^2 \end{bmatrix} = \sigma^2 \begin{bmatrix} g_{11} & 0 & 0 \\ 0 & g_{22} & 0 \\ 0 & 0 & g_{33} \end{bmatrix} = \begin{bmatrix} 13.4^2 & 0 & 0 \\ 0 & 9.5^2 & 0 \\ 0 & 0 & 8.5^2 \end{bmatrix}$$

$$= 360 \begin{bmatrix} 1/2 & 0 & 0 \\ 0 & 1/4 & 0 \\ 0 & 0 & 1/5 \end{bmatrix}$$

したがって

$$\boldsymbol{g} = \begin{bmatrix} 1/2 & 0 & 0 \\ 0 & 1/4 & 0 \\ 0 & 0 & 1/5 \end{bmatrix}$$

あるいは

$$\boldsymbol{p}=\begin{bmatrix} 2 & 0 & 0 \\ 0 & 4 & 0 \\ 0 & 0 & 5 \end{bmatrix}$$

となる.

最確値 x_{01}, x_{02}, x_{03} は,次に示す F の値を最小にするような残差 v_1, v_2, v_3 を求めることによって得られる.

$$F = p_1 v_1{}^2 + p_2 v_2{}^2 + p_3 v_3{}^2 - 2\lambda(v_1 + v_2 + v_3 + 19'')$$

$\dfrac{\partial F}{\partial v_1} = 0$ より $v_1 = g_{11}\lambda$

$\dfrac{\partial F}{\partial v_2} = 0$ より $v_2 = g_{22}\lambda$

$\dfrac{\partial F}{\partial v_3} = 0$ より $v_3 = g_{33}\lambda$

この式を条件式に代入すると,次のように λ が求められる.

$$(g_{11} + g_{22} + g_{33})\lambda = -19''$$

$$\therefore \quad \lambda = \frac{-19''}{g_{11} + g_{22} + g_{33}} = -20''$$

λ は,次のようにしても求められる.

$$\boldsymbol{BgB^t}\lambda = \boldsymbol{W}$$

ここで

$$\boldsymbol{B} = [1, 1, 1]$$

$$\boldsymbol{g} = \begin{bmatrix} g_{11} & 0 & 0 \\ 0 & g_{22} & 0 \\ 0 & 0 & g_{33} \end{bmatrix} = \begin{bmatrix} 1/2 & 0 & 0 \\ 0 & 1/4 & 0 \\ 0 & 0 & 1/5 \end{bmatrix}$$

$$\boldsymbol{W} = -19''$$

したがって

$$\boldsymbol{BgB^t} = g_{11} + g_{22} + g_{33} = \frac{19}{20}$$

$$\lambda = [\boldsymbol{BgB^t}]^{-1}\boldsymbol{W} = \frac{20}{19}(-19) = -20''$$

よって,残差および最確値は次のようになる.

$v_1 = g_{11}\lambda = -10''$ 　∴　 $x_{01} = 75°34'42'' - v_1 = 75°34'52''$

$v_2 = g_{22}\lambda = -5''$ 　∴　 $x_{02} = 62°27'33'' - v_2 = 62°27'38''$

$v_3 = g_{33}\lambda = -4''$ 　∴　 $x_{03} = 41°57'30'' - v_3 = 41°57'34''$

残差の平方和 S は次のようになる.

$$S = p_1 v_1^2 + p_2 v_2^2 + p_3 v_3^2 = \lambda w = (-20) \times (-19) = 380$$

したがって単位重みの測定値の不偏分散 $\hat{\sigma}^2$ は

$$\hat{\sigma}^2 = \frac{380}{1} = 380$$

となる．

次に，最確値のコファクターマトリクス G_{xx} は，式 (2.208) から次のように求められる．

$$G_{xx} = \begin{bmatrix} G_{x11} & G_{x12} & G_{x13} \\ G_{x21} & G_{x22} & G_{x23} \\ G_{x31} & G_{x32} & G_{x33} \end{bmatrix} = g - gB^t[BgB^t]^{-1}Bg$$

$$= \begin{bmatrix} g_{11} & 0 & 0 \\ 0 & g_{22} & 0 \\ 0 & 0 & g_{33} \end{bmatrix}$$

$$- \begin{bmatrix} g_{11} & 0 & 0 \\ 0 & g_{22} & 0 \\ 0 & 0 & g_{33} \end{bmatrix} \begin{bmatrix} 1 \\ 1 \\ 1 \end{bmatrix} \left[\frac{20}{19}\right] \begin{bmatrix} 1 & 1 & 1 \end{bmatrix} \begin{bmatrix} g_{11} & 0 & 0 \\ 0 & g_{22} & 0 \\ 0 & 0 & g_{33} \end{bmatrix}$$

$$= \begin{bmatrix} 9/38 & -5/38 & -4/38 \\ -5/38 & 7/38 & -2/38 \\ -4/38 & -2/38 & 6/38 \end{bmatrix}$$

したがって，最確値の分散，共分散の推定値は次のようにして求められる．

$$\hat{\sigma}_{x1}^2 = G_{x11}\hat{\sigma}^2 = (9/38) \times 380 = 90$$
$$\hat{\sigma}_{x2}^2 = G_{x22}\hat{\sigma}^2 = (7/38) \times 380 = 70$$
$$\hat{\sigma}_{x3}^2 = G_{x33}\hat{\sigma}^2 = (6/38) \times 380 = 60$$
$$\hat{\sigma}_{x12} = G_{x12}\hat{\sigma}^2 = (-5/38) \times 380 = -50$$
$$\hat{\sigma}_{x13} = G_{x13}\hat{\sigma}^2 = (-4/38) \times 380 = -40$$
$$\hat{\sigma}_{x23} = G_{x23}\hat{\sigma}^2 = (-2/38) \times 380 = -20$$

2.2.5 条件のある間接測定における最小二乗法

いま n 個の観測方程式の値 $m_1, m_2, \ldots, m_n$ が測定されたとしよう．このとき，q 個の未知量 $x_1, x_2, \ldots, x_q$ の一次式の形で観測値が表されるものとし，$x_1, x_2, \ldots, x_q$ の最確値を $x_{01}, x_{02}, \ldots, x_{0q}$ とする．また，$x_1, x_2, \ldots, x_q$ の間には，それらの一次式で表される u 個の条件式 $(u < n)$ が存在するものとする．このとき最小二乗法により，条件式を満足し，かつ残差の平方和を最小にするような最確値を求める方法

を述べてみよう．

観測方程式は次のように表される．

$$\left.\begin{array}{l} a_{11}x_1+a_{12}x_2+\cdots\cdots+a_{1q}x_q=m_1 \quad (重み\ p_1) \\ a_{21}x_1+a_{22}x_2+\cdots\cdots+a_{2q}x_q=m_2 \quad (重み\ p_2) \\ \vdots \\ a_{n1}x_1+a_{n2}x_2+\cdots\cdots+a_{nq}x_q=m_n \quad (重み\ p_n) \end{array}\right\} \quad (2.209)$$

あるいは

$$\boldsymbol{AX}=\boldsymbol{M} \quad (2.210)$$

このとき，残差方程式は次のようになる．

$$\left.\begin{array}{l} v_1=m_1-(a_{11}x_{01}+a_{12}x_{02}+\cdots\cdots+a_{1q}x_q) \\ v_2=m_2-(a_{21}x_{01}+a_{22}x_{02}+\cdots\cdots+a_{2q}x_q) \\ \vdots \\ v_n=m_n-(a_{n1}x_{01}+a_{n2}x_{02}+\cdots\cdots+a_{nq}x_q) \end{array}\right\} \quad (2.211)$$

あるいは

$$\boldsymbol{V}=\boldsymbol{M}-\boldsymbol{AX}_0 \quad (2.212)$$

さらに，次の条件式が存在するものとする．

$$\left.\begin{array}{l} f_1=b_{11}x_{01}+b_{12}x_{02}+\cdots\cdots+b_{1q}x_{0q}+b_{01}=0 \\ f_2=b_{21}x_{01}+b_{22}x_{02}+\cdots\cdots+b_{2q}x_{0q}+b_{02}=0 \\ \vdots \\ f_u=b_{u1}x_{01}+b_{u2}x_{02}+\cdots\cdots+b_{uq}x_{0q}+b_{0u}=0 \end{array}\right\} \quad (2.213)$$

あるいは

$$\boldsymbol{f}=\boldsymbol{BX}_0+\boldsymbol{B}_0=0 \quad (2.214)$$

条件のある間接測定における最小二乗法の問題は，上記の条件方程式のもとで残差の平方和

$$S=[pvv]=\boldsymbol{V}^t\boldsymbol{PV}$$

を最小にするような最確値あるいは残差を求める問題になる．

前と同様にして，ラグランジュの未定係数法を用いると，上記の問題は次の式で与えられる関数の絶対極値を求めればよいこととなる．

$$\begin{aligned} F &= [pvv]+2\lambda_1 f_1+2\lambda_2 f_2+\cdots\cdots+2\lambda_u f_u \\ &= \boldsymbol{V}^t\boldsymbol{PV}+2\boldsymbol{f}^t\boldsymbol{\lambda} \quad (2.215) \\ &= (\boldsymbol{M}-\boldsymbol{AX}_0)^t\boldsymbol{P}(\boldsymbol{M}-\boldsymbol{AX}_0)+2(\boldsymbol{BX}_0+\boldsymbol{B}_0)^t\boldsymbol{\lambda} \quad (2.216) \end{aligned}$$

よって

$$\frac{\partial F}{\partial x_{01}}=\frac{\partial F}{\partial x_{02}}=\cdots\cdots=\frac{\partial F}{\partial x_{0q}}=0 \quad (2.217)$$

結局，次に示すような，$x_{01}, x_{02}, \ldots\ldots, x_{0q}$，および $\lambda_1, \lambda_2, \ldots\ldots, \lambda_n$ に関する連立方程式を解けばよい．

$$\begin{cases} A^t PA X_0 - A^t PM + B^t \lambda = 0 & (2.218) \\ BX_0 + B_0 = 0 & (2.219) \end{cases}$$

式 (2.218) より次の式が得られる．

$$X_0 = (A^t PA)^{-1} A^t PM - (A^t PA)^{-1} B^t \lambda \tag{2.220}$$

式 (2.220) を式 (2.219) に代入すると，次のように λ に関する連立一次方程式が得られる．

$$B(A^t PA)^{-1} B^t \lambda = B(A^t PA)^{-1} A^t PM + B_0 \tag{2.221}$$

上式の右辺にでてくる $(A^t PA)^{-1} A^t PM$ は，式 (2.130) からもわかるように，条件のない間接測定の最小二乗法で得られる最確値であって，条件のある間接測定の場合の最確値 X_0 の近似値 X_0' と考えられる．式 (2.221) の右辺を W とおくと，式 (2.221) は次のようになる．

$$B(A^t PA)^{-1} B^t \lambda = W \tag{2.222}$$

ここで

$$\left.\begin{array}{l} W = BX_0' + B_0 \\ X_0' = (A^t PA)^{-1} A^t PM \end{array}\right\} \tag{2.223}$$

よって，λ は次のように求まる．

$$\lambda = [B(A^t PA)^{-1} B^t]^{-1} W \tag{2.224}$$

λ が求まれば，式 (2.220) から次のように X_0 が求められる．

$$\begin{aligned} X_0 &= (A^t PA)^{-1} A^t PM - (A^t PA)^{-1} B^t [B(A^t PA)^{-1} B^t]^{-1} W \\ &= X_0' - (A^t PA)^{-1} B^t [B(A^t PA)^{-1} B^t]^{-1} W \end{aligned} \tag{2.225}$$

上式の X_0', W に式 (2.222)，(2.223) を代入すると，X_0 は測定値 M の一次式として，次のように表される．

$$\begin{aligned} X_0 = (A^t PA)^{-1} A^t PM - (A^t PA)^{-1} B^t [B(A^t PA)^{-1} B^t]^{-1} B(A^t PA)^{-1} \\ A^t PM - (A^t PA)^{-1} B^t [B(A^t PA)^{-1} B^t]^{-1} B_0 \end{aligned} \tag{2.226}$$

したがって，最確値は次のように，測定値 $m_1, m_2, \ldots\ldots, m_n$ の一次式で書くことができる．

$$\left.\begin{array}{l} x_{01} = a_{11} m_1 + a_{12} m_2 + \cdots\cdots + a_{1n} m_n + \beta_{01} \\ x_{02} = a_{21} m_1 + a_{22} m_2 + \cdots\cdots + a_{2n} m_n + \beta_{02} \\ \vdots \\ x_{0q} = a_{q1} m_1 + a_{q2} m_2 + \cdots\cdots + a_{qn} m_n + \beta_{0q} \end{array}\right\} \tag{2.227}$$

x_{0i} のコファクター $G_{x_{0i}}$ は

$$G_{x_{0i}} = (a_{i1} g_1 + a_{i2} g_2 + \cdots\cdots + a_{in} g_n) \tag{2.228}$$

であるから
$$G_{x_{ih}} = G_{x_{0i}} \times G_{x_{0h}}$$
を要素とする最確値のコファクターマトリクス G_{xx} は，上式の係数行列を α とすると次のようになる．
$$G_{xx} = \alpha G \alpha^t$$
そのとき，最確値 x_{0i} の分散の推定値 $\hat{\sigma}_{0i}^2$ および最確値 x_{0i} と x_{0j} の共分散 $\hat{\sigma}_{0ij}$ は，G_{xx} の対角要素を用いて次のように求められる．
$$\left.\begin{array}{l}\hat{\sigma}_{0i}^2 = G_{xii}\hat{\sigma}^2 \\ \hat{\sigma}_{0ij} = G_{xij}\hat{\sigma}^2\end{array}\right\} \tag{2.229}$$
ここで，$\hat{\sigma}^2$ は単位重みの測定値の不偏分散で次の式から求められる．
$$\hat{\sigma}^2 = \frac{[pvv]}{n-q+u} \tag{2.230}$$

このコファクターマトリクス G_{xx} は，式 (2.226) を用いて，式 (2.227) を **2.2.3 b)** の場合と同様に計算することにより，次のように求められる．
$$G_{xx} = (A^t PA)^{-1} - (A^t PA)^{-1} B^t [B(A^t PA)^{-1} B^t]^{-1} B(A^t PA)^{-1} \tag{2.231}$$

上式で，$(A^t PA)^{-1}$ は，式 (2.163) からわかるように，条件のない間接測定のときに得られるコファクターマトリクスであるので，これを G_{xx}' とすると，上式は次のように書ける．
$$G_{xx} = G_{xx}' - G_{xx}' B^t [B G_{xx}' B^t]^{-1} B G_{xx}' \tag{2.232}$$

式 (2.232) は，条件のある直接測定のときのコファクターを求める式 (2.208) と同じ形をしていることがわかる．

例題 2-8 座標 $(2, 1, 1)$ をもつ1つの点で支持された平面がある．この平面の方程式を決めるために，平面位置の決められている格子状の6つの点について，その平面上での高さを測定した．その結果が **表-2.7** に示されている．このとき平面の方程式を求め，さらにその式の各係数の推定精度を求めよ．

表-2.7

X	0	2	2	0	1	3
Y	0	0	2	2	1	3
Z	12.1	0.3	1.8	14.1	6.8	-3.1

解 本問は条件式を使って変数を消去し，条件のない間接測定の問題として **2.2.3** に述べた方法により解くことができるが，以下では上に述べた計算式により直接求めてみることにする．

平面の方程式を $Z = aX + bY + c$ と書けば，観測方程式は，
$$Z_i = aX_i + bY_i + c \quad (i=1, 2, \cdots\cdots, 6)$$
である．最確値を a_0, b_0, c_0 とし

$$A = \begin{bmatrix} 0 & 0 & 1 \\ 2 & 0 & 1 \\ 2 & 2 & 1 \\ 0 & 2 & 1 \\ 1 & 1 & 1 \\ 3 & 3 & 1 \end{bmatrix}, \quad X_0 = \begin{bmatrix} a_0 \\ b_0 \\ c_0 \end{bmatrix}, \quad M = \begin{bmatrix} 12.1 \\ 0.3 \\ 1.8 \\ 14.1 \\ 6.8 \\ -3.1 \end{bmatrix}$$

とすれば，残差方程式は，
$$V = M - AX_0$$
となる．

このとき次の条件方程式が成立しなければならない．
$$1 = 2a + b + c$$
すなわち，条件式 $BX_0 + B_0 = 0$ において
$$B = [2 \ 1 \ 1], \quad B_0 = -1$$
である．

(1) 最確値の計算

測定の重みは等しく，したがって $P = I$（単位行列）であるから，式 (2.223) は，

$$(A^tA) = \begin{bmatrix} 0 & 2 & 2 & 0 & 1 & 3 \\ 0 & 0 & 2 & 2 & 1 & 3 \\ 1 & 1 & 1 & 1 & 1 & 1 \end{bmatrix} \begin{bmatrix} 0 & 0 & 1 \\ 2 & 0 & 1 \\ 2 & 2 & 1 \\ 0 & 2 & 1 \\ 1 & 1 & 1 \\ 3 & 3 & 1 \end{bmatrix} = 2 \begin{bmatrix} 9 & 7 & 4 \\ 7 & 9 & 4 \\ 4 & 4 & 3 \end{bmatrix}$$

$$(A^tA)^{-1} = \frac{1}{64} \begin{bmatrix} 11 & -5 & -8 \\ -5 & 11 & -8 \\ -8 & -8 & 32 \end{bmatrix}$$

を用いて，
$$W = B(A^tA)^{-1}A^tM + B_0$$

$$
=[2\ 1\ 1]\times\frac{1}{64}\begin{bmatrix}11 & -5 & -8\\ -5 & 11 & -8\\ -8 & -8 & 32\end{bmatrix}\begin{bmatrix}0 & 2 & 2 & 0 & 1 & 3\\ 0 & 0 & 2 & 2 & 1 & 3\\ 1 & 1 & 1 & 1 & 1 & 1\end{bmatrix}\begin{bmatrix}12.1\\ 0.3\\ 1.8\\ 14.1\\ 6.8\\ -3.1\end{bmatrix}-1
$$

$$
=\frac{1}{64}[2\ 1\ 1]\begin{bmatrix}11 & -5 & -8\\ -5 & 11 & -8\\ -8 & -8 & 32\end{bmatrix}\begin{bmatrix}1.7\\ 29.3\\ 32.0\end{bmatrix}-1
$$

$$
=\frac{1}{64}[2\ 1\ 1]\begin{bmatrix}-383.8\\ 57.8\\ 776.0\end{bmatrix}-1=\frac{2.2}{64}
$$

となる.これを式(2.225)に入れて

$$
\boldsymbol{X}_0=(\boldsymbol{A}^t\boldsymbol{A})^{-1}\boldsymbol{A}^t\boldsymbol{M}-(\boldsymbol{A}^t\boldsymbol{A})^{-1}\boldsymbol{B}^t[\boldsymbol{B}(\boldsymbol{A}^t\boldsymbol{A})^{-1}\boldsymbol{B}^t]^{-1}\boldsymbol{W}
$$

$$
=\frac{1}{64}\begin{bmatrix}-383.8\\ 57.8\\ 776.0\end{bmatrix}-\frac{1}{64}\begin{bmatrix}11 & -5 & -8\\ -5 & 11 & -8\\ -8 & -8 & 32\end{bmatrix}\begin{bmatrix}2\\ 1\\ 1\end{bmatrix}
$$

$$
\left(\frac{1}{64}[2\ 1\ 1]\begin{bmatrix}11 & -5 & -8\\ -5 & 11 & -8\\ -8 & -8 & 32\end{bmatrix}\begin{bmatrix}2\\ 1\\ 1\end{bmatrix}\right)^{-1}\times\frac{2.2}{64}
$$

$$
=\frac{1}{64}\begin{bmatrix}-383.8\\ 57.8\\ 776.0\end{bmatrix}-\frac{2.2}{64^2}\begin{bmatrix}9\\ -7\\ 8\end{bmatrix}\left[\frac{19}{64}\right]^{-1}
$$

$$
=\frac{1}{64}\begin{bmatrix}-383.8-1.04\\ 57.8+0.81\\ 776.0-0.93\end{bmatrix}=\begin{bmatrix}6.01\\ 0.92\\ 12.11\end{bmatrix}
$$

これより

$$
Z=6.01X+0.92Y+12.11
$$

となる.

(2) 精度の推定

残差は

$$
\boldsymbol{V}=\boldsymbol{M}-\boldsymbol{A}\boldsymbol{X}_0
$$

$$=\begin{bmatrix} 12.1 \\ 0.3 \\ 1.8 \\ 14.1 \\ 6.8 \\ -3.1 \end{bmatrix} - \begin{bmatrix} 0 & 0 & 1 \\ 2 & 0 & 1 \\ 2 & 2 & 1 \\ 0 & 2 & 1 \\ 1 & 1 & 1 \\ 3 & 3 & 1 \end{bmatrix} \begin{bmatrix} -6.01 \\ 0.92 \\ 12.11 \end{bmatrix} = \begin{bmatrix} -0.01 \\ -0.26 \\ -0.12 \\ 0.16 \\ -0.21 \\ 0.08 \end{bmatrix}$$

したがって，測定値の不偏分散は，

$$\hat{\sigma}_0^2 = \frac{[vv]}{n-q+u} = \frac{0.1369}{6-3+1} = 0.034$$

最確値に対するコファクターマトリクスは，

$$\boldsymbol{G}_{xx} = (\boldsymbol{A}^t\boldsymbol{A})^{-1} - (\boldsymbol{A}^t\boldsymbol{A})^{-1}\boldsymbol{B}^t[\boldsymbol{B}(\boldsymbol{A}^t\boldsymbol{A})^{-1}\boldsymbol{B}^t]^{-1}\boldsymbol{B}(\boldsymbol{A}^t\boldsymbol{A})^{-1}$$

$$= \frac{1}{64}\begin{bmatrix} 11 & -5 & -8 \\ -5 & 11 & -8 \\ -8 & -8 & 32 \end{bmatrix} - \frac{1}{19}\begin{bmatrix} 9 \\ -7 \\ 8 \end{bmatrix}\begin{bmatrix} 2 & 1 & 1 \end{bmatrix}$$

$$\times \frac{1}{64}\begin{bmatrix} 11 & -5 & -8 \\ -5 & 11 & -8 \\ -8 & -8 & 32 \end{bmatrix}$$

$$= \frac{1}{19}\left(19\begin{bmatrix} 1 & 0 & 0 \\ 0 & 1 & 0 \\ 0 & 0 & 1 \end{bmatrix} - \begin{bmatrix} 9 \\ -7 \\ 8 \end{bmatrix}\begin{bmatrix} 2 & 1 & 1 \end{bmatrix} \right) \times \frac{1}{64}\begin{bmatrix} 11 & -5 & -8 \\ -5 & 11 & -8 \\ -8 & -8 & 32 \end{bmatrix}$$

$$= \frac{1}{19 \times 64}\begin{bmatrix} 1 & -9 & -9 \\ 14 & 26 & 7 \\ -16 & -8 & 11 \end{bmatrix}\begin{bmatrix} 11 & -5 & -8 \\ -5 & 11 & -8 \\ -8 & -8 & 32 \end{bmatrix}$$

$$= \frac{1}{19 \times 64}\begin{bmatrix} 128 & -32 & -224 \\ -32 & 160 & -96 \\ -224 & -96 & 544 \end{bmatrix}$$

$$= \begin{bmatrix} 0.105 & -0.026 & -0.184 \\ -0.026 & 0.132 & -0.079 \\ -0.184 & -0.079 & 0.447 \end{bmatrix}$$

したがって，最確値 a_0, b_0, c_0 の分散の推定値は $\boldsymbol{G}_{xx}$ の対角要素を用いて，式 (2.229) より

$$\hat{\sigma}_a^2 = 0.105\hat{\sigma}_0^2 = 0.0036$$
$$\hat{\sigma}_b^2 = 0.132\hat{\sigma}_0^2 = 0.0045$$

$$\hat{\sigma}_c{}^2 = 0.447\hat{\sigma}_0{}^2 = 0.0152$$

となる.

2.2.6 条件方程式法と観測方程式法

前節までにおいて,測定する未知量相互間に何らかの条件が存在する場合,その未知量の最確値は条件のある測定の最小二乗法により求めるべきことを示した.しかし,測定する量の相互間には条件が成立していても求めるべき未知量それ自体を制約する条件がない場合は,その未知量の最確値は条件のない間接測定の最小二乗法の問題として解くことができる.例えば,2.2.4 の例題 2-7 のように三角形の 3 つの内角を測定し,その内角の最確値を求める場合は条件のある測定として問題を定式化するほかない.しかし,これが,例えば 2 点の座標が与えられたとき,三角形の 3 つの内角を測定し,他の 1 点の座標を求める場合は,① これを条件のある測定の問題として内角の最確値を求め,しかるのち求めるべき頂点の座標を計算するか,② 求めるべき頂点の座標を未知量とし,これと測定量すなわち内角との関係を観測方程式として表し,条件のない間接測定の最小二乗法の計算により頂点の座標の最確値を求めるか,のいずれかの方法をとることができる.この①のような方法は条件方程式法 (condition equations method) と呼ばれることがあり,また②の方法は観測方程式法 (observation equations method) と呼ばれる.

例題 2-9 図-2.11 の A 点 (標高 51 m 200) から他の点 B, C, D について矢印の方向に高低差を測定したら,表-2.8 のような結果であった.このとき点 B, C, D の標高の最確値を求め,さらにその精度を推定せよ.

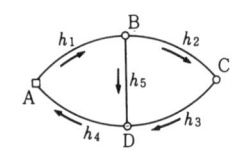

図-2.11 水準網

表-2.8

	距離 (km)	高低差測定値 (m)
A → B	$s_1 = 3.0$	$m_1 = +5.245$
B → C	$s_2 = 2.0$	$m_2 = +3.597$
C → D	$s_3 = 4.0$	$m_3 = -2.940$
D → A	$s_4 = 2.5$	$m_4 = -5.879$
B → D	$s_5 = 1.0$	$m_5 = +0.645$

解 この問題は水準網の調整においてしばしば遭遇する例である.これは 5.5.2 において示されるように,いわゆる条件方程式法として条件のある直接測定

の問題として定式化できるが,同時にいわゆる観測方程式法として,条件のない間接測定の問題として解くことができる.

以下においては観測方程式法によって解くことにする.

求めるべき未知量を B, C, D 点の標高 H_B, H_C, H_D とすると,観測方程式は,

$$H_B - H_A = h_1 = m_1$$
$$H_C - H_B = h_2 = m_2$$
$$H_D - H_C = h_3 = m_3$$
$$H_A - H_D = h_4 = m_4$$
$$H_D - H_B = h_5 = m_5$$

と書ける.

いま,H_B, H_C, H_D の最確値を H_{0B}, H_{0C}, H_{0D} とする.このとき残差方程式は以下のように表せる.

$$v_1 = m_1 - (H_{0B} - H_A)$$
$$v_2 = m_2 - (H_{0C} - H_{0B})$$
$$v_3 = m_3 - (H_{0D} - H_{0C})$$
$$v_4 = m_4 - (H_A - H_{0D})$$
$$v_5 = m_5 - (H_{0D} - H_{0B})$$

また,これをマトリクス表現すると次のようになる.

$$V = M - AX_0$$

ここで

$$V = \begin{bmatrix} v_1 \\ v_2 \\ v_3 \\ v_4 \\ v_5 \end{bmatrix}, \quad M = \begin{bmatrix} m_1 + H_A \\ m_2 \\ m_3 \\ m_4 - H_A \\ m_5 \end{bmatrix}$$

$$A = \begin{bmatrix} 1 & 0 & 0 \\ -1 & 1 & 0 \\ 0 & 1 & 1 \\ 0 & 0 & -1 \\ -1 & 0 & 1 \end{bmatrix}, \quad X_0 = \begin{bmatrix} X_{0B} \\ X_{0C} \\ X_{0D} \end{bmatrix}$$

一方,重みは $P_i = 1/S_i$ で定義できるから

$$P = \begin{bmatrix} 1/3 & 0 & \cdots\cdots\cdots\cdots & 0 \\ 0 & 1/2 & & \vdots \\ \vdots & & 1/4 & & \vdots \\ \vdots & & & 1/2.5 & \vdots \\ 0 & \cdots\cdots\cdots\cdots & & 1 \end{bmatrix}$$

となる．

以上より，最確値 X_0 は，式 (2.130) より次のように計算することができる．

$$X_0 = (A^t P A)^{-1} A^t P M$$

$$= \begin{bmatrix} 1.833 & -0.500 & 1.000 \\ -0.500 & 0.750 & -0.250 \\ -1.000 & -0.250 & 1.650 \end{bmatrix}^{-1} \begin{bmatrix} 16.372 \\ 2.534 \\ 22.742 \end{bmatrix}$$

$$= \begin{bmatrix} 1.584 & 1.449 & 1.180 \\ 1.449 & 2.730 & 1.292 \\ 1.180 & 1.292 & 1.517 \end{bmatrix} \begin{bmatrix} 16.372 \\ 2.534 \\ 22.742 \end{bmatrix}$$

$$= \begin{bmatrix} 56.439 \\ 60.032 \\ 57.084 \end{bmatrix}$$

さらに残差は，

$$V = M - A X_0$$

$$= \begin{bmatrix} 56.445 \\ 3.597 \\ -2.940 \\ -57.079 \\ 0.645 \end{bmatrix} - \begin{bmatrix} 1 & 0 & 0 \\ -1 & 1 & 0 \\ 0 & -1 & 1 \\ 0 & 0 & -1 \\ -1 & 0 & 1 \end{bmatrix} \begin{bmatrix} 56.439 \\ 60.032 \\ 57.084 \end{bmatrix} = \begin{bmatrix} 0.006 \\ 0.004 \\ 0.008 \\ 0.005 \\ 0 \end{bmatrix}$$

単位重みの測定値の不偏分散，すなわち観測距離 1 km 当りの分散の不偏推定値 $\hat{\sigma}^2$ は以下のようになる．なお，これ以後，距離の単位は mm で表現する．

$$\hat{\sigma}^2 = \frac{[pvv]}{n-q} = \frac{1}{n-q} V^t P V$$

$$= \frac{1}{5-3} [6 \ 4 \ 8 \ 5 \ 0] \begin{bmatrix} 1/3 & 0 & \cdots\cdots\cdots\cdots & 0 \\ 0 & 1/2 & & \vdots \\ \vdots & & 1/4 & & \vdots \\ \vdots & & & 1/2.5 & 0 \\ 0 & \cdots\cdots\cdots & & 0 & 1 \end{bmatrix} \begin{bmatrix} 6 \\ 4 \\ 8 \\ 5 \\ 0 \end{bmatrix} = 23$$

最確値 X_0 のコファクターマトリクス G_{xx} は式 (2.163) より
$$G_{xx}=(A^tPA)^{-1}$$
であり，これは先に求めたように
$$G_{xx}=\begin{bmatrix} 1.58 & 1.45 & 1.18 \\ 1.45 & 2.73 & 1.29 \\ 1.18 & 1.29 & 1.52 \end{bmatrix}$$
となる．これより X_0 の分散の不偏推定値は式 (2.157) に従って
$$\hat{\sigma}_B{}^2=G_{x11}\hat{\sigma}^2=1.58\times23=36.4 \qquad \hat{\sigma}_B=\pm6.0$$
$$\hat{\sigma}_C{}^2=G_{x22}\hat{\sigma}^2=2.73\times23=62.8 \qquad \hat{\sigma}_C=\pm7.9$$
$$\hat{\sigma}_D{}^2=G_{x33}\hat{\sigma}^2=1.52\times23=34.9 \qquad \hat{\sigma}_D=\pm5.9$$
これらの結果は同じ例題を条件のある直接測定の問題(条件方程式法)として解いた **5.5.2** の例と同一の結果をもたらすことがわかる．

参 考 文 献

1) 本間　仁，春日屋伸昌：次元解析・最小2乗法と実験式，コロナ社
2) 田島　稔，小牧和雄：最小二乗法の理論とその応用，東洋書店
3) P. Richardus : Project Surveying, North Holland Publishing Co.
4) J. アルベルツ，W. クライリング編著，佐々波清夫，西尾元充訳：写真測量ハンドブック，画像工学研究所
5) M. Näbauer : Jordan/Eggert/Kneissl Handbuch der Vermessungskunde Band I Mathematische Grundlagen, Ausgleichungsrechnung und Rechenhilfsmittel, Metzlersche Verlagsbuchhandlung
6) T. H. ウォナコット，R. J. ウォナコット共著，国府田恒夫，田中一雄，細谷雄三訳：統計学序説，培風館．

第3章 角 測 定

　ある地点において2つの方向のなす角の測定は，距離測定と並んで測量における最も基本的な測定である．本章では初めに測量において用いられる角について記し，また測角器械の代表的なものであるトランシットの構造および取扱い法について概略を示す．

　さらに，このトランシットを利用して水平角および鉛直角を測定する方法について述べ，また方位角の観測法や偏心観測についても言及する．

3.1　角

3.1.1　角の定義

　空間において2つの平面すなわち水平面と鉛直面を考えると，このそれぞれの平面内に角，すなわち水平角と鉛直角が次のように定義できる．図-3.1で点SからP_1およびP_2を観測するとし，P_1およびP_2を水平面に投影した点を，それぞれP_1'およびP_2'とすると，αをP_1とP_2の間の水平角，Z_1およびZ_2をP_1およびP_2の鉛直角という．また，鉛直角の補角β_1およびβ_2はP_1およびP_2の高度角（高低角）と呼ばれる．

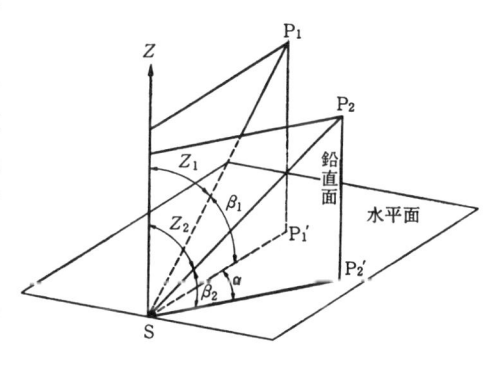

図-3.1　水平角，鉛直角，高度角

　高度角は，それが水平面の上にあるときは仰角，下にあるときは俯角と呼ばれる．また∠P_1SP_2は斜角とも呼ばれる．この斜角を水平面に投影したものが水平角である．

　測量において測角器械により直接測定できるのは，水平角および鉛直角（または高

度角) である.

3.1.2 角の計量単位

角の計量単位としては次の3つがある.

a) 角度 (60進法)

円周を360等分した弧に対する中心角を1度(°; degree)とし,これをさらに分(′; minute),秒(″; second)と細分する.

  1直角=90°, 1°=60′, 1′=60″

わが国やアメリカを初めとして,多くの国で用いられている.

b) グラード (100進法)

円周を400等分した弧に対する中心角を1グラード(grad)とし,さらに1グラードを100進法で細分した単位で次のように表す.

  1直角=100 grad, 1 grad=100 c (センチグラード), 1 c=100 cc (センチセンチグラード)

ドイツ,フランス,ロシアを初めとして,ヨーロッパで近年広く用いられるようになってきている. わが国においても写真測量の分野ではこの単位により表されている.

c) 弧度法

円の半径に等しい弧に対する中心角を1ラジアン(rad; radian)として表す.したがって,全周は2π radとなる.数学的な取扱いにはこの方法が最も便利である.測量計算の数式において,角の単位に注釈がないときは,弧度法により表現されているとみてよい.

d) 各単位の間の関係

以上の単位の間の関係を示すと次のようになる.

i) 度とグラード

$$\frac{a^\circ}{a^{\text{grad}}} = \frac{90}{100} \tag{3.1}$$

であるから

  1°=1.111 111 111 111 grad

  1′=1.851 851 851 851 c

  1″=3.086 419 753 086 cc

ii) 弧度と度

$$\frac{a^{\text{rad}}}{a^\circ} = \frac{2\pi}{360} \tag{3.2}$$

であるから

$$1\,\text{rad} = 57.295\,78° = \rho°$$
$$= 3\,437.746\,8' = \rho'$$
$$= 206\,264.806'' = \rho''$$

この値は上式のように ρ と書き表されることが多い．

iii) 角度の三角関数　　$\theta°$ の三角関数は

$$\sin\theta° = \sin\frac{\theta}{\rho°}, \qquad \tan\theta° = \tan\frac{\theta}{\rho°} \tag{3.3}$$

である．θ が微小角であるときは，

$$\sin\theta'' \fallingdotseq \tan\theta'' = \tan\frac{\theta}{\rho''} = \frac{\theta}{\rho''}$$

特に $\theta'' = 1''$ のとき

$$\sin 1'' \fallingdotseq \tan 1'' \fallingdotseq \frac{1}{\rho''}$$

である．

3.2　トランシット

3.2.1　トランシット

　トランシット (transit) は角を測定する器械のうちで一番精度が高く，最も広範に用いられている器械である．ヨーロッパではこれをセオドライト (theodlite) と呼んでいるが，わが国やアメリカではトランシットのうちの高い精度を有するもののみをセオドライトと呼んでいる．

　トランシットは主として水平角や鉛直角を測定するものであるが，これに内蔵されているスタジア線を用いてスタジア測量をし，距離や高低差を求めたり，また付属している磁針を用いて磁北方位を測定したりするのにも使われる．このように広い用途をもつトランシットは測量器械のうちで最も有用で，かつ広く用いられるものであるといえる．

　トランシットには多くの種類があり，その外観も多様であるが，主要構造はほぼ同一である．図-3.2 はトランシットの外観の一例を

図-3.2　トランシットの外観

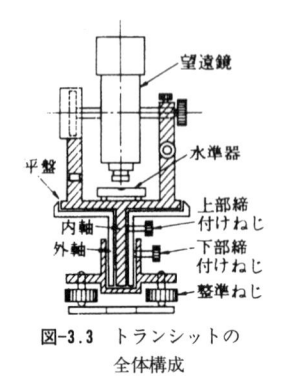

示している．

トランジットは次のような部分から成り立っている．

① 視準線を定めるための望遠鏡
② 望遠鏡を回転させるための水平軸および鉛直軸（鉛直軸は一般に内軸と外軸からなる）
③ 望遠鏡の水平軸および鉛直軸の周りの回転量を測るための目盛盤
④ 鉛直軸が鉛直方向になっているかどうかを示す水準器のおかれる平盤
⑤ 平盤の傾きを調整する整準ねじ
⑥ トランジットを固定する三脚

図-3.3 トランジットの全体構成

図-3.3は，これらの各部分からなる全体の構成を示している．

3.2.2 望遠鏡[3]

a) 望遠鏡の構成

望遠鏡は，遠方の対象物からくる光線のなす角度を拡大して眼に導くものである．トランジットやレベルなどの測量器械に用いられる望遠鏡は，一般に何枚かのレンズの合成された対物レンズ，十字線，1枚またはそれ以上のレンズからなる接眼レンズおよびこれらを支持する鏡筒より構成され，対物鏡により対象物の実像を十字線面にまず生じさせ，これを接眼鏡により拡大して眼に送るようになっている．

b) レンズとその性質

レンズは両面または片面が曲面の透明なガラス体であり，その形状により凸レンズ，凹レンズに分けられる．凸レンズはさらに図-3.4のように，① 両面凸レンズ，② 平凸レンズ，③ 凹凸レンズ，に分けられる．凹レンズは図-3.5のように，① 両面凹レンズ，② 平凹レンズ，③ 凹凸レンズ，に分けられる．

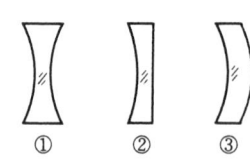

図-3.4 凸レンズ

図-3.5 凹レンズ

レンズは2つの焦点 F_1, F_2 をもち，レンズ中心 O から焦点までの距離は焦点距離と呼ばれ，これはレンズ面の曲率に依存する．

レンズの曲率中心 M_1, M_2 を結ぶ直線は光軸と呼ばれ，これはレンズ中心 O においてレンズの中心平面 n-n に直交する．レンズの焦点はこの光軸上にあり，両面の曲率が等しい両面凸レンズでそのレンズのガラスの屈折率が1.5の場合には，焦点 F_1, F_2 と曲率中心 M_1, M_2 はそれぞ

れ一致する(**図-3.6**).

　光軸に平行な光線は凸レンズを通過すると焦点に集まり，凹レンズを通過するとあたかも入射側の焦点から出た光線のように発散して進む．光軸に平行でない平行光線は凸レンズを通過後，焦点面とレンズ中心を通る光線の交点に集中する(**図-3.7**).

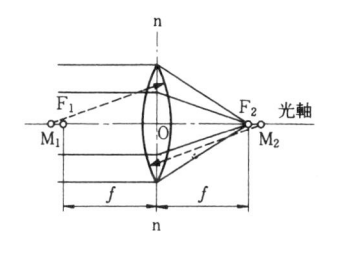

図-3.6 レンズの焦点と曲率中心 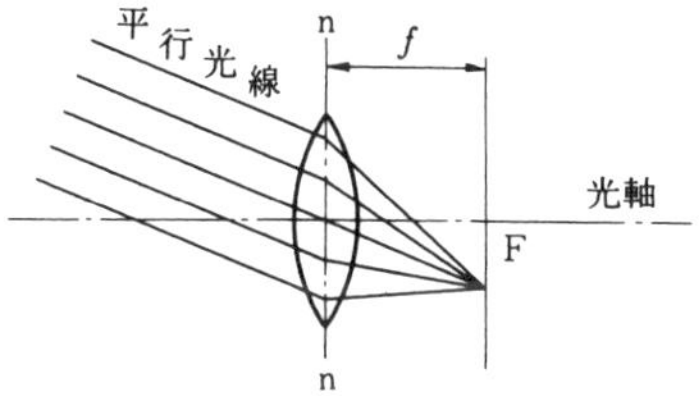　　　　**図-3.7** 平 行 光 線

　レンズから対象物 AB までの距離 a とレンズから像 A′B′ までの距離 b との間には，よく知られた公式

$$\frac{1}{a}+\frac{1}{b}=\frac{1}{f} \tag{3.4}$$

が成立する．

　これより，凸レンズを通してつくられる像は，

　　　$a>f$ のときには $b>0$ で，**図-3.8**のように倒立し縮小された実像となり，

　　　$a<f$ のときは $b<0$ で，**図-3.9**のように正立の拡大された像となる．

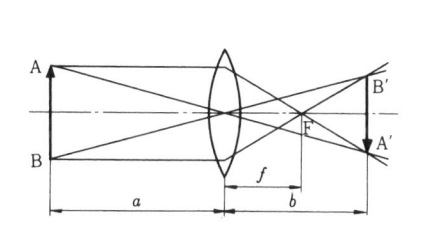

図-3.8 凸レンズによる倒立像 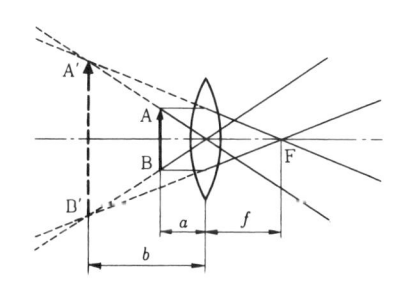　　　　**図-3.9** 凸レンズによる正立像

　レンズの屈折の大きさは，レンズの焦点距離(単位 m)の逆数で表される．これをディオプトリ(dioptri)という単位で呼び，例えば焦点距離

　　　　$f=20$ cm$=0.2$ m

のレンズでは，

$$\frac{1}{0.2}=5$$

すなわち，5ディオプトリとなる．凸形の合成したレンズでは屈折は1つのレンズの場合と同じようになり，その大きさは個々のレンズのもつディオプトリの和となる．

c) 対物鏡，接眼鏡

前述のような形でレンズを通った光線が鮮明な像を結ぶのは，光線が光軸よりそれほど傾いておらず，またレンズの厚みが極めて小さい場合に限られる．光線が光軸より離れた所からくる場合やレンズの厚みが大きい場合には，前述のような厳密な形で像は結ばれず，いわゆる収差と呼ばれる像のひずみが生ずる．

収差にはいろいろあるが，望遠鏡の場合，問題となるのは光軸上で生ずる球面収差と色収差である．

球面収差は，**図-3.10**のようにレンズの中心部を通る光線と周辺部を通る光線とが同一位置に集まらないことによって生ずるものである．望遠鏡では球面収差を減らすために絞りがつけられ，これにより光軸と大きな傾きをもった光線を遮断し，レンズの中心部を通る光線のみとしている．こうしてレンズを絞ると球面収差は小さくなるが，焦点位置は移動する．

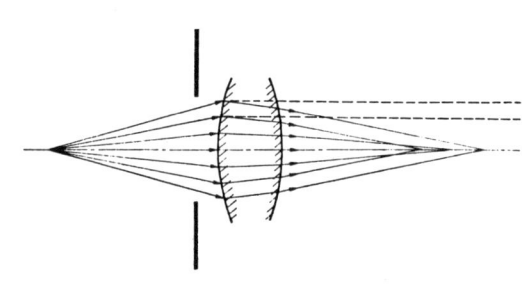

図-3.10 球面収差

色収差は光線の各スペクトルの波長の違いによって焦点位置が異なることにより生ずる収差である(**図-3.11**)．紫，すなわち波長の短い光線の像より，赤，すなわち波長の長い光線の像のほうが遠くに結ばれる．

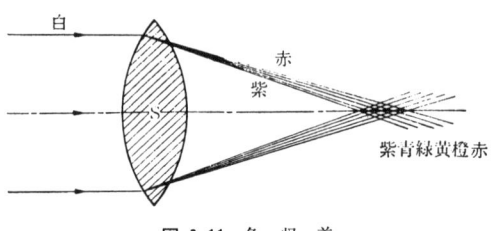

図-3.11 色収差

色収差はクロンガラス(屈折率 $n=1.52$)でできた凸レンズとフリントガラス($n=1.62$)でつくられた凹レンズを合成したレンズを用いることによってなくすことができる(**図-3.12**)．

対物鏡にはこの合成レンズが使われる．接眼鏡には次のような種々の形式のレンズ系が用いられる．

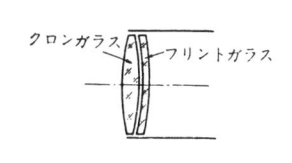

図-3.12 組合せレンズ

図-3.13 ラムステンの接眼鏡

 i) ラムスデン形接眼鏡　図-3.13のように2つの平凸レンズの凸面を互いに向かい合わせたもので，像は倒像となる．しかしレンズの数が少ないので他の形式に比べて像は明るい．

 ii) 正像用接眼鏡　観測者が正像を観測できるように，図-3.14に示されるように4個の平凸レンズを組み合わせたレンズ系でできている．

 iii) 合成レンズ接眼鏡　色収差を除くために平凸レンズの代りに対物鏡と同じように2つの合成レンズを用いたもの．

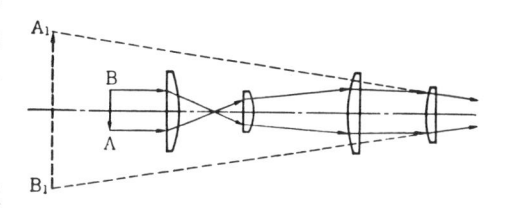

図-3.14 正像用接眼鏡のレンズ系

d) 十　字　線

十字線は視準する方向を決めるために用いられ，縦横の十字線を刻み込んだガラス

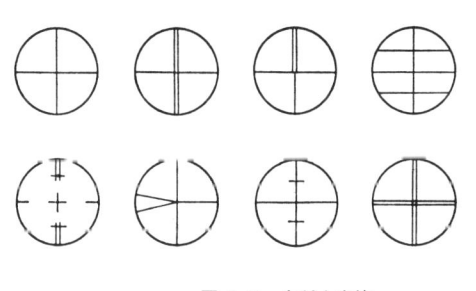

図-3.15 各種十字線

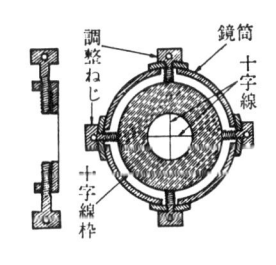

図-3.16 十字線と十字線枠

を金属枠にはめ込んだものである．十字線には視準が正確にできるように，図-3.15のような種々の線が入れられたものがある．十字線の金属枠は4本のねじで鏡筒に取り付けられている(図-3.16)．このねじをゆるめることにより，十字線を前後にも上

下にも動かすことができ，また幾分かの回転をも与えることができる．

e) 合焦方式

対物鏡を通った光線によりつくられる像の位置は，式(3.4)で表されるように対象物までの距離によって変わる．ところがこの像は常に十字線面において結ばれねばならないため，次に述べるような合焦式をとることが必要となる．

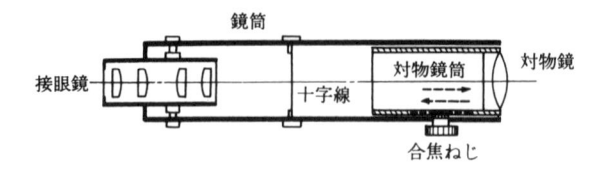

図-3.17 外部合焦式

i) 外部合焦式(図-3.17)　対物鏡と十字線の間の距離を，目標の遠近に応じて対物鏡筒を出し入れすることにより変えて，十字線面に像を結ばせる方法である．この方式は光学系としては簡単であるが，対物鏡筒を移動させるために重心が移動して不安定になって視準線が狂ったり，望遠鏡の内部にごみが入ったりする欠点がある．

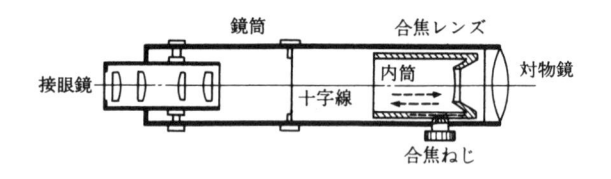

図-3.18 内部合焦式

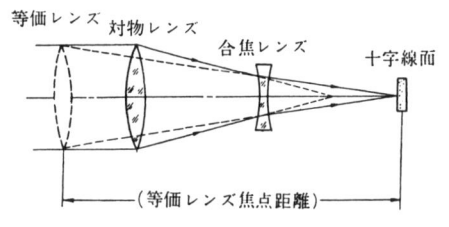

図-3.19 内部合焦式の原理

ii) 内部合焦式(図-3.18)　対物鏡と十字線の間に合焦用に1つの凹レンズをおき，この位置を移動させて，常に十字線面に像を結ばせる方式である．この方式では機械的な損耗が少なく，またごみが内部へ入ることもないので，最近のトランシットではほとんどがこの方式によっている．図-3.19は内部合焦式の原理を示すもので，内部合焦レンズをおくことにより，対物鏡の位置を移動させたのと同じ効果が得られることがわかる．

f) 望遠鏡の性能

望遠鏡の性能は倍率,明るさ,視野角の大きさによって決まる.

i) 倍 率 望遠鏡の倍率とは,観測者が望遠鏡で目標を視準するときの視準角 ε と望遠鏡なしでみるときの視準角 ε_0 との比である(図-3.20).

図-3.21は対物鏡,接眼鏡をそれぞれ1つの凸レンズで代表させて,無限遠方の目標より光線が眼に達するまでを示したものである.対物鏡,接眼鏡ともその焦点面は十字線面に位置している.

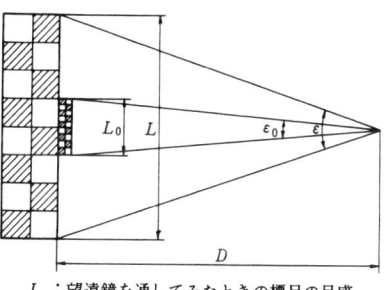

L:望遠鏡を通してみたときの標尺の目盛
L_0:肉眼でLと同じ範囲でみた標尺の目盛差

図-3.20 望遠鏡の倍率

このとき倍率 v は

$$v = \frac{\varepsilon}{\varepsilon_0} \quad (3.5)$$

であり,図-3.21 より

$$g = f_1 \varepsilon_0 = f_2 \varepsilon \quad (3.6)$$

である.したがって

$$v = \frac{f_1}{f_2} \quad (3.7)$$

となる.

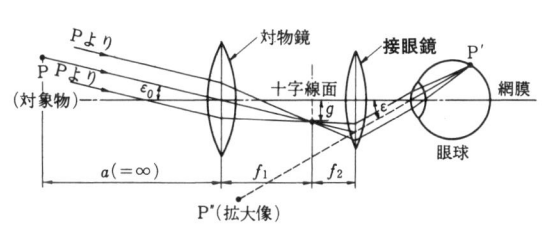

図-3.21 無限遠の対象物より望遠鏡を通って眼に至る光線
(Volquardts/Matthews: Vermessungskunde より)

すなわち,望遠鏡の倍率は対物鏡と接眼鏡の焦点距離の比となる.トランシットの倍率は一般に 20~30 倍である.

ii) 明るさ 望遠鏡の明るさは,目標から出て望遠鏡を通り網膜に達する光量 H_1 と,望遠鏡を通らずに網膜に達する光量 H_2 との比 h で表され,次のようになる.

$$h = \frac{H_2}{H_1} = c\left(\frac{D}{v}\right)^2 \frac{1}{P^2} \quad (3.8)$$

ここで,D:対物鏡有効直径,v:倍率,P:瞳孔直径(昼間で約 2 mm),c:定数でレンズ系の品質により 0.9~0.6 の値をとる.

すなわち,明るさは対物鏡の有効直径の二乗に比例し,倍率の二乗に反比例する.

iii) 視 野 望遠鏡によってみえる範囲の円錐形空間の開角で表される.一般に,視野は接眼鏡の口径に比例し,対物鏡の焦点距離に反比例する.トランシットにおいては,視野は通常 1~2°である.

望遠鏡は可能な限り倍率が大きく,明るく,また視野が広いものが望ましい.しかし,これらの 3 つの条件は前項でみるように互いに相反するものである.したがって

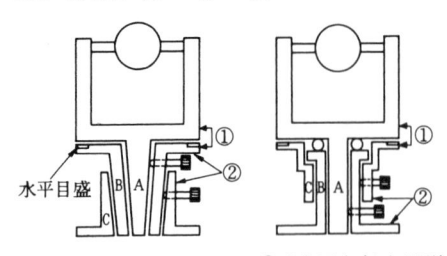

① 上部固定（上部運動）
② 下部固定（下部運動）

(a) テーパー・複軸　(b) ストレート・複軸

図-3.22　複軸

ストレート・単軸

図-3.23　単軸

使用目的に応じて適切な性能のものを選ぶことが必要となる．

3.2.3　鉛直軸および水平軸

a）鉛直軸

望遠鏡は鉛直軸の周りに，すなわち水平方向に回転できる．鉛直軸にはその軸管が二重になっている複軸形のものと，軸が1つの単軸形のものとがあるが，通常複軸形の機械が用いられる．

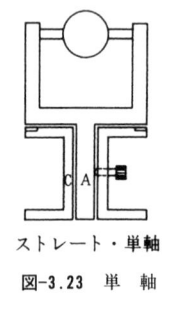

図-3.22に示されているのは複軸形のものであり，内軸には遊標と望遠鏡が固定され，外軸上には目盛盤が固定されている．上下に2つの締付けねじ（クランプ）があり，上部締付けねじをゆるめ下部締付けねじを締めると，内軸（A）のみが回転できるようになり，固定した目盛盤に対して遊標が動き，回転した角度の読みができる．

上部締付けねじを締め，下部締付けねじをゆるめると内軸が固定され，全体（AおよびB）が外軸の周りに回転できるようになる．この場合，回転しても遊標と目盛盤との間の関係は固定されているので，目盛の読みは変わらない．

複軸形の機械では目盛の読みを変えることなく視準方向を変えることができるため，反覆法と呼ばれる観測方法をとることができ，測角精度を上げることができる．しかし，軸が二重になっているため構造は複雑であり，機械的精度はあまり大きなものは望めない．そのため6秒読みトランシット程度まではこの複軸形であるが，それ以上の高い精度のものは単軸形である（図-3.23）．

b）水平軸

水平軸は支柱上にのり，望遠鏡がこの軸の中央にこれと直角に固定され，望遠鏡の鉛直方向の回転軸となる．水平軸を固定，すなわち望遠鏡の鉛直方向の回転を固定するために水平軸締付けねじがあり，またその微動のために水平軸微動ねじが取り付けられている．水平軸の回転角，すなわち鉛直角を測定するために，水平軸の一端に目盛盤が設けられている．鉛直軸と水平軸は常に直交していることが必要である．

水平軸締付けねじをゆるめると望遠鏡は水平軸の周りに自由に回転できるが，そのとき，望遠鏡が鉛直目盛盤の右側にある状態を望遠鏡正位または望遠鏡右といい，鉛直目盛盤の左側にある状態を望遠鏡反位または望遠鏡左と呼んでいる．

3.2.4 読取り装置

a) 読取り装置の種類

トランシットには，望遠鏡の鉛直軸および水平軸の回転角を測るための水平目盛盤および鉛直目盛盤がついている．水平目盛盤では0°から360°までを10～30′刻みで，右回りと左回りの両方向に目盛られている．鉛直目盛盤では，水平線を0°としてそれより両側にそれぞれ180°まで，あるいは上端を0°としてそれより右回りに360°まで目盛を付しているなど，器械により様々である．

目盛は細かく分けられているほど精密に角測定ができるが，あまり細かく目盛をつけてもそのままでは読み取るのは難しい．そのため10～30′という目盛を最小間隔として，これ以下の値は遊標，副スケールまたはオプティカルマイクロメータによって読み取るようになっている．

なお，近年では，測角の結果を直接数値データとして読み取り，記録できる電子式セオドライトが普及し，遊標や副スケールを用いることはほとんどなくなっている．

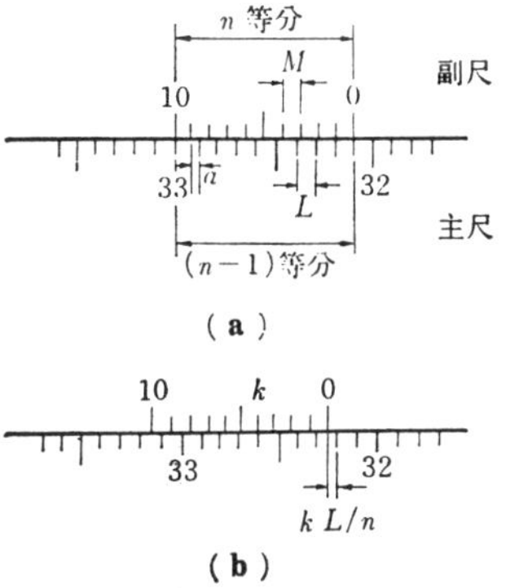

b) 遊標読み

遊標は目盛の中間の値を精度よく読み取るために用いられる副尺であって，1631年にフランスのピエール・ヴァーニヤ(Pierre Vernier)によって発明されたものである．そのため一般にヴァーニヤと呼ばれている．

図-3.24のように主尺の$(n-1)$目盛をn等分した副尺をつくる．このとき主尺の1目盛間隔をL，副尺のそれをMとすると

$$(n-1)L = nM \tag{3.9}$$

である．したがって主尺と副尺のおのおの1目盛の大きさの差aは，

$$a = L - M = L - \frac{n-1}{n}L = \frac{1}{n}L \tag{3.10}$$

となる．それゆえ，図-3.24(b)にみるように副尺のkなる目盛位置で主尺と副尺の目盛が合致していると，副尺の0目盛での主尺と副尺の目盛のずれはkL/nとなる．すなわち図-3.24の例では$L=0.1$, $n=10$, $k=4$であるので，読定値は32.24となる．

先のような遊標は順読み遊標と呼ばれるのに対して，主尺の$(n+1)$目盛をn等分した遊標をもつものは逆読み遊標と呼ばれる．この場合も**図-3.25**に示されるように主尺と副尺のおのおの1目盛の大きさの差aは，

図-3.24 順読みヴァーニヤ

$$a = \frac{L}{n} \tag{3.11}$$

であるが，順読みの場合と逆に副尺の1目盛のほうが大きくなる．そのため副尺の目盛は主尺の目盛の進むのと逆の方向につけられている．したがって，図-3.25(b)の場合の読みは 32.83 となる．

トランシットの目盛盤に取り付けられている遊標の原理は以上のとおりであるが，トランシットでは角度が右回りと左回りの両方向に目盛られているので，遊標は図-3.26のような形となっている．遊標の目盛は主尺の最小目盛間隔に対応してつけられている．したがって，図-3.26のように主尺目盛の最小間隔が 30′ の場合は，遊標の目盛も 30′ までつけられている．

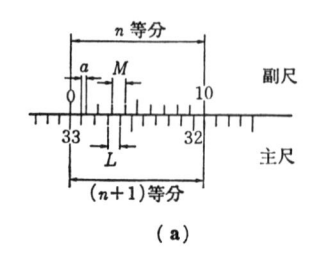

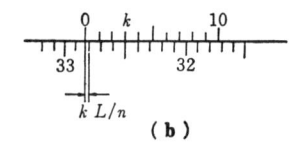

図-3.25 逆読みヴァーニヤ

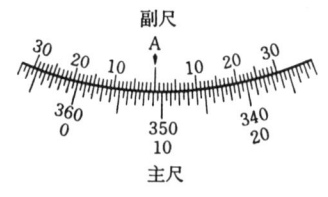

図-3.26 トランシットのヴァーニヤ

c) 副スケール読み

目盛盤をガラス製円盤でつくり，それを測微鏡で拡大して読み取るものである．目盛線は 2〜4 μm の細線で刻まれており，その読取りは測微鏡対物レンズの焦点面におかれた目盛線間をさらに細分した副スケールを用いて行う．**図-3.27** は副スケール付き目盛の一例を示している．

副スケール読取りは，視野が明るくまた目盛線が拡大されて明瞭にみえるという利点をもっている．

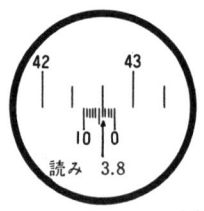

読み $42°40' + 20' \times \frac{3.8}{10}$

$\fallingdotseq 42°47'36''$

図-3.27 副スケールによる読み

d) オプティカルマイクロメーター

目盛を測微鏡で読み取るのは副スケール付きの場合と同じであるが，これをさらに微細に読み取るためにはオプティカルマイクロメーター(optical micro meter)が応用される．

肉眼の分解力は 60″ 程度であるとすると，目測による読取りではその 1/2，遊標を用いても 1/4 程度までしか読み取ることはできない．ところが，適当な小さな間隔をもつ平行線の中央に他の線が正しく位置しているかどうかをみる能力は，肉眼の分解力の 1/10 以上に達するといわれている．そこで主尺目盛とそれを細分したマイクロ

目盛を用い、例えば、図-3.28(a)のように主尺目盛が指示されたとき、マイクロ目盛をマイクロメーターで移動させて図-3.28(b)のように指標線を主尺の目盛線に合わせ、そのときの移動量をマイクロ目盛で読み取る。

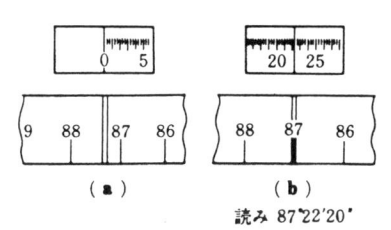

このようなオプティカルマイクロメーターによる読取り方式を用いれば、1″程度の読取りが可能となる。したがってこの方式は極めて高精度のトランシットに用いられている。

図-3.28 オプティカルマイクロメーターの読み

読み 87°22′20″

e) 電子光学的自動読取り装置

近年では、ロータリーエンコーダなどを利用して測角の結果を自動的に読み取り、さらにこれを記録する装置が実用化されている。種々の測定方式が開発されているが、基本的な原理は、ガラス製の回転目盛盤の上に記された白黒のパターンを情報として電子光学的に読み取るものである。電子光学的な自動読取り装置を内蔵したトランシットを電子式セオドライト (electronic theodolite) という。

自動読取り装置の一例として、インクリメント(増分)式と呼ばれる方式の原理について概要を述べる。この方法は、その名が示すとおり、零点は任意であり、望遠鏡の回転角のみを測定する。図-3.29に示すように、望遠鏡の回転と連動して、白黒の等間隔の縞模様のついた主目盛回転盤が回転する。回転角を測定するためには、発光ダイオードからの光を目盛幅と同じ幅のスリット(A相)を通して受光ダイオードで受け、これを電気信号に変換してカウントする方法がとられる。しかしこの方法だけでは、回転方向を識別できず、また測角の精度は回転盤の目盛幅に制約を受ける。そこで、A相のスリットと目盛幅の1/4だけずらしたスリット(B相)を置く。このとき、

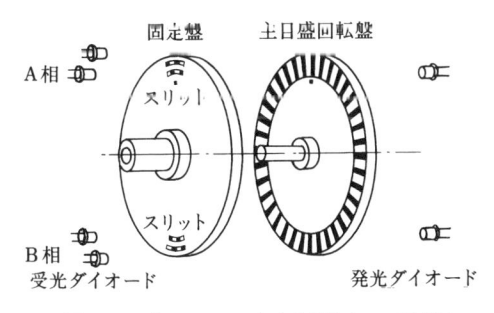

図-3.29 インクリメント式自動読取りの概念図

A相とB相の受光波は，1/4位相ずれているからsin波とcos波の関係になり，この2つの波形を比較することにより，回転方向の識別ならびに1目盛以下の角度の内挿処理が行われる．一般に，1目盛の1/50～1/100の精度の測定を行うことができる．

3.2.5 整準装置と水準器

a) 整準装置

一般に，測量器械は観測に際して，その器械の鉛直軸が，鉛直方向すなわち下げ振り方向に向いていなければならない．器械をこのような状態におくことを整準するといい，それをするための整準装置 (leveling arrangement) がつけられている．

トランシット整準装置の一般的構造は図-3.30のようになっている．3個の整準ねじのどれかを回すことにより平盤は傾き，したがって鉛直軸は傾斜を変える．

鉛直軸が鉛直，すなわち平盤が水平かどうかは，平盤上に設けられた水準器の気泡の位置によって示される．

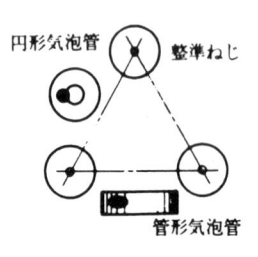

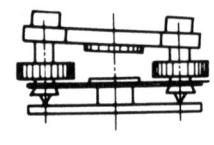

図-3.30 整準装置

b) 水準器

測量器械に用いられる水準器 (level gauge) は，ガラス管の中にアルコールとエーテルを混合した粘性の少ない液体を入れ，その一部に気泡を残した気泡管水準器である．これには図-3.31に示されるような円形水準器と図-3.32のような管形水準器がある．円形水準器は気泡の位置により器械がどの方向に傾いているかを知るには便利であるが，精度は管形水準器に劣る．そのため円形水準器は器械をおおよそ整準するのに用いられ，正確に整準するには管形水準器に従う．

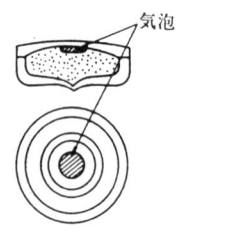

図-3.31 円形気泡管 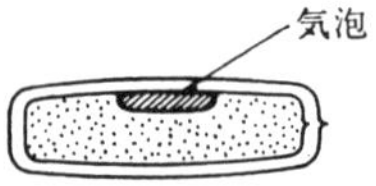　　図-3.32 管形気泡管

管形水準器は一定の内面半径で弯曲したガラス管でできており，管には通常2mm刻みに目盛がつけられている．水準器が水平からの傾きをどの程度敏感に示すことができるかは，感度で表される．管形水準器の感度は気泡がこの1目盛の間を移動するときの水準器の傾きの角度で示される．トランシットの望遠鏡についている水準器で

は一般に30～60″/2 mm, 平盤についている水準器の感度は60～120″/2 mmである．

感度は主として気泡管内面の曲率半径に依存するが，そのほか気泡管の直径，気泡の長さ，気泡管内の液体の粘性などにも関係する．

トランシットには通常平盤の水平を示す平盤気泡管と，望遠鏡の水平を示す望遠鏡気泡管が取り付けられている．平盤気泡管としては互いに直交する2つの管形気泡管を有しているものが多い．また器械によっては，鉛直目盛の水平位置と対応する高度気泡管が取り付けられているものもある．

3.2.6 トランシットの仕様と性能

トランシットには極めて多くの種類がある．**表-3.1**は，わが国で現在市販されているトランシットのいくつかについて，その仕様と性能を示したものである．

実際の作業を行う際しては，その測量の目的に合致した性能をもつ器械を選ぶことが必要である．むやみに高性能の器械を用いても，測定方法その他がこの器械の性能に見合うものでなければなんら意味がないのである．

3.2.7 トランシットの調整

a) トランシットの満たすべき条件

トランシットにおいては次の条件が満たされていなければならない．

① 平盤水準器軸L(平盤水準器の水平指示方向)と鉛直軸Vが直交していること($L \perp V$).

② 望遠鏡十字縦線Kが水平軸Hに対して直交していること($K \perp H$).

③ 望遠鏡視準線Cが水平軸Hに対して直交していること($C \perp H$).

図-3.33 トランシットの満たすべき条件

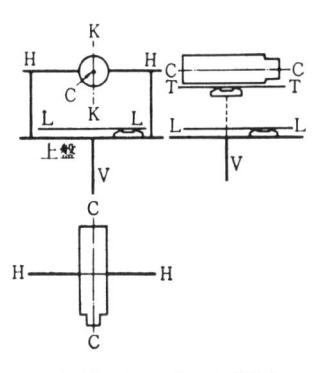

④ 水平軸Hと鉛直軸Vが直交していること($H \perp V$).

⑤ 望遠鏡水準器軸T(望遠鏡水準器の水平指示方向)が視準軸Cと平行していること($T /\!/ C$).

⑥ 視準線が水平のとき，鉛直角目盛が0を指示していること．

これらの条件は常に満たされているとは限らないので，これらの条件が満足されているか否かを検査し，満たされていないときは器械を調整し直すことが必要である．

ただ，上記の条件のうち，④～⑥は機械製作時に調整されるとその使用中に狂うこ

表-3.1 トランシットの仕様と性能

機種	望遠鏡			目盛盤					読取り方法	気泡管感度		級別
	有効径 (mm)	最短視準距離 (m)	倍率 ×	直径 (mm)		最小目盛値				平盤気泡管		
				水平目盛盤 (mm)	垂直目盛盤 (mm)	水平目盛盤	垂直目盛盤					
TH-01W (旭精密)	40	1.6	30	100	80	1″	1″		マイクロ	20″/2 mm		1級
TH-06D (旭精密)	42	1.3	30	78	78	6″	6″		マイクロ	30″/2 mm		—
ETH-10C/10D (旭精密)	45	0.85	30	79	79	5″	5″		ディジタル	40″/2 mm		1級
TM1A (ソキア)	45	1.3	30	94	80	1″	1″		ディジタル	20″/2 mm		1級
DT2 (ソキア)	45	1.0	32			1″	1″		ディジタル	20″/2 mm		2級
DT4A (ソキア)	45	0.9	30			5″	5″		マイクロ	30″/2 mm		2級
TL-6G (トプコン)	42	1.5	30	70	70	6″	6″		マイクロ	30″		—
TL-10G (トプコン)	42	1.5	30	70	70	10″	10″		ディジタル	30″		—
ETL-1 (トプコン)	45	1.3	30	71	71	5″	5″		ディジタル	30″		—
NT-4D (ニコン)	45	1.3	30	82	72	6″	6″		マイクロ	30″		—
NT-2CD (ニコン)	45	1.3	30	82	72	20″	20″		ディジタル	60″		—
NE-10LA (ニコン)	45	0.64	30	79	79	5″	5″		ディジタル	30″/2 mm		—
T1 (ライカ)	42	1.7	30	79	79	6″	6″		マイクロ	30″		1級
T2 (ライカ)	42	2.2	30	90	70	1″	1″		マイクロ	20″		2級
T16 (ライカ)	42	1.7	30	79	79	1″	1″		直読	30″		1級
Th2 (カールツァイス)	40	1.6	30	100	85	1″	1″		マイクロ	20″/2 mm		1級
ETh4 (カールツァイス)	45	1.0	30	85	85	10″	10″		ディジタル	30″		—

とはあまりないので，使用に先立って常に調整する必要は一般にはない．そのため以下では観測に先立って調整することが必要な①～③の条件についてのみその調整法を示すことにする．しかし④～⑥の調整について不安の残る場合は，その器械の使用説明書などを参考にして，それらの調整を行うことが必要である．

b) 検査と調整の方法

ⅰ) 平盤水準器軸と鉛直軸の直交 (L⊥V)

〔検査方法〕
① トランシットを整準し，2つの平盤水準器の気泡を中央に導く．
② 鉛直軸の周りに平盤を180°回転させ，気泡が中央に保たれているかを調べる．中央より移動したときは次の調整を行う．

〔調整方法〕
① 気泡が中央より移動した量の半分を整準ねじを回して中央方向へ戻す．
② 残りの半分を気泡管の両端にある調整ねじのいずれか片方で調整して気泡を中央に位置させる．
③ 上記検査方法を繰り返し，調整ができたかを調べ，完全になるまでこの調整を繰り返す．

ⅱ) 十字縦線と水平軸の直交 (K⊥H)

〔検査方法〕
① トランシットを据え，それより50～100m離れた一定点に，十字縦線の上端を合わせる．
② 鉛直微動ねじにより望遠鏡を静かに鉛直方向に回転させ，目標の定点が十字縦線の下端まで平行移動するようにする．このとき常に目標点が十字縦線上を移動していなければ，次の調整を行う必要がある．

〔調整方法〕
図-3.16に示される十字線調整ねじを少しゆるめて鏡筒を軽くたたき，十字線枠を回転させ，目標点が十字縦線上にくるようにする．

ⅲ) 視準線の水平軸に対する直交 (C⊥H)

〔検査方法〕
100mほど離れた地点をとり，その中間にトランシットを据える．まず望遠鏡の正位で一方の地点を視準し，標点Aを設置する．次に望遠鏡を反転して反対の地点の視準をし，十字縦線に合致する点にB点を設ける．さらに，反の位置でA点を視

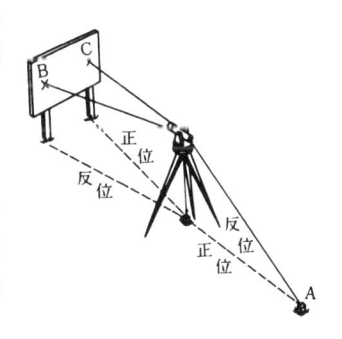

図-3.34 C⊥Hのための調整

準し，これを反転してB点を視準する．このときB点が十字縦線にあれば視準線は水平軸と直交しているが，B点が十字縦線に合致しないときは十字縦線上の示す位置にC点を図-3.34のように設け次の調整を行う．

〔調整方法〕

$\overline{DC} = \frac{1}{4}\overline{BC}$ の点にD点を設け，望遠鏡はC点を視準したときのままに固定して，十字縦線をD点に合致するよう十字線調整ねじを回して調整する．さらに上記の点検を行い，BとCが一致するまでこの調整を繰り返す．

3.3 角測定の方法

3.3.1 水平角の測定

a) 水平角測定の一般的方法

1つの角は2つの方向より形成され，そのそれぞれの方向は，トランシットの中心位置S(観測点)と視準目標の位置AおよびB(視準点)で決められる．それゆえ角の測定においては測定すべき角をつくる2つの方向を視準し，それぞれの方向の示す目盛を読み取り，この2つの角度の差として求めるべき角の大きさが測定される．

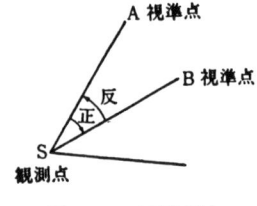

図-3.35 水平角測定

目標を視準するには，まず鉛直軸および水平軸締付けねじをゆるめて望遠鏡を動かし，視準目標を視野内に入れ，締付けねじを固定した後，高低微動ねじを回して目標を正しく十字横線に合わせる．さらに水平微動ねじを回し，視準目標を十字縦線に合致させる．微動ねじはすべて右回しでとめる．左回しで合わせなければならないときは，大きく余分に戻し，再び右回しで操作して目標に合わせる．

水平角観測に際しては器械誤差の消去，観測結果の点検などのため，各方向について望遠鏡を正位および反位にして観測するのが原則である．この正反一組の観測を1対回の観測と呼ぶ．普通の精度の測定では2～3対回の観測が，高い精度が要求されるときは6～12対回の観測が行われる．各対回の正反の測定値の差は較差と呼ばれる．観測結果は観測手簿に記載する．その記載方法は次に述べる測定方法によって幾分異なる．

水平角を観測するのに単測法，反覆法，方向法と呼ばれる次の3つの方法がある．

b) 単 測 法

観測点より2つの視準方向を観測し，その挟む角を測定する．その方法は，まず望

遠鏡正の位置でA点を視準し，水平目盛の読みを取り，次にB点を視準してそのときの角を読む．さらに，望遠鏡を反の位置に反転し，B点からA点に上と同様に測角する．

トランシットによっては目盛の読取りが180°離れて向き合った2つの位置で行えるようになっている．このような器械を用いる場合は，このそれぞれの読みを取り，目盛Ⅰ，目盛Ⅱとして**表-3.2**の例のように記載し，測定値はこの両方の目盛による測定値の平均値として求められる．なお，望遠鏡の位置，観測の方向の各欄に示されている / の記号は，A点からB点への観測は正位で，かつ時計回りであることを，またB点からA点への観測は反位で，反時計回りであることを示している．

表-3.2 単測法による観測結果の記載例

年　月　日
観測者：　　　　　記帳者：　　　　　器械番号：

測点	視準点	望遠鏡の位置		観測の方向		°	Ⅰ		Ⅱ		平均		測定値			備考
		正位	反位	時計	反時計		′	″	′	″	′	″	°	′	″	
O	A					0	02	20	02	20	02	20.0				
	B					54	27	40	27	40	27	40.0	54	25	20.0	
O	B					90	05	00	05	00	05	00.0				
	A					35	30	20	30	20	30	20.0	54	25	20.0	
											平均		54	25	20.0	

2対回以上の観測を行うときは，初読の目盛，すなわちA点を視準するときの目盛の位置をずらす．その大きさは2対回のときは約90°，3対回のときは約60°である．このようにすることにより，水平目盛のすべての部分が使われることとなり，その刻みの誤差の影響を減ずることができる．この初読の位置は輪郭として記帳される．

この単測法は単軸形の器械でも複軸形のものででも行うことができ，多角測量の内角測定を初め，1つの観測点において1つの角のみを測定する場合に広く用いられるものである．

c) 反覆法 (倍角法) (repetition method)

角測定に際しては，一般に器械誤差による視準誤差よりも読取りに際して生ずる誤差のほうが大きい．そのため視準回数を増やし，読取り回数を減らそうとするのがこ

図-3.36 反覆法による角観測

の倍角法とも呼ばれる反覆法で，最小読取り目盛が20″〜1′の粗い目盛の複軸形トランシットを用いながら，読取り精度を高めて測定するのに広く用いられている．

その方法を図-3.36によって説明すると，以下のとおりである．

① 初読の目盛を読む．
② 上盤を固定して下盤のみを微動しA点を視準する．
③ 下盤は固定したままで，上盤のみをゆるめB点を視準する．このときの目盛を参考のために読み取り，備考欄に記載する．
④ 上盤は固定して目盛を動かさず，下盤のみをゆるめて再びA点を視準する．
⑤ 上記②の操作を繰り返しB点を視準する．
⑥ この操作を3〜6回繰り返し，最後にB点を視準したときの目盛の読みを取る．
⑦ 観測値はこの読みを反覆回数で割ったものとなる．
⑧ 望遠鏡を反転して同様の観測を行い，1対回の観測を終える．

観測結果の例を示したのが表-3.3である．なお，望遠鏡欄のr, lは，おのおの，正位，反位を，また観測方向の＋，－はおのおの，時計回り，反時計回りであることを示している．

表-3.3 反覆法による観測結果の記載例

測点 赤浜 天候 晴 軟風 年 月 日 測器 NIKON 20秒読 観測者 内山 良嗣

視準点	望遠鏡	観測方向	度	遊標 I	遊標 II	平均	累計角	反覆回数	観測角	備考
A	r	＋	0°	2′20″	2′40″	0°2′30″	0°0′0″	3a	0°0′0″	点検読み $a=70°12′30″$
B			210	40 40	40 40	210 40 40	210 38 10		70 12 43	
B	l	－	300	58 20	58 20	300 58 20	210 38 0	3a	70 12 40	
A			90	20 20	20 20	90 20 20	0 0 0		0 0 0	
								平均角	70°12′42″	

d) 方 向 法 (direction method)

方向法は観測点の周りに多くの角がある場合，1つの特定の視準方向を基準にして順次他の方向を視準し，基準方向からおのおのの視準方向への角を測定する方法である（図-3.37）．

この方法によると，観測に要する時間は反覆法によるよりも少なく，また単軸形のトランシットでも測定できるので，三四

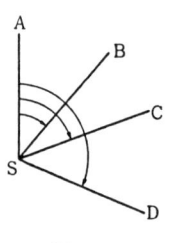

図-3.37

等の三角網の観測を初めとして広く用いられる．その方法を次に示す．

① 目盛の読みが0°より大きくなる位置にして上部締付けねじを固定し，下盤のみを動かして基準方向を視準する．基準方向は，なるべく観測中に焦点調節をする必要がないよう，他の視準点までの平均距離にある点をとり，また高さも全方向の平均的なものである方向を選ぶことが必要である．

② 下部締付けねじを固定し，上盤をゆるめて右回りに次々の方向を視準し，そのときの目盛の読みを取る．

③ 最終の方向の観測が終れば望遠鏡を反転して，再び最終方向を視準し，今度は左回りに基準方向まで順次観測し，1対回の観測を終える．

④ 観測は2～3対回行う．2対回のときは初読の目盛は約90°ずらし，3対回のときは約60°ずつずらす．

表-3.4 方向法による観測結果の記載例

測角点	方向		時分	輪郭	望遠鏡	観測角			結果		観測値の制限			
	番号	名称				度	I	II	平均			較差	観測差	倍角	倍角差
宮野	1	飼野	1040	0	r	0	03 20	03 20	03 20	0	0 0				
	2	板倉		90		90	13 20	13 00	13 10	90	09 50	-10	20	110	60
	3	大里				143	34 40	34 20	34 30	143	31 10	10	20	130	20
	3				l	323	34 20	34 40	34 30	143	31 00				
	2					270	13 20	13 40	13 30	90	10 00				
	1					180	03 40	03 20	03 30	0	0 0				
	1			60	r	60	05 20	05 20	05 20	0	0 0				
	2					150	15 20	15 20	15 20	90	10 00	0		120	
	3					203	36 40	36 40	36 40	143	31 20	10		150	
	3				l	23	36 40	36 50	36 30	143	31 10				
	2					330	15 40	15 40	15 40	90	10 00				
	1					240	05 40	05 40	05 40	0	0 0				
	1			120	r	120	02 00	04 00	04 00	0	0 0				
	2					210	12 20	14 40	14 30	90	10 30	10		170	
	3					263	33 00	35 20	35 10	143	31 00	-10		130	
	3				l	83	33 20	35 20	35 20	143	31 10				
	2					30	12 20	14 20	14 20	90	10 30				
	1		1100			300	02 00	04 00	04 00	0	0 0				

測角点 宮野(B) B=C=P 観測年月日 年 月 日 天候 晴 軟風 観測者 宮本
測角機器 20 秒読み No.14567 記帳者 林

方向法による観測結果の記載例を**表-3.4**に示す．表中の用語の意味は次のようである．

　　観測値：各視準方向の読みから第1視準方向の読みを差し引いた値
　　較　差：各視準方向に対する望遠鏡正反の観測値の差
　　観測差：各視準方向に対する各対回の較差の最大値と最小値の差
　　倍　角：各視準方向に対する望遠鏡正反の観測値の秒数の和
　　倍角差：各視準方向に対する各対回の倍角の最大値と最小値の差

較差が同じ視準方向に対して同じであることは，明らかに器械誤差があることを示す．しかし，この誤差は正反の観測により消去される．

一方，観測差は読取り誤差，視準誤差などの観測に起因する誤差を表す指標であり，また倍角差はこれらの不定誤差に加えて目盛誤差，鉛直軸誤差などの器械誤差の大きさを表すものである．観測差，倍角差については，公共測量作業規程によっておのおのその制限値が与えられている．**表-3.5**にその1例を示す．

表-3.5

基準点測量	1級	2級	3級	4級
対回数	2	2～3	2	2
観測差	8″	10～20″	20″	40″
倍角差	15″	20～30″	30″	60″

e) 反覆法と方向法の精度比較[5]

複軸形の同じトランシットを用いて1つの水平角を測定する場合について，n回繰り返して行う単測法または方向法と，n倍角の測定を行う反覆法との測定精度を誤差伝播の法則を用いて比較してみる．

i) 反覆法　1回の視準に含まれる誤差を $\pm\varepsilon_1$ であるとする．n回反覆観測による視準回数は $2n$ であるから，全体で含まれる視準誤差 m_1 は，

$$m_1{}^2 = 2n\,\varepsilon_1{}^2 \tag{3.12}$$

となる．一方，読取り誤差を $\pm\varepsilon_2$ とすれば，読取り誤差が生ずる機会は全観測中に2回であるから，全体の読取り誤差 m_2 は，

$$m_2{}^2 = 2\varepsilon_2{}^2 \tag{3.13}$$

これより反覆法による測角誤差 M_1 は，倍角数 n で平均することにより，

$$M_1 = \pm\frac{1}{n}\sqrt{m_1{}^2 + m_2{}^2} = \pm\sqrt{\frac{2}{n}\left(\varepsilon_1{}^2 + \frac{\varepsilon_2{}^2}{n}\right)} \tag{3.14}$$

となる.

ii) 方向法 角を1回観測するに際して視準および読取りをそれぞれ2回ずつ行うから,全体で生ずる誤差は,

$$2n(\varepsilon_1{}^2+\varepsilon_2{}^2) \tag{3.15}$$

n 回観測の平均をとると,方向法での測角誤差 M_2 は,次のようになる.

$$M_2=\pm\sqrt{\frac{2}{n}(\varepsilon_1{}^2+\varepsilon_2{}^2)} \tag{3.16}$$

以上により,反覆法では単測法や方向法に比べて読取り誤差が $\sqrt{1/n}$ となり,したがってそれだけ精度の高い測定が可能になるといえよう.

f) 角観測法 (angle method)

1つの観測点の周りにいくつかの角が存在し,これらを極めて高い精度で測定したい場合には,角観測法と呼ばれる方法が用いられる.これは視準方向よりつくられるすべての角について観測を行うものである.図-3.38 において n 方向を視準するとき,総数

$$N=\frac{n(n-1)}{2} \tag{3.17}$$

の角を測定することとなり,

$$N-(n-1)=(n-1)\left(\frac{n}{2}-1\right) \tag{3.18}$$

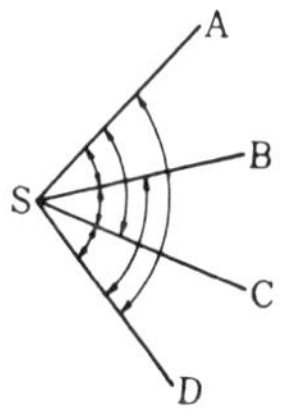

なる数の条件式を得る.これらの条件を満足するように最小二乗法により各角を決定する.

図-3.38 角観測法

3.3.2 鉛直角の測定

鉛直角(高度角)の測定は望遠鏡を水平軸の回りに回転し,その角度を鉛直目盛より読み取ることにより行われる.鉛直目盛は,0~360°が全円に刻まれていて望遠鏡が水平のとき目盛が90°または270°を示すものと,水平のときの読みが0°となりその上下に0~90°が刻まれているものがある.

鉛直角観測において視準するには,まず目標を十字縦線に合わせ,次いで鉛直微動ねじにより十字横線に合致させる.

トランシットによっては,高度気泡管をもつ器械と,それをもたないものがある.高度気泡管は鉛直目盛が水平を示すとき,視準線が水平方向であるかどうかを示すものであり,高度気泡管微動ねじを動かすことにより,気泡を中央に導けば鉛直目盛での水平は,視準線の水平方向に対応する.それゆえ高度気泡管をもつ器械では,目盛

の読取りに際して，高度気泡管の目盛を正しく中央へ導くようにする．

高度気泡管のないトランシットを用いるときは，視準するに際して視準方向に平行な気泡管の気泡位置を読み取って観測値を補正するか，あるいは整準ねじでその気泡を中央に正しく導いてから視準することが必要である．気泡位置に基づく補正の方法については，ここでは省略する．

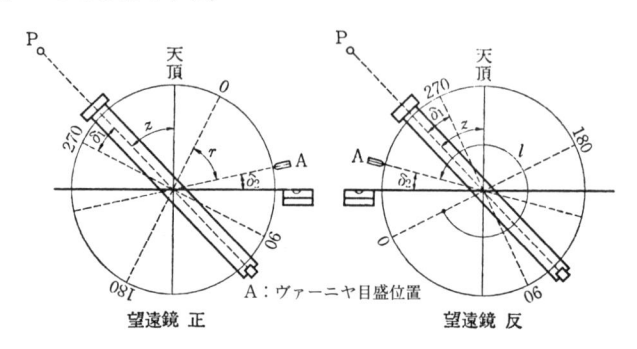

図-3.39 望遠鏡正・反での鉛直角観測

鉛直目盛盤の水平方向（90°または270°あるいは器械によっては0°の方向）と視準線とは一致しなければならず，また高度気泡管軸は鉛直目盛盤の遊標読取り位置と一致しなければならない．しかし，一般にこの条件は常に満たされてはおらず，図-3.39に示されるように上記の2つの条件が満たされないことによる誤差 δ_1 および δ_2 を有している．

いま，このような器械で正反の観測を行い，それぞれ，読み r および l を得たとすると，鉛直角を Z として次の関係が成り立つ．

望遠鏡正位　　　$90°-Z=90°-r-\delta_2+\delta_1$ 　　　　　　　　　　(3.19)

望遠鏡反位　　　$90°-Z=l-270°-\delta_1+\delta_2$ 　　　　　　　　　　(3.20)

この式を加え合わせることにより

$$2Z=r+360°-l \tag{3.21}$$

$$Z=\frac{1}{2}(360°+r-l) \tag{3.22}$$

が得られる．すなわち，正反の読みを取ることにより，誤差 δ_1 および δ_2 が消去されて鉛直角が求められる．

また，式(3.19)から式(3.20)を減ずれば

$$r+l=360°+2(\delta_1-\delta_2) \tag{3.23}$$

となる．ここで

$$K=2(\delta_2-\delta_1)=360°-(r+l) \tag{3.24}$$

を高度定数または鉛直目盛の零点目盛と呼んでいる．この K は目標の高低あるいは距離に関係せず，鉛直角観測の精度の目安として用いられる．すなわち，観測点において各目標を測定したときの K を比較し，その最大値と最小値の差（これを高度定数差または高度定数の較差と呼ぶ）が規定値内にあれば観測結果は許容され，これを超えるときは再測定が必要となる．公共測量作業規程における高度定数差の制限値は，**表-3.6** のように定められている．

観測結果は **表-3.7** のように記載する．

表-3.6

基準点測量	1級	2級	3級	4級
高度定数差	10″	15～30″	30″	60″

表-3.7 鉛直角観測結果の記載例

時 分	望遠鏡	視準点名称及び番号	目標	度	遊標 A	遊標 B	平均		結 果	
13 5	r		∧	89	45.5	45.5	89	45′.5	$r-l=2Z=$	179°31′.0
	l			270	14.5	14.5	270	14.5	$Z=$	89°45′30″
									$\alpha=$	+0°14′30″
							360	0.0		
	l		∧	271	17.7	17.8	271	17.8	$r-l=2Z=$	177°25′.1
	r			88	42.9	42.9	88	42.9	$Z=$	88°42′30″
									$\alpha=$	+9°17′24″
							360	0 7		
	r		∧	90	38.5	38.7	90	38.6	$r-l=2Z=$	181°17′.1
	l			269	21.4	21.6	269	21.5	$Z=$	90°38′30″
									$\alpha=$	−0°38′36″
							360	0 1		
	l		∧	272	11.0	11.1	272	11.0	$r-l=2Z=$	175°38′.1
13 26	r			87	49.0	49.2	87	49.1	$Z=$	87°49′0″
									$\alpha=$	+2°11′0″
							360	0.1		

測点 ／ 月 日 天候 晴 軟風 測器 /2秒読み NO. 1234 観測者 内山

3.4 偏心観測

3.4.1 偏心の補正

水平角の観測においては器械の中心 B と観測点（測標中心）C は同一鉛直線上に，また目標点 P（測標中心）と視準目標 P_1 は同一鉛直線上にあることが必要である．しかし，実際の作業ではこの条件を守ることが困難な場合が生ずる．例えば，器械の位置を数 m 移動させれば草木の大量伐採を行うことなく観測できる場合とか，視準目標を測標中心に対してかなり高い位置に設置せねば見通しがきかない場合などである．

このような場合，この B または P の位置を，その本来の位置より適当な距離だけずらせて観測を行い，これらの点の関係位置から計算して，B=C または P=P₁，であるときの値に補正することが行われる．これを偏心補正 (eccentric reduction) といい，$\overline{BC}$ または $\overline{PP_1}$ を偏心距離 e と呼んでいる．

公共測量作業規程では偏心距離が 5 mm 以上あれば偏心補正を施すべきであると規定している．

次にその補正計算の方法を記すことにする．

3.4.2 器械位置が偏心した場合の補正

図-3.40 において $\angle P_1CP_2 = \alpha$ が求めるべき角である．このとき α の代りに $\angle P_1BP_2 = \alpha'$ を観測し，同時に偏心角 $\angle P_2BC = \varphi$ および偏心距離 $\overline{BC} = e$ を測定しておく．そのとき $\triangle P_1CB$ および $\triangle P_2CB$ において次の関係が成り立つ．

$$\left.\begin{array}{l} \sin \delta_1 = \dfrac{e}{s_1} \sin (\alpha' + \varphi) \\[6pt] \sin \delta_2 = \dfrac{e}{s_2} \sin \varphi \end{array}\right\} \quad (3.25)$$

また，δ_1, δ_2 は微小角であるから

$$\sin \delta \fallingdotseq \delta \sin 1'' = 4.848 \times 10^{-6} \delta \quad (3.26)$$

と近似できる．したがって

$$\delta_1 = \frac{\sin \delta_1}{\sin 1''} = \frac{e}{\sin 1''} \frac{\sin(\alpha'+\varphi)}{s_1}$$

$$\delta_2 = \frac{\sin \delta_2}{\sin 1''} = \frac{e}{\sin 1''} \frac{\sin \varphi}{s_2}$$

となる．

これらを

$$\alpha' + \delta_1 = \alpha + \delta_2 \quad (3.27)$$

に代入して

$$\begin{aligned} \alpha &= \alpha' + \delta_1 - \delta_2 \\ &= \alpha' + \frac{e}{\sin 1''}\left\{\frac{\sin(\alpha'+\varphi)}{s_1} - \frac{\sin \varphi}{s_2}\right\} \end{aligned}$$
$$(3.28)$$

となる．

図-3.40 器械中心の偏心

図-3.41 測標位置の偏心

3.4.3 測標位置が偏心した場合の補正

図-3.41のように視準目標 P_1 が測標中心 P より e だけ偏心している場合，求めるべき角 $\angle PB_1B_2=\alpha_1$ および $\angle B_1B_2P=\alpha_2$ の代りに，B_1 および B_2 より偏心した目標 P_1 を視準して，$\angle P_1B_1B_2=\alpha_1'$ および $\angle B_1B_2P_1=\alpha_2'$ を観測する．同時に，P_1 において偏心角 $\angle B_1P_1P=\varphi$ および偏心距離 $PP_1=e$ を測定しておく．

このとき **3.4.2** の場合と同様にして

$$\left.\begin{array}{l}\sin \delta_1=\dfrac{e}{s_1}\sin \varphi \\ \sin \delta_2=\dfrac{e}{s_2}\sin (\varphi-180°+\alpha_1'+\alpha_2')\end{array}\right\} \quad (3.29)$$

$$\left.\begin{array}{l}\alpha_1=\alpha_1'-\delta_1 \\ \alpha_2=\alpha_2'+\delta_2\end{array}\right\} \quad (3.30)$$

の関係を得る．これより

$$\left.\begin{array}{l}\alpha_1=\alpha_1'-\dfrac{e}{\sin 1''}\dfrac{\sin \varphi}{s_1} \\ \alpha_2=\alpha_2'-\dfrac{e}{\sin 1''}\dfrac{\sin (\varphi+\alpha_1'+\alpha_2')}{s_2}\end{array}\right\} \quad (3.31)$$

となる．

3.5 方位角の測定[4]

3.5.1 北極星と方位角

ある地点 P からある方向 Q を視準したときの，その真北 (true north) N からの方向角 A を方位角 (azimth) という．この方位角は，北極星を観測して求めることができる．

北極星は観測点の子午線方向すなわち真北方向にあるのではなく，天の北極より約1°偏心した位置にあり，地球の日周運動のため刻々その位置を変える．したがって，**図-3.42** で説明すると，PQ の方位角 A は，ある時刻に観測した北極星からの PQ の方向角 θ を，そのときの北極星の方位角 δ によって補正しなければならない．すなわち

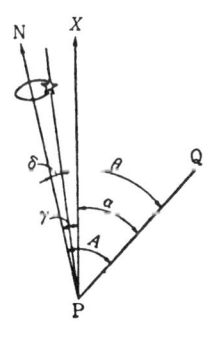

$$A=\theta+\delta \quad (3.32)$$

図-3.42 北極星と方位角

である．

なお，任意の時刻の北極星の方位角は，海上保安庁水路部発行の北極星方位角表な

どを用いて計算することができる．

また，PQ の平面直角座標の北（すなわち座北）X からの方向角 α を求めたい場合には，方位角 A から座北の方位角 γ を減じればよい．すなわち，

$$\alpha = A - \gamma \tag{3.33}$$

となる．この γ は子午線収差に相当する角であり（子午線収差は一般に真北の座北からの方向角を右回りに正，左回りに負で表すため，この場合，子午線収差は $-\gamma$ である），観測点 P の経緯度 L および B と座標原点の経度 L_0 を知れば，式(1.8)の第1項のみを用いて，

$$\gamma = (L - L_0) \sin B \tag{3.34}$$

表-3.8 北極星による方位角観測結果の記載例

輪郭	望遠鏡	目標	観測の時	遊標 I 度 分 秒	遊標 II 秒	平均	正反の平均	備考
		(I) m	h m s	0° 10′ 0″	0″	0° 10′ 0″	0° 10′ 0″	ラジオ報時と時計との比較
	r	北極星 S	21 27 33	226 15 0	0	226 15 0	226 14 56	T ΔT
0°		〃	28 35	15 0	30	15 15		20…+29s
		〃	30 3	46 14 31	0	46 14 45		21…+31
	l	〃	30 59	14 31	0	45		22…+33
		m		180 10 0	0	180 10 0		23…+35
		$T'=$ 21 29 18				$m-S=$	133 55 4	
		m		216 0 0	0	216 0 0	216 0 8	$T - T' = \Delta T$
	l	S	21 35 8	82 5	0.30	82 5 15	82 5 38	T：正しい時報時刻
36°		〃	35 59	5	0 30	5 15		
		〃	37 4	262 6 1	0	262 5 60		T'：時計面の時刻
	r	〃	37 46	6 1	0	5 60		
		m		36 0	0 30	36 0 15		
		$T'=$ 21 36 29		0		$m-S=$	133 54 30	
		m		72	30 30	72 30 30	72 30 30	
	r	S	21 42 31	298 30	30 30	298 36 30	298 36 34	
72°		〃	43 28	36	30 30	36 30		
		〃	44 35	118 36	1 0	118 36 45		
	l	〃	45 18	36	30 30	36 30		
		m		252 36	30 30	252 30 30		
		$T'=$ 21 43 58		30	3	$m-S=$	133 53 56	

のように簡単に近似して求めることができる．

なお，測量の分野では，座北からの方向角 α のことを単に方向角と呼ぶ場合がしばしばある．

観測点の経緯度は1/50 000地形図において，観測点の位置を図上で測定し，その図郭が経度差15′，緯度差10′であることを用いて，比例配分して求めればよい．

3.5.2 北極星の観測

方位角測定のための北極星観測には12″読み程度以上のトランシットを用い，これを観測点に据えて，水平に整準する．また秒まで測定できる時計を時報に正しく合わせて準備する．

さらに，方位角を地上に落とすため，観測点よりなるべく北の方向で150 m程度以上離れた位置に測点を設け（方位標），それが夜間に視準可能なように照明を施す．

観測はまず方位標を視準して水平目盛を読み取り，次に北極星を視準して，その時の時刻と水平角を読み取る．次に望遠鏡を反転して同じ観測を行い1対回の観測を終える．

二等多角測量の場合では水平目盛の位置を約45°ずつずらして，4対回の観測をし，その時の各対回ごとに求めた方位角の較差は30″以内でなければならないとしている．

観測結果は**表-3.8**のように記載する．

参 考 文 献

1） 丸安隆和：測量(1)，オーム社
2） 森　忠次：測量学Ⅰ　基礎編，丸善
3） Volquardts/Matthews：Vermessungskunde Teil 2, B.G. Teubner
4） 檀原　毅：測量工学，森北出版
5） 建設大臣官房技術調査室：公共測量作業規程，(社)日本測量協会
6） (社)日本測量協会：測量学事典

第4章 距離測定

 角測定とともに測量の最も基本的な測定である距離測定には,日常用いられるような簡単な方法から高度な器械を用いる方法まで数多くある.本章ではそれらの方法を示し,またこの各方法によれば,どのような精度が期待でき,どのような目的に合致するかを示すことにする.

4.1 概　　説

4.1.1 距離の定義と分類

 図-4.1での2地点A, B間の距離とは,一般に$\overline{AB}$をAまたはBを通る水平面(ジオイドと平行な面)に投影した長さ$\overline{AB'}$をいい,補助基線やサブテンスバーを用いて求めた場合の距離がこれにあたる.これに対し巻尺や電磁波測距儀によって求める距離$\overline{AB}$は通常斜距離である.斜距離はA, B 2点間の高低差を測定して水平距離に換算することが必要である.水平距離$\overline{AB'}$をさらに準拠楕円体上に投影した距離$\overparen{A_0B_0}$は基準面上(準拠楕円体面上)に投影した距離と呼ばれ,国土地理院の三角点,多角点成果簿にはこの値が記されている.

 距離測定を行うには種々の方法があるが,それらは次のように大別できる.

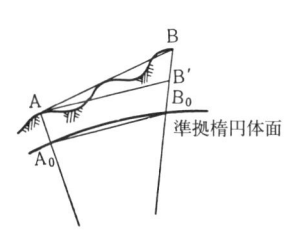

図-4.1　距　離

 i) 直接距離測量　　巻尺および電磁波測距儀などで直接に距離を測定する方法.歩測もこれにあたる.

 ii) 間接距離測量　　求めようとする距離を直接測るのではなく,他の辺長や角を測り三角法などの幾何学的関係式より求めるべき距離を得る方法で,直交基線による方法,スタジア測量などもこれにあたる.

4.1.2 必要精度と測定方法

距離測定をどのような方法で行うべきかは,その目的とそれに基づく必要精度に応じて決めるべきである.また測定距離や地形,経費なども考慮しなければならない.**表-4.1**は種々の距離測定の方法と,それにより期待しうる精度と利用目的をまとめたものである.

表-4.1 距離測量の方法と期待しうる精度

測量方法	使用器材	期待しうる精度	利用目的
歩測	歩度計	1/100〜1/200	踏査 巻尺による測定の点検
スタジア測量	トランシット,レベル眼鏡つきアリダード	1/300〜1/1 000	細部測量
巻尺(ガラス繊維または鋼)による測定	ガラス繊維巻尺または鋼巻尺	1/1 000〜1/5 000	地形測量の基準点(図根点)測量,普通の工事測量
鋼巻尺による精密測定	鋼巻尺 温度計,張力計	1/10 000〜1/100 000	市街地のトラバース測量 土木用三角測量の基線測量 精密工事測量
インバール尺またはワイヤーによる測定	インバール尺またはワイヤー,温度計,張力計	1/500 000〜1/1 000 000	国家三角測量の基線測量 長大橋,長大トンネルの三角測量の基線測量
電磁波測量	電波測距儀または光波測距儀またはレーザー測距儀	電波の場合 $30 \pm \frac{3\sim4}{1\,000}D$ (mm) 光波の場合 $10 \pm \frac{1\sim2}{1\,000}D$ (mm) D は測定距離 (m)	三辺測量 トラバース測量

4.2 巻尺による距離測定

4.2.1 測定器材

a) ガラス繊維巻尺

ガラス繊維数万本を巻尺の引張方向にそろえ,白色塩化ビニルで繊維を被覆させてテープ状にし,それに特殊ビニルインクを用いて最小5 mm単位で目盛を印刷したも

ので，鋼尺のように錆びたり折れ曲がったりせず，また布巻尺のような湿乾による伸縮はなく使用するのに便利であるが，使い古すとビニルが硬化し，耐久性が失われる．

b) 鋼 巻 尺

鋼巻尺は短距離の距離測量において最も一般的に用いられている．最小目盛間隔は1 mm で，幅約 10 mm，厚さ約 0.5 mm，長さ 30～50 m のものが多い．

鋼の熱膨張係数は $a = 11.1 \times 10^{-6}$，ヤング係数は $E = 2.1 \times 10^6 \, \text{kg/cm}^2$ である．

JIS 規格によれば，鋼巻尺は温度 20℃ で，5 m ごとに 2 kg の張力をかけてその長さが検定される．検定に際して許容しうる誤差範囲は公差と呼ばれるが，その大きさは下に示されるとおりである．

	JIS 1 級	JIS 2 級
1 m 以下	±0.3 mm	±0.6 mm
1 m 以上	±[0.3+(l−1)×0.1] mm	±[0.6+(l−1)×0.2] mm

〔ただし，l は尺の長さ (m)〕

したがって 30 m の JIS 2 級により検定された鋼巻尺の公差は，±(0.6+29×0.2)=±6.4 mm であり，6.4/30 000≒1/4 700 の精度内であるといえる．この範囲内の誤差は検定されたものでももっているのであるから，これ以上の精度の測定を行おうとする場合は，その用いる巻尺固有の誤差（これを特性値と呼ぶ）を求めておき，測定にあたってはその分だけ補正しなければならない．

巻尺の特性値を求めるには国土地理院が全国に設置している比較検定場において比較検定を行えばよい．比較検定場における検定に際しては，温度は 15℃，張力は 50 m 尺で 10 kg を標準としている．

鋼巻尺は折れ曲りやすく，また錆びやすいのが大きな欠点である．そのため取扱いに注意し，また使用後は汚れを落とし油を塗るなどよく手入れをすることが必要である．

4.2.2 巻尺による距離の測定法

1/10 000 程度の精度で距離測定を行う場合，以下の要領で作業を進めればよい．

① 測定すべき 2 点間を結ぶ直線上に巻尺を張る．距離が長く 1 回で巻尺を張れない場合は，これをいくつかの区間に分ける．その場合各区間ごとに**図-4.2**に示されるような鉄製の測標ピンをたてる．

② 巻尺の後端をポールに結びつけ，前端をスプリングバランスにつなぎ，さらにこれをポールに結びつける（**図-4.3**）．

③ 張力が巻尺を検定したときの値（通常 10 kg）になるように巻尺を引く．

④ 両端の目盛を同時に読み取り記帳する．

⑤ 巻尺の位置をずらし，上記の測定を繰り返す．

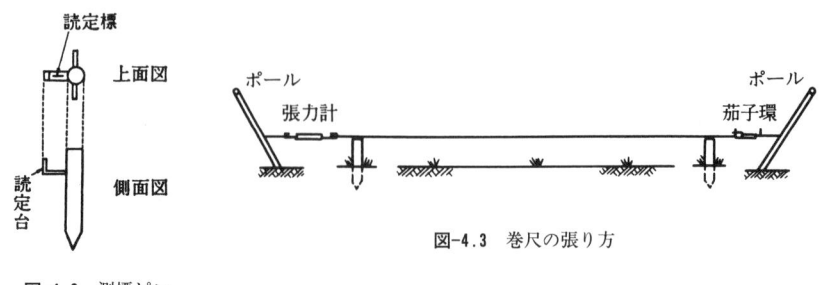

図-4.2 測標ピン

図-4.3 巻尺の張り方

表-4.2 距離測定結果の記載例

50m鋼巻尺	No.	自 測 点 年 月 日			至 測 点 天候 測定者前端　後端				
時　分	測　点	尺の読取り		差	温　度	傾　斜 (高低差)	補正値		補　正 距　離
		後端	前端	前－後			温　度	傾　斜	
$8^h.40^m$	測点 II	$0^m.003$	$50^m.012$	+09	20°				
		9	19	+10					
	1	——	——	——		$0^m.12$	-3	0	特性値 +2.3
		6	16	+10					
		54	60	+06					
		72	80	+08					+2.3×4
	2	——	——	——		0.20	-3	0	=+9.2
		63	70	+07					
		62	69	+07					
		50	57	+07					
	3	——	——	——		0.42	-3	-2	
		56	63	+07					
		53	64	+11					
		42	53	+11					
	4	——	——	——	27°	0.41	-7	-2	
		48	58	+11					
		44.279	49.715	5.436					
		44.302	49.739	5.437					
$9^h.00^m$	測点 III	——	——	——		0.00	-1		
		44.291	49.727	5.436					
				205.471			-17	-4	205.459

(注) 復測の場合には，観測者の個人誤差を除くため読定する前後の位置を変える．
　　　傾斜はレベルを用いて測定し，各測点区間ごとに計算する．

⑥ 以上の往路の観測が完了すれば，巻尺の前端と後端とを交代して，復路の観測を行う．
⑦ 温度計は巻尺と同じ高さの位置に吊して，作業の開始時と終了時に温度を測定する．作業が長時間にわたるときはその中間で適宜測定する．
⑧ 測定の結果は**表-4.2**に示されるように記帳する．
⑨ 測定結果が定められた許容精度内にないときは上記の測定を繰り返す．

4.2.3 測定結果の補正

巻尺による距離測定の結果には，種々の原因による定誤差が含まれる．鋼巻尺を用いて 1/10 000 以上の精度で測定を行いたい場合には，これらの定誤差を除去するための補正が必要である．次にその補正の方法を誤差原因別にあげるが，1/100 000 程度の精度までの測定で必要な補正は，一般にこれらのうち **a)**～**d)** までである．

a) 巻尺の目盛誤差

巻尺の目盛がもつ誤差は，比較検定の結果求めた特性値に基づいて補正する．その補正量 ε_l は

$$\varepsilon_l = n \times \Delta l \tag{4.1}$$

である．ここで，n：巻尺の使用回数，Δl：巻尺の特性値．

b) 温度による誤差

測定時の温度が標準温度 (15℃) でないために生ずる巻尺の温度伸縮による誤差 ε_t は，次の計算により補正できる．

$$\varepsilon_t = S \times (t - 15) \times \alpha \tag{4.2}$$

ここで，S：測定長，t：測定時の温度，α：熱膨張係数（鋼の場合 0.000 011 5～117）．

c) 張力による誤差

検定時と異なる張力で巻尺を引いたために生ずる誤差は，次式の ε_p だけ補正する．

$$\varepsilon_p = \frac{P - P_0}{AE} S \tag{4.3}$$

ここで，P：測定時の張力 (kg)，P_0：標準張力 (kg)，S：測定長 (m)，A：巻尺の断面積 (cm²)，E：巻尺のヤング係数（鋼の場合 2.1×10^6 kg/cm²）．

d) 傾斜による誤差

高低差のある 2 地点を斜めに測定したとき，これを水平距離に補正するには，次式を用いる．

$$\varepsilon_n = l(\cos\theta - 1) = -2l \sin^2 \frac{\theta}{2} \fallingdotseq -\frac{h^2}{2l} \tag{4.4}$$

ここで，l：測定長，h：高低差，θ：傾斜角．

e) 巻尺のたるみによる誤差

巻尺自体の重量によるたるみのために生ずる誤差は，次式によって補正する．

$$\varepsilon_s = -\frac{w^2 l^3}{24P^2} \tag{4.5}$$

ここで，w：巻尺の単位重量 (g/m)（一般の巻尺では 1.8 g/m），l：支点間距離 (m)，P：測定時の張力．

f) 基準面からの標高差に伴う誤差

標高の大きい地点で精密な距離測定を行う場合は，その測定長を次の大きさだけ補正し，基準海面上における距離に直す（**図-4.4**）．

$$\varepsilon_0 = S_0 - S = \frac{RS}{R+H} - S = S\left(1+\frac{H}{R}\right)^{-1} - S$$

$$\fallingdotseq -\frac{H}{R}S \tag{4.6}$$

図-4.4 基準面での距離

4.2.4 インバール尺による精密測定

熱膨張係数の極めて小さい合金（ニッケルと銅の合金，熱膨張係数 $1\sim2\times10^{-6}/\text{℃}$）でつくられたインバール尺 (invar tape) は，ダムの変形測定，長大橋建設のための測量など 1/500 000～1/1 000 000 の精度を必要とする距離測量に用いられる．また，国の精密測地網測量に三角測量が用いられていた当時には，基線長の測定にこのインバール尺が用いられていた．

図-4.5 端　尺

インバール尺は直径 1.7 mm のワイヤーまたは 0.5 mm×4 mm のテープで全長は 25 m である．目盛は尺の両端にのみ**図-4.5**に示すような端尺としてつけられている．インバール尺を用いての精密測定においては，4.2.3 で述べたすべての補正を行うことが必要であり，場合によってはそれらの補正式において無視した二次以上の項をも取り入れて計算することが必要となる．

4.3 スタジア測量

4.3.1 スタジア測量の原理

スタジア測量 (stadia survey) とは，トランシットやレベルの望遠鏡に刻まれたスタジア線 (stadia hair) と呼ばれる一定間隔の 2 本の横線（**図-4.6**）に挟まれる標尺の

目盛を測定して，標尺までの距離を算出する距離測定法である．

図-4.7においてA, B 2点間の距離を求めたいとし，A点に望遠鏡をB点に標尺をたてたとする．視準軸は水平であり，Fは対物鏡の焦点である．視準した結果，lなる標尺の目盛がスタジア線に挟まれたとする．

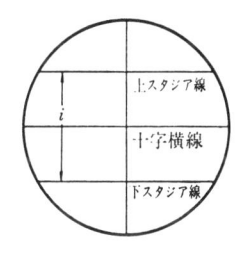

図-4.6 スタジア線

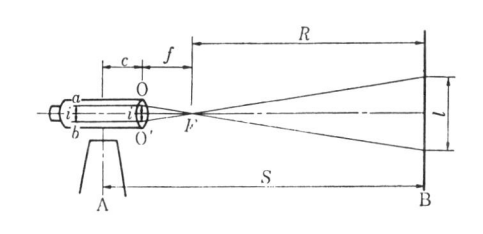

図-4.7 視準線の水平なスタジア測量

このとき図-4.7において次の関係が成立つ．

$$\frac{i}{l}=\frac{f}{R} \tag{4.7}$$

ここで，l：スタジア線間隔，f：対物鏡の焦点距離，R：焦点より標尺までの距離．AB間距離すなわち器械中心から標尺までの距離Sは，

$$S=R+c+f=l\frac{f}{i}+c+f \tag{4.8}$$

となる．

式(4.8)においてf/iを乗定数(倍定数)K，$c+f$を加定数Cと呼ぶ．すなわち

$$S=Kl+C \tag{4.9}$$

一般にトランシットでは$K=100, C=0$となるように調整されている．したがってスタジア線に挟まれる標尺目盛の値を100倍すれば，標尺までの距離が求められる．

4.3.2 視準線が傾斜した場合のスタジア測量

傾斜地などにおける測定では，一般に図-4.8のように視準線は傾斜する．このときは次の関係が成り立つ．

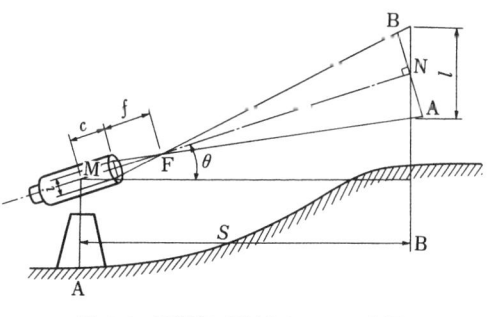

$$MN=FN+(c+f) \tag{4.10}$$

図-4.8 視準線が傾斜するスタジア測量

ここで
$$S = \mathrm{MN} \cos\theta \tag{4.11 a}$$
$$\mathrm{FN} = \frac{f}{i} \mathrm{AB}$$
ここで，AB は近似的に $l\cos\theta$ と見なしうるから
$$\mathrm{FN} \fallingdotseq \frac{f}{i} l \cos\theta \tag{4.11 b}$$
したがって
$$S = \left(\frac{f}{i} l \cos\theta + c + f\right) \cos\theta$$
$$= l \frac{f}{i} \cos^2\theta + (c+f) \cos\theta$$
$$= Kl \cos^2\theta + C \cos\theta \tag{4.12}$$
となる．もし $K=100, C=0$ であれば
$$S = 100l \cos^2\theta \tag{4.13}$$
である．

すなわち，望遠鏡の鉛直角 θ を同時に測定しておけば，視準線が傾斜している場合も，標尺までの水平距離 S がスタジア測量によって求められる．

さらに，M, N 2 点間の標高差 h は，
$$h = S \tan\theta \tag{4.14}$$
であるから，式 (4.12) より
$$h = (Kl \cos^2\theta + C \cos\theta) \tan\theta$$
$$= Kl \cos\theta \sin\theta + C \sin\theta$$
$$= \frac{1}{2} Kl \sin 2\theta + C \sin\theta \tag{4.15}$$
である．$K=100, C=0$ であるときは
$$h = 50l \sin 2\theta \tag{4.16}$$
となる．したがって，鉛直角 θ を測定することにより標高差 h も同時に求めることができる．

以上の式 (4.12) および式 (4.15) の計算を現地で簡便に行うために，スタジアコンピューターと呼ばれる計算尺が使われていた．これは図-4.9 に示されるように 1 枚の板に回転する円板が取り付けられており，その円板に水平距離計算用として $\cos^2\theta$ の対数が，標高差計算用として $(1/2) \sin 2\theta$ の対数が目盛られている．また，外側の板には $100l$ の対数が目盛られている．

いま，スタジア線を挟む目盛 $l=120$ cm，鉛直角 $\theta=8°$ を得たとする．そのとき，

$l=1.2$ の目盛位置に内側の目盛の 0 を合わせると，水平距離の目盛で $\theta=8°$ に対応する外側の目盛が水平距離 $l=117.7$ m を示し，標高差の目盛で同じく $\theta=8°$ に対応する外側の目盛が標高差 $h=16.54$ m を示している．

スタジアコンピューターには，$C=0$ でないときの補正すべき値，すなわち水平距離に対しては $C\cos\theta$，標高差に対しては $C\sin\theta$ が種々の θ の値に対して示されている．$K=100$ でないときは $K=100$ として得られた値を $K/100$ 倍し，$C=0$ でないときはこの補正表に従って補正しなければならない．

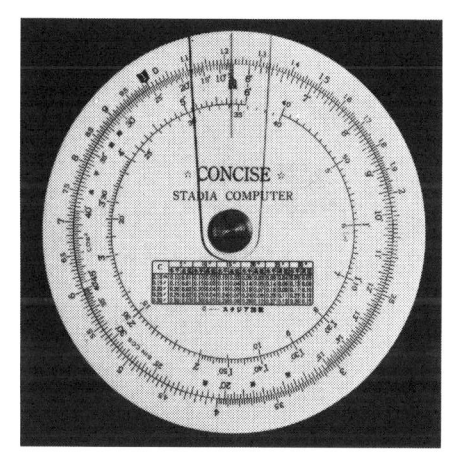

図-4.9 スタジアコンピューター

4.3.3 スタジア測量の方法

地形の細部測量をスタジア測量で行う場合，次に示すような順序で作業を行う．

① 測点にトランシットを設置し，測点の杭より水平軸までの高さを巻尺で測定し，これを器械高とする．
② 基準とする方向に視準線を合わせ，その方向の目盛の読みを $0°0'0''$ とする．
③ 目標の位置に標尺をたて視準する．このとき十字横線の中心が器械高に一致する標尺目盛に合致するよう望遠鏡を固定する．
④ 上下スタジア線が示す標尺目盛の読みを取る．これより上下スタジア線に挟まれる標尺の長さ（夾長 l）を得る．
⑤ 鉛直角および水平角を測定する．

これらの結果は表-4.3の記載例のように記帳する．

4.3.4 スタジア測量の精度

スタジア測量による水平距離測定に際して，誤差を生ずる主たる原因としては，

① スタジア定数の不正確さによる誤差
② スタジア線で挟まれる標尺目盛の読取り誤差
③ 鉛直角の測角誤差
④ 標尺の傾きによる誤差

などである．

表-4.3 スタジア測量による観測結果の記載例 $\begin{pmatrix} K=100 \\ C=0 \end{pmatrix}$

器械点	標尺点	上スタジア線 下スタジア線	夾長	水平角	鉛直角	視準高	水平距離	高低差	標高	備考
A	1	1.563 1.400	0.163 m	217°58′	+3°40′	1.481 m	16.49 m	+10.41 m	45.769 m	A点の標高 =35.38 m
	2	1.334 1.200	0.134	166°16′	−4°04′	1.267	13.58	− 0.97	34.603	A点上の器械高 =1.46 m
	3	0.610 0.350	0.260	81°11′	0°	0.480	26.25	0	36.360	
	4	1.720 1.400	0.320	88°07′	−2°02′	1.560	32.21	− 1.15	34.130	
	5	1.415 1.200	0.215	115°52′	+3°28′	1.307	21.67	+ 1.31	36.843	
	6	1.415 1.100	0.315	95°49′	+2°17′	1.257	31.70	+ 1.26	36.843	
	7	1.783 1.300	0.483	330°45′	−5°30′	1.540	48.11	− 4.63	30.670	

①の誤差を減らすには前もってその望遠鏡の正しいスタジア定数の値を求めておけばよい．そのためには比較的平坦な場所で器械から標尺までの距離 S_i を巻尺で正確に測定しておき，そのときの標尺のスタジア線に挟まれる目盛 l_i を求めておく．これを種々の異なる距離について行い，そのとき

$$\sum_{i=1}^{n} v_i^2 = \sum_{i=1}^{n} \{S_i - (Kl_i + C)\}^2 \tag{4.17}$$

が最小になるように定数 K および C の最確値を決めればよい．

②の誤差の大きさは望遠鏡の解像力を $\varphi=5''$ 程度と考えると目盛の読みの誤差 Δl は

$$\Delta l \fallingdotseq \sqrt{2}\,\rho\varphi S \tag{4.18}$$

より

$$\begin{aligned} \Delta l &= \sqrt{2} \times 0.0000048481 \times 5 \times S \\ &= 0.000\,034\,S \text{ m} \end{aligned} \tag{4.19}$$

である．すなわち $S=100$ m のとき $\Delta l=3.4$ mm 程度となる．

このとき距離 S に生ずる誤差は，式(4.12)より

$$\Delta S = K\cos^2\theta \Delta l \tag{4.20}$$

となるから

$$\frac{\Delta S}{S}=0.000\,034\,K\cos^2\theta \tag{4.21}$$

である．

$K=100, \theta=10°$ とした場合

$$\frac{\Delta S}{S}\fallingdotseq 1/300 \tag{4.22}$$

となる．

③の鉛直角の測角誤差による距離誤差は，式 (4.12) において $C=0$ として計算すると

$$\Delta S=-Kl\sin\theta\cos\theta\,\Delta\theta \tag{4.23}$$

となるから，鉛直角を $\Delta\theta=1'$ の精度で測るとすると

$$\Delta S=-Kl\sin\theta\cos\theta\times 0.000\,291 \tag{4.24}$$

となる．

いま，$\theta=10°$ とすると

$$\frac{\Delta S}{S}=-\frac{Kl\sin\theta\cos\theta\times 0.000\,291}{Kl\cos^2\theta}=-0.000\,291\tan\theta=\frac{1}{20\,000} \tag{4.25}$$

であり，その誤差は他の原因によるものよりはるかに小さい．

④の誤差は標尺の傾き α によって l が l' と測定されることによって生ずる誤差である．いま

$$\Delta l=l'-l=l'-l'\cos\alpha \tag{4.26}$$

と見なすと式 (4.20) より

$$\Delta S=K\cos^2\theta\times l'(1-\cos\alpha) \tag{4.27}$$

となる．

したがって標尺が $\alpha=5°$ 傾いているとき

$$\frac{\Delta S}{S}=\frac{l'(1-\cos\alpha)}{l}=\frac{1-\cos\alpha}{\cos\alpha}\fallingdotseq\frac{1}{250} \tag{4.28}$$

なる誤差が生じ，同様に $\alpha=10°$ の場合は $\Delta S/S\fallingdotseq 1/60$ と非常に悪い精度となる．したがって標尺を鉛直に立てることに十分意を用いることが必要である．

以上の結果より考えると，通常のスタジア測量で期待できる精度は，距離 20 m で 1/500, 100 m で 1/300 程度であるといえる．

スタジア測量による距離測定では，このように高い精度を期待することはできないが，縮尺 1/1 000～1/5 000 程度の地図を作製する地形測量を，特に高低差の大きい複雑な地形の所で行う場合などでは，作業が他の方法に比べて迅速であるため，極めて重要な方法となる．

4.3.5 その他の間接距離測定法

a) 直交基線による方法

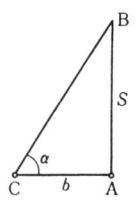

図-4.10においてAB間の距離Sを測定するためにAよりABに直角に直交基線$\overline{AC}=b$をスティールテープで測定し、さらにCにおいて水平角αをトランシットにより測定すれば,

$$S = b \tan \alpha \tag{4.29}$$

とSは求められる.

直交基線bの長さは測定長Sの1/20程度より大きくとることが必要である. それ以下の距離では精度的に不満足なものとなる.

図-4.10

20″読みのトランシットでαを3倍角測定し、bを$(1/10)S$程度にとれば、1/2 000～1/5 000の精度で距離を求めることができる. さらに高い精度で求めたい場合は、α以外のすべての内角を精度よく測り、いわゆる三角測量を行えばよい.

b) サブテンスバーによる方法

測定しようとする距離ABの一端Aに精密なセオドライト、他端Bにサブテンスバー(subtence bar)と呼ばれる図-4.11に示されるような標尺をABに垂直に、かつ水平におき、図-4.12のようにサブテンスバーの両端の目盛を挟む角αを測定すれば、距離$\overline{AB}=S$を求めることができる.

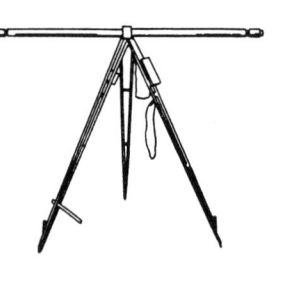

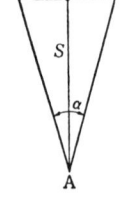

図-4.11　　図-4.12

このとき

$$S = \frac{b}{2} \cot \frac{\alpha}{2} \tag{4.30}$$

である.

サブテンスバーがABと正しく直交しておらずδだけ傾いている場合、それによる距離誤差は、ほぼ

$$\Delta S = \frac{b(1-\cos\delta)}{2} \cot \frac{\alpha}{2} \tag{4.31}$$

となる. またαに$\Delta\alpha$なる誤差のある場合は次のようになる.

$$\Delta S = -\frac{b}{4\sin^2(\alpha/2)} \Delta\alpha \tag{4.32}$$

4.4 電磁波測距儀による距離測定

4.4.1 電磁波測距儀の種類

　光や電波に代表される電磁波は，空気中をほぼ一定の速度で伝わるという性質を有している．この性質を利用して，測点間に電磁波を往復させ，測点間の距離を測定する装置を電磁波測距儀 (electro-magnetic distance meter : EDM) という．

　電磁波測距儀は，電波を用いる電波測距儀と光を用いる光波測距儀に分けられる．電磁波としての電波と光の違いは単に波長の違いだけである．しかし，これによって電波測距儀と光波測距儀の用途に少なからず違いが見られることになる．電波測距儀は電波という比較的波長が大きく透過力に優れる電磁波を使うため，天候の影響を受けにくく，長距離の測定に向いている．しかし，波長が大きいことから，地形の乱反射などの影響を受けやすく，近距離における測定精度は光波測距儀に比べて一般に劣る．また長距離の測定に向いているとは言っても，電波の減衰を避けるために反射点において電波を増幅させることが必要となり，そのための装置も必要とする．さらに，わが国では電波の利用に際して電波管理法の厳しい制約を受け，周波数の割当てが難しいなどの問題もある．一方，光波測距儀では天候などの影響を多少受けるという問題はあるものの，2～3 km 程度の近距離であれば後述するように極めて高い精度を有し，しかも反射点においては反射プリズムを設置すればよいなど，操作性にも優れる．

　以上のことから，電波測距儀の利用は海上の船位(船の位置)測定などの利用に限定され，地上測量においては光波測距儀が一般に利用される．

4.4.2 光波測距の原理

　ここでは，光波測距儀 (electro-optical distance meter : EODM) による距離測定の原理について述べるが，電波測距儀においても，反射点において搬送波を増幅させるという違いはあるものの，測定原理としての基本的な部分は同じである．

　いま，ある測点 A から他の測点 B へ，一定周波数 f (一定波長 λ) に変調された光が発射されたとする．このとき，時間 t，距離 x におけるこの光波の変位 y は，初期位相を θ，また簡単のため振幅を 1 とすれば，以下のように表せる (**図-4.13**)．

$$y = \sin\left\{\theta + 2\pi\left(ft - \frac{x}{\lambda}\right)\right\} \tag{4.33}$$

　したがって，**図-4.14** のように，反射光が $t=t'$ 時間後に測点 A, B 間の距離 D を往復して戻ってきたとし，減衰などの影響を受けない反射光を測点 A で受光したと

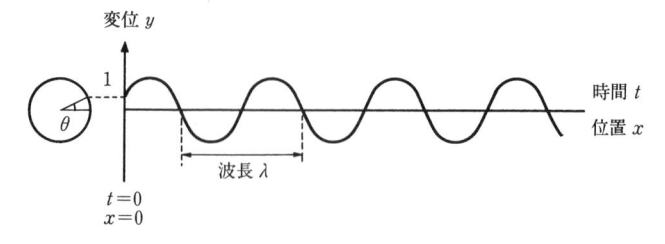

図-4.13 光の変位

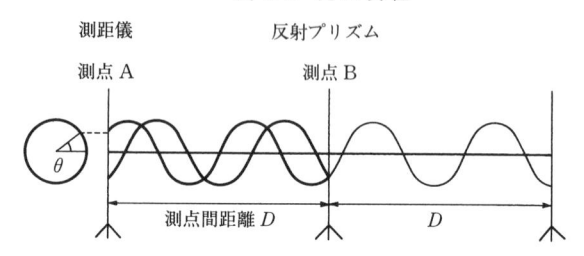

図-4.14 光波測距儀による測定原理

すれば，その反射光の変位は，

$$y_1 = \sin\left\{\theta + 2\pi\left(ft' - \frac{2D}{\lambda}\right)\right\} \tag{4.34}$$

となる．一方，測点 $A(x=0)$ における，$t=t'$ 時間後の発射光の変位は次のように表すことができる．

$$y_2 = \sin\{\theta + 2\pi ft'\} \tag{4.35}$$

このとき，発射光と反射光の位相差を光波測距儀内の位相差測定器で測定したところ，$\varDelta\varphi$ であったとすれば，$\varDelta\varphi$ と距離 D の関係は次のようになる．

$$\varDelta\varphi + 2\pi N = \{\theta + 2\pi ft'\} - \left\{\theta + 2\pi\left(ft' - \frac{2D}{\lambda}\right)\right\} \tag{4.36}$$

$$= 2\pi\frac{2D}{\lambda}$$

$$D = \frac{\lambda}{2}\left(N + \frac{\varDelta\varphi}{2\pi}\right) \tag{4.37}$$

ここで，測点 A,B 間の距離 D と波長 λ のみから求まる位相差〔式(4.36)の右辺〕と，位相差測定器によって 0 から 2π の範囲で測定される位相差 $\varDelta\varphi$ の間には，2π の整数 N 倍の誤差が含まれることに注意を要する．したがって，位相差 $\varDelta\varphi$ の測定によって距離 D を求めるためには，整数 N を確定しなければならない．これは，次に示すように，周波数（波長）の異なる複数の変調波を発射し，おのおの位相差を測定

することによって可能になる.

いま,光波測距儀内の位相差測定器が1/10 000の解像度,すなわち$\Delta\varphi/2\pi$を1/10 000の単位で読み取れるものとする.

まず,周波数15 MHzの発射波を使った場合を考えてみる.このとき,光速は約3×10^8 m/sであるから,波長は約20 mであり,距離D (m)は,

$$D=\frac{\lambda}{2}\left(N+\frac{\Delta\varphi}{2\pi}\right)$$
$$=10\left(N+\frac{\Delta\varphi}{2\pi}\right) \tag{4.38}$$

と表せる.このことは,$\Delta\varphi$の測定によって距離Dそのものは不明であるが,その0.001 m (10 m×1/10 000)のオーダーの位は確定することを意味している.

次に,周波数1.5 MHzの変調波を発射したとしよう.同様にして,波長は約200 mであるから,位相差を測定することにより,距離Dの0.01 m (100 m×1/10 000)の位が確定する.さらに,周波数150 kHzの変調波を利用すれば,距離Dの0.1 mの位が確定する.このように,発射波の周波数を順次変えていくことによって,距離Dの値を最終的に確定することができる.以上が,光波測距の基本的な原理である.

4.4.3 光波測距における補正

上記のように,光波測距においては変調された周波数から光速を利用して波長を求め,これに基づいて距離が計算される.この際,光速としては物理定数としての真空中の速度(約2.9979×10^8 m/s)が用いられる.しかし,大気中の光の速度は言うまでもなく真空中のそれとは異なり,また大気中の速度も気象条件によって逐次変化する.そのため,光波測距儀による距離測定においては,測点間の測距時の光速を正しく求め,これにより真空を仮定した理論的な計算値に補正することが必要となる.

いま,真空中の光速をc_0,測点間の大気中の光速をcとする.また,測距儀内において変調された光の周波数をfとする.このとき,大気中の光の波長λは,$\lambda=c/f$であるから,求めたい測点間距離Dは,式(4.37)より次のようになる.

$$D=\frac{c}{2f}\left(N+\frac{\Delta\varphi}{2\pi}\right) \tag{4.39}$$

一方,真空中を仮定したときの波長λ_0は,$\lambda_0=c_0/f$であるから,計算結果としての距離D_0は以下のようになる.

$$D_0=\frac{c_0}{2f}\left(N+\frac{\Delta\varphi}{2\pi}\right) \tag{4.40}$$

したがって,式(4.39),(4.40)から,距離Dと距離D_0の関係は,

$$D = \frac{c}{c_0} D_0$$
$$= \frac{1}{n} D_0 \tag{4.41}$$

となる．ここで，n は測点間の大気の屈折率である．大気の屈折率は，気象条件（気温・気圧・湿度）を与えることにより理論式によって精度よく求めることができる．現在用いられているほとんどの光波測距儀では，測距に先立ってこれらの気象測定値を入力しておけば，屈折率は自動計算され，測定者は測距儀の出力として補正済みの距離を直接求めることができる．

なお，光波測距儀で測定される距離は言うまでもなく斜距離である．そのため，水平距離を求めるためには高度角（あるいは鉛直角）を測定しておかなければならない．しかし，4.5 で述べるように，近年では光波測距儀とトランシットを組み合わせたトータルステーションが普及しており，これを用いると測角の結果が直ちに計算過程に反映され，水平距離を容易に求めることができる．

4.4.4 光波測距儀の構造と性能

光波測距儀は，測距儀本体と反射プリズムから構成され，おのおのが測距の対象となる測線の両端に設置される．本体内部を中心に光波測距儀の概略の構造を示したのが図-4.15 である．

本体では，まず光源から発射された光は高周波信号発振器によって適当な周波数に変調される．この変調光は送光レンズによって集光され，反射プリズムに向けて送られる．受光レンズは反射プリズムからの反射光を受け，その光は光電変換器によって電気信号に変換される．発射光と反射光の電気信号は，おのおの周波数変換などの処理を受けた後，位相差測定器に入力され，発射波と反射波の位相差が測定される．

光波測距儀内の情報処理はすべて自動化されており，測定者は一般にこれらの細部まで理解しておく必要はない．ここでは，光波測距儀の性能を把握するうえで重要な光源についてのみ若干の説明を加えておく．遠距離への可能な限り安定した送光を実現するため，光源には輝度が高く，かつその時間的な変動が小さいという性能が要求される．また測距儀の選定に際しては，実用上の利便から，光源の大きさや重量，消費電力，機器としての寿命なども重要な要因になる．光源として現在最も一般的に利用されているのは GaAs（ガリウムヒ素）発光ダイオードと HeNe（ヘリウムネオン）レーザーである．前者は赤外線の発光ダイオードであり，輝度がそれほど高くないために遠距離の測定には不向きである．しかし，数 km 以下の近距離であれば極めて高い測定精度が得られ，また小型軽量で寿命も永く，比較的安価であることから

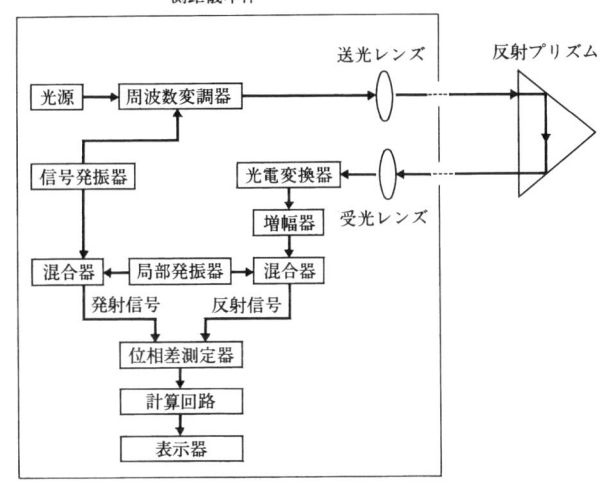

図-4.15 光波測距儀の概略構造と情報処理過程

表-4.4 光波測距儀の仕様と性能

機　種	公称精度	測定可能距離(m)	光源	変調周波数	重量(kg)
MD-14(旭精密)	5 mm+5 ppm	1 800	GaAs 発光ダイオード	15 MHz, 75 kHz	2.2
PX-10D(旭精密)	5 mm+5 ppm	2 000	GaAs 発光ダイオード	15 MHz, 75 kHz	2.2
RED2LP(ソキア)	5 mm+2 ppm	6 000	赤外線発光ダイオード	15 MHz, 150 kHz, 157.5 kHz	2.0
RED2L(ソキア)	5 mm+3 ppm	6 000	赤外線発光ダイオード	15 MHz, 150 kHz, 157.5 kHz	2.0
REDMINI 2(ソキア)	5 mm+5 ppm	1 500	赤外線発光ダイオード	15 MHz, 150 kHz	0.8
DM-H1(トプコン)	1 mm+2 ppm	800	赤外線発光ダイオード	45 MHz, 37.5 kHz, 367.5 kHz	2.2
DM-S2(トプコン)	5 mm+3 ppm	3 100	赤外線発光ダイオード	15 MHz, 75 kHz, 72 kHz	2.2
GDM6000(ジオメーター)	5 mm+1 ppm	35 000	GaAs 発光ダイオード	15 MHz	2.7
GDM220(ジオメーター)	5 mm+2 ppm	5 500	GaAs 発光ダイオード	15 MHz	1.1
ディストマット DI 1600 (ライカ)	3 mm+2 ppm	5 000	GaAs 発光ダイオード	50 MHz	0.6
ME 5000(ライカ)	0.2 mm+0.2 ppm	15 000	HeNe レーザー	460 MHz, 510 MHz	11.0
Eldi 410(カールツァイス)	5 mm+3 ppm	16 000	レーザーダイオード	パルス	1.4

広く用いられている．後者は輝度が高く，10～30 km 程度の長距離の測定が可能である．しかし，高輝度光を効率的に強度変調するための高度な変調器を必要とし，光源はその分だけ大型・重量化し，また高価なものになる．**表-4.4** に現在わが国で利用さ

れているいくつかの光波測距儀を例示するが，光源として GaAs 発光ダイオードと HeNe レーザーのいずれを用いるかによって測距儀の性能や用途が異なってくることがわかる．

表-4.4 を見ても，光波測距儀による距離測定がいかに高精度なものであるかがわかる．例えば，表中の $\pm(5\,\mathrm{mm}+1\,\mathrm{ppm})$ の精度とは，(測定距離の 100 万分の 1) $+5\,\mathrm{mm}$ 程度の誤差しかもたないことを意味している．これは，5 km の測距に対してたかだか 1 cm 程度の誤差である．

図-4.16 電子式セオドライトに取り付けられた光波測距儀

なお，光波測距儀は測距専用に単体で用いられるほか，電子式セオドライトの上部に取り付けて測距・測角の両機能を持ち合わせた測量機器 (**4.5** で述べるトータルステーションの一種) として利用されることも多い．**図-4.16** は，その一例を示す．

4.5 トータルステーション

4.5.1 トータルステーションとは[4]

1960 年代から 70 年代前半にかけての電子工学技術の飛躍的進展は，測量機器そして測量方法に革命的な変化をもたらした．**4.4** で述べた光波測距儀は，その原理は 20 世紀前半に既に開発されていたが，精度や価格，操作性の面で実用に供されるようになったのはこのころである．また，**3.2.4** で述べたように，トランシットに自動読取り機構が備えられた電子式セオドライトが開発されたのもこの時代である．そして，これら測距，測角機器がますます高性能化，小型・軽量化するに至り，ついにはこれらを組み合わせ，測距データと測角データを内蔵の計算機で瞬時に処理し，さらに測定データや処理結果を記録することを可能にする測量機器が出現した．これが，トータルステーション (total station) あるいは電子式タキオメーター (electronic tacheometer) と呼ばれるものである．トータルステーションという用語は主に日本とアメリカで用いられ，西欧では電子式タキオメーターという用語が一般に用いられている．なおトータルステーションという用語は，2 つの測量機器の総合機器という意味である．一方，タキオメトリー (tacheometry) あるいはタキオメーターとは，器械点と測点との水平距離や高低差を巻尺などを用いずに間接的に測定する方法，あるいは測定機器の総称である．トータルステーションは斜距離と鉛直角の測定結果から水平距離と高低差を瞬時に算出する機能を有しており，これが電子式タキオメーター

4.5 トータルステーション　147

と呼ばれるゆえんである．

4.5.2 トータルステーションの種類

　トータルステーションは，光波測距儀に電子式セオドライトを取り付けるかまたは組み込んだ光波測距儀主体型トータルステーションと，電子式セオドライトに光波測距儀を取り付けるか組み込んだ電子式セオドライト主体型トータルステーションに大別される．

　前者は，測距を主体に考えた機器であり，取付け式，組込み式ともに，一般には光波測距儀光軸とセオドライト光軸が一致しないものが多く，使用にあたっては両光軸が平行になるよう調整する必要がある．一方後者は，組込み式で

図-4.17　トータルステーションの外観

あれば，光波測距儀光軸とセオドライト光軸は同軸であるのが一般である．現在わが国で利用されているトータルステーションにはこの方式が多い．**図-4.17**は，電子式

表-4.5　トータルステーションの仕様と性能

機　種	測角の最小読取り値	測距の公称精度	測定可能距離(m)	光　源	変調周波数	重量(kg)	級別*
PTS-Ⅲ 05 (旭精密)	1″	5 mm＋3 ppm	2 500	GaAs 発光ダイオード	15 MHz, 75 kHz, 19 kHz	6.2	―
RS-20 (旭精密)	10″	5 mm＋5 ppm	900	GaAs 発光ダイオード	15 MHz, 75 kHz	6.2	―
SET2EX (ソキア)	1″	5 mm＋2 ppm	3 500	赤外線発光ダイオード	15 MHz, 150 kHz, 157.5 kHz	7.6	1級
SET2C (ソキア)	1″	3 mm＋2 ppm	3 500	赤外線発光ダイオード	30 MHz, 150 kHz, 157.5 kHz	7.5	2級
GP1-2 (ソキア)	1″	5 mm＋3 ppm	3 300	赤外線発光ダイオード	15 MHz, 150 kHz	11.4	―
ET 2 (トプコン)	0.5″	5 mm＋3 ppm	3 500	赤外線発光ダイオード	15 MHz, 75 kHz, 72 kHz	8.5	1級
GTS-605 (トプコン)	1″	3 mm＋2 ppm	2 700	赤外線発光ダイオード	15 MHz, 75 kHz, 72 kHz	7.1	2級
New Flex-5r (ジェック)	5″	3 mm＋3 ppm	2 300	GaAs 発光ダイオード	15 MHz 帯 3 波	6.3	―
DTM-1 (ニコン)	1″	5 mm＋5 ppm	2 300	GaAs 発光ダイオード	15 MHz 帯 3 波	8.5	1級
NST-20SC (ニコン)	20″	5 mm＋10 ppm	500	GaAs 発光ダイオード	75 MHz 帯	5.5	―
TC1010 (ライカ)	1″	3 mm＋2 ppm	4 000	GaAs 発光ダイオード	15 MHz 帯	5.5	―
Elta 2 (カールツァイス)	0.6″	2 mm＋2 ppm	5 000	GaAs 発光ダイオード	15 MHz 帯 3 波	5.2	―

(注)　*(社)日本測量協会検定による級別

セオドライト主体型の光波測距儀組込み式のトータルステーションの外観である．なお現在では，電子式セオドライトに光波測距儀を組み合わせたものをトータルステーションと呼ぶのが一般であるが，一部では，自動読取り機構をもたない光学式セオドライトに光波測距儀を取り付けるか，組み込んだ機器も利用され，これも含めてトータルステーションという場合もある．この方式の機器では，水平距離を求めるには，鉛直角をセオドライトから読み，これを計算機構へ入力する必要があるなど，トータルステーションが本来もつべき自動処理機能が不十分なものとなっている．

表-4.5は，現在わが国で利用されている主なトータルステーションの機種と性能を示している．トータルステーションの測量機器としての性能は，電子式セオドライトの測角精度と光波測距儀の測距精度に依存していることは言うまでもない．

4.5.3 トータルステーションの機能と利用分野

トータルステーションが電子式セオドライトや光波測距儀とは別に独自に有する機能は，測角・測距データを同時に処理する計算機能と，測定データや計算結果を記録する機能である．これらの諸機能，およびこれによりトータルステーションがどのような分野で有効に利用されているかを次に述べる．

a) 計算機能

トータルステーションでは，測点の方向角（あるいは方位角）と鉛直角の測定結果と測点への斜距離の測定結果を組み合わせ，器械点からみた測点の相対的な三次元座標を瞬時に計算できる．したがって，器械点の絶対座標をあらかじめ入力しておけば，測点の三次元絶対座標を求めることもできる．任意の測点の三次元座標を計算できるということが，トータルステーションの最大の機能である．これを利用して種々の測量作業を効率的に行える．例えば，目標物の座標値を瞬時に計算，表示できるため，目標物を既定座標の位置へ迅速に誘導し，設置することができる．また，任意の2点間の水平距離と高低差を即時に求めることなども可能である．

b) 記録機能

トータルステーションは，測定データや計算処理結果を適当な記録媒体へ記録する機能を有している．これにより，生の測定結果を持ち帰ることができる．すなわち，この記録媒体が従来の野帳の役割を担うのである．野帳と決定的に異なるのは，自動的に記録されるために記入ミスなどがないことと，記録媒体を直接計算機に接続できるため，その後の調整計算から図化までの過程を著しく効率化できる点にある．記録媒体としては，当初はカセットテープが用いられていたが，近年では半導体メモリーが主流になっている．データ記録装置のことをデータレコーダーというが，従来の野帳との類推から電子野帳という場合もある．

なお近年では，記録した情報を電話回線などを利用したデータ通信によって直接事務所などでの計算過程へ伝送することも行われている．

c) トータルステーションの利用分野

トータルステーションの計算機構や記録機能は，後の章で述べる基準点測量（第6章）や調整計算，図化などの過程を効率化するとともに，上記 **a)** で示したような機能により種々の分野で効果的な利用が試みられている．地形測量（第8章）では，従来は平板測量が主体であったが，近年ではトータルステーションの利用が普及している．また，写真測量（第9章）における補測点の測量や，路線測量（第11章）の中心杭の設置などにも広く応用されている．

参 考 文 献

1) 丸安隆和：測量(1)，オーム社
2) 檀原　毅：測量工学，森北出版
3) 土橋忠則：基準点測量，山海堂
4) ペンタックス測量機図書編集委員会編：よくわかるトータルステーション，山海堂
5) 村井俊治監修：サーベイハイテク100選，(社)日本測量協会
6) 大森豊明：センサー技術の基礎と応用，幸書房
7) W. Schofield : Engineering Surveying, Butterworth-Heinemann Ltd.

第5章　水　準　測　量

　高さの測定は平面位置の測定と並んで基本的な測量方法である．本章では主にレベルを用いて行う直接水準測量について述べ，間接水準測量に関しては三角水準測量についてのみ示すことにする．スタジア測量による水準測量については第4章で述べられている．

5.1　概　　説

5.1.1　定義と分類

　水準測量 (leveling) は高低測量とも呼ばれ，地上の諸点の高低差を求める測量である．水準測量はその方法により次の2つに分類することができる．
　ⅰ）　直接水準測量　　レベル（水準儀）を用いて2点に立てた標尺の目盛を読み，直接その2点間の高低差を求める方法．
　ⅱ）　間接水準測量　　高低差を直接読み取って求めるのでなく，角や斜距離などを測定してそれより高低差を求める方法で，次のような種々の方法がある．
　　①　2点間の鉛直角と水平距離または斜距離を測定し，三角法により高低差を計算して求める方法
　　②　スタジア線に挟まれる標尺の読みと鉛直角を測定して高低差を求める方法（4.3参照）
　　③　空中写真を用い2点間の視差差を測定して高低差を求める方法（9.2参照）
　　④　2点間の気圧差を測定して高低差に換算する方法
　本章では直接水準測量と，間接水準測量のうち①の方法についてのみ述べることとする．その他の方法については，該当する章でそれぞれ示すこととする．
　また目的から分類すると次のように分けられよう．
　ⅰ）　高低差測量　　2点間の高低差を求める水準測量
　ⅱ）　水準路線測量　　あるルートに沿って配置された点の間の高低差を順次求める測量

iii) 断面測量 地表の断面の形状を求めるため，一定の線に沿って，その上の点の間の高低差と水平距離を求める測量．

5.1.2 高さの基準

ある点の標高とは基準とする面より鉛直方向に測った距離である．第1章に述べられているように，わが国においては東京湾平均海面を0mにしてこれを基準面としている．しかしこの基準面を実際の測量に用いるのは不便であるので，これを地上の不動の点に置き換え，東京三宅坂に水準原点を設け，これを標高24.414 mとしている．この水準原点から出発して全国の主な道路に沿って約2kmおきに水準点が国土地理院により設置されている．水準点には水準標石がおかれ，その位置および標高値は国土地理院発行の1/50 000などの地形図に記されている．

このように，わが国では全国のほとんどがこの東京湾平均海面を基準とする標高で統一して表されるが，ただ，例えば八丈島とか小笠原諸島のような離島では，本土と直接に標高の連絡をつけることができないため，別個に平均海面を求め高さの基準を決めている．

また，河川，港湾などの工事では東京湾平均海面を基準にするよりも，それぞれの河川や港湾のある水位を基準にしたほうが便利なことが多いので，それぞれ局地的な基準面をとることがある．その例を**表-5.1**にあげておく．ここで，荒川，中川，多摩川水系のAPはArakawa Peilの略である．

表-5.1 特殊基準面

名称	適用河川等の名称	東京湾平均海面に対する比高 (m)	基本水準面 (港湾名) (m)	備考
AP	荒川・中川・多摩川・東京都市計画	−1.1344	−1.17 (築地)	霊岸島量水標の0位を基準
YP	江戸川・利根川	−0.8402	−0.88 (銚子)	江戸川口の堀江量水標の0位を基準
OP	淀川・大阪港	−1.3000	−0.88 (西宮)	大阪湾明治7年観測の最低干潮面
KP	北上川	−0.8745	−0.89 (鮎川湾)	
SP	鳴瀬川	−0.0873	−0.91 (野蒜湾)	塩釜港と同じ
AP	吉野川	−0.8333	−0.91 (小松島)	
OP	雄物川	±0	−0.08 (秋田)	
MSL	木曽川	±0	+0.05 (津)	MSLは平均海面の略

5.2 直接水準測量

5.2.1 直接水準測量の方法

図-5.1に示すように，A, B 2 地点に標尺を立て，そのほぼ中間にレベルを水平に設置してそれぞれの標尺目盛 h_A, h_B を読み取れば，AB間の高低差は $(h_A - h_B)$ と求まる．

いま，A点の標高が H_A とわかっているとすれば，B点の標高 H_B は，

$$H_B = H_A + h_A - h_B \qquad (5.1)$$

と求められる．この場合，標高のわかっている点に立てた標尺を視準することを後視(back sight)，これから標高を求めようとする点の標尺を視準することを前視(fore sight)と呼んでいる．

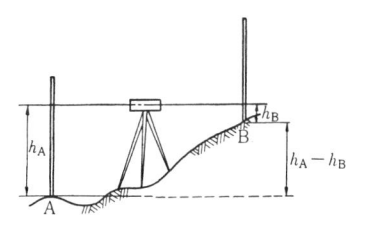

図-5.1 2地点間の高低差

高低差を求めようとする2点が非常に離れていたり，大きな高低差がある場合には，AB間をいくつかの区間に分け，**図-5.2**のようにレベルと標尺を順次移し替えて，それぞれの区間の高低差を求めてゆく．このとき点 1, 2 のように AB の中間の標尺を立てる点を移器点(turning point)と呼ぶ．A点では後視のみが，B点では前視のみがとられるのに対して，移器点では前視，後視がともにとられる．

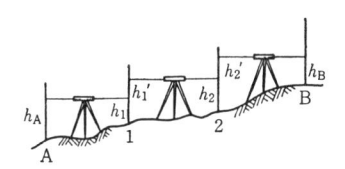

図-5.2 区間に分割した高低差の測定

各区間における標尺の読みを $h_A, h_1 ; h_1', h_2 ; h_2', h_B$ とすると，AB間の高低差 ΔH は

$$\Delta H = (h_A - h_1) + (h_1' - h_2) + (h_2' - h_B)$$
$$= (h_A + h_1' + h_2') - (h_1 + h_2 + h_B) \qquad (5.2)$$

となる．この式で $(h_A + h_1' + h_2')$ は後視の読みの和であり，$(h_1 + h_2 + h_B)$ は前視の読みの和である．したがって，次式が成り立つ．

$$\Delta H = (後視の読みの総和) - (前視の読みの総和)$$

5.2.2 精度と測量方法[7]

国土地理院で行う基本測量においては，水準測量はその目的，必要精度によって次のように分類され，それに使用する器材や測量方法が示されている．

a) 一等水準測量

目　　的：最も高い精度の測量を行い，骨格水準路線を設定し，各種測量の標高基準を与えるもので，全国主要国道または地方道に約 1 km ごとに一等水準点を設置する．

観測精度：往復差　　2.5 mm $\sqrt{S}$

　　　　　環閉合制限　2.0 mm $\sqrt{S}$

　　　　　既知成果と観測値の差　6.0 mm $\sqrt{S}$

　　　　　〔ただし，S は水準点を結んで得られる路線，すなわち水準路線の長さ (km)〕

使用レベル：対物鏡直径 45 mm 以上，水準器感度 10″ 以上，オプティカルマイクロメーター付きのレベル

使用標尺：インバール製両側目盛付き，目盛間隔 5 mm または 10 mm

標尺までの距離：60 m 以内

読定最小値：0.1 mm

b) 二等水準測量

目　　的：一等水準路線間を連結する水準路線を設定し，三等水準測量など，他の水準測量の基準となる二等水準点を設置する．二等水準点は国道および主要地方道沿いに約 1 km 間隔に設けられる．

観測精度：往復差制限　5.0 mm $\sqrt{S}$

　　　　　環閉合制限　5.0 mm $\sqrt{S}$

　　　　　既知成果と観測値との差　8.0 mm $\sqrt{S}$

使用レベル：対物鏡直径 38 mm 以上，水準器感度 20″ 以上のレベル，自動レベルの場合は最短視準距離で標尺読定誤差 ±0.4 mm 以内，10 m 以上の距離で ±0.7 mm 以内の性能のもの

使用標尺：一等水準測量の場合と同じ

標尺までの距離：70 m 以内

読定最小値：1 mm

c) 三等水準測量

目　　的：一二等水準点を基準にして水準路線を設定し，三角点，多角点の標高を決定し，地形図作製や土木工事に必要な測量の基準点を設ける．この三等水準点は全国の国道および地方道沿いに約 2 km の間隔で設置されている．

観測精度：往復差制限　7.5 mm $\sqrt{2S}$

既知点と他の既知点の間の閉合差　$10\,\mathrm{mm}\,\sqrt{S}$

既知点間の観測値と既知成果との差　$20\,\mathrm{mm}\,\sqrt{S}$

使用レベル：対物鏡直径 25 mm 以上，水準器感度 40″ 以上のレベル

使用標尺：木製，片側または両側の 10 mm 間隔目盛付き

標尺までの距離：50～60 m

読定最小値：1 mm

d) 測標水準測量

目　　的：一二三等水準点をもとにして他の点の標高を求める．

観測精度：往復差制限　$15\,\mathrm{mm}\,\sqrt{2S}$

他は三等水準測量に準ずる．

　上記の一二三等水準測量においては水準測量は単に 2 点間の標高差を求めるのではなく，水準点を連続的に 1 つの路線に沿って配置し，それらの点を結んで形成される水準路線について行われる．水準路線ではその測定結果を往復測定をして調べるだけでなく，一般に一回りして始点に戻し閉合させるか，既知点から他の既知点に結びつけるように設定される．そのため上記のように観測精度の許容値は環閉合制限あるいは既知成果と観測値との差の制限といった形で規定されている．

　土木測量では，一般的にいって基本測量の三等水準測量ないし測標水準測量に該当する精度を要求されることが多い．地形図図化の基準点の設置や，道路，鉄道，河川，ダム工事等の基準となる水準点(ベンチマーク，bench mark，BM と書く)の設置，あるいは路線や河川の縦断測量のように，工事上重要な点の高さの測定などのための水準測量は三等程度である．しかし特に高い精度を必要とする基準点の設置や地盤の変動調査には，一等または二等水準測量と同程度の方法が採用される．その他の工事上の点の測定は測標水準測量程度であり，地形図の図化や土工計算などのための断面測定などのためにはこれ以下の程度の測量となる．

　土木工事の計画，設計，施工に関係する測量作業を規定した公共測量作業規定では，水準測量を 1 級，2 級，3 級，4 級および簡易水準測量に分類している．ここで

表-5.2　公共測量作業規程における水準測量の基準

	1 級	2 級	3 級	4 級	簡　易
往　復　差 (mm)	$2.5\sqrt{S}$	$5\sqrt{S}$	$10\sqrt{S}$	$20\sqrt{S}$	$40\sqrt{S}$
環 閉 合 差 (mm)	$2\sqrt{S}$	$5\sqrt{S}$	$10\sqrt{S}$	$20\sqrt{S}$	$40\sqrt{S}$
最大視準距離 (m)	50	60	70	70	80
最小読定単位 (mm)	0.1	1	1	1	1
使用レベル	1 級	2 級	3 級	3 級	3 級

(注)　S は水準路線の延長距離 (km)

の1，2，3級水準測量は前記の基本測量の一等，二等，三等水準測量にほぼ相当するものであり，4級および簡易水準測量は上記の測標水準測量およびそれ以下の測量にほぼ相当するものである．**表-5.2**に，公共測量作業規程に定められた各級の水準測量の観測精度，測定方法，使用器械についてまとめて示しておく．

以下においては三等（または3級）水準測量程度を念頭において述べることにする．

5.2.3 直接水準測量の作業方法

1つの既知点BM1から出発し，相当離れた所に水準点BM2を設けることを想定して，その作業方法を述べてみよう．

① レベルを調整し，標尺の目盛を鋼巻尺により検査する．
② BM1とBM2を結んで，なるべく極端な標高差が1つの地点で生じないように路線を選ぶ．
③ BM1に標尺を立て，それより50～60m離れた堅固な所にレベルを据える．
④ レベルを水平とし，BM1の標尺を視準して後視の読みを取り記録する．標尺は1mmまで目測で読み取る．
⑤ 器械より50～60m離れた位置に移器点1をとり，標尺を立てる．
⑥ 望遠鏡を前視に向けて移器点1の標尺を読み取り記録する．
⑦ 第1区間の往路の測定はこれで完了したので，移器点1より再び50～60m離れた所に器械を移し，第1区間と同様にしてこの区間の測定を行う．
⑧ 上記のようにしてBM2に達すると往路の測定は完了し，BM2を後視として復路の各区間の測定を行う．

測定はなるべく直射日光の強い時間は避けて行う．また前視，後視の視準距離がほぼ等しくなるようにすべきである．それによりレベルの調整の不完全さによる誤差が打ち消されうるからである．

直接水準測量の観測結果の記載例を，**表-5.3**，**5.4**および**表-5.5**に示す．

表-5.3の記載の方法は各標尺位置の標高を求める必要はなく，単にBM2の高さのみを求めたい場合に用いられ，(BM2の標高)＝(BM1の標高)＋Σ(後視の読み)－Σ(前視の読み)と計算する．

表-5.4の方法は器高式とも呼ばれ，**図-5.3**のように中間に前視のみをとる中間点が多い場合に便利である．器高とは視準線の高さであって，標高にその点に立てた後視の読みを加えたものとなる．前視は中間点，移器点を区別して記入し，(器高)－(前視の読み)がその点の標高となる．

表-5.5は昇降式とも呼ばれすべての区間において(後視)－(前視)すなわち昇降値を計算する方式である．**図-5.4**のように中間に標高を求めるべき測点が多い場合に

5.2 直接水準測量

表-5.3 直接水準測量による観測結果の記載例

測器 日光式　　年　月　日　天候　　測量者 小林

測点	距離	後視	前視	地盤高	摘要
BM1	52.60m	1.232m	m	10.281m	8h 30m
1	48.70	1.268	1.308		BM1の高さは
2	40.40	0.239	1.070		基準面上
3	51.30	0.488	0.934		10.281m
4	57.50	3.792	0.583		
5	51.90	2.835	3.778		
BM2			2.179	10.283	9h 00m
	302.40	9.854 −9.852 0.002	9.852		

表-5.4 器高式による観測結果の記載例

測器 日光式 No.1235　　年　月　日　天候　　測量者 小林

測点	距離	後視 BS	器高 IH	前視		地盤高	補正値	補正 地盤高	備考
				移器点 TP	中間点 IP				
2	m	1.728m	61.023m	m	m	59.295m	m	59.295m	2の地盤高
13					1.453	59.570		59.570	=59.295m
14					1.328	59.695		59.695	8h 30m
15					0.825	60.198		60.198	
							+0.004		
3	72.5	1.203	61.302	0.924		60.099		60.103	
16					1.325	58.674		58.678	
17					1.538	58.561		58.565	8h 45m
18					0.895	59.204		59.208	4の地盤高
4	47.5			1.173	1.173	60.129	+0.006	60.135	=60.135
計		2.931		2.097					

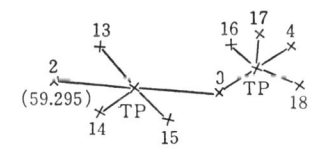

図-5.3　前視のみをとる中間点が多　　図-5.4　中間に標高を求めるべ
　　　　 数ある場合　　　　　　　　　　　 き測点が多数ある場合

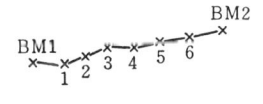

便利であると同時に，最後に前視，後視，昇，降のそれぞれの総和を計算し

$$\sum(後視) - \sum(前視) = \sum(昇) - \sum(降)$$

158　第5章　水準測量

表-5.5　昇降式による観測結果の記載例

自 BM1 至 BM2
測器 日光式　　年　月　日　測量者 小林

測定	距離	後視 B	前視 F	高低差 +(昇)	高低差 -(降)	地盤高	補正値	補正地盤高	備考
BM1	m	1.240m	m	m	m	m	m	301.950m	5h 30m
1		2.020	1.005	0.235		302.185		302.184	曇和風
2		1.805	0.193	1.827		304.012		304.010	
3		1.208	0.407	1.398		305.410		305.409	
4		1.525	0.983	0.225		305.635		305.633	
5		2.079	0.605	0.920		306.555		306.544	
6		2.535	0.088	1.990		308.545		308.544	
BM2			0.097	2.438		310.983	-0.002	310.981	5h 56m
和点検		12.411 3.378	3.378	9.033	0.00				
結果		+9.033		+9.033					
復路				+9.029					

の条件を満足しているかどうか，をみることによって，計算結果の検査をすることができるという利点がある．

⑨　観測結果の示す誤差が5.2.2で示されたような許容値内にあれば，その誤差を各測定区間に配分する．ここに示されているような1本の水準路線（単一路線）の場合には，5.5.2で導かれるように全区間の誤差を各区間の距離に比例して配分すればよい．

　上記の記載例で補正値として表されているのがその配分すべき量である．

5.2.4　直接水準測量における誤差

　直接水準測量の誤差は種々の原因によって生じるものであるが，これらは測定器械によるもの，測定者によるもの，自然的条件によるものに分けて考えることができる．

　ここでは，次節で述べるどのような器械を用いるにせよ考慮しておく必要のある誤差の主たる原因と，その誤差を消去あるいは減少させる方法を示しておく．

a）測定器械に起因する誤差

ⅰ）視準線誤差　　レベルの視準線と気泡管軸が平行でないことにより生じる誤差をいう．後視，前視の読定値に視準距離に比例した系統誤差が生じる．作業前に後述する方法により視準線誤差をなくすように十分に調整することが必要である．なお，視準線誤差は視準距離に比例するため，後視，前視の視準距離を等しくすれば，誤差を消去することができる．

ii) **鉛直軸誤差** レベルの鉛直軸が傾斜していることによる誤差をいう．視準線方向に傾斜しているか，視準線と直角をなす方向に傾斜しているかにより誤差の生じ方が異なる．一般には双方に傾斜しているため，読定値に不規則な系統誤差が生じる．作業前に後述する方法により円形水準器を十分に調整しておくことが必要であるが，作業にあたっては次のような方法によって誤差の蓄積を防ぐようにする．

まず，レベルを支持する三脚は**図-5.5**のように特定の2脚と視準線とを常に平行にし，観測の進行方向に対して左右交互に設置する．これにより，視準線と直角方向に傾斜する鉛直軸誤差の蓄積を防

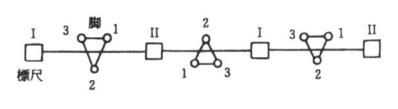

図-5.5

ぐことができる．また，レベルを視準線に水平に調整する（これを整準という）際には，図-5.5を例にすると，望遠鏡を常にI号標尺（あるいはII号標尺），すなわち同一の標尺に向けて行うようにする．これにより，視準線方向に傾斜する鉛直軸誤差の蓄積を防ぐことができる．なお，いずれの場合も，後視，前視の視準距離を等しくし，また観測する水準路線はなるべく直線にする．

iii) **標尺の不完全さによる誤差** 標尺には十分注意して目盛が付けられているが，製作過程において生じる微細な誤差は避けられず，また観測時の温度や湿度に伴う目盛の伸張などにより誤差が生じることがある．標尺は検定済のものを使用するとともに，一，二等水準測量のように特に高精度な測定を必要とする際には，巻尺と同様に補正を行う必要がある．

標尺は底面が0で，これから順に上方に目盛りが付されている．底面が磨耗などにより正しい0位置に該当しない場合は，読定値に一定の系統誤差が生じる．このような際には，1つの標尺で全作業をする場合，誤差が消去される．また，2点間の高低差を測定する場合には，2組の標尺を交互に入れ替えて水準路線を測定し，出発点に立てた標尺と同じ標尺を到達点に立てるようにすれば誤差を消去できる．

b) **測定者に起因する誤差**

測定者に起因する誤差には，標尺の読み間違い，記帳の間違い，標尺継目が正しく伸びていない，などによる誤差があり，これらには特に注意を要することは言うまでもない．測定技術に関するものでは，標尺が正しく鉛直に立てられていないことによる誤差がある．標尺が傾いていると，その傾きの2乗に比例した過大な読定値を得る．標尺をもつ者は，標尺に付けられている気泡管で正しく鉛直に立てるように努めるとともに，標尺を前後に静かに動かし，測定者は最小値を読むようにする．

c) **自然的条件に起因する誤差**

i) **地球の曲率による誤差** 地球の曲率が無視できない長距離を視準する際に

は過大な読定値を得る可能性がある．しかし，この誤差は視準距離に比例する系統誤差であるため，後視，前視を等距離にすることにより消去できる．

 ii) 光の屈折による誤差　　大気の状態により光の屈折率が異なるために生じる．特に地表面に近いところは大気密度が大きく，陽炎などの影響が出やすいため，標尺の下方 20 cm くらい以下を読定しないようにする．また，同じ気象条件での観測を避けるために往復の観測日時をずらすなどの対応が必要な場合もある．

 iii) レベルや標尺の沈下による誤差　　軟弱地盤での作業では，測定作業中に地盤が沈下し，これによる誤差が生じる．堅固な地盤を選ぶとともに，作業を短時間で終えるように努める必要がある．

5.3　直接水準測量の器械

5.3.1　レベルの分類[9]

　レベル (水準儀) (level) は望遠鏡の視準線を水平にして，鉛直に立てた標尺の目盛を正確に読み取る器械である．レベルは構造上から気泡管レベル，自動レベルに分けることができる．

　気泡管レベルとは，気泡管よりなる水準器によって望遠鏡の視準線を水平にするレベルであって，一般に視準するための望遠鏡，水平を示す水準器，視準線を水平にするための整準装置から成り立っている．気泡管レベルはその構造から，Y レベル，ダンピーレベル，可逆レベル，ティルティングレベルなどに分けられるが，本節ではその中で最も構造の簡単な Y レベルと土木測量において従来広く用いられてきたティルティングレベルについて述べることにする．

　自動レベルとは振子と鏡を用いて望遠鏡の多少の傾きとは無関係に視準線を水平にする自動レベルであって，近年急速に普及してきたものである．

　上記はレベルの構造上からの分類であるが，これはまたその用途から分けることもできる．これは，どの程度の精度を必要とする水準測量に適したものかによっての分類であって，① 1 級レベル，② 2 級レベル，③ 3 級レベル，および ④ 工事用レベル，の 4 つに大別される．

　レベルの性能は，通常望遠鏡の拡大倍率，像の明るさのもととなる対物レンズの直径，および水平からの傾きの感度を表す水準器の感度 (気泡管内で気泡が中心より 2 mm ずれたときの水平からの傾きの角度で表される) などで示される．

　①　1 級レベル　　1 級水準測量に主として用いられる精密レベルで，極めて大きい望遠鏡倍率 ($40 \sim 44$ 倍) と対物レンズ (直径 $50 \sim 56$ mm) をもち，また高感度の管形水準器 ($8 \sim 10''$) を有している．

また，普通のレベルでは標尺の目盛の端数は目分量で読むが，精密レベルではこれをオプティカルマイクロメーター(光学的測微装置)によって読み取る．

オプティカルマイクロメーターとはレベルの対物レンズの前に平行ガラス板をおき，これを回転させて標尺の像を図-5.6のように平行移動させ，その移動量をマイクロメーターによって直接読みで0.1 mm，目測で0.01 mm程度まで読み取れるものである．

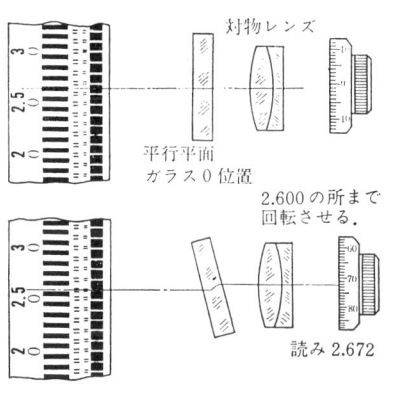

図-5.6 オプティカルマイクロメーターの読取り方法

精密レベルによれば，1 kmの往復測定で期待しうる中等誤差は0.1〜0.5 mmであるといわれている．

② 2級レベル　主として2級水準測量に用いられるレベルで，望遠鏡倍率30〜40倍，レンズ口径40〜50 mmで，オプティカルマイクロメーターをもち，これにより直接読みで0.5 mm，目測で0.1 mmまで読定でき，1 kmの往復測定で誤差±0.5〜2.0 mmの精度が期待できる．

③ 3級レベル　これは土木工事現場の基準点設置や比較的高い精度を要する工事のための水準測量などに用いられるもので，技術者用レベルとも呼ばれ，気泡管レベルもあれば自動レベルもある．

その望遠鏡倍率は20〜30倍，対物鏡直径は30〜45 mm，管形水準器の感度は20〜60″，自動レベルでは円形水準器の感度が8〜12′であり，目測で1 mmまで読むことができて1 kmの往復水準測量で中等誤差が2〜4 mmと期待できるものである．

④ 工事用レベル　これは土木建築工事などに際して5 mm程度の精度で地点の高さを求めればよい場合に用いられるものである．

その望遠鏡倍率は16〜25倍，対物レンズ直径は20〜30 mm，管形水準器をもつ場合その感度は20〜60″，自動レベルでの円形水準器の感度は5〜15′程度であり，1 kmの往復測定での中等誤差は5〜10 mmである．

5.3.2　Yレベル

2つのY架の上に望遠鏡がおかれた簡単な構造をもつレベルである．水準器の気泡管は望遠鏡の下側に取り付けられている．Y架台はその底板の下にある4本の整準ねじを調節することにより傾けられるようになっており，これにより水準器の気泡を気泡管の中央へ導き，望遠鏡を水平にすることができる．

162　第5章　水準測量

図-5.7 Yレベルの外観

望遠鏡はY架にのっているだけであるので，Y架の中で鏡軸の周りに回転することができ，また取り外して望遠鏡の前後を反転することができる．

Yレベルではあらゆる部分の調整が可能であるが，それだけに狂いやすく，しばしば調整することが必要である．調整により満たすべき条件は，① 水準器軸と望遠鏡の視準軸が平行であること，② 水準器軸とY架台の鉛直軸が直交していること，である．①の条件が満足されることにより，気泡が水準器の中央にくれば視準線が水平になっていることが保証され，②の条件が満たされていることにより，器械を据え付けて気泡を管の中央に一度導けば，視準線は水平面内にあり，どの方向を視準しても視準線は水平であることが保証される．

Yレベルは過去においては土木測量において広く用いられたが，最近ではより取扱いの簡単なティルティングレベルや自動レベルに取って代わられ，全く用いられなくなった．

5.3.3　ティルティングレベル (tilting level)

ティルティングレベル(微動レベル)は，鉛直軸が多少傾いている場合にも，微動ねじで望遠鏡を微傾斜させて水平にすることによって，視準線を水平にすることができるレベルである(**図-5.8**)．

ティルティングレベルは，通常，2つの水準器を有している．1つは架台と一体となった円形気泡管で，気泡がこの中心にくるよ

図-5.8 ティルティングレベル外観

うにレベルを設置すると，望遠鏡架台はおおよそ水平となるようになっている．いま1つは，管形気泡管で望遠鏡に取り付けられており，気泡像は望遠鏡の視野内に見えるようになっている(**図-5.9**)．気泡が正しくこの気泡管の中央にあるかどうかは，プリズムを通して管の片側ずつを見た気泡像が合致しているかどうかによって判定する方式をとっている．このいわゆる気泡像合致式では，気泡が管の中央に正しくあるかどうかを単に気泡管の目盛によって見るよりもより正しく判断できるし，また望遠鏡を視準している位置で観測できるので極めて便利である．気泡が合致するように，すなわち望遠鏡の視準線を水平にするには，微動ねじで望遠鏡の傾きを微調節すれば

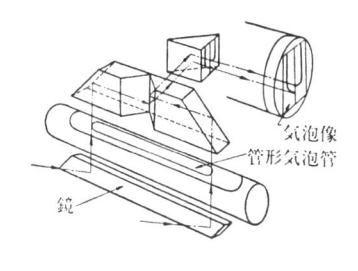

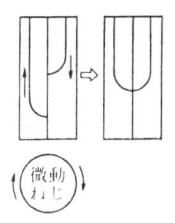

(a) 気泡像の光路　　　　　　(b) 気泡像の微動

図-5.9 気泡管の像 (Volquardts/Matthews : Vermessungskunde より)

よい．

　ティルティングレベルにおいて必要な調整は，a) 円形水準器の調整，b) 視準軸と管形水準器軸を平行にする調整，である．

　次にその調整の方法を述べる．

a) 円形水準器の調整

　円形水準器 (circular level) の中央に気泡を導くことによって機械の鉛直軸を鉛直にする調整であって，まず精度の高い管形水準器を使って，円形水準器の軸が器械の鉛直軸と正しく直交するように調整し，さらにそのとき円形水準器の気泡が管の中央にくるように円形水準器の傾きを調整する．その操作は次のとおりである．

　まず，望遠鏡を**図-5.10**の2つの整準ねじA,Bを結ぶ方向に平行におき，視野をのぞいて管形水準器の気泡像が一致するように，整準ねじ，A,Bを操作する．次に望遠鏡を180°回転し，視野をのぞいて気泡像が一致しているかどうかを確かめる．一致すれば調整の必要はないが，もし一致していなければ望遠鏡と平行な2つの整準ねじを回し，そのずれの半分を修正する．残りの半分を微動ねじで修正する．次に望遠鏡を90°回転し，もう1つの整準ねじCの方向に向ける．このとき視野をのぞいて気泡像が合致していれば問題はないが，もし合致していなければ整準ねじCだけで合致するまで調整する．このときは微動ねじには手を触れない．こうして，

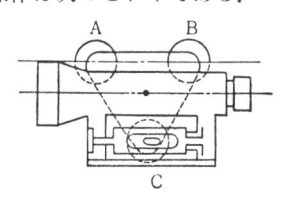

図-5.10 円形気泡管調整のための整準ねじの操作

図-5.11 円形気泡管調整ねじ

どちらの方向に望遠鏡を向けても気泡像が合致したままであれば,鉛直軸は水準器の軸と正しく直交していることになるから,このとき円形水準器の気泡が中央にあるかどうかを調べる.気泡が中央にあればそれ以上の調整の必要はないが,中央からずれていれば次に円形水準器の調整を行う.それには**図-5.11**のように気泡管の脇にある円形気泡管調整ねじをピンで動かして修正する.この場合整準ねじA,Bで図のA-Bの方向のずれを修正し,Cでそれに直角の方向の修正をして気泡を中央に導く.

b) 視準軸と管形水準器軸を平行にする調整

まず**図-5.12**のように60〜100 m離れた2点A,Bに杭を打ち標尺を立て,ABの中点Cにレベルを据え付けて視野の中の気泡像を合致させた後,A,Bの標尺を読み測定値a_1およびb_1をそれぞれ得る.そのとき$h=a_1-b_1$がAB間の高低差である.もし水平でなくてもC点がABの中点であれば,視準軸の傾きは左右等しいため

$$a_1'-b_1'=(a_1+d_1)-(b_1+d_1)=a_1-b_1 \tag{5.3}$$

となり,水平な場合と同じく正しい高低差hが得られる.

次に**図-5.13**のように器械をAから3mほど離れたD点に移し,水準器を水平にしてA,Bの標尺を読み,a_2, b_2を得る.このとき,$h=a_2-b_2$であれば,視準軸は水準器軸と平行で,ともに水平であるといえる.もし図-5.13の点線のように視準軸が水平でなかったら

$$a_2'-b_2'=h+d_2 \tag{5.4}$$

となる.

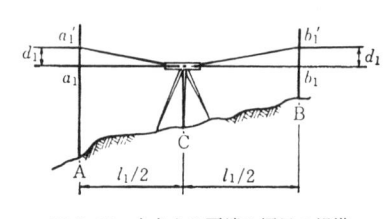

図-5.12 中点より両端の標尺の視準

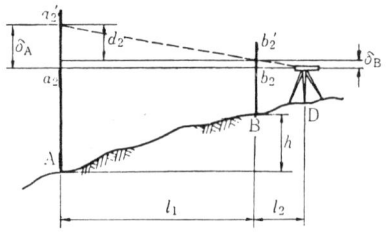

図-5.13 片側より2つの標尺の視準

このときA尺の読みの誤差をδ_A,B尺のそれをδ_Bとすると

$$\frac{\delta_A}{l_1+l_2}=\frac{\delta_B}{l_2}=\frac{d_2}{l_1} \tag{5.5}$$

なる関係より

$$\delta_A=\frac{l_1+l_2}{l_1}d_2 \tag{5.6}$$

$$\delta_B=\frac{l_2}{l_1}d_2 \tag{5.7}$$

となる.したがって器械から遠い方のA尺の視準位置を微動ねじを使ってa_2'からδ_Aだけ下げてやれば,正しい読みa_2に視準線が移って水平になる.このとき気泡像は当然ずれてくるから,このずれを**図-5.14**のような位置についているプリズム調節ねじで修正し,気泡像を再び合致させる.もしプリズム

調節ねじだけで修正しきれないときは，管形気泡管調整ねじの上下2本をゆるめたり，しめたりして修正する．

なお，**表-5.6**は現在わが国で市販されているティルティングレベルのいくつかについて，その仕様と性能を示したものである．

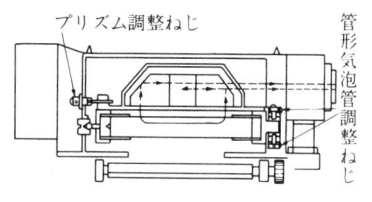

図-5.14 管形気泡管の調整ねじ

表-5.6 ティルティングレベルの仕様と性能

機種	望遠鏡			気泡管感度		級別*
	有効径(mm)	最短視準距離(m)	倍率×	主気泡管	円形気泡管	
L-10(旭精密)	50	2.0	42	10″/2 mm	4′/2 mm	1級
L-20(旭精密)	45	1.5	32	20″	10′	—
PL 1(ソキア)	50	2.1	42	10″/2 mm	3.5′/2 mm	1級
TTL 6(ソキア)	40	1.8	25	40″/2 mm	10′/2 mm	—
TS-E 1(トプコン)	50	2.0	42	10″/2 mm	4′/2 mm	1級
TS-3 B(トプコン)	35	0.5	26	120″/2 mm	10′/2 mm	—
E 5(ニコン)	40	1.5	25	40″/2 mm	10′/2 mm	—
N 3(ライカ)	50	0.28	45	21″〜46″	2″	1級

(注) *(社)日本測量協会検定の級別

5.3.4 自動レベル

これまで述べてきたレベルは，すべて管形水準器を用いて視準線が水平であるかどうかを知る形式のものであった．しかし，近年広く使われだしてきた自動レベル(automatic level)は，コンペンセーター(compensator；補償機構)と呼ばれる振子装置を用いて，望遠鏡の多少の傾きとは無関係に視準線を自動的に水平にできる構造となっている．

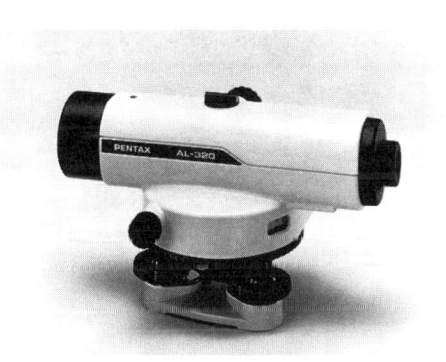

図-5.15 自動レベルの外観

図-5.15に一般的な自動レベルの外観を示す．

図-5.16のように望遠鏡軸が水平より微小な角度αだけ傾いているとする．そのとき1点からきた光線は，十字線の位置において中心より

$$a = f\alpha \tag{5.8}$$

だけずれた位置に達する.

いま,十字線より S だけ離れた位置に鏡をおき,入ってきた光を水平より β だけ傾けたら,光線が十字線中心を通るようになるとすると

$$a = S\beta \tag{5.9}$$

である.したがって,式 (5.8),(5.9) より

$$\frac{\beta}{a} = \frac{f}{S} = n \tag{5.10}$$

となる.

この条件を守っておれば,視準軸が傾いていても入ってきた光線は十字線中心を通過するようになる.$n = f/S$ は器械により一定の値である.

光線を水平より β だけ傾けるには一般に 2 個の台形の固定プリズムと,4 本の細いリン青銅線で懸垂された三角形プリズムからなるコンペンセーターを利用する.この懸垂された部分は望遠鏡が水平より α だけ傾いていると,重力により図-5.17 のように変形し,その結果三角形プリズムは β だけ水平より傾くようにつくられている.このとき,$\beta = n\alpha$ なる関係が満たされるようにこの吊線のなす四辺形はつくられているので,図-5.18 のように望遠鏡が傾いても入ってきた光線は常に十字線中心 H に到達する.

吊線で吊られた部分は望遠鏡を動かしたときは振動し,直ちに静止しないので,通常その振動をはやく静止させるためになんらかのダンピング装置が取り付けられている.

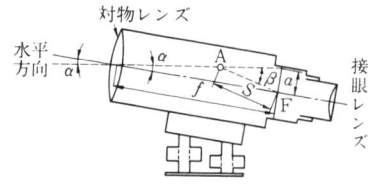

図-5.16 自動レベルにおける光線の経路

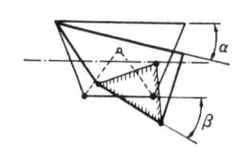

図-5.17 コンペンセーター

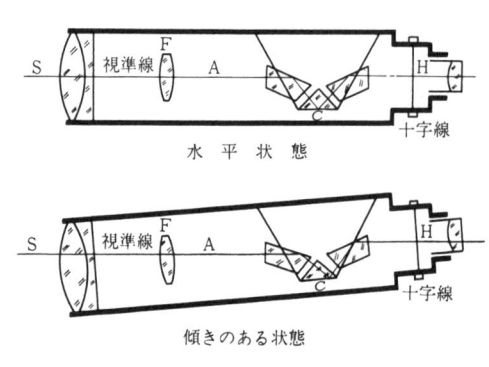

図-5.18 コンペンセーターによる傾きの修正

以上述べたコンペンセーターによる方法は,世界で初めて自動レベルを開発したツァイスのものを初めとして,他の多くの自動レベルにおいて採用されている.しかしこのほかにも,例えば十字線の位置を,図-5.16 における a だけ,望遠鏡の傾きに応じて上下に移動させる方式などによる自動レベルもつくられている.

自動レベルを用いれば，望遠鏡を円形水準器を用いてほぼ水平に据えれば，後は整準する必要がなく視準軸は常に水平となっている．したがって，水準測量作業は極めて能率的になる．

自動レベルにおいては視準方向は自動的に水平に保たれるので，視準軸を水平にする調整は必要としない．しいて必要な調整は円形水準器の調整である．その方法は先にティルティングレベルの項で述べたと全く同じである．

近年では，自動レベルの視準線に沿ってレーザー光線を発射して水準測量を行う，一般に電子レベル(electronic level)あるいはレーザーレベル(laser level)と呼ばれる機器も開発されている．電子レベルはレーザー光を使うため，次項で述べる標尺に感知装置を取り付けることにより高低値を自動的に求めることが可能になる．また，レーザー発振器を水平回転させ，いくつもの測点の水準測量を同時あるいは極めて効率的に進めることを可能にするレーザープレーナー(laser planer)と呼ばれる機器も開発されている．

表-5.7は，わが国で現在市販されている主な自動レベルについてその仕様と性能を示している．

表-5.7 自動レベルの仕様と性能

機種	望遠鏡			円形水準器感度	補正子可動範囲	ダンパー種類
	有効径(mm)	最短視準距離(m)	倍率×			
AL-M2S(旭精密)	45	0.8	32	8'/2 mm	12'	磁気
AL-M5CR(旭精密)	36	0.5	24	8'	12'	磁気
PLP-2(旭精密)*				8'/2 mm	10'	
B1C(ソキア)	45	2.3	32	10'/2 mm	10'	磁気
C30(ソキア)	36	0.3	26	10'/2 mm	15'	磁気
LP3AS(ソキア)*				10'/2 mm	10'	空気
AT-G1(トプコン)	45	1.0	32	10'/2 mm	15'	磁気
AT-G5(トプコン)	30	0.5	26	10'/2 mm	15'	磁気
RL-HDB(トプコン)*				10'/2 mm	10'	磁気
AS(ニコン)	45	1.5	32	10'/2 mm	12'	空気
AE-5(ニコン)	40	0.4	30	20'/2 mm	16'	空気
AL-30(ニコン)*				10'/2 mm	11'	
NA2(ライカ)	45	1.6	32	8'/2 mm	15'	磁気
LNA10(ライカ)*				8'/2 mm	12'	
Ni1(カールツァイス)	50	1.4	40	10'	15'	空気
Ni2(カールツァイス)	40	1.5	32	10'	15'	空気

(注) ＊ 電子レベルあるいはレーザーレベル

5.3.5 標尺および標尺台

水準測量に用いる標尺(staff)とは,望遠鏡の水平視準線の高さを示すための剛な棒状の尺である.それには図-5.19に示すような種々のものがあるが,土木測量用には一般に黒白の5mm間隔の目盛をもち,5m程度にまで伸ばすことのできる箱尺が用いられることが多い.高い精度を要する水準測量,例えば一二等水準測量においては,インバール尺のついた精密標尺が用いられる.

標尺は鉛直に立てることが必要である.簡単な水準器のついた標尺もあるが,その感度は一般に鈍い.そのため水準器に頼ることなく図-5.20に示されるような正しい姿勢で標尺を支え,鉛直に保持するよう心掛けることが必要である.

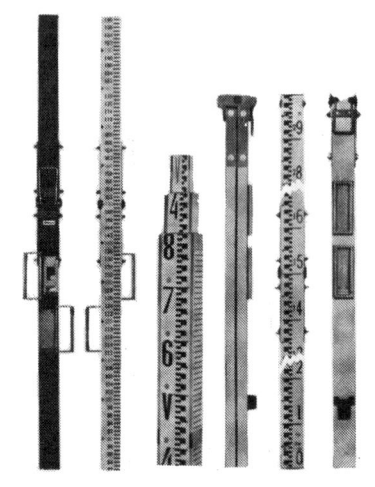

図-5.19 各種の標尺

前視,後視ともにとる移器点においては,前視と後視をとる間に標尺の位置がずれる可能性がある.これを避けるために図-5.21に示されるような標尺台が用いられる.移器点にこの重量のある標尺台をおき,この上に標尺を立てるようにするのである.

図-5.20 標尺の立て方

図-5.21 標尺台

5.4 三角水準測量

5.4.1 三角水準測量の方法

これまで述べてきた直接水準測量は，高低差をレベルを用いて直接読み取って求めるものであったが，間接水準測量においては，高低差を直接求める代りに距離や角を測定し，それから計算により高低差を求める．この間接水準測量には 5.1.1 に述べたように種々の方法があるが，ここではそれらのうち三角水準測量についてのみ述べることにする．

三角水準測量 (trigonometric leveling) は，図-5.22 で点 A から B までの距離 l，または C から F までの斜距離 d と，鉛直角 φ を測り，三角法の計算で AB 間の高低差を求めるものである．その方法は次のとおりである．

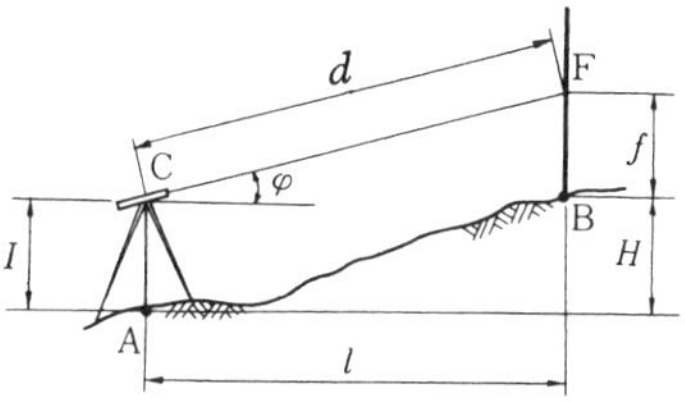

ⅰ) AB 間の水平距離が直接測定できるとき A 点にトランシット，B 点に標尺を立て，標尺の任意の高さの点 F を視準する．そのとき F に対する鉛直角 φ と A 点より器械中心 C までの高さ I を測定する．また AB 間の水平距離 l を巻尺で測っておく．そのとき AB 間の高低差 H は，

$$H = l \tan \varphi + I - f \tag{5.11}$$

と得られる．

図-5.22 三角水準測量の原理
(水平距離が測定できるとき)

ⅱ) AB 間の水平距離が直接測定できないとき 図-5.23 のように，例えば B 点が建物上の点であって AB 間の水平距離が直接測れないときには，適当な位置に点 Q をとり，この点を用いて AB 間の高低差を間接的に求める．まず AQ $=q$ を巻尺で測定し，A 点にトランシットを据えて水平角 $\angle$BAQ$=\alpha$ と鉛直角 ψ を測定し，また器械高 I を測る．次にトランシットを Q に据え水平角 $\angle$AQB$=\beta$ を測定する．そのとき

$$\frac{l}{\sin \beta} = \frac{q}{\sin(180-\alpha-\beta)} \tag{5.12}$$

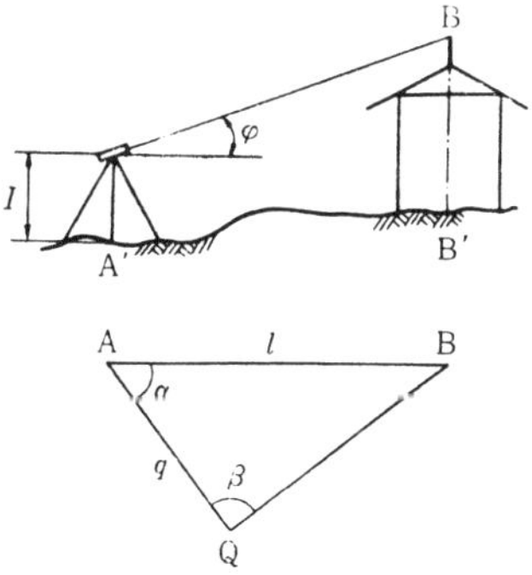

図-5.23 三角水準測量の原理
(水平距離が直接測定できないとき)

したがって

$$l = \frac{q \sin \beta}{\sin(\alpha+\beta)} \tag{5.13}$$

となる．そこで

$$\begin{aligned} H &= l \tan \varphi + I \\ &= \frac{q \sin \beta \tan \varphi}{\sin(\alpha+\beta)} + I \end{aligned} \tag{5.14}$$

が得られる．

iii) 標尺を基線とする方法　AB間の水平距離を測れないときは，B点に鉛直に立てた標尺の一定長 S を基線として高低差を求めることができる．すなわち，標尺のEおよびFを視準し，それぞれ鉛直角 φ および ψ を得たとすると

$$l \tan \varphi - S = l \tan \psi \tag{5.15}$$

であるから

$$l = \frac{S}{\tan \varphi - \tan \psi} \tag{5.16}$$

したがって

$$\begin{aligned} H &= l \tan \varphi + I - f \\ &= \frac{S \tan \varphi}{\tan \varphi - \tan \psi} + I - f \end{aligned} \tag{5.17}$$

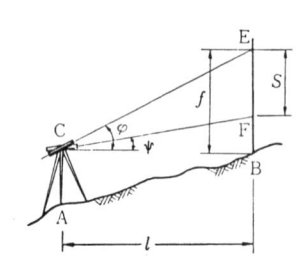

図-5.24　標尺を基線とする三角水準測量

として，AB間の高低差 H は求められる．

iv) トータルステーションによる方法　トータルステーションでは，**図-5.25** の斜距離 d と鋭直角 φ を同時に測定できるので，これより直ちに AB 間の高低差 H が

$$H = I + d \cos \varphi - I'$$

と求められる．ここで c は器械により一定の値である．トータルステーションの普及により，この方法が極めて一般的に用いられるようになっている．

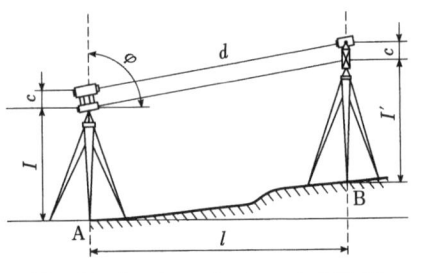

図-5.25　トータルステーションによる三角水準測量

5.4.2　三角水準測量の補正

地表は低い所ほど密度の大きい空気に包まれているため，光線は鉛直方向には曲線状の軌跡を描く．そのため三角水準測量では直接水準測量のような高い精度を期待することはできない．しかし比較的遠く離れた測点相互間の高低差を直接水準測量に比

べてより少ない時間および経費で求めることができるので，三四等三角測量に際しては三角点の標高を三角水準測量によって求めている．

光の屈折による観測誤差を消去するためには，地上の空気層を通る際の光の屈折量に対する補正，すなわち気差の補正を行う必要がある．

気差は次のようにして計算される．図-5.26でB点からでた光は大気中での屈折により$\overparen{BEA}$の経路で望遠鏡に入るが，本来ならばこの鉛直角φのときはB′からでた光B′E′Aをとらえていなければならない．そのためa＝B′ABなる量だけφは余分の角を測定している．このとき屈折した光の経路は半径R'をもつ弧状であるとすると

$$a = \frac{1}{2}\angle AOB = \frac{S}{2R'} \tag{5.18}$$

この円弧状の曲線半径は地球の半径Rの7～8倍程度であるといわれており

$$R = KR' \tag{5.19}$$

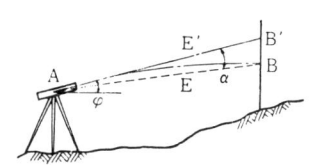

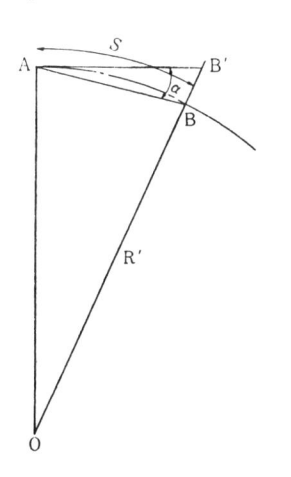

とすればK＝0.13～0.14程度となる．このKのことを折光係数と呼んでいる．

したがって気差$\overline{BB'}$は，

$$\overline{BB'} \fallingdotseq Sa = \frac{S^2}{2R'} = \frac{K}{2R}S^2 \tag{5.20}$$

となる．

図-5.26 鉛直方向の光の屈折

このほか遠く離れた地点間の水準測量を三角水準測量で行う場合は，地球曲率の影響による測定誤差も生ずる．これは球差と呼ばれ次のように求められる．

図-5.27でAと同一標高である点は，Cであるにもかかわらず観測されるのはD点であるため，生ずる球差は$\overline{CD}$で

$$\overline{CD} = R\sec\frac{S}{R} - R \fallingdotseq \frac{S^2}{2R} \tag{5.21}$$

となる．

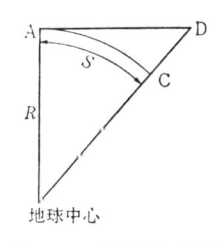

図-5.27 地球曲率の影響

Rは約6400kmであるので，距離Sが300m程度以上離れた場合はこの誤差は無視しえず，補正されねばならない．

気差と球差を代数的に加え合わせた

$$\frac{S^2}{2R} - \frac{KS^2}{2R} = \frac{1-K}{2R}S^2 \tag{5.22}$$

は両差と呼ばれる.

　気差も球差も片側から観測されたときにのみ生ずることは上の説明からみて明らかである.したがって,目標地点と観測地点を取り替えて両方向から観測し,その平均を求めれば,これらの誤差すなわち両差は消去される.

5.5　水準網の調整

5.5.1　水　準　網

　これまで述べてきたのは1つの標高既知点から他の点までの高低差を測定し,それらの点の標高を求める方法についてであった.地形図作製のため,あるいは土木工事を行うに際しては,その地域に標高の確定した基準点すなわち水準点を設置し,その点をその周辺の標高値の基準として用いることが必要となるが,この設置のためにはより信頼性の高い方法を取り入れることが必要となる.5.4までで述べてきたように,各水準点の間は必ず往復測定を行い,その往復の較差が規定の値におさまるように測定を繰り返すのであるが,それでもこれがいくつも連なるにつれ誤差は累積するので,水準点をつないで形成される水準路線は,適当な水準点数ごとにもとの出発点に戻るか,あるいは他の標高既知の既設水準点に結びつけるかすることが必要である.こうして水準路線は網状につながり,いわゆる水準網を形成する.

　先に述べたようにわが国においては,国で行われる水準測量は,一等,二等,三等,測標水準測量と区分されているが,そのそれぞれが水準網を形成している.図-5.28はわが国の一等水準網を示している.

図-5.28 一等水準路線図

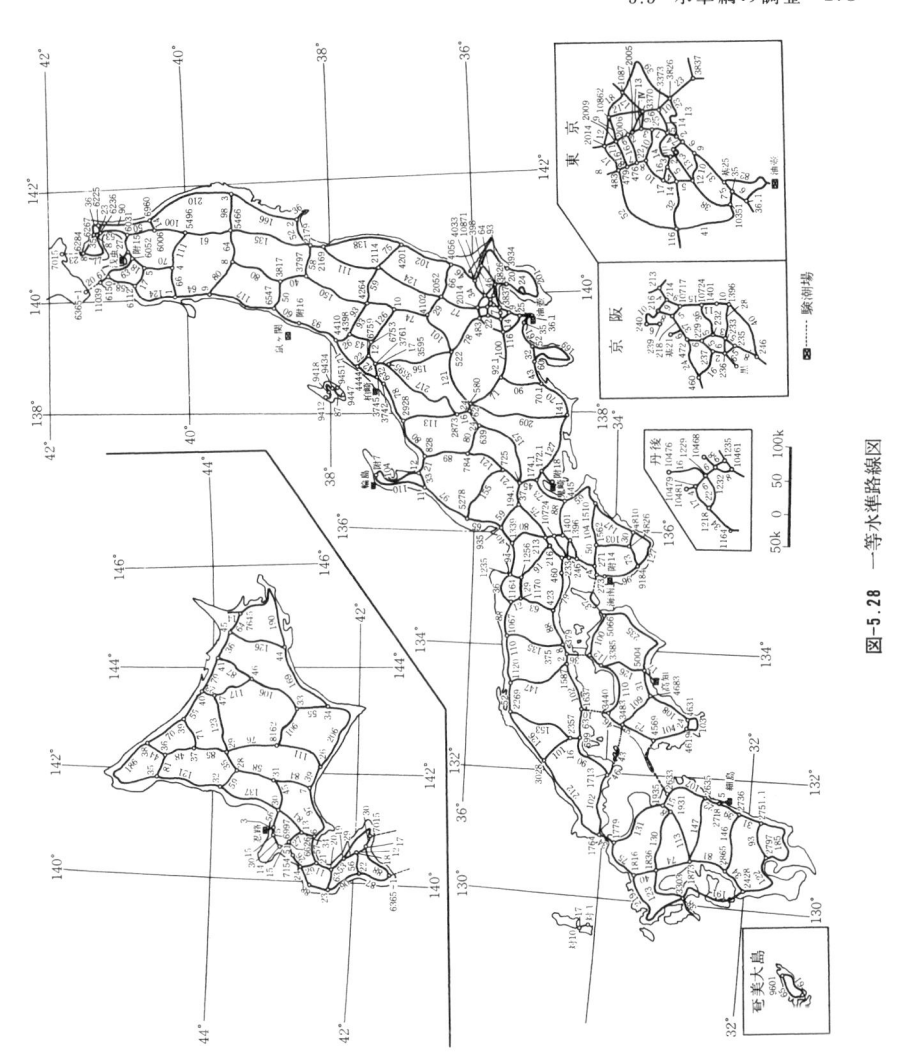

5.5.2 水準網の調整計算

a) 水準網調整の目的

観測された結果は**表-5.8**のように各路線ごとに水準測量成果表として示される．水準路線はもとの出発点に戻って閉合するか，他の既設水準点に結合するか，あるいは他の水準路線と結合して網を形成する．このとき観測値は多かれ少なかれ誤差をも

表-5.8 基準水準測量成果表

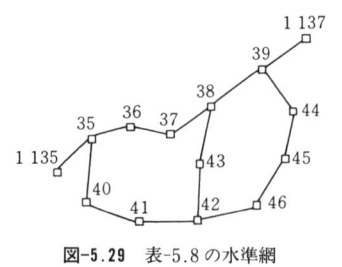

所在地	標石番号	距離	高低差			補正値	平均標高
			1 回	2 回	平均		
		km	m	m	m	mm	m
埼玉県戸田市下笹目	1 135						41.219
			+1.634	.638	+1.636	+2	
同　　西原	35	1.118					42.857
			+0.232	.238	+0.235	+3	
同　　仲居田	36	0.803					43.095
			+0.412	.412	+0.412	+1	
同　　前島	37	0.352					43.508
			+0.229	.227	+0.228	+2	
同　　西反田	38	0.590					43.738
			+1.022	.030	+1.026	+5	
同　　新手	39	1.332					44.769
			+1.500	.504	+1.502	+3	
同　　辻	1 137	1.048					46.274
略　す	35						42.857
			+1.215	.209	+1.212	−1	
〃　　根大橋	40	0.923					44.068
			+2.013	.014	+2.014	−1	
〃　　妙顕寺	41	0.517					46.081
			+0.130	.134	+0.132	−1	
〃　　根大橋	42	0.822					46.212
			−1.460	.464	−1.462	+1	
〃　　新層	43	0.800					44.751
			−1.014	.012	−1.013	0	
〃	38	0.620					43.738
〃	39						44.769
			+0.664	.660	+0.662	+1	
〃　　砂切田	44	0.625					45.432
			+0.383	.383	+0.378	+2	
〃　　新層	45	1.110					45.812
			+0.013	.017	+0.015	+1	
〃　　芦原	46	0.562					45.828
			+0.383	.383	+0.383	+1	
〃	42	0.334					46.212

図-5.29 表-5.8の水準網

ち，その許容される大きさは **5.2.2** において示されたような値である．さらにこの許容値を満たしていても水準測量成果はそれぞれの点間の幾何学的条件，すなわち，どの水準路線をどの方向からたどっても同じ標高値をもつという条件を満たさない．そのためこの観測値を調整して，このような矛盾を除去しなければならない．このための計

算を水準網の調整計算と呼ぶ．

以下では単一路線の場合と複数個の路線よりなる網の場合について，その調整計算の方法を示す．この両者は方法としては全く同一であり，網のうち最も単純なものが単一路線である．なお，ここでいう1つの路線とは，両端が既知点または他の路線に結合され，その中間では既知点や他の路線との結合点をもたない水準路線を指す．

b) 単一水準路線の調整

図-5.30のように両端が既設の水準点A, Bに結合された水準路線において測量し，点 $1, 2, \cdots, (n-1)$ に新しい水準点を設置する．このときA, Bの標高は Z_A, Z_B である．観測結果はA~1, 1~2, ……, $(n-1)$~B間の高低差として $h_1, h_2, \cdots, h_n$ であった．また，これらの点の間の距離はそれぞれ $l_1, l_2, \cdots, l_n$ である．

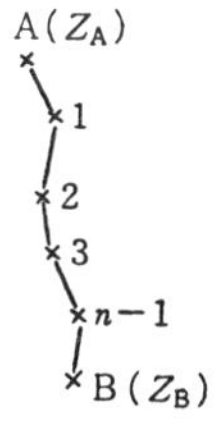

一般に水準測量の平均二乗誤差 m は距離の平方根に比例する．すなわち各区間の平均二乗誤差 m_i は，c を比例定数として

$$m_i = c\sqrt{l_i} \tag{5.23}$$

重み p は m^2 に反比例するから

$$p_i = \frac{1}{m_i^2} p_0 = K\frac{1}{l_i} \quad \left(\text{ただし，} K = \frac{p_0}{c^2}\right) \tag{5.24}$$

である．

図-5.30 両端が既設点である単一路線

各区間の高低差の最確値を $H_1, H_2, \cdots, H_n$ とし

$$H_i = h_i - v_i \tag{5.25}$$

と書く．ここで v_i は補正値である．

AB間の高低差 H_{AB} は既に正しく決まっており

$$H_{AB} = Z_B - Z_A \tag{5.26}$$

である．この H_{AB} は各区間の高低差 H_i より

$$H_{AB} = \sum_{i=1}^{m} H_i = \sum_{i=1}^{n}(h_i - v_i) \tag{5.27}$$

となる．

$h_{AB} = \sum_{i=1}^{n} h_i$ とおくと

$$H_{AB} - h_{AB} + \sum v_i = 0 \tag{5.28}$$

これがAB間の高低差に対する条件式である．ここで，

$$H_{AB} - h_{AB} = w$$

としておく．これより条件つきの残差二乗和の式は，λ を未定係数として

$$S = \frac{1}{2}\sum_{i=1}^{n} p_i v_i^2 + \lambda(w + \sum v_i) \tag{5.29}$$

であり，この S を最小とする v_i を求めればよい．すなわち

$$\frac{\partial S}{\partial v_i} = p_i v_i + \lambda = 0 \tag{5.30}$$

$$\frac{\partial S}{\partial \lambda} = w + \sum v_i = 0 \tag{5.31}$$

これを解いて

$$v_i = -\frac{\lambda}{p_i} \tag{5.32}$$

$$w + \lambda \sum \frac{1}{p_i} = 0 \tag{5.33}$$

したがって

$$v_i = v_0 \frac{1/p_i}{\sum(1/p_i)} = w \frac{l_i}{\sum l_i} \tag{5.34}$$

$$H_i = h_i - w \frac{l_i}{\sum l_i} \tag{5.35}$$

となる．言い換えれば，各区間の高低差の最確値は，AB 間の与えられた高低差とその測定値との差を，各区間の距離に比例して割りふって測定値を補正した値となる．

以上の計算を **2.2.4** に示したマトリクス演算に従えば

$$\boldsymbol{M} = \begin{bmatrix} h_1 \\ \vdots \\ h_n \end{bmatrix}, \quad \boldsymbol{X}_0 = \begin{bmatrix} \boldsymbol{H}_1 \\ \vdots \\ \boldsymbol{H}_n \end{bmatrix}, \quad \boldsymbol{V} = \begin{bmatrix} v_1 \\ \vdots \\ v_n \end{bmatrix}$$

$$\boldsymbol{g} = \boldsymbol{P}^{-1} = \begin{bmatrix} \frac{1}{p_1} & 0 & \cdots & 0 \\ 0 & \frac{1}{p_2} & & \\ \vdots & & \ddots & \\ 0 & & & \frac{1}{p_n} \end{bmatrix} = \begin{bmatrix} l_1 & 0 & \cdots & 0 \\ 0 & l_2 & & \\ \vdots & & \ddots & \\ 0 & & & l_n \end{bmatrix}$$

$$\boldsymbol{B} = (1, 1, \cdots\cdots, 1), \quad \boldsymbol{B}^t = \begin{bmatrix} 1 \\ \vdots \\ 1 \end{bmatrix}$$

として

$$F = \boldsymbol{V}^t \boldsymbol{P} \boldsymbol{V} - 2\lambda (\boldsymbol{B}\boldsymbol{V} + w_0)$$

を最小とする $\boldsymbol{V}$ を求めることとなる．

λ は式 (2.197) より

$$\lambda = (\boldsymbol{B}\boldsymbol{g}\boldsymbol{B}^t)^{-1} w = (l_1 + l_2 + \cdots\cdots + l_n)^{-1} w$$

となるから

5.5 水準網の調整

$$V = gB^t\lambda = gB^t(BgB^t)^{-1}w$$

$$= \begin{bmatrix} l_1 \\ l_2 \\ \vdots \\ l_n \end{bmatrix} (l_1 + l_2 + \cdots\cdots + l_n)^{-1}w = \frac{w}{\sum l_i} \begin{bmatrix} l_1 \\ l_2 \\ \vdots \\ l_n \end{bmatrix}$$

よって高低差の最確値 X_0 は，

$$X_0 = M - V = \begin{bmatrix} h_1 \\ \vdots \\ h_n \end{bmatrix} - \frac{w}{\sum l_i} \begin{bmatrix} l_1 \\ \vdots \\ l_n \end{bmatrix}$$

このとき残差平方和 S は，式 (2.199) より

$$S = [pvv] = \lambda w$$

であるから，単位重みの測定すなわち距離 1 km の測定の不偏分散 $\hat{\sigma}^2$ は，

$$\hat{\sigma}^2 = \frac{S}{n-q} = \frac{\lambda w}{n-(n-1)} = \lambda w = \frac{w^2}{\sum l_i}$$

である．したがって最確値の不偏分散 $\hat{\sigma}_i^2$ は，

$$\hat{\sigma}_i^2 = G_{ii}\hat{\sigma}^2$$

として得られる．

コファクターマトリクス G_{xx} は，式 (2.208) より

$$G_{xx} = g - gB^t(BgB^t)^{-1}Bg$$

$$= \begin{bmatrix} l_1 & 0 & \cdots\cdots & 0 \\ 0 & l_2 & & \\ \vdots & & & \\ 0 & & & l_n \end{bmatrix} - \begin{bmatrix} l_1 \\ l_2 \\ \vdots \\ l_n \end{bmatrix} (\sum l_i)^{-1} (l_1, l_2, \cdots\cdots, l_n)$$

$$= \begin{bmatrix} l_1 & 0 & \cdots\cdots & 0 \\ 0 & l_2 & & \\ \vdots & & & \\ 0 & & & l_n \end{bmatrix} - \frac{1}{\sum l_i} \begin{bmatrix} l_1^2 & l_1 l_2 & \cdots\cdots & l_1 l_n \\ l_2 l_1 & l_2^2 & \cdots\cdots & l_2 l_n \\ \vdots & & & \\ l_n l_1 & & & l_n^2 \end{bmatrix}$$

$$= \begin{bmatrix} l_1 - \dfrac{l_1^2}{\sum l_i} & -\dfrac{l_1 l_2}{\sum l_i} & \cdots & -\dfrac{l_1 l_n}{\sum l_i} \\ \vdots & l_2 - \dfrac{l_2^2}{\sum l_i} & & \\ -\dfrac{l_1 l_n}{\sum l_i} & \cdots\cdots\cdots\cdots\cdots & l_n - \dfrac{l_n^2}{\sum l_i} \end{bmatrix}$$

したがって

$$\hat{\sigma}_1{}^2 = \left(l_1 - \frac{l_1{}^2}{\sum l_i}\right)\hat{\sigma}^2$$
$$\vdots$$
$$\hat{\sigma}_n{}^2 = \left(l_n - \frac{l_n{}^2}{\sum l_i}\right)\hat{\sigma}^2$$

となる．

c) 水準路線網の調整[11]

複数の水準路線よりなる網においては，路線の結合される既設水準点の間の条件のほかに，環状をなす路線の閉合条件が必要となる．たてるべき条件式の総数は，各リンクの数から標高を求めるべき点の数を減じた数となる．これ以上の数の条件式は独立なものではない．

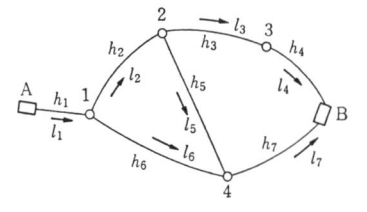

調整計算の方法としては，この閉合条件のもとで各区間の高低差の最確値を条件つき直接測定の問題として求めるのが一般である．しかし **2.2.6** で説明したように，この問題を各点の標高を未知量として，各測定値をこれらの未知量で表して観測方程式をつくり，独立な間接測定の最小二乗法により標高の最確値を求める，いわゆる観測方程式法によって解くこともできる．

図-5.31 環状の水準路線（矢印の方向に標高が増加すると高低差は正とする）

以下に，**2.2.6** で例示した水準網について条件方程式法による調整計算を示すことにする．

例題 5-1 図-5.32 の A 点（標高 51 m 200）から他の点 B, C, D について矢印の方向に高低差を測定し，**表-5.9** のような結果を得た．このとき，点 B, C, D の標高の最確値を求め，さらにその精度を推定せよ．

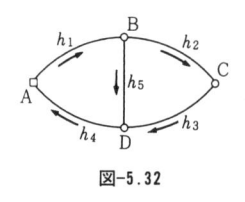

図-5.32

表-5.9

区　間	距　離 (km)	高低差測定値 (m)
A → B	$s_1 = 3.0$	$m_1 = +5.245$
B → C	$s_2 = 2.0$	$m_2 = +3.597$
C → D	$s_3 = 4.0$	$m_3 = -2.940$
D → A	$s_4 = 2.5$	$m_4 = -5.879$
B → D	$s_5 = 1.0$	$m_5 = +0.645$

解 **2.2.6** においては，観測方程式法によってこの問題の最確値を求めたが，ここではこれを条件方程式をたてて解くことにする．

求めるべき未知量は B, C, D 点の標高 3 つであり，それに対して測定は 5 つの

5.5 水準網の調整

高低差であるから $5-3=2$ の条件式が成り立つ．これを次のようにとる．

$$h_1+h_5+h_4=0$$
$$h_2+h_3-h_5=0$$

高低差 h_i の測定値を m_i，残差を v_i と書くと

$$h_i=m_i-v_i$$

これを上の条件式に代入して

$$f_1=v_1+v_4+v_5-w_1=0$$
$$f_2=v_2+v_3-v_5-w_3=0$$

ただし

$$w_1=m_1+m_4+m_5$$
$$w_2=m_2+m_3-m_5$$

である．

$$\boldsymbol{B}=\begin{bmatrix}1 & 0 & 0 & 1 & 1\\ 0 & 1 & 1 & 0 & -1\end{bmatrix},\quad \boldsymbol{W}=\begin{bmatrix}w_1\\ w_2\end{bmatrix}=\begin{bmatrix}0.011\\ 0.012\end{bmatrix}$$

$$\boldsymbol{V}=\begin{bmatrix}v_1\\ v_2\\ \vdots\\ v_5\end{bmatrix},\quad \boldsymbol{M}=\begin{bmatrix}m_1\\ m_2\\ \vdots\\ m_5\end{bmatrix},\quad \boldsymbol{f}=\begin{bmatrix}f_1\\ f_2\end{bmatrix}$$

と示せば，上の条件式は，

$$\boldsymbol{f}=\boldsymbol{BV}-\boldsymbol{W}=0,\quad \boldsymbol{W}=\boldsymbol{BM} \tag{5.36}$$

と書ける．

$\boldsymbol{V}$ の最確値を求めるには，

$$S=p_1v_1{}^2+\cdots\cdots+p_5v_5{}^2-2\lambda_1f_1-2\lambda_2f_2$$
$$=\boldsymbol{V}^t\boldsymbol{PV}-2\boldsymbol{\lambda}^t\boldsymbol{f}$$

を最小にする $\boldsymbol{V}$ を求めればよい．すなわち

$$\frac{\partial S}{\partial \boldsymbol{V}}=0$$

は，式 (2.194) より

$$\boldsymbol{PV}=\boldsymbol{B}^t\boldsymbol{\lambda} \tag{5.37}$$

となる．ここで，$\boldsymbol{P}$ は測定値 m_i の重み p_i のマトリクスであり，1 km 当りの中等誤差を σ_0 とすると，p_i は測定区間長 s_i に反比例するから

$$P = \begin{bmatrix} 1/3 & 0 & \cdots\cdots\cdots\cdots\cdots & 0 \\ 0 & 1/2 & & \vdots \\ \vdots & & 1/4 & & \vdots \\ \vdots & & & 1/2.5 & \vdots \\ 0 & \cdots\cdots\cdots\cdots\cdots\cdots & & 1 \end{bmatrix}$$

であり，測定値のコファクターマトリクス g は，

$$g = P^{-1} = \begin{bmatrix} 3 & 0 & \cdots\cdots\cdots\cdots & 0 \\ 0 & 2 & & \vdots \\ \vdots & & 4 & & \vdots \\ \vdots & & & 2.5 & \vdots \\ 0 & \cdots\cdots\cdots\cdots\cdots & & 1 \end{bmatrix}$$

である.

式 (2.195)〜(2.197) に示されたように，式 (5.36) と (5.37) を同時に解くことにより

$$\lambda = (BgB^t)^{-1}W$$

$$= \begin{bmatrix} 1 & 0 & 0 & 1 & 1 \\ 0 & 1 & 1 & 0 & -1 \end{bmatrix} \begin{bmatrix} 3 & 0 & \cdots\cdots\cdots & 0 \\ 0 & 2 & & \vdots \\ \vdots & & 4 & & \vdots \\ \vdots & & & 2.5 & \vdots \\ 0 & & & & 1 \end{bmatrix} \begin{bmatrix} 1 & 0 \\ 0 & 1 \\ 0 & 1 \\ 1 & 0 \\ 1 & -1 \end{bmatrix}^{-1} \begin{bmatrix} 0.011 \\ 0.012 \end{bmatrix}$$

$$= \begin{bmatrix} 6.5 & -1 \\ -1 & 7 \end{bmatrix}^{-1} \begin{bmatrix} 0.011 \\ 0.012 \end{bmatrix} = \begin{bmatrix} \dfrac{14}{89} & \dfrac{2}{89} \\ \dfrac{2}{89} & \dfrac{13}{89} \end{bmatrix} \begin{bmatrix} 0.011 \\ 0.012 \end{bmatrix} = \begin{bmatrix} 0.002 \\ 0.002 \end{bmatrix}$$

が得られ，これより高低差の最確値 h_0 は，

$$h_0 = M - V = M - gB^t\lambda$$

$$= \begin{bmatrix} 5.245 \\ 3.597 \\ -2.940 \\ -5.879 \\ 0.645 \end{bmatrix} - \begin{bmatrix} 3 & 0 & \cdots\cdots\cdots\cdots & 0 \\ 0 & 2 & & \vdots \\ \vdots & & 4 & & \vdots \\ \vdots & & & 2.5 & \vdots \\ 0 & \cdots\cdots\cdots\cdots\cdots & & 1 \end{bmatrix} \begin{bmatrix} 1 & 0 \\ 0 & 1 \\ 0 & 1 \\ 1 & 0 \\ 1 & -1 \end{bmatrix} \begin{bmatrix} 0.002 \\ 0.002 \end{bmatrix}$$

$$= \begin{bmatrix} 5.245 \\ 3.597 \\ -2.940 \\ -5.879 \\ 0.645 \end{bmatrix} - \begin{bmatrix} 0.006 \\ 0.004 \\ 0.008 \\ 0.005 \\ 0 \end{bmatrix} = \begin{bmatrix} 5.239 \\ 3.593 \\ -2.948 \\ -5.884 \\ 0.645 \end{bmatrix}$$

したがって，B, C, D 点の標高の最確値 H_{0B}, H_{0C}, H_{0D} は次のようになる．

$H_{0B} = H_A + h_{01} = 51.200 + 5.239 = 56.439$

$H_{0C} = H_{0B} + h_{02} = 56.439 + 3.593 = 60.032$

$H_{0D} = H_A - h_{04} = 51.200 + 5.884 = 57.084$

単位重みの測定値の不偏分散 $\hat{\sigma}^2$ は，以下のように求めることができる．

$$\hat{\sigma}^2 = \frac{S}{n-q} = \frac{1}{n-q} V^t P V = \frac{1}{n-q} \lambda^t W$$

$$= \frac{1}{5-3} [2 \ \ 2] \begin{bmatrix} 11 \\ 12 \end{bmatrix} = 23.0$$

となる．

高低差の測定値 m_i のコファクターマトリクス G_{xx} は式 (2.208) より

$$G_{xx} = g - gB^t(BgB^t)^{-1}Bg$$

である．

$$gB^t = \begin{bmatrix} 3 & 0 \\ 0 & 2 \\ 0 & 4 \\ 2.5 & 0 \\ 1 & -1 \end{bmatrix}, \quad Bg = \begin{bmatrix} 3 & 0 & 0 & 2.5 & 1 \\ 0 & 2 & 4 & 0 & -1 \end{bmatrix}$$

より

$$G_{xx} = \begin{bmatrix} 3 & 0 & \cdots\cdots\cdots\cdots & 0 \\ 0 & 2 & & \\ \vdots & & 4 & \\ \vdots & & & 2.5 \\ 0 & \cdots\cdots\cdots\cdots & & 1 \end{bmatrix} - \begin{bmatrix} 3 & 0 \\ 0 & 2 \\ 0 & 4 \\ 2.5 & 0 \\ 1 & -1 \end{bmatrix} \begin{bmatrix} \dfrac{14}{89} & \dfrac{2}{89} \\ \dfrac{2}{89} & \dfrac{13}{89} \end{bmatrix} \begin{bmatrix} 3 & 0 & 0 & 2.5 & 1 \\ 0 & 2 & 4 & 0 & -1 \end{bmatrix}$$

$$= \begin{bmatrix} 1.58 & -0.14 & -0.27 & -1.18 & -0.40 \\ -0.14 & 1.42 & -1.17 & -0.11 & 0.25 \\ -0.27 & -1.17 & 1.66 & -0.22 & 0.49 \\ -1.18 & -0.11 & -0.22 & 1.52 & -0.34 \\ -0.40 & 0.25 & 0.49 & -0.34 & 0.74 \end{bmatrix}$$

182　第5章　水　準　測　量

したがって高低差の最確値 h の不偏分散は，

$$\hat{\sigma}_{h_1}^2 = G_{11}\hat{\sigma}^2 = 1.58 \times 23.0 = 36.34 \qquad \hat{\sigma}_{h_1} = \pm 6.0 \text{ mm}$$
$$\hat{\sigma}_{h_2}^2 = G_{22}\hat{\sigma}^2 = 1.42 \times 23.0 = 32.66 \qquad \hat{\sigma}_{h_2} = \pm 5.7 \text{ mm}$$
$$\hat{\sigma}_{h_3}^2 = G_{33}\hat{\sigma}^2 = 1.66 \times 23.0 = 38.18 \qquad \hat{\sigma}_{h_3} = \pm 6.2 \text{ mm}$$
$$\hat{\sigma}_{h_4}^2 = G_{44}\hat{\sigma}^2 = 1.52 \times 23.0 = 34.96 \qquad \hat{\sigma}_{h_4} = \pm 5.9 \text{ mm}$$
$$\hat{\sigma}_{h_5}^2 = G_{55}\hat{\sigma}^2 = 0.74 \times 23.0 = 17.02 \qquad \hat{\sigma}_{h_5} = \pm 4.1 \text{ mm}$$

このとき各点の標高の精度の推定値は，

$$H_B = H_A + h_1 \qquad \text{だから} \qquad \hat{\sigma}_B = \hat{\sigma}_{h_1} = \pm 6.0$$
$$H_D = H_h - h_4 \qquad \text{だから} \qquad \hat{\sigma}_D = \hat{\sigma}_{h_4} = \pm 5.9$$
$$H_C = H_B + h_2 = H_A + h_1 + h_2$$

であるから，H_C のコファクター G_C は，

$$G_C = \left(\frac{\partial H_C}{\partial h_1}\right) G_{h_1} + \left(\frac{\partial H_C}{\partial h_2}\right) G_{h_2}$$
$$= G_{h_1} + G_{h_2}$$

である．したがって，

$$G_{CC} = G_C G_C = G_{h_1 h_1} + G_{h_2 h_2} + 2 G_{h_1 h_2} = 1.58 + 1.42 - 2 \times 0.14 = 2.7$$

よって

$$\hat{\sigma}_C^2 = \hat{\sigma}^2 G_{CC} = 62.56, \qquad \hat{\sigma}_C = \pm 7.9 \text{ mm}$$

このように，条件方程式法による場合は，観測方程式による場合のように未知量の精度を直接求めることはできず，上記のような誤差伝播の計算が必要となる．

参　考　文　献

1) 丸安隆和：測量(1)，オーム社
2) 大嶋太市：測量学，共立出版
3) 森　忠次：測量学Ⅰ基礎編，丸善
4) 春日屋伸昌：測量学Ⅰ，朝倉書店
5) Volquardts/Matthews：Vermessungskunde Teil 1, B. G. Teubner
6) Kissam：Surveying, McGraw-Hill
7) 土橋忠則：基準点測量，山海堂
8) 建設大臣官房技術調査室：公共測量作業規程，(社)日本測量協会
9) (社)日本測量協会：測量・地図年鑑
10) 細野武庸・井内　登：基準点測量，(社)日本測量協会
11) J. アルベルツ，W. クライリング編著，佐々波清夫，西尾元充訳：写真測量ハンドブック，画像工学研究所

第6章 基準点測量

6.1 基準点測量

6.1.1 基準点測量とは

　ある地域を測量する場合，その地域内に細部測量(地形測量)の基準となる平面位置や標高が既知の点をいくつか設置することが必要になる．このような基準点としてまず考えられるのが，国の基本測量により設置されている一〜四等三角点や一〜三等水準点であるが，これらの国家基準点は細部測量を行ったり，路線測量など土木工事の設計や施工のための測量を行うのに十分なほど密に設置されてはいない．そこで，国家基準点などの既知点を与点とし，新たに基準点を追加設置するための測量，すなわち新たに基準点としたい点(これを新点あるいは求点と呼ぶ)の平面位置や標高を求めるための測量が必要になる．このような測量を基準点測量(control point surveying)という．

　単に基準点測量という場合，国の基本測量で行われる国家基準点の測量を指す場合もある．基準になる点の測量，あるいは既知点を所与として新点(求点)を測量するという意味では同じであるからである．しかし，本章で解説する対象は，あくまで国家基準点を補うために行う基準点測量であり，公共測量や工事測量で用いられる基準点測量とする．すなわち，比較的狭い地域での基準点測量を対象とし，平面直角座標に基づくことを前提とする．

　また，基準点測量には，7章で述べるGPS測量のように3次元座標の測定を通して平面位置と標高を同じ処理過程で求める方法もあるが，一般には，位置の測量と標高の測量は独立に行われる．建設省の公共測量作業規程では，このような位置の測量を狭義の基準点測量，後者を水準測量としている．水準測量については5章で述べたので，本章では狭義の基準点測量について解説する．

6.1.2 基準点測量の等級

　細部測量のための基準点といっても，そのすべてが同じ目的に利用されるわけでは

ない．そこで，建設省の公共測量作業規程では，基準点の利用目的やそのための要求精度に応じて，基準点測量を1～4級に分け，必要精度や測量方法を示している．以下，各級基準点測量の主たる目的を示しておく．

i）1級基準点測量　四等三角測量に準じた測量で，2級基準点測量の基準となる点の設置や，トンネルなどの測量で特に高い精度を要する場合に行う．

ii）2級基準点測量　3級基準点測量のための基準点設置や，土木工事の調査，設計，施工などを目的とした特に精度を要する基準点設置のため，あるいは地形その他の制約により1級基準点測量が実施できない場合などに行う．

iii）3級基準点測量　4級基準点測量の基準点を設けるため，あるいは土木工事の調査，設計，施工のための基準点設置を目的とする場合，および縮尺1/500地図作成のための図根点や写真測量の標定点の設置測量の基準点を設ける場合に行う．

iv）4級基準点測量　縮尺1/1000地図作成のための図根点や写真測量の標定点の設置，あるいは路線測量におけるIP点など土木工事に必要な基準点の設置を目的として行う．

基準点測量の成果は，それに続く細部測量の精度を大きく支配する．そのため，測量方法は十分に信頼性の高い方法であることが要求される．そこで，基準点測量においては，混入した誤差が発見できるように，新点の位置を知る上で必要最小限の測定数より常に多くの測定を行い最小二乗法によって最確値を求める，いわゆる調整計算を必要とする．

6.1.3　三角測量と基準点測量方式の変遷

a）三角測量

わが国では，明治時代の初頭に一等三角測量が開始されて以来，大正年間の二～三等三角測量，そして昭和20年代後半から開始された四等三角測量に至るまで，三角測量方式による三角点の測量が営々と進められてきた(**図-6.1**)．

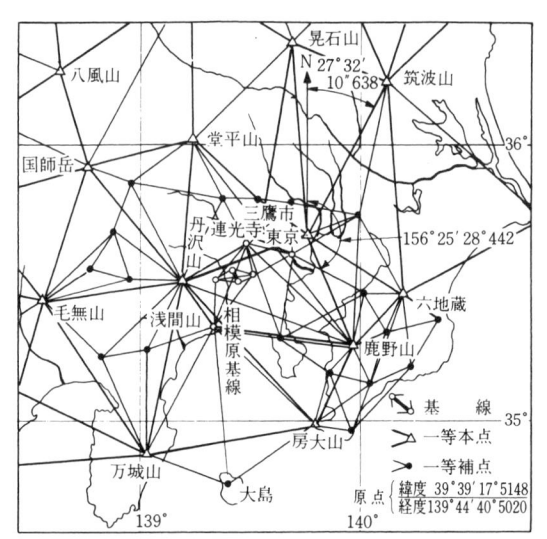

三角測量（triangulation）は，三角形の1つの

図-6.1　相模原基線と一等三角網ならびに経緯度原点における方位角
（武田通治：測量学概論，山海堂より）

辺長と内角を測定し，主に正弦定理を応用した辺長の計算を通して点の座標を決める測量方式である．三角測量においては，まず適当な間隔をおいて配置された測点を結んで多数の三角形からなる測量網（三角網）をつくり，これらの三角形のどれか1つの辺の長さを測定する（**図-6.2**）．三角網の頂点をなす測点は三角点 (triangulation station) と呼ばれ，辺長を測定した辺は基線 (base line) と呼ばれる．この基線を含む三角形の内角を測定し，正弦定理により未知辺長を計算し，順次他の三角形の内角を測定してすべての辺長を求め，三角点相互間の位置関係を決める．これにより，最低1つの三角点の座標が決められており，またそれより他の三角点に至る辺の方位角が求められていれば，他のすべての三角点の座標を決定することができるのである．

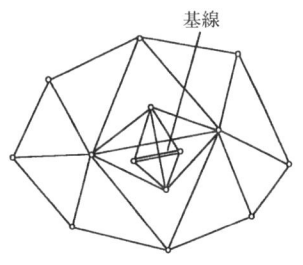

図-6.2 三角網の例

b) 測量方式の変遷

基本的に1つの辺長を測定するほかはすべて角の測定のみで点の位置を決める三角測量は，明治以降の長きの間，広い範囲に精度の高い基準点を設置するための最も適切で確実な方法であった．なぜなら，巻尺を主たる道具とせざるを得なかった当時の距離測量は，トランシットを用いる角測定と比してきわめて精度が低かったからである．したがって，可能な限り角測定を多くし，距離測定を減らす方式として三角測量が最適な測量方式であったのである．

しかしながら，1960年代以降の光波測距儀の普及に伴い，三角測量は多角測量，三辺測量などの他の測量方式と比して決して優位な測量法ではなくなった．光波測距儀は，長距離かつ高精度な距離測定を可能ならしめた．また，作業の多くを自動化でき，測角と比して天候に大きく左右されないという利点も有している．このため，辺長の測定を多く取り入れることにより測量網を簡略化できる多角測量，あるいは辺長の測定のみで三角網を高精度に決定する三辺測量の優位性が格段に向上したのである．加えて，1980年代後半以降飛躍的な進展をみせているGPS測量は，衛星からの電波を捕捉できる条件下という制約はあるにせよ，国の基本測量に足るだけのきわめて高精度な測量を可能にし，また公共測量や工事測量にも十分利用できる操作性をもつに至っている．

これらを背景に，基準点測量の方式は三角測量から徐々に多角測量，三辺測量，GPS測量に移行し，現在では基本測量における一～三等三角点の新設，再測量にはすべてGPS測量あるいは三辺測量が用いられている．また，四等三角測量のすべてが多角測量方式で行われている．

公共測量作業規程においても，三角測量はこれまで多角測量とともに1級および2

級基準点測量の基本方式として位置づけられてきたが，1996年(平成8)の改正に際し，ついに基準点測量の基本方式から三角測量が削除されるに至ったのである．

6.2 代表的な基準点測量方式

6.2.1 多角測量

前節で述べたように，現在における，公共測量やそれに準じる工事測量における基準点測量の最も基本的な方式は，多角測量である．多角測量はトラバース測量(traversing)とも呼ばれる．

多角測量とは図-6.3に示すように，既知点と測点を含む折線や多角形から構成される測量網(多角網)を設定し，既知点から出発して順次，辺長と隣接辺のなす角を測定することにより，新点の平面位置を求める測量をいう．一般に，辺長の測定には光波測距儀が，角測定にはトランシットが用いられる．測距・測角を同時に処理するトータルステーションを用いることもできる．

図-6.3 多角網の例(△は既知点を示す)

なお，近年のGPS測量の進展は，新たな多角測量の方式を生み出した．いま，図-6.3の多角網において，GPS測量により各点間の相対位置ベクトルを測定したとしよう．GPS測量の原理は7章で述べるが，従来の測量方式のように距離と角を独立に測定するものではない．しかし，相対位置ベクトルを測定するということは，距離と方向角を求め得ることを意味し，多角測量と同様に新点の位置を求めることができる．このような方法を，公共測量作業規程では「GPSによる多角測量方式」と呼んでいる．そして，先に述べたGPSを用いない多角測量をも含めた総称として，「多角測量方式による基準点測量」と定義している．したがって，多角測量方式という用語には注意を要する．しかし，現在においても，単に多角測量といえば，先に定義した辺長と隣接辺の内角を独立に測量する方法を指すのが一般的である．本章において解説の主たる対象とするのも，このいわゆる多角測量である．

6.2.2 測距・測角混合型の測量

いま，図-6.4に示すような，2つの既知点1，2と新点3からなる三角形において，内角 α, β，辺長 l_{13}, l_{23} を測定して新点3の位置を求める問題を考える．この問題は，新点3の2つの座標を求めるために関係する測定を独立に4つ行う問題であり，測量方式として成立する．ところで，この測量方式は辺長と角の測定から新点の位置を求める問題であることは確かであるが，上に述べた多角測量方式の定義，すなわち，

「既知点から出発して順次，辺長と隣接辺のなす角を測定することにより，新点の平面位置を求める測量」にはあてはまらない．

このように，測距，測角を組み合わせた測量方式であるにもかかわらず，多角測量方式ではない測量方式を測距・測角混合型の測量と呼び，地形条件などから測点での隣接辺の内角を測定しにくい場合などに用いられる．なお，測量作業の中には，その成果を公共座標系に表す必要がなく，面積測定のように測量網の形状を求めることだけを目的とする場合もある．例えば，三角形の形状を確定するために，すべての辺長と内角を測定するような場合である．このような測量方式も，先の多角測量の定義にはあてはまらず，測距・測角混合型の測量と呼ぶ．

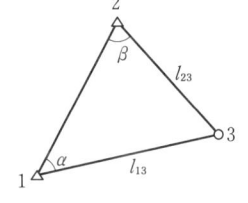

図-6.4 測距・測角混合型の測量網の例

6.2.3 三辺測量

測距・測角混合型の基準点測量の極端な形態が，測距のみによる基準点測量である．いま，図-6.5に示すような，3つの既知点1，2，3から新点4の位置を求める問題を想定しよう．この場合，既知点と新点を結ぶすべての辺長を測量すれば新点座標の最確値を求めることができる．すなわち，測距のみで基準点測量を行うことが可能になる．光波測距儀が普及している現在においては非常に便利でかつ精度の高い測量方式である．なお，測距のみから新点を求めるためには，新点は必ず他の3点と連結された測量網とする必要があり，既知点間の辺も測量網に含めれば，結果的に測量網は三角網となる．このため，辺長の距離測量のみに基づき基準点測量を行う方式を総称して三辺測量(trilateration)と呼ぶ．

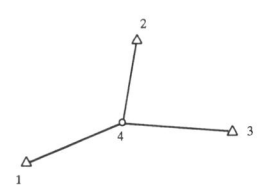

図-6.5 三辺測量網の例

6.2.4 多角測量の意義

測距・測角混合型の基準点測量は，辺長と隣接辺の内角を測定するという，厳密な意味での多角測量ではないが，多角網において角あるいは距離に関する観測方程式から新点の位置を求めるという点では多角測量と同じであり，観測方程式法が普及している現在においては，解法上異なる測量方式と位置づける必要もなくなっている．

しかし，公共測量において基本的な測量方式と位置づけられているのは，あくまで6.2.1で述べた多角測量である．その理由は以下のとおりである．

① 多角測量は，辺長と隣接辺の内角を順次測量するという機械的な方式であるため，測量網の種類をいくつかに場合分けしておけば，測量作業や精度の点検，調

整計算の方法などを規程として示しやすい．また測量作業者もこの規程にしたがって効率的に作業を遂行できる．この点において，多角測量は，測距と測角が複雑に入り組んだ基準点測量よりも便利であることが多い．

② 三辺測量は，辺長の測定のみであり，機械的な測量方式ではある．しかし，図-6.5のように新点から3点の既知点を見通すことができる場合は一般に少ない．特に，市街地のような見通しの利かない地域ではきわめて困難である．見通しが十分に利かない地域で三辺測量を行うには，小面積の三角網（三辺測量を行う場合は三辺網と呼ぶこともある）を路線状に複雑に組む必要が生じ，距離のみの測量とはいえ，観測数が膨大に増えることになる．

本章では以上を踏まえ，いわゆる多角測量を中心に解説を行い，これを補足する形で，簡単な測量網を対象とした測距・測角混合型の測量について解法を示している．

6.3 多 角 測 量

6.3.1 多角網の一般型

多角測量に用いられる測量網（多角網）は，その形状から以下のように分類できる．

a) 結合多角方式

図-6.6のように，多角路線の任意の集合により形成される様々な図形が混在する多角網をいう．結合トラバース (connected traverse) ともいう．一般には，図-6.7に示すような，X型，Y型，A型，H型といった定型の多角網が用いられる．

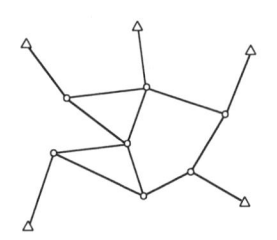

図-6.6 結合多角方式

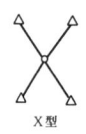

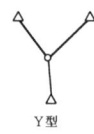

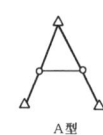

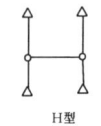

図-6.7 結合多角方式の基本型

b) 単路線方式

図-6.8(a)のように，両端に既知点を配し，一路線で新点を結ぶ多角網をいう．結合多角方式の最も簡単な図形とも解釈でき，単路線方式も含め，結合多角方式（結合トラバース）と呼ぶ場合もある．なお，単路線方式では，

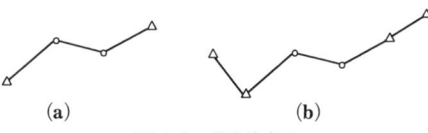

図-6.8 単路線方式

既知点は路線の両端の2つであり,既知点の座標精度が低い場合には新点の精度もそれに影響を受け著しく低下する.そこで単路線方式の場合は,図-6.8(b)のように,路線の片端あるいは両端の既知点と他の既知点を結び,既知点の精度の点検を行えるようにするのが一般である.これを方向角の取り付けという.

c) 閉合多角方式

図-6.9(a)のように,2つ以上の単位多角形(閉合多角形)により形成される多角網をいう.閉合トラバース(closed traverse)ともいう.この方法は,結合トラバースと異なり既知点を多角形に含むために,既知点の座標を所与としなくても,換言すれば既知点の座標精度にかかわりなく,観測値のみから多角網の形状を確定できるという利点を有する.このため,新点座標を特に高精度に決定する必要がある場合に利用される.

図-6.9(b)のように,1つの多角形による方式も含め,閉合多角方式と呼ぶ場合もある.しかし,この方式の場合,距離測定に距離に比例する系統誤差があっても,既知点での座標の閉合誤差がなくなり,真の図形と相似の図形を決定してしまう危険

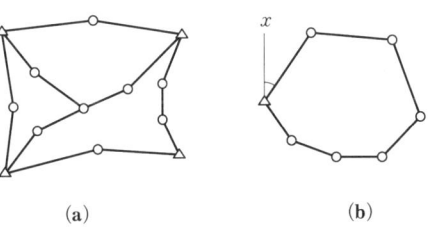

図-6.9 閉合多角方式

性があり,公共測量においては特別な場合を除いて利用されない.しかし,簡便であるために,工事測量などにはしばしば用いられ,また大学などにおける測量実習の例題としても利用されることが多い.本書では,このような1つの多角形による閉合トラバースを単純閉合トラバースと呼び,公共測量作業規程で規定される閉合トラバースと区別する.

公共測量作業規程では,原則として,1~2級基準点測量は結合多角方式により,また3~4級基準点測量は結合多角方式または単路線方式により行うことを定めている.閉合多角方式は,既知点の座標精度までも点検するような,特に高精度に求める場合に限り利用される.

なお,多角網を構成する要素のうち,既知点と新点以外の路線の屈折点を節点と呼ぶ.節点は,地物の障害によって,新点と既知点を直接に観測できない場合にやむを得ず設置する中継ぎの観測点である.路線と路線が交わる点は交点と呼ばれる.

6.3.2 多角網の計画と選定

多角網の計画,選定の適否は新点の精度や作業の効率に大きな影響を及ぼし,またその後に行われる細部測量への影響も大きい.公共測量作業規程では,精度と作業効

率を勘案し，詳細な計画，選定基準を定めている．ここでは，多角網の形状が新点の精度に及ぼす影響を分析する際に用いられる「図形の強さ」という概念について説明し，これに基づき規程されている多角網の計画，選定基準の主なものを示す．

a) 図形の強さ (strength of figure)

多角測量による新点の精度とは，辺長や角の測定結果に基づき最小二乗法で調整された新点座標の最確値の精度をいう．この最確値の精度には，距離や角の測定値の精度が影響を及ぼすことは言うまでもないが，これらのほかにも，測量網としての多角網の性質，すなわち既知点や新点，節点の配置も考慮に入れた図形の形状や，どの角と辺長を測定するかという設定などが大きな影響を及ぼす．最確値の精度のうち，測定そのものに依存する部分と多角網の性質に依存する部分を分離できれば，測定を行わなくても多角網の性質のみから精度を概略的に議論できることになる．これにより，測定精度が同じであれば，どの多角網でどのように測量を行えば，高い精度が得られるかがわかるのである．このとき，高い精度が得られる多角網を，低い精度しか得られない多角網と比して「図形が強い」という表現を用いる．

いま，いくつかの測定結果から，新点座標の最確値の精度を最小二乗法で求めることを考える．この際，最確値ベクトルの分散共分散行列 $\boldsymbol{\Sigma}$ は (2.61) から，

$$\boldsymbol{\Sigma} = \hat{\sigma}^2 \boldsymbol{G} \tag{6.1}$$

となる．ここで，$\hat{\sigma}^2$ は測定値の単位重みの不偏分散である．$\boldsymbol{G}$ は最確値のコファクター行列であり，条件のない測定を例に示せば，式 (2.163) より，

$$\boldsymbol{G} = (\boldsymbol{A}^t \boldsymbol{P} \boldsymbol{A})^{-1} \tag{6.2}$$

である．なお，$\boldsymbol{A}$ は観測方程式の係数行列であり，$\boldsymbol{P}$ は重み行列である．

最確値の総合精度 ME は，$\boldsymbol{\Sigma}$ の対角要素の総和（トレース）の平方根で示されるから，$F = \sqrt{\text{trace}\,\boldsymbol{G}}$ とすれば，

$$ME = \hat{\sigma} F \tag{6.3}$$

となる．ここで，$\hat{\sigma}$ は測定値の精度に依存するが，F は測量網としての多角網の性質によってのみ決まるものである．

したがって，F は図形の強さを表す指標として機能するのである．すなわち，多角測量によってある新点の位置を決定するとき，どのような多角網にすればよいかを議論するとしよう．このとき，F が小さいほど「強い図形」ということができ，高い精度で新点を求めることが期待できる．

F を計算し，多角網の強さを議論する際には，図上に候補となる多角網を記し，図上での距離や角の測定を通して計算するというシミュレーション分析がしばしば用いられる．

b) 多角網の計画，選定基準

前述した「図形の強さ」に関するシミュレーション，測定機器の性能，そして作業効率等を総合的に考慮し，公共測量作業規程では1～4級の基準点測量における多角網の計画，選定基準を定めている．その主たる内容を示したのが，**表-6.1**である．

表-6.1 多角網の計画，選定基準
(a) 結合多角方式・閉合多角方式の場合

項目＼区分	1級基準点測量	2級基準点測量	3級基準点測量	4級基準点測量
(1) 1個の多角網における既知点数	$2+\dfrac{新点数}{5}$ 以上（端数切上げ）		3点以上	
(2) 単位多角形の辺数	10辺以下	12辺以下	――	――
(3) 路線の辺数	5辺以下	6辺以下	7辺以下	10辺以下
	伐採樹木および地形の状況等によっては，計画機関の承認を得て辺数を増やすことができる．			
(4) 節点間の距離	250 m以上	150 m以上	70 m以上	20 m以上
(5) 路線長	3 km以下	2 km以下	1 km以下	500 m以下
	GPS測量機を使用する場合は5 km以下とする．			

(b) 単路線方式の場合

項目＼区分	1級基準点測量	2級基準点測量	3級基準点測量	4級基準点測量
(1) 方向角の取り付け	既知点の1点以上において方向角の取り付けを行う．			
(2) 路線の辺数	7辺以下	8辺以下	10辺以下	15辺以下
(3) 新点の数	2点以下	3点以下	――	――
(4) 路線長	5 km以下	3 km以下	1.5 km以下	700 m以下

(注) 1. 路線とは，既知点から他の既地点まで，既知点から交点までまたは交点から他の交点までをいう．
　　2. 単位多角形とは，路線によって多角形が形成され，その内部に路線をもたない多角形をいう．

6.3.3 多角測量における観測と点検

多角測量においては，トータルステーション，トランシット，光波測距儀などを用

いて，関係点間の水平角，鉛直角および距離を測定する必要がある．鉛直角を必要とする理由は，光波測距儀による距離測定は斜距離であるからである．

a) 観測機器

公共測量作業規程により，1～4級の基準点測量ごとに，使用する測量機器の性能基準が定められている．トータルステーション(TS)を用いる場合を例に，性能基準の主たるものを示したのが**表-6.2**である．トランシット，光波測距儀を別々に用いる場合もこの性能基準に準ずる．なお，現在では，公共測量においては特別な場合を除き鋼巻尺は用いることができない．

表-6.2 トータルステーションの性能基準の例

区　　分	機　器	性能基準の一部
1～2級基準点測量	1級 TS	角最小読定値1秒，距離測定精度 5 mm＋5 ppm・D
2～3級基準点測量	2級 TS	角最小読定値10秒，距離測定精度 5 mm＋5 ppm・D
4級基準点測量	3級 TS	角最小読定値20秒，距離測定精度 5 mm＋5 ppm・D

(注) D：測定距離

b) 観測の実施方法

公共測量作業規程により，水平角，鉛直角，距離の各観測ごとに，詳細な観測方法が定められている．その概要を示したのが**表-6.3**である．

表-6.3 観測の実施基準

項　目	区　分	1級基準点測量	2級基準点測量		3級基準点測量	4級基準点測量
			1級トータルステーション，トランシット	2級トータルステーション，トランシット		
水平角観測	読定単位	1″	1″	10″	10″	20″
	対回数	2	2	3	2	2
	水平目盛位置	0°, 90°	0°, 90°	0°, 60°, 120°	0°, 90°	0°, 90°
鉛直角観測	読定単位	1″	1″	10″	10″	20″
	対回数	1				
距離測定	読定単位	1 mm				
	セット数	2				

ここで，水平角観測は 3.3.1 で述べた方向法によることを原則としている．水平観測，鉛直角観測においては，1視準1読定，望遠鏡の正反観測を1対回とする．距離測定では，1視準2読定を1セットとする．なお，トータルステーションを利用する場合は，1視準で水平角観測，鉛直角観測，距離測定を同時に行うことを原則としている．

c) 観測の主な点検作業

点検作業は，個別の距離や角の観測における点検と，すべての観測が終了した後に行う点検計算に分けられる．

個別観測の点検については，表-6.4 に示されるような許容範囲が定められており，これを超える観測値が得られた場合は，再測する必要がある．点検計算は，次に述べるように，角の閉合差に関するものと座標の閉合差に関するものに分けられる．

表-6.4 観測値の点検における許容範囲

項　目	区　分	1級基準点測量	2級基準点測量		3級基準点測量	4級基準点測量
			1級トータルステーション，トランシット	2級トータルステーション，トランシット		
水平角観測	倍角差	15″	20″	30″	30″	60″
	観測差	8″	10″	20″	20″	40″
鉛直角観測	高度定数の較差	10″	15″	30″	30″	60″
距離測定	1セット内の測定値の較差	2 cm				
	各セットの平均値の較差	2 cm				

d) 角の閉合差に関する点検計算

多角測量の水平角の観測結果は，次節で詳述するように幾何学的な一定の条件を有する．したがって，これらの条件を観測値が満たすかどうかを確認することにより，

表-6.5 角の閉合差に関する許容範囲

	1級基準点測量	2級基準点測量	3級基準点測量	4級基準点測量
結合多角方式 単路線方式	$5″+8″\sqrt{n}$	$7″+10″\sqrt{n}$	$10″+20″\sqrt{n}$	$20″+50″\sqrt{n}$
閉合多角方式	$8″\sqrt{n}$	$10″\sqrt{n}$	$20″\sqrt{n}$	$50″\sqrt{n}$

(注) n：測角数

観測の良否の点検が可能になる．角に関する幾何学的な条件値と，それに対応する観測値による計算値との差を，一般に角の閉合差と呼ぶ．公共測量作業規程では，各等級基準点測量ごとに角の閉合差に関する基準を設けており，これを満たさない場合は再測をしなければならない．表-6.5に角の閉合差の許容範囲を示す．

e) 座標の閉合差に関する点検計算

複数の既知点を結ぶ点検路線を設定し，一つの既知点から出発して順次，距離と角の観測値から節点の座標を求めていくと，他の既知点（あるいは出発した既知点）の座標を計算することができる．したがって，この計算された座標と所与である既知点の座標を比較すれば，角と距離の観測値の良否の点検が行える．この際，計算で得られた座標と所与の座標の距離を閉合差と呼ぶ．公共測量作業規程では，表-6.6のように閉合差について許容範囲を設けている．許容範囲を超えた場合は，原則として再測しなければならない．

表-6.6 座標の閉合差に関する許容範囲

	1級基準点測量	2級基準点測量	3級基準点測量	4級基準点測量
結合多角方式 単路線方式	$10\,\text{cm}+2\,\text{cm}\sqrt{N\Sigma S}$	$10\,\text{cm}+3\,\text{cm}\sqrt{N\Sigma S}$	$15\,\text{cm}+5\,\text{cm}\sqrt{N\Sigma S}$	$15\,\text{cm}+10\,\text{cm}\sqrt{N\Sigma S}$
閉合多角方式	$1\,\text{cm}\sqrt{N\Sigma S}$	$1.5\,\text{cm}\sqrt{N\Sigma S}$	$2.5\,\text{cm}\sqrt{N\Sigma S}$	$5\,\text{cm}\sqrt{N\Sigma S}$

(注) N：辺数，ΣS：路線長 (km)

角と距離の観測値が以上の2つの閉合差に関する基準を満たすことを確認した上で，座標の調整計算の過程に移行することを原則とする．ただし，次節で解説する簡易調整計算を行う場合には，角の閉合差に関する点検を経て，距離とは独立にまず角の調整計算を行い，この調整された角と距離の観測値により座標の閉合差を点検し，座標の調整を行うという方法がとられるのが一般である．すなわち，簡易調整法によらない一般的な方法（厳密調整法）では，観測値に関する点検をすべて終了させた上で調整計算を行うが，簡易調整法では，角の点検と調整を行った後に座標の点検と調整を行うという，点検と調整を組み合わせた段階的な方法をとる．

6.4 多角測量の簡易調整法

多角測量では角と距離が直接の観測量であるから，本来であれば，6.5で述べるように，角と距離の観測方程式から同時に誤差を調整する方法（厳密調整法）を用いる必要がある．しかし，計算機の利用が一般ではなかった時代には厳密調整法を実行す

るのは容易なことではなかった．このため，前節でも述べた，角の閉合差の調整を終えた後に座標の閉合差の調整を行うという段階的な方法がしばしば用いられた．これを簡易調整法と呼ぶ．現在でも，3～4級基準点測量では簡易調整法の利用が認められている．

本節では，この簡易調整法について解説する．まずはじめに，簡単な多角網による調整の例を示し，次ぎに，より実際的な結合多角網による調整の例を示す．

6.4.1 簡単な多角網の簡易調整計算

ここでは，単純閉合多角方式，単路線方式という簡単な多角網を例に調整計算の方法を示すことにする．

a) 角の閉合条件

ⅰ) 単純閉合トラバースの角の閉合差 辺の数を n，観測角を $\alpha_1, \alpha_2, \cdots\cdots, \alpha_n$ とすれば，この多角形の内角の和は $180°(n-2)$ であるから，内角を測定したときの閉合差 δ は，

$$\delta = 180(n-2) - \sum_{i=1}^{n} \alpha_i \tag{6.4}$$

外角を測定したときは，

$$\delta = 180(n+2) - \sum_{i=1}^{n} \alpha_i \tag{6.5}$$

ⅱ) 単路線トラバースの角の閉合差 既知点 A から B までの単路線トラバースにおいては，A および B から他の既知点 P および Q が視準できて AP および BQ の座北からの方向角が求められているのが一般である．その方向角をそれぞれ θ_A および θ_B としておく．

観測角を $\alpha_1, \alpha_2, \cdots\cdots, \alpha_n$ とし，α_1 および α_n は AP および BQ の方向を基準として**図-6.10** のように観測されているとする．

① 後視から右回りに角観測を行った場合〔図-6.10 (a)〕

図に示されるような多角形 A, ……, B, S, R の内角の和を考えると

$$\theta_A + \alpha_1 - 360 + \alpha_2 + \cdots\cdots + \alpha_{n-1} + \alpha_n - \theta_B + 180 = 180n \tag{6.6}$$

よって閉合差 δ は，

$$\delta = 180(n+1) + \theta_B - \theta_A - \sum_{i=1}^{n} \alpha_i \tag{6.7}$$

方位角 θ_A, θ_B が他の象限にある角度の場合も同様にして求められる．

② 後視から左回りに角観測を行った場合〔図-6.10 (b)〕

$$\theta_A + \alpha_1 + (360+\alpha_2) + (360+\alpha_3) + \cdots\cdots + (360+\alpha_{n-1})$$
$$+ 360 + \alpha_n - \theta_B + 180 = 180n \tag{6.8}$$

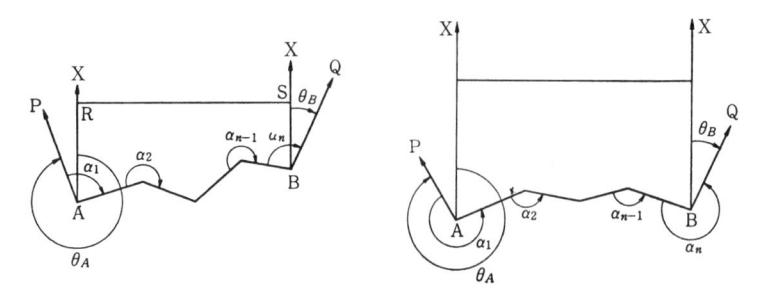

(a) 後視から右回りに測角   (b) 後視から左回りに測角

図-6.10 単路線方式の測角

よって
$$\delta = 180(n-1) + \theta_A - \theta_B + \sum_{i=1}^{n} \alpha_i \tag{6.9}$$

b) 角の閉合差の配分

閉合差 δ が表-6.5 に示した許容値内にあればこの閉合差を各角に配分する．この計算は条件つき直接測定の最小二乗法により行われる．すなわち観測角 α_i の補正量を v_i，最確値を α_i° とし，さらに角観測の重みはすべて等しいとすれば，
$$\alpha_i^\circ = \alpha_i + v_i \tag{6.10}$$

いま，単純閉合トラバースで内角を観測したとすると，閉合条件は式 (6.4) より，
$$\varphi = 180(n-2) - \sum_{i=1}^{n} \alpha_i^\circ = 0 \tag{6.11}$$

である．

これを v_i で書き替えると
$$\varphi = 180(n-2) - \sum_{i=1}^{n} \alpha_i - \sum_{i=1}^{n} v_i = \delta - \sum_{i=1}^{n} v_i = 0 \tag{6.12}$$

したがって
$$S = \frac{1}{2} \sum_{i=1}^{n} v_i^2 - \lambda (\delta - \sum_{i=1}^{n} v_i) \tag{6.13}$$

を最小とする v_i を求めれば，これが閉合条件を満たす補正量となる．

これを求めるため
$$\frac{\partial S}{\partial v_i} = v_i + \lambda = 0 \tag{6.14}$$

を式 (6.12) に代入すると
$$-n\lambda = \delta \tag{6.15}$$

したがって補正量 v_i は，

$$v_i = -\lambda = \frac{1}{n}\delta \tag{6.16}$$

となる．

すなわち，閉合差を各角に等分に配分すればよいことになる．

c) 測線の方向角

各観測角の調整を行えば，その結果より各測点における測線の方向角（座北方向からの方向角）を求める．その計算は以下のようである．

i) 後視から右回りに測角した場合〔図-6.11(a)〕　測点1における測線の方向角を θ_1 とすると，測点2における交角が α_2 であるとき，測点2より3に向かう測線の方向角 θ_2 は，

$$\alpha_2 - \theta_2 + \theta_1 = 180 \tag{6.17}$$

より

$$\theta_2 = \alpha_2 + \theta_1 - 180 \tag{6.18}$$

となる．

以下同様にして任意の測点 i では，

$$\theta_i = \alpha_i + \theta_{i-1} - 180 \tag{6.19}$$

である．

ii) 後視から左回りに測角した場合〔図-6.11(b)〕

$$-\alpha_2 + \theta_2 - \theta_1 = 180 \tag{6.20}$$

より

$$\theta_2 = \alpha_2 + \theta_1 + 180 \tag{6.21}$$

である．

任意の測点 i では，次式のようになる．

$$\theta_i = \alpha_i + \theta_{i-1} + 180 \tag{6.22}$$

以上述べた観測角の補正および方向角の計算は，例えば**表-6.7**，**表-6.8**のような形にして求めるのが便利である．

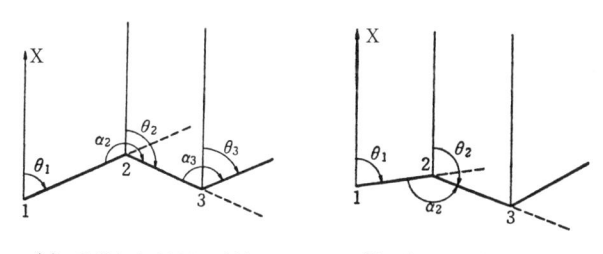

(a) 後視から右回りに測角　　**(b)** 後視より左回りに測角

図-6.11 測線の方向角

表-6.7 観測角の補正および方向角の記帳

測 点	観 測 角 α_i	補 正 角 $\alpha_i°$	方 向 角 θ_i
1	64°53′30″	64°53′0″	259°49′00″
2	206°35′15″	206°34′45″	286°23′45″
3	64°21′15″	64°20′45″	170°44′30″
4	107°33′45″	107°33′15″	98°17′45″
5	96°38′45″	96°38′15″	14°56′00″
Σ	540°2′30″	540°00′00″	
180(n−2)	540°	$v_i=\dfrac{2'30''}{5}=30''$	

表-6.8 方向角の計算簿

辺	方 向 角
1-2	259°49′00″
2-3	+206°34′45″ −180°00′00″ 286°23′45″
3-4	+ 64°20′45″ −180°00′00″ 170°44′30″
4-5	+107°33′15″ −180°00′00″ 98°17′45″
5-1	+ 96°38′15″ −180°00′00″ 14°56′00″

d) 緯距・経距の計算

各測線の距離 S_i および座北からの方向角 θ_i が求められると，2つの相異なる測点間の座標値の差 $\Delta X_i, \Delta Y_i$ が，

$$\left.\begin{array}{l} \Delta X_i = S_i \cos \theta_i \\ \Delta Y_i = S_i \sin \theta_i \end{array}\right\} \quad (6.23)$$

として求められる．ΔX_i は緯距 (latitude)，ΔY_i は経距 (departure) と呼ばれる．

緯距および経距の計算は表-6.9 に示されるような表を用いて行うとよい．

緯距および経距が得られたなら，これを全体について合計して合緯距 $\Sigma \Delta X_i$, 合

表-6.9 緯距，経距の計算

測線	距離 S (m)	方向角 θ	$\cos\theta$	$\sin\theta$	緯距 ΔX +	緯距 ΔX −	経距 ΔY +	経距 ΔY −
1-2	690.88	259°49′00″	0.176 798	0.984 247		122.15		679.99
2-3	616.05	286°23′45″	0.282 271	0.959 33	173.87			591.00
3-4	677.97	170°44′30″	0.986 973	0.160 886		669.14	109.08	
4-5	971.26	98°17′45″	0.144 284	0.989 536		140.14	961.10	
5-1	783.32	14°56′00″	0.966 226	0.257 695	756.86		201.86	
Σ	3 739.48				930.75	931.43	1 272.04	1 270.99
					$\Sigma\Delta X$	−0.68	$\Sigma\Delta Y$	1.05

経距 $\Sigma\Delta Y_i$ を求める．

e) 座標の閉合差

測定が完全に正しいものであれば，この合緯距，合経距は次にあげる閉合条件を満足するが，測定には当然何らかの誤差を含むため，この閉合条件は満たされず，閉合誤差を生み出す．

i） 単純閉合トラバースの閉合誤差 単純閉合トラバースにおいては，トラバース路線は出発点より始まり再びこれに戻るのであるから，閉合条件として

$$\left.\begin{array}{l}\Sigma\Delta X_i = 0\\ \Sigma\Delta Y_i = 0\end{array}\right\} \quad (6.24)$$

が成り立たねばならない．しかし現実にはこの条件は満たされず

$$\left.\begin{array}{l}\varepsilon_l = \Sigma\Delta X_i\\ \varepsilon_d = \Sigma\Delta Y_i\end{array}\right\} \quad (6.25)$$

となる．

そのとき座標の閉合差 ε は，

$$\varepsilon = \sqrt{\varepsilon_l^2 + \varepsilon_d^2} \quad (6.26)$$

として定義される．また多角路線の全長 ΣS_i と ε の比を閉合比と呼ぶ．すなわち閉合比 r は，

$$r = \frac{\varepsilon}{\Sigma S_i} \quad (6.27)$$

である．

ii） 単路線トラバースの閉合誤差 単路線トラバースは両端の既知点を結ぶものであるので，この既知点の座標がそれぞれ $(X_A, Y_A), (X_B, Y_B)$ であったとすると

$$\left.\begin{array}{l}\sum \Delta X_i = X_B - X_A \\ \sum \Delta Y_i = Y_B - Y_A\end{array}\right\} \quad (6.28)$$

が閉合条件となる．

したがって閉合誤差は，

$$\left.\begin{array}{l}\varepsilon_l = X_B - X_A - \sum \Delta X_i \\ \varepsilon_d = Y_B - Y_A - \sum \Delta Y_i\end{array}\right\} \quad (6.29)$$

より

$$\varepsilon = \sqrt{\varepsilon_l{}^2 + \varepsilon_d{}^2} \quad (6.30)$$

と定義される．

前述のように，閉合誤差の許容範囲は，公共測量作業規程において表-6.6のように決められている．

f) 閉合誤差の調整計算

決められた許容範囲内に閉合誤差がおさまっていないときは，再び測定をやり直さなければならない．許容範囲内にあるときは閉合誤差を各緯距および経距に配分し，閉合条件を満たすようにする．

各緯距および経距の補正すべき量 v_i, u_i を例によって条件つきの最小二乗法で求めてみよう．

まず ΔX_i, ΔY_i の最確値を x_i, y_i と記すと

$$\left.\begin{array}{l}x_i = \Delta X_i + v_i \\ y_i = \Delta Y_i + u_i\end{array}\right\} \quad (6.31)$$

となる．

以下緯距の調整についてのみ述べることにするが，経距についても全く同様である．

閉合条件は単純閉合トラバースの場合を例にとると

$$\varphi = \sum x_i = \sum (\Delta X_i + v_i) = \varepsilon_l + \sum v_i = 0 \quad (6.32)$$

である．

各緯距のもつ重みを p_i とすると，最小にすべき式は，

$$S = \frac{1}{2} \sum p_i v_i{}^2 + \lambda (\varepsilon_l + \sum v_i) \quad (6.33)$$

である．したがって

$$\frac{\partial S}{\partial v_i} = p_i v_i + \lambda = 0 \quad (6.34)$$

これを閉合条件式(6.32)に代入して

$$\lambda = \frac{\varepsilon_l}{\sum(1/p_i)} \tag{6.35}$$

よって

$$v_i = -\frac{\varepsilon_l}{p_i \sum(1/p_i)} \tag{6.36}$$

各緯距の平均二乗誤差 m_i はその測線の長さ S_i の平方根に比例するものとすれば，C を定数として

$$m_i = C\sqrt{S_i} \tag{6.37}$$

重み p_i は m_i^2 に反比例するから，k' および k を比例定数として

$$p_i = \frac{k'}{m_i^2} = \frac{k}{S_i} \tag{6.38}$$

となる．

これを式 (6.36) に代入すれば，各緯距の補正量は，

$$v_i = \frac{S_i}{\sum S_i} \varepsilon_l \tag{6.39}$$

となる．

これはコンパス法則 (compass rule) と呼ばれるもので，閉合誤差を各測線の長さに比例して配分すればよいことを示している．

各緯距の平均二乗誤差 m_i は各緯距の絶対値の平方根に比例すると仮定すれば，

$$m_i = C\sqrt{|\varDelta X_i|} \tag{6.40}$$

これより重み p_i は，

$$p_i = \frac{k}{|\varDelta X_i|} \tag{6.41}$$

となるので補正量は，

$$v_i = \frac{|\varDelta X_i|}{\sum |\varDelta X_i|} \varepsilon_l \tag{6.42}$$

となる．これはトランシット法則 (transit rule) と呼ばれるもので，各緯距の絶対値に応じて配分すればよいことを示している．トランシット法則は距離測定の精度が角測定のそれよりも劣る場合に主として適用される．

緯距，経距を調整し，各測点の座標を求めるには，**表-6.10** のように表示して計算すればよい．

表-6.10 緯距, 経距の調整

測線	距離 (S)	緯距 +	緯距 −	経距 +	経距 −	補正量 $v_x=\dfrac{\varepsilon_x}{\Sigma S_i}S_i$	補正量 $v_y=\dfrac{\varepsilon_y}{\Sigma S_i}S_i$
	m	m	m	m	m	m	m
1-2	690.88		122.15		679.99	−0.13	+0.19
2-3	616.05	173.89			591.00	−0.11	+0.17
3-4	677.97		669.14	109.08		−0.12	+0.19
4-5	971.26		140.14	961.10		−0.18	+0.28
5-1	783.32	756.86		201.86		−0.14	+0.22
	3 739.48	930.75	931.48	1 272.04	1 270.99	−0.68	+1.05
		−0.68		1.05			

測線	調整緯距 +	調整緯距 −	調整経距 +	調整経距 −	合緯距 x	合経距 y
	m	m	m	m	m	m
					0.00	0.00
1-2		122.02		680.18	−122.02	− 680.18
2-3	174.00			591.17	+ 51.98	−1 271.35
3-4		669.02	108.89		−617.04	−1 162.46
4-5		139.96	960.82		−757.00	− 201.64
5-1	757.00		201.64		0.00	0.00
	931.00	931.00	1 271.35	1 271.35		
	0		0			

6.4.2 結合多角網の簡易調整計算

ここでは，図-6.7に示したY型結合多角網を例に，より実際的な多角測量方式の簡易調整計算法を示す．

調整の計算は前項と同様に，① 角の閉合差の調整，② 座標の閉合差の調整，の2つに分けて行う．

a) 角の閉合差の調整

角の調整において考慮すべき条件は，a) 角の閉合差を0とすることと，b) 多角路線の交点において全角の和が360°となることである．

いま図-6.12において $\theta_A, \theta_B, \theta_C$ をそれぞれ既知点 P, Q, R を視準して求められた AP, BQ, CR の方向角とし，さらに A から交点 O を通って B までの路線での各測点で後視より右回りの角を $\alpha_1, \alpha_2, \ldots\ldots, \alpha_k, \ldots\ldots, \alpha_n$，交点 O より既知点 C までの路線

におけるそれを $\beta_1, \beta_2, \ldots, \beta_m$ とする．また交点 O においての A へ向かう路線の測線と C へ向かう路線の測線のなす角が γ であるとする．

このとき各角相互間に満たすべき条件は次のようになる．

i) 角の閉合差は 0 式(6.7)を路線 AOB に適用することにより

$$180(n+1)+\theta_B-\theta_A-\sum_{i=1}^{n}\alpha_i=0 \quad (6.43)$$

路線 AOC に適用して

$$180(n+1)+\theta_C-\theta_A-\sum_{i=1}^{k}\alpha_i-\sum_{j=1}^{m}\beta_j=0 \quad (6.44)$$

ii) 交点における夾角の和は 360°

$$\alpha_k+\beta_1+\gamma=360 \quad (6.45)$$

各角の観測値を $\alpha_i', \beta_j', \gamma'$, 補正値を u_i, v_j, w とすると

$$\left.\begin{array}{l} \alpha_i=\alpha_i'+u_i \quad (i=1,\ldots,k,\ldots,n) \\ \beta_j=\beta_j'+v_j \quad (j=1,\ldots,m) \\ \gamma=\gamma'+w \end{array}\right\} \quad (6.46)$$

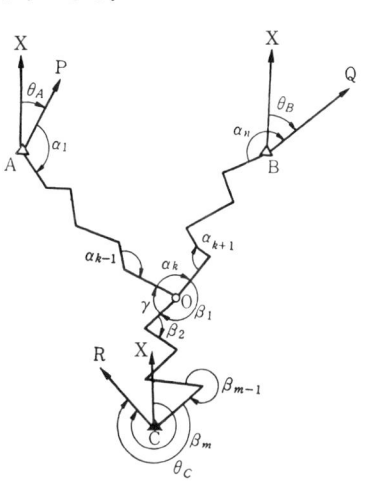

図-6.12 Y 型結合多角網における測角

であるから，上記の条件式は，

$$\varphi_1=180(n+1)+\theta_B-\theta_A-\sum_{i=1}^{n}\alpha_i'-\sum_{i=1}^{n}u_i=\delta_1-\sum u_i=0 \quad (6.47)$$

$$\varphi_2=180(n+1)+\theta_C-\theta_A-\sum_{i=1}^{k}\alpha_i'-\sum_{j=1}^{m}\beta_j'-\sum_{i=1}^{k}u_i-\sum_{j=1}^{m}v_j$$

$$=\delta_2-\sum_{i=1}^{k}u_i-\sum_{j=1}^{m}v_j=0 \quad (6.48)$$

$$\varphi_3=360-(\alpha_k'+u_k+\beta_1'+v_1+\gamma'+w)=\delta_3-u_k-v_1+w=0 \quad (6.49)$$

ここで，δ_1, δ_2 は路線 AOB および AOC の閉合差であって

$$\delta_1-180(n+1)\theta_B-\theta_A-\sum_{i=1}^{n}\alpha_i' \quad (6.50)$$

$$\delta_2=180(n+1)+\theta_C-\theta_A-\sum_{i=1}^{k}\alpha_i'-\sum_{j=1}^{m}\beta_j' \quad (6.51)$$

であり，δ_3 は点 O の周りで測定した角の総和と 360° との差で

$$\delta_3=-\alpha_k'-\beta'-\gamma'+360 \quad (6.52)$$

である．

各角の重みを 1 とした場合，これらの条件のもとで補正量の二乗和と条件式からつ

くった次式
$$S=\frac{1}{2}\left(\sum_{i=1}^{n}u_i{}^2+\sum_{j=1}^{m}v_j{}^2+w^2\right)+\lambda_1\varphi_1+\lambda_2\varphi_2+\lambda_3\varphi_3 \tag{6.53}$$
を最小とするものとして，各角の最確値を求める．
すなわち

$$\frac{\partial S}{\partial u_i}=u_i-\lambda_1-\lambda_2=0 \qquad (i=1,2,\cdots\cdots,k-1) \tag{6.54}$$

$$\frac{\partial S}{\partial u_k}=u_k-\lambda_1-\lambda_2-\lambda_3=0 \tag{6.55}$$

$$\frac{\partial S}{\partial u_i}=u_i-\lambda_1=0 \qquad (i=k+1,\cdots\cdots,n) \tag{6.56}$$

$$\frac{\partial S}{\partial v_i}=v_i-\lambda_2-\lambda_3=0 \tag{6.57}$$

$$\frac{\partial S}{\partial v_j}=v_j-\lambda_2=0 \qquad (j=2,3,\cdots\cdots,m) \tag{6.58}$$

$$\frac{\partial S}{\partial w}=w-\lambda_3=0 \tag{6.59}$$

これを条件式 (6.47)〜(6.49) に代入すれば，式 (6.47) より
$$(k-1)(\lambda_1+\lambda_2)+(\lambda_1+\lambda_2+\lambda_3)+(n-k)\lambda_1=\delta_1$$
$$n\lambda_1+k\lambda_2+\lambda_3=\delta_1 \tag{6.60}$$

式 (6.48) より
$$(k-1)(\lambda_1+\lambda_2)+(\lambda_1+\lambda_2+\lambda_3)+(\lambda_2+\lambda_3)+(m-1)\lambda_2=\delta_2$$
$$k\lambda_1+(k+m)\lambda_2+2\lambda_3=\delta_2 \tag{6.61}$$

式 (6.49) より
$$(\lambda_1+\lambda_2+\lambda_3)+(\lambda_2+\lambda_3)+\lambda_3=\lambda_1+2\lambda_2+3\lambda_3=\delta_3 \tag{6.62}$$

これらの 3 式を解くことにより
$$\left.\begin{array}{l}\lambda_1=\dfrac{1}{D}[\{3(k+m)-4\}\delta_1+(2-3k)\delta_2+(k-m)\delta_3]\\[4pt]\lambda_2=\dfrac{1}{D}[(2-3k)\delta_1+(3n-1)\delta_2+(k-2n)\delta_3]\\[4pt]\lambda_3=\dfrac{1}{D}[(m-k)\delta_1+(2n+k)\delta_2-\{n(k+m)-k^2\}\delta_3]\end{array}\right\} \tag{6.63}$$

ここで
$$D=(k+m)(3n-1)+4(k-n)-3k^2 \tag{6.64}$$

δ は秒の単位であるとすると
$$\delta=\frac{1}{206\,265}\delta''=\rho\delta'' \tag{6.65}$$

であるので，$\lambda_1, \lambda_2, \lambda_3$ にはこの ρ が乗ぜられる．これを式 (6.54)〜(6.59) に代入して補正量 u_i, v_i, w の値を求めることができる．

例題 6-1　図-6.13 に示される Y 型のトラバース網について測角した結果，表-6.11 のような値を得た．この観測角を調整せよ．

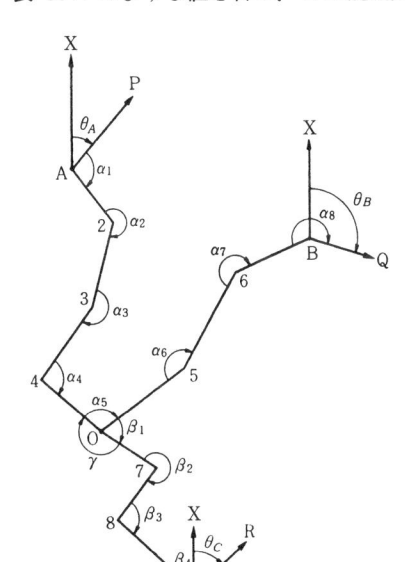

表-6.11

路線		A〜O〜B		O〜C
方向角	θ_A	57°04′25″		
	θ_B	116°18′44″	θ_C	45°40′34″
観測角	α_1'	72°00′39″	β_1'	49°13′46″
	α_2'	257°17′22″	β_2'	281°25′04″
	α_3'	190°31′28″	β_3'	95°11′43″
	α_4'	84°04′56″	β_4'	96°03′28″
	α_5'	122°48′21″		
	α_6'	142°38′17″		
	α_7'	229°35′42″		
	α_8'	220°18′14″		
	γ'	187°57′50″		

図-6.13

解　まず路線の閉合差 δ_1, δ_2 を求める．

$$\delta_1 = 180°(n-1) + \theta_B - \theta_A - \sum_{i=1}^{\leftarrow 8} \alpha_i$$
$$= 180°(8-1) + 116°18′44″ - 57°04′25″ - 1\,319°14′59″ = -40″$$

$$\delta_2 = 180°(n-1) + \theta_C - \theta_A - \sum_{i=1}^{\leftarrow 5}\alpha_i - \sum_{j=1}^{\leftarrow 4}\beta_j$$
$$= 180°(8-1) + 45°40′34″ - 57°04′25″ - 1\,248°36′47″ = -38″$$

次に交点の周りの夾角の閉合差 δ_3 を求める．

$$\delta_3 = -\alpha_k' - \beta' - \gamma' + 360°$$
$$= -122°48′21″ - 49°13′46″ - 187°57′50″ - 360° = 3″$$

式 (6.63) の $\lambda_1, \lambda_2, \lambda_3$ を求めるため

$$D = (k+m)(3n-1) + 4(k-n) - 3k^2$$
$$= 120$$

よって

$$\lambda_1 = \frac{1}{D}[\{3(k+m)-4\}\delta_1 + (2-3k)\delta_2 + (k-m)\delta_3]$$

$$= \frac{1}{120}[23\delta_1 + 13\delta_2 + \delta_3]$$

$$= -3''525$$

$$\lambda_2 = \frac{1}{D}[(2-3k)\delta_1 + (3n-1)\delta_2 + (k-2n)\delta_3]$$

$$= \frac{1}{120}[-13\delta_1 + 23\delta_2 - 11\delta_3]$$

$$= -3''225$$

$$\lambda_3 = \frac{1}{D}[(m-k)\delta_1 + (2n+k)\delta_2 + \{n(k+m)-k^2\}\delta_3]$$

$$= \frac{1}{120}[+\delta_1 - 11\delta_2 + 47\delta_3]$$

$$= +4''325$$

各補正量は

$u_i = \lambda_1 + \lambda_2$	$= -6''8$	$(i=1, 2, 3, 4)$
$u_5 = \lambda_1 + \lambda_2 - \lambda_3$	$= -2''4$	
$u_i = \lambda_1$	$= -3''5$	$(i=6, 7, 8)$
$v_1 = \lambda_2 - \lambda_3$	$= +1''1$	
$v_j = \lambda_2$	$= -3''2$	$(j=2, 3, 4)$
$w = -\lambda_3$	$= +4''3$	

以上により，調整角は**表-6.12**のとおりとなる．

表-6.12 調 整 角

α_1	72°00′32″	α_5	122°48′19″	β_1	49°13′47″
α_2	257°17′15″	α_6	142°38′14″	β_2	281°25′01″
α_3	190°31′21″	α_7	229°35′39″	β_3	95°11′40″
α_4	84°04′49″	α_8	220°18′10″	β_4	96°03′25″
γ	187°57′54″				

b) 座標の閉合差の調整

角の調整を行い，それより各測線の方位角を知ればそれぞれの路線について各既知点 A, B, C より順次，緯距 ΔX および経距 ΔY が求められ，したがって各測点の座標が計算できる．しかし，こうして各既知点から求めた O 点 (多角路線の結節点) の

座標 X_0 および Y_0 は一般に等しい値とはならない．したがって，この値がどの路線を経由しても同一の値をもつように調整しなければならない．

いま，路線 AO の各測線の緯距，経距を $\Delta X_{Ai}, \Delta Y_{Ai}$ ($i=1, 2, \cdots, l$)，路線 BO のそれを $\Delta X_{Bj}, \Delta Y_{Bj}$ ($j=1, 2, \cdots, m$) 路線 CO のそれを $\Delta X_{Ck}, \Delta Y_{Ck}$ ($k=1, 2, \cdots, n$) とすると，既知点 A, B および C から計算された点 O の座標 $(X_{AO}, Y_{AO}), (X_{BO}, Y_{BO})$ および (X_{CO}, Y_{CO}) は，

$$\begin{cases} X_{AO} = \sum_{i=1}^{l} \Delta X_{Ai} + X_A \\ Y_{AO} = \sum_{i=1}^{l} \Delta Y_{Ai} + Y_A \end{cases} \tag{6.66}$$

$$\begin{cases} X_{BO} = \sum_{j=1}^{m} \Delta X_{Bj} + X_B \\ Y_{BO} = \sum_{j=1}^{m} \Delta Y_{Bj} + Y_B \end{cases} \tag{6.67}$$

$$\begin{cases} X_{CO} = \sum_{k=1}^{n} \Delta X_{Ck} + X_C \\ Y_{CO} = \sum_{k=1}^{n} \Delta Y_{Ck} + Y_C \end{cases} \tag{6.68}$$

となる．ここで $(X_A, Y_A), (X_B, Y_B), (X_C, Y_C)$ は既知点 A, B, C の座標である．

この O 点の 3 組の座標が一致するように，各緯距および経距にそれぞれ u_{Ai}, u_{Bi}, u_{Ci} および v_{Ai}, v_{Bi}, v_{Ci} なる補正を加えるとすると，点 O で一致すべき条件は，

$$\sum_{i=1}^{l}(\Delta X_{Ai}+u_{Ai})+X_A = \sum_{j=1}^{m}(\Delta X_{Bj}+u_{Bj})+X_B = \sum_{k=1}^{n}(\Delta X_{Ck}+u_{Ck})+X_C \tag{6.69}$$

$$\sum_{i=1}^{l}(\Delta Y_{Ai}+v_{Ai})+Y_A = \sum_{j=1}^{m}(\Delta X_{Bj}+v_{Bj})+Y_B = \sum_{k=1}^{n}(\Delta X_{Ck}+v_{Ck})+Y_C \tag{6.70}$$

となる．

以後 X 座標についてのみ述べることにするが，Y 座標についても全く同様である．

上の式 (6.69) の方程式を書き直すと，次の 2 つの条件式になる．

$$\varphi_1 = \sum_{i=1}^{l} u_{Ai} - \sum_{j=1}^{m} u_{Bj} + \delta_1 = 0 \tag{6.71}$$

$$\varphi_2 = \sum_{i=1}^{l} u_{Ai} - \sum_{k=1}^{n} u_{Ck} + \delta_2 = 0 \tag{6.72}$$

ここで，δ_1 および δ_2 は閉合差であり，次のように表される．

$$\delta_1 = \sum_{i=1}^{l} \Delta X_{Ai} + X_A - \sum_{j=1}^{m} \Delta X_{Bi} - X_B \tag{6.73}$$

$$\delta_2 = \sum_{i=1}^{l} \Delta X_{Ai} + X_A - \sum_{k=1}^{n} \Delta X_{Ck} - X_C \tag{6.74}$$

この条件の下で補正量の二乗和を最小にするには,

$$G=\frac{1}{2}\left(\sum_{i=1}^{l} p_{Ai}u_{Ai}{}^2+\sum_{j=1}^{m} p_{Bj}u_{Bi}{}^2+\sum_{k=1}^{n} p_{Ck}u_{Ck}{}^2\right)+\lambda_1\varphi_1+\lambda_2\varphi_2 \tag{6.75}$$

を最小にすればよい. ここで p_{Ai}, p_{Bj}, p_{Ck} は各測線の重みであり, λ_1, λ_2 はラグランジュ乗数である.

これを u_{Ai}, u_{Bj}, u_{Ck} で微分して, 次式を得る.

$$p_{Ai}u_{Ai}+\lambda_1+\lambda_2=0 \tag{6.76}$$

$$p_{Bj}u_{Bj}+\lambda_1=0 \tag{6.77}$$

$$p_{Ck}u_{Ck}+\lambda_2=0 \tag{6.78}$$

前項で述べたように重み p は測線の長さ S に反比例するとし, 比例定数を K として

$$p_{Ai}=\frac{K}{S_{Ai}}, \qquad p_{Bj}=\frac{K}{S_{Bj}}, \qquad p_{Ck}=\frac{K}{S_{Ck}}$$

とすると, 式 (6.76)~(6.78) より

$$\left.\begin{array}{l} u_{Ai}=-\dfrac{S_{Ai}}{K}(\lambda_1+\lambda_2) \\[4pt] u_{Bj}=-\dfrac{S_{Bj}}{K}\lambda_1 \\[4pt] u_{Ck}=-\dfrac{S_{Ck}}{K}\lambda_2 \end{array}\right\} \tag{6.79}$$

を得る. これを式 (6.71), (6.72) に代入すると

$$\left.\begin{array}{l} (\lambda_1+\lambda_2)\sum_{i=1}^{l} S_{Ai}-\lambda_1\sum_{j=1}^{m} S_{Bj}=K\delta_1 \\[4pt] (\lambda_1+\lambda_2)\sum_{i=1}^{l} S_{Ai}-\lambda_2\sum_{k=1}^{n} S_{Ck}=K\delta_2 \end{array}\right\} \tag{6.80}$$

となる. この式において

$$\sum_{i=1}^{l} S_{Ai}=A, \qquad \sum_{j=1}^{m} S_{Bj}=B, \qquad \sum_{k=1}^{n} S_{Ck}=C \tag{6.81}$$

とおき, λ_1 および λ_2 で解くと

$$\left.\begin{array}{l} \lambda_1=\dfrac{-(A-C)\delta_1+A\delta_2}{AB+AC-BC}K \\[6pt] \lambda_2=\dfrac{-(A-B)\delta_2+A\delta_1}{AB+AC-BC}K \end{array}\right\} \tag{6.82}$$

したがって

$$\left.\begin{array}{l}u_{Ai}=-S_{Ai}\dfrac{\delta_1 C+\delta_2 B}{AB-BC+CA}\\[6pt]u_{Bj}=-S_{Bj}\dfrac{-(A-C)\delta_1+A\delta_2}{AB-BC+CA}\\[6pt]u_{Ck}=-S_{Ck}\dfrac{A\delta_1-(A-B)\delta_2}{AB-BC+CA}\end{array}\right\} \quad (6.83)$$

として各測線の緯距の補正量を得ることができる．経距の補正についても全く同様となる．

例題 6-2 図-6.13に示された多角網において各節点間の距離を測定した結果，表-6.13左部に示される S のようになった．このとき表-6.12の調整角を用いて緯距と経距および各節点の座標値を求めたら**表-6.13**のようになった．

この結果を調整せよ．

表-6.13 図-6.13に示された多角網の緯距，経距

測点	距離 S(m)	緯距 $\varDelta X$	経距 $\varDelta Y$	座標 X	座標 Y
A				800.000	300.000
2	164.42	−127.629	+103.657	672.371	403.657
3	145.04	− 64.422	−129.948	607.949	273.709
4	149.98	− 90.035	−119.948	517.914	153.761
O	158.30	−135.728	+ 81.466	382.186	235.227
B				714.132	463.390
6	141.36	−137.167	− 34.175	576.965	429.215
5	144.96	− 64.488	−129.825	512.477	299.390
O	145.26	−130.311	− 64.183	382.166	235.207
C				36.820	287.105
8	163.64	+126.052	−104.350	162.872	182.755
7	136.70	+ 77.280	+112.760	240.152	295.515
O	154.32	+142.044	− 60.318	382.196	235.197

解 式(6.73)と式(6.74)により閉合差を求める．

$$\delta_{1X}=\sum \varDelta X_{Ai}+X_A-\sum \varDelta X_{Bj}-X_B$$
$$=-417.814+800.00-(-331.966)-714.132=0.020 \text{ m}$$
$$\delta_{2X}=\sum \varDelta X_{Ai}+X_A-\sum \varDelta X_{Ck}-X_C$$
$$=-417.814+800.00-345.376-36.820=-0.010 \text{ m}$$

各路線の全長は，式(6.81)より

$$A=\sum_{i=1}^{4}S_{Ai}=617.74 \text{ m}, \quad B=\sum_{j=3}^{3}S_{Bj}=431.58 \text{ m}, \quad C=\sum_{k=1}^{3}S_{Ck}=454.66 \text{ m}$$

これらを式 (6.83) に代入して，各測線の緯距の補正量を求めると

$$u_{Ai} = -S_{Ai}\frac{C\delta_1 + B\delta_2}{AB+AC-BC} = -S_{Ai}\frac{4.7774}{351\,243.7348} = -S_{Ai} \times 1.360 \times 10^{-5}$$

$$u_{Bj} = -S_{Bj}\frac{A\delta_2 - (A-C)\delta_1}{AB+AC-BC} = -S_{Bj}\frac{9.4390}{351\,243.7348} = -S_{Bj} \times 2.687 \times 10^{-5}$$

$$u_{Ck} = -S_{Ck}\frac{A\delta_1 - (A-B)\delta_2}{AB+AC-BC} = -S_{Ck}\frac{14.2164}{351\,243.7348} = -S_{Ck} \times 4.047 \times 10^{-5}$$

同様にして経距の補正量を求める．

$$\delta_{1Y} = \sum \Delta Y_{Ai} + Y_A - \sum \Delta Y_{Bj} - Y_B$$
$$= -64.773 + 300.00 - (-228.183) - 463.390 = 0.02 \text{ m}$$

$$\delta_{2Y} = \sum \Delta Y_{Ai} + Y_A - \sum \Delta Y_{Ck} - Y_C$$
$$= -64.773 + 300.00 - (-51.908) - 287.105 = 0.03 \text{ m}$$

$$v_{Ai} = -S_{Ai}\frac{22.0406}{351\,243.7348} = -S_{Ai} \times 6.275 \times 10^{-5}$$

$$v_{Bj} = -S_{Bj}\frac{15.2706}{351\,243.7348} = -S_{Bj} \times 4.348 \times 10^{-5}$$

$$v_{Ck} = -S_{Ck}\frac{6.7700}{351\,243.7348} = -S_{Ck} \times 1.927 \times 10^{-5}$$

これより調整した緯距，経距は，表-6.14 のようになる．

表-6.14

測点	距離 S_{Ai} (m)		単位調整量 u_{Ai}	緯距 ΔX	座標 X		単位調整量 v_{Ai}	経距 ΔY	座標 Y
A					800.000				300.000
2	164.42		-0.002	-127.631	672.369		-0.010	$+103.647$	403.647
3	145.04		-0.002	-64.424	607.945		-0.009	-129.957	273.790
4	149.98	-1.360×10^{-5}	-0.002	-90.037	517.908	-6.275×10^{-5}	-0.010	-119.958	153.732
O	158.30		-0.002	-135.730	382.178		-0.010	$+81.456$	235.188
	S_{Bj}		u_{Bj}				v_{Bj}		
B					714.132				463.390
6	141.36		$+0.004$	-137.163	576.969		-0.006	-34.181	429.209
5	144.96	2.687×10^{-5}	$+0.004$	-64.484	512.485	-4.348×10^{-5}	-0.006	-129.831	299.378
O	145.26		$+0.004$	-130.307	382.178		-0.007	-64.190	235.188
	S_{Ck}		u_{Ck}				v_{Ck}		
C					36.820				287.105
8	163.64		-0.006	126.046	162.866		-0.003	-104.353	182.752
7	136.70	-4.047×10^{-5}	-0.006	77.274	240.140	-1.927×10^{-5}	-0.003	$+112.757$	295.509
O	154.32		-0.006	142.038	382.178		-0.003	-60.321	235.188

6.5 基準点測量の厳密調整法

6.5.1 厳密調整の方法

これまで述べた調整計算の方法では，まず角の閉合誤差を計算し，次いで，緯距，経距の閉合誤差の調整という具合に，全部の計算を各段階に分けて処理し，しかも緯距や経距を直接測定したかのように取り扱ってきた．しかしこれを厳密に調整するには，直接測定した角と辺長の最確値を同時に求めるものでなければならない．

この厳密解を求める方法としては，2.2.6で示された観測方程式による方法が便利である．これは角や距離の測定を1つ行うごとに観測方程式を1つ求めるものである．この方法では多角測量のみならず，三角測量や三辺測量，あるいはこれらが組み合わされた測距・測角混合型測量においても，その処理が機械的に行いうるので広く用いられるようになってきた．以下にその方法を説明する．

6.5.2 距離の観測方程式

図-6.14において，点 P_i, P_j の座標の最確値を x, y，近似値を x', y'，補正値を $\Delta x, \Delta y$ で表す．すなわち，

$$x_i = x_i' + \Delta x_i, \qquad x_j = x_j' + \Delta x_j, \qquad y_i = y_i' + \Delta y_i, \qquad y_j = y_j' + \Delta y_j \tag{6.84}$$

である．このとき，P_i, P_j 間の距離の最確値を $S_{ij}{}^0$ とすれば，

$$S_{ij}{}^0 = \sqrt{(x_j - x_i)^2 + (y_j - y_i)^2} \tag{6.85}$$

となる．

近似値 x', y' より計算された距離の近似値を S_{ij}'，そのときの補正値を ΔS_{ij} と示せば，

$$S_{ij}{}^0 = S_{ij}' + \Delta S_{ij}' \tag{6.86}$$

と書ける．

$S_{ij}{}^0$ を近似値 x_i', y_i', x_j', y_j' の周りでテーラー展開すると

$$\begin{aligned}
S_{ij}{}^0 &= \sqrt{\{(x_j' + \Delta x_j) - (x_i' + \Delta x_i)\}^2 + \{(y_j' + \Delta y_j) - (y_i' + \Delta y_i)\}^2} \\
&\fallingdotseq \sqrt{(x_j' - x_i')^2 + (y_j' - y_i')^2} \\
&\quad + \frac{(x_j' - x_i')(\Delta x_j - \Delta x_i) + (y_j' - y_i')(\Delta y_j - \Delta y_i)}{\sqrt{(x_j' - x_i')^2 + (y_j' - y_i')^2}} \\
&= S_{ij}' + \frac{1}{S_{ij}}\{(x_j' - x_i')(\Delta x_j - \Delta x_i) + (y_j' - y_i')(\Delta y_j - \Delta y_i)\}
\end{aligned} \tag{6.87}$$

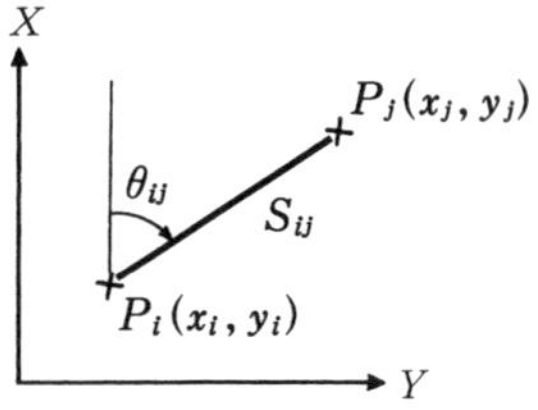

この距離の測定値が S_{ij} であったとすると，その残差を v_{ij} とすれば

$$S_{ij}{}^0 = S_{ij} + v_{ij} \tag{6.88}$$

であるから

$$\begin{aligned}
v_{ij} &= S_{ij}{}^0 - S_{ij} \\
&= S_{ij}' - S_{ij} + \frac{1}{S_{ij}'}\{(x_j' - x_i')(\Delta x_j - \Delta x_i) \\
&\quad + (y_j' - y_i')(\Delta y_j - \Delta y_i)\} \\
&= S_{ij}' - S_{ij} - \frac{x_j' - x_i'}{S_{ij}'}\Delta x_i - \frac{y_j' - y_i'}{S_{ij}'}\Delta y_i \\
&\quad + \frac{x_j' - x_i'}{S_{ij}'}\Delta x_j + \frac{y_j' - y_i'}{S_{ij}'}\Delta y_j \tag{6.89}
\end{aligned}$$

図-6.14

となる．これが距離の観測方程式である．

ここで，残差 v_{ij} を角の単位(秒)に置き換えてみよう．そのためには，ρ''/S_{ij}' (ρ'' は rad から秒への換算係数)を乗ずればよい．

$$\begin{aligned}
v_{S_{ij}} &= \frac{\rho''}{S_{ij}'} v_{ij} \\
&= \frac{\rho''}{S_{ij}'}(S_{ij}' - S_{ij}) - \frac{(x_j' - x_i')\rho''}{S_{ij}'^2}\Delta x_i - \frac{(y_j' - y_i')\rho''}{S_{ij}'^2}\Delta y_i \\
&\quad + \frac{(x_j' - x_i')\rho''}{S_{ij}'^2}\Delta x_j + \frac{(y_j' - y_i')\rho''}{S_{ij}'^2}\Delta y_j \\
&= \frac{\rho''}{S_{ij}'}(S_{ij}' - S_{ij}) - b_{ij}\Delta x_i - a_{ij}\Delta y_i + b_{ij}\Delta x_j + a_{ij}\Delta y_j \tag{6.90}
\end{aligned}$$

ここで

$$a_{ij} = \frac{(y_j' - y_i')\rho''}{S_{ij}'^2}, \qquad b_{ij} = \frac{(x_j' - x_i')\rho''}{S_{ij}'^2} \tag{6.91}$$

である．これは，距離の誤差を角度の単位で置き換えたときの距離の観測方程式である．このような処理をする理由は次項で述べる．距離の観測方程式としては，式(6.89)，式(6.90)のいずれを用いてもよい．

6.5.3 角の観測方程式

P_i における P_j 方向の方位角の最確値 $\theta_{ij}{}^0$ は，

$$\theta_{ij}{}^0 = \tan^{-1}\left(\frac{y_j - y_i}{x_j - x_i}\right) \tag{6.92}$$

である．この方位角の $(x_j', y_j'), (x_i', y_i')$ より計算された近似値を θ_{ij}'，そのときの補正値を $\Delta \theta_{ij}$ と書くと，

$$\theta_{ij}{}^0 = \theta_{ij}' + \Delta\theta_{ij} = \tan^{-1}\left(\frac{y_j' - y_i'}{x_j' - x_i'}\right) + \Delta\theta_{ij} \tag{6.93}$$

となる．いま,

$$\left.\begin{array}{l} F = \tan^{-1}\left(\dfrac{y_j - y_i}{x_j - x_i}\right), \quad A = \dfrac{y_j - y_i}{x_j - x_i} \\ B = x_j - x_i, \quad C = y_j - y_i \end{array}\right\} \tag{6.94}$$

とおくと

$$\begin{aligned}\frac{\partial F}{\partial x_i} &= \frac{\partial F}{\partial A}\frac{\partial A}{\partial B}\frac{\partial B}{\partial x_i} \\ &= (\cos^2 F)\left\{-\frac{y_j - y_i}{(x_j - x_i)^2}\right\}(-1) \\ &= \left(\frac{x_j - x_i}{S_{ij}}\right)^2 \frac{y_j - y_i}{(x_j - x_i)^2} \\ &= \frac{y_j - y_i}{S_{ij}{}^2} \end{aligned} \tag{6.95}$$

$$\begin{aligned}\frac{\partial F}{\partial y_i} &= \frac{\partial F}{\partial A}\frac{\partial A}{\partial C}\frac{\partial C}{\partial y_i} \\ &= \left(\frac{x_j - x_i}{S_{ij}}\right)^2 \left(\frac{1}{x_j - x_i}\right)(-1) \\ &= -\frac{x_j - x_i}{S_{ij}{}^2} \end{aligned} \tag{6.96}$$

となる．x_j, y_j についても同様に偏微分できる．

これらを使って，$\theta_{ij}{}^0$ を近似値 x_i', y_i', x_j', y_j' の周りでテーラー展開すると

$$\begin{aligned}\theta_{ij}{}^0 = \theta_{ij}' &+ \frac{y_j' - y_i'}{S_{ij}'{}^2}\Delta x_i - \frac{x_j' - x_i'}{S_{ij}'{}^2}\Delta y_i \\ &- \frac{y_j' - y_i'}{S_{ij}'{}^2}\Delta x_j + \frac{x_j' - x_i'}{S_{ij}'{}^2}\Delta y_j \end{aligned} \tag{6.97}$$

となる．また，方位角の測定値を θ_{ij} とし，残差を $v_{\theta_{ij}}$ とすると

$$\begin{aligned} v_{\theta_{ij}} &= \theta_{ij}{}^0 - \theta_{ij} \\ &= (\theta_{ij}' - \theta_{ij}) + \frac{y_j' - y_i'}{S_{ij}'{}^2}\Delta x_i - \frac{x_j' - x_i'}{S_{ij}'{}^2}\Delta y_i \\ &\quad - \frac{y_j' - y_i'}{S_{ij}'{}^2}\Delta x_j + \frac{x_j' - x_i'}{S_{ij}'{}^2}\Delta y_j \end{aligned} \tag{6.98}$$

となる．これは，角が rad 単位に測定されたときの角の観測方程式である．一方，角の測定値が秒単位で与えられたときの観測方程式は次のようになる．

$$v_{\theta_{ij}} = (\theta_{ij}' - \theta_{ij}) + \frac{(y_j' - y_i')\rho''}{S_{ij}'{}^2}\Delta x_i - \frac{(x_j' - x_i')\rho''}{S_{ij}'{}^2}\Delta y_i$$

214　第6章　基準点測量

$$-\frac{(y_j'-y_i')\rho''}{S_{ij}'^2}\Delta x_j+\frac{(x_j'-x_i')\rho''}{S_{ij}'^2}\Delta y_j \qquad (6.99)$$

この式は，式(6.89)を使って，以下のように表すことができる．

$$v_{\theta_{ij}}=(\theta_{ij}'-\theta_{ij})+a_{ij}\Delta x_i-b_{ij}\Delta y_i-a_{ij}\Delta x_j+b_{ij}\Delta y_j \qquad (6.100)$$

これからわかるように，距離の観測方程式を式(6.90)のように角度(秒)の単位に置き換えておくと，距離と角の観測方程式を a_{ij}, b_{ij} を用いて簡単に表すことができる．これにより表記や計算の簡略化ができることから，計算機が未発達の時代には，このような方式による観測方程式の定式化が主流であった．しかし，現在においては，より理解されやすい式(6.89)による距離の観測方程式も一般に用いられている．なお，どのような観測方程式を用いるかによって，誤差調整計算の重みも異なってくるので注意が必要である．これについては，次項で述べる．

6.5.4　観測方程式の重み

各点の座標の最確値は，観測方程式を角および距離の各観測値ごとにつくり，残差の二乗和を最小にすることにより求めることができる．ただその場合，角の観測方程式と距離の観測方程式の重みは異なるので，二乗和をつくるにはこれらの重みを求めておかねばならない．

2.1.7で述べたように，最小二乗法における重みは，誤差の分散に反比例する．一般に観測方程式は，式(6.89)や式(6.98)のように，最確値と測定値の差によって定式化されるため，分散は測定精度(測定機器が有する平均的な測定誤差)の二乗と考えてよく，これに基づいて重みを決定する．

例えば，距離の測定誤差を m_s，観測方程式の重みを P_s，角の測定誤差を m_θ，観測方程式の重みを P_θ とすれば，

$$P_s:P_\theta=\frac{1}{m_s^2}:\frac{1}{m_\theta^2} \qquad (6.101)$$

の関係があり，

$$P_s=\frac{m_\theta^2}{m_s^2}P_\theta \qquad (6.102)$$

となる．また，重みは比のみが重要であるから，一般に $P_\theta=1$ と簡単化し，次のように P_s を決めることが多い．

$$P_s=\frac{m_\theta^2}{m_s^2} \qquad (6.103)$$

測距，測角の観測方程式を式(6.89)と式(6.98)，あるいは式(6.89)と式(6.99)で定式化したときには，この重みを用いればよい．当然のことながら，角の観測方程式に式(6.98)を用いたときには m_θ を rad 単位で表現し，式(6.99)を用いたときには，

m_θ を秒単位で表現する必要がある．

一方，観測方程式の定式化の方法によっては，その誤差分散が測定誤差の二乗としては不合理な場合がある．式 (6.90) の距離の観測方程式をみてみよう．この観測方程式は，残差を角度（秒単位）に置き換えるために，式 (6.89) を ρ''/S_{ij}' 倍したものである．この場合，観測方程式の誤差分散は m_s^2 とは見なせず，誤差伝播の法則から，$(\rho''/S_{ij}')^2 m_s^2$ となる．したがって，式 (6.90) を距離の観測方程式としたときの重み P_s の一般形は，角の観測方程式の重みを 1 として次のように表すことができる．

$$P_s = \frac{m_\theta^2}{(\rho''/S)^2 m_s^2} = \frac{S^2 m_\theta^2}{m_s^2 \rho''^2} \tag{6.104}$$

さて，m_s, m_θ は基本的には測定機器や測定環境から与えられるが，m_s は測定距離に大きな影響を受ける．いま，距離の測定誤差のうち，距離と無関係な誤差を m_0，距離に比例的に生ずる誤差を kS (k は比例定数) とし，両者が独立であるとすると，m_s^2 は，

$$m_s^2 = m_0^2 + k^2 S^2 \tag{6.105}$$

となる．k は一般に測定機器ごとに定義される．

6.5.5 最確値の計算とその精度の推定

最確値の計算およびその精度の推定は 2.2.3 に示した計算方法をそのまま適用すればよい．ここでは簡単のため**図-6.15**に表される例について示しておく．

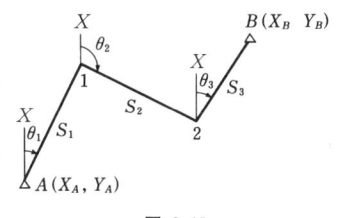

点 A および点 B は既設点であり，その座標 (X_A, Y_A) および (X_B, Y_B) は与えられている．辺長 S_1, S_2, S_3 および角 $\theta_1, \theta_2, \theta_3$ を測定し，点 1 および点 2 の座標 (X_1, Y_1)，(X_2, Y_2) の最確値を求めることとする．

図-6.15

式 (6.90) で表される距離の観測方程式および式 (6.100) で示される角の観測方程式をそれぞれの辺長および角についてたてる．点 A，B が既設点であり，座標補正値が 0 であることに注意して観測方程式のすべてをまとめてマトリクス表示すると，次のようになる．

$$\boldsymbol{V} = \begin{bmatrix} v_{S_1} \\ v_{S_2} \\ v_{S_3} \\ v_{\theta_1} \\ v_{\theta_2} \\ v_{\theta_3} \end{bmatrix}, \quad \boldsymbol{M} = \begin{bmatrix} m_{S_1} \\ m_{S_2} \\ m_{S_3} \\ m_{\theta_1} \\ m_{\theta_2} \\ m_{\theta_3} \end{bmatrix}, \quad \Delta\boldsymbol{X}_0 = \begin{bmatrix} \Delta X_1 \\ \Delta Y_1 \\ \Delta X_2 \\ \Delta Y_2 \end{bmatrix}, \quad \boldsymbol{P} = \begin{bmatrix} P_{S_1} & 0 & 0 & 0 & 0 & 0 \\ 0 & P_{S_2} & & & & \\ 0 & & P_{S_3} & & & \\ 0 & & & 1 & & \\ 0 & & & & 1 & \\ 0 & & & & & 1 \end{bmatrix}$$

$$A = \begin{bmatrix} -b_1 & -a_1 & 0 & 0 \\ b_2 & a_2 & -b_2 & -a_2 \\ 0 & 0 & b_3 & a_3 \\ a_1 & -b_1 & 0 & 0 \\ -a_2 & b_2 & a_2 & -b_2 \\ 0 & 0 & -a_3 & b_3 \end{bmatrix} \qquad (6.106)$$

ただし

$$m_{si} = \frac{\rho''}{S_i'}(S_i' - S_i), \qquad m_{\theta i} = \theta_i' - \theta_i \qquad (6.107)$$

とすると，観測方程式は，

$$V = M - A\varDelta X_0 \qquad (6.108)$$

したがって，$F = V^t PV$ を最小とする値として，最確値 $\varDelta X_0$ は，式 (2.130) より

$$\varDelta X_0 = (A^t PA)^{-1} A^t PM \qquad (6.109)$$

と求められる．

このとき，最確値の精度すなわち不偏分散は，式 (2.163) より

$$\hat{\sigma}^2 G_{XX} = \hat{\sigma}^2 (A^t PA)^{-1} \qquad (6.110)$$

の対角要素として求められる．ただし，ここで $\hat{\sigma}^2$ は，重み1の測定値すなわち角の測定値の分散であり，

$$\hat{\sigma}^2 = \frac{V^t PV}{n-q} = \frac{1}{2} V^t PV \qquad (6.111)$$

である．

例題 6-3 図-6.16 の多角網において角および辺の測定結果が**表-6.15** のようであった．このとき点1および点2の座標の最確値を計算し，さらにその精度を推定せよ．ただし既設点 A および B の座標はそれぞれ A (0, 0)，B (529.619m, 708.885m) であり，角の測定精度はすべて $m_\theta = \pm 10''$，辺の測定精度は距離に無関係な値が $m_0 = \pm 10\text{mm}$，距離に比例する値が $k = \pm 5 \times 10^{-6}$ であるとする．

解(1) まず $(X_1, Y_1), (X_2, Y_2)$ の近似値 $(X_1', Y_1'), (X_2', Y_2')$ を次のようにして求める．なお，座標値の単位は mm に統一する．

測定値 $S_{A1}, \theta_A, S_{2B}, \theta_2$ から直接求めた点1，2の座標の近似値は，

$X_1'' = S_{A1} \cos \theta_A = 418\,531 \times \cos 21°35'39'' = 389\,156$

$Y_1'' = S_{A1} \sin \theta_A = 418\,531 \times \sin 21°35'39'' = 154\,032$

$X_2'' = X_B - S_{2B} \cos \theta_2 = 529\,616 - 460\,292 \times \cos 32°20'20'' = 140\,719$

$Y_2'' = Y_B - S_{2B} \sin \theta_2 = 708\,885 - 460\,292 \times \sin 32°20'20'' = 462\,663$

表-6.15

角の測定値	辺の測定値 (m)
$\theta_A = 21°35'39''$	$S_{A1} = 418.531$
$\theta_1 = 128°50'22''$	$S_{A2} = 483.552$
$\theta_2 = 32°20'20''$	$S_{2B} = 460.292$

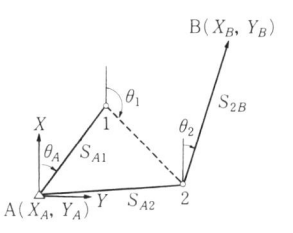

図-6.16 変則な多角網

これらの値から求まる S_{12} の近似値 S_{12}'' は，

$$S_{12}'' = \sqrt{(X_2'' - X_1'')^2 + (Y_2'' - Y_1'')^2}$$
$$= \sqrt{(140\,719 - 389\,156)^2 - (462\,663 - 154\,032)^2}$$
$$= 396\,199$$

S_{12}'' と θ_1 から求まる点1と点2の X および Y 座標の差と，$(X_1'', Y_1''), (X_2'', Y_2'')$ から求まる差の較差をそれぞれ $\Delta\varepsilon_X, \Delta\varepsilon_Y$ とおくと

$$\Delta\varepsilon_X = S_{12}'' \cos\theta_1 - (X_2'' - X_1'')$$
$$= 396\,199 \cos 128°50'22'' - (140\,719 - 389\,156) = -35\,\text{mm}$$
$$\Delta\varepsilon_Y = S_{12}'' \sin\theta_1 - (Y_2'' - Y_1'')$$
$$= 396\,199 \sin 28°50'22'' - (462\,663 - 154\,032) = -29\,\text{mm}$$

X_1'', X_2'' と Y_1'', Y_2'' を $\Delta\varepsilon_X, \Delta\varepsilon_Y$ で調整することにより $(X_1, Y_1), (X_2, Y_2)$ の第1近似値 $(X_1', Y_1'), (X_2', Y_2')$ が求められる．

$$X_1' = X_1'' - \Delta\varepsilon_X/2 = 389\,156 - (-18) = 389\,174$$
$$Y_1' = Y_1'' - \Delta\varepsilon_Y/2 = 154\,032 - (-15) = 154\,047$$
$$X_2' = X_2'' + \Delta\varepsilon_X/2 = 140\,719 + (-18) = 140\,681$$
$$Y_2' = Y_2'' + \Delta\varepsilon_Y/2 = 462\,663 + (-15) = 462\,648$$

これより，距離および角の近似値は，

$$S_{A1}' = \sqrt{(X_1' - 0)^2 + (Y_1' - 0)^2} = \sqrt{389\,174^2 + 154\,047^2} = 418\,553$$
$$S_{A2}' = \sqrt{(X_2' - 0)^2 + (Y_2' - 0)^2} = \sqrt{140\,681^2 + 462\,648^2} = 483\,564$$
$$S_{2B}' = \sqrt{(X_B - X_2')^2 + (Y_B - Y_2')^2}$$
$$= \sqrt{(529\,619 - 140\,681)^2 + (708\,885 - 462\,648)^2} = 460\,332$$
$$\theta_A' = \tan^{-1}\frac{Y_1' - 0}{X_1' - 0} = \tan^{-1}\frac{154\,047}{389\,174} = 21°35'42''$$
$$\theta_1' = \tan^{-1}\frac{Y_2' - Y_1'}{X_2' - X_1'} = \tan^{-1}\frac{462\,648 - 154\,047}{140\,681 - 389\,174} = 128°50'31''$$
$$\theta_2' = \tan^{-1}\frac{Y_B - Y_2'}{X_B - X_2'} = \tan^{-1}\frac{708\,885 - 462\,648}{529\,619 - 140\,681} = 32°20'17''$$

(2) 観測方程式は,

$$v_{SA1} = \frac{\rho''}{S_{A1}'}(S_{A1}' - S_{A1}) + a_{A1}\Delta Y_1 + b_{A1}\Delta X_1 = m_{SA1} + b_{A1}\Delta X_1 + a_{A1}\Delta Y_1$$

$$v_{SA2} = \frac{\rho''}{S_{A2}'}(S_{A2}' - S_{A2}) + a_{A2}\Delta Y_2 + b_{A2}\Delta X_2 = m_{SA2} + b_{A2}\Delta X_2 + a_{A2}\Delta Y_2$$

$$v_{S2B} = \frac{\rho''}{S_{2B}'}(S_{2B}' - S_{2B}) + a_{2B}\Delta Y_2 + b_{2B}\Delta X_2 = m_{S2B} - b_{2B}\Delta X_2 - a_{2B}\Delta Y_2$$

$$v_{\theta A} = (\theta_A' - \theta_A) + a_{A1}\Delta X_1 - b_{A1}\Delta Y_1 = m_{\theta A} + a_{A1}\Delta X_1 - b_{A1}\Delta Y_1$$

$$v_{\theta 1} = (\theta_1' - \theta_1) + a_{12}\Delta X_2 - b_{12}\Delta Y_2 - a_{12}\Delta X_1 + b_{12}\Delta Y_1$$
$$\quad = m_{\theta 1} - a_{12}\Delta X_1 + b_{21}\Delta Y_1 + a_{12}\Delta X_2 - b_{12}\Delta Y_2$$

$$v_{\theta 2} = (\theta_2' - \theta_2) - a_{2B}\Delta X_2 + b_{2B}\Delta Y_2 = m_{\theta 2} - a_{2B}\Delta X_2 + b_{2B}\Delta Y_2$$

ここで

$$a_{A1} = \frac{Y_1' - Y_A'}{S_{A1}'^2}\rho'' = \frac{154\ 047 - 0}{418\ 553^2} \times 206\ 265 = 0.181$$

$$b_{A1} = \frac{X_1' - X_A'}{S_{A1}'^2}\rho'' = \frac{389\ 174 - 0}{418\ 553^2} \times 206\ 265 = 0.458$$

$$a_{A2} = \frac{Y_2' - Y_A'}{S_{A2}'^2}\rho'' = \frac{462\ 648 - 0}{483\ 564} \times 206\ 265 = 0.408$$

$$b_{A2} = \frac{X_2' - X_A'}{S_{A2}'^2}\rho'' = \frac{140\ 681 - 0}{483\ 564} \times 206\ 265 = 0.124$$

$$a_{12} = \frac{Y_2' - Y_1'}{S_{12}'^2}\rho'' = \frac{(462\ 648 - 154\ 047) \times 206\ 265}{(146\ 681 - 389\ 174)^2 + (462\ 648 - 154\ 047)^2} = 0.405$$

$$b_{12} = \frac{X_2' - X_1'}{S_{12}'^2}\rho'' = \frac{(140\ 681 - 389\ 174)^2 \times 206\ 265}{(140\ 681 - 389\ 174)^2 + (462\ 648 - 154\ 047)^2} = -0.326$$

$$a_{2B} = \frac{Y_B' - Y_2'}{S_{2B}'^2}\rho'' = \frac{708\ 885 - 462\ 648}{460\ 332^2} \times 206\ 265 = 0.240$$

$$b_{2B} = \frac{X_B' - X_2'}{S_{2B}'^2}\rho'' = \frac{529\ 619 - 140\ 681}{460\ 332^2} \times 206\ 265 = 0.379$$

$$m_{SA1} = \frac{\rho''}{S_{A1}'}(S_{A1}' - S_{A1}) = \frac{206\ 265}{418\ 553}(418\ 553 - 418\ 531) = 11$$

$$m_{SA2} = \frac{\rho''}{S_{A2}'}(S_{A2}' - S_{A2}) = \frac{206\ 265}{483\ 564}(483\ 564 - 483\ 552) = 5$$

$$m_{S2B} = \frac{\rho''}{S_{2B}'}(S_{2B}' - S_{2B}) = \frac{206\ 265}{460\ 332}(460\ 332 - 460\ 292) = 18$$

$$m_{\theta A} = \theta_A' - \theta_A = 21°35'42'' - 21°35'39'' = 3''$$

$$m_{\theta 1} = \theta_1' - \theta_1 = 128°50'31'' - 128°50'22'' = 9''$$

$$m_{\theta 2} = \theta_2' - \theta_2 = 32°20'17'' - 32°20'20'' = -3''$$

すなわち,観測方程式はマトリクス表示をすると次のようになる.

$$V = M - A\varDelta X$$

$$\begin{bmatrix} v_{SA1} \\ v_{SA2} \\ v_{S2B} \\ v_{\theta A} \\ v_{\theta 1} \\ v_{\theta 2} \end{bmatrix} = \begin{bmatrix} 11 \\ 5 \\ 18 \\ 3 \\ 9 \\ -3 \end{bmatrix} - \begin{bmatrix} -0.458 & -0.181 & 0 & 0 \\ 0 & 0 & -0.124 & -0.408 \\ 0 & 0 & 0.379 & 0.240 \\ 0.181 & -0.458 & 0 & 0 \\ -0.406 & -0.326 & 0.406 & 0.326 \\ 0 & 0 & -0.240 & 0.379 \end{bmatrix} \begin{bmatrix} \varDelta X_1 \\ \varDelta Y_1 \\ \varDelta X_2 \\ \varDelta Y_2 \end{bmatrix}$$

(3) 観測方程式の重みは角の重みを1とすれば,

$$p_{SA1} = \frac{S_{A1}^2 m_\theta^2}{(m_0^2 + k^2 S_{A1}^2)\rho''^2} = \frac{(418\,531 \times 10)^2}{\{10^2 + (5 \times 10^{-6} \times 418\,531)^2\} \times 206\,265^2} = 3.94$$

$$p_{SA2} = \frac{S_{A2}^2 m_0^2}{(m_0^2 + k^2 S_{A2}^2)\rho''^2} = \frac{(483\,552 \times 10)^2}{\{10^2 + (5 \times 10^{-6} \times 483\,552)^2\} \times 206\,265^2} = 5.19$$

$$p_{S2B} = \frac{S_{2B}^2 m_0^2}{(m_0^2 + k^2 S_{2B}^2)\rho''^2} = \frac{(460\,292 \times 10)^2}{\{10^2 + (5 \times 10^{-6} \times 460\,292)^2\} \times 206\,265^2} = 4.73$$

である. すなわち

$$P = \begin{bmatrix} 3.94 & 0 & 0 & 0 & 0 & 0 \\ 0 & 5.19 & 0 & 0 & 0 & 0 \\ 0 & 0 & 4.73 & 0 & 0 & 0 \\ 0 & 0 & 0 & 1 & 0 & 0 \\ 0 & 0 & 0 & 0 & 1 & 0 \\ 0 & 0 & 0 & 0 & 0 & 1 \end{bmatrix}$$

(4) これより補正量 $\varDelta X$, $\varDelta Y$ は, $A^t PA$ の逆行列を求めると

$$(A^t PA)^{-1} = \begin{bmatrix} 3.32 & -1.18 & 0.0161 & 0.237 \\ -1.18 & 1.42 & 0.0052 & 0.0761 \\ 0.0161 & 0.0052 & 1.19 & -0.891 \\ 0.237 & 0.0761 & -0.891 & 1.73 \end{bmatrix}$$

となるから

$$\varDelta X_0 = \begin{bmatrix} \varDelta X_1 \\ \varDelta Y_1 \\ \varDelta X_2 \\ \varDelta Y_2 \end{bmatrix} = (A^t PA)^{-1} A^t PM = \begin{bmatrix} -15 \\ -5 \\ 42 \\ -16 \end{bmatrix}$$

となる. したがって $(X_1, Y_1), (X_2, Y_2)$ の補正された近似値は,

$$^{(2)}X' = \begin{bmatrix} X_1 \\ Y_1 \\ X_2 \\ Y_2 \end{bmatrix} = X' + \Delta X = \begin{bmatrix} 389\,174 \\ 154\,047 \\ 140\,681 \\ 462\,648 \end{bmatrix} + \begin{bmatrix} -15 \\ -5 \\ 42 \\ -16 \end{bmatrix} = \begin{bmatrix} 389\,159 \\ 154\,042 \\ 140\,723 \\ 462\,632 \end{bmatrix}$$

となる.

(5) この X' の値を第2近似値として上記の計算を繰り返す.

その結果のみを示すと次のようになり,4回の繰り返し計算で完全に収束することがわかる.

$$^{(3)}X' = {}^{(2)}X' + \Delta^{(2)}X = \begin{bmatrix} 389\,159 \\ 154\,042 \\ 140\,723 \\ 462\,632 \end{bmatrix} + \begin{bmatrix} -1 \\ -1 \\ 1 \\ -1 \end{bmatrix} = \begin{bmatrix} 389\,158 \\ 154\,041 \\ 140\,724 \\ 462\,631 \end{bmatrix}$$

$$^{(4)}X' = {}^{(3)}X' + \Delta^{(3)}X = \begin{bmatrix} 389\,158 \\ 154\,041 \\ 140\,724 \\ 462\,631 \end{bmatrix} + \begin{bmatrix} 1 \\ 0 \\ 0 \\ 0 \end{bmatrix} = \begin{bmatrix} 389\,160 \\ 154\,041 \\ 140\,724 \\ 462\,631 \end{bmatrix}$$

$$X_0 = {}^{(4)}X' + \Delta^{(4)}X = \begin{bmatrix} 389\,160 \\ 154\,041 \\ 140\,724 \\ 462\,631 \end{bmatrix} + \begin{bmatrix} 0 \\ 0 \\ 0 \\ 0 \end{bmatrix} = \begin{bmatrix} 389\,160 \\ 154\,041 \\ 140\,724 \\ 462\,631 \end{bmatrix}$$

このとき,観測方程式から V を求めると

$$V = \begin{bmatrix} 3 \\ 4 \\ 6 \\ 4 \\ -11 \\ 13 \end{bmatrix}$$

これから,重み1の測定値の不偏分散 $\hat{\sigma}^2$ は,

$$\hat{\sigma}^2 = \frac{V^t P V}{n-q} = \frac{V^t P V}{6-4}$$

$$= \frac{1}{2}(p_{SA1} v_{SA1}{}^2 + p_{SA2} v_{SA2}{}^2 + p_{S2B} v_{S2B}{}^2 + v_{\theta A}{}^2 + v_{\theta 1}{}^2 + v_{\theta 2}{}^2)$$

$$= \frac{1}{2}\{3.94 \times 3^2 + 5.19 \times 4^2 + 4.73 \times 6^2 + 4^2 + (-11)^2 + 13^2\} = 280$$

最確値の精度は,

$$\hat{\sigma}^2 G_{XX} = \hat{\sigma}^2(A^t PA)^{-1}$$

の対角要素より

$\hat{\sigma}_{X1}^2 = 280 \times 3.32 = 930 \qquad \hat{\sigma}_{X1} = \pm 30$ mm

$\hat{\sigma}_{Y1}^2 = 280 \times 1.42 = 398 \qquad \hat{\sigma}_{Y1} = \pm 20$ mm

$\hat{\sigma}_{X2}^2 = 280 \times 1.19 = 333 \qquad \hat{\sigma}_{X2} = \pm 18$ mm

$\hat{\sigma}_{Y2}^2 = 280 \times 1.73 = 484 \qquad \hat{\sigma}_{Y2} = \pm 22$ mm

となる.

6.6 測距・測角混合型の調整計算

前節で述べた距離と角の観測方程式に基づく厳密調整法は,多角測量に限らず,広く測距・測角混合型の基準点測量において利用することができる.ここでは,厳密調整法に関する理解を深めることを目的に,三辺測量や三角測量など,代表的ないくつかの例題をもとに,測距・測角混合型の調整計算の方法を解説する.

6.6.1 測距のみによる座標調整—三辺測量

図-6.17において,点1~4を既知点,点5を新点とする.このとき,各既知点iと新点5の距離の測定結果$S_{i5}(i=1, 2, 3, 4)$により新点の座標を求める問題を考えよう.この問題は,**6.2.3**で述べたように,三辺測量の代表的な方法である.

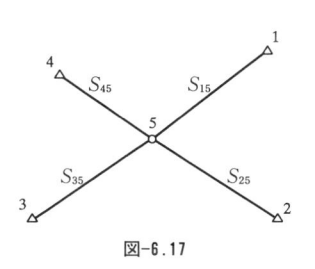

図-6.17

既知点iの座標を$(X_i, Y_i)(i=1, 2, 3, 4)$とし,新点の座標を(X_5, Y_5),その近似値を(X_5', Y_5'),補正量を$\Delta X_5, \Delta Y_5$とする.すなわち,

$$X_5 = X_5' + \Delta X_5, \quad Y_5 = Y_5' + \Delta Y_5 \tag{6.112}$$

新点座標の近似値(X_5', Y_5')より計算される距離の近似値をS_{i5}'とすると,距離の観測方程式は式(6.90)より,次のようになる.

$$v_{S_{i5}} = \frac{\rho''}{S_{i5}'}(S_{i5}' - S_{i5}) + b_{i5}\Delta X_5 + a_{i5}\Delta Y_5 \quad (i=1, 2, 3, 4) \tag{6.113}$$

ここで,a_{i5}, b_{i5}は,式(6.91)より以下のようになる.

$$a_{i5} = \frac{(Y_5' - Y_i)\rho''}{S_{i5}'^2}, \quad b_{i5} = \frac{(X_5' - X_i)\rho''}{S_{i5}'^2} \tag{6.114}$$

いま,

$$M_i = \frac{\rho''}{S'_{i5}}(S'_{i5} - S_{i5}) \quad (i=1, 2, 3, 4) \tag{6.115}$$

とし，さらに，

$$\mathbf{\Delta X} = \begin{bmatrix} \Delta X_5 \\ \Delta Y_5 \end{bmatrix}, \quad \mathbf{A} = \begin{bmatrix} -b_{15} & -a_{15} \\ -b_{25} & -a_{25} \\ -b_{35} & -a_{35} \\ -b_{45} & -a_{45} \end{bmatrix}, \quad \mathbf{M} = \begin{bmatrix} M_1 \\ M_2 \\ M_3 \\ M_4 \end{bmatrix}, \quad \mathbf{V} = \begin{bmatrix} v_{S_{15}} \\ v_{S_{25}} \\ v_{S_{35}} \\ v_{S_{45}} \end{bmatrix} \tag{6.116}$$

とすると，距離の観測方程式（残差方程式）は，

$$\mathbf{V} = \mathbf{M} - \mathbf{A}\mathbf{\Delta X} \tag{6.117}$$

と整理することができる．

距離の測定誤差 $m_{S_{i5}}$ は式 (6.105) より，次のように表すことができる．

$$m_{S_{i5}}^2 = m_0^2 + k^2 S_{i5}^2 \tag{6.118}$$

ここで，m_0 は距離の測定誤差のうち距離に無関係な誤差，k は比例定数である．

したがって，重み 1 の測定距離として 4 つの測定距離の平均 S_0 をとれば，各測定の重み $p_{S_{i5}}$ は，

$$p_{S_{i5}} = \frac{m_0^2 + k^2 S_0^2}{m_0^2 + k^2 S_{i5}^2} \quad (i=1, 2, 3, 4) \tag{6.119}$$

となる．したがって，$p_{S_{i5}}(i=1,2,3,4)$ を対角要素とし，その他の要素は 0 である重み行列 $\mathbf{P}$ を定義すれば，最小二乗法により求められる新点座標の補正量は，式 (2.130) より，

$$\mathbf{\Delta X} = (\mathbf{A}^t \mathbf{P} \mathbf{A})^{-1} \mathbf{A}^t \mathbf{P} \mathbf{M} \tag{6.120}$$

となる．

この後，式 (6.120) により補正された新点座標を新たな近似値として計算を繰り返す．収束計算が終了し，新点座標の最確値 (X_5, Y_5) が求められたとする．この最確値の精度を求める方法は第 2 章で述べたとおりであり，まず (X_5, Y_5) を観測方程式に代入して計算される残差 2 乗和 $F = \mathbf{V}^t \mathbf{P} \mathbf{V}$ により，単位重みの分散 $\hat{\sigma}^2$ を次のように求める．

$$\hat{\sigma}^2 = \frac{F}{n-q} = \frac{F}{4-2} = \frac{1}{2} F \tag{6.121}$$

そして，$\mathbf{G}$ を最確値のコファクター行列とし，式 (2.163) により，

$$\hat{\sigma}^2 \mathbf{G} = \hat{\sigma}^2 (\mathbf{A}^t \mathbf{P} \mathbf{A})^{-1} \tag{6.122}$$

の対角要素として，各最確値の分散を求めることができる．

例題 6-4 図-6.17 において既知点 1〜4 の座標，および各既知点から新点 5 までの距離の測定値が**表-6.16**のようであったとする．このとき，新点 5 の座標の最確値およびその精度を計算せよ．ただし，距離の測定精度は距離に無関係な

値が $m_0=\pm 10$ mm,距離に比例する値が $k=\pm 5\times 10^{-5}$ であるとする.

表-6.16

既知点座標	距離の測定値
$(X_1, Y_1)=(521.240\text{ m}, 273.316\text{ m})$	$S_{15}=210.953$ m
$(X_2, Y_2)=(189.619\text{ m}, 548.647\text{ m})$	$S_{25}=286.825$ m
$(X_3, Y_3)=(209.276\text{ m}, 173.429\text{ m})$	$S_{35}=153.681$ m
$(X_4, Y_4)=(429.676\text{ m}, 129.474\text{ m})$	$S_{45}=198.665$ m

解(1) まず新点 5 の座標近似値を与える.この場合,2 つの既知点からの測定距離を用いて計算で求めてもよいし,煩雑であれば図上計測で求めてもよい.今回は,既知点 2,3 からの距離の測定値から計算により $(X'_5, Y'_5)=(310.891$ m, 288.721 m$)$ を与えた.このとき,新点の座標近似値から求められる既知点と新点の距離の近似値は次のようになる.以後,座標の単位は mm に統一する.

$$S_{15}'=\sqrt{(X_5'-X_1)^2+(Y_5'-Y_1)^2}$$
$$=\sqrt{(310\,891-521\,240)^2+(288\,721-273\,316)^2}=210\,913$$
$$S_{25}'=\sqrt{(X_5'-X_2)^2+(Y_5'-Y_2)^2}$$
$$=\sqrt{(310\,891-189\,619)^2+(288\,721-548\,647)^2}=286\,825$$
$$S_{35}'=\sqrt{(X_5'-X_3)^2+(Y_5'-Y_3)^2}$$
$$=\sqrt{(310\,891-209\,276)^2+(288\,721-173\,429)^2}=153\,681$$
$$S_{45}'=\sqrt{(X_5'-X_4)^2+(Y_5'-Y_4)^2}$$
$$=\sqrt{(310\,891-429\,676)^2+(288\,721-129\,474)^2}=198\,669$$

(2) 観測方程式は,式 (6.113)~(6.114) である.ここで,

$$a_{15}=\frac{(Y_5'-Y_1)\rho''}{S_{15}'^2}=\frac{288\,721-273\,316}{210\,913^2}\times 206\,265=0.071$$

$$b_{15}=-\frac{(X_5'-X_1)\rho''}{S_{15}'^2}=-\frac{310\,891-521\,240}{210\,913^2}\times 206\,265=-0.975$$

$$a_{25}=\frac{(Y_5'-Y_2)\rho''}{S_{25}'^2}=\frac{288\,721-548\,647}{286\,825^2}\times 206\,265=-0.652$$

$$b_{25}=\frac{(X_5'-X_2)\rho''}{S_{25}'^2}=\frac{310\,891-189\,619}{286\,825^2}\times 206\,265=0.304$$

$$a_{35}=\frac{(Y_5'-Y_3)\rho''}{S_{35}'^2}=\frac{288\,721-173\,429}{153\,681^2}\times 206\,265=1.007$$

$$b_{35}=\frac{(X_5'-X_3)\rho''}{S_{35}'^2}=\frac{310\,891-209\,276}{153\,681^2}\times 206\,265=0.887$$

$$a_{45} = \frac{(Y_5' - Y_4)\rho''}{S'_{45}{}^2} = \frac{288\,721 - 129\,474}{198\,669^2} \times 206\,265 = 0.832$$

$$b_{45} = \frac{(X_5' - X_4)\rho''}{S'_{45}{}^2} = \frac{310\,891 - 429\,676}{198\,669^2} \times 206\,265 = -0.621$$

である. また,

$$M_1 = \frac{\rho''}{S'_{15}}(S'_{15} - S_{15}) = \frac{206\,265}{210\,913} \times (210\,913 - 210\,953) = -40$$

$$M_2 = \frac{\rho''}{S'_{25}}(S'_{25} - S_{25}) = \frac{206\,265}{286\,825} \times (286\,825 - 286\,825) = 0$$

$$M_3 = \frac{\rho''}{S'_{35}}(S'_{35} - S_{35}) = \frac{206\,265}{153\,681} \times (153\,681 - 153\,681) = 0$$

$$M_4 = \frac{\rho''}{S'_{45}}(S'_{45} - S_{45}) = \frac{206\,265}{198\,669} \times (198\,669 - 198\,665) = 4$$

となる. したがって, 観測方程式のマトリクス表示は, 式 (6.116)~(6.117) より, 次のようになる.

$$\boldsymbol{V} = \begin{bmatrix} -40 \\ 0 \\ 0 \\ 4 \end{bmatrix} - \begin{bmatrix} 0.975 & -0.071 \\ -0.304 & 0.652 \\ -0.887 & -1.007 \\ 0.621 & -0.832 \end{bmatrix} \begin{bmatrix} \Delta X_5 \\ \Delta Y_5 \end{bmatrix}$$

(3) 観測方程式の重みは, 測定距離の平均値 S_0 の測定値を重み 1 とする. まず,

$$S_0 = (S_1 + S_2 + S_3 + S_4)/4 = 212\,531$$

であり, 各測定値の重みは式 (6.119) より次のようになる.

$$P_{S_{15}} = \frac{m_0^2 + k^2 S_0^2}{m_0^2 + k^2 S_{15}^2} = \frac{10^2 + (5 \times 10^{-6} \times 212\,531)^2}{10^2 + (5 \times 10^{-6} \times 210\,953)^2} = 1.00$$

$$P_{S_{25}} = \frac{m_0^2 + k^2 S_0^2}{m_0^2 + k^2 S_{25}^2} = \frac{10^2 + (5 \times 10^{-6} \times 212\,531)^2}{10^2 + (5 \times 10^{-6} \times 286\,825)^2} = 0.99$$

$$P_{S_{35}} = \frac{m_0^2 + k^2 S_0^2}{m_0^2 + k^2 S_{35}^2} = \frac{10^2 + (5 \times 10^{-6} \times 212\,531)^2}{10^2 + (5 \times 10^{-6} \times 153\,681)^2} = 1.01$$

$$P_{S_{45}} = \frac{m_0^2 + k^2 S_0^2}{m_0^2 + k^2 S_{45}^2} = \frac{10^2 + (5 \times 10^{-6} \times 212\,531)^2}{10^2 + (5 \times 10^{-6} \times 198\,665)^2} = 1.00$$

である. すなわち, 重み行列 $\boldsymbol{P}$ は以下のように示される.

$$\boldsymbol{P} = \begin{bmatrix} 1.00 & 0 & 0 & 0 \\ 0 & 0.99 & 0 & 0 \\ 0 & 0 & 1.01 & 0 \\ 0 & 0 & 0 & 1.00 \end{bmatrix}$$

(4) 以上より, 補正量 $\boldsymbol{\Delta X}$ は式 (6.120) より,

$$\boldsymbol{\varDelta X} = \begin{bmatrix} \varDelta X_5 \\ \varDelta Y_5 \end{bmatrix} = (\boldsymbol{A}^t \boldsymbol{P} \boldsymbol{A})^{-1} \boldsymbol{A}^t \boldsymbol{P} \boldsymbol{M} = \begin{bmatrix} -15 \\ 0 \end{bmatrix}$$

となり，補正された近似値は

$$^{(2)}\boldsymbol{X}' = \begin{bmatrix} X_5' \\ Y_5' \end{bmatrix} + \boldsymbol{\varDelta X} = \begin{bmatrix} 310\ 891 \\ 288\ 721 \end{bmatrix} + \begin{bmatrix} -15 \\ 0 \end{bmatrix} = \begin{bmatrix} 310\ 876 \\ 288\ 721 \end{bmatrix}$$

となる．これを新たな近似値として上記の計算を繰り返すと以下のように収束し，最確値が得られる．

$$^{(3)}\boldsymbol{X}' = \begin{bmatrix} 310\ 876 \\ 288\ 721 \end{bmatrix} + \begin{bmatrix} -1 \\ 0 \end{bmatrix} = \begin{bmatrix} 310\ 875 \\ 288\ 721 \end{bmatrix}$$

$$^{(4)}\boldsymbol{X}' = \begin{bmatrix} 310\ 875 \\ 288\ 721 \end{bmatrix} + \begin{bmatrix} 0 \\ 0 \end{bmatrix} = \begin{bmatrix} 310\ 875 \\ 288\ 721 \end{bmatrix}$$

このとき，観測方程式に最確値を代入して残差を求めると，

$$\boldsymbol{V} = \begin{bmatrix} -23.70 \\ -4.34 \\ -14.56 \\ 14.20 \end{bmatrix}$$

これから，単位重みの測定値の分散 $\hat{\sigma}^2$ は式 (6.121) より，

$$\hat{\sigma}^2 = \frac{\boldsymbol{V}^t \boldsymbol{P} \boldsymbol{V}}{n-q} = \frac{\boldsymbol{V}^t \boldsymbol{P} \boldsymbol{V}}{4-2} = 497.67$$

となり，最確値の精度は式 (6.122) の対角要素より，

$\hat{\sigma}_{X_5}^2 = 224.12, \quad \hat{\sigma}_{X_5} = \pm 14.97$ mm

$\hat{\sigma}_{Y_5}^2 = 232.67, \quad \hat{\sigma}_{Y_5} = \pm 15.25$ mm

と計算される．

6.6.2 測角のみによる座標調整—三角測量

図-6.18において，点1～4を既知点，点5を新点とする．いま，新点からある目標物を視準した方向を基準方向とし，その基準方向から各既知点 j の方向観測を行った結果，測定値として $g_j(j=1, 2, 3, 4)$ が得られたとする．このとき，これらの測定値を用いて新点座標を求めることとする．この問題は測角のみから新点の座標を求める問題であり，三角測量

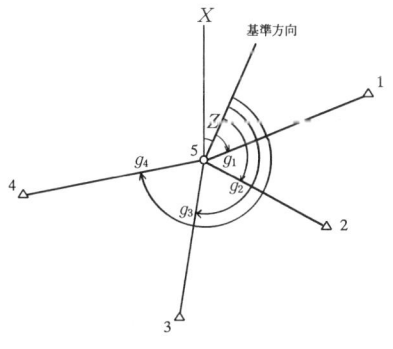

図-6.18

の一例である．四等三角測量や1級，2級基準点測量においてしばしば用いられた．

既知点 j の座標を $(X_j, Y_j)(j=1,2,3,4)$ とし，新点の座標を (X_5, Y_5)，その近似値を (X_5', Y_5')，補正量を $\Delta X_5, \Delta Y_5$ とする．すなわち，

$$X_5 = X_5' + \Delta X_5, \quad Y_5 = Y_5' + \Delta Y_5 \tag{6.123}$$

ここでは，新点から既知点をみた方向角に関する観測方程式を立てることにしよう．そのために，まず基準方向が座北となす方向角（座北方向角）を新たな未知変数として定義し，その最確値を Z，近似値を Z'，補正量を ΔZ とする．すなわち，

$$Z = Z' + \Delta Z \tag{6.124}$$

である．ある1点にトランシットなどを据えて方向観測を行う場合には必ず基準方向が必要になるが，この基準方向の座北方向角，すなわち，この問題でいえば Z のことを標準角あるいは標定角といい，ΔZ のことを標定誤差という．

このとき，新点からみた各既知点の座北方向角 $\theta_{5j}(j=1,2,3,4)$ の測定値は，

$$\theta_{5j} = Z' + \Delta Z + g_j \quad (j=1,2,3,4) \tag{6.125}$$

となる．新点座標の近似値より計算される，新点と既知点の距離の近似値を $S_{5j}'(j=1,2,3,4)$，新点からみた既知点の座北方向角の近似値を $\theta_{5j}'(j=1,2,3,4)$ とすると，方向角の観測方程式は式 (6.100) より，次のようになる．

$$\begin{aligned} v_{\theta_{5j}} &= (\theta_{5j}' - \theta_{5j}) + a_{5j}\Delta X_5 - b_{5j}\Delta Y_5 \\ &= (\theta_{5j}' - Z' - g_j) + a_{5j}\Delta X_5 - b_{5j}\Delta Y_5 - \Delta Z \quad (j=1,2,3,4) \end{aligned} \tag{6.126}$$

ここで，a_{5j}, b_{5j} は，式 (6.91) より以下のようになる．

$$a_{5j} = \frac{(Y_j - Y_5')\rho''}{S_{5j}'^2}, \quad b_{5j} = \frac{(X_j - X_5')\rho''}{S_{5j}'^2} \tag{6.127}$$

いま，

$$\boldsymbol{\Delta X} = \begin{bmatrix} \Delta X_5 \\ \Delta Y_5 \\ \Delta Z \end{bmatrix}, \quad \boldsymbol{A} = \begin{bmatrix} -a_{51} & b_{51} & 1 \\ -a_{52} & b_{52} & 1 \\ -a_{53} & b_{53} & 1 \\ -a_{54} & b_{54} & 1 \end{bmatrix}$$

$$\boldsymbol{M} = \begin{bmatrix} \theta_{51}' - Z' - g_1 \\ \theta_{52}' - Z' - g_2 \\ \theta_{53}' - Z' - g_3 \\ \theta_{54}' - Z' - g_4 \end{bmatrix}, \quad \boldsymbol{V} = \begin{bmatrix} v_{\theta_{51}} \\ v_{\theta_{52}} \\ v_{\theta_{53}} \\ v_{\theta_{54}} \end{bmatrix} \tag{6.128}$$

とすると，観測方程式は，

$$\boldsymbol{V} = \boldsymbol{M} - \boldsymbol{A}\boldsymbol{\Delta X} \tag{6.129}$$

と表すことができる．したがって，方向観測を等精度とすれば，新点座標ならびに標定誤差は，

$$\varDelta X = (A^t A)^{-1} A^t M \tag{6.130}$$

として求めることができる．以後の計算は前項と同様であるが，単位重みの分散を計算する際の自由度は，未知数が3であるから，$n-q=4-3=1$ であることに注意する．

例題 6-5 図-6.18 において既知点の座標，および基準方向からの方向角の測定結果が**表-6.17**のようであったとする．このとき，新点5の座標の最確値と精度を計算せよ．ただし，角の観測は等精度であったとする．なお，基準方向が座北となす角の測定値は $45°17'20''$ であったとする．

表-6.17

既知点座標	方向角の測定値
$(X_1, Y_1) = (530.136 \text{ m},\ 709.317 \text{ m})$	$g_1 = 14°53'51''$
$(X_2, Y_2) = (185.517 \text{ m},\ 398.142 \text{ m})$	$g_2 = 83°44'44''$
$(X_3, Y_3) = (141.240 \text{ m},\ 218.071 \text{ m})$	$g_3 = 157°33'49''$
$(X_4, Y_4) = (309.676 \text{ m},\ 374.474 \text{ m})$	$g_4 = 209°18'14''$

解 (1) まず新点5の座標近似値を，既知点1，2の座標値，および新点5から既知点1，2を視準する内角の測定値 (g_2-g_1) を用いて計算により $(X_5', Y_5') = (307.522 \text{ m},\ 286.415 \text{ m})$ と与える．ただし，近似値であるから図上計測で概略値を与えても構わない．

このとき，新点5の近似座標値から求められる新点と既知点の近似距離は次のようになる．以後，座標の単位は mm に統一する．

$$\begin{aligned}
S'_{51} &= \sqrt{(X_5'-X_1)^2+(Y_5'-Y_1)^2} \\
&= \sqrt{(307\,522-530\,136)^2+(286\,415-709\,317)^2} = 477\,916 \\
S'_{52} &= \sqrt{(X_5'-X_2)^2+(Y_5'-Y_2)^2} \\
&= \sqrt{(307\,522-185\,517)^2+(286\,415-398\,142)^2} = 165\,433 \\
S'_{53} &= \sqrt{(X_5'-X_3)^2+(Y_5'-Y_3)^2} \\
&= \sqrt{(307\,522-141\,240)^2+(286\,415-218\,071)^2} = 179\,779 \\
S'_{54} &= \sqrt{(X_5'-X_4)^2+(Y_5'-Y_4)^2} \\
&= \sqrt{(307\,522-309\,676)^2+(286\,415-374\,474)^2} = 88\,086
\end{aligned}$$

また，新点の近似座標値から求められる，新点からみる各既知点の座北方向角の近似値は次のようになる．

$$\theta_{51}' = \tan^{-1}\frac{Y_1-Y_5'}{X_1-X_5'} = \tan^{-1}\frac{709\,317-286\,415}{530\,136-307\,522} = 62°14'16''$$

$$\theta_{52}'=\tan^{-1}\frac{Y_2-Y_5'}{X_2-X_5'}=\tan^{-1}\frac{398\,142-286\,415}{185\,517-307\,522}=137°31'04''$$

$$\theta_{53}'=\tan^{-1}\frac{Y_3-Y_5'}{X_3-X_5'}=\tan^{-1}\frac{218\,071-286\,415}{141\,240-307\,522}=202°20'35''$$

$$\theta_{54}'=\tan^{-1}\frac{Y_4-Y_5'}{X_4-X_5'}=\tan^{-1}\frac{374\,474-286\,415}{309\,676-307\,522}=268°35'56''$$

(2) 観測方程式は，式 (6.126)〜(6.127) となる．ここで，

$$a_{51}=\frac{(Y_1-Y_5')\rho''}{S_{51}'^2}=\frac{709\,317-286\,415}{477\,916^2}\times 206\,265=0.382$$

$$b_{51}=\frac{(X_1-X_5')\rho''}{S_{51}'^2}=\frac{530\,136-307\,522}{477\,916^2}\times 206\,265=0.201$$

$$a_{52}=\frac{(Y_2-Y_5')\rho''}{S_{52}'^2}=\frac{398\,142-286\,415}{165\,433^2}\times 206\,265=0.842$$

$$b_{52}=\frac{(X_2-X_5')\rho''}{S_{52}'^2}=\frac{185\,517-307\,522}{165\,433^2}\times 206\,265=-0.920$$

$$a_{53}=\frac{(Y_3-Y_5')\rho''}{S_{53}'^2}=\frac{218\,071-286\,415}{179\,779^2}\times 206\,265=-0.436$$

$$b_{53}=\frac{(X_3-X_5')\rho''}{S_{53}'^2}=\frac{141\,240-307\,522}{179\,779^2}\times 206\,265=-1.061$$

$$a_{54}=\frac{(Y_4-Y_5')\rho''}{S_{54}'^2}=\frac{374\,474-286\,415}{88\,086^2}\times 206\,265=2.341$$

$$b_{54}=\frac{(X_4-X_5')\rho''}{S_{54}'^2}=\frac{309\,676-307\,522}{88\,086^2}\times 206\,265=0.057$$

また，

$$\theta_{51}'-Z'-g_1=62°14'16''-45°17'20''-14°53'51''=2°03'05''$$

$$\theta_{52}'-Z'-g_2=137°31'04''-45°17'20''-83°44'44''=8°29'00''$$

$$\theta_{53}'-Z'-g_3=202°20'35''-45°17'20''-157°33'49''=-0°30'34''$$

$$\theta_{54}'-Z'-g_4=268°35'56''-45°17'20''-209°18'14''=14°00'22''$$

したがって，観測方程式のマトリクス表示は式 (6.128)〜(6.129) より，

$$V=\begin{bmatrix}2°03'05''\\8°29'00''\\-0°30'34''\\14°00'22''\end{bmatrix}-\begin{bmatrix}-0.382 & 0.201 & 1\\-0.842 & -0.920 & 1\\0.436 & -1.061 & 1\\-2.341 & 0.057 & 1\end{bmatrix}\begin{bmatrix}\varDelta X_5\\\varDelta Y_5\\\varDelta Z\end{bmatrix}$$

(3) これより，補正量は，

$$\varDelta X=\begin{bmatrix}\varDelta X_5\\\varDelta Y_5\\\varDelta Z\end{bmatrix}=(A^tA)^{-1}A^tM=\begin{bmatrix}-22\,585\\-9\,946\\-0°05'19''\end{bmatrix}$$

となる．したがって，補正された新たな近似値は以下のようになる．

$$^{(2)}X' = \begin{bmatrix} X_5' \\ Y_5' \\ Z \end{bmatrix} + \varDelta X = \begin{bmatrix} 307\,522 \\ 286\,415 \\ 45°17'20'' \end{bmatrix} + \begin{bmatrix} -22\,585 \\ -9\,946 \\ -0°05'19'' \end{bmatrix} = \begin{bmatrix} 284\,937 \\ 276\,469 \\ 45°12'01'' \end{bmatrix}$$

(4) 上記の計算を繰り返す．その結果のみを示すと次のようになり，計4回の計算で収束することがわかる．

$$^{(3)}X' = \begin{bmatrix} 284\,937 \\ 276\,469 \\ 45°12'01'' \end{bmatrix} + \begin{bmatrix} -1\,879 \\ 1\,417 \\ 0°06'04'' \end{bmatrix} = \begin{bmatrix} 283\,057 \\ 277\,886 \\ 45°18'05'' \end{bmatrix}$$

$$^{(4)}X' = \begin{bmatrix} 283\,057 \\ 277\,886 \\ 45°18'05'' \end{bmatrix} + \begin{bmatrix} 22 \\ -4 \\ 0°00'06'' \end{bmatrix} = \begin{bmatrix} 283\,079 \\ 277\,882 \\ 45°18'11'' \end{bmatrix}$$

$$^{(5)}X' = \begin{bmatrix} 283\,079 \\ 277\,882 \\ 45°18'11'' \end{bmatrix} + \begin{bmatrix} 0 \\ 0 \\ 0°00'00'' \end{bmatrix} = \begin{bmatrix} 283\,079 \\ 277\,882 \\ 45°18'11'' \end{bmatrix}$$

このとき，観測方程式から残差を求めると，

$$V = \begin{bmatrix} 7.77 \\ 8.91 \\ -8.42 \\ -8.26 \end{bmatrix}$$

となり，測定値の単位重みの分散 $\hat{\sigma}^2$ は，

$$\hat{\sigma}^2 = \frac{V^t V}{n-q} = \frac{V^t V}{4-3} = 278.98$$

である．したがって，最確値の精度は $\sigma^2 G = \hat{\sigma}^2 (A^t A)^{-1}$ の対角要素より，

$\hat{\sigma}_{X_5}^2 = 162.74, \quad \hat{\sigma}_{X_5} = \pm 12.76$ mm

$\hat{\sigma}_{Y_5}^2 = 256.87, \quad \hat{\sigma}_{Y_5} = \pm 16.03$ mm

$\hat{\sigma}_Z^2 = 248.51, \quad \hat{\sigma}_Z = \pm 15.76''$

と計算される．

6.6.3 測距・測角を組み合わせた座標調整

図-6.19の三角形において，点1と2を既知点，点3を新点とする．このとき，既知点の内角の測定値 θ_a, θ_β，既知点と新点の距離の測定値 S_{13}, S_{23} を得て新点の座標を求める問題を考えよう．6.2.2で述べたように，この問題は測距・測角混合型の測

量である．なお，φ_0 は点1からみた点2の座北方向角で，既知点間の方向角であるから既知である．

既知点 i の座標を (X_i, Y_i) $(i=1, 2)$ とし，新点の座標を (X_3, Y_3)，その近似値を (X_3', Y_3')，補正量を $\Delta X_3, \Delta Y_3$ とする．すなわち，

$$X_3 = X_3' + \Delta X_3, \quad Y_3 = Y_3' + \Delta Y_3 \tag{6.131}$$

新点座標の近似値より計算される距離の近似値を $S_{i3}'(i=1, 2)$ とすると，距離の観測方程式は式 (6.90) より，次のようになる．

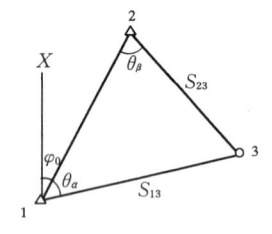

$$v_{S_{i3}} = \frac{\rho''}{S_{i3}'}(S_{i3}' - S_{i3}) + b_{i3}\Delta X_3 + a_{i3}\Delta Y_3 \quad (i=1, 2) \tag{6.132}$$

ここで，a_{i3}, b_{i3} は，式 (6.91) より以下のようになる．

$$a_{i3} = \frac{(Y_3' - Y_i)\rho''}{S_{i3}'^2}, \quad b_{i3} = -\frac{(X_3' - X_i)\rho''}{S_{i3}'^2} \tag{6.133}$$

また，既知点1,2からみた新点の方向角の測定値 θ_{13}, θ_{23} は，

$$\theta_{13} = \varphi_0 + \theta_\alpha, \quad \theta_{23} = \varphi_0 + 180° - \theta_\beta \tag{6.134}$$

となる．したがって，新点座標の近似値から計算される，θ_{13}, θ_{23} の近似値を $\theta_{13}', \theta_{23}'$ とすれば，角の観測方程式は式 (6.100) より，次のようになる．

$$v_{\theta_{i3}} = (\theta_{i3}' - \theta_{i3}) - a_{i3}\Delta X_3 + b_{i3}\Delta Y_3 \quad (i=1, 2) \tag{6.135}$$

したがって，

$$\Delta X = \begin{bmatrix} \Delta X_3 \\ \Delta Y_3 \end{bmatrix}, \quad A = \begin{bmatrix} -b_{13} & -a_{13} \\ -b_{23} & -a_{23} \\ a_{13} & -b_{13} \\ a_{23} & -b_{23} \end{bmatrix},$$

$$M = \begin{bmatrix} \dfrac{\rho''}{S_{13}'}(S_{13}' - S_{13}) \\ \dfrac{\rho''}{S_{23}'}(S_{23}' - S_{23}) \\ \theta_{13}' - \theta_{13} \\ \theta_{23}' - \theta_{23} \end{bmatrix}, \quad V = \begin{bmatrix} v_{S_{13}} \\ v_{S_{23}} \\ v_{\theta_{13}} \\ v_{\theta_{23}} \end{bmatrix} \tag{6.136}$$

とおくと，測距，測角を組み合わせた観測方程式は，

$$V = M - A\Delta X \tag{6.137}$$

と表すことができる．

各測定の重みについては，まず角の測定は同精度とする．また，角の測定の重みを

1としたときの距離測定の重みは，式 (6.104) および式 (6.105) より，

$$p_{S_{i3}} = \frac{S_{i3}^2 m_\theta^2}{(m_0^2 + k^2 S_{i3}^2)\rho''^2} \quad (i=1, 2) \tag{6.138}$$

となる．ここで，m_θ は角の測定誤差，m_0 は距離の測定誤差のうち距離に無関係な誤差，k は比例定数である．したがって，重み行列 $\boldsymbol{P}$ を，

$$\boldsymbol{P} = \begin{bmatrix} p_{S_{13}} & 0 & 0 & 0 \\ 0 & p_{S_{23}} & 0 & 0 \\ 0 & 0 & 1 & 0 \\ 0 & 0 & 0 & 1 \end{bmatrix} \tag{6.139}$$

と表せば，補正量 $\varDelta X_3, \varDelta Y_3$ は次の式で求めることができる．

$$\varDelta \boldsymbol{X} = (\boldsymbol{A}^t \boldsymbol{P} \boldsymbol{A})^{-1} \boldsymbol{A}^t \boldsymbol{P} \boldsymbol{M} \tag{6.140}$$

以後の収束計算ならびに最確値の精度の求め方は，6.6.1，6.6.2 と同様である．

例題 6-6 図-6.19 において既知点座標，および三角形の内角と辺の距離の測定結果が**表-6.18**のようであったとする．このとき，新点3の座標の最確値と精度を計算せよ．ただし，角の測定精度は $m_\theta = \pm 10''$，距離の測定精度は距離に無関係な値が $m_0 = \pm 10$ mm，距離に比例する値が $k = \pm 5 \times 10^{-5}$ であるとする．なお，既知点1からみた既知点2の座北方向角 φ_0 は既知座標より $\varphi_0 = 23°46'02''$ である．

表-6.18

既知点座標	内角の測定値	辺長の測定値
$(X_1, Y_1) = (0.517$ m, 0.432 m$)$	$\theta_a = 51°09'23''$	$S_{13} = 353.994$ m
$(X_2, Y_2) = (323.308$ m, 142.580 m$)$	$\theta_\beta = 64°38'38''$	$S_{23} = 305.056$ m

解 (1) まず新点3の座標近似値を計算する．ここでは，既知点1の座標値，および既知点1から新点3をみた座北方向角の測定値 $(\varphi_0 + \theta_a)$ から，計算により $(X_3', Y_3') = (92.508$ m, 342.241 m$)$ と与える．ただし，近似値であるから図上計測で概略値を与えても構わない．

このとき，新点3の近似座標値から求められる新点と既知点の近似距離は次のようになる．以後，座標の単位は mm に統一する．

$$\begin{aligned}
S_{13}' &= \sqrt{(X_3' - X_1)^2 + (Y_3' - Y_1)^2} \\
&= \sqrt{(92\,508 - 517)^2 + (342\,241 - 432)^2} = 353\,972 \\
S_{23}' &= \sqrt{(X_3' - X_2)^2 + (Y_3' - Y_2)^2} \\
&= \sqrt{(92\,508 - 323\,308)^2 + (342\,241 - 142\,580)^2} = 305\,178
\end{aligned}$$

また，既知点1，2からみた新点3の座北方向角 θ_{13}, θ_{23} の近似値は余弦定理か

ら以下のようになる.

$$\theta_{13}' = \varphi_0 + \cos^{-1}\frac{S_{12}^2 + S_{13}'^2 - S_{23}'^2}{2S_{12}S_{13}'}$$

$$= 23°46'02'' + \cos^{-1}\frac{352\,704^2 + 353\,972^2 - 305\,178^2}{2 \times 352\,704 \times 353\,972} = 74°56'13''$$

$$\theta_{23}' = \varphi_0 + 180° - \cos^{-1}\frac{S_{12}^2 + S_{23}'^2 - S_{13}'^2}{2S_{12}S_{23}'}$$

$$= 23°46'02'' + 180° - \cos^{-1}\frac{352\,704^2 + 305\,178^2 - 353\,972^2}{2 \times 352\,704 \times 305\,178} = 139°08'15''$$

(2) 観測方程式は式 (6.132)〜(6.133) および式 (6.135) となる.ここで,

$$a_{13} = \frac{(Y_3' - Y_1)\rho''}{S_{13}'^2} = \frac{342\,241 - 432}{353\,972^2} \times 206\,265 = 0.563$$

$$b_{13} = \frac{(X_3' - X_1)\rho''}{S_{13}'^2} = \frac{92\,508 - 517}{353\,972^2} \times 206\,265 = 0.151$$

$$a_{23} = \frac{(Y_3' - Y_2)\rho''}{S_{23}'^2} = \frac{342\,241 - 142\,580}{305\,178^2} \times 206\,265 = 0.442$$

$$b_{23} = \frac{(X_3' - X_2)\rho''}{S_{23}'^2} = \frac{92\,508 - 323\,308}{305\,178^2} \times 206\,265 = -0.511$$

である.また,

$$\frac{\rho''}{S_{13}'^2}(S_{13}' - S_{13}) = \frac{206\,265}{353\,972}(353\,972 - 353\,994) = -13$$

$$\frac{\rho''}{S_{23}'^2}(S_{23}' - S_{23}) = \frac{206\,265}{305\,178}(305\,178 - 305\,056) = 82$$

$$\theta_{13}' - \theta_{13} = 74°56'13'' - 74°55'25'' = 0°00'48''$$

$$\theta_{23}' - \theta_{23} = 139°08'15'' - 139°07'24'' = 0°00'51''$$

となる.したがって,観測方程式のマトリクス表示は,

$$V = \begin{bmatrix} -13 \\ 82 \\ 0°00'48'' \\ 0°00'51'' \end{bmatrix} - \begin{bmatrix} -0.151 & -0.563 \\ 0.511 & -0.442 \\ 0.563 & -0.151 \\ 0.442 & 0.511 \end{bmatrix} \begin{bmatrix} \Delta X_3 \\ \Delta Y_3 \end{bmatrix}$$

(3) 観測方程式の重みは,角測定の重みを1とし,式 (6.138) より以下のようになる.

$$p_{S_{13}} = \frac{S_{13}^2 m_\theta^2}{(m_0^2 + k^2 S_{13}^2)\rho''^2} = \frac{(353\,994 \times 10)^2}{\{10^2 + (5 \times 10^{-6} \times 353\,994)^2\} \times 206\,265^2} = 2.86$$

$$p_{S_{23}} = \frac{S_{23}^2 m_\theta^2}{(m_0^2 + k^2 S_{23}^2)\rho''^2} = \frac{(305\,056 \times 10)^2}{\{10^2 + (5 \times 10^{-6} \times 305\,056)^2\} \times 206\,265^2} = 2.14$$

すなわち,

$$P = \begin{bmatrix} 2.86 & 0 & 0 & 0 \\ 0 & 2.14 & 0 & 0 \\ 0 & 0 & 1 & 0 \\ 0 & 0 & 0 & 1 \end{bmatrix}$$

である.

(4) これより,補正量 $\varDelta X$ は次のように求められる.

$$\varDelta X = (A^t P A)^{-1} A^t P M = \begin{bmatrix} 126 \\ -15 \end{bmatrix}$$

したがって,補正された座標近似値は

$$^{(2)}X' = \begin{bmatrix} X_3' \\ Y_3' \end{bmatrix} + \varDelta X = \begin{bmatrix} 92\,508 \\ 342\,241 \end{bmatrix} + \begin{bmatrix} 126 \\ -15 \end{bmatrix} = \begin{bmatrix} 92\,634 \\ 342\,226 \end{bmatrix}$$

(5) 上記の計算を繰り返す.その結果のみを示すと次のようになり,計2回の計算で収束することがわかる.

$$^{(3)}X' = \begin{bmatrix} 92\,634 \\ 342\,226 \end{bmatrix} + \begin{bmatrix} 0 \\ 0 \end{bmatrix} = \begin{bmatrix} 92\,634 \\ 342\,226 \end{bmatrix}$$

このとき,観測方程式から残差を求めると,

$$V = \begin{bmatrix} -2.73 \\ 10.60 \\ -25.33 \\ 3.36 \end{bmatrix}$$

となり,測定値の単位重みの分散 $\hat{\sigma}^2$ は,

$$\hat{\sigma}^2 = \frac{V^t P V}{n-q} = \frac{V^t P V}{4-2} = 457.24$$

である.したがって,最確値の精度は $\hat{\sigma}^2 G = \sigma^2 (A^t P A)^{-1}$ の対角要素より,

$$\hat{\sigma}_{X_3}^2 = 404.44, \quad \hat{\sigma}_{X_3} = \pm 20.11 \text{ mm}$$
$$\hat{\sigma}_{Y_3}^2 = 286.10, \quad \hat{\sigma}_{Y_3} = \pm 16.91 \text{ mm}$$

と計算される.

6.6.4 測距・測角を組み合わせた図形調整

ここでは,図-6.20のように三角形の内角および辺長をすべて測定し,大きさも含めた三角形の形状を確定する問題を考えよう.これまでの例題と異なり,この問題には既知点が存在しない.6.2.2で述べたように,測量の成果を公共座標系で表す必要がなく,面積の測定などのように,各点の相対的な位置が求まればよい場合,あるいは既知点とする既設基準点の精度に疑いがあり,新たに実施した測量のみにより精度

を検証したい場合などに用いられる.

この問題は図形を確定すればよいから，測定する内角および辺長そのものの最確値を求める直接測定の問題である．いま，内角の最確値を $\alpha_1, \alpha_2, \alpha_3$，測定値を $\theta_1, \theta_2, \theta_3$ とし，辺長の最確値を l_1, l_2, l_3，測定値を S_1, S_2, S_3 とする．

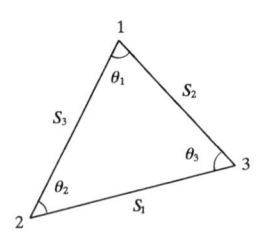

まず，角測定の残差を v_1, v_2, v_3，距離測定の残差を u_1, u_2, u_3 とし，観測方程式を次のように表す．

図-6.20 測距・測角混合型の図形調整の例

$$v_1 = \theta_1 - \alpha_1, \quad v_2 = \theta_2 - \alpha_2, \quad v_3 = \theta_3 - \alpha_3 \tag{6.141}$$

$$u_1 = S_1 - l_1, \quad u_2 = S_2 - l_2, \quad u_3 = S_3 - l_3 \tag{6.142}$$

このとき，

$$\boldsymbol{X} = \begin{bmatrix} \alpha_1 \\ \alpha_2 \\ \alpha_3 \\ l_1 \\ l_2 \\ l_3 \end{bmatrix}, \quad \boldsymbol{M} = \begin{bmatrix} \theta_1 \\ \theta_2 \\ \theta_3 \\ S_1 \\ S_2 \\ S_3 \end{bmatrix}, \quad \boldsymbol{V} = \begin{bmatrix} v_1 \\ v_2 \\ v_3 \\ u_1 \\ u_2 \\ u_3 \end{bmatrix} \tag{6.143}$$

とおけば，観測方程式は

$$\boldsymbol{V} = \boldsymbol{M} - \boldsymbol{X} \tag{6.144}$$

と表現できる．

ここで，この問題の角の最確値 $\alpha_1, \alpha_2, \alpha_3$，辺長の最確値 l_1, l_2, l_3 には満たすべき条件が存在する．

まず，三角形の内角の和の条件から，

$$\alpha_1 + \alpha_2 + \alpha_3 = 180° \tag{6.145}$$

であり，これを残差 v_1, v_2, v_3 を使って，次のように表しておく．

$$f_1 = v_1 + v_2 + v_3 - w_1 = 0 \tag{6.146}$$

ここで，

$$w_1 = -180° + (\theta_1 + \theta_2 + \theta_3) \tag{6.147}$$

である．また，正弦定理から次の2つの独立な条件が存在する．

$$\frac{l_1}{\sin \alpha_1} = \frac{l_2}{\sin \alpha_2} = \frac{l_3}{\sin \alpha_3} \tag{6.148}$$

これより，

$$f_2 = \frac{l_1}{\sin \alpha_1} \frac{\sin \alpha_2}{l_2} - 1 = 0 \tag{6.149}$$

$$f_3 = \frac{l_1}{\sin \alpha_1} \frac{\sin \alpha_3}{l_3} - 1 = 0 \tag{6.150}$$

これらは非線形条件式であるから,測定値の周りにテーラー展開して線形化する.

$$\begin{aligned}
f_2(\alpha_1, \alpha_2, l_1, l_2) &\doteqdot f_2(\theta_1, \theta_2, S_1, S_2) - \frac{\partial f_2}{\partial \alpha_1} v_1 - \frac{\partial f_2}{\partial \alpha_2} v_2 - \frac{\partial f_2}{\partial l_1} u_1 - \frac{\partial f_2}{\partial l_2} u_2 \\
&= \frac{S_1}{S_2} \frac{\sin \theta_2}{\sin \theta_1} - 1 + \frac{S_1}{S_2} \frac{\cos \theta_1 \sin \theta_2}{\sin^2 \theta_1} v_1 - \frac{S_1}{S_2} \frac{\cos \theta_2}{\sin \theta_1} v_2 \\
&\quad - \frac{1}{S_2} \frac{\sin \theta_2}{\sin \theta_1} u_1 + \frac{S_1}{S_2^2} \frac{\sin \theta_2}{\sin \theta_1} u_2 \\
&= \left(\frac{S_1}{S_2} \frac{\sin \theta_2}{\sin \theta_1} - 1 \right) + \frac{\sin \theta_2}{\sin \theta_1} \left(\frac{S_1}{S_2} v_1 \cot \theta_1 - \frac{S_1}{S_2} v_2 \cot \theta_2 \right. \\
&\quad \left. - \frac{1}{S_2} u_1 + \frac{S_1}{S_2^2} u_2 \right)
\end{aligned} \tag{6.151}$$

ここで,新たに $f_2 = (-\sin \theta_1 / \sin \theta_2) f_2$ とおくと,

$$f_2 \doteqdot -\left(\frac{S_1}{S_2} \cot \theta_1 \right) v_1 + \left(\frac{S_1}{S_2} \cot \theta_2 \right) v_2 + \frac{1}{S_2} u_1 - \frac{S_1}{S_2^2} u_2 - w_2 = 0 \tag{6.152}$$

ここで,

$$w_2 = \frac{S_1}{S_2} - \frac{\sin \theta_1}{\sin \theta_2} \tag{6.153}$$

である.また,同様に

$$f_3 \doteqdot -\left(\frac{S_1}{S_3} \cot \theta_1 \right) v_1 + \left(\frac{S_1}{S_3} \cot \theta_3 \right) v_3 + \frac{1}{S_3} u_1 - \frac{S_1}{S_3^2} u_3 - w_3 = 0 \tag{6.154}$$

ここで,

$$w_3 = \frac{S_1}{S_3} - \frac{\sin \theta_1}{\sin \theta_3} \tag{6.155}$$

である.以上の3つの条件式は,

$$\boldsymbol{B} = \begin{bmatrix} 1 & 1 & 1 & 0 & 0 & 0 \\ -\dfrac{S_1}{S_2} \cot \theta_1 & \dfrac{S_1}{S_2} \cot \theta_2 & 0 & \dfrac{1}{S_2} & -\dfrac{S_1}{S_2^2} & 0 \\ \dfrac{S_1}{S_3} \cot \theta_1 & 0 & \dfrac{S_1}{S_3} \cot \theta_3 & \dfrac{1}{S_3} & 0 & -\dfrac{S_1}{S_3^2} \end{bmatrix}$$

$$\boldsymbol{W} = \begin{bmatrix} w_1 \\ w_2 \\ w_3 \end{bmatrix} \tag{6.156}$$

とすれば,

$$\boldsymbol{BV} - \boldsymbol{W} = 0 \tag{6.157}$$

と表すことができる.また,各条件式のラグランジュの未定乗数を次のように定義す

る．
$$\boldsymbol{\lambda}^t = [\lambda_1, \lambda_2, \lambda_3] \tag{6.158}$$

測定の重み行列 $\boldsymbol{P}$ については，まず角測定の重みを等精度とする．また，角測定の重みを1としたときの距離測定の重みは式(6.104)より，
$$p_{S_i} = \frac{S_i^2 m_\theta^2}{(m_0^2 + k^2 S_i^2)\rho''^2} \tag{6.159}$$
と求めることができ，
$$\boldsymbol{P} = \begin{bmatrix} 1 & 0 & 0 & 0 & 0 & 0 \\ 0 & 1 & 0 & 0 & 0 & 0 \\ 0 & 0 & 1 & 0 & 0 & 0 \\ 0 & 0 & 0 & p_{S_1} & 0 & 0 \\ 0 & 0 & 0 & 0 & p_{S_2} & 0 \\ 0 & 0 & 0 & 0 & 0 & p_{S_3} \end{bmatrix} \tag{6.160}$$

以上から，式(2.197)より，
$$\boldsymbol{\lambda} = (\boldsymbol{B}\boldsymbol{P}^{-1}\boldsymbol{B}^t)^{-1}\boldsymbol{W} \tag{6.161}$$
となり，残差ベクトル $\boldsymbol{V}$ は式(2.195)より，
$$\boldsymbol{V} = \boldsymbol{P}^{-1}\boldsymbol{B}^t\boldsymbol{\lambda} \tag{6.162}$$
として求められる．したがって，最確値は，
$$\boldsymbol{X} = \boldsymbol{M} - \boldsymbol{V} = \boldsymbol{M} - \boldsymbol{P}^{-1}\boldsymbol{B}^t\boldsymbol{\lambda} \tag{6.163}$$
である．以後の繰り返し計算はこれまでと同様であり，残差を収束させて最確値を得る．

最確値の精度を求めるには，まず，収束計算後の最確値と測定値の残差2乗和 $F = \boldsymbol{V}^t\boldsymbol{P}\boldsymbol{V}$ を計算する．そして，単位重みの分散 $\hat{\sigma}^2$ を次のように求める．
$$\hat{\sigma}^2 = \frac{F}{n-q+r} = \frac{F}{6-6+3} = \frac{1}{3}F \tag{6.164}$$
そして，$\boldsymbol{G}$ を最確値のコファクター行列とし，式(2.208)により，
$$\hat{\sigma}^2 \boldsymbol{G} = \hat{\sigma}^2[\boldsymbol{P}^{-1} - \boldsymbol{P}^{-1}\boldsymbol{B}^t(\boldsymbol{B}\boldsymbol{P}^{-1}\boldsymbol{B}^t)^{-1}\boldsymbol{B}\boldsymbol{P}^{-1}] \tag{6.165}$$
の対角要素として，各最確値の分散を求めることができる．

6.7 三角測量

1つの辺の長さを測定するほかは，すべて角の測定のみで地上の点の位置を決める三角測量は，光波測距儀による高精度な距離測定が可能になるまでの長きの間，広い範囲に精度の高い基準点を設けるための最も適切かつ確実な方法であった．しかしな

がら，これまで述べてきたように，光波測距儀やトータルステーションの普及，そしてGPS測量の実用化により，三角測量の優位性はなくなり，現在では基本測量，公共測量ともに三角測量が使われることはなくなった．

しかしながら，三角網の配置計画や三角点の選点，造標などの三角測量の準備作業として体系的に整理されてきた諸々の事項は，多角測量，三辺測量などの測量方式にもそのまま適用されるべき重要事項であることに変わりはない．また，これまでの歴史の経緯から，測量学の基礎理論の多くは三角測量を例題に導かれ，多くの書物に解説されてきた．したがって，これらの書物を読み解く上での基礎知識として，また幾何学的な条件を考慮した誤差の調整方法や，測量網の「図形の強さ」といった測量学の基礎事項に対する理解を一層深めるための教材として，三角測量を解説する意義が完全に失われているわけではない．

そこで本節では，本書の旧版において章を割いて詳細に解説していた三角測量の内容から，実務のための説明など現在においては不要と思われる一部の内容を省くことにより，測量方式としての三角測量の概要を示すことにする．なお，本書を読み通す上で本節の内容は特に必要ないように配慮している．したがって，本節は適宜読み飛ばしてもらって構わない．

6.7.1　三角網の配置計画[7]

三角点は精度およびこれに後続する測量に差し支えない限り，少ない点数で必要な測量範囲を覆うことが経済上，時間上得策である．

測量範囲が非常に広く，多くの三角点を配置しなければならない場合は，全体の網をいくつかの網に分割して，その個々の網を独立に取り扱えるようにしておいたほうがよい．三角点の数が非常に多いと，計算が極めて大掛りなものとなるためである．

個々の三角形の形状はなるべく正三角形にし，ある特定の内角の誤差が，正弦法則により求められる辺長に特に大きな影響を及ぼさないようにすべきである．三角網の形状には，基本的に次の2つの形がある．1つは格子状システム (gridiron system) と呼ばれるもので，図-6.21に示されるように三角形を細長い格子状に並べたものである．この形の網は，細長い地域を測量する場合に主として用いられる．いま1つは放散状システム (central system) と呼ばれるもので，全区域を包含するように三角点を配置し，三角網が中央部より四方へ広がるようにしたものである．放散状システムの一例を図-6.22に示す．

道路，鉄道などの交通路や海岸，河川の工事を目的として測量する場合，その対象区域は一般に帯状の地域である．このような場合，格子状システムの一種で網の両端が閉じていない鎖状の三角網がしばしば使われてきた．図-6.23は，この三角鎖シス

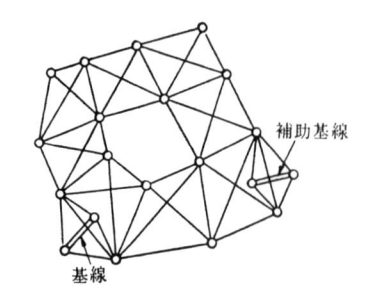

図-6.21　格子状三角網

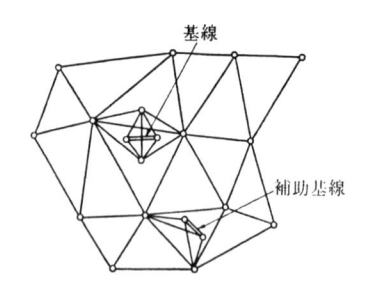

図-6.22　放散状三角網

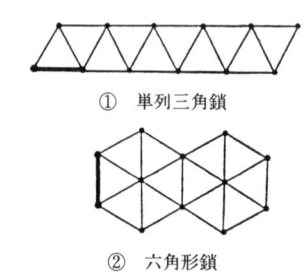

① 単列三角鎖

② 六角形鎖

③ 四辺形鎖

図-6.23　三　角　鎖

テム (chain system) の代表的な形を示したものである．

これらの網のいずれを選ぶべきかを決めるとき，考慮すべきは，どの網によれば測量が速やかにかつ経済的にでき，しかも必要な精度が確保できるかということである．作業の迅速さや経済性からみる限りにおいては，形成される三角形の数がなるべく少ないほうがよい．一方精度の点から考えるなら，各観測値の間で満たされるべき幾何学的条件の数が多いほどよい．図-6.23 に示された三角鎖を例にとり，包含する区域の広さと，すべての角を測定したときの条件式の数を示すと**表-6.19**のようになる．

表-6.19　種々の三角鎖の特徴

三角鎖の形	三角点数	包含距離	包含面積	辺長の和	条件数
①	12	5.50	4.33	21	10
②	12	3.46	5.19	23	14
③	12	3.54	2.50	21.3	20

(注)　ただし，基線の長さを1とした場合

これよりみると，①の形は包含距離に比べて測点数が少ないから迅速かつ経済的に作業は進められるが，期待しうる精度は低く，②は包含面積も広く，精度も①よりは高い．また③は期待しうる精度は高いが覆いうる範囲は狭く，したがって経済性は悪い．

三角網の計画にあたっては，以上の点を配慮し，1/50 000 地形図など既存の地図の上で，計画する網の結び付けるべき既設の三角点との関係を考慮しつつ，三角点のおよその位置を選定する．

既設の国の三角点の成果を得たい場合は，国土地理院において表-1.4に示されたような成果表を閲覧し，またその写しを得ることができる．

6.7.2 踏査，選点，造標

地図上で三角網の配置計画をたてると，この計画に基づいて現地を踏査し，基線および三角点の設置位置を選び，その点に標識をつくる．これらの作業は，続いて行われる観測の難易，時間，費用および精度に大きな影響を与えるものであるから，十分注意深く行わなければならない．図上で計画した三角点の配置も，踏査の結果によっては修正されることも起こる．

a) 三角点の選点

三角点の選点にあたっては，一般に次のような事項に留意しなければならない．

① 三角形はなるべく正三角形に近くし，極端な鋭角をもたないようにする．やむを得ない場合でも 15～20°以下は避けねばならない．

② 各測点が相互によく見通せる点を選ぶ．見通し線は山腹や建物，樹木に極端に近接してはならない．

③ 三角点は，将来とも各種の測量の基準点になるものであるから，発見が容易でかつ利用しやすく，しかも地盤が堅固で標識や器械が動かない地点に選ばれなければならない．

④ 多くの樹木を伐採したり，極度に高い標識を設けなければならないような地点は避ける．

b) 基線の選定

1つの三角網において基線は1本あればよい．しかし，三角網の長さが長いと角測量の誤差が累積し，最後の方の三角形では辺長に相当の誤差を生む可能性がある．そのため三角網の一端に基線を設けるとき，三角形の数が15～20個つながるごとにチェックのための基線，いわゆる補助基線（検基線）を設けることが必要である．

基線は図上で計画した案を現地踏査によって確かめ選定されるが，その選定にあたって注意すべき一般的事項としては，次のようなことがあげられる．

① 基線は可能な限り三角網の1辺とすべきである．地形その他の条件によりこれが不可能な場合は，三角網とは別に基線をとり，これを三角網の1辺に連絡しなければならない．これを基線の増大と呼ぶが，その方法の例が

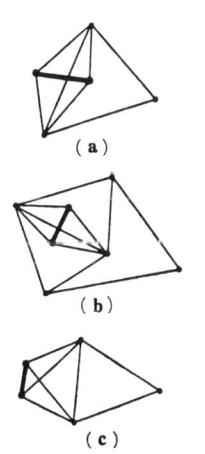

図-6.24 基線の増大

図-6.24 に示されている．基線の増大にあたっては，三角形が極端な鋭角をもたないように心掛けるべきである．
② 基線長はなるべく長くし，少なくとも三角形の辺の1/10以上とする．
③ 基線は平坦で直線距離のとれるところに選ぶ．道路，鉄道などの横断は避けるべきである．

c) 標識の設置

選点が終ると，その点に図-1.22で示したような標識を設ける．三角点は以後に行われる測量の基準となるものであり，永久または相当な長期間にわたって正しい位置に保存されねばならない．そのため永久標識は，石材または金属，コンクリートなどにより堅固につくられる必要がある．一時的に用いられる三角点は，木杭で代用されることもある．

三角点にはまた，他の三角点から視準しうるように視準標(signal)をつくらなければならない．視準標に要求される条件は，遠方からみたとき周囲のものと判然と区別して識別され，また水平角観測において視準目標となる測標(心柱と呼ばれる)が望遠鏡の十字線によって明瞭に二等分しうるものであり，しかも視準標全体が観測中に動いたり変形したりしないよう十分堅固なものであることである．

6.7.3 三角網の調整条件

三角測量においては，距離の測定された1つの基線より出発し，順次三角網を構成する三角形のすべての角を測定し，三角点の位置を決めてゆく．測定に誤差が全くなければ，この計算によりすべての三角点の位置が確定し，検基線においても，こうして計算された辺長と測定された辺長とは一致する．しかし現実には観測角には必ず誤差が含まれるものである．そのため，この誤差を合理的に配分し，三角網において成立すべき幾何学的条件が満足されるようにしなければならない．この計算を三角網の調整計算と呼ぶ．

調整計算の方法には，測点および図形調整法と座標調整法がある．ここでは主として前者の方法を中心として述べる．

三角網において成立すべき幾何学的条件には，次の2つがある．

a. 測点条件：これは，ある1つの測点の周りに存在する各角相互の間に成り立つべき条件であって，次の2つに区分できる．
　① 1つの測点におけるすべての角の和は，そのすべてを1つの角として測ったものに等しい．
　② 1つの測点の周りにおけるすべての角の和は360°である．
　　これらの条件よりつくられる条件式を測点方程式(station equation)といい，

これを満たすようにする調整を測点調整と呼ぶ.

b. 図形条件：三角網が安定した閉合図形を形成するために成り立つべき条件であって，次の4つの条件に分けられる.

① 各三角形の内角の和は180°である．この条件は角条件と呼ばれ，条件式は角方程式 (angle equation) と呼ばれる．

② 三角網の任意の1辺の長さは，計算する順序によらず唯一である．この条件を辺条件と呼び，それよりつくられる方程式を辺方程式 (side equation) という．

③ 出発点における既知方位角より順次求めていった到着点の方位角は，その点の既知方位角に等しい．これを方位条件という．

④ 出発点の既知座標に基づいて，逐次計算して求めた到着点の座標が既知座標に等しい．これを座標条件という．

三角網の調整においては，これらのすべての条件のもとで観測角を同時に補正すべきである．しかしこのような厳密な方法では計算作業量は膨大となるため，四等三角測量の程度の三角測量では，この調整を段階的に行う近似的な方法をとるのが一般であった．その場合，初めに測点調整を行い，その結果を用いて図形調整を行った．次にその方法について述べよう．

6.7.4 測点調整

1つの測点から**図-6.25**のようにs個の方向を視準したとき，**3.3**で述べたように条件式の数 f_0 は，

　　角観測法では

$$f_0 = \frac{1}{2}s(s-1) - (s-1) = (s-1)\left(\frac{1}{2}s-1\right) \tag{6.166}$$

　　方向法では

$$f_0 = (s-1) - (s-1) = 0 \tag{6.167}$$

となる．したがって，われわれの三角測量で一般に行う方向法では，測点条件による観測角の調整は必要としない．

しかし，1つの測点の周りのすべての角を観測する場合には，前記**a.**の②の測点条件，すなわち全角の和は360°であるという条件が存在する．

すなわち**図-6.26**において，$M_i(i=1, 2, \cdots\cdots, n)$ を観測角，その最確値を X_i，測定の重みを p_i，補正量を v_i とするとき

$$X_i = M_i + v_i \quad (i=1, 2, \cdots\cdots, n) \tag{6.168}$$

である．上記の条件は，

$$\sum_{i=1}^{n} X_i = 360° \tag{6.169}$$

であるから，式 (6.168) により書き替えると

$$\varphi = \sum_{i=1}^{n} v_i - w = 0 \tag{6.170}$$

となる．ただし

$$w = 360° - \sum_{i=1}^{n} M_i \tag{6.171}$$

したがって v_i は，

$$g = \frac{1}{2}\sum_{i=1}^{n} p v_i^2 - \lambda\left(\sum_{i=1}^{n} v_i - w\right) \tag{6.172}$$

を最小にする値として得られる．すなわち

$$v_i = \frac{\lambda}{p_i} \tag{6.173}$$

これを式 (6.170) に戻して

$$\lambda = \frac{w}{\sum_{i=1}^{n}(1/p_i)} \tag{6.174}$$

図-6.25 三角点における視準方向

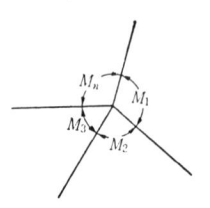

図-6.26 測点の周りのすべての角の測定

したがって

$$v_i = \frac{w}{p_i \sum_{i=1}^{n}(1/p_i)} \tag{6.175}$$

となる．$p_1 = p_2 = \cdots\cdots = p_n = 1$ のとき

$$v_1 = v_2 = \cdots\cdots = v_n = \frac{1}{n}w \tag{6.176}$$

である．すなわち $w = 360° - \sum_{i=1}^{n} M_i$ をすべての角に等分に配分すればよい．

6.7.5 図形調整

a) 条件式の総数

三角網において存在する条件式の総数は，次のようにして求めることができる．

まず1つの基線を決め，その両端の点〔図-6.27 (a) の △〕の座標が決められている場合，全体の三角点の総数を s とすると，求めるべき三角点の数は $(s-2)$ である．基線の両端の角を測ると，それを含む三角形の他の1点が決まり，順次2つの角を測るごとに1点が定まる．したがって，$(s-2)$ 個の点を決めるのに必要な測定の数は $2(s-2)$ である．それゆえ，いま n 個の角を測定したとき，余りの測定数，すなわち条件式の数 f は，

$$f = n - 2(s-2)$$
$$= n - 2s + 4 \quad (6.177)$$

となる．これは測点条件，図形条件の双方を含んだものである．

図-6.27 (b) に示されるように，さらに1本の基線とその両端の点が決まっている場合，求めるべき三角点の数は $(s-4)$ となるから条件式の総数は，

$$f = n - 2(s-4) = n - 2s + 8 \quad (6.178)$$

となる．

図-6.27 (c) のように，一端の基線の両端の点の位置がすでに知られているものではなく，基線長のみが求められている場合は，求めるべき三角点の数は $(s-2)$ である．このうち $(s-3)$ 個の点については，2つの角を測定するごとに1つの点が決められてゆくが，終端の基線の一端の点は，1つの角を測定するだけで，その基線長を用いて決めることができる．したがって，必要な測定数は $\{2(s-3)+1\}$ である．それゆえ条件式の総数は，

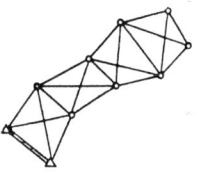

$$f = n - 2(s-3) - 1 = n - 2s + 5 \quad (6.179)$$

となる．

図-6.27 (d) のように1つの基線の一端の点の座標のみが与えられ，また方位角が始点と終点で与えられている場合，求めるべき点の数は $(s-1)$ であるが，このうち最初の1点と最後の1点は基線長と方位角より決めることができるので，必要な測定は $\{2(s-3)\}$ となる．したがって条件式の総数は，

$$f = n - 2(s-3) = n - 2s + 6 \quad (6.180)$$

となる．

基線，三角点の位置，方位角についてその他種々の与え方をされた場合にも，同様にして，条件式の総数を求めることができる．

(a) 1つの基線長とその両端の点が既知

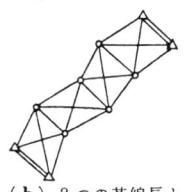

(b) 2つの基線長とそれぞれの両端の点が既知

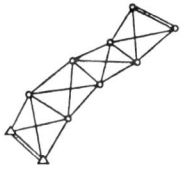

(c) 2つの基線長と1つの基線の両端の点が既知

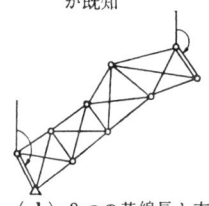

(d) 2つの基線長と方位角および1つの点が既知

図-6.27 条件式の総数

b) 角方程式の数

三角網に含まれる三角形の辺の総数 l のうち，両端で角観測がなされる辺の数を l_1，一端のみで観測される辺の数を l_2 とすると

$$l = l_1 + l_2 \quad (6.181)$$

である．両端で角観測された辺のみからなる三角形が角条件を有するから，すべての

三角点のうち片側観測辺の交点として求められる点以外の点（この数を s' とする）を順次連ねてつくられた多角形を考えてみる（図-**6.28**）．この多角形の辺数は S' である．この多角形に両端観測辺を1つ加えるごとにすべての内角が観測された三角形が1つでき，したがって角条件が1つできる．それゆえ角条件式の数 f_1 は，この多角形の内角の和よりできる1つの条件と，三角網中の l_1 個の両端観測辺のうち，この多角形の辺を構成しない辺の数すなわち (l_1-s') に対応する数の三角形の内角の和の条件を加えたものとなるから

$$f_1 = l_1 - s' + 1 = l - l_2 - s' + 1 \qquad (6.182)$$

となる．

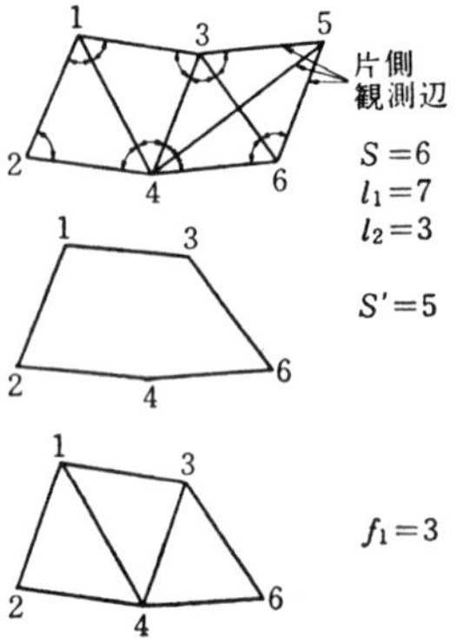

図-6.28 角方程式の数

c) 辺方程式の数

新たに1点を決めるには，2つの辺が必要である．したがって，基線1つが与えられている場合，その両端の点を除いた $(s-2)$ 個の点を決めるには $\{2(s-2)\}$ 個の辺が必要となり，これに基線1本を加えた数以上の辺の数だけ条件式が生ずる．すなわち辺方程式の数 f_2 は，

$$f_2 = l - \{2(s-2)+1\} = l - 2s + 3 \qquad (6.183)$$

となる．

基線が L 本ある場合は，始点側の基線の両端の点および他の基線の片端の点は1つの辺のみを決めれば定まるから，$\{s-(L+1)\}$ の点のみが，それを決定するのに2辺を必要とする．これと L 本の基線の数を加えたものがすべての点を決めるのに必要な辺である．したがって，辺方程式の数 f は次のようになる．

$$f_2 = l - 2\{s-(L+1)\} - L = l - 2s + L + 2 \qquad (6.184)$$

d) 図形の強さ

上記 **a)** で述べた条件式の総数は，（観測数）−（未知変量の数）+（観測と独立に与えられる未知変量に関する条件式数）となっていることがわかるだろう．これは，第2章で述べた調整計算の自由度である．条件式の総数が多いということは自由度が大きいことを意味し，未知変量の最確値の精度が高い（分散が小さい）ことを意味している．このことから，条件式の総数 **6.3.2** で述べた図形の強さ (strength of figure) を表す指標として機能する．これはちょうどトラス構造における不静定次数に対応するものであって，不静定次数が高くなるほど構造全体が剛になることと全く同じである．

図-**6.29** には，いろいろな形の三角網について，それのもつ条件式の数が例示されている．

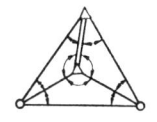

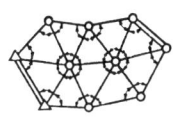

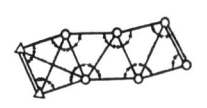

三角点の数	$S=4$	$S=10$	$S=8$
測角数	$m=8$	$m=30$	$m=20$
辺 数	$l=6$	$l=19$	$l=14$
両側観測辺	$l_1=5$	$l_1=19$	$l_1=14$
片側観測辺	$l_2=1$	$l_2=0$	$l_2=0$
基線数	$L=1$	$L=2$	$L=2$
両側観測辺からなる多角形の辺数	$S'=4$	$S'=10$	$S'=8$
条件式総数	$f=m-2S+4$ $=4$	$f=m-2S+5$ $=15$	$f=m-2S+5$ $=9$
角方程式数	$f_1=l_1-S'+1$ $=2$	$f_1=l_1-S'+1$ $=10$	$f_1=l_1-S'+1$ $=7$
辺方程式数	$f_2=l-2S+3$ $=1$	$f_2=l-2S+L+2$ $=3$	$f_2=l-2S+L+2$ $=2$
測点方程式数	$f_0=f-f_1-f_2$ $=1$	$f_0=f-f_1-f_2$ $=2$	$f_0=0$

図-6.29 種々な三角網の条件数(△ は既知点)

6.7.6 四辺形の調整

図-6.30のような四辺形 ABCD において，基線が $\overline{AB}$ で与えられており，$\theta_1, \theta_2, \cdots\cdots, \theta_8$ の8つの内角を観測するとする．このとき $n=8, s=4, l=6, l_1=6, l_2=0, s'=4$ であるので，条件式の数は，

$$f=n-2s+4=4$$
$$f_1=l_1-s'+1=3$$
$$f_2=l-2s+3=1$$
$$f_0=0$$

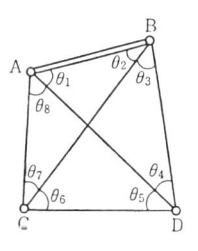

図-6.30 四辺形網

である．

この3つの角方程式および1つの辺方程式は次のように表せる．

角方程式：

$$\theta_1+\theta_2+\cdots\cdots+\theta_8=360° \tag{6.185}$$
$$\theta_1+\theta_2=\theta_5+\theta_6 \tag{6.186}$$
$$\theta_3+\theta_4=\theta_7+\theta_8 \tag{6.187}$$

辺方程式：

△ ACD において
$$\overline{CD} = \overline{AC}\frac{\sin\theta_8}{\sin\theta_5} = \overline{AB}\frac{\sin\theta_2 \sin\theta_8}{\sin\theta_5 \sin\theta_7} \tag{6.188}$$

△ BCD において
$$\overline{CD} = \overline{BD}\frac{\sin\theta_3}{\sin\theta_6} = \overline{AB}\frac{\sin\theta_1 \sin\theta_3}{\sin\theta_4 \sin\theta_6} \tag{6.189}$$

式 (6.188) と式 (6.189) より辺方程式は次のようになる．
$$\sin\theta_1 \sin\theta_3 \sin\theta_5 \sin\theta_7 = \sin\theta_2 \sin\theta_4 \sin\theta_6 \sin\theta_8 \tag{6.190}$$

両辺の対数をとれば，
$$\log\sin\theta_1 + \log\sin\theta_3 + \log\theta_5 + \log\theta_7$$
$$-(\log\theta_2 + \log\theta_4 + \log\theta_6 + \log\theta_8) = 0 \tag{6.191}$$

となる．

$\theta_1, \theta_2, \cdots, \theta_8$ の観測値を $M_1, M_2, \cdots, M_8$ とし，補正量を $v_1, v_2, \cdots, v_8$ とすれば

$$\theta_i = M_i + v_i \quad (i=1, 2, \cdots, 8) \tag{6.192}$$

これを前述の各条件式に代入する．

角方程式：
$$\varphi_1 = v_1 + v_2 + \cdots + v_8 + w_1 = 0 \tag{6.193}$$
$$\varphi_2 = v_1 + v_2 - v_5 - v_6 + w_2 = 0 \tag{6.194}$$
$$\varphi_3 = v_3 + v_4 - v_7 - v_8 + w_3 = 0 \tag{6.195}$$

ただし
$$w_1 = M_1 + M_2 + \cdots + M_8 - 360° \tag{6.196}$$
$$w_2 = M_1 + M_2 - M_5 - M_6 \tag{6.197}$$
$$w_3 = M_3 + M_4 - M_7 - M_8 \tag{6.198}$$

辺方程式：
$$\varphi_4 = \log\sin(M_1+v_1) + \cdots + \log\sin(M_7+v_7)$$
$$-\{\log\sin(M_2+v_2) + \cdots + \log\sin(M_8+v_8)\} = 0 \tag{6.199}$$

ここで，φ_4 は v に対して非線形であるからテーラー展開を行う．v_i は秒単位であるとし，

$$\log\sin(M_i+v_i) \fallingdotseq \log\sin M_i + \frac{d\log\sin M_i}{dM_i}\frac{v_i}{\rho''}$$
$$= \log\sin M_i + \frac{1}{\rho''}\cot M_i \, v_i \tag{6.200}$$

である．したがって

$$d_i = \frac{1}{\rho''} \cot M_i \tag{6.201}$$

とすれば,

$$\varphi_4 = d_1 v_1 + d_3 v_3 + d_5 v_5 + d_7 v_7$$
$$\quad - d_2 v_2 - d_4 v_4 - d_6 v_6 - d_8 v_8 + w_4 = 0 \tag{6.202}$$
$$w_4 = \log \sin M_1 + \cdots\cdots + \log \sin M_7$$
$$\quad - (\log \sin M_2 + \cdots\cdots + \log \sin M_8) \tag{6.203}$$

となる.

なお,式 (6.191) では自然対数によって辺方程式を線形化したが,常用対数 (Log $x = \log_{10} x$) によって表現しても構わない.このとき,φ_4 は,

$$\varphi_4 = \text{Log} \sin(M_1 + v_1) + \cdots\cdots + \text{Log} \sin(M_7 + v_7)$$
$$\quad - \{\text{Log} \sin(M_2 + v_2) + \cdots\cdots + \text{Log} \sin(M_8 + v_8)\} \tag{6.204}$$

となる.式 (6.200) と同様にテーラー展開すると

$$\text{Log} \sin(M_i + v_i) \fallingdotseq \text{Log} \sin M_i + \frac{d \, \text{Log} \sin M_i}{d \, M_i} \frac{v_i}{\rho''}$$
$$= \text{Log} \sin M_i + \frac{d}{d \, M_i} \left(\frac{\log \sin M_i}{\log 10} \right) \frac{v_i}{\rho''}$$
$$= \text{Log} \sin M_i + \frac{\cot M_i}{\rho'' \log 10} v_i \tag{6.205}$$

であり,

$$d_i = \frac{\cot M_i}{\rho'' \log 10} \fallingdotseq \frac{\cot M_i}{2.1055 \times 10^6} \tag{6.206}$$

とおけば,

$$\varphi_4 = d_1 v_1 + d_3 v_3 + d_5 v_5 + d_7 v_7$$
$$\quad - d_2 v_2 - d_4 v_4 - d_6 v_6 - d_8 v_8 + w_4 = 0 \tag{6.207}$$
$$w_4 = \text{Log} \sin M_1 + \cdots\cdots + \text{Log} \sin M_7$$
$$\quad - (\text{Log} \sin M_2 + \cdots\cdots + \text{Log} \sin M_8) \tag{6.208}$$

となる.計算機が未発達の時代で,計算に常用対数表が用いられていた時代には,式 (6.206)〜式 (6.208) による辺方程式の表現がよく用いられた.

どちらの表現を用いるにせよ,v_i の値は,

$$G = \frac{1}{2} \sum v_i^2 - \lambda_1 \varphi_1 - \lambda_2 \varphi_2 - \lambda_3 \varphi_3 - \lambda_4 \varphi_4 \tag{6.209}$$

を最小にならしめるものとして求められる.すなわち,$\partial G / \partial v_i = 0$ より

$$\left.\begin{array}{ll} v_1-\lambda_1-\lambda_2-d_1\lambda_4=0, & v_2-\lambda_1-\lambda_2+d_2\lambda_4=0 \\ v_3-\lambda_1-\lambda_3-d_3\lambda_4=0, & v_4-\lambda_1-\lambda_3+d_4\lambda_4=0 \\ v_5-\lambda_1+\lambda_2-d_5\lambda_4=0, & v_6-\lambda_1+\lambda_2+d_6\lambda_4=0 \\ v_7-\lambda_1+\lambda_3-d_7\lambda_4=0, & v_8-\lambda_1+\lambda_3+d_8\lambda_4=0 \end{array}\right\} \quad (6.210)$$

これを式 (6.193)，(6.194)，(6.195) および式 (6.202)〔もしくは式 (6.207)〕に代入すると，次の $\lambda_1, \lambda_2, \lambda_3, \lambda_4$ に関しての 4 元連立方程式が得られる．

$$\left.\begin{array}{l} 8\lambda_1+(d_1+d_3+d_5+d_7-d_2-d_4-d_6-d_8)\lambda_4+w_1=0 \\ \quad 4\lambda_2 \qquad\qquad +(d_1-d_2-d_5+d_6)\lambda_4+w_2=0 \\ \qquad\qquad 4\lambda_3 \qquad +(d_3-d_4-d_7+d_8)\lambda_4+w_3=0 \\ (d_1+d_3+d_5+d_7-d_2-d_4-d_6-d_8)\lambda_1+(d_1-d_2-d_5+d_6)\lambda_2 \\ +(d_3-d_4-d_7+d_8)\lambda_3+(d_1{}^2+d_2{}^2+d_3{}^2+d_4{}^2+d_5{}^2+d_6{}^2 \\ +d_7{}^2+d_8{}^2)\lambda_4+w_4=0 \end{array}\right\} \quad (6.211)$$

この方程式を解いて $\lambda_1, \cdots\cdots, \lambda_4$ を求め，その値を式 (6.210) に代入すれば最確補正量 v_i が求められ，したがって各角の最確値 θ_i が得られる．

常用対数を用いた辺方程式によって次の例題を解いてみよう．

例題 6-8 四辺形網について角観測をした結果が**表-6.20**である．この三角網を調整せよ．

解

$w_1 = M_1+M_2+\cdots\cdots$
$\qquad +M_8-360°=+35''$
$w_2 = M_1+M_2-M_5-M_6$
$\qquad\qquad = +54''$
$w_3 = M_3+M_4-M_7-M_8 = -13''$
$w_4 = \text{Log sin } M_1+\cdots\cdots+\text{Log}$
$M_7-\{\text{Log sin } M_2+\cdots\cdots+\text{Log sin } M_8\}$
$\qquad = 1.379\times 10^{-4}$

表-6.20 四辺形の測角値

角 (i)	観 測 値 (M_i)
①	50° 51′ 20″
②	30 34 53
③	64 22 53
④	34 11 32
⑤	49 25 02
⑥	32 00 17
⑦	16 25 23
⑧	82 09 15

$d_i = 2.1055\times 10^{-6}\times \cot M_i$ を計算すると**表-6.21**のようになるから式 (6.211) より

$8\lambda_1 \qquad\qquad\qquad\qquad +1.35\times 10^{-6}\lambda_4+35''=0$
$\qquad\qquad 4\lambda_2 \qquad\qquad\quad -0.28\times 10^{-6}\lambda_4+54''=0$
$\qquad\qquad\qquad\quad 4\lambda_3-8.94\times 10^{-6}\lambda_4+(-13'')=0$
$1.35\lambda_1-0.28\lambda_2-8.94\lambda_3+91.97\times 10^{-6}\lambda_4+1.379\times 10^2=0$

よって

表-6.21

M_i	Log sin M_i	d_i	M_i	Log sin M_i	d_i
1	$-0.110\,386\,3$	1.71×10^{-6}	5	$-0.119\,491\,2$	1.80×10^{-6}
2	$-0.293\,485\,5$	3.56×10^{-6}	6	$-0.275\,733\,0$	3.37×10^{-6}
3	$-0.044\,941\,7$	1.01×10^{-6}	7	$-0.548\,632\,0$	7.14×10^{-6}
4	$-0.250\,286\,0$	3.10×10^{-6}	8	$-0.004\,008\,5$	0.29×10^{-6}

$\lambda_1 = -0.169\times 10^{-6}\lambda_4 - 4.38$

$\lambda_2 = 0.070\times 10^{-6}\lambda_4 - 13.50$

$\lambda_3 = 2.235\times 10^{-6}\lambda_4 + 3.25$

$1.35(-0.169\times 10^{-6}\lambda_4 - 4.38) - 0.28(0.070\times 10^{-6}\lambda_4 - 13.50)$
$-8.94(2.235\times 10^{-6}\lambda_4 + 3.25) + 91.97\times 10^{-6}\lambda_4 + 1.379\times 10^2 = 0$

すなわち

$71.74\times 10^{-6}\lambda_4 + 106.7 = 0$

これより

$\lambda_4 = -1.49\times 10^6$

$\lambda_1 = -4.12$

$\lambda_2 = -13.60$

$\lambda_3 = -0.07$

これを式(6.207)に代入し補正量を求めると，次のようになる．

$v_1 = \lambda_1 + \lambda_2 \quad\quad + d_1\lambda_4 = -20''28$

$v_2 = \lambda_1 + \lambda_2 \quad\quad - d_2\lambda_4 = -12''43$

$v_3 = \lambda_1 \quad\quad + \lambda_3 + d_3\lambda_4 = -5''70$

$v_4 = \lambda_1 \quad\quad + \lambda_3 - d_4\lambda_4 = 0''41$

$v_5 = \lambda_1 - \lambda_2 \quad\quad + d_5\lambda_4 = 6''80$

$v_6 = \lambda_1 - \lambda_2 \quad\quad - d_6\lambda_4 = 14''49$

$v_7 = \lambda_1 \quad\quad - \lambda_3 + d_7\lambda_4 = -14''68$

$v_8 = \lambda_1 \quad\quad - \lambda_3 - d_8\lambda_4 = -3''62$

したがって各内角の最確値は次のようになる．

$\theta_1 = M_1 + v_1 = 50°\,51'\,20'' - 20''\,28 = 50°\,50'\,59''\,7$

$\theta_2 = M_2 + v_2 = 30°\,34'\,53'' - 12''\,43 = 30°\,34'\,40''\,6$

$\theta_3 = M_3 + v_3 = 64°\,22'\,53'' - 5''\,70 = 64°\,22'\,47''\,3$

$\theta_4 = M_4 + v_4 = 34°\,11'\,32'' + 0''\,41 = 34°\,11'\,32''\,4$

$\theta_5 = M_5 + v_5 = 49°\,25'\,02'' + 6''\,80 = 49°\,25'\,08''\,8$

$\theta_6 = M_6 + v_6 = 32°\,00'\,17'' + 14''\,49 = 32°\,00'\,31''\,5$

$$\theta_7 = M_7 + v_7 = 16°\,25'\,23'' - 14''\,68 = 16°\,25'\,08''\,3$$
$$\theta_8 = M_8 + v_8 = 82°\,09'\,15'' -\ 3''\,62 = 82°\,09'\,11''\,4$$

上記の計算は **2.2.5** に示したようにマトリクス演算によって示すと次のようになる．

残差 V は，
$$V = M - AX$$
ただし
$$V = \begin{bmatrix} v_1 \\ v_2 \\ \vdots \\ v_8 \end{bmatrix}, \quad M = \begin{bmatrix} M_1 \\ M_2 \\ \vdots \\ M_8 \end{bmatrix}, \quad X_0 = \begin{bmatrix} \theta_1 \\ \theta_2 \\ \vdots \\ \theta_8 \end{bmatrix}$$
であり，また測定の重みはすべて1，すなわち $P = I$ である．条件方程式は，
$$f = BV - W = 0$$
である．ここで
$$f = \begin{bmatrix} \varphi_1 \\ \varphi_2 \\ \varphi_3 \\ \varphi_4 \end{bmatrix}, \quad B = \begin{bmatrix} 1 & 1 & 1 & 1 & 1 & 1 & 1 & 1 \\ 1 & 1 & 0 & 0 & -1 & -1 & 0 & 0 \\ 0 & 0 & 1 & 1 & 0 & 0 & -1 & -1 \\ d_1 & -d_2 & d_3 & -d_4 & d_5 & -d_6 & d_7 & -d_8 \end{bmatrix}, \quad W = \begin{bmatrix} -w_1 \\ -w_2 \\ -w_3 \\ -w_4 \end{bmatrix}$$
とする．そのとき
$$F = [pvv] = V^t P V$$
を最小とする値として，最確値 X_0 は，式 (2.197)，式 (2.198) より
$$X_0 = M - B^t \lambda = M - B^t (BB^t)^{-1} W$$
となる．また最確値の精度 $\hat{\sigma}_i^2$ は，式 (2.208) より
$$G_{xx} = I - B^t (BB^t)^{-1} B$$
の対角要素 G_{ii} を用いて
$$\hat{\sigma}_i^2 = \hat{\sigma}^2 G_{ii} = \frac{\lambda^t W}{n-q} G_{ii} = \frac{\lambda^t W}{4} G_{ii}$$
と計算できる．

上記の四辺形網や次に述べる三角鎖の調整は **6.5** で述べたように，四辺形の頂点の座標を未知量として，角および辺の測定値を観測方程式の形で表す，いわゆる観測方程式法によって計算することもできる．しかし，上記の例のように辺長が角に比べて十分に高い精度で測定されている場合，このように角の最確値を条件つき測定の最小二乗法によって求めるほうが計算は容易であろう．

6.7.7 単列三角鎖の調整

a) 単列三角鎖の条件式

ここでは道路,鉄道,河川などの計画に際して,しばしば用いられた図-6.31に示されるような単列三角鎖の調整の方法について示してみよう.

辺 AC および LN は基線であり,測角に比べて十分高い精度で求められているとする.点 A は座標のすでに決まっている既設点で,AC および NL の方位角も与えられているとする.n 個の三角形からなるとするとき,$m=3n, s=n+2, L=2, l=2n+1, l_1=2n+1, l_2=0, s'=n+2$ であるので,条件式の数は次のとおりとなる.

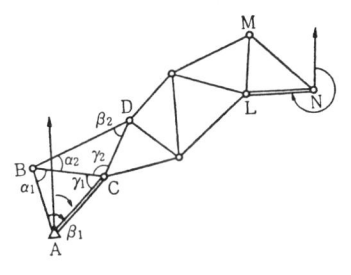

図-6.31 単列三角鎖

条件式の総数:
$$f = m - 2s + 6 = 3n - 2(n+2) + 6 = n + 2$$

角条件式の数:
$$f_1 = l_1 - s' + 1 = 2n + 1 - (n+2) + 1 = n$$

辺条件式の数:
$$f_2 = l - 2s + L + 2 = 2n + 1 - 2(n+2) + 2 + 2 = 1$$

方位角条件式の数:
$$f_3 = 1$$

測点条件式の数:
$$f_0 = 0$$

これらの条件式のもとで各観測角の最確補正量を求めるには,厳密な解法と近似的な解法が考えられる.

b) 厳密解法

角条件式は図-6.31の記号に従えば
$$\alpha_i + \beta_i + \gamma_i = 180° \quad (i = 1, 2, \cdots\cdots, n) \tag{6.212}$$
である.

辺条件式は次のようにして求められる.

まず △ABC において
$$\overline{AC} \sin \alpha_1 = \overline{BC} \sin \beta_1 \tag{6.213}$$
両辺の常用対数をとって
$$\text{Log} \overline{BC} = \text{Log} \overline{AC} + \text{Log} \sin \alpha_1 - \text{Log} \sin \beta_1 \tag{6.214}$$

同様に △BCD において
$$\text{Log}\,\overline{CD}=\text{Log}\,\overline{BC}+\text{Log}\sin\alpha_2-\text{Log}\sin\beta_2 \tag{6.215}$$
順次同様にして，△LMN において
$$\text{Log}\,\overline{LN}=\text{Log}\,\overline{LM}+\text{Log}\sin\alpha_n-\text{Log}\sin\beta_n \tag{2.216}$$
を得る．

基線 AC および CD の長さをそれぞれ D_1 および D_2 とおき，上式のすべてを辺々加えると
$$\text{Log}\,D_2=\text{Log}\,D_1+\sum_{i=1}^{n}\text{Log}\sin\alpha_i-\sum_{i=1}^{n}\text{Log}\sin\beta_i \tag{2.217}$$
として辺条件式が得られる．

方位角条件式は次のようにして求められる（**図-6.32**）．

AB の方位角 φ_{AB} は
$$\varphi_{AB}=\varphi_A-\alpha_1 \tag{6.218}$$
BC の方位角 φ_{BC} は
$$\varphi_{BC}=\varphi_{AB}+180°-\beta_1 \tag{6.219}$$

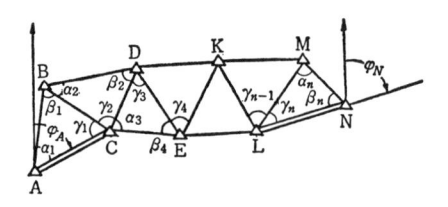

図-6.32 単列三角鎖（奇数個の三角形）

CD の方位角 φ_{CD} は
$$\varphi_{CD}=\varphi_{CD}-180°+\gamma_2 \tag{6.220}$$
DE の方位角 φ_{DE} は
$$\varphi_{DE}=\varphi_{CD}+180°-\gamma_3 \tag{6.221}$$
同様にして
LM の方位角 φ_{LM} は
$$\varphi_{LM}=\varphi_{KL}-180°+\gamma_{n-1} \tag{6.222}$$
LN の方位角 φ_N は
$$\varphi_N=\varphi_{LM}+\gamma_n \tag{6.223}$$
以上の各式を辺々加え合わせると
$$\begin{aligned}\varphi_N &= \varphi_A-\alpha_1-\beta_1+(\gamma_2+\gamma_4+\cdots\cdots+\gamma_{n-1})-(\gamma_3+\gamma_5+\cdots\cdots+\gamma_{n-2})+\gamma_n \\ &= \varphi_A+\gamma_1+(\gamma_2+\gamma_4+\cdots\cdots+\gamma_{n-1})-(\gamma_3+\gamma_5+\cdots\cdots+\gamma_{n-2})+\gamma_n-180°\end{aligned} \tag{6.224}$$
として方位角条件式が得られる．

上記の式は三角形の数 n が奇数の場合であるが，これが偶数である場合（**図-6.33**）は，この式は
$$\begin{aligned}\varphi_N=\varphi_A&+\gamma_1+(\gamma_2+\cdots\cdots+\gamma_n)\\&-(\gamma_3+\gamma_5+\cdots\cdots+\gamma_{n-1})-360°\end{aligned} \tag{6.225}$$
となる．

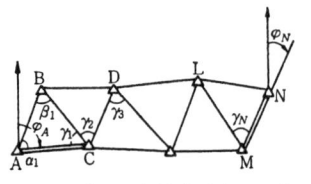

図-6.33 単列三角鎖（偶数個の三角形）

$\alpha_i,\ \beta_i,\ \gamma_i$ の観測値を $M_{\alpha i},\ M_{\beta i},\ M_{\gamma i}$ とし，最確補正量をそれぞれ $v_{\alpha i},\ v_{\beta i},\ v_{\gamma i}$ とすると

$$\alpha_i = M_{\alpha i} + v_{\alpha i}, \qquad \beta_i = M_{\beta i} + v_{\beta i}, \qquad \gamma_i = M_{\gamma i} + v_{\gamma i} \tag{6.226}$$

角条件式は,
$$g_i = v_{\alpha i} + v_{\beta i} + v_{\gamma i} + w_i = 0 \qquad (i = 1, 2, \cdots\cdots, n) \tag{6.227}$$

ただし
$$w_i = M_{\alpha i} + M_{\beta i} + M_{\gamma i} - 180° \tag{6.228}$$

辺条件式は式 (6.217) を $M_{\alpha i}, M_{\beta i}$ を近似値として線形化して

$$g_{n+1} = \sum_{i=1}^{n} d_{\alpha i} v_{\alpha i} - \sum_{i=1}^{n} d_{\beta i} v_{\beta i} + w_{n+1} = 0 \tag{6.229}$$

ただし

$$\begin{aligned}\text{Log} \sin(M_{\alpha i} + v_{\alpha i}) &\doteqdot \text{Log} \sin M_{\alpha i} + 2.1055 \times 10^{-6} v_{\alpha i} \cot M_{\alpha i} \\ &= \text{Log} \sin M_{\alpha i} + d_{\alpha i} v_{\alpha i}\end{aligned} \tag{6.230}$$

$$\begin{aligned}\text{Log} \sin(M_{\beta i} + v_{\beta i}) &\doteqdot \text{Log} \sin M_{\beta i} + 2.1055 \times 10^{-6} v_{\beta i} \cot M_{\beta i} \\ &= \text{Log} \sin M_{\beta i} + d_{\beta i} v_{\beta i}\end{aligned} \tag{6.231}$$

より

$$w_{n+1} = \sum_{i=1}^{n} \text{Log} \sin M_{\alpha i} - \sum_{i=1}^{n} \text{Log} \sin M_{\beta i} + \text{Log} D_1 - \text{Log} D_2 \tag{6.232}$$

である.

方位角条件式は,
$$\begin{aligned}g_{n+2} = & v_{\gamma 1} + (v_{\gamma 2} + v_{\gamma 4} + \cdots\cdots + v_{\gamma n-1}) \\ & - (v_{\gamma 3} + v_{\gamma 5} + \cdots\cdots + v_{\gamma n-2}) + v_{\gamma n} + w_{n+2}\end{aligned} \tag{6.233}$$

ただし
$$\begin{aligned}w_{n+2} = & M_{\gamma 1} + (M_{\gamma 2} + M_{\gamma 4} + \cdots\cdots + M_{\gamma n-1}) \\ & - (M_{\gamma 3} + M_{\gamma 5} + \cdots\cdots + M_{\gamma n-2}) + M_{\gamma n} + \varphi_A - \varphi_N - 180°\end{aligned} \tag{6.234}$$

以上の条件式のもとで各角の補正量 $v_{\alpha i}, v_{\beta i}, v_{\gamma i}$ の最確値を求めるには,

$$S = \sum v_{\alpha i}^2 + \sum v_{\beta i}^2 + \sum v_{\gamma i}^2 + \sum_{j=1}^{n+2} \lambda_j g_j \tag{6.235}$$

を最小とする $v_{\alpha i}, v_{\beta i}, v_{\gamma i}$ を見いだせばよい. これは

$$\frac{\partial S}{\partial v_{\alpha i}} = 0, \qquad \frac{\partial S}{\partial v_{\beta i}} = 0, \qquad \frac{\partial S}{\partial v_{\gamma i}} = 0 \tag{6.236}$$

という $3n$ 個の方程式と式 (6.227), (6.229) および式 (6.233) の $(n+2)$ 個の条件方程式よりなる一次連立方程式の解として得られる. 補正量が求まれば, 式 (6.226) により各角の最確値の一次近似値 $\alpha_i, \beta_i, \gamma_i$ が得られる.

ここで得られた $\alpha_i, \beta_i, \gamma_i$ を $M_{\alpha i}, M_{\beta i}, M_{\gamma i}$ として, 再び上記の計算を繰り返せば最確値の二次近似値が得られる. この計算過程を $v_{\alpha i}, v_{\beta i}, v_{\gamma i}$ が無視しうるようになるまで繰り返す.

最確値 $\alpha_i, \beta_i, \gamma_i$ の精度を求めるには **2.2.5** で述べられた方法を適用し，これらのコファクターマトリクスを計算すればよい．

c) 近似解法

a) において述べたように，すべての条件方程式を同時にすべて満足するように最小二乗法を用いて三角網を調整するのが最も厳密な方法である．しかし，これは手計算で簡単に解くことはできないので，各条件を段階的に分離して解く簡便な近似的方法が用いられてきた．この近似的な解法について述べる．

調整は次のように条件式ごとに，段階に分けて行う．

i) 第一次調整（角条件による調整） 各三角形についての角条件式
$$\alpha_i + \beta_i + \gamma_i - 180° = 0 \quad (i=1, 2, \cdots\cdots, n)$$
のもとで各角の観測値 $M_{\alpha i}, M_{\beta i}, M_{\gamma i}$ を補正する．補正量
$$v_{\alpha i} = \alpha_i - M_{\alpha i}, \quad v_{\beta i} = \beta_i - M_{\beta i}, \quad v_{\gamma i} = \gamma_i - M_{\gamma i}$$
は **6.7.4** に述べたように
$$v_{\alpha i} = v_{\beta i} = v_{\gamma i} = \frac{1}{3}(M_{\alpha i} + M_{\beta i} + M_{\gamma i} - 180°) = \frac{1}{3}w_i \tag{6.237}$$
となる．

ii) 第二次調整（方位角条件による調整） 方位角の条件は先に式 (6.233) に示したように三角形が奇数個のときは，γ_i の補正量を $\delta_{\gamma i}$ とすると
$$\varphi = \delta_{\gamma 1} + (\delta_{\gamma 2} + \delta_{\gamma 4} + \cdots\cdots + \delta_{\gamma n-1})$$
$$- (\delta_{\gamma 3} + \delta_{\gamma 5} + \cdots\cdots + \delta_{\gamma n-2}) + \delta_{\gamma n} + w_{n+2} = 0 \tag{6.238}$$
である．ただし
$$w_{n+2} = \gamma_1 + (\gamma_2 + \gamma_4 + \cdots\cdots + \gamma_{n-1})$$
$$- (\gamma_3 + \gamma_5 + \cdots\cdots + \gamma_{n-2}) + \gamma_n + \varphi_A - \varphi_N - 180° \tag{6.239}$$

この条件式のみのもとでの γ_i の最確補正量 $\delta_{\gamma i}$ は，
$$S = \frac{1}{2}\sum_{i=1}^{n}\delta_{\gamma i}^2 - \lambda\varphi \tag{6.240}$$
を最小とするものとして
$$\delta_{\gamma i} = \frac{1}{n}w_{n+2} \tag{6.241}$$
となる．

この補正を γ_i に加えるとき **i)** の角条件を乱すから，α_i, β_i の補正量を
$$\delta_{\alpha i} = \delta_{\beta i} = -\frac{\delta_{\gamma i}}{2} \tag{6.242}$$
とする．

これより，角条件および方位角条件により調整された各内角 $\alpha_i', \beta_i', \gamma_i'$ は，

$$\alpha_i' = M_{\alpha i} + \frac{1}{3}w_i - \frac{1}{2n}w_{n+2} \tag{6.243}$$

$$\beta_i' = M_{\beta i} + \frac{1}{3}w_i - \frac{1}{2n}w_{n+2} \tag{6.244}$$

$$\gamma_i' = M_{\gamma i} + \frac{1}{3}w_i + \frac{1}{n}w_{n+2} \tag{6.245}$$

となる．

iii) 第三次調整(辺条件による調整) 第二次調整を完了して得られた各内角 α_i', β_i', γ_i' は，まだ式 (6.229) に示された辺条件は満足しないため，これを $\varDelta\alpha_i$, $\varDelta\beta_i$, $\varDelta\gamma_i$ だけ補正することが必要となる．すなわち，第三次調整後の各内角は，

$$\alpha_i = \alpha_i' + \varDelta\alpha_i, \qquad \beta_i = \beta_i' + \varDelta\beta_i, \qquad \gamma_i = \gamma_i' + \varDelta\gamma_i \tag{6.246}$$

である．

この補正量は式 (6.229) よりつくられた，辺条件

$$g = \sum_{i=1}^{n} d_{\alpha i}\varDelta\alpha_i - \sum_{i=1}^{n} d_{\beta i}\varDelta\beta_i + w_{n+1} = 0 \tag{6.247}$$

のもとで $\sum_{i=1}^{n}(\varDelta\alpha_i^2 + \varDelta\beta_i^2 + \varDelta\gamma_i^2)$ を最小にするものである．ここで d_i は表差で

$$d_{\alpha i} = 2.105\ 5\times 10^{-6} \cot \alpha_i', \qquad d_{\beta i} = 2.105\ 5\times 10^{-6} \cot \beta_i' \tag{6.248}$$

であり，また

$$w_{n+1} = \sum_{i=1}^{n}\text{Log sin}\,\alpha_i' - \sum_{i=1}^{n}\text{Log sin}\,\beta_i' + \text{Log}\,D_1 - \text{Log}\,D_2 \tag{6.249}$$

である．

しかしこのままでは先の第一，第二の調整結果を乱すので，これを乱さないために

$$\varDelta\alpha_i = -\varDelta\beta_i = \varDelta_i, \qquad \varDelta\gamma_i = 0 \tag{6.250}$$

とする．そのとき

$$g = 2\sum_{i=1}^{n}\varDelta_i^2 + \lambda\left\{\sum_{i=1}^{n}(d_{\alpha i}+d_{\beta i})\varDelta_i + w_{n+1}\right\} \tag{6.251}$$

を最小とする $\varDelta_i$ は，

$$\frac{\partial q}{\partial \varDelta_i} = 4\varDelta_i + \lambda(d_{\alpha i}+d_{\beta i}) = 0 \qquad (i=1, 2, \cdots\cdots, n) \tag{6.252}$$

$$\sum_{i=1}^{n}(d_{\alpha i}+d_{\beta i})\varDelta_i + w = 0 \tag{6.253}$$

を連立方程式として解くことにより

$$\lambda = \frac{4w}{\sum_{i=1}^{n}(d_{\alpha i}+d_{\beta i})^2} \tag{6.254}$$

$$\Delta_i = -\frac{\lambda}{4}(d_{\alpha i}+d_{\beta i}) = \frac{-w(d_{\alpha i}+d_{\beta i})}{\sum_{i=1}^{n}(d_{\alpha i}+d_{\beta i})^2} \tag{6.255}$$

として得られる．すなわち第三次調整では，

$$\Delta\alpha_i = -\Delta\beta_i = \frac{\sum_{i=1}^{n}(\text{Log sin}\alpha_i' - \text{Log sin}\beta_i') + \text{Log } D_1 - \text{Log } D_2}{\sum_{i=1}^{n}(\cot \alpha_i' + \cot \beta_i')}$$
$$\times (\cot \alpha_i' + \cot \beta_i') \tag{6.256}$$

なる補正をすればよい．

d) 座標計算

厳密解法あるいは近似解法によって内角の補正が終ると，これより各辺の方位角および辺長を順次求めて，各点の座標を計算する．

ⅰ) 辺長の計算　三角網の各辺の辺長は既知辺長を用い，正弦定理により順次他の辺長を計算する．

ⅱ) 方位角の計算　各辺の方位角は方位角の既知辺より始めて，順次，次に示すように求められる．すなわち，1つの三角形において1つの辺の方位角 φ_1 が既知のとき，他の辺の方位角 φ_2, φ_3 は，

$$\varphi_2 = \varphi_1 - \theta_1 \tag{6.257}$$
$$\varphi_3 = \varphi_2 + 180 - \theta_2 \tag{6.258}$$

となる．ここで，θ_1：φ_1 なる方位角の辺と φ_2 なる方位角の辺のなす内角，θ_2：φ_2 なる方位角の辺と φ_3 なる方位角の辺のなす内角．

例えば，**図-6.34** の △ABC において既知方位角は φ_{AC} で，これより

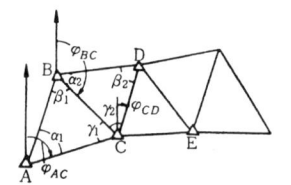

$$\varphi_{AB} = \varphi_{AC} - \alpha_1 \tag{6.259}$$
$$\varphi_{BC} = \varphi_{AB} + 180° - \beta_1 \tag{6.260}$$

となり，第2番目の △BCD においては既知方位角を φ_{BC} として

$$\varphi_{BD} = \varphi_{BC} - \alpha_2 \tag{6.261}$$
$$\varphi_{DC} = \varphi_{BD} + 180° - \beta_2 \tag{6.262}$$

図-6.34 三角鎖の各辺の方位角

となる．

なお，内角 θ_i が方位角 φ_i の辺より右回りの方向にあるときは，次のようになる．

$$\varphi_2 = \varphi_1 + \theta_1 \tag{6.263}$$
$$\varphi_3 = \varphi_2 + 180° - \theta_2 \tag{6.264}$$

ⅲ) 平面座標の計算　三角網の各点の平面座標 (X_i, Y_i) は，座標 (X_{i-1}, Y_{i-1}) が既知の点とを結ぶ辺の辺長 S_i，方位角 φ_i より

$$X_i = X_{i-1} + S_i \cos \varphi_i, \qquad Y_i = Y_{i-1} + S_i \sin \varphi_i \tag{6.265}$$

として求められる．

参 考 文 献

1) 田島稔，小牧和雄：最小二乗法の理論とその応用，東洋書店
2) 細野武庸，井内 登：基準点測量，(社)日本測量協会
3) 斉藤 博，高嶋重雄：教程，基準点測量，山海堂
4) Jack McCormac：Surveying, Prentice-Hall
5) 建設省大臣官房技術調査室：建設省公共測量作業規程，(社)日本測量協会
6) (社)日本測量協会編：現代測量学第1巻，測量の数学的基礎，(社)日本測量協会
7) 石原藤次郎，森忠次：測量学，応用編，丸善
8) 武田通治：測量学概論，山海堂

第7章 GPS測量

7.1 概　説

　GPS (Global Positioning System) とは，アメリカが1973年から開発，運用を進めている人工衛星を用いた測位システムである．本来，アメリカ国防総省が陸海空軍の航空機，艦船，陸上車両および兵士個人の航法用に開発してきたものであるが，当初よりアメリカ運輸省や北大西洋条約機構 (NATO) 諸国と一部共同開発を行ってきた経緯もあり，民間においても利用できるようになっている．1993年12月には初期の衛星配備が完了するとともに，アメリカ国防総省からGPSの民間利用への正式運用が宣言された．これにより，将来的にも安定したサービス提供が保証されたことになる．

7.1.1 GPS測量の分類

　GPSによる測位の基本的な方法は，単独測位法と干渉測位法に分けられる（図-7.1）．単独測位は，電波が衛星から発信された時刻と受信機により受信された時刻の差から衛星から受信機までの距離を求め，三辺測量に類似した原理で

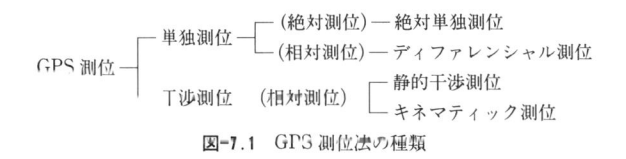

```
                    ┌─ 単独測位 ─┬─(絶対測位) ── 絶対単独測位
GPS 測位 ─┤             └─(相対測位) ── ディファレンシャル測位
                    └─ 干渉測位   (相対測位) ┬─ 静的干渉測位
                                              └─ キネマティック測位
```

図-7.1　GPS測位法の種類

測位を行う方法である．通常は，1台の受信機のみで測点の絶対位置を求める方式が利用されているが，近年では複数の受信機を利用して受信機間の相対測位を行う方式（ディファレンシャル測位）の適用も試みられている．1台の受信機による絶対測位の精度は，一般に数10 mと低く，自動車のナビゲーションシステムや山岳，海洋レジャーにおけるポジショニングシステムとして近年広く普及しているが，一般的な測

量作業には現段階では利用できない．ディファレンシャル測位も，系統誤差の消去によって相対測位精度にして2～3mが得られるが，やはり測量作業への現段階での利用は期待できない．一方，干渉測位は，受信機2台を測定の対象となる基線の両端に設置し，受信電波の位相差を利用することによって基線ベクトル(相対位置)を求める方式である．代表的な静的干渉測位方式では，1測点当り1時間程度の長時間の観測を要するものの，相対測位の精度で5mm+1ppm(測定距離に対して100万分の1)程度が得られる．これは，約5kmの基線において1cmの誤差であることを意味し，精密基準点測量にも十分適用できる高精度なものである．また，1測点での観測時間を数秒から1分程度に短縮することを可能とするキネマティック測位という干渉測位方式も開発されており，工事測量や用地測量などの応用測量へ積極的に利用が試みられている．

7.1.2 GPS測量の利点

GPS測量への関心は極めて高く，将来的には電波の受信可能域における測量のかなりの部分はGPS測量に移行するとも言われている．なぜなら，GPS測量は従来の測量手法と比較して次のような画期的な特徴を有しているからである．まず，GPS測量は人工衛星の電波を利用する測位方式であり，測点間の見通しをまったく必要としない．また，三次元座標を同時に測定することができる．現在のところ三次元座標の同時測定機器はトータルステーションだけであるが，これには測点が視準可能であるという制約があることは言うまでもない．さらに，電波を利用するために天候にほとんど左右されず，作業時間の制約もない．また，測定は機器設置などの初期作業を除けばほとんど自動に行うことができ，多測点の同時あるいは効率的な測量が可能である．これらの利点により，GPS測量は多くの測量，測地分野で利用されている．

建設省国土地理院は，基本測量の精密測地網測量や地殻変動観測に静的干渉測位方式を導入している．1994年(平成6)には，全国GPS連続観測網が運用を開始した．1995年1月の兵庫県南部地震においては，近畿地方のGPS観測局のデータから地殻変動の様子がわずか1日で解析され，この結果が全世界に報じられた．また，この大地震後の国家基準点の復旧測量にはGPS測量が利用され，従来の測量方法では数か月を要したであろう復旧測量の主要部分を一月足らずで終了させた．兵庫県南部地震を機に，全国GPS連続観測網は強化され，現在は約950のGPS観測局が全国に整備されている．将来的には全国に1200程度のGPS観測局が平均約20kmの間隔で配置される予定である．これらの観測局の主目的が地殻変動の常時観測にあることは言うまでもないが，観測局での受信データや測位データを一般に公開する計画も進行している．これにより，GPSの利用者は1台の受信機のみで，GPS連続観測局から

の高精度な相対測位が可能になる．すなわち，GPS観測局は国家基準点の役割を担うようになるのである．GPS連続観測局が電子基準点と呼ばれているのはこのためである．**図-7.2**は，電子基準点の外観である．

近年では，国土地理院以外の国の機関や地方自治体などが実施する，いわゆる公共測量の分野にもGPSの静的干渉測位法が利用されるようになっている．1996年（平成8）の建設省公共測量作業規程の改正では，GPS測量が測量方式の1つとして正式に認められ，測定方法，計算方法などが具体的に規定された．これにより，公共測量への利用はますます多くなるものと考えられる．また建設会社などでは，作業効率性の高いキネマティック測位法を中心に，施工時の出来高測量や施工管理測量をはじめ，各種応用測量への利用が試みられている．

このように，GPS測量は測量学においていまや必須の事項とも言える．本章では，まずGPSで利用する衛星（GPS衛星）および電波について概説する．次に，単独測位と干渉測位の基本的な原理を説明する．現在のところ単独測位方式は精密測量には適用でき

図-7.2 GPS電子基準点
（建設省国土地理院提供）
高さは約5m．上部にGPS衛星からの電波を受信するアンテナ，内部には受信機と通信用機器が格納されている

ないが，GPS全体や干渉測位を理解する予備知識として重要である．さらに，GPSが準拠する世界的な測地座標系（WGS-84）と日本測地系との関連について説明する．

7.2 GPS衛星と電波信号

7.2.1 GPS衛星[1)~3)]

GPS衛星（GPS satellite）は高度約20 200 km上空の円軌道に打ち上げられ，予備衛星を含めて24個が配置されている．衛星の軌道面は**図-7.3**に示すように6つあり，各面に4個の衛星が配置されている．各軌道面は地球の赤道を横切る方向が約55度ずつずれている．これにより，天空さえ開けていれば，地球上のあらゆる場所から常時4個以上の衛星を観測することができる．衛星の軌道周回周期は0.5

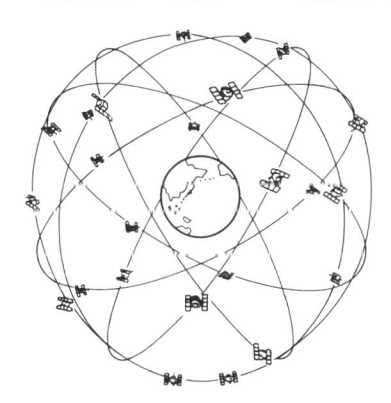

図-7.3 GPS衛星の軌道（日本測地学会編：GPS—人工衛星による精密測位システム—より）

恒星日(約11時間58分)である．GPS衛星は，太陽電池を双翼にもち，地上基地局との交信用アンテナと利用者に向けての電波送信用アンテナ，さらに軌道修正用の噴射モーターなどを装備している．重量約840 kg，太陽電池を広げた横幅約5.8 mの大型衛星である．衛星の設計寿命は約7.5年とされている．

7.2.2　電波信号[1)~3)]

　GPSの全衛星からは2つの周波数，すなわち1 575.42 MHz(波長約19 cm)と1 227.6 MHz(波長約24 cm)の電波が送信されている．これらの送信電波の周波数はLバンドと呼ばれる周波数帯であることから，おのおのL1帯とL2帯と呼ばれている．全衛星がこれら2つの同一周波数帯の電波を送信するにもかかわらず混信問題が生じないのは，送信波が衛星独自のパターンを有するC/AコードおよびPコードと呼ばれる擬似雑音(PRN : pseudo random noise)コードによって位相変調されているからである．C/A (clear and acquisition または coarse and access) コードはL1帯で送信され，ビット率は1.023 Mbps，コード長は1 ms (10^{-3}s) である．P (protect または precise) コードは，L1帯とL2帯の双方で送信され，ビット率8.23 Mbps，コード長は7日である．単独測位方式は，電波が衛星から発信された時刻とその電波を受信した時刻の差から衛星と受信機の距離を計算することを基本とする．C/AコードやPコードは，電波の発信時刻を伝える時刻信号として機能する．したがって，ビット率の高いPコードのほうがC/Aコードより正確な時刻信号と言うことができ，Pコードによる測位精度はC/Aコードによるよりも高い．従来は，C/Aコードのみが正式に民間に開放され，Pコードは軍事用の秘密コードとして開放されていなかった．しかし最近では，Pコードを受信処理する機器が民間で開発され，事実上，秘密コードとしての機能を果たさなくなっている．なお，アメリカ国務省は有事の際には，PコードをYコードと呼ばれる他の秘密コードに自由に変換することを宣言している．この変換をアンチスプーフ(AS : anti-spoof) という．

　各GPS衛星からは，C/AコードとPコードに重ねて航法メッセージ(satellite message)と呼ばれる情報も変調されて送られてくる．ビット率は50 bpsである．航法メッセージには，GPS衛星の軌道情報や時計の補正情報をはじめとする測位計算に必要な情報が含まれている．航法メッセージは，エフェメリス (ephemeris) と呼ばれる当該衛星自身の軌道情報や時計情報と，アルマナック (almanac) と呼ばれる全衛星のおおよその軌道情報，稼働情報に大別される．

7.2.3　衛星の制御

　アメリカ国防総省は，GPS衛星の軌道追跡と管制を行うシステムを構築している．

その主な内容は，GPS衛星の軌道追跡，衛星上の原子時計の誤差のチェック，衛星から利用者に向けて送信している各種の測位計算用データの更新，衛星の軌道修正，その他一般的な衛星の管理，運用である．有事の際のPコードからYコードへの変換もこれにより行われる．

アメリカのコロラドスプリングスにある主管制局がこれらの機能の中心であり，南大西洋のアセンション島，インド洋のディエゴガルシア，南太平洋のクワジャリン島，そしてハワイに追跡局(モニター局)が配置されている．主管制局を含めたこれらの5局が測位用のL1帯およびL2帯の電波を受信して軌道追跡を行っている．これにより計算される衛星の軌道情報を放送歴(broadcast ephemeris)と呼んでいる．放送歴は通常2時間ごとに更新され，各GPS衛星に送信される．利用者は電波受信と同時に航法メッセージとして放送歴を入手できる．一方，国際GPS地球力学事業(IGS)により，全世界の約50箇所の追跡局において，より高精度な軌道情報が計算されている．これを精密歴(precise ephemeris)という．利用者は，電波受信時にはこの精密歴を入手できないが，事後的にこれを入手して高精度な測位計算を行うことができる．なお国土地理院は，日本国内でのGPS測位の精度管理を目的に，つくば，新十津川(北海道)，父島，鹿屋(鹿児島)の4箇所に軌道追跡局を設置し，独自の精密歴を計算して国内の研究者らに提供している．この軌道情報をGSI(Geographical Survey Institute：国土地理院)歴と呼んでいる．

7.3 単独測位の原理

7.3.1 単独測位の基本的な原理

GPS衛星の電波を測点に設置した1台の受信機で受け，これにより測点の位置を求める方法を単独測位(point positioningまたはpseudo range positioning)という．図-7.4は単独測位専用受信機の外観である．

単独測位は，GPS衛星の位置を既知として衛星と受信機(アンテナ)間の距離を測定することにより行う．まず，どの衛星からの電波を受信しているかをC/AコードやPコードで識別する．測位時点での各衛星の位置は，衛星から送られてくる航法メッセージに含まれる軌道情報から比較的正確に計算できる．また，電波の発信時刻と受信時刻との差をコードから読み取り，これに光速をかけて距離が求まる．したがって，3個の衛星からの電波を受ければ位置(三次元座標)が確定するはずである．しかし，衛星からの距離を計算する際，受信機の時計はGPS衛星に搭載されている時計と比較して極端に精度が劣るため，計算した距離は誤差を含んでいる．こうして求めた距離を擬似距離(pseudo range)という．そこで，正しい位置を求めるには，

三次元座標に時計の誤差を含めた計4個の未知変量を確定することが必要になり，このために最低4つの観測量(擬似距離)を必要とする．つまり，単独測位には最低4つの衛星からの電波を捕捉することが条件になる．

図-7.4 単独測位専用受信機(トリンブル ジャパン 提供)

7.3.2 測 位 計 算

GPSが準拠している座標系は，**7.5**に示されるWGS-84という世界的な測地座標系である．この測地系における測点の三次元直角座標を(x, y, z)とし，また衛星iの座標を(x_i, y_i, z_i)とする(**図-7.5**)．このとき，測点(受信機の位置)と衛星iの距離は次のように表せる．

$$\sqrt{(x_i-x)^2+(y_i-y)^2+(z_i-z)^2}=c(\tau_i+\delta_t) \tag{7.1}$$

ただし，c：光の速度，τ_i：測定で得られた衛星電波の伝搬時間

δ_t：衛星時計と受信機時計の誤差

である．なお，個々の衛星時計の精度は十分に高く誤差はないものとしている．

ここで，$c\tau_i$は測定された伝搬時間から計算される測点と衛星iとの距離であり，前節で述べた擬似距離に相当する．また，$c\delta_t$は時計誤差による距離への影響分である．これらの関係を以下のようにおくと，

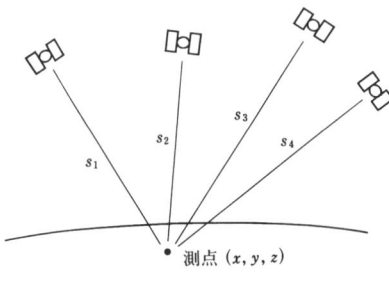

図-7.5 単独測位

$$S_i=c\tau_i, \quad t=c\delta_t \tag{7.2}$$

式(7.1)は次のように書ける．

$$S_i=\sqrt{(x_i-x)^2+(y_i-y)^2+(z_i-z)^2}-t \tag{7.3}$$

これは，擬似距離 S_i を観測量，x, y, z および t を未知量とする観測方程式であり，**6.5.2** で述べた距離の観測方程式と基本的に同じである．まず，未知量の最確値を x, y, z, t とする．また，近似値を x', y', z', t' とし，補正値を $\Delta x, \Delta y, \Delta z, \Delta t$ とする．すなわち

$$\left.\begin{array}{l} x = x' + \Delta x \\ y = y' + \Delta y \\ z = z' + \Delta z \\ t = t' + \Delta t \end{array}\right\} \tag{7.4}$$

である．このとき，式 (7.4) を式 (7.3) に代入し，近似値 x', y', z', t' の周りでテーラー展開すると，

$$S_i = S_i' - \frac{x_i - x'}{S_i'} \Delta x - \frac{y_i - y'}{S_i'} \Delta y - \frac{z_i - z'}{S_i'} \Delta z - \Delta t \tag{7.5}$$

ただし，S_i' は近似距離であり，

$$S_i' = \sqrt{(x_i - x')^2 + (y_i - y')^2 + (z_i - z')^2} - t' \tag{7.6}$$

である．したがって

$$\left.\begin{array}{l} \alpha_i = \dfrac{x_i - x'}{S_i'} \\ \beta_i = \dfrac{y_i - y'}{S_i'} \\ \gamma_i = \dfrac{z_i - z'}{S_i'} \\ S_i' - S_i = \Delta S_i \end{array}\right\} \tag{7.7}$$

とおくと，

$$\Delta S_i = \alpha_i \Delta x + \beta_i \Delta y + \gamma_i \Delta z + \Delta t \tag{7.8}$$

となる．いま，4個の衛星電波を観測したとすると，式 (7.8) は次のようにマトリクス表現される．

$$\boldsymbol{S} = \boldsymbol{A}\boldsymbol{X} \tag{7.9}$$

ただし，

$$A = \begin{bmatrix} \alpha_1 & \beta_1 & \gamma_1 & 1 \\ \alpha_2 & \beta_2 & \gamma_2 & 1 \\ \alpha_3 & \beta_3 & \gamma_3 & 1 \\ \alpha_4 & \beta_4 & \gamma_4 & 1 \end{bmatrix}$$

$$X = \begin{bmatrix} \Delta x \\ \Delta y \\ \Delta z \\ \Delta t \end{bmatrix}, \quad S = \begin{bmatrix} \Delta S_1 \\ \Delta S_2 \\ \Delta S_3 \\ \Delta S_4 \end{bmatrix} \tag{7.10}$$

である．したがって

$$X = A^{-1} S \tag{7.11}$$

によって補正値を求めることができる．式(7.4)により補正値を近似値に加えたものを新たな近似値として以上の過程を収束するまで繰り返せばよい．

次に，5個以上の衛星の電波を捕捉できたときの測位計算を考えてみる．このときは，式(7.9)が残差をもつので最小二乗法を適用すればよい．観測方程式が式(7.9)で与えられたときの最小二乗法による最確値は式(2.123)により，

$$X = (A^t A)^{-1} A^t S \tag{7.12}$$

として求めることができる．ただし，多くの受信機では，5個以上の衛星電波が利用できるときには，最も精度が上がる4個の衛星の組合せを自動識別し，式(7.11)によって測位計算を行う方式になっている．

7.3.3 衛星配置と測位精度[2]~[4]

GPS測位の精度は衛星の天空上の配置によって大きな影響を受ける．ここでは，この衛星配置の影響を，測位計算に誤差伝播の法則を適用することにより考察してみよう．

測位精度は最確値の標準偏差によって表現されるが，これらの精度を総合的に検討するためにいくつかの指標が提案されている．最も代表的な指標は，x, y, z, t の誤差が相互に独立だとしたときの総合誤差であり，GDOP (geometrical dilution of precision) と呼ばれる．すなわち

$$\text{GDOP} = \sqrt{\sigma_x^2 + \sigma_y^2 + \sigma_z^2 + \sigma_t^2} \tag{7.13}$$

である．式(7.13)の $\sigma_x, \sigma_y, \sigma_z, \sigma_t$ を求めるために，式(7.11)に 2.1.7 で述べた誤差伝播の法則を適用する．すなわち，

$$\Sigma_X = A^{-1} \Sigma_S (A^{-1})^t \tag{7.14}$$

である．ここで，

$$\left.\begin{array}{l}\boldsymbol{\Sigma}_X=\begin{bmatrix}\sigma_x{}^2 & \sigma_{xy} & \sigma_{xz} & \sigma_{xt}\\ \sigma_{yx} & \sigma_y{}^2 & \sigma_{yz} & \sigma_{yt}\\ \sigma_{zx} & \sigma_{zy} & \sigma_z{}^2 & \sigma_{zt}\\ \sigma_{tx} & \sigma_{ty} & \sigma_{tz} & \sigma_t{}^2\end{bmatrix}\\ \boldsymbol{\Sigma}_S=\begin{bmatrix}\sigma_{S1}{}^2 & \sigma_{S12} & \sigma_{S13} & \sigma_{S14}\\ \sigma_{S21} & \sigma_{S2}{}^2 & \sigma_{S23} & \sigma_{S24}\\ \sigma_{S31} & \sigma_{S32} & \sigma_{S3}{}^2 & \sigma_{S34}\\ \sigma_{S41} & \sigma_{S42} & \sigma_{S43} & \sigma_{S4}{}^2\end{bmatrix}\end{array}\right\} \quad (7.15)$$

したがって，受信機の距離測定精度 $\boldsymbol{\Sigma}_S$ が与えられれば $\boldsymbol{\Sigma}_X$ を計算することができ，GDOP は $\boldsymbol{\Sigma}_X$ の対角要素の和の平方根，すなわち，次のように表現できる．

$$\mathrm{GDOP}=\sqrt{\mathrm{tr}\cdot\boldsymbol{\Sigma}_X} \quad (7.16)$$

いま，測距誤差が衛星によらず一定値 σ で，かつ相互に独立であるとすると，式 (7.14) は，

$$\begin{aligned}\boldsymbol{\Sigma}_X&=\sigma^2\boldsymbol{A}^{-1}(\boldsymbol{A}^{-1})^t\\ &=\sigma^2(\boldsymbol{A}^t\boldsymbol{A})^{-1}\end{aligned} \quad (7.17)$$

となる．この仮定はそれほど非現実的なものではないことが知られている．さて，式 (7.17) の右辺は，分母が $\boldsymbol{A}$ の行列式 $|\boldsymbol{A}|$，分子は $\boldsymbol{A}$ あるいは $\boldsymbol{A}^t$ の余因子行列で構成される．このうち，分子については衛星の配置によって大きな影響を受けないことが知られている．ここでは，$|\boldsymbol{A}|$ がどのような意味をもつかを考えてみる．$|\boldsymbol{A}|$ は式 (7.10) より

$$|\boldsymbol{A}|=\begin{vmatrix}\alpha_1 & \beta_1 & \gamma_1 & 1\\ \alpha_2 & \beta_2 & \gamma_2 & 1\\ \alpha_3 & \beta_3 & \gamma_3 & 1\\ \alpha_4 & \beta_4 & \gamma_4 & 1\end{vmatrix} \quad (7.18)$$

である．また，$\boldsymbol{A}$ を構成する $\alpha_i,\beta_i,\gamma_i$ は式 (7.7) からわかるように，測点からみた衛星 i の相対座標を距離で除したもの，すなわち方向余弦を表している．一方，二次元空間において 4 点 (x_i,y_i,z_i) ($i=1,2,3,4$) を頂点とする四面体の体積 V は，

$$V=\begin{vmatrix}x_1 & y_1 & z_1 & 1\\ x_2 & y_2 & z_2 & 1\\ x_3 & y_3 & z_3 & 1\\ x_4 & y_4 & z_4 & 1\end{vmatrix} \quad (7.19)$$

であることから，$|\boldsymbol{A}|$ は 4 つの衛星を頂点とする四面体の体積に比例する．すなわち，4 つの衛星を頂点とする四面体の体積が大きくなるほど GDOP は小さくなり，

測位精度はよくなる．具体的には，天頂に1衛星，地平線近くで方向角が120度ずつずれた位置に3衛星が配置されたときに最も高い精度が得られる．

7.3.4 ディファレンシャル測位

単独測位用受信機による測位精度を向上させる方法としてディファレンシャル測位 (differential GPS : DGPS) と呼ばれる方法がある．DGPS は，位置が既知である受信機 (基準局) で測定誤差を決定し，その誤差を補正値として他の受信機 (受信局) に提供し，系統的な誤差を消去することにより受信局の測位精度を向上させる技術である．

補正の方法は次の2つに大別される．第一の方法は，三次元での測位誤差自身を補正する方法である．この方法は，基準局と受信局とでおのおの測位を行ってその差をとること，すなわち基準局と受信局の相対ベクトルを求めることを意味する (図-7.6)．したがって，基準局からの相対位置を求めるだけの目的であれば基準局が既知点である必要はない．第二の方法は，基準局において各衛星との距離の測定誤差を求め，これを補正値として受信局に提供し，受信局は衛星との擬似距離に対して補正を行ったうえで測位計算を行う方法である．

誤差伝播の法則によれば，一定の偶然誤差 σ をもつ測定値の差として得られる間接測定値の誤差は $\sqrt{2}\,\sigma$ になる．では，なぜDGPSによって測位精度が向上するのであろうか．それは，基準局と受信機での測定値に大きな系統誤差が含まれているからである．偶然誤差が大きくなっても，この系統誤差が消去されることによって全体の測位精度が向上するのである．したがって，DGPSによって測位精度が改善されるのは，基準局と受信局が同じ衛星の電波を利用すること，基準局と受信局の距離が短いことなど，観測条件が似かよっていることが前提条件となる．DGPSによって除去できない誤差には，各受信機での測定の偶然誤差とマルチパス (構造物等からの反射電波の受信) による誤差がある．

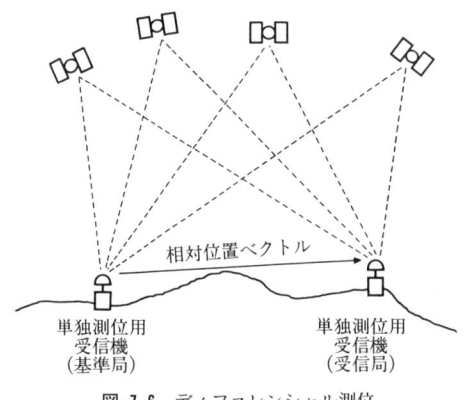

図-7.6 ディファレンシャル測位

DGPSにおける基準局から受信局への補正値の提供は，事後的に記録媒体を用いて行うのが一般であったが，近年では通信を使ったリアルタイム方式が検討されてい

る．地図作成のための測量などでは事後的な処理でも十分利用できるが，自動車ナビゲーションなどへの利用にはリアルタイム方式が必要になる．

7.4 干渉測位の原理

7.4.1 干渉測位の基本的な原理[1)~3)]

GPS衛星からは，L1帯（1 575.42 MHz），L2帯（1 227.6 MHz）と呼ばれる測位用の電波が常時発信されている．干渉測位(carrier phase relative positioning)は，2つの受信機によってこれらの電波の位相を測定し，測定された位相の差を利用して受信機間の相対ベクトル（基線ベクトル）を精度良く求める方法である．位相の測定は，波長（L1帯では19 cm）の1/80に近い分解能を持つため，高精度の測定が可能になる．高性能な受信機では，5 mm＋1 ppm程度の極めて高い測位精度が得られる．なお，図-7.7は干渉測位用受信機の外観である．

図-7.7 干渉測位用受信機（トリンブルジャパン 提供）

a) 受信方法

受信機では，まずドプラー効果を利用して衛星を識別し，電波（搬送波）の位相を波数単位でカウンターによって積算する．実際には周波数変換を行い中間周波数に落としたうえで搬送波を再生し，波長の端数に相当する位相を含めた位相（波数単位の積算）を測定する．ここで注意を要するのは，カウンターで測定される位相（波数）は，受信機の電源が入れられたある時刻以降に受信した電波の波数単位での積算であり，測定値としては1波長の端数分の位相しか実質的な意味を持たないことである．このことが，後述する整数値バイアスと呼ばれる重要な問題の原因となる．

b) 単純位相差

基準局A，受信局Bの2地点において，共通の衛星Lからの電波を受信している場合を考える（図-7.8）．AからBへの基線ベクトルをrとし，地点A, Bから衛星を見る視線の方向余弦ベクトルをS_Lとする．（厳密には視線の方向はA, B両地点でわずかに異なるが，簡単のために，ここでは視線は両地点から平行に衛星に向かっていると仮定する．）このとき，両測点から衛星までの距離の差（行路差）は$r \cdot S_L$であるから，行路差に相当する波数ϕは，

$$\phi = \boldsymbol{r} \cdot \frac{\boldsymbol{S}_L}{\lambda} \tag{7.20}$$

となる．ただし，λは電波の波長（基線，方向余弦ベクトルと同じ単位）である．

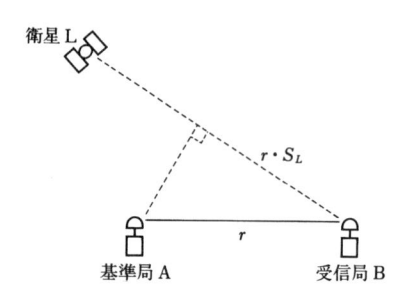

図-7.8 干渉測位における位相（行路）差

ϕを求めるためには，まず両測点の受信機での波数単位の位相積算値を差し引いた値ϕ_Lを算出する．これを単純位相差あるいは一重位相差(single phase difference)という．この操作によって衛星の電波発信の位相ゆらぎを完全に消去することができる．

単純位相差ϕ_Lは，ϕに密接に関係しているが実はϕそのものではない．なぜなら，先に述べたように，各受信機の波数単位での位相積算値は実質的には1波長の端数としての位相しか意味を持たない．したがって，その差である単純位相差においても，行路差と実質的に関係を持っているのは端数分の位相差だけであり，単純位相差にλを乗じた値は実際の行路差とλの整数倍の違いが生じるのである．これを整数値バイアス(ambiguity)という．

c) 二重位相差

単純位相差が正確にϕにならない理由には整数値バイアスのほかにもう1つある．それは，2つの受信機を用いるために，受信機それぞれの時計および局部発信器のゆらぎに起因する位相の差ψが含まれているからである．衛星の発振器のゆらぎは上記のとおり単純位相差で除去できるが，受信機側のゆらぎは単純位相差では除去できない．

いま，整数値バイアスはないものとすると，単純位相差ϕ_Lは，

$$\phi_L = \boldsymbol{r} \cdot \frac{\boldsymbol{S}_L}{\lambda} + \psi \tag{7.21}$$

と書くことができる．ここで，**図-7.9**のように，もう1つの衛星Mについて同様の位相観測を行うことを考えてみよう．このとき，式(7.21)と同様に

$$\phi_M = \boldsymbol{r} \cdot \frac{\boldsymbol{S}_M}{\lambda} + \psi \tag{7.22}$$

が成り立つ．ここで，衛星LとMは共通の受信機で観測されるからψは式(7.21)と同じであることに注意が必要である．式(7.21)と式(7.22)の差をとることによって

$$\phi_L - \phi_M = \boldsymbol{r} \cdot \frac{(\boldsymbol{S}_L - \boldsymbol{S}_M)}{\lambda} \tag{7.23}$$

を得る．これを二重位相差(double phase difference)という．このように，2つの受

信点から2つの衛星を同時観測すれば，両地点の受信機の時計は必ずしも同期している必要はない．

d) 二重位相差からの基線の決定

実際の観測データから計算した二重位相差には整数値バイアスが含まれているが，仮に整数値バイアスのない正しい二重位相差が求められたとする．式(7.23)の左辺 $\phi_L - \phi_M$ は観測によって測定される量であり，右辺の λ は波長である．また，$S_L - S_M$

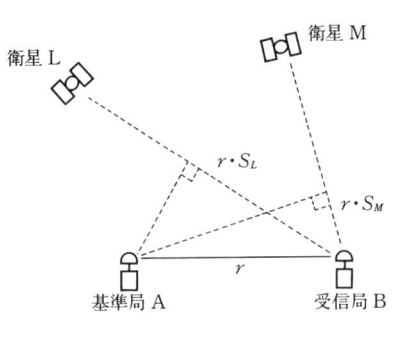

図-7.9 二重位相差

は衛星の軌道情報によって正確に計算できる量である．なぜならば，点Aの位置が大方わかっていれば，衛星の軌道情報からわかる衛星の位置を使って方向余弦はわかるからである（仮にAとLの位置に多少の誤差があっても，長距離のために，方向余弦は精度良く求められることは，誤差伝播の法則より明らかである）．したがって，式(7.23)は，2つの受信点A，B間の相対位置ベクトル r に1つの拘束条件を与える式である．r は三次元ベクトルであるから，この式が独立に3個与えられれば，r を求めることができる．式(7.23)を独立に3個つくる，すなわち独立した二重位相差を3組つくるためには，4個の衛星が必要である．つまり，r を求めるためには，単独測位のときと同様に4個以上の衛星を観測する必要がある．

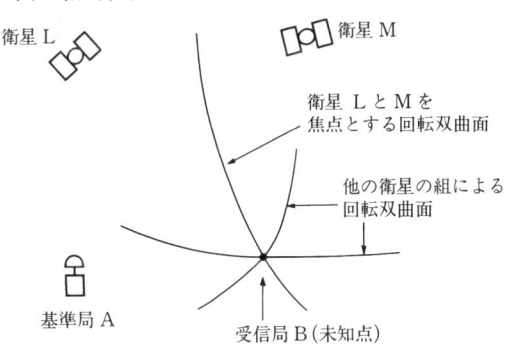

図-7.10 二重位相差による基線の決定

この二重位相差は，幾何学的には2つの衛星からの距離の差が一定，すなわちこの2つの衛星を焦点とする回転双曲面上に求めようとする未知点があることを示している．一般に3枚の曲面の交わりとして1点が決定されるから，幾何学的にも独立した二重位相差を3組つくる必要があり，4個の衛星を観測しなければならないことが導かれる（図-7.10）．

7.4.2 整数値バイアスによる多重解[1]

整数値バイアスが未知であるときには，二重位相差によって決定される双曲面は1

枚ではなく，一定間隔ごとに離れて存在する同一の焦点を共有する双曲面群となる．したがって，4個の衛星を同時に観測しても未知点は3枚の双曲面の交点として一意には決まらず，空間に分布する三次元的格子点として解が与えられる．これを多重解という．ここでは，多重解が空間的にいかなる分布をもつか考えてみよう．

まず，受信機から衛星までの距離は約20 200 kmであるから，1つの二重位相差に関連する2個の衛星と受信局（未知点）は近似的に二等辺三角形を形成すると見なすことにする（図-7.11）．このとき，2枚の双曲面の間の距離 d は，

$$d=\frac{\lambda}{2}\operatorname{cosec}\left(\frac{\theta}{2}\right) \qquad (7.24)$$

で表される．ただし，θ は受信機からみた2つの衛星のなす角である．また，衛星までの距離が遠いことから，地上の受信機の近傍では，これらの双曲面は十分によい近似で平面と見なすことができる．これらの平面は2つの衛星を結ぶベクトルの方向に垂直である．衛星が4個ある場合を考えると，1つの衛星を基準衛星として，残りの3個の衛星とを結んだベクトルの方向に垂直な3組の双曲面のつくる格子点状の交点の分布は，概略図-7.12のようになる．なお，基準衛星からみた他の衛星方向の単位ベクトルをそれぞれ n_1, n_2, n_3 とすると，格子点を結ぶベクトルは図-7.12に示すように，その方向はそれぞれ $n_1\times n_2, n_2\times n_3, n_3\times n_1$

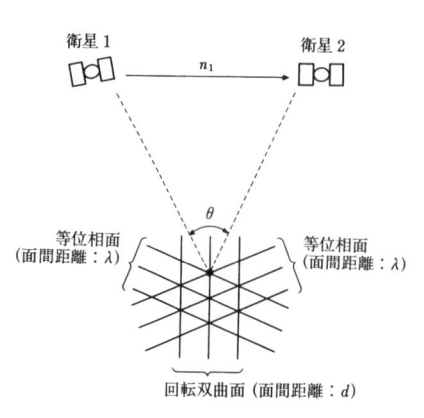

図-7.11 回転双曲面の多重性

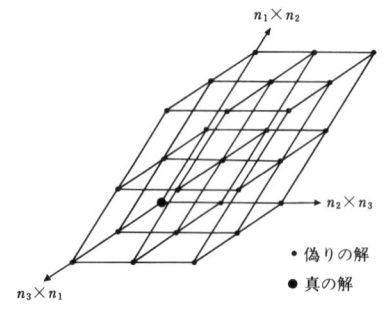

図-7.12 多重解の空間分布

で与えられる．

　この格子点間距離は衛星の配置によっても異なるが，式(7.24)からもわかるように典型的な値として搬送波の1波長程度となる．したがって，整数値バイアスの確定に失敗すると基線には20～30 cm程度の大きな誤差が生ずることになる．干渉測位において，この整数値バイアスをいかに確定し，正確な基線ベクトルを求めるかは最大の課題である．

7.4.3 静的干渉測位

図-7.12 に示される多重解は 3 組の二重位相差を取る 4 個の衛星の位置によって定まる．したがって，これらの衛星が天空を移動するにつれて多重解を示す格子も少しずつ変形し，位置を変えることになる．しかし，多重解が全体として移動する中，真の解だけは不動点となるはずである．このことを利用して，一定時間観測を続けて不動点を解析し，これにより基線ベクトルと整数値バイアスを同時に確定する方法を静的干渉測位 (static positioning) あるいはスタティック測位という．正確に不動点を検出するためには，一般に 1 時間程度の長時間の観測を必要とすることが知られている．

この測位方式は，衛星の位置の変化に伴う多重解の移動に対して真の解が不動点になることを利用したものであるから，原理的には継続して観測を続ける必要はなく，一定時間の間隔をおいて 2 度の観測を行えばよい．事実，このような方法は，次項で述べる擬似キネマティック測位と呼ばれる方式において用いられる．しかし，静的干渉測位の精度は一般に擬似キネマティック測位よりも高い．それは，長時間の観測を行うことによって，気象条件や電離層の通過条件などによる誤差が平均化されるからである．もちろん，早朝や日没時など，気象条件などが時間とともに系統的な変化をする時間帯では平均化はかえって誤差を生じさせる原因になるが，この時間帯を避ければ，平均化によって測位精度が格段に向上することが知られている．

静的干渉測位によれば，相対測位において 5 mm + 1 ppm 程度の高精度が得られ，精密基準点測量や地震予知などのための地殻変位観測に利用されている．

なお，静的干渉測位では同一測点での観測時間が長いために，二重位相差を一定時間間隔でとり，二重位相差の時系列的な変化を分析することができる．一定時間間隔の二重位相差の差を三重位相差 (triple phase difference) という．三重位相差は二重位相差の時間微分であるから，整数値バイアスは消える．また，三重位相差は，2 個の衛星の移動と基線ベクトルによって一義に決まる量である．したがって，三重位相差を用いれば，原理的には 2 個の衛星の観測のみから基線ベクトルを決定することができる．ただし，三重位相差によって正確に基線を求めるためには衛星の位置が大きく変化する必要があり，二重位相差を用いる静的干渉測位と同様に長時間の観測を必要とする．また一般に，精度の面でも二重位相差を用いる方法が有利であることが知られている．これらのことから，三重位相差は概略の基線ベクトルを求め，整数値バイアスの範囲を限定する目的などに利用されている．

7.4.4 キネマティック測位

　測量方式としてみた静的干渉測位の最も問題となる点は，基線ベクトルの測定に長時間を要することである．この問題に対処するため，1測点での観測時間を数秒から1分程度に押さえ，これにより測点を移動しながら効率的に測量作業を実行する干渉測位方式が開発されている．これらを総称してキネマティック測位(kinematic positioning)という．キネマティック測位の具体的な方式は，整数値バイアスの確定方法などの違いにより種々のものが提案されている．ここでは，ストップ・アンド・ゴー方式，連続キネマティック方式，擬似キネマティック方式，ラピッドスタティック方式，および近年普及してきたリアルタイム・キネマティック方式について各々概要を述べることにする．

　なお，キネマティック測位では，その方式や観測条件にもよるが，一般には静的干渉測位の2倍から数倍の誤差が生じることが知られている．

a) ストップ・アンド・ゴー方式

　ストップ・アンド・ゴー方式(stop-and-go positioning)では，まず測点あるいはその周辺の2点に受信機を設置して整数値バイアスを確定する．その後は，電波を継続して受信しながら，1台の受信機を基準局に固定し，もう1台の受信機を持って順次測点を移動して基準局と測点の基線ベクトルを測定していく．この方式の最大の特徴は，電波を継続受信することにより，初期に確定した整数値バイアスを保存でき，測点ごとにバイアスを求める必要がないために各測点での観測を数秒から1分程度で終了することができることにある．もし，測量の途中で電波が中断したときには(これをサイクルスリップという)，順調に観測が終了した測点に戻り同様の処理を繰り返す方法が一般であるが，7.4.5で述べるように，事後的にサイクルスリップの編集処理を行うこともできる．

　初期における整数値バイアスの確定には，静的干渉測位を利用することも可能であるが，一般にはより簡便な以下のような方法が用いられる．

① 座標既知点を利用する方法：座標が既知の2地点に受信機を設置することにより，整数値バイアスを確定する方法である．

② アンテナ・スワッピング(antenna swapping)による方法：2地点間で受信機(アンテナ)を入れ替えて観測することにより，同一基線の正反観測による2種類の多重解を取得し，その一致するものから整数値バイアスを確定する方法．

　ストップ・アンド・ゴー方式は，各測点でわずかな時間立ち止まり，次から次へと測点を移動するという意味である．この方式は，キネマティック方式の中で最も初めに実用化された方式であり，単にキネマティック測位というときには，この方式の意

味である場合も少なくない．

b) 連続キネマティック方式

連続キネマティック方式 (continuous kinematic positioning) は，**a)** のストップ・アンド・ゴー方式の連続的な測位方式への拡張であり，電波の受信を継続することにより，受信機の移動経路中の任意の位置を求める方式である．すなわち，受信機の移動軌跡を求めることが可能になる．この特長を利用して，受信機を搭載した車両を土工現場を走行させ，その軌跡から土木工事の出来高測量を行うなど，工事測量を中心に近年いくつかの適用例が見られる．ただし，この方式の基本的な原理はストップ・アンド・ゴー方式による各測点での観測を短縮化することであり，一般には移動速度に反比例するように精度は低下する．

c) 擬似キネマティック方式

擬似キネマティック方式 (pseudo kinematic positioning) の整数値バイアスの確定原理は，**7.4.3** で述べたように，基本的には静的干渉測位と同じである．すなわち，時間の経過に伴って多重解が動く中，真の解だけが不動点となることを利用した方法である．静的干渉測位と異なるのは，衛星が天空を十分移動する間，継続して観測を続けるのではなく，一定時間(通常1時間程度)の間隔をおいて同一地点での観測を2回行う点にある．不動点の探索だけであれば，原理的にはこの前後2回の観測で可能である．したがって，2回の観測の間の時間は，他の測点の観測を行えるという利点があり，測量作業全体を効率化できる．また，ストップ・アンド・ゴー方式や連続キネマティック方式のように，電波を継続受信する必要もない．ただし，**7.4.3** でも述べたように，一般に測位精度は静的干渉測位より低い．

d) ラピッド・スタティック方式

ラピッド・スタティック方式 (rapid static positioning) は，できるだけ多くの衛星を観測して基線ベクトルの決定に必要な，4個の衛星の組合せを多数つくり，各組合せの多重解の中で一致するものを真の解とする方式である．上記の **a) b) c)** の方式と異なり，最低5個の衛星を観測できることが条件である．観測時間は受信可能な衛星の数と基線の距離に依存するが，一般には5〜15分程度必要である．1993年に衛星配備が完了し，同時に観測できる衛星の数が増加，安定したことにより実用可能になった方法である．

e) リアルタイム・キネマティック方式

これまで述べてきたキネマティック方式では，基準局と受信局の観測データを持ち寄り，事後的に基線ベクトルを解析することを想定している．したがって，位置が決定している点を現地に設置する作業(測設)をはじめ，測量成果を確認しながら進める作業への利用は困難である．

これに対し，リアルタイム・キネマティック方式あるいはRTK方式(real-time kinematic positioning)と呼ばれる方式は，基準局と受信局を特定小電力無線や携帯電話などを利用した通信システムで接続し，リアルタイムに基線解析を行う．整数値バイアスの決定方法としては，原理的には上記のすべての方法が利用可能であるが，一般にはOTF法(On The Fly Calibration)と呼ばれる方法が用いられる．OTF法は，擬似距離によって整数値バイアスの探索範囲を1m程度まで絞り込むとともに，アンテナ・スワッピング方式とラピッド・スタティック方式の原理を組み合わせたような方法によって整数値バイアスを効率的かつ安定的に確定する方式である．基準局と受信局を通信システムで接続するために，アンテナの入れ替えをする必要はないが，ラピッド・スタティック方式と同様に5個以上の衛星の電波を捕捉する必要がある．

RTK方式の測位精度は一般には20 mm+2 ppm程度である．したがって，静的干渉測位の一般的な精度5 mm+1 ppmと比べて測位精度はかなり劣る．しかし，リアルタイムに測位結果を知ることができる他のGPS方式は単独測位しかなく，その精度(数10 m)に比べればRTK方式の精度はきわめて高い．そのため，RTK方式は工事測量全般に広く利用されている．図-7.13は，兵庫県南部地震の復旧工事測量に際してRTK方式が利用された様子を示している．

なお本書では，各測点での観測時間を短縮した干渉測位方式を一括してキネマティック測位と定義したが，この定義は文献によって多少異なる．例えば，ストップ・アンド・ゴー方式と連続キネマティック方式のように，あらかじめ整数値バイアスを確定して以後は電波の継続受信を行う方式のみをキネマティック測位と呼び，擬似キネマティック方式とラピッド・スタティック方式をその基本的な原理から短縮ス

図-7.13　RTK-GPSの利用例(三井建設株式会社提供)

タティック測位と呼ぶ場合がある．

7.4.5 サイクルスリップとその処理

　干渉測位の実際の観測では，衛星電波に対する障害物や雑音電波，多重反射などの影響で受信が瞬間的に中断することがしばしばある．これによる位相積算の中断をサイクルスリップ (cycle slip) という．サイクルスリップは，電波の継続受信を前提とするキネマティック測位（ストップ・アンド・ゴー方式，連続キネマティック方式）において大きな問題となる．

　サイクルスリップが発生すると，受信機内のハードウェアの特性によって，位相積算には必ず波長の整数倍（整数波数）の不連続が生じることが知られている．したがって，この性質を利用して，観測中にサイクルスリップが発生しても後の段階で修正することが可能である．現在では，受信機メーカーによって，それぞれの受信機に応じた測位処理ソフトウェアが供給され，サイクルスリップの処理を自動的に行うことができる．

7.5　GPS測地系から日本測地系への変換

7.5.1　GPS測地系と日本測地系[1),3)]

　測地座標系では地球上およびその付近の点の位置を経度，緯度，高さという三次元情報で表現する．そのためには，1.4で述べたように，ジオイドをある回転楕円体で近似することが必要になる．この楕円体を準拠楕円体 (reference ellipsoid) という．ある点の経度，緯度は，その点から準拠楕円体に降ろした垂線の足（楕円体との交点）の位置によって，また高さは，この垂線の長さ（点と楕円体との距離）によって定義される．すなわち測地系は，いかなる準拠楕円体を用いるかによって決定される．地域ごとにジオイドを精度良く近似する楕円体が異なるために，国や地域によってこの準拠楕円体も異なるものになる．わが国では，ベッセル (Bessel) 楕円体に準拠した測地系（日本測地系）を設定していることは既に述べたとおりである．一方，GPSでは WGS-84 (World Geodetic System-84) という準拠楕円体を用いた測地系 (WGS-84系) を定義している．

　準拠楕円体は，長径 a（赤道半径）と短径 b（極半径），および扁平率 $f=(a-b)/b$ によって特徴づけられる．ベッセル楕円体とWGS-84のこれらの諸元は次のとおりである．

　　　ベッセル楕円体：
　　　　　$a = 6\,377\,397$ m

278　第7章　GPS測量

$b = 6\ 356\ 079$ m

$f = 1/299.1528$

WGS-84：

$a = 6\ 378\ 137$ m

$b = 6\ 356\ 752$ m

$f = 1/298.2572$

このように，GPSが準拠する測地系とわが国の測地系が異なるため，わが国ではGPSによる測位結果をそのまま利用することができない．

7.5.2　WGS-84系と日本測地系の座標変換[3]

WGS-84系と日本測地系での位置を相互に対応づけるには，測地系どおしの座標変換を行う必要がある．測地系は特定の楕円体に準拠しているため，測地座標（経度 λ, 緯度 φ, 高さ h）は，その楕円体を定義する三次元直交座標 (x, y, z) と明確に関係づけられる．ここで，高さ h は準拠楕円体からの高さ，すなわち楕円体高である．一方，三次元直交座標系どおしの変換は回転と平行移動という比較的簡単な操作で対応できる．これらのことから，測地系Aから測地系Bへの座標変換は，一般に次のように行われる．

① 測地系Aでの測地座標 $(\lambda_A, \varphi_A, h_A)$ から直交座標 (x_A, y_A, z_A) への変換
② 測地系Aの直交座標 (x_A, y_A, z_A) から測地系Bの直交座標 (x_B, y_B, z_B) への変換
③ 測地系Bでの直交座標 (x_B, y_B, z_B) から測地座標 $(\lambda_B, \varphi_B, h_B)$ への変換

以下，それぞれの具体的な変換式を説明する．

a)　測地座標から直交座標への変換

測地系の直交座標系では，一般に図-7.14に示すように，準拠楕円体の回転軸方向を Z 軸，グリニッジ基準子午面と赤道面が交わる方向を X 軸，これら2軸と右手系をなす方向を Y 軸にとる．このとき，測地座標 (λ, φ, h) から直交座標 (x, y, z) への変換は次のように表すことができる．

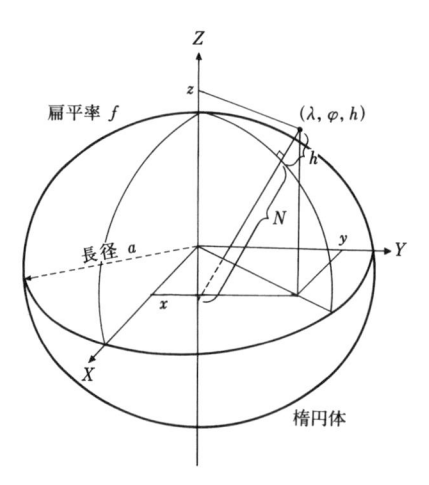

図-7.14　測地系における測地座標と三次元直交座標の関係

7.5 GPS 測地系から日本測地系への変換　279

$$x = (N+h)\cos\varphi\cos\lambda$$
$$y = (N+h)\cos\varphi\sin\lambda \quad (7.25)$$
$$z = \{N(1-e^2)+h\}\sin\varphi$$

ただし，

$$N = a/\sqrt{1-e^2\sin^2\varphi}$$

：平行圏曲率半径

$$e^2 = f(2-f) = \frac{(a^2-b^2)}{a^2}$$

：楕円率
a：楕円体の長径 (赤道半径)
b：楕円体の短径 (極半径)

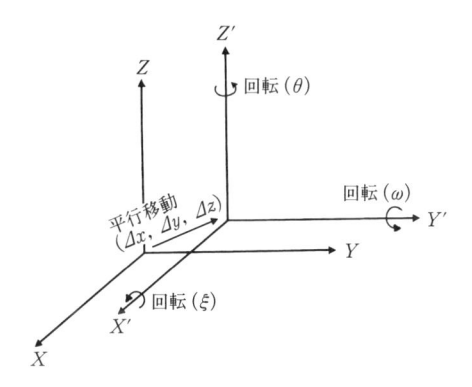

図-7.15　測地系間の三次元直角座標の変換

b)　直交座標間の変換

ある測地系の直交座標 (x, y, z) から，他の測地系の直交座標 (x', y', z') への変換を考える．いま，図-7.15のように，変換後の直交座標系は変換前のそれから (Δx, Δy, Δz) だけ平行移動し，かつ平行移動した原点を中心に X' 軸，Y' 軸，Z' 軸のまわりにそれぞれ ξ, ω, θ (ラジアン単位) だけ回転しているものとする．

このとき，この座標変換は以下のように表すことができる．

$$\begin{bmatrix} x' \\ y' \\ z' \end{bmatrix} = (1+s)R_Z R_Y R_X \begin{bmatrix} x \\ y \\ z \end{bmatrix} + \begin{bmatrix} \Delta x \\ \Delta y \\ \Delta z \end{bmatrix} \quad (7.26)$$

ただし，s はスケールパラメータである．また，R_X, R_Y, R_Z は回転行列であり，それぞれ以下のように表すことができる．

$$R_X = \begin{bmatrix} 1 & 0 & 0 \\ 0 & \cos\xi & \sin\xi \\ 0 & -\sin\xi & \cos\xi \end{bmatrix}, \quad R_Y = \begin{bmatrix} \cos\omega & 0 & -\sin\omega \\ 0 & 1 & 0 \\ \sin\omega & 0 & \cos\omega \end{bmatrix}$$

$$R_Z = \begin{bmatrix} \cos\theta & \sin\theta & 0 \\ -\sin\theta & \cos\theta & 0 \\ 0 & 0 & 1 \end{bmatrix} \quad (7.27)$$

ここで，回転角 ξ, ω, θ は一般に十分に小さいために，$\cos\xi = 1$, $\sin\xi = \xi$ などの近似が成り立ち，また回転角がつくる2次以上の項を無視できる．したがって，変換式として以下のような近似式が用いられることがある．

$$\begin{bmatrix} x' \\ y' \\ z' \end{bmatrix} = (1+s) \begin{bmatrix} 1 & \theta & -\omega \\ -\theta & 1 & \xi \\ \omega & -\xi & 1 \end{bmatrix} \begin{bmatrix} x \\ y \\ z \end{bmatrix} + \begin{bmatrix} \Delta x \\ \Delta y \\ \Delta z \end{bmatrix} \tag{7.28}$$

c) 直交座標から測地座標への変換

この変換は，**a)** の逆変換であり，次のように表すことができる．

$$\left.\begin{aligned} \lambda &= \arctan\left(\frac{y}{x}\right) \\ \varphi &= \arctan\left\{\frac{(z+e'^2 b \sin^3\psi)}{(p-e^2 a \cos^3\psi)}\right\} \\ h &= \left(\frac{p}{\cos\psi}\right) - N \end{aligned}\right\} \tag{7.29}$$

ただし，

$$p = \sqrt{x^2 + y^2}$$

$$\psi = \arctan\left(\frac{za}{pb}\right)$$

$$e'^2 = \frac{(a^2 - b^2)}{b^2}$$

d) 標高と楕円体高の関係

上記の変換において注意を要するのは，想定されている日本測地系の高さ (h) は楕円体高であり，水準測量で求められる標高ではないことである．図-7.16 に，楕円体高，標高，ジオイド高の関係を示す．ある地点の標高 (H) とは，その地点とその直下のジオイド面との垂直距離であり，

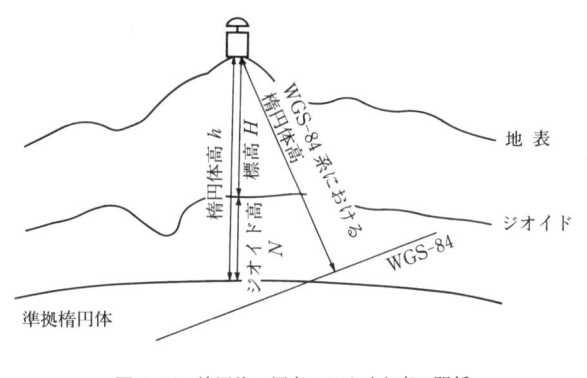

図-7.16 楕円体，標高，ジオイド高の関係

楕円体高 (h) から，ジオイドの準拠楕円体から高さであるジオイド高 (N) を差し引いたものである．すなわち，

$$H = h - N \tag{7.30}$$

なる関係がある．したがって，GPS 測量が準拠する WGS-84 系での楕円体高を日本測地系での楕円体高に変換することはできるが，それから標高を求めるためには，その地点のジオイド高を事前に知っておくか，あるいは後述するような方法で推定する

必要がある．

e) 変換パラメータの近似的な設定

建設省国土地理院では，VLBI 観測が準拠する ITRF89 という世界測地系と WGS-84 系の変換パラメータが既知であることを利用し，ITRF89 と関係づけられている全国の 2913 点の一等，二等三角点での測量成果から，日本測地系直交座標 (x, y, z) から WGS-84 系直交座標 (x', y', z') への変換式を以下のように設定している．

$$\begin{bmatrix} x' \\ y' \\ z' \end{bmatrix} = \begin{bmatrix} -147.54 \text{ m} \\ 507.26 \text{ m} \\ 680.47 \text{ m} \end{bmatrix} + \begin{bmatrix} x \\ y \\ z \end{bmatrix} \tag{7.31}$$

すなわち，回転パラメータ，スケールパラメータはきわめて微小であるために無視して構わないことを意味している．

なお，式 (7.31) の平行移動パラメータは全国の平均的な値であるために地域によって精度が非常に低くなる．そこで，国土地理院では，先に述べた 2913 点の三角点の成果を 1/200 000 地勢図の図画に相当する地域単位にまとめ，この地域単位での平行移動パラメータを公表している．公共測量においては，現在のところ，式 (7.31) および地域単位のパラメータのいずれを用いても構わない．

7.6 GPS 測量の三次元網平均計算

GPS の基線解析で求められるのは地点間の基線ベクトルであるが，この基線ベクトルには当然のことながら誤差が存在する．新点の位置を決定するためには，基線ベクトルを観測値と見なして三次元空間上で測量網を確定する必要がある．このための調整計算を三次元網平均計算 (three-dimensional network adjustment) という．

一方，基線ベクトルのみから三次元網平均計算によって求められる測量網は WGS-84 系あるいは日本測地系での測量網の形状であり，これを経度，緯度，標高で表されるわが国の既存の測量成果と関係づけるには，ジオイド高を知っていなければならない．そこで，GPS 測量網に国家基準点などの経度，緯度，標高あるいは平面直角座標，標高の既知である点を取り組み，これらの基準点成果と観測値としての基線ベクトルから誤差の調整計算を行い，新点の位置を決定する方法をとる．これを，既存の基準点成果と結合させるための三次元網平均計算 (network adjustment for three-dimensional transformation) という．なお，この方法を指して，単に三次元網平均計算という場合もある．

7.6.1 観測方程式の基本式

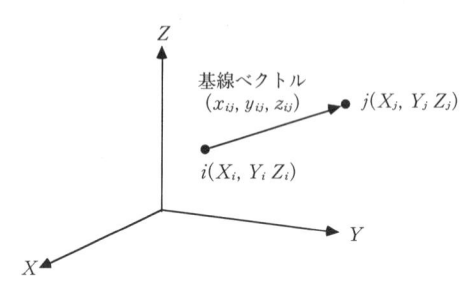

図-7.17 日本測地系直交座標における基線ベクトル

いま,日本測地系の直交座標はWGS-84系の直交座標と平行と見なしてよく,GPS観測により求められる地点 i と地点 j の基線ベクトル (x_{ij}, y_{ij}, z_{ij}) をそのまま日本測地系直交座標での基線ベクトルと考えてよいものとする(図-7.17).

このとき,地点 i と地点 j の日本測地系直交座標 $(X_i, Y_i, Z_i), (X_j, Y_j, Z_j)$ を未知変数とする観測方程式は次のように示される.ただし,v_X, v_Y, v_Z は残差を示す.

$$\begin{bmatrix} v_X \\ v_Y \\ v_Z \end{bmatrix} = \begin{bmatrix} X_j \\ Y_j \\ Z_j \end{bmatrix} - \begin{bmatrix} X_i \\ Y_i \\ Z_i \end{bmatrix} - \begin{bmatrix} x_{ij} \\ y_{ij} \\ z_{ij} \end{bmatrix} = \begin{bmatrix} -1 & 0 & 0 & 1 & 0 & 0 \\ 0 & -1 & 0 & 0 & 1 & 0 \\ 0 & 0 & -1 & 0 & 0 & 1 \end{bmatrix} \begin{bmatrix} X_i \\ Y_i \\ Z_i \\ X_j \\ Y_j \\ Z_j \end{bmatrix} - \begin{bmatrix} x_{ij} \\ y_{ij} \\ z_{ij} \end{bmatrix}$$

(7.32)

以上が,三次元網平均計算の観測方程式の基本式である.未知変数間の差が観測されるという意味で,5章で述べた水準測量の観測方程式と同じである.線形方程式であるために,近似値を与えての繰り返し計算を必要としない簡単な問題である.

なお,式 (7.32) は未知変数が6個に対して方程式は3個である.したがって,通常の最小二乗法で三次元網平均計算を行うには最低1点の座標既知点を必要とする.

さて,観測値である基線ベクトルは先に述べたように最小二乗法で推定されている.したがって,最確値としての基線ベクトルのほかに,その精度として分散共分散行列 Σ が求められている.したがって,観測方程式の重み行列 P は,$P = \Sigma^{-1}$ として与えることができる.

しかし,公共測量のような小地域を対象とする場合には,基線の距離に関係する誤差や基線ベクトルの各成分間の共分散は十分小さいと見なし,公共測量作業規程では,これまでの実験結果などを踏まえ,$\sigma^2 = (0.007 \text{ m})^2$ として次のように重み行列を与えてよいとしている.

$$P = \begin{bmatrix} \sigma_2 & 0 & 0 \\ 0 & \sigma^2 & 0 \\ 0 & 0 & \sigma^2 \end{bmatrix} \tag{7.33}$$

7.6.2 仮定三次元網平均計算

ここでは，経度，緯度（あるいは平面直交座標）と標高で表現される既存の基準点測量成果とGPSによる基線解析の結果を結合させる際において，まず初めに行う仮定三次元網平均計算と呼ばれる方法について説明する．この方法は，1つの既知点のみを基準点として固定し，以後は基線ベクトルを観測値として三次元網平均計算を行って測量網を決定するものである．

いま，図-7.18のようなGPS測量網において既知点A, B, Cの経度，緯度，標高が与えられているとする．このとき，基線ベクトルx_{AB}, x_{AC}, x_{AD}などを観測して新点Dの経度，緯度，標高を求める問題を考える．

まず，仮定三次元網平均計算を行うために，例えば点Aを

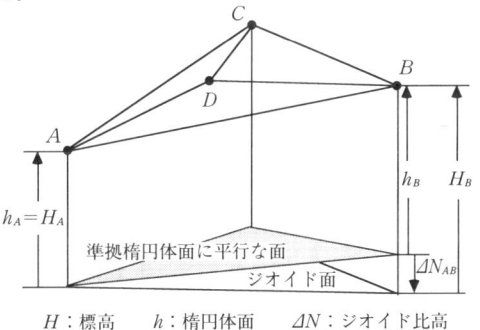

図-7.18 仮定三次元網平均計算の概念図

H：標高　　h：楕円体面　　ΔN：ジオイド比高

固定しよう．点Aの位置を日本測地系の直交座標系に固定するために，便宜上，点Aの標高（H_A）を楕円体高（h_A）と見なして，式(7.25)により直交座標へ変換する．以後は，前項で示した観測方程式と最小二乗法により，点B, C, Dの日本測地系直交座標上の位置を求めることができる．この結果を経度，緯度，楕円体高に変換すれば，点B, C, Dの経度，緯度を求めることができる．問題となるのは，こうして計算される点B, C, Dの楕円体高である．これらは標高でもなく，真の楕円体高でもなく，あくまで点Aの標高を楕円体高と見なした場合の仮の楕円体高である．したがって，点B, C, Dの高さ方向の意味ある情報は，点Bを例にとれば，点Aの楕円体高との差，すなわち楕円体比高（$h_B - h_A$）だけである．

以上のように，仮定三次元網平均計算は，標高までも含めた新点の位置を求めることに対しては無力であるが，次のような利点を有している．

ⅰ） 1点のみを固定するため，基線ベクトルのみから測量網の形状が決まり，基線ベクトルの測定精度（各成分の偏差や水平閉合差）を点検することができる．

ii) 固定した1点以外の既知点は新点として処理されるために，既知点の経度，緯度の成果に異常があれば，それを発見することができる．

iii) 固定した1点との楕円体比高を求めることができる．一方，固定した1点と他の標高既知点との標高差すなわち比高はわかっている．したがって，固定した1点と他の既知点間のジオイド比高(ジオイド傾斜)を計算することができる．

例えば，点 A の標高を楕円体高と見なして仮定三次元網平均計算をしたということは，換言すれば，点 A のジオイド高を0と仮定したことを意味する．したがって，点 B の点 A に対するジオイド比高は，図-7.18から明らかなように，計算される点 B の楕円体高 h_B と既知の標高 H_B の差から容易に求めることができる．

なお，公共測量作業規程では，すべての等級の基準点測量において，仮定三次元網平均計算を実施することを義務づけている．

7.6.3 三次元網平均計算による標高の測定

三次元網平均計算によって新点の標高を求めるためには，当該測量域のジオイド高をあらかじめ知っておくか，何らかの方法で推定する必要がある．ここでは，公共測量作業規程に定められている代表的な3つの方法について概説する．

a) 鉛直線偏差を未知量としてジオイド傾斜を推定する方法

この方法は，当該測量域においてジオイドが南北方向，東西方向にどのくらい傾斜しているかというパラメータ，すなわちジオイドの鉛直線偏差を未知量として扱い，新点の座標と同時に三次元網平均計算により推定するものである．鉛直線偏差の概念図を図-7.19に示す．

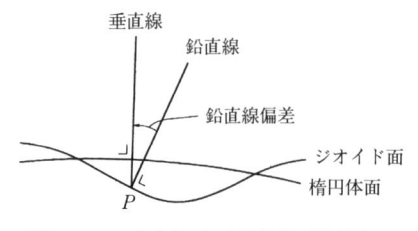

図-7.19 ジオイドの鉛直線偏差の概念図

この方法は，観測方程式などの処理過程は多少複雑となるが，基線解析の結果をそのまま三次元網平均計算に入力することにより簡便に新点の位置を求めることができるという利点を有しており，広く利用されている．しかし，当該測量域におけるジオイドの鉛直線偏差は一定，すなわちジオイドは一様な傾斜をもつものと仮定されるため，公共測量のような比較的小地域を対象としたGPS測量に適した方法である．

なお，ジオイド面と準拠楕円体面の幾何学的な関係としては，鉛直線偏差のみならず，水平方向の傾き，あるいはスケールパラメータを考慮することができるが，一般にこれらは無視できるほど微小であると仮定され，公共測量においては考慮しなくて

よいとされている．しかし，異なる座標系で観測された成果どうしを結合させる方法の基本原理を十分に理解するためには，座標系間のスケールの差や水平回転まで考慮した，より一般的な定式化を学んでおくことが重要である．次項において，この定式化について説明する．

b) GPS/水準法によりジオイドの局所的な起伏を推定する方法

先に述べたとおり，仮定三次元網平均計算を実施すれば，標高既知点の固定点に対するジオイド比高を求めることができる．このように，標高既知点間のGPSの基線解析から，その間のジオイド比高を求める方法をGPS/水準法と呼ぶ．いくつかの既知点においてジオイド比高が求められれば，適当な内挿法によって新点のジオイド比高を求めることができる（図-7.20 参照）．そして，この比高を仮定三次元網平均計算により計算された新点の楕円体高に補正すれば，新点の標高を求めることができる．

この方法は，測量域に対して一様なジオイド傾斜を仮定しないので，広域を対象とした基準点測量に適している．

なお，仮定三次元網平均計算は1点のみを固定した網平均計算であるため，誤差が固定点以外の点に偏る．そこで，仮定三次元網平均計算によって得られた各既知点の楕円体高を，既知の楕円体高と見なし，再度三次元網平均計算を行い，新点の楕円体高を求め，これにジオイド比高を補正して新点の標高を求める方法をとるのが一般である．

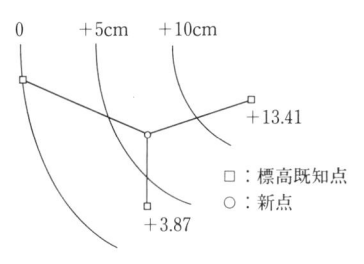

図-7.20 ジオイド比高の内挿

c) 国土地理院の精密ジオイドモデルを利用する方法

1996年，建設省国土地理院は全国の約800点の標高既知点で行ったGPS/水準法による観測や，天文測量，重力測量などに基づいて，わが国全域を対象とした精密ジオイドモデルを発表した（図-7.21）．このモデルは，ジオイド高を20cm間隔の等高線で描いたものであり，国全域でこのように精密なジオイド図を作成したのは世界でも初めてのことである．1998年からは一般の利用も可能になっている．

このモデルを用いれば，任意の地点におけるジオイド高を簡単な内挿計算により推定することができる．したがって，既知点における日本測地系の楕円体高を求めることができ，この楕円体高から計算される日本測地系直交座標を既知点座標として三次元網平均計算を実行すれば，新点の楕円体高を求めることができる．さらに，この楕円体高に，ジオイドモデルから計算される新点のジオイド高を補正することにより，標高を求めることができる．

図-7.21 わが国の精密ジオイド図(建設省国土地理院概要より転載)

7.6.4 ジオイド傾斜を内生化した三次元網平均計算

　当該測量域のジオイド面は準拠楕円体に平行かつ合同でなく，一様の傾きとスケールの違いを有しているものとしよう．また，既知点の位置は，経度，緯度，標高で表され，ジオイド高は与えられていないとする．このような状況において，新点の位置を経度，緯度，標高として求める問題を考える．

7.6 GPS測量の三次元網平均計算

ジオイド高が与えられていないので,標高(H)を楕円体高(h)と見なし,式(7.25)によって各測点の日本測地系直交座標(u, v, w)を定義する.すなわち,

$$u = (N+H)\cos\varphi\cos\lambda$$
$$v = (N+H)\cos\varphi\sin\lambda \qquad (7.34)$$
$$w = \{N(1-e^2) + H\}\sin\varphi$$

である.したがって,既知点の直交座標をこの式で求め,これを基準点として三次元網平均計算を行って新点の座標を得れば,それを式(7.29)により経度,緯度,標高に変換できることになる.

いま,図-7.22のように地点 i と地点 j があり,それらの日本測地系直交座標を (X_i, Y_i, Z_i) および (X_j, Y_j, Z_j) とする.また,これらの地点の標高を楕円体高と見なして定義される地点 i と地点 j の日本測地系直交座標を (u_i, v_i, w_i) および (u_j, v_j, w_j) とする.このとき,(u_i, v_i, w_i) および (u_j, v_j, w_j) を未知量としたGPS測量の観測方程式を考えてみよう.

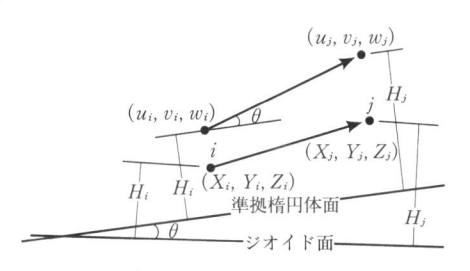

図-7.22 標高を楕円体高と見なすことによる日本測地系直交座標の変化

ここで,日本測地系直交座標はWGS-84系直交座標と平行と考えてよいとすれば,GPS観測により求められる基線ベクトル (x_{ij}, y_{ij}, z_{ij}) は,地点 i と地点 j の日本測地系直交座標でのベクトル $(X_{ij}, Y_{ij}, Z_{ij}) = (X_j - X_i, Y_j - Y_i, Z_j - Z_i)$ の測定値と見なすことができる.一方,未知座標である (u_i, v_i, w_i) および (u_j, v_j, w_j) は日本測地系直交座標として定義されてはいるが,そのベクトル $(u_{ij}, v_{ij}, w_{ij}) = (u_j - u_i, v_j - v_i, w_j - w_i)$ は,図-7.22から明らかなように,(X_{ij}, Y_{ij}, Z_{ij}) に対してジオイド傾斜と同じだけ傾いている(ただし,傾斜の方向はジオイドの準拠楕円体からの傾斜の逆方向である).

したがって,(u_{ij}, v_{ij}, w_{ij}) をジオイドの傾斜と同じだけ傾かせたうえで,測定値である基線ベクトルと結合させる必要がある.この傾斜を表す回転行列を M,スケールパラメータを s とすれば,次のように観測方程式を表現することができる.

$$\begin{bmatrix} v_X \\ v_Y \\ v_Z \end{bmatrix} = (1+s)M\begin{bmatrix} u_{ij} \\ v_{ij} \\ w_{ij} \end{bmatrix} - \begin{bmatrix} x_{ij} \\ y_{ij} \\ z_{ij} \end{bmatrix} = (1+s)M\left[\begin{pmatrix} u_j \\ v_j \\ w_j \end{pmatrix} - \begin{pmatrix} u_i \\ v_i \\ w_i \end{pmatrix}\right] - \begin{bmatrix} x_{ij} \\ y_{ij} \\ z_{ij} \end{bmatrix} \qquad (7.35)$$

a) 回転行列 M の定義

ジオイドの傾斜を明確に定義しよう.いま,当該測量域の平均的な経度(λ_0),緯度

(φ_0) の地点において，ジオイドは準拠楕円体に対して水平に α，南北方向に ξ，東西方向に η の順で回転しているものとする．ここで，ξ および η が，前項で述べた鉛直線偏差である．

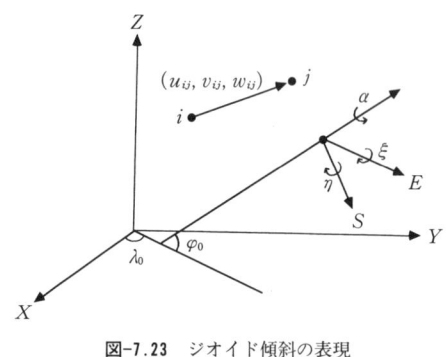

このとき，日本測地系直交座標上のベクトル (u_{ij}, v_{ij}, w_{ij}) をジオイドの回転と同じだけ回転させた場合，ベクトルがどのように表されるかを考える（図-7.23 参照）．ここで注意を要するのは，この回転は日本測地系直交座標の原点を中心とした回転ではないことである．したがって，式 (7.26) で示した直交座標の回転で表すことはできず，ベクトルは回転が定義される地点の経度，緯度に依存した変換を受ける．

図-7.23 ジオイド傾斜の表現

この回転は次のように決定される．

① 日本測地系直交座標から，回転が定義される局地直交座標へ回転させる．すなわち，Z 軸周りに λ_0，Y 軸周りに $\left(\dfrac{\pi}{2} - \varphi_0\right)$ 回転させる．

② 局地直交座標において，α, ξ, η の順で回転させる．

③ 局地直交座標から日本測地系直交座標へ回転させる．すなわち，上記①の逆回転をさせる．

詳細は略すが，α, ξ, η を微小として式 (7.28) を利用すると，回転行列 M は，

$$M = \alpha M_\alpha + \xi M_\xi + \eta M_\eta + I \tag{7.36}$$

となる．ただし，

$$M_\alpha = \begin{bmatrix} 0 & \sin\varphi_0 & -\cos\varphi_0 \sin\lambda_0 \\ -\sin\varphi_0 & 0 & \cos\varphi_0 \cos\lambda_0 \\ \cos\varphi_0 \sin\lambda_0 & -\cos\varphi_0 \cos\lambda_0 & 0 \end{bmatrix}$$

$$M_\xi = \begin{bmatrix} 0 & 0 & -\cos\lambda_0 \\ 0 & 0 & -\sin\lambda_0 \\ \cos\lambda_0 & \sin\lambda_0 & 0 \end{bmatrix} \tag{7.37}$$

$$M_\eta = \begin{bmatrix} 0 & -\cos\varphi_0 & -\sin\varphi_0 \sin\lambda_0 \\ \cos\varphi_0 & 0 & \sin\varphi_0 \cos\lambda_0 \\ \sin\varphi_0 \sin\lambda_0 & -\sin\varphi_0 \cos\lambda_0 & 0 \end{bmatrix}$$

である．また，I は単位行列である．

b) 観測方程式の定式化

式 (7.35) と (7.36) により，観測方程式は次のようになる．

$$\begin{bmatrix} v_X \\ v_Y \\ v_Z \end{bmatrix} = (1+s)\boldsymbol{M}\left[\begin{pmatrix} u_j \\ v_j \\ w_j \end{pmatrix} - \begin{pmatrix} u_i \\ v_i \\ w_i \end{pmatrix}\right] - \begin{bmatrix} x_{ij} \\ y_{ij} \\ z_{ij} \end{bmatrix}$$

$$= (1+s)(\alpha \boldsymbol{M}_\alpha + \xi \boldsymbol{M}_\xi + \eta \boldsymbol{M}_\eta + \boldsymbol{I})\left[\begin{pmatrix} u_j \\ v_j \\ w_j \end{pmatrix} - \begin{pmatrix} u_i \\ v_i \\ w_i \end{pmatrix}\right] - \begin{bmatrix} x_{ij} \\ y_{ij} \\ z_{ij} \end{bmatrix} \quad (7.38)$$

この方程式は非線形であるので，未知量 (u_i, v_i, w_i) および (u_j, v_j, w_j) に近似値を与え，新たに補正量を未知量とする．すなわち，

$$\begin{bmatrix} u_i \\ v_i \\ w_i \end{bmatrix} = \begin{bmatrix} u_{oi} \\ v_{oi} \\ w_{oi} \end{bmatrix} + \begin{bmatrix} \Delta u_i \\ \Delta v_i \\ \Delta w_i \end{bmatrix}, \quad \begin{bmatrix} u_j \\ v_j \\ w_j \end{bmatrix} = \begin{bmatrix} u_{oj} \\ v_{oj} \\ w_{oj} \end{bmatrix} + \begin{bmatrix} \Delta u_j \\ \Delta v_j \\ \Delta w_j \end{bmatrix} \quad (7.39)$$

ただし，下添字 $_{oi, oj}$ は近似値を，$\Delta u_i, \Delta u_j$ などは補正量を示す．さらに，

$$\begin{bmatrix} u_{oij} \\ v_{oij} \\ w_{oij} \end{bmatrix} = \begin{bmatrix} u_{oj} \\ v_{oj} \\ w_{oj} \end{bmatrix} - \begin{bmatrix} u_{oi} \\ v_{oi} \\ w_{oi} \end{bmatrix} \quad (7.40)$$

とおく．このとき，式 (7.38) は次のように表現できる．

$$\begin{bmatrix} v_X \\ v_Y \\ v_Z \end{bmatrix} = (1+s)\boldsymbol{M}\begin{bmatrix} u_{oij} \\ v_{oij} \\ w_{oij} \end{bmatrix} + (1+s)\boldsymbol{M}\begin{bmatrix} \Delta u_j - \Delta u_i \\ \Delta v_j - \Delta v_i \\ \Delta w_j - \Delta w_i \end{bmatrix} - \begin{bmatrix} x_{ij} \\ y_{ij} \\ z_{ij} \end{bmatrix} \quad (7.41)$$

さらに，s, α, ξ, η および補正量が十分に小さいとし，2次以降の項を無視すると，結局のところ観測方程式は以下のような線形方程式となる．

$$\begin{bmatrix} v_X \\ v_Y \\ v_Z \end{bmatrix} = \begin{bmatrix} \Delta u_j - \Delta u_i \\ \Delta v_j - \Delta v_i \\ \Delta w_j - \Delta w_i \end{bmatrix} + \alpha \boldsymbol{M}_\alpha \begin{bmatrix} u_{oij} \\ v_{oij} \\ w_{oij} \end{bmatrix} + \xi \boldsymbol{M}_\xi \begin{bmatrix} u_{oij} \\ v_{oij} \\ w_{oij} \end{bmatrix}$$

$$+ \eta \boldsymbol{M}_\eta \begin{bmatrix} u_{oij} \\ v_{oij} \\ w_{oij} \end{bmatrix} + s \begin{bmatrix} u_{oij} \\ v_{oij} \\ w_{oij} \end{bmatrix} + \begin{bmatrix} u_{oij} \\ v_{oij} \\ w_{oij} \end{bmatrix} - \begin{bmatrix} x_{ij} \\ y_{ij} \\ z_{ij} \end{bmatrix} \quad (7.42)$$

これが，ジオイドと準拠楕円体の幾何的な関係を未知量とした場合の，GPS測量成果を既存の基準点成果に結合させるための観測方程式の一般型である．

ここで式 (7.42) では，一般的な定式化を行うために点 i，点 j の座標補正量を未知量としているが，実際の測量網における最小の新点数は1個である．すなわち，観測

方程式が含む未知量の最低数は新点座標の補正量に s, a, ξ, η を加えた計7個である．したがって，この方法を実際の測量網に適用するには最低3点の基準点が必要であり，単路線方式の多角測量には利用できない．しかし先に述べたとおり，公共測量作業規程では，$s=0, a=0$ と見なしてよいとし，鉛直線偏差 ξ, η のみを新点座標の未知量とともに推定することとしている．この場合であれば，未知量は最低5個であるから，単路線方式にも利用できる．

参 考 文 献

1) 土屋 淳，辻 宏道：GPS測量の基礎，(社)日本測量協会
2) 日本測地学会編：GPS―人工衛星による精密測位システム―，(社)日本測量協会
3) 土屋 淳，今給黎哲郎：GPS測量と基線解析の手引，(社)日本測量協会
4) 中根勝見：測量データの3次元処理，東洋書店
5) 飯村友三郎，中根勝見，箱岩英一：TS・GPSによる基準点測量，東洋書店
6) 建設大臣官房技術調査室監修：建設省公共測量作業規程，(社)日本測量協会
7) 佐田達典：実務者のためのGPS測量，(社)日本測量協会
8) A. Leick : GPS Satellite Surveying, Wiley-Interscience
9) J. McCormac : Surveying, Prentice-Hall

第8章 地形測量

　地形測量とは，地表に存在する地物および地形の起伏の形態を測量し，地形図を作製するための測量である．地形測量で作製される地形図は，だいたい1/500から1/50 000の範囲である．地形図には，直接測量による地形図と編集図がある．地形図は開発計画や土木工事に用いられ，主に等高線図によって地形が表現され，一定の図式によって地物が表現される．地形測量では地形図を作製するのみでなく，目的によっては面積や体積などの測定が行われる．
　地形測量の方法には，写真測量による方法と地上測量による方法とがあるが，ここでは地上測量による方法のみを述べる．しかし，図式規程などは両者に共通である．

8.1　地形測量の方法

8.1.1　地形測量の作業と方法

　地形測量 (topographic survey) の作業の流れを段階的に示すと次のようになる．
① 踏査：地形測量すべき地域を踏査し，全体の概況を把握するとともに，基準点などの選点を行う．
② 基準点測量：多角測量や三辺測量，その他の測量および水準測量により，基準点の位置や高さを測量する．この細部測量のために設けられる基準点は図根点とも呼ばれる．
③ 細部測量：地形図作製のために新しく設けられた図根点や既設の基準点または基準線をもとにして，地形や地物を測量する．地上測量の場合，主に平板測量で行われる．
④ 地図作製：地形図図式規程に従って，記号の記入，文字等の注記，整飾，清絵などを行い，地形図としての体裁をつくり，原図をつくる．
　細部測量の方法には次のものがある．
① 平板測量：平板を用いて図式解法により，現地で直接地形地物を描いていく方法である．精度はあまりよくないが，簡便に行うことができ，大縮尺または

小範囲の地形測量に適している．スタジア測量が併用される．
② 断面測量：断面線に沿って地形の高低測量を行う．面的な測量を行う場合には，等間隔の断面線群を設けて行う．地形の起伏の測量には適しているが，地物の図示には適していない．
③ 地形点測量：トータルステーションを図根点に設置し，地形の起伏が変化するような特徴点（地形点）に反射プリズムをおいて視準することにより，その地点の平面座標と標高を測量することができる．したがって，トータルステーションを見通しのよい図根点に設置して，この作業を繰り返すことにより，対象地域内に平面座標と標高が既知の点を数多く取得することができる．これらのデータを利用すれば，計算機による内挿処理により，等高線図や断面図を自動的に作成することができる．
④ 写真測量：主として空中写真を，実体図化機や解析図化機にかけ，これを操作して等高線および地物を図化する．この方法については次章で示される．

8.1.2 平板測量[3]

a) 平板測量の概要

平板測量 (plane table surveying) は，基準点に基づいて平板上に図解的に地形や地物を現地で直接測量する方法であって，大縮尺または小範囲の地形図を作製するための細部測量に用いられる．平板測量の精度はそれほど高いものではないが，器械や方法が簡便であるために，比較的容易に小範囲の地形図を作製することができる．平板測量には，距離や高さの測定が付随するが，これには巻尺による距離測定やスタジア測量が併用される．

b) 平板測量に必要な器械と器具

平板測量には次に示されるような器具が用いられる．

ⅰ) 平 板　　平板は図-8.1に示すように，三脚上に移動，回転，傾斜の可能な図板を取り付けたものである．図板の標準の大きさは約 40×50 cm で，平板上にはし

図-8.1　平板（三脚上部および図版）　　　　図-8.2　視準板付きアリダード

わや伸縮のない図紙が押しピン，のり付け，またはつかみばねなどで貼り付けられる．

ⅱ) アリダード　アリダード (alidade) は図板の上において視準線の方向を定めて図示するための器具で，視準板をもっているものと，望遠鏡をもっているものとがある．視準板付きアリダードは**図-8.2**に示すように，目盛と気泡管および視準板を有している．気泡管は平板の水平を調べるのに用いられ，目盛は図板上の距離を定めるのに用いられる．視準板は，折りたたみ式となっていて，前方視準板と後方視準板がある．前方視準板には縦に視準ヘアと1個の視準孔があり，後方視準板には3個の視準孔がある．前方と後方視準板には正接目盛があり，視準線の勾配を1/100の単位で測定できるようになっている．この1目盛を1分画と呼んでいる．

ⅲ) 求心器および下げ振り　測点の鉛直上方の位置を図板上に移すために用いられる．

ⅳ) 磁針箱　磁北の方位を図上で求めるために用いられる．

ⅴ) 測量針　測点上に突き刺すと，針の周りにアリダード線を回転させられるので距離の測定や視準を容易に行うことができる．

c) 平板測量の方法

平板測量では，まず図紙上に図根点や基準線を展開し，これを平板に貼り付けたうえで現地の図根点に平板を正しく据え付け，求めるべき点の位置および高さを直接または間接距離測量などを併用しながら平板上で図解的に求めてゆく．

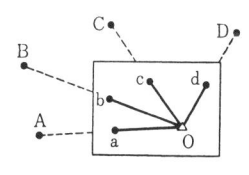

図-8.3　放射法

ⅰ) 図根点の展開　図紙上に所定の縮尺で座標線を描き，この中に座標が既知の図根点，あるいは方向および位置が既知の基準線を正確に描き入れる．

ⅱ) 平板の据付け　平板の据付けは次の3つの作業からなる．

a. 整準：アリダードの気泡管を用いて図板を水平に保つ．気泡が図板の互いに直角な2つの方向で常に水平を示すように調整する．

b. 致心：図根点など地上の測点と平板上の対応する測点とが，鉛直線上に一致するように求心器と下げ振りを利用して調整する．

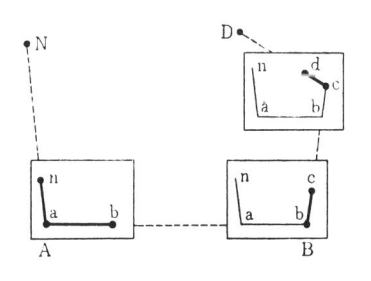

図-8.4　道線法

c. 標定：平板上に描かれた基準線の方向が，地上のそれと一致するように調整す

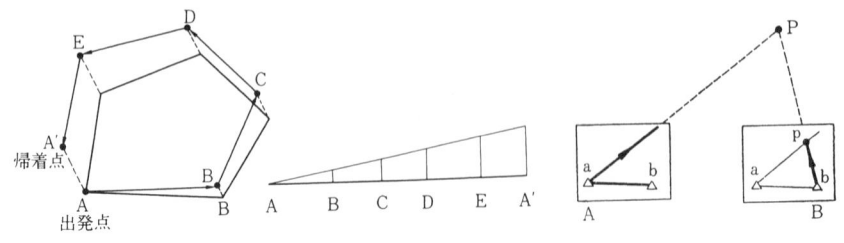

図-8.5 閉合誤差の調整

図-8.6 前方交会法

る．磁針箱を用いたり，既知点を視準したり，後で述べる後方交会法の1つである3点法などにより標定が行われる．

iii) 求　点　地上に設置された基準点の位置や基準点を利用して，未知の点の位置などを求める方法には次のようなものがある．

a. 放射法 (method of radiation)：**図-8.3** のように，与点 O から求点方向をアリダードを用いて視準し，距離を測定し，図紙上の縮尺に従って求点を図紙上にプロットする方法である．地形や地物の細部測量に用いられる．光波測距儀の普及した現在においては，最も作業効率がよく，また精度の高い方法である．

b. 道線法 (graphical traversing method)：進測法とも呼ばれ，**図-8.4** に示されるように，与えられた基準線方向に合わせられた測点から他の測点へと順次方向と距離を測って，トラバースの図根点をプロットする方法である．閉合トラバースなどで閉合誤差が生じた場合には，**図-8.5** に示されるように測線長に比例させて誤差を分配して調整する．

c. 前方交会法 (method of forward intersection)：**図-8.6** に示されるように，2つ以上の与点から求点方向を視準してその方向線の交点として求点の位置を求める方法である．図根点測量にも細部測量にも用いられる．

d. 後方交会法 (method of backward intersection)：周囲にある既知の測点を利用して，自分のいる未知の位置を求める方法で，次の方法がある．

① 磁針を用いる方法：**図-8.7** に示されるように，地上の A, B に対応する図板上の点 a,

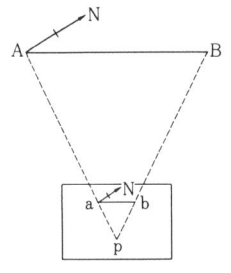

図-8.7 磁針を用いる方法

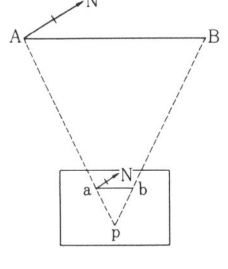

図-8.8 側方交会法

bがわかっているとする．地上のABと磁北の関係を図板上で磁針箱を用いて再現させると，地上のABと図板上のabは平行になるので，自分の位置pはAaの方向線とBbの方向線の交点として与えられる．

② 側方交会法：**図-8.8**に示されるように，2点A, Bに対応する図板上の点a, bと，bから求点pへの方向線が与えられているとき，求点pを定める方法である．まず，与えられた方向線bp上に求点pの位置を推定して地上の測点Pと合わせ，さらに方向線も標定しておく．次に，aを通り地上のAを視準して方向線apをひき，先にひいた方向線bpとの交点を求める．

③ 3点法：既知点からの方向線が全く与えられない場合，自分の位置を周囲の3つの既知点を利用して求める方法である．実用的によく用いられている方法は，レーマンの方法(Lehman's method)である．

レーマンの方法では，まず，図板上の点a, b, cと既知点A, B, Cを結ぶ方向を視準して，それぞれの方向線を描く．平板が正しく求点に据え付けられていれば，3本の方向線は1点で交わるが，一般に少しずれているので，**図-8.9**に示すように1点に交わらないで小さな示誤三角形をつくる．1点で交わると推定される点を用いて平板を向け直し，再び上記の操作を繰り返し，1点で交わるまで繰り返し視準する．一般にこの方法は経験を必要とする．

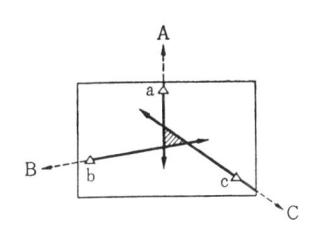

図-8.9 レーマンの方法

d) 平板測量の精度

平板測量には次に示すような誤差が生じる．
① 器械誤差：主にアリダードの視準板および気泡管による誤差である．
② 据付け誤差：平板の傾き，求心のずれ，標定誤差などが含まれる．
③ 製図誤差：点の位置の記入の誤差
④ 図紙の伸縮：貼り付けた図紙が伸縮するために生じる誤差である．

アリダードによる測定の精度は，一般に平面位置で図上 $\pm 0.2\,\mathrm{mm}$，高さで 0.1 分画であるといわれている．

8.2 地形図の種類および精度

8.2.1 地形図の種類

地形図(topographic map)には，大きく分けると次の2つがある．

i) **国土基本図** 建設省国土地理院が行う国土の基本測量で作製される地形図で，**表-8.1**に示されるものがある．中縮尺の地図はUTM座標系で表されている．大縮尺の地図は新平面直角座標系で表される．

ii) **公共測量地図** 基本測量以外の国または公共団体が行う測量で作製されるもので，**表-8.2**のようなものがある．公共測量地図は新平面直角座標系で表される．土木設計などのために用いられる地形図も公共測量地図に準拠してつくられる．

表-8.1 国土基本図の種類

分類	縮尺	主等高線間隔	図部の大きさ
大縮尺	1/2 500	2 m	80×60 cm (地上で 2 km×1.5 km=3 km²)
	1/5 000	5 m	80×60 cm (地上で 4 km×3 km=12 km²)
中縮尺	1/10 000	5 m	経度差 3′，緯度差 2′ (約 16 km²)
	1/25 000	10 m	経度差 7′30″，緯度差 5′ (約 100 km²)
	1/50 000	20 m	経度差 15′，緯度差 10′ (約 400 km²)

表-8.2 公共測量地図の主な種類

縮尺	主等高線間隔	図枠の大きさ	利用目的
1/ 250	1 m	100×70 cm 以下各種	詳細設計
1/ 500	1 m	〃	〃
1/ 1 000	1 m	〃	〃
1/ 2 500	2 m	公共図 100×70 cm 以下各種	概略設計
1/ 5 000	5 m	公共図 100×70 cm 以下各種	〃
1/10 000	10 m	多くの場合編集される	基本計画，総合計画

8.2.2 地形図の精度[7]

公共測量作業規程では，地形図の精度を**表-8.3**のように規定している．

表-8.3 地形図の精度に関する規程

		地形図縮尺	
		1/500	1/1 000 以下
標準偏差	平面位置	図上±0.5 mm 以内	図上±0.7 mm 以内
	標高点の高さ	等高線間隔の1/4 以内	等高線間隔の1/3 以内
	等高線	等高線間隔の1/2 以内	

8.3 地形の表現

8.3.1 地形の表現方法

地形の表現方法を大きく分けると,次の3つがある.

a. 立体模型による方法:ボール紙やスチロールなどからつくられる.一般に作製作業が大変である.しかし最近は,計算機を連動した数値制御装置(NC)により,立体模型が自動切削される技術が開発されている.

b. 透視図(perspective drawing)による方法:水平位置から見た地形の遠近図や,高い所から見た鳥瞰図などがある.風景写真や斜写真などもこの一種である.最近は,計算機により地形の透視図や斜投影図などを自動描画する技術が開発されている.

c. 地形図による方法:**a.** および **b.** による方法は,地形の起伏の状態をわかりやすく見るのに便利であるが,工学上の目的に対しては図上で距離を直接測定することが必要であるので,平面図として表現された地形図が不可欠である.

地形図の表現にも次に示すように,いろいろな方法がある.

a. 陰影法(shading system または gradation system):太陽光線が地表を照らすと地形の起伏に応じた陰影が生じる原理を利用して,地形図に光輝陰影をつけて地形の立体感を表現する方法である.色調をつけるぼかし法(くんせん法とも呼ばれる)と,線の疎密によるケバ法(hachuring system)(くんのう法とも呼ばれる)とがある.

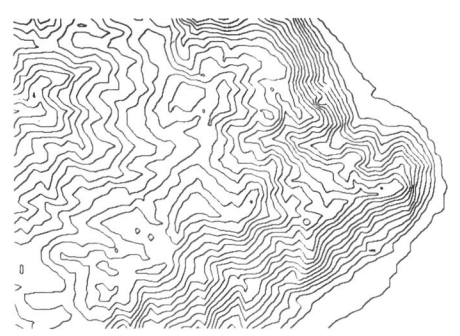

図-8.10(a) 等高線図

図-8.10(b) 陰影を入れた等高線図

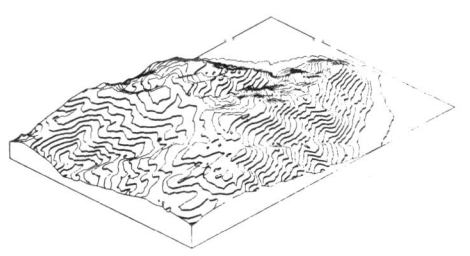

図-8.10(c) 斜投影図

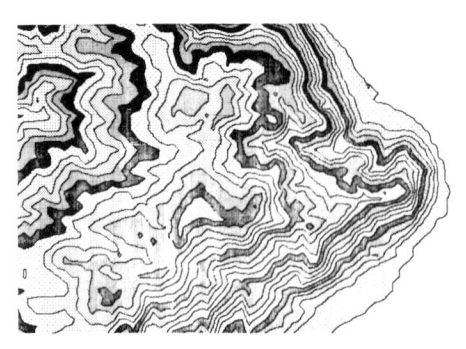

図-8.10(d) 段彩等高図

普通，ぼかし法では西北の方向から斜め45°の角度で光線が地形を照らしたとしたときの陰影をつける．ケバ法では，地形の最大傾斜方向すなわち等高線に垂直にケバが描かれる．

b. 等高線法：地形を等間隔な水準面で切ったとしたときの切断線を等高線 (contour line) と呼ぶ．等高線によって表現された地形図では，任意の平面位置の標高を知ることができるので，工学上の目的に最も広く用いられている．等高線法と陰影法を併用すると地形の立体感が加味されるので，極めて見やすくなる．等高線の南東側のみを太く描くと，立体感が生じる．

c. 段彩法 (layer tints system)：等高線の帯を同じ色または濃淡で塗り，次第に高さを増すにつれて異なる色や濃淡で強調する方法である．一見して，地形の高低を識別するのに便利である．

d. 点高法：一定間隔をおいて地形点の標高を求め，図上に数字または記号でその高さを記入する方法である．普通，格子メッシュ状に地形点が選ばれることが多い．計算機で管理，処理することを目的に地形を数値表現する際に用いられる．

図-8.10は，種々の地形の表現方法を示したものである．

8.3.2 等高線による地形表現

地形図では，主に等高線により地形の立体的な形を表現している．

a) 等高線の間隔

等高線の間隔とは，相隣り合う等高線の高低差のことをいう．等高線の間隔は，測量の目的，起伏の状況，時間と費用などから決められるが，一般的には，地形図の縮尺に応じ，次のような基準を用いればよい．

$$\text{等高線間隔} \fallingdotseq 1\,\text{m} \times M/2\,000 \quad (\text{中小縮尺のとき}) \quad (M：縮尺分母数)$$
$$\fallingdotseq 1\,\text{m} \times M/1\,000 \quad (\text{大縮尺のとき})$$

b) 等高線の種類

等高線には次の種類がある．

① 主曲線：地形図で常に記入される等高線．表-8.1，表-8.2における主等高線は主曲線のことを示している．地図上では細い実線で表される．

② 間曲線(補助曲線)：平坦な所では主曲線のみでは粗くなるので主曲線間隔の1/2の等高線を細い破線で入れる．

③ 助曲線(特殊補助曲線)：間曲線のさらに1/2の間隔に入れられる細い点線の等高線である．

④ 計曲線：等高線を読みやすくするために，数本目ごとに太い実線で描かれた等高線である．一般には，5本目ごとに計曲線が入れられる．

c) 等高線を描く方法

複雑な地形の等高線を正しくかつ要領よく描くためには，地形学的な地形の特徴や起伏の状態，すなわち地貌(地ぼう)をとらえておかなければならない．複雑な地形も，地形学的にみると，図-8.11に示されるように次の3つの地形特性を表す線で代表される．

① 稜線：地形の凸部で尾根などをいう．

② 谷線：地形の凹部で，雨水の集まる所で，沢や谷にあたる．

③ 傾斜変換線：同一方向に傾斜する2つ以上の斜面の交線をいう．

これら地形特性を表す線を総称して，地性線(basic relief line)と呼ぶ．

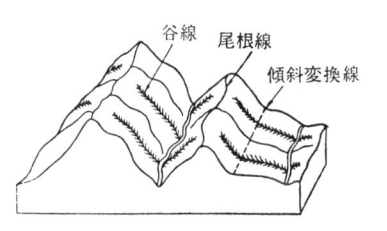

図-8.11 地貌と地性線

全体の地貌をよく観察し等高線が地性線と直交することを利用すれば，正しい等高線が要領よく描ける．

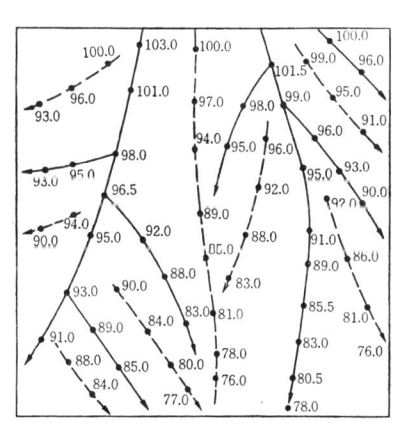

(a) 地形点と地性線　　　(b) 等高線の肉付け

図-8.12 地性線と等高線の肉付け

等高線を描くには，次の4つの方法がある．

i) 直接法　等高線の軌跡を，水準測量により現地で直接測量する方法である．正確であるが作業が大変なため，不規則な緩傾斜地で大縮尺の地図をつくる以外には用いられない．

ii) 地性線法　地性線上に多数の点の高さを求めておき，図-8.12に示されるように等高線を肉付けする方法である．

iii) 断面法　規則的に並んだ線上の地形点を測量し，後で等高線に直す方法である．

iv) 地形点法　ランダムな地形点を選び，後に等高線を描く方法である．メッシュ状に選ばれることもある．

d) 標　高　点

等高線図においても，いくつかの地形点をとり，その高さを示しておくことが多い．この点を標高点と呼んでいる．標高点としては山頂や鞍部など，地形の表現上重要な点を主にとる．

8.3.3　図式による地物の表現[6]

地形図図式とは，地形図に示される各種記号，用語，表示方法などをいう．図式は，使用目的，縮尺および地形などに応じて定められるが，ほぼ全国的に共通して用いられることが多い．

基本測量の成果のうち，現在用いられている1/25 000および1/50 000の地形図の図式はそれぞれ昭和61年および平成

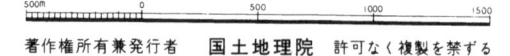

図-8.13(a)　1/25 000 地形図整飾

元年に定められたものであり，各種公共測量の準拠する基本図式となっている．

地物は縮尺に応じて正確に描かれなければならないが，縮尺どおりに描くと小さすぎるときなどは，図形を多少修飾して描いたり，特定の記号を用いたりする．例えば，三角点や道路や鉄道などはこの例である．

a) 図式記号

図-8.13 は，基本図 1/25 000 の整飾および図式であり，図-8.14 は公共測量作業規程の 1/1 000 図の図式の一部である．

以下にこの図式について簡単に説明しておく．なお，1/500 図の図式は，1/1 000 図図式の記号を約1.5倍拡大したものを用いればよい．詳しくは公共測量作業規程を参照してほしい．

i) 集落

① 建物は外周の射影によって表示する．市街地などで家屋が密集していて，個々に建物を表示しがたい場合は，家屋を総合表示する．

② 建物のうち官公庁，学校，病院など，特定の用途あるいは機能を明らかにする必要があるものについては，注記するのを原則とする．

③ 塀，柵などにより区画されている家屋敷地は，構囲

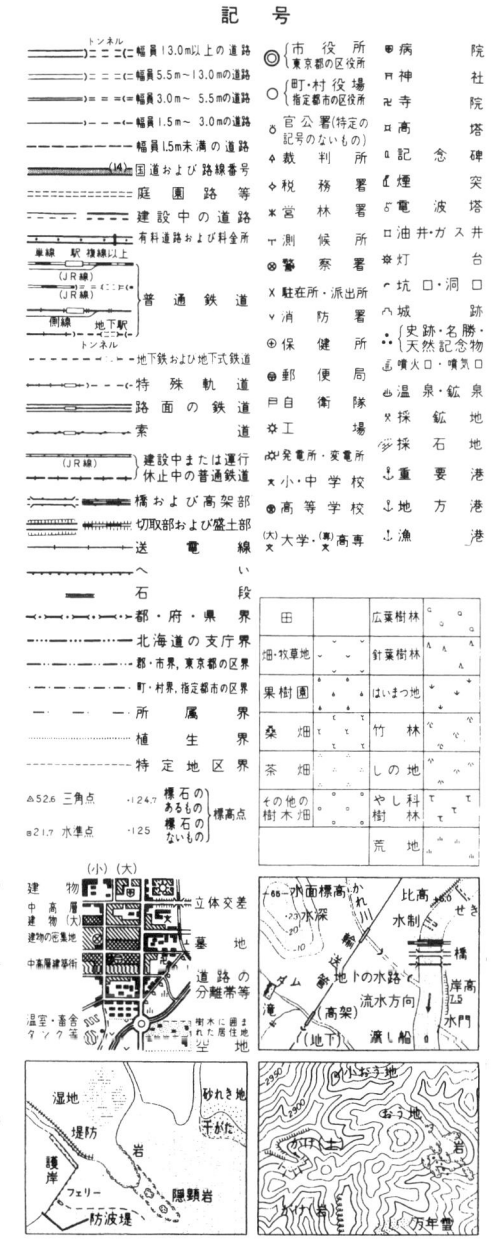

図-8.13(b) 1/25 000 地形図図式

区分	名　　称	記　　号	線号	区分	名　　称	記　　号	線号
建物	建　　物		2·6	建物記号	浄　水　場	2.5	3
	堅ろう建物		6		土木事務所	2.5　2.0	2
	無　壁　舎	1.0　0.5	2·6	構図	石・コンクリート・レンガ・ブロック土へい	極小　4.0　0.4　1.0	2
建物記号	神　　社	3.0　2.5　0.8　2.0	4		生　　垣	4.0　2.0　2.0　0.2円点	2
	寺　　院	2.5　2.5	4		土　　囲	射影2mm未満　2mm以上	2
	学　　校	2.5　2.5　3.0	4	集落に属する諸地	空　　地		
	病　　院	2.0　3.0	3		花　　壇	(花)　4.0　2.5　2.0	
	警　察　署	2.5　1.8	4		園　　庭		2·4
	郵　便　局	2.7	4		墓　　地	2.5　20.0　10.0　2.0	4
	工　　場	1.5　2.5	4	基準点等	三　角　点	△ 37.21　0.3　2.5　2.5	4
	変　電　所	3.0　0.5　2.5　1.5	4		水　準　点	⊡ 37.211　2.0　2.0　0.3	4
	倉　　庫	2.7　1.8　1.0　1.0　0.7　1.0	2·4		多角点等	⊙ 14.83　2.5　0.3	4
	官　公　署	1.0　0.3　0.7　1.8	4		その他の基準点	◎ 14.83　1.5　2.5　0.3	2
	裁　判　所	1.8　0.7　2.5	4		標石を有しない標高点	•25.17 質易水準測定による標高点　0.5 •25.2 図化機測定による標高点　0.5	2
	公会堂・公民館	2.5	3	種々の目標物	門	極小　0.5　1.0　0.5	2
	銀　　行	2.0　1.4	3		鳥　　居	0.3　1.0極小　0.5　0.5	2
	幼稚園・保育園	2.5	3		高　　塔		2
	市　　場	2.5	3		井　　戸	3.0　2.0	2

図-8.14 (a)　1/1 000 地形図図式（その1）

8.3 地形の表現 303

区分	名称	記号	線号	区分	名称	記号	線号
種々の目標物	記念碑		3	種々の目標物	消火栓		2
	独立樹（広葉・針葉）		3		地下鉄空気穴		2
	煙突		3		マンホール｛ガス		2
	水位｝観測所 流量		2・4		電話		2
			2		下水		2
	雨量		2		水道		2
	量水標		2・4		電柱｛配電		2
	送電線		2		電話・市電		2
	坑口		2・6		電話ボックス		2
	交通量観測所		2・4		公衆便所	W.C	2
	道路情報板		4		噴水		3
	道路標識｛案内	101	4	場地	区域界		2
	警戒	201-A	4		温泉・鉱泉		3
	規制	301	4		材料置場		4
	信号灯		2		城・城跡		4
	波浪｝観測所 風向・風速		4		史跡・名勝・天然記念物		2
			2・4		採石場・土取場	採石場　土取場	1・4
				道路等	真幅道路		3

図-8.14(b)　1/1 000 地形図図式（その2）

区分	名　称	記　号	線号
道路等	庭園路	真巾 1.5　0.5	3
	徒歩道	0.5　1.5	6
	建設中の道路	真巾 1.5 1.5 (建設中)	2
	歩道を有する部	1.0　1.5	2
	道路の分離帯	極小	2・6
	トンネル	極小	2・6
	橋　永久橋	1.0　45°	2・6
	橋　木橋		2・4
	橋　徒橋		2・6
	交差部	立体　平面	2・6
	高架部		6
	横断歩道橋		2
	地下道出入口	3.0　1.0	2・4
	石段	1.0	2・4
	雪よけ等を有する部		2
	道路と並木	1.5　5.0　極小	2
	道路の切取部	射影2mm未満　射影2mm以上	2
	道路の盛土部	射影2mm未満　射影2mm以上	2

区分	名　称	記　号	線号
道路等	法面保護　網	3.0　3.0	2
	法面保護　モルタル		2
	落石防止柵	1.0　1.0　10.0	2・4
鉄道等	普通鉄道	0.5　ティック1.5	2
	交差部	立体　平面	6
	高架部		6
	特殊軌道	1.0　10.0	6
	建設中の鉄道	1.5 (建設中) 1.5	2
	プラットホームおよびこ線橋等		2・4
	トンネル	極小	2・6
	停留所および安全地帯	安全地帯　停留所	2
境界	都府県界	3.0　5.0　0.5　0.3	6・2
	郡市・特別区界	5.0　3.0　0.3	6
	町村・指定都市の区界	5.0　2.0　0.3	6
植生	植生界	1.0　0.2	
	既耕地に　田	1.5　20.0　10.0　2.0	2
	既耕地に　畑	記号間隔は田に同じ　3.0　2.0	2
	既耕地に　桑畑	記号間隔は田に同じ　2.0　1.0　1.8　1.0	2
	既耕地に　茶畑	記号間隔は田に同じ　1.5　0.3	

図-8.14(c)　1/1 000 地形図図式(その3)

8.3 地形の表現 305

区分	名称	記号	線号	区分	名称	記号	線号
植生	属する植生 果樹園	記号間隔は田に同じ	2	河川等	輸送管 地上		2
	その他の樹木畑	記号間隔は田に同じ	2		空間		2
	芝地	記号間隔は田に同じ	2		土堤 小		2
	未耕地に属する植生 広葉樹林	間隔は意匠的に表示	2		大		
	針葉樹林	間隔は意匠的に表示	2	湖池等	湖池		2・4
	竹林	間隔は意匠的に表示	2	海部	水がい線		2・4
	荒地	間隔は意匠的に表示	2		いそ・岩礁		2・4
	砂地・れき地				防波堤		2・4
河川等	河川		2・4		さん橋 鉄・コンクリート		4
	細流		2〜6		木		4
	用水路		2・4	地形	等高線 主曲線		2
	水制 不透過		2・4		補助曲線		2
	透過				特殊補助曲線		2
	護岸 被覆		2		計曲線		4
	根固				おう地	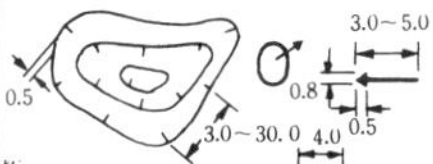	2・4
	せき		4		崩地		1〜4
	ダム				雨裂		1〜4
	水門		2・4		露岩		2〜4
					散岩	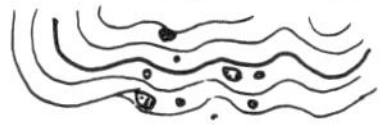	2〜4

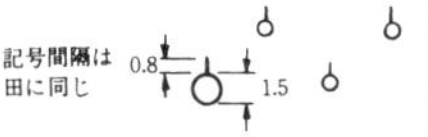

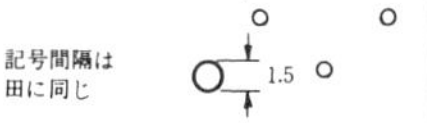

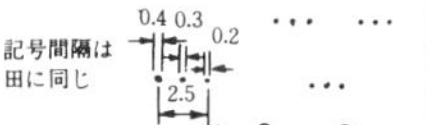

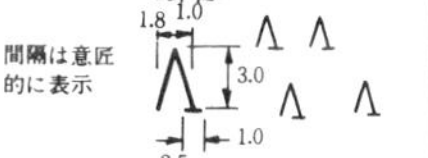

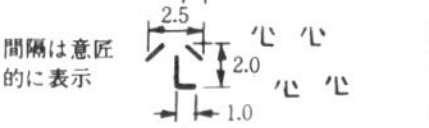

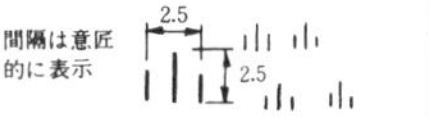

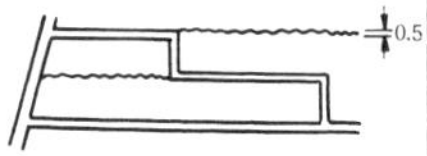

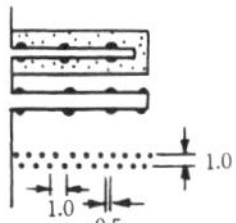

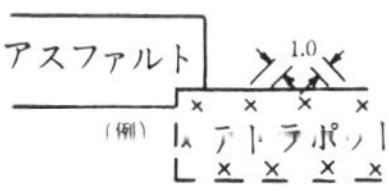

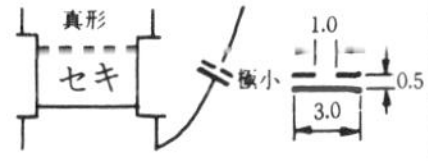

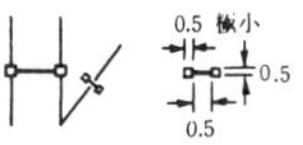

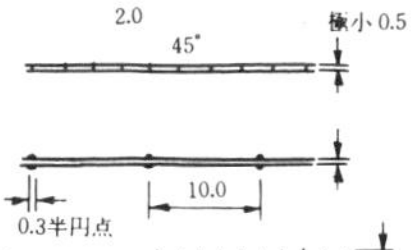

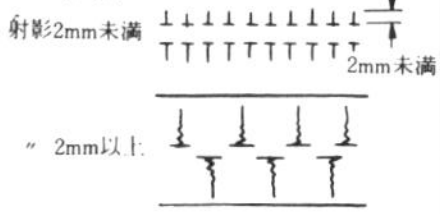

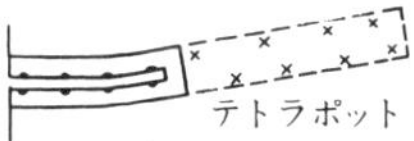

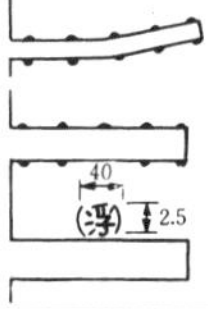

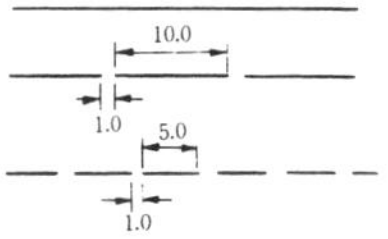

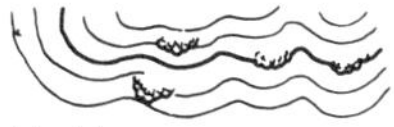

図-8.14(d) 1/1000地形図図式(その4)

④　集落に属する空地，園庭，墓地などは，図式に示されているように区別して表示する．
　ii）基準点および小物体
　　　①　単独物体であるが，図上での大きさが極めて小さくなるものは，定められた記号を書くか，そうでなければ 0.3 mm の円点を描き，名称，種類を添えて書く．
　　　②　基準点等としては三角点，水準点，多角点，その他の基準点，標石を有しない標高点に区分して表示する．
　　　③　表示すべき小物体としては，門，鳥居，塔，油井，記念碑，独立樹，煙突，坑口，消火栓，マンホール，電話ボックスなど，およびその他の学術上，観光上著名なものとする．
　iii）場　地　　場地とは公園，運動場，飛行場，港湾，採石場，城跡，史跡，温泉，天然記念物などの土地または水面の特定の部分をいい，これに場地記号を付し，さらに注記をつける．
　iv）道路等
　　　①　法令で定められた道路のほか，私道や，トンネル，橋など交通の用に供しているものを記号に従って書く．道路は，真幅道路と徒歩道に区分する．
　　　②　真幅道路は，真位置にその実形により表示し，徒歩道は原則として中心線をその真位置に表示する．
　　　③　道路と関連する地物として，トンネル，橋，桟道，道路切取部および盛土部などを記号を用いて示す．
　　　④　建設中の道路のうち地図作成の完了前に開通予定のものは，完了時の道路で表示する．路盤を工事中のものについては道路敷の外縁を区域界で表示し，建設中と注記説明する．
　v）鉄道等
　　　①　鉄道等は，普通鉄道，特殊軌道，および索道に区分して表示される．普通鉄道および特殊軌道は，軌間の射影の中心線に 0.5 ミリの太実線で表示される．
　　　②　軌道は側線などを含め，すべてを表示するのを原則とする．
　　　③　鉄道橋および高架部は真形によって表示するのを原則とする．
　　　④　駅舎，プラットホームなどはその周縁の射影を表示する．駅には駅名を注記する．
　vi）境　界
　　　①　行政界を記号に従って描く．

② 異種の境界記号が重なる場合は，大きな行政体の境界が優先される．
vii) 植　生
① 植生を記号に従って描く．田，畑，桑畑，樹木畑などの既耕地と，広葉樹，針葉樹，竹林，荒地，礫地，湿地などの未耕地に分けられる．
② 植生界および耕地界が記号に従って記入される．
viii) 河川等
① 河川は平水時における流水部の射影に従って表示するのを原則とする．
② 河川，堰，ダム，水制，滝など河川に関連する地物は記号に従って書かれる．
ix) 湖池等　　湖池等は，平水時の水面をもって表示するのを原則とする．
x) 海　部　　海岸は満潮時における海岸の水ぎい線で表示される．磯，岩礁，工作物などが記号に従って表示される．
xi) 地　形
① 地形は等高線で表示するのを原則とする．
② 等高線によって表示するのが困難なおう地，崩土，急斜面，露岩などの変形地は記号で表示する．
③ 等高線が河川，道路，建物，変形地記号などと交差する場合は，当該部分の等高線を間断する．

b) 注　　記

注記とは文字による表示を指す．地物の固有の名前や，特定の記号を有しない地物の種類または状態，標高，および等高線数値などに注記が付けられる．

注記に用いられる文字の書体，字形，字大，字隔，字列，使用区分などが，地物の種類によって定められている．注記に用いられる文字は，漢字，平がな，片かな，アラビア数字，英文字が用いられる．漢字と片かなは明朝体と等線体（ゴシック），平がなは筆書体と等線体（ゴシック），アラビア数字と英文字は普通書体と等線体（ゴシック）で書かれる．字形は図-8.15に示されるように，直立体，および右傾斜所がある．

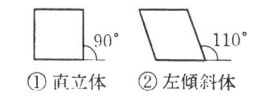

図-8.15　字　　形

表-8.4は，公共測量作業規程の1/1 000地形図の注記に用いられる文字の例である．

c) 整　　飾

整飾とは，図郭の表示および読解上必要な事項を図葉の周辺に記載して地形図の内容や体裁を整えることをいう．

整飾として表示すべき事項には次のものがある．

表-8.4 1/1000地形図に用いられる注記の文字の例

種別			字大(mm)	小対象(近)	地域(I)(標)(附)	地域(II)(近)(標)	線状(標)(附)	字隔	書体	記載例
行政区画	特別区	市	5.0		○			$\frac{1}{2}\sim5$	直	川崎市　新宿区
	区	町・村	4.5		○			$\frac{1}{5}\sim5$	M	鶴見区　座間町
居住地	市・区・町・村内の大区域、総称		4.0		○	○		$\frac{1}{4}\sim2$	直G	日本橋
	市街地の町・通り・丁目		3.0		○	○		$\frac{1}{4}\sim1$	直M	栄町通二丁目
建物	場		2.5	○	○	○	○	$\frac{1}{4}\sim1$	直	東京郵政局
諸地			2.5	○	○	○		$\frac{1}{4}\sim5$	G	多摩墓地
	駅			○				$\frac{1}{4}$		横浜駅
道路・鉄道・トンネル・坂・峠			2.5~3.0	○			○	$\frac{1}{4}\sim5$	直M	東海道本線
山地	丘陵・山・嶺		3.0			○		$\frac{1}{4}\sim5$	直G	狭山丘陵

8.3 地形の表現

河川等	実 長 10 km 未満		2.5	○	○		鹿ヶ谷	
	〃 10 km 以 上		3.5	○	○	$\frac{1}{2}$~5	馬坂沢	
	用 水 路		2.5~3.5	○		$\frac{1}{2}$~5	見沼代用水	直M
	橋・河岸・堤防・ダム・洞窟(発着所)		2.5	○		$\frac{1}{4}$~5	**広瀬橋**	直G
湖池湾港海峡島	面 積 $\frac{1}{4}$ km² 未満		2.5		○	$\frac{1}{4}$~3	尾瀬沼	
	〃 $\frac{1}{4}$ km² 以 上		3.0		○	$\frac{1}{4}$~5	多摩湖	直M
	〃 1 km² 以 上		3.5		○	$\frac{1}{4}$~5	遠州灘	
基準点等	三角点・水準点・多角点等その他の基準点・実測による標高		2.0				123.4	直G
	図化機測定による標高		2.0				123.4	斜G
	比高・岸高・等高線の標高		1.5				+12.3 -12.3	123 120

一般注意事項

1. 字大のまたがるものは、対象物の大小・資格等を考慮して0.5mm単位とし字大で適用する。
2. 本表に記載してないものは、表中類似物の注記規定による。
3. 助字で、振がな以外のかなは、本表記載大の4/5とする。
4. 字体の「直」は直立、Mは明朝体、Gは等線体で、文字の線の太さは、すべて中太とする。
5. 地域(I)とは行政区画や湖沼のような広地域で、注記はその地域の中央位置に水平字列で示す。地域(II)とは集団の景況が密でその内方に注記するとの中央位置に水平字列で示す。地域の中央下方または上方の景況が密で、注記するこ場合で、注記はその上方または下方の中央とする。

① 図郭
② 図葉の名称および図葉番号
③ 隣接図葉の名称または番号を示す索引図
④ 縮尺
⑤ 方位および磁針偏差
⑥ 座標系
⑦ 測量年月日，その後の修正年，発行年月日
⑧ 行政区画の区分
⑨ 記号の凡例
⑩ 道路，鉄道，高等線などの到達注記
⑪ 発行者
⑫ その他必要な事項

8.4 等高線図の利用[6]

土木計画や設計では，等高線図で表された地形図が不可欠であるが，その中でも特に地形と密接に関連のある計画には，路線計画(道路，鉄道，水路，送電線など)，ダム計画，土地造成計画などがある．

ここでは，等高線図の基本的な利用についてのいくつかの例をあげることにする．

a) 最急勾配線 (steepest grade line)

等高線に直角な線が地形の最急勾配線となる．最急勾配線は地形曲面に拘束された重力の方向を表しているから，雨，雪崩，地すべりなどが運動を起こす方向になる．尾根線(稜線)や谷線も等高線と直交しているから，最急勾配線の1つである．

b) 等勾配線 (uniform grade line)

道路や鉄道などの路線選定では許容される勾配が規定されている．始点と終点の高低差に対して，許容限界の勾配で路線計画を立てれば，最小限必要な路線長が計算できる．このような場合，等高線を利用して所定の勾配をもつ等勾配線を求めるとよい．例えば，1/5 000 の縮尺の地形図で 5 m ごとの等高線が表示されている場合，5%の勾配線は隣の等高線まで 100 m (図上で 2 cm) の距離が必要となる．**図-9.17** は等勾配点を利用して道路の路線選定を行った例である．

c) 断　面　図 (profile)

切取りや盛土などの土工計画を立てる場合，まず最初に地形の断面図を描くことが必要となる．断面図を描くには，断面線と交わる等高線の標高を読み，交点から断面線に直角に点を断面図におろし，対応する標高の所にプロットすればよい．

d) **流域面積**(catchment area)

ある地点の流域とは，雨が降ったとき雨水がその地点に流れてくる領域をいい，その面積を流域面積という．ある地点の流域界を求めるには，その点から両側の山の高いほうに向かってそれぞれ上りの最急勾配線を追跡してゆき，この2つの最急勾配線がそれぞれ山の尾根筋に到達し，最後に山頂で1点に交わるときできる閉曲線を求めればよい．

e) **貯水容量と湛水面積**

貯水池をつくる場合，ダムによってせき止められる水の貯水容量と湛水面積を求める必要がある．ダムと等高線によってつくられた閉曲線の面積をつぎつぎと求め，平均面積に等高線間隔を乗じて累計すれば，貯水容量が求まる．

f) **切取りおよび盛土による法面**[4]

道路や鉄道の工事で切取りや盛土を行うとき，またはフィルダムで谷をせき止める場合，法面が地形と交わる線を求めてそ

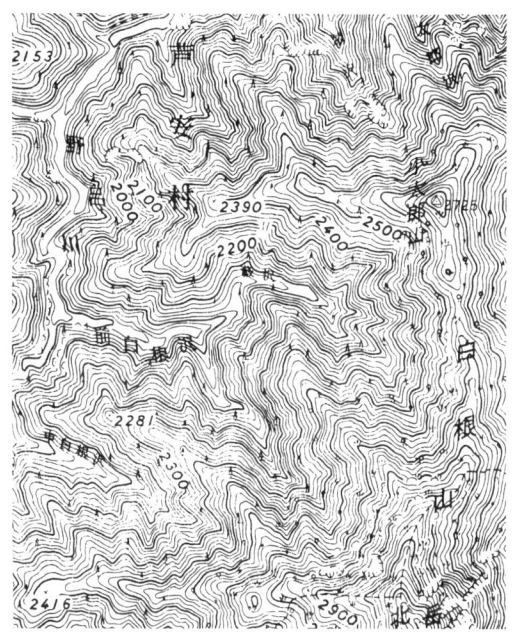

図-8.16 尾根線と谷線(1/50 000)

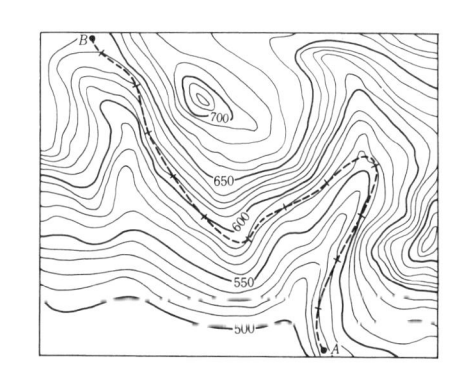

図-8.17 等勾配線と路線選定

の工事範囲を知る必要がある．法面の高いほうの端を法肩といい，低いほうの端を法尻という．

図-8.18 は，フィルダムを築堤する場合に，ダムが地形と交わる法尻線を求める方法を示したものである．平面図のダム軸線と断面のダム軸を合わせておき，断面図の法面の標高と対応する等高線の交点を求めると，法尻が求められる．

図-8.19 は，道路工事によって切り取られる法面の法肩を求める方法を示したものである．まず，道路法面での50 m，51 m などの等高線が通る位置を道路縦断図から求める．1：1.5 の法面勾配で切り取られるとすると，等高線の標高の間隔1 m は，法面上では平面距離が1.5 m になる．したがって，路盤の等高線の両端から道路直角方向に，1.5 m の距離ごとに1 m ずつ標高の高い等高線が法面上にできることになる．法面の等高線が通るべき位置を路盤の等高線の断面ごとに求め，法面の等高線と地形の等高線が交わる点を求めると，法肩が得られる．

法肩は，**図-8.20** に示すように，断面図をつぎつぎと書いて，地形断面と法面との交点を求めても得られる．

g) 切取りおよび盛土による土工量とマスカーブ

切取りおよび盛土による土工量を求める方法には次の3つがある．

① 断面図を利用する方法：隣り合う断面図における切取り面積および盛土の面積の平均値に，断面間の距離を乗じて土工量を求める．

② 等土工高図を用いる方法：切取りまたは盛土の等線図を用いて，貯水容量を求めたときと同じ方法で土工量を求める．

③ メッシュを用いる方法：メッシュ交点における土工高を切取りおよび盛土ごとに加算して，それぞれにメッシュの単位面積を掛ける．

道路等の路線設計において各断面間ごとに得られた切土量および盛土量を正負の符

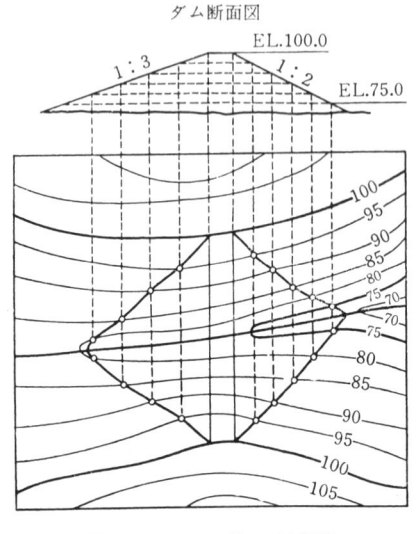

図-8.18 フィルダムの法尻線

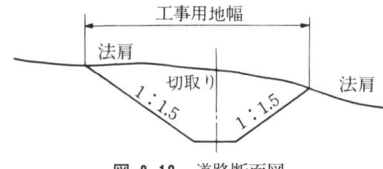

図-8.19 道路断面図

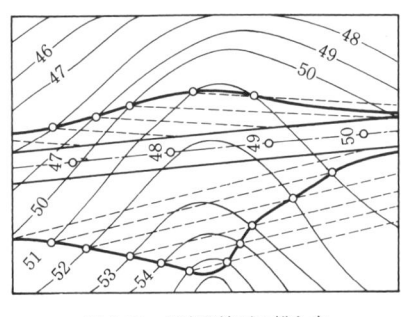

図-8.20 切取り法面の描き方

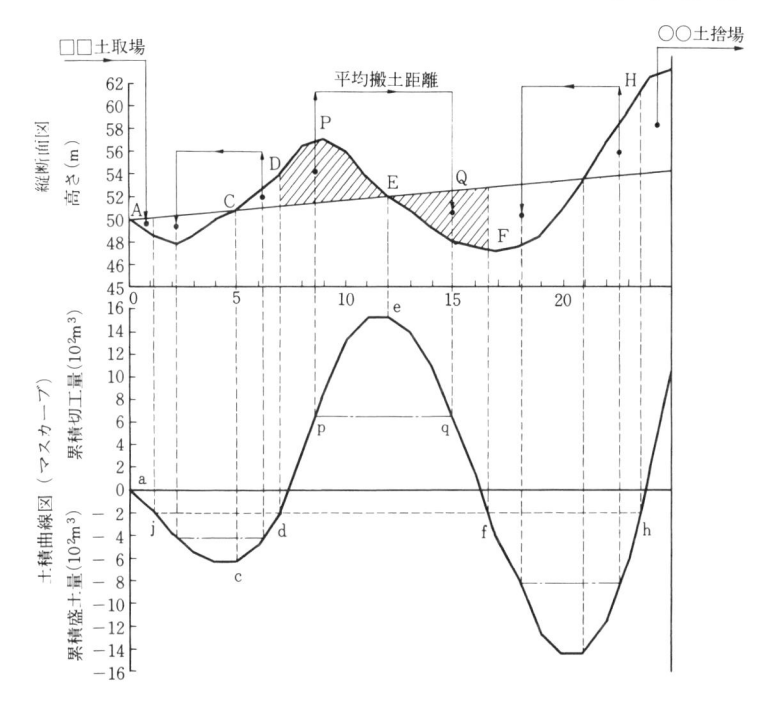

図-8.21 土積曲線(マスカーブ)

号をつけ，これを代数的に加え合わせて累積土工量とし，**図-8.21**のようにこれを縦軸に路線延長を横軸にして表した図を土積曲線図(マスカーブ：mass curve)と呼んでいる．

この曲線が横軸に平行な直線 df と交わる 2 点の間では，その区間内の切土量と盛土量が一致している．そのとき，その区間内での平均搬土距離は，df 線から曲線の頂点 e までの距離の中央に引いた横線が曲線と交わる 2 点 pq 間の距離となる．

このようにして，土積曲線によれば切盛りのバランスや搬土距離が簡単に求められるので，土工計画を立てるのに広く利用される．

参 考 文 献

1) 丸安隆和：測量学，コロナ社
2) 石原藤次郎，森　忠次：測量学　応用編，丸善
3) 嘉藤種一：地形測量，山海堂
4) Davis, Foote, Kelly : Surveying, McGraw-Hill
5) 土木学会：土木製図基準，丸善

6) 建設省国土地理院：国土基本図図式，同適用規程
7) 建設大臣官房技術調査室：公共測量作業規程，(社)日本測量協会
8) 帝国書院編集部：コンターワーク，帝国書院
9) (社)日本測量協会：測量学事典

第9章 写真測量

9.1 概　　説

9.1.1 写真測量と写真判読

　写真測量 (photogrammetry) とは，写真像の形で被写体のもつ形状，色調などの情報を受け取り，これを目的に応じて必要な形の図または数値で表現する一種の情報処理技術である．なお，航空機から撮影した写真を用いて主に地形図を作製するために行う写真測量を空中写真測量または航空写真測量（ともに aerial photogrammetry）という．

　写真測量は，さらに狭義の写真測量と写真判読に分けることができる．狭義の写真測量とは写真を用いて被写体の位置形状などを定量的に測定する方法を意味し，写真判読は被写体の写真像の色調，形状などを定性的に分析し，被写体の定性的な特徴を調べる方法である．このそれぞれは個々に用いられることもあるし，地形図作製の場合のように両者を用いて初めて目的が達せられる場合もある．

　本章では，主として狭義の写真測量を中心として述べるが，9.8 においては写真判読についても概説することにする．

9.1.2 写真測量の特徴

　写真測量は航空機または地上のカメラより写された写真を用いて，任意の地点の平面位置と高さを一挙に測定するという，これまで述べてきた他の方法とは大きく異なる測量方法である．現在ではこの写真測量は地形図の作製を初めとして広く利用されている．

　比較的短期間に写真測量がこれまでの測量法にとって代わったり，新しい測量の分野をつくり出していったのは，これが次のような多くの利点を有しているためである．

　① 作業を撮影，図化等の各過程に分業化でき，しかも各作業の多くは内業であり極めて能率的である．すなわち，多くの他の近代的大量生産工程と同じような過程となり，短期間に広域の測量調査を必要とする現代の要求に合致している．

② 測量精度は非常に高いものは望めないが，通常の目的に対して十分な精度をもち，しかも均質である．
③ 写真はある撮影時点において，存在するすべての眼に写る事象を記録している．したがって，長期間にわたる測量期間中に測量対象が変化してしまうようなこともなく，また都市の発展過程や災害の記録などにも適している．
④ 三次的な測量という独特な測定法であるため，複雑な形状の対象物の測量に広い用途をもつ．

しかし一方，
① 写真測量は多くの複雑で高価な器材を必要とする．
② 写真を用いての測定に基づくため非常に高い精度は期待できない．
③ 小範囲の測量には経済的ではない．
④ 樹木などに覆われて写真に写らない所は測量できない．

などの欠点をもっている．特に④は，GPS測量が衛星からの電波を受信できない所では実施できないのと同じく，測量方式としての写真測量の物理的な限界である．GPS測量が適宜，多角測量等の他の基準点測量方式と併用する必要があるのと同様に，写真測量も前章で述べた地形測量と併用するなど，他の測量方式と互いに長短を補い合って成立すべきものである．

9.1.3 写　　　真

写真は，いうまでもなく被写体から出た反射あるいは放射光線を乳剤に感光させて記録するものである．

光は**図-9.1**に示されるように電磁波中のある波長領域のものであり，われわれの肉眼はほぼ $400 \sim 700\,\mathrm{nm}$（ナノメーター $= 10^{-9}\mathrm{m}$）の波長の光を感知しうる．この波長領域の光は可視光線と呼ばれている．

可視光線のほか，被写体からはその物理化学的特性に応じてこの可視光線以外の波長の電磁波をも反射または放射している．例えば，物体は常温で約 $10\,\mu\mathrm{m}$ の電磁波（いわゆる熱赤外線）を放射している．

カメラにフィルターをかけると，フィルターはレンズに入射してくる光線の中から，ある波長帯

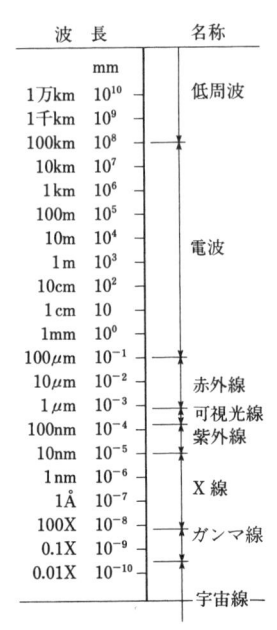

波　長		名称
	mm	
1万km	10^{10}	低周波
1千km	10^{9}	
100km	10^{8}	
10km	10^{7}	
1km	10^{6}	
100m	10^{5}	
10m	10^{4}	電波
1m	10^{3}	
10cm	10^{2}	
1cm	10	
1mm	10^{0}	
100μm	10^{-1}	
10μm	10^{-2}	赤外線
1μm	10^{-3}	可視光線
100nm	10^{-4}	紫外線
10nm	10^{-5}	
1nm	10^{-6}	X線
1Å	10^{-7}	
100X	10^{-8}	ガンマ線
0.1X	10^{-9}	
0.01X	10^{-10}	
		宇宙線

図-9.1 電磁波の波長帯

の光を取り除く働きをし，例えば，赤フィルターは太陽光線から赤外線と赤色の波長以外の光線を取り除く．また，フィルムの乳剤はある特定の波長帯の光線に鋭敏に感じる性質をもつ．したがって，写真は肉眼とは異なり，フィルターとフィルム乳剤の組合せにより種々の波長帯の光に感光し，次にあげるような各種の写真像をつくる．

ⅰ) パンクロマティック写真　　肉眼の感覚する領域に極めて近い光に感じ，その露光量に応じた白黒像をつくる．

ⅱ) 赤外線写真　　赤外線のみを感光した白黒像をつくる．赤外線は水に強く吸収されるし，また，波長が長いので空中散乱されることが少ないという性質をもっている．したがって，この写真の像はパンクロマティック写真のそれとは極めて異なった濃淡を示し，例えば，水面や水分の多い土は黒い像となる．

ⅲ) 天然色カラー写真　　可視光線のうちの青色系統の波長の光，緑色系統の光，赤色系統の光にそれぞれ感光する3層の乳剤をもつフィルムを用いてつくられ，肉眼でみる天然の色に極めて近い色の像をつくる．

ⅳ) 赤外カラー写真　　可視光線のうちの一部の波長の光，すなわち緑色系統の光，赤色系統の光および赤外線を，それぞれ青色，緑色および赤色に対応させてつくられるカラー写真で，その写真像は天然色のものとは著しく異なった色の写真となる．例えば，植物から反射する光は可視領域では緑色のものが卓越しているが，赤外線領域ではそれよりもずっと多くの光を反射しているため，赤外カラー写真では植物はすべて赤く写る．図-9.2は植物の反射特性とこれまで述べた4種類の写真感光領域を示したものである．この図からも植物を調査するには，その反射率の高い波長の光，すなわち赤外線を利用するのが効果的であることがわかる．

なお，ある物体から反射，放射される電磁波をセンサーで感知し，これにより物体の内容や状態を調査する技術をリモートセンシングという．写真は，カメラをセンサーとするリモートセンシングの成果である．カメラを含めたリモートセンシング技術全般については第10章で詳述することにする．

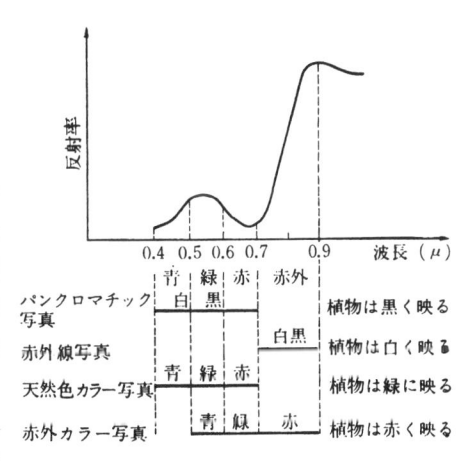

図-9.2　植物の反射特性と写真の感光領域

318 第9章 写真測量

9.2 写真測量の基礎

9.2.1 中心投影

図-9.3は東京大学の本郷構内(東京都文京区)の上空から真下にカメラを向けて

図-9.3 東京大学構内の空中写真

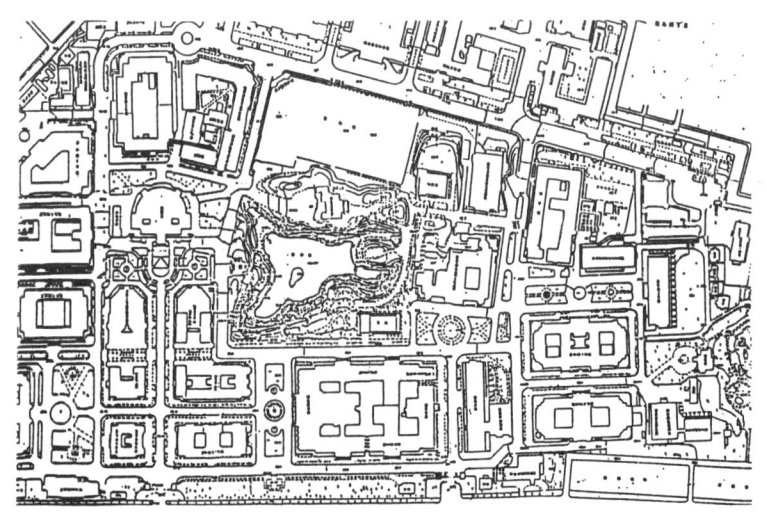

図-9.4 図-9.3と同地区の地図

撮影した写真である．**図-9.4** はほぼ同じ地区の地形図である．これらの2つの写真と地図を子細に眺めると，地図では実際のものを単純化したり記号化したりしているほかに，いま1つ重要な差を見いだすだろう．すなわち，細い煙突とかビルディングの隅角とかいった鉛直な線は地図上では1つの点としてしか表されていないが，写真上では線として写っている．これは写真が地図のように正射(平行)投影 (orthogonal projection) されたものでなく，光線が**図-9.5**のように投影中心 O で集まるような形で中心投影 (perspective projection) されているためである．

したがって，写真はそのままでは地図にはなりえない．しかし，写真が中心投影されたものであるため，上にみるように高さの差が写真上には像の平面的なずれとして表され，これをもとにして高さの測定が可能になるのである．

図-9.5 中心投影と正射投影

9.2.2 遠近感 (clues to depth)

人間はある物体を見て，それが自分よりどの程度離れた位置にあるかを判断する能力をもっている．このような能力は，例えば，遠くのものほど小さく見えるといった，われわれのこれまでの経験に基づくものもある．しかし，その最大の理由は，われわれが2つの眼をもっていて，その左右それぞれの眼に入る光線の角度が異なるためである．

光線の角度の大きさ，すなわち収束角の大きさは，網膜にうつる像の位置のずれの量として知覚され，遠近感を生みだす．

図-9.6 は2つの対象物 P と P′ が両眼の網膜につくる像を示している．すなわち，P および P′ は左眼の網膜上でそれぞれ p_1, p_1' を，右眼で p_2, p_2' なる像を結ぶ．このとき P および P′ の両眼への光線のつくる収束角 γ および γ' は異なり，その差は $\Delta\gamma$ である．

$$\Delta\gamma = \gamma - \gamma' \tag{9.1}$$

は図の δ_1, δ_2 により

$$\Delta\gamma = \delta_1 - \delta_2 \tag{9.2}$$

である．この δ_1, δ_2 は眼の焦点距離を f で示すと

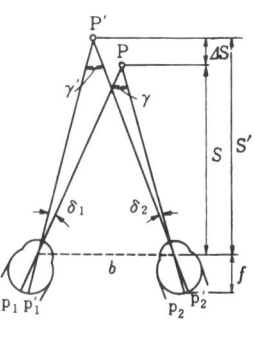

図-9.6 実体感覚

であるから

$$f\delta_1 = \overline{p_1p_1'}, \quad f\delta_2 = \overline{p_2p_2'} \tag{9.3}$$

$$\Delta\gamma = \frac{1}{f}(\overline{p_1p_1'} - \overline{p_2p_2'}) \tag{9.4}$$

となる．

ここで，両眼の網膜の中心をおのおの o_1, o_2 とすると

$$\left.\begin{array}{l} x = o_1p_1 - o_2p_2 \\ x' = o_1p_1' - o_2p_2' \end{array}\right\} \tag{9.5}$$

は，点 P（あるいは P'）が左右両眼の網膜につくる像のずれを示している．これを視差 (parallax) という．x は点 P の視差，x' は点 P' の視差である．

また，点 P の視差と点 P' の視差の差，すなわち

$$\begin{aligned} \Delta p &= x - x' \\ &= \overline{p_1p_1'} - \overline{p_2p_2'} \end{aligned} \tag{9.6}$$

を視差差 (parallax difference) という．

対象物 P までの距離 S は一般に眼の間隔 b（これを眼基線長といい，ほぼ 65 mm）に比べて十分大きいので，対象物 P と p' までの距離の差 ΔS は次のように書ける．

$$\begin{aligned} \Delta S = S - S' &= \frac{b}{\gamma} - \frac{b}{\gamma'} = b\left(\frac{1}{\gamma} - \frac{1}{\gamma - \Delta\gamma}\right) = \frac{-\Delta\gamma}{\gamma^2\left(1 - \frac{\Delta\gamma}{\gamma}\right)}b \\ &\fallingdotseq -\frac{\Delta\gamma}{\gamma^2}b = -\frac{S^2}{b}\Delta\gamma \end{aligned} \tag{9.7}$$

これに式 (9.4) および式 (9.6) の視差差と収束角の差 $\Delta\gamma$ との関係を代入すると

$$\Delta S = -\frac{S^2}{bf}\Delta p \tag{9.8}$$

が得られる．

このようにして，奥行きの差は視差差 Δp に比例していることがわかる．

9.2.3 ステレオ写真 (stereopair) と肉眼実体視

写真は中心投影されたものであり，それは1つの眼で見たときの網膜上の像を表す．同じ対象物を2つの異なった位置から撮影して2つの写真をつくると，これらの写真は人間の2つの眼の網膜上の像と同じ意味をもつ．

図-9.7(a) は，机の上に立てられた鉛筆を人が見ているとき，その網膜に映る像を示しており，**図-9.7**(b) は一対の写真を2つの位置 O_1 と O_2 から撮ったときの状態を示している．この写真はネガティブ写真であるので，これを反転してポジティブ写真をつくる．それを，**図-9.7**(c) のように，2つの写真の間に1枚の紙で壁をつくり，

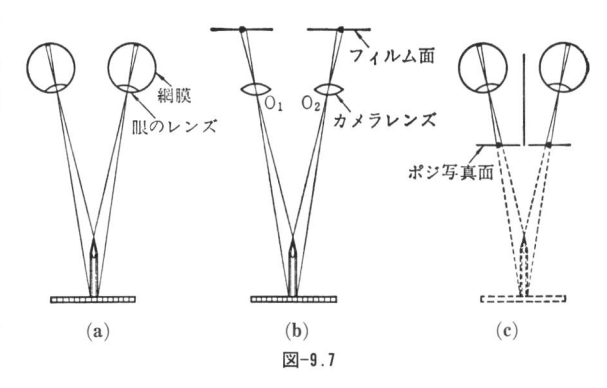

右側の写真は右眼だけで，左側の写真は左眼だけで観察すると，網膜上には実物を見たときと同じ像が映り，したがって立体的な像を見ることができる．このような写真対はステレオ写真と呼ばれ，肉眼でこのようにステレオ写真を観察して実体像を得ることを，肉眼実体視(naked-eye stereoscopy)と呼んでいる．肉眼実体視可能なステレオ空中写真の例を口絵2に示す．

図-9.7

9.2.4 実 体 鏡

　上空の2つの異なった位置から撮った航空写真を用いて肉眼実体視を行うことは少々困難である．それは，航空写真は地上から数百m以上も離れた上空から撮られているため，視線をほぼ無限遠方に向ける，すなわち両眼の視線方向を平行にすることが必要なためである．また，実体像を見ることができても，地物をより正確に判読するためには写真を拡大して見ることも必要である．そのため，しばしば，図-9.8に示されているような反射実体鏡(stereoscope)が用いられる．

　図-9.9は，地形とそこに立つ1本の樹が写っている空中写真を反射実体鏡で観察する状態を示している．反射実体鏡は，左右にそれぞれ2つの反射鏡を取り付けて写真から眼までの光路を長くし，かつ2つの写真を離して置けるようにしたものである．このようにすると両眼の視線方向をほぼ平行にすることができ，容易に実体視ができるし，また地物を詳細に判読することができる．

図-9.8　反射実体鏡と視差測定桿

　空中写真においてはその撮影間隔が，それを写真の縮尺に応じて縮尺化しても，眼

基線長より大きいのが一般である．ところがさきの式 (9.8) のように

$$\Delta p = -\frac{bf}{S^2}\Delta S$$

であるので，同じ高さ（奥行き）の差 ΔS でも眼基線長 b が長くなれば視差差 Δp は大きくなり，したがって高低感（遠近感）は大きくなる．そのため，空中写真を実体視すると実際の高低よりも高低感は大きくなる．これを過高感 (vertical exaggeration) と呼ぶが，これにより実際の地形の起伏などが誇張されて観察できるので高さの測定精度が高められ，好都合である．

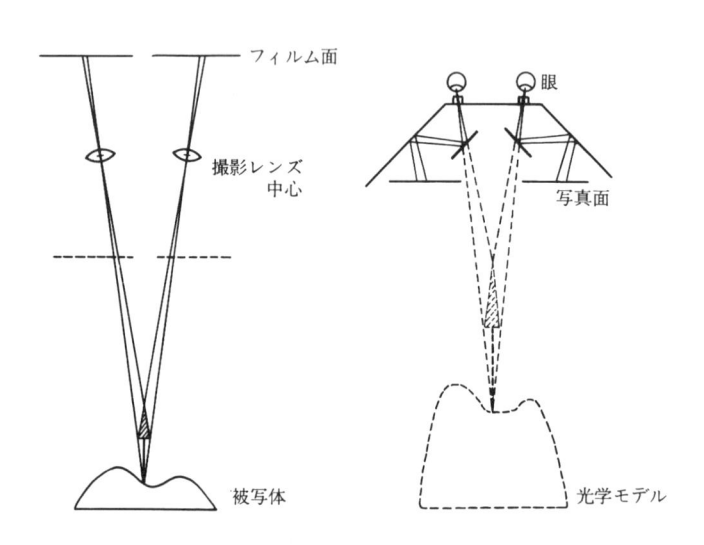

図-9.9 空中写真の反射実体鏡による実体視

9.2.5 余色実体視 (anaglyphic stereoscopy)

一対のステレオ写真を投影機に入れて，左写真は赤色フィルターを通して，右写真は赤の余色である緑のフィルターを通して1つのスクリーン上に投影し，左眼には赤色，右眼には緑色の眼鏡をかけて見ると，左眼には赤色しか入らないので左の写真だけが見え，右眼には緑色光しか入らないので右の写真だけが見え，結果的には両方からの光線の交点の集まりとしての立体モデルを見ることができる．2枚の写真を投影する代りに，これらの写真を1枚の紙の上に，左側の写真は緑色で，右側の写真は赤色で重ねて印刷すると，1枚の紙に印刷されたステレオ写真をつくることができる．この場合，赤色の部分は赤色鏡を通してみると周りの白い部分と区別がつかなくなり，緑の眼鏡をかけたときだけ赤色の部分は黒く明瞭に見える．また緑の部分につ

いても同じことがいえる．そのため眼鏡のフィルターの色は投影したときとは逆に，**図-9.10**に示されるように左に赤色を，右に緑色をかけることが必要である．

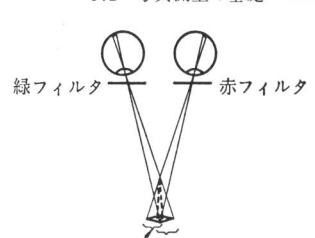

9.2.6 鉛直写真とその幾何学的関係

航空機より真下(重力方向)に向けて撮影された写真を鉛直写真(plumb photograph)と呼ぶ．その場合，鉛直方向からのずれは2～3°以内におさめられている．測定用に用いられる空中写真の大半はこの鉛直写真であって，撮影方向が鉛直軸よりさらに傾いたものは斜め写真(oblique photograph)と呼ばれ，これは主として測定用以外の目的に用いられる．カメラは普通，写真指標または単に指標(fiducial marks)と呼ばれるマークをもち，その像が写真面の4つの縁に**図-9.11**に示されるように写される．このマークを結んだ十字の線の交点はほぼレンズ中心から写真面に垂直に下した点に当たる．この点を写真の主点(principal point)と呼ぶ．

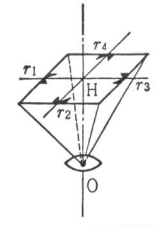

図-9.12は1つの鉛直写真の幾何学的関係を示している．fはレンズの中心から主点までの距離であって，主点距離と呼ばれる．空中写真の場合，被写体までの距離は無限遠と考えてよいので，式(3.4)よりfはほぼレンズの焦点距離に等しい．

そのとき図において，三角形の比例関係から

$$\frac{f}{H}=\frac{p}{R} \tag{9.9}$$

$$\frac{f}{H-h}=\frac{p+d}{R} \tag{9.10}$$

の関係が成り立つから，これより

$$h=\frac{dH}{p+d} \tag{9.11}$$

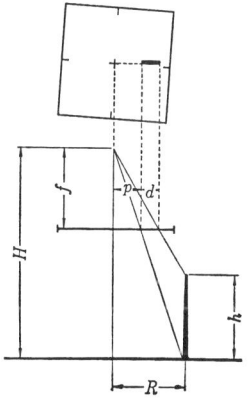

それゆえ，撮影高度H，主点より樹の根元の写真像までの距離p，樹の写真像の長さdがわかれば，樹の高さを求めることができる．dはレリーフディスプレースメント(relief displacement)と呼ばれ，被写体の高低差が写真上では像の位置のずれとして現れたものである．こ

図-9.10 余色写真の原理

r_1, r_2, r_3, r_4：写真指標
H：主点

図-9.11 写真地標と主点

図-9.12 単写真の幾何学的関係

れは明らかに主点を中心とした放射線方向への移動量である.

9.2.7 2枚の重複する完全な鉛直写真の幾何学的関係

図-9.13は正確に鉛直な2枚の写真が1つの飛行コースに沿って同じ高度より撮影されたときの関係を示している. ここで, O_1, O_2 はそれぞれ写真1および写真2の投影中心であり, $\overline{O_1O_2}$ は撮影間距離, すなわち撮影基線長 (base length) と呼ばれるものである. 水平な地上にある1本の煙突 AB はそれぞれの写真に a_1b_1, a_2b_2 と写る.

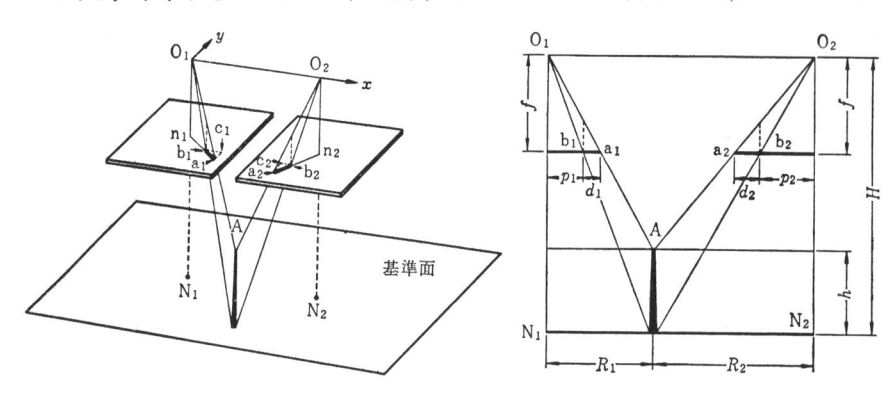

図-9.13 鉛直写真ペアーの幾何学的関係

図-9.14 鉛直写真ペアーの幾何学的関係

このとき次の関係が成り立つことは図-9.14より容易にわかる.

写真1について

$$\frac{f}{H} = \frac{p_1}{R_1} \tag{9.12}$$

$$\frac{f}{H-h} = \frac{p_1+d_1}{R_1} \tag{9.13}$$

写真2について

$$\frac{f}{H} = \frac{p_2}{R_2} \tag{9.14}$$

$$\frac{f}{H-h} = \frac{p_2+d_2}{R_2} \tag{9.15}$$

式(9.12), (9.14)より

$$p_1+p_2 = \frac{f}{H}(R_1+R_2) \tag{9.16}$$

が得られる. ここで, $R_1+R_2=b$ (基線長) であり, H も f も一定であるから, 左辺も一定となり, これを

と書く．このとき
$$p = \frac{f}{H}b \quad \text{すなわち} \quad H = \frac{f}{p}b \tag{9.17}$$
となる．

さらに，式 (9.13), (9.15) および式 (9.16) より
$$d_1 + d_2 = (R_1 + R_2)\left(\frac{f}{H-h} - \frac{f}{H}\right) = \frac{f}{H}(R_1 + R_2)\frac{h}{H-h}$$
$$= \frac{p_1 + p_2}{H-h}h = \frac{p}{H-h}h \tag{9.18}$$

が得られる．ここで
$$d_1 + d_2 = \Delta p$$
は 9.2.2 で示したように視差差と呼ばれ，式 (9.18) よりわかるように，棒の高さ h はこの Δp を測定することにより次のように求められる．
$$\Delta p = \frac{p}{H-h}h \tag{9.19}$$

$$h = \frac{\Delta p}{p + \Delta p}H \tag{9.20}$$

9.2.8 視差測定桿による高さの測定

視差測定桿 (parallax bar) は視差差 Δp を測定するための図-9.8 に示されるような簡単な機構の器具である．Δp を測定することにより式 (9.20) より容易に 2 地点間の高さの差 (比高) を求めることができる．次にその原理と使い方を述べよう (図-9.15)．

① 撮影高度 H' を航空写真に写っている高度記録より読み取っておく．この H' と基準になる点 C の高さ H_c より $H = H' - H_c$ を求める．

② 写真指標 (fiducial mark) の交点として主点をそれぞれの写真上に求め n_1, n_2 とする．

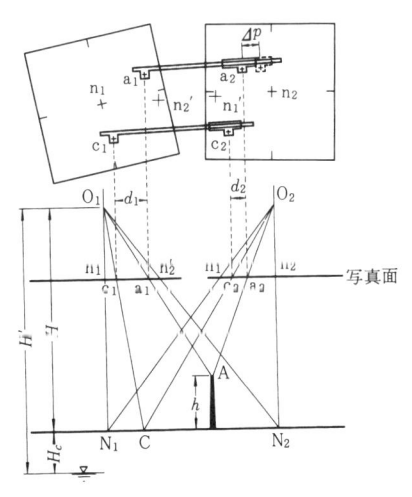

図-9.15 視差測定桿による高さの差 (比高) の測定

③ 写真1の主点を写真2の上に，写真2の主点を写真1の上に移す．この移写はこのステレオ対を実体鏡で実体視して行う．こうして n_1' と n_2' が得られる．
④ $\overline{n_1n_2'}$ と $\overline{n_1'n_2}$ が一直線上に並ぶように2つの写真の位置を決める．
⑤ 2つの写真上の主点 n_1 と n_2 の間の距離 $\overline{n_1n_2}$ を測る．
⑥ 高さのわかっている1つの点 C の2つの写真上での像の間の距離 $\overline{c_1c_2}$ を測る．かくして $p=\overline{n_1n_2}-\overline{c_1c_2}$ が得られる．
⑦ 視差測定桿は両側に透明な板をもっており，それに小さな黒点がつけられている．この板の一方は桿に固定されており，他方はねじによりスライドして微動するようになっていて，その移動量はマイクロメーターにより読み取れる．そこで，高さを求めるべき点 A の一方の写真上での像 a_1 に一端の黒点を合わせ，マイクロメーターのねじを回して他端の黒点を A の他の写真上での像 a_2 に合わせれば，視差差 $\Delta p=d_1+d_2$ がマイクロメーターにより読み取れる．
⑧ この Δp と p より，A点とC点の高さの差 h は式(9.20)より計算できる．

9.2.9 写真座標から立体座標への変換

9.2.7 では，写真像の視差差を測ることにより高さが求まることを示した．ここでは，さらに写真像の写真面上での平面座標を測定すれば，その被写体の立体座標が得られることを示そう．

前と同じように，ここでも一対の鉛直写真で考えてみよう．図-9.16 に示されるようにそれぞれの写真上にそれぞれの主点を原点とし，飛行方向に x 軸をもつ座標系 $(x_1, y_1)(x_2, y_2)$ をとってみる．これを写真座標系と呼ぶ．また写真1の投影中心 O_1 を原点とし，O_2 に向かう方向を X 軸，鉛直方向を Z 軸，それらに直交して Y 軸をもつ立体座標系 X, Y, Z をつくる．このとき地上の任意の点 $P(X, Y, Z)$ は2つの写真上でそれぞれ $p_1(x_1, y_1)$，$p_2(x_2, y_2)$ に写っている．そこで O_2p_2 を O_1 の位置まで平行にずらして O_1p_2' をつくってみると，△$O_1p_1p_2'$ と △O_1O_2P は相似だから次の関係が成り立っていることがわかる．

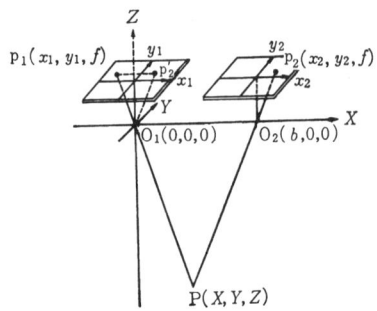

図-9.16 鉛直写真における座標系

$$X=\frac{x_1}{x_1-x_2}b \tag{9.21}$$

$$Y = \frac{y_1}{x_1 - x_2} b = \frac{y_2}{x_1 - x_2} b \tag{9.22}$$

$$Z = \frac{f}{x_1 - x_2} b \tag{9.23}$$

したがって，もし f と b の値がわかっているならば，p_1, p_2 の写真座標を測定することにより，上式よりただちに P の立体座標 X, Y, Z (モデル座標と呼ぶ)を求めることができる．実際 f は一般に既にわかっているし，**図-9.17** のように地上で撮った写真のような場合，B の大きさも測定して得られるから，容易に立体座標を得ることができる．

式(9.23)に示された関係は，**9.2.7** における式(9.20)の関係を写真座標 x, y を用いて表しているにすぎない．

すなわち**図-9.18**において，n_1, n_2 を原点とする写真座標 $(x_1, y_1), (x_2, y_2)$ をとると **9.2.7** で示された p_1, p_2, p, d_1, d_2 はそれぞれ

$$p_1 = x_{1B}, \quad p_2 = -x_{2B}, \quad p = p_1 + p_2 = x_{1B} - x_{2B}$$
$$d_1 = x_{1A} - x_{1B}, \quad d_2 = x_{2B} - x_{2A}$$

となるから，式(9.20)にこれを代入すると

$$h = \frac{\varDelta p}{\varDelta p + p} H = \frac{x_{1A} - x_{1B} + x_{2B} - x_{2A}}{x_{1A} - x_{1B} + x_{2B} - x_{2A} + x_{1B} - x_{2B}} H$$

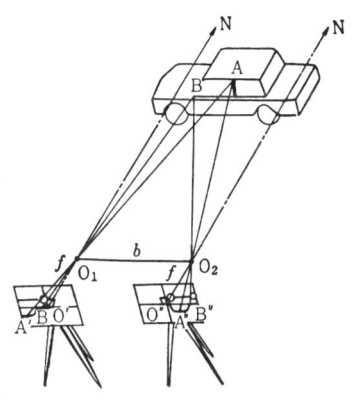

図-9.17 地上写真の撮影

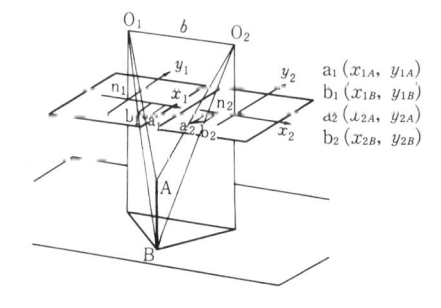

図-9.18 写真座標と視差の関係

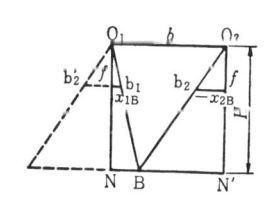

図-9.19 飛行方向と直角な方向よりみた図-9.18 の関係

$$=\left(\frac{1}{x_{1A}-x_{2A}}-\frac{1}{x_{1B}-x_{2B}}\right)(x_{2B}-x_{1B})H \tag{9.24}$$

図-9.18を置き換えた図-9.19において △O_1O_2P と △$O_1b_1b_2'$ は相似であるから

$$\frac{x_{1B}-x_{2B}}{b}=\frac{f}{H} \tag{9.25}$$

であり，したがって式(9.24)は，

$$h=\frac{\Delta p}{\Delta p+p}H$$

$$=\left(\frac{1}{x_{1B}-x_{2B}}-\frac{1}{x_{1A}-x_{2A}}\right)fb \tag{9.26}$$

となる．すなわち，式(9.23)より2点AB間の高低差を求めるのと同じ結果を与える．

9.2.10 写真座標の測定

写真座標の測定にはコンパレーター(comparator)と呼ばれる精度の高い平面座標測定装置が用いられる．図-9.20はこのコンパレーターの1つ，ツァイスイエナ社のステコメーターを示している．これはステレオコンパレーターと呼ばれ，2枚の写真上にある対応する像の写真座標 $(x_1, y_1), (x_2, y_2)$ を実体観測により同時に測定し，記録する機構となっている．

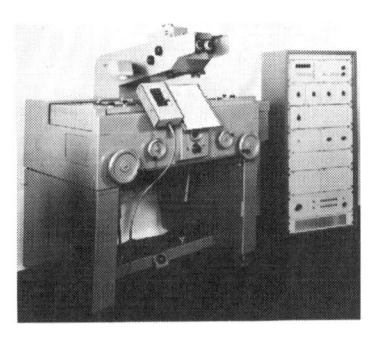

図-9.20 ステレオコンパレーター（ツァイスイエナ社ステコメーター）

コンパレーターや後に述べる図化機において対応する写真像 p_1, p_2 を同定するにはメスマーク（測標）(measuring mark) が用いられる．メスマークは実際上は写真上に投影された小さな光点であるが，これを実体観察すると一つの立体的な点として観察される．したがって，それぞれのメスマークの位置を写真面上で平面的に移動させると，その投影された交点Mは立体的に移動するように観測される．

したがって，立体モデル上のある点Pにメスマークの立体像Mを合致させると，メスマーク m_1 および m_2 はPの写真像 p_1 および p_2 に合致していることになる．このときメスマーク m_1, m_2 の位置を求めればこれがPの写真像の座標 (x_1, y_1) および (x_2, y_2) となる．このように実体観測をすれば任意の点Pの写真像 p_1 および p_2 の同定が容易にでき，それにより2つの写真座標が同時に測定できることとなる．

実際には多くのコンパレーターではメスマークを移動するのでなく，図-9.21に示

されるように写真を動かし，その原点からの移動量をスピンドルの回転量で測定し，それぞれの写真座標を求める機構となっている．

9.2.11 写真の縮尺

中心投影によってつくられる写真には一定の縮尺というものはない．カメラに近い所にある被写体は大きく（大きな縮尺で）写真に写るし，遠い所の被写体は小さく（小さい縮尺で）写る．例えば図-9.22で高い所にある家Aの写真像は，低い所にある同じ大きさの家Bの写真像より大きい．またたとえ被写体の高さが同じであるとしても，写真が傾いてとられていれば，場所により写真像の縮尺は異なる．それゆえ，1つの写真の縮尺はいくらであると一義的にいうことはできないが，写真を鉛直なものと仮定し，その写真に写っている区域の平均的な高さにおいての縮尺を便宜的に写真の縮尺(photo scale)と呼んでいる．図-9.22では，例えば$L-L$の高さを平均的な高さとすれば，この写真の縮尺Mは図より明らかなように，次式となる．

$$\frac{1}{M}=\frac{f}{H} \tag{9.27}$$

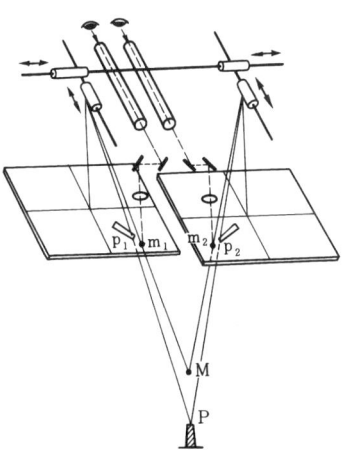

図-9.21 メスマークと写真像

空中写真の縮尺は一般に数千分の1から数万分の1まで大きな幅がある．このように小さな縮尺の写真は，われわれの眼にどのように映るか想像することは難しいので，図-9.23にその例を示しておくことにする．この写真に写っている自動車の大きさによって，縮尺についてのおおよその量的な感じをつかんでいただきたい．

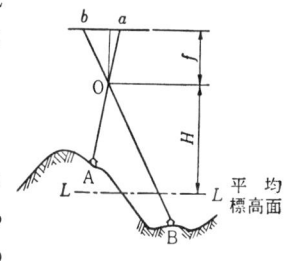

図-9.22 写真縮尺

どの程度の縮尺の写真が最もよいかは，その使用目的に応じ，必要とする精度や読み取るべき対象が何であるかによって決めねばならない．調査域が広いときには，できるだけ縮尺の小さいもののほうが1枚の写真に含まれる面積が広いので具合がよいが，必要な精度がでなかったり，読み取るべきものが判然としなかったりするので，どのような縮尺を選ぶべきかを正しく決めることは極めて大切である．

330　第9章　写真測量

図-9.23(a)　1/10 000 の写真

図-9.23(b)　1/7 500 の写真

9.2 写真測量の基礎　331

図-9.23(c)　1/5 000 の写真

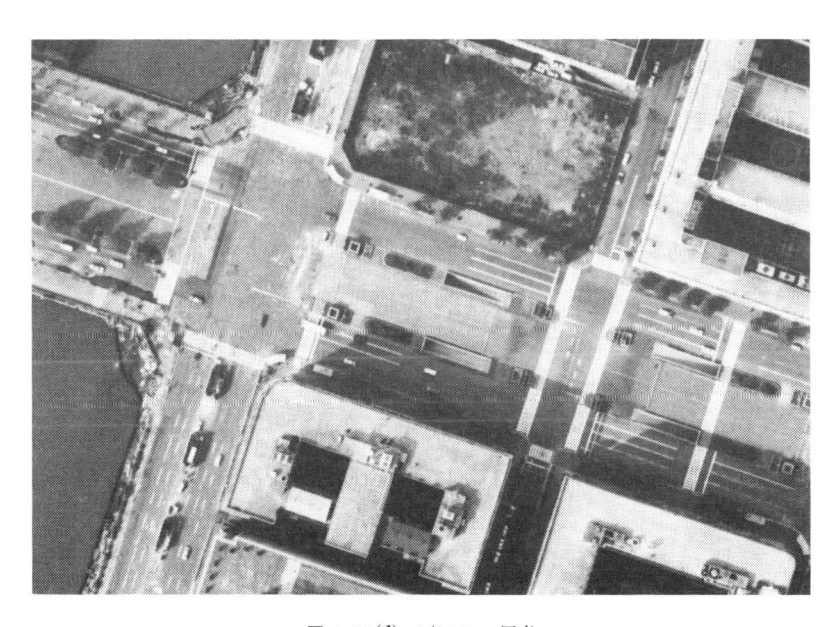

図-9.23(d)　1/2 500 の写真

9.2.12 傾きのある写真の投影

9.2.7や**9.2.9**では鉛直方向に撮影された完全に傾きのない写真の幾何学的関係について述べた．しかし航空機により撮影された実際の写真は幾分かの傾きをもっている．

写真面の傾きは，**図-9.24**に示されるような3つの傾きにより表現することができる．この図では理解しやすいように航空機の傾きとして表現したが，実際はこれらは写真面の傾きを意味している．航空機の飛行方向をx軸とし，それに直交して鉛直方向にz軸，水平方向にy軸をとると，これらの傾きの角は，ωがx軸の周りの回転角，φがこの回転後のy軸の周りの角，κがさらにこれらの回転後のz軸の周りの回転角と考えることができる．このように各軸の周りに順次回転する角として定義される角はオイラー角 (Euler's angle) と呼ばれるが，これは明らかに回転させる順序によって異なるものである．

地上の点Pが**図-9.25**に示されているように傾きをもった写真の上ではpに写っているとし，またpの写真座標は(x, y)であったとする．このpを地上の座標系X, Y, Zで表してみる．

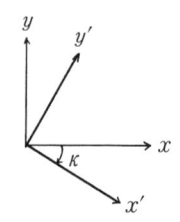

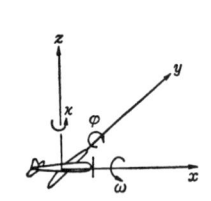

図-9.24 航空機（写真面）の傾き

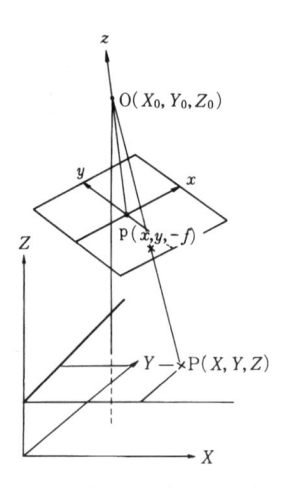

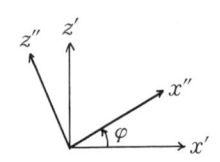

図-9.25 傾いた写真の投影関係

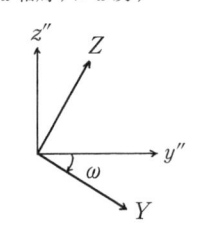

図-9.26 写真座標系$(x, y, -f)$からモデル座標系(X, Y, Z)への順次回転による変換

① z軸周りにκ戻す

② y軸周りにφ戻す

③ x軸周りにω戻す

写真座標系 (x, y, z) は地上座標系 (X, Y, Z) に対し先に述べたように ω, φ, κ の順で傾いているものとすると，その2つの座標系の間には次の関係が成り立つ．

図-9.26 に示されているように写真座標系を z 軸の周りに κ だけ戻す．すなわち，$-\kappa$ だけ回転させると P はこの新しい座標系 (x', y', z') で

$$\begin{bmatrix} x' \\ y' \\ z' \end{bmatrix} = \begin{bmatrix} \cos(-\kappa) & \sin(-\kappa) & 0 \\ -\sin(-\kappa) & \cos(-\kappa) & 0 \\ 0 & 0 & 1 \end{bmatrix} \begin{bmatrix} x \\ y \\ -f \end{bmatrix} \quad (9.28)$$

と表される．これをさらにこの y' 軸の周りに $-\varphi$ だけ回転すると，この点は，

$$\begin{bmatrix} x'' \\ y'' \\ z'' \end{bmatrix} = \begin{bmatrix} \cos(-\varphi) & 0 & -\sin(-\varphi) \\ 0 & 1 & 0 \\ \sin(-\varphi) & 0 & \cos(-\varphi) \end{bmatrix} \begin{bmatrix} x' \\ y' \\ z' \end{bmatrix} \quad (9.29)$$

となる．これをさらに x'' 軸の周りに $-\omega$ だけ回転させると，地上の座標系 (X, Y, Z) と平行な座標系となる．図-9.25 の O 点の座標が (X_0, Y_0, Z_0) であるとき，p は XYZ 座標系で (X_1, Y_1, Z_1) として，次のように表される．

$$\begin{bmatrix} X_1 \\ Y_1 \\ Z_1 \end{bmatrix} = \begin{bmatrix} 1 & 0 & 0 \\ 0 & \cos(-\omega) & \sin(-\omega) \\ 0 & -\sin(-\omega) & \cos(-\omega) \end{bmatrix} \begin{bmatrix} x'' \\ y'' \\ z'' \end{bmatrix} + \begin{bmatrix} X_0 \\ Y_0 \\ Z_0 \end{bmatrix} \quad (9.30)$$

これに上の式 (9.28)，(9.29) を代入すると

$$\begin{bmatrix} X_1 \\ Y_1 \\ Z_1 \end{bmatrix} = \begin{bmatrix} 1 & 0 & 0 \\ 0 & \cos\omega & -\sin\omega \\ 0 & \sin\omega & \cos\omega \end{bmatrix} \begin{bmatrix} \cos\varphi & 0 & \sin\varphi \\ 0 & 1 & 0 \\ -\sin\varphi & 0 & \cos\varphi \end{bmatrix}$$

$$\begin{bmatrix} \cos\kappa & -\sin\kappa & 0 \\ \sin\kappa & \cos\kappa & 0 \\ 0 & 0 & 1 \end{bmatrix} \begin{bmatrix} x \\ y \\ -f \end{bmatrix} + \begin{bmatrix} X_0 \\ Y_0 \\ Z_0 \end{bmatrix} \quad (9.31)$$

となる．

したがって，この回転のマトリクスを計算すると，点 P の写真上での像 p の位置は XYZ 座標系で次のようになる．

$$\begin{bmatrix} X_1 \\ Y_1 \\ Z_1 \end{bmatrix} = \begin{bmatrix} a_{11} & a_{12} & a_{13} \\ a_{21} & a_{22} & a_{23} \\ a_{31} & a_{32} & a_{33} \end{bmatrix} \begin{bmatrix} x \\ y \\ -f \end{bmatrix} + \begin{bmatrix} X_0 \\ Y_0 \\ Z_0 \end{bmatrix} \quad (9.32)$$

ただし

$$\left.\begin{array}{l}a_{11}=\cos\varphi\cos\kappa\\a_{12}=-\cos\varphi\sin\kappa\\a_{13}=\sin\varphi\\a_{21}=\cos\omega\sin\kappa+\sin\omega\sin\varphi\cos\kappa\\a_{22}=\cos\omega\cos\kappa-\sin\omega\sin\varphi\sin\kappa\\a_{23}=-\sin\omega\cos\varphi\\a_{31}=\sin\omega\sin\kappa-\cos\omega\sin\varphi\cos\kappa\\a_{32}=\sin\omega\cos\kappa+\cos\omega\sin\varphi\sin\kappa\\a_{33}=\cos\omega\cos\varphi\end{array}\right\} \quad (9.33)$$

さて,写真撮影においては点 P,投影中心 O,写真上の像 p は同一直線上にあるという性格をもつ.これを共線条件 (colinearity condition) という.共線条件を地上座標系で定式化すれば次のようになる.

$$\frac{X-X_0}{X_1-X_0}=\frac{Y-Y_0}{Y_1-Y_0}=\frac{Z-Z_0}{Z_1-Z_0} \qquad (9.34)$$

したがって

$$\begin{aligned}X&=\frac{Z-Z_0}{Z_1-Z_0}(X_1-X_0)+X_0\\&=(Z-Z_0)\frac{a_{11}x+a_{12}y-a_{13}f}{a_{31}x+a_{32}y-a_{33}f}+X_0\end{aligned} \qquad (9.35)$$

$$\begin{aligned}Y&=\frac{Z-Z_0}{Z_1-Z_0}(Y_1-Y_0)+Y_0\\&=(Z-Z_0)\frac{a_{21}x+a_{22}y-a_{23}f}{a_{31}x+a_{32}y-a_{33}f}+Y_0\end{aligned} \qquad (9.36)$$

これらの式は写真測量において最も重要な基本的な関係式であり,この関係を用いてここでの未知な量,すなわち写真の傾き ω, φ, κ や投影中心の位置 X_0, Y_0, Z_0 が求められる.これらは標定要素 (orientation parameter) と呼ばれ,その値を決める操作は写真の標定 (orientation) と呼ばれる.これについては **9.4.2** で述べることにする.

これより,鉛直に撮影された写真を微小な角 $d\kappa, d\varphi, d\omega$ だけ傾け,また投影中心を dX_0, dY_0, dZ_0 だけずらせたとき,投影される像のずれ dX, dY は,式 (9.35),(9.36) をこれらのパラメータで偏微分し,高次の項を無視することにより次のようになる.

$$dX=(Z-Z_0)\left\{\frac{y}{f}d\kappa+\left(1+\frac{x^2}{f^2}\right)d\varphi-\frac{xy}{f^2}d\omega\right\}+dX_0+\frac{x}{f}dZ_0 \qquad (9.37)$$

$$dY=(Z-Z_0)\left\{-\frac{x}{f}d\kappa+\frac{xy}{f^2}d\varphi-\left(1+\frac{y^2}{f^2}\right)d\omega\right\}+dY_0+\frac{y}{f}dY_0 \qquad (9.38)$$

この像のずれの大きさを写真上の代表的な点について図で示すと，**図-9.27** のようになる．

9.3 地形図作製のための写真撮影

9.3.1 地形図作製 (topographic mapping) のための仕様

地形図をつくるに際して決めるべき最も大切な事項は縮尺と精度である．この2つについては特に明確な仕様を地図作製に先立って示しておかねばならない．

地図の縮尺は可能な限り小さいほうがよい．縮尺が小さければ小さいほど，より広い区域にわたって情報が得られるからである．しかし一方，縮尺は必要な精度で明瞭に情報を得るのに十分な大きさでなければならない．

標定要素	横方向のずれ $\frac{1}{Z-Z_0}dX$	縦方向のずれ $\frac{1}{Z-Z_0}dY$	投影像のずれ
$d\kappa$	$\frac{y}{f}d\kappa$	$-\frac{x}{f}d\kappa$	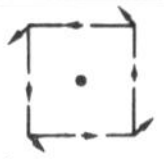
$d\varphi$	$\left(1+\frac{x^2}{f^2}\right)d\varphi$	$\frac{xy}{f^2}d\varphi$	
$d\omega$	$-\frac{xy}{f^2}d\omega$	$-\left(1+\frac{y^2}{f^2}\right)d\omega$	
dX_0	$\frac{1}{Z-Z_0}dX_0$	0	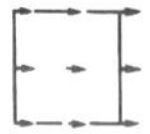
dY_0	0	$\frac{1}{Z-Z_0}dY_0$	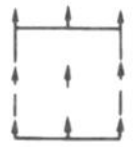
dZ_0	$\frac{1}{Z-Z_0}\cdot\frac{x}{f}dZ_0$	$\frac{1}{Z-Z_0}\cdot\frac{y}{f}dZ_0$	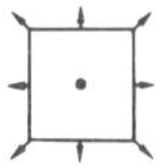

図-9.27 標定要素を変えたとき投影された像の動き

地図上の平面位置の精度は，一般に図上の誤差の限度によって表され，高さの精度は選ばれた等高線の間隔によって規定される．平面位置の精度（標準偏差）は一般の地形図では図上 0.7 mm 程度と決められ，高さの精度は等高線間隔の 1/2 以内と規定されるのが普通である．

地形図の縮尺，精度が決まれば，これに基づいて空中写真の撮影計画がたてられる．

9.3.2 撮影計画

撮影の高度は要求される地図の精度および等高線間隔に依存し，また図化に際して用いられる図化機の種類にも関係してくる．この関係はしばしば C ファクターなるインデックスを用いて次のように表される．

$$H = C \cdot \Delta H \tag{9.39}$$

ここで，ΔH は必要な等高線間隔であり，H は撮影高度，C は C ファクターで，用いられる図化機の種類によって異なり，600〜1500 の値として経験的に決められている．

撮影高度が決まれば，どのカメラを用いるかで写真の縮尺が決まり，また1枚の写真に撮影される範囲が決まってくる．すなわち，写真の縮尺は **9.2.11** において述べ

たように，その概略の値が撮影高度 H と使用するカメラの焦点距離より

$$\frac{1}{M} = \frac{f}{H} \tag{9.40}$$

と求められるから，写真の画角(画面の大きさ)が $a \times a$ cm であれば，1枚の写真に写る範囲はほぼ $(aM/100) \cdot (aM/100)$ m² となる．地形図作製においては $f=15$ cm, $a=23$ cm のカメラが用いられるのが一般である．この場合，例えば $H=900$ m で撮影された写真では $M=6000$ となり，カバーする範囲は約 1.4×1.4 km となる．

　撮影コースは必要な範囲ができるだけ少ない数のコースで撮影できるように設定することが望ましいが，地上基準点の配置状況などがこのコースを決めるのに関係してくる．道路計画などの目的の場合はコースは1本であることが多いが，この場合，路線をいくつかの直線コースに分け，折線状に撮影する．コースが2つ以上の場合は，隣り合うコース間では30%程度撮影される地域が重複するようにする(**図-9.28**)．

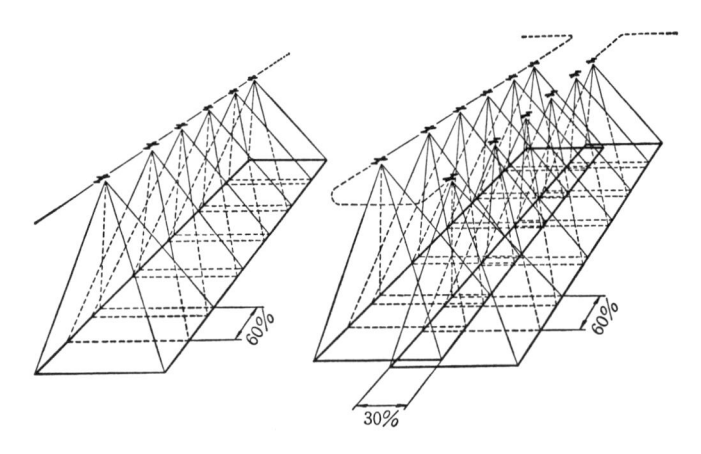

図-9.28 撮影コース

　撮影間隔を決めるのに肝要なことは，すべての地域が必ず2枚以上の写真に重複して撮影されるようにすることである．一般的にいって，この重複は60%にとればよいが，地形が急峻な所では1枚の写真にしか写らなくなる所もでる可能性もあるので，重複度をさらに増すことが必要である．

　以上の撮影計画は既存の小縮尺地図(一般に 1/50 000 地形図)上にコース，撮影間隔を描き込んで示される(**図-9.29**)．

9.3.3 撮　　影

　撮影は一般に運航速度 200〜300 km/h 程度の小型航空機によって行われる（図-9.30）．高い高度から撮影するときは高速機を用いるほうがよいし，また低高度からの撮影にはカメラブレや露出中の飛行機の移動によるブレを生じないようにするために低速で飛べる飛行機を用いることが必要である．

　わが国で用いられている代表的な空中写真用カメラの性能諸元を表-9.1に示す．図-9.31はこれらの1つウィルド RC 10 の外観である．

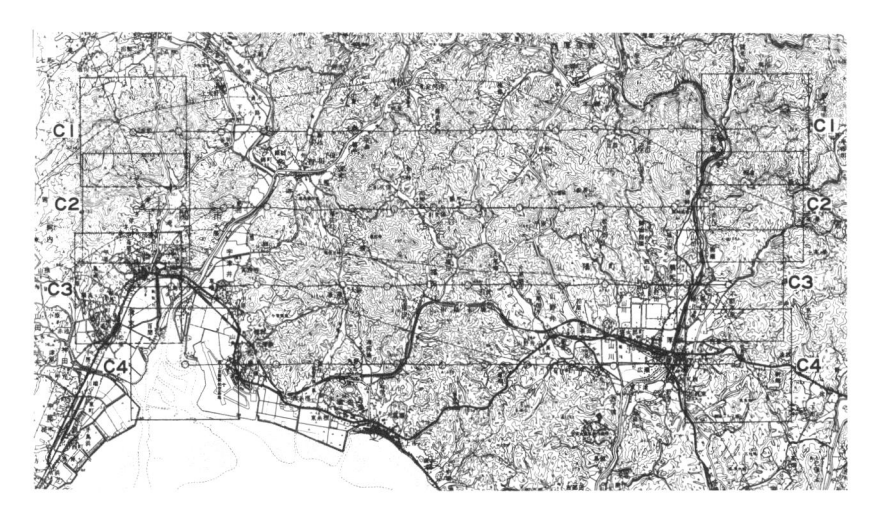

図-9.29　撮影計画図

図-9.30　空中写真撮影用航空機 　　　図-9.31　ウィルド RC 10 航空写真カメラ

338　第9章　写真測量

空中写真測量用のカメラは，極めて高い精度の写真を撮るものであるため，レンズのわい曲収差は非常に小さく，解像力は極めて高いものであるように設計されている．

撮影は雲のない晴天日の午前10時〜午後2時ごろが最適であるといわれているが，大縮尺の写真測量ではある程度曇った日でも撮影可能である．

地形図をつくるような目的のためには，落葉期に撮影したほうが地表面がはっきり見えるので望ましい．

9.3.4　標定基準点と対空標識

9.4において述べられるように，撮影された一対の写真において，その相互間の相対的な傾きを撮影されたときと同じ状態に再現すれば，それより立体的な光学モデルをつくることはできる．しかし，そのモデルの縮尺も不明であり，しかもそのモデルは全体として傾いたものである．そこで地上に設けた標定基準点と呼ばれる座標値のわかった点を写真に写し込んでおき，これを用いてモデルの傾きを直し縮尺を決めることが必要となる．この操作は絶対標定 (absolute orientation) と呼ばれる．標定基準点は1つのモデルにつき，平面座標のわかっている点（例えば三角点とか多角点）が2点と，高さのわかっている点（三角点や水準点など）が3点，最小限必要となる．一般にモデルは1つだけであるということはなく，数モデル以上から1コースがなっている．そのときは各モデルにこれだけの標定基準点が必要なわけでなく，後に述べる空中三角測量を行えば，全体のコースで最小限，上に述べただけの点，一般にはこ

表-9.1　航空写真撮影用カメラ性能一覧

種類	名称	会社	レンズ	焦点距離 (mm)	開口 f/ (g)	画面の大きさ (cm)	フィルムの長さ (m)	シャッター間隔	最短シャッター間隔 (s)
普通角カメラ	RMK 21/18	カールツァイス	トパール	210	4, 5.6, 8	18×18	120	1/100〜1/1 000	2.0
	RC 8	ウィルド	ノーマルアビオゴン	210	4〜16	18×18	60	1/100〜1/200 1/300	3.5
広角カメラ	RMK A 15/23	カールツァイス	プレオゴン	153	5.6, 8, 11	23×23	120	1/100〜1/1 000	2.0
	RC 10	ウィルド	ユニバーサルアビオゴン	152	5.6〜32	23×23	60	1/100〜1/700	3.5
超広角カメラ	RC 9	ウィルド	スーパーアビオゴン	88	5.6, 8, 11	23×23	60	1/200〜1/300	3.5

れより数点多く基準点があればよいことになる．

これだけの数の基準点として利用できる点が既設の三角点や水準点としてそのコース内にあれば，基準点を決めるための測量は必要ないが，土木計画の目的に用いるような比較的大縮尺の写真測量の場合，それほど多くの既設点が写真に写る範囲内にはないのが一般である．そのため，これらの点を設置するための基準点測量（これを標定点測量と呼ぶ）が，多角測量などの地上測量によって行われる．

標定基準点は撮影コース内の初めのモデルに3〜4点，終りに2点，途中に2〜3モデルごとに1点ぐらいの割合で配置されていることが望ましい．これらの点は写真に写らなければ意味がないので，上空の開いた場所におくことが肝要である．図-9.32は標定基準点配置の一例である．

地上の標定基準点には写真にその位置が明瞭に写るような標識を取り付けることが必要である．これを対空標識(photogrammetric target)という．

標識は図-9.33に示されるような形の板を用い，周囲の色調とはっきりしたコントラストをもつような色彩を施す．

標識の最小限の大きさは正方形の標識の場合

$$d = \frac{M_b}{30\,000 \sim 40\,000} \text{(m)} \tag{9.41}$$

とされている．ただし，M_bは写真縮尺である．

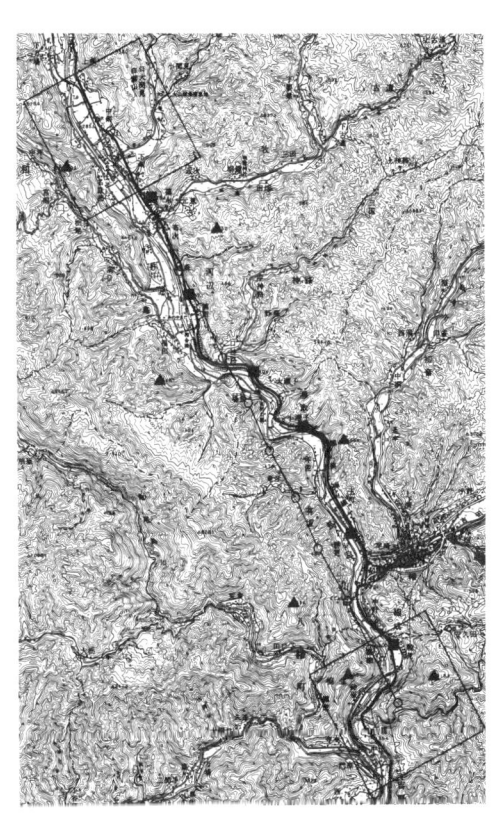

▲：三角点　■：水準点
図-9.32　地上基準点配置の例

9.3.5 写真処理

撮影の終ったフィルムは，図-9.34に示されるようにロールのまま現像され，さ

340　第9章　写真測量

図-9.33　対空標式

図-9.34　空中写真ロールフィルム乾燥機（ツァイス TG 24）

らに密着陽画をつくり，写真のできについての検査がなされる．写真の検査は，その写真を用いる目的に対して適当なものであるかどうかを判定の主眼とするのはもちろんであるが，一般的にいって次のような事柄について検討する必要がある．

① 必要な区域に空白部がなく，写真の実体部分として，すなわち隣り合う2枚の写真に重複して写っていること
② 雲の影が写ってなく，またガス，スモッグなどの影響もないこと
③ 写真縮尺があらかじめ指定した大きさと大差がないこと
④ 指定されたコースにほぼ沿っており，指定された重複度を満足していること
⑤ おのおのの写真の傾きが$3°$以内であり，偏流角（撮影コースの方向と航空機の方向とのなす角）が$10°$以内であること
⑥ 写真に部分的なボケやハレーションがないこと

これらの諸点につき無視しえない欠点のある写真は，再び撮影をやり直す必要がある．

現象されたフィルムから，精密図化機による図化測定のためには密着陽画乾板を，また後で述べるムルティプレックスのような図化機のためには縮小された陽画乾板をつくる．また，引伸し写真や傾きの補正された偏位修正写真を印画紙に焼き付けてつくる．

9.4 地形図の図化

9.4.1 実体図化機

複数の写真から被写体と相似な幾何学的な関係を再現し，これに基づき被写体の図化を行う装置を総称してを図化機という．空中写真からの地形図作成にもこの図化機が利用される．図化機は，光学的あるいは機械的な機構を用い，写真の標定や図化の作業を基本的には手作業で行う実体図化機 (stereo plotter) とこれらの作業の多くを計算機処理で行う解析図化機 (analytical plotter) に大別される．ここでは，実体図化機について述べ，解析図化機については **9.5** で解説する．

実体図化機は一般に2つ以上の投影機をもっており，写真をそれが撮影されたときと同じ相対的位置と傾きをもつように乾板架台にセットし，撮影に用いたレンズと同じ光学的性質をもつレンズで投影することにより，被写体と相似な光学的立体モデル (実体モデル) がつくり上げられ，このモデルについて座標の測定や地形図の図化ができるような構造となっている．

実際の図化機においては写真を投影し，実体モデルを形成するのに次の3つの異なる方法が用いられる．第1は撮影カメラと同型の投影機で写真乾板を逆に投影して，両方の写真からの光束の交点の集まりとして実体モデルをつくるものであって，光学的投影法と呼ばれる (**図-9.35**)．この場合，投影された実体像は望遠鏡を使って観測するか，または直接肉眼により観測

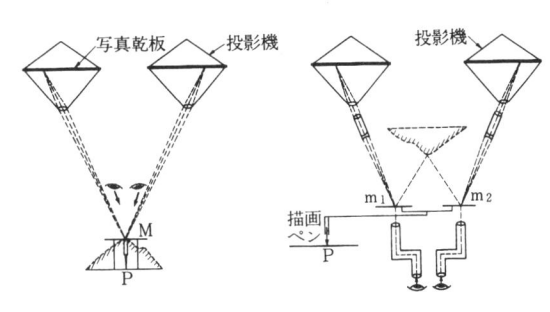

(a) 実体像を直接観測　　(b) 実体像を望遠鏡で観測

図-9.35 光学的投影法

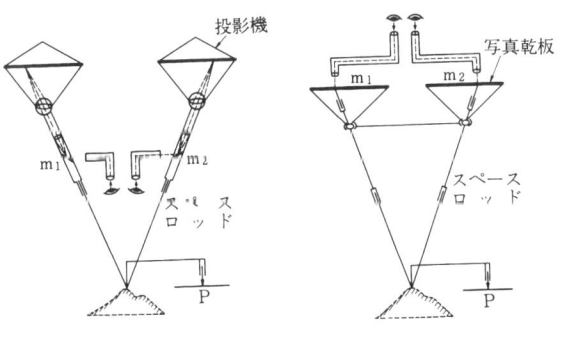

図-9.36 光学機械的投影法　　**図-9.37** 機械的投影法
(点線は光線，実線は機械的な棒)
(図-9.35〜37 はアルベルツ/クライリング：写真測量ハンドブックを参考に作成)

される．第2の方法は光学機械的投影法と呼ばれるものである（**図-9.36**）．この場合も光学的投影法のときと同様に，撮影カメラと同型の投影機を用いるが，それにより出た光線束は途中で光学系により曲げられ，この光線束の交点の集まりとして測定する部分の実体像をつくり，実体観測される．一方，測定のためには光線を機械的な棒（スペースロッドと呼ばれる）に置き換える．したがって，それぞれの写真に対応するこのスペースロッドの交点の軌跡がモデルを形づくることになる．第3の方法は光学的な投影機を全く用いず，光線の方向をスペースロッドにより置き換える機械的投影法である（**図-9.37**）．この投影法による場合は，機械的につくりだすモデル上の点に正しく対応する乾板上の点を直接観測することにより実体観測される．

　図化機により測定するとき，観測者は実体モデルの中でメスマークまたは測標と呼ばれる小さな測点を観測する．メスマークは，図-9.35～図9.37においてm_1, m_2より出た光線の交点Mの位置にその実体像が観測される．この実体像の位置は機械的または光学機械的投影法の場合のスペースロッドの交点に対応するものである．このメスマークの動きに対応して描画台のペンが移動して地形，地物が描かれるような機構となっている．また，この位置をスピンドルの回転数などに置き換えて測定することにより，メスマークの位置が立体座標で求められる．

　図化機はその機能により次のように分けられることもある．

図-9.38 ウィルド アビオマップ

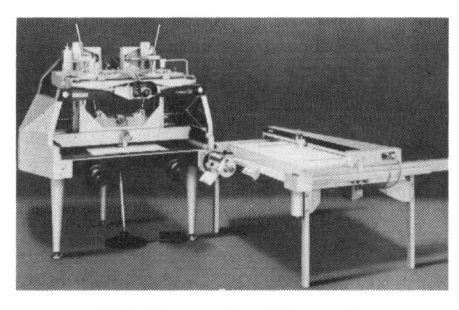

図-9.39 ツァイスプラニマート

　ⅰ）一級図化機　　大縮尺図化と空中三角測量を目的として設計された高精度の図化機である．地上写真による平面図図化も可能である．測定精度は平面位置が乾板上で±8～15μm程度，高さは撮影高度の1/10 000程度といわれている．機械的投影法によるウィルドA7，光学的投影法によるツァイスC8，光学機械的投影法によるニストリB_2などが代表的なものである．

　ⅱ）二級図化機　　大縮尺図化を目的とした図化機で，精度によりさらに二級Aと二級Bに分けられる．二級Aの精度は，一級図化機とほとんど変わらず，一級図

9.4 地形図の図化 343

化機から空中三角測量の機能を除いたものがこれであると考えて差し支えない．この級のものにはウィルドA8，A10やアビオマップ(**図-9.38**)，ツァイスプラニマート(**図-9.39**)，ツァイスプラニカート，ガリレオ ステレオ シンプレックス，ツァイスイエナステレオメトログラフなどがある．二級Bとしては，ツァイスダブルプロジェクター(**図-9.40**)やプラニトップ，ケルンPG2，ウィルドB8，ツァイスイエナ トポカルト，ケルシュプロッター，ニコンプロッターなどがこれに相当する．

iii) 三級図化機　　縮小した乾板を用いるムルティプレックスのような図化機や，写真の撮影時の位置を完全に正確に再現することなくモデルをつくり図化を行うツァイス ステレオトープ(**図-9.41**)やガリレオ ステレオマイクロメーターのような機械は，三級図化機に分類される．これらは主として，小縮尺地図の作製に用いられる．

一級および二級A図化機では先に述べたCファクターが1500程度，二級Bでは800内外，三級図化機では500程度であるといわれている．

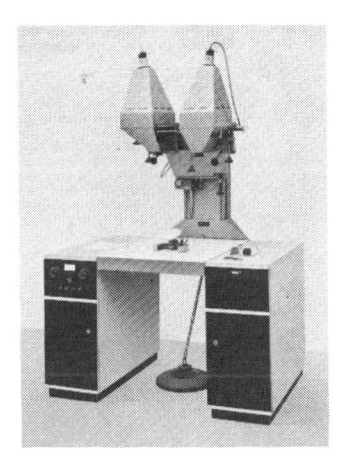

図-9.40　ツァイスダブルプロジェクター

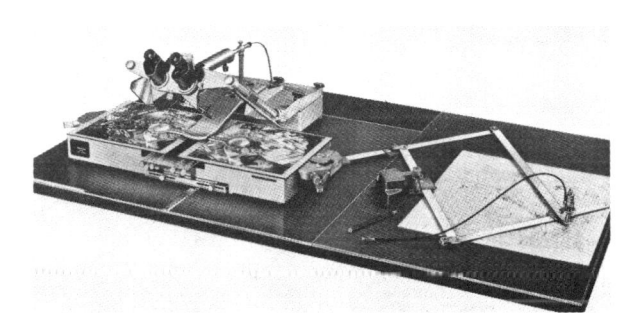

図-9.41　ツァイスステレオトープ

図-9.42　ムルティプレックス

ここでは，ウィルド社のA8，A7を例に図化機の機構について説明する．

スイスのウィルド社の一連の図化機は，わが国において広く用いられている．これらは光線の代りにスペースロッドを用いた，いわゆる機械的投影法によるものであるが，そのうちA7と称される機械は空中写真からの地形図化はもちろん，地上写真による図化あるいは空中三角測量にも用いうる汎用機である．

図-9.43 は A 8 の構造を示している．図の点 1 において，光線を置き換えたスペースロッドと称する 2 本の棒が交わる．これらのロッドは，図の 2，3 の点でそれぞれ自在結合されており，これが投影中心になっている．ロッドのさらに上方にある自在結合点 4，5 は交点 1 に対応する写真像の位置を示している．しかし，この 4，5 は実際の写真像の位置(図の 6，7)とは異なっているが，8，9 のパンタグラフでこの 2 つの位置は関係づけられている．光学系により実際に観察されるのは 6，7 の点であるが，この位置が機械的には，4，5 へ平行にずらされた形となり，そこより出るスペースロッドのつくる形が写真像 6，7 から出る光線と相似な関係になるようにつくられている．13，14 の写真は架台 10 の中でそれぞれ 3 方向の回転，すなわち各軸の周りの回転 κ, φ, ω が与えられるようになっており，この回転を互いの写真の相対的な傾きが写真の撮影時と同じ関係になるように与えることによって相互標定が行われ，被写体と相似なモデルが構成される．架台 10 は全体として 11 の Y 軸の周りの回転 Φ および 15 の X 軸の周りの回転 Ω ができるようになっており，また 2 つの投影中心間の間隔 b_x は調整できて，2，3 が互いに対称的に動くようになっているので，この Φ, Ω と b_x の調整によりモデルの縮尺を決め，またモデルの傾きを直し絶対標定が行われる．

観測者は接眼鏡 12 により，6，7 の写真像を観察すると，この写真からつくり上げられた立体モデルを見ることができる．6，7 の位置にはメスマークと呼ばれる小さな黒点があり，立体モデルの中では，この点も立体的な点となって見える．図-9.44 は A 8 の全体を表しているが，この写真に見える 2 つのハンドルを回せば，交点 1 の位置が X および Y の方向に移動し，また機械の下方にある円板を足で回せば，ロッドの交点は上下に動く．この交点の動きはメス

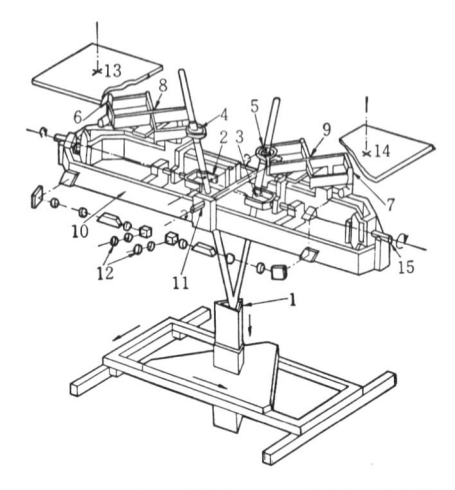

図-9.43 A 8 の機構(ウィルド社カタログより)

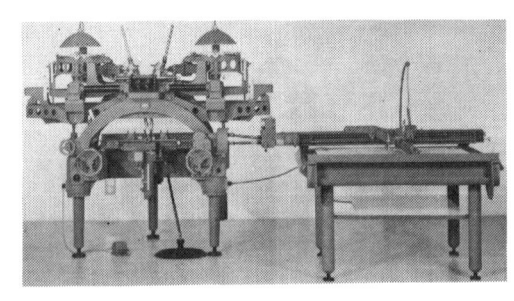

図-9.44 ウィルド A 8 図化機

マークの動きとなって観察されるので，逆に測定したいモデルの中の点にメスマークが合うようにすると，その立体座標は交点1の座標をマイクロメーターで読み取ることによって求められる．等高線を描くには，高さの方向にはメスマークを動かさず一定の高さに固定しておいて，モデルの表面にメスマークが一致するように平面的にのみこれを動かせば，交点1の動いた軌跡は等高線となり，この動きは描画機のペンに連動されているので等高線図が得られる．

図-9.45はウィルド社の一級図化機A7を示している．A7においては連続する写真Ⅰ，Ⅱ，Ⅲ，……で一連のつながったモデルをつくることが可能である．すなわち，写真ⅠとⅡで第1番目のモデルがつくられたとき，写真ⅡとⅢで第2番目のモデルをつくるのにⅠの写真の位置にⅢの写真を入れ替え，ドーベプリズムと呼ばれるプリズムで左と右の写真像からの光学系を左右逆に変換し，ⅡとⅢの写真より第2番目のモデルをつくることができるようになっている．このような機構により，つぎつぎと写真を入れ替えることにより，2つの投影機だけしかもたないにもかかわらず，先に述べたムルティプレックスのように多くの投影機を並べたのと同じ効果をもち，したがって，1つの撮影コースに沿ってすべてのモデルを組み立てることが可能となる．A7やその最新型A10ではまた，空中写真だけでなく地上写真を用いても地形図図化が可能である．

図-9.45　ウィルドA7図化機

これらの図化機には普通，図-9.46に示されているような座標記録装置が取り付けられており，測定された点のXYZ座標はこの装置により自動的に紙にタイプされるか，またはテープないしカードに穿孔されたり磁気テープに記録される．なおこの場合，記録される座標値はこの機械固有の座標系に従ったものであるので，地上の座標系での値がほしい場合は座標変換をすることが必要である．

図-9.46　座標記録装置ウィルド社EK5（A10図化機に接続したところ）

9.4.2 写真の標定

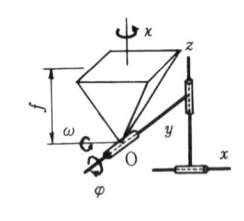

図-9.47 各軸の周りの移動と回転

実体図化機は「撮影時の写真の幾何学的状態をそのまま再現すれば,対応する光束の交点の集合は被写体の表面と全く合同なモデルをつくる」という,いわゆる再現の原理に基づいてつくられている.この原理は,イタリアのポロ(Porro)によって1865年に考案され,後にドイツのコッペ(Koppe)により図化機の投影器に初めて応用されたことから,ポロ・コッペの原理と呼ばれる.

撮影時の写真の幾何学的状態とはその位置と傾きを意味するが,写真の位置は X, Y, Z の3つの座標で表され,傾きは**図-9.47**に示されたようにこの3つの軸の周りの回転角として表現される.したがって,それぞれの写真について,この6つの量を知らねばならない.これを決めることを標定と呼ぶが,これらの標定要素は直接的な形で写真撮影時に求められているわけではないので,写っている写真像から逆に求めることが必要となる.標定は一般に相互標定と絶対標定に分けて行われる.

a)　相互標定 (relative orientation)

相互標定とは,1組の写真の間の相対的な傾きや位置の関係を決めることである.撮影時の相対的な関係が再現されれば対応する光束はすべて交点をもち,被写体と相似な立体モデルができ上がる.一般に,相互標定された2つの写真を単にモデルと呼ぶ.

射影幾何学の定理によれば,空間を決定するには5つの点を決めなければならない.このことにより,相互標定においては5つの対応する光線がそれぞれ交点をもてば空間が決まり,他のすべての対応する光束は交わって実体モデルをつくることになる.

それゆえ,2枚の写真上に対応する5つの標定点〔これをパスポイント(pass point)という〕をとり,それらの5つの点からの光線がすべて交会し実体像をつくるように写真の傾きおよび投影位置の移動を与えればよい.ここでは,まず図化機を用いて相互標定を行う一般的な方法を示す.

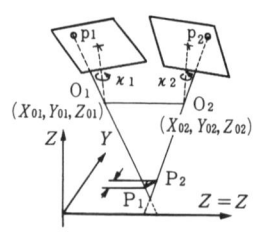

図-9.48 投影面での縦視差 P_y

いま,2つの写真1と2にP点がそれぞれ p_1 および p_2 として写っているとすると,この p_1, p_2 は Z の投影面上ではそれぞれ $P_1'(X_1, Y_1)$ および $P_2'(X_2, Y_2)$ に投影される.このとき $\overline{P_1'P_2'}$ の X 方向の成分 (X_2-X_1) は横視

9.4 地形図の図化

差, $(Y_2 - Y_1)$ は縦視差である. p_1 と p_2 から出た光がこの面で交会するためにはこの横視差と縦視差を 0 とすればよい. この X 方向成分は図-9.48 からみて明らかなように 2 つの写真の投影中心間隔 $\overline{O_1 O_2}$ を動かすことにより 0 とすることができるが, Y 方向成分の縦視差 P_y は両方の写真の標定要素, すなわち写真 1 の $\omega_1, \varphi_1, \kappa_1$ なる回転と Y_{01}, Z_{01} なる平行移動量, および写真 2 の $\omega_2, \varphi_2, \kappa_2$ なる回転と Y_{02}, Z_{02} なる平行移動を変えることによって 0 とすることができる. そこで次にこれらの標定要素の微少な変化と縦視差の関係を求めてみる.

9.2.12 で示されたように, 点 P が写真 i の上で写真座標が (x_i, y_i) である位置に写っており, これをある一定の高さに投影したとき, その Y 座標は, 式 (9.36) において図-9.48 に対応するように写真面の位置を $-f$ から f に置き換えることにより

$$Y_i = (Z - Z_{0i}) \frac{a_{21} x_i + a_{22} y_i + a_{23} f}{a_{31} x_i + a_{32} y_i + a_{33} f} + Y_{0i}$$

$$= \frac{\begin{bmatrix} (Z - Z_{0i})\{x_i(\cos\omega_i \sin\kappa_i + \sin\omega_i \sin\varphi_i \cos\kappa_i) \\ + y_i(\cos\omega_i \cos\kappa_i - \sin\omega_i \sin\varphi_i \sin\kappa_i) - f\sin\omega_i \cos\varphi_i\} \end{bmatrix}}{\begin{bmatrix} x_i(\sin\omega_i \sin\kappa_i - \cos\omega_i \sin\varphi_i \cos\kappa_i) \\ + y_i(\sin\omega_i \cos\kappa_i + \cos\omega_i \sin\varphi_i \sin\kappa_i) + f\cos\omega_i \cos\varphi_i \end{bmatrix}} + Y_{0i}$$

(9.42)

となる. ここで, $i = 1, 2$ である.

これより, ほぼ鉛直な方向に撮影された 2 つの写真の標定要素 $\kappa_1, \varphi_1, \omega_1, Y_{01}, Z_{01},$ $\kappa_2, \varphi_2, \omega_2, Y_{02}, Z_{02}$ に微少な変化が与えられたとき生ずる縦視差

$$P_y = Y_1 - Y_2 \tag{9.43}$$

は, これに式 (9.42) の関係を入れて展開し, 高次の項を無視することにより次のようになる.

$$P_y = \frac{Z - Z_{01}}{f} y_1 + \frac{\partial Y_1}{\partial \kappa_1} d\kappa_1 + \frac{\partial Y_1}{\partial \varphi_1} d\varphi_1 + \frac{\partial Y_1}{\partial \omega_1} d\omega_1 + \frac{\partial Y_1}{\partial Y_{01}} dY_{01} + \frac{\partial Y_1}{\partial Z_{01}} dZ_{01}$$

$$- \frac{Z - Z_{02}}{f} y_2 - \frac{\partial Y_2}{\partial \kappa_2} d\kappa_2 - \frac{\partial Y_2}{\partial \varphi_2} d\varphi_2 - \frac{\partial Y_2}{\partial \omega_2} d\omega_2 - \frac{\partial Y_2}{\partial Y_{02}} dY_{02} - \frac{\partial Y_2}{\partial Z_{02}} dZ_{02}$$

$$= \frac{Z - Z_{01}}{f} \left\{ y_1 + x_1 d\kappa_1 + \frac{x_1 y_1}{f} d\varphi_1 - \frac{f^2 + y_1^2}{f} d\omega_1 \right\} - \frac{y_1}{f} dZ_{01} + dY_{01}$$

$$- \frac{Z - Z_{02}}{f} \left\{ y_2 + x_2 d\kappa_2 + \frac{x_2 y_2}{f} d\varphi_2 - \frac{f^2 + y_2^2}{f} d\omega_2 \right\} + \frac{y_2}{f} dZ_{02} - dY_{02} \tag{9.44}$$

相互標定を行うに際して必要な標定点 (パスポイント) は 5 点であるが, 通常 6 つの点が用いられる. この場合残りの 1 点はチェックのために用いられる. この 6 つの標定点が図-9.49 のように配置されているとした場合, 各標定点の写真座標 (x_1, y_1) および (x_2, y_2) は表-9.2 の左欄に示されるようになるので, 投影面を $Z - Z_{01} = Z$

$-Z_{02}=-f$ においたとき，各標定要素の微少な変化によって生ずる各標定点の縦視差は式 (9.44) より，この表の右欄に示されたようになる．

縦視差をなくすにはこれらの各標定要素を縦視差のなくなる方向へ変えてみて，逐次すべての標定点について縦視差がなくなるようにすればよい．

この場合ここにあげられた 10 の標定要素すべてを変える必要はなく，このうち 5 つの標定要素（$\kappa_1, \kappa_2, Y_{01}, Y_{02}$ より 2 個，$\varphi_1, \varphi_2, Z_{01}, Z_{02}$ より 2 個，ω_1, ω_2 より 1 個）を変えることによりすべての標定点での縦視差を消すことができる．

こうして 5 つの標定点において縦視差がすべて消去されると，先に述べた射影幾何学の定理により，写真上のすべての対応する点から出た光線は交会し，

写真の重複部分全体について被写体と相似な実体像が構成されることが保証される．

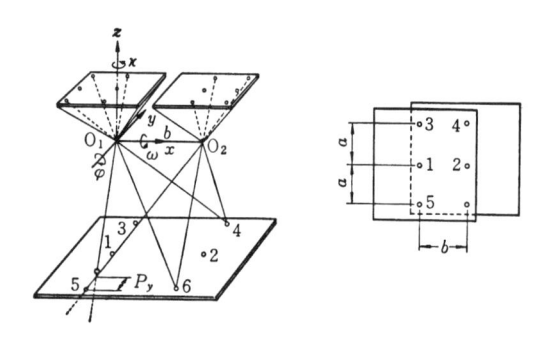

図-9.49 標定点と縦視差

表-9.2 標定要素を変えたときの各標定点における縦視差

標定点番号	標定点座標				標定要素								
	写真1		写真2										
	x_1	y_1	x_2	y_2	dx_1	$-dx_2$	$d\varphi_1$	$d\varphi_2$	$d\omega_1$	$d\omega_2$	dY_{01}	dY_{02}	dZ_{01}	dZ_{02}
1	0	0	$-b$	0	—	b	—	—	—	—	1	-1	—	—
2	b	0	0	0	b	—	—	—	—	—	1	-1	—	—
3	0	a	$-b$	a	—	b	—	$\dfrac{ba}{f}$	$-\dfrac{f^2+a^2}{f}$	$\dfrac{f^2+a^2}{f}$	1	-1	$-\dfrac{a}{f}$	$\dfrac{a}{f}$
4	b	a	0	a	b	—	$\dfrac{ba}{f}$	—	$-\dfrac{f^2+a^2}{f}$	$\dfrac{f^2+a^2}{f}$	1	-1	$-\dfrac{a}{f}$	$\dfrac{a}{f}$
5	0	$-a$	$-b$	$-a$	—	b	—	$-\dfrac{ba}{f}$	$-\dfrac{f^2+a^2}{f}$	$\dfrac{f^2+a^2}{f}$	1	-1	$\dfrac{a}{f}$	$-\dfrac{a}{f}$
6	b	$-a$	0	$-a$	b	—	$-\dfrac{ba}{f}$	—	$-\dfrac{f^2+a^2}{f}$	$\dfrac{f^2+a^2}{f}$	1	-1	$\dfrac{a}{f}$	$\dfrac{a}{f}$

9.4 地形図の図化

縦視差を要領よく消去し，相互標定を行うのにいくつかの方法が提案されているが，ここではそれらのうちの代表的なものとしてグルーバー法(Gruber's method)と呼ばれる $\kappa_1, \kappa_2, \varphi_1, \varphi_2, \omega_1$（または$\omega_2$）の5つの回転を用いて標定する方法を示しておく．この5つの標定要素による標定は先に述べたA8のような機構の図化機での標定に適切なものであるが，他の形の機構のほとんどの図化機においてもよく用いられるものである．[5)]

〔グルーバーの標定法の手順〕{P_i は標定点 i ($i=1, 2, \cdots\cdots, 6$) での縦視差}

① P_1 を κ_2 で消す．
② P_2 を κ_1 で消す．
③ P_3（またはP_5）を φ_2 で消す．このとき生ずる横視差 P_x は投影機の間隔 b_x によって補正する．
④ P_4（またはP_6）を φ_1 で消す．P_3, P_4（またはP_5, P_6）がともに消えるまで③，④を繰り返す．
⑤ $P_1, P_2, P_3(P_5), P_4(P_6)$ が同時に消えるまで①～④を繰り返す．
⑥ P_5, P_6（またはP_3, P_4 すなわち③，④で使わなかった点）のいずれかを ω_1 または ω_2 で消し，そのときの ω の変化量 $\Delta\omega$ を読み取っておく．
⑦ ω の修正量 $\Delta\omega$ を c 倍し，$c \cdot \Delta\omega$ にする．これを過量修正，c を過量修正係数といい，点1と3の間の距離をモデル上で a，乾板上で y'，投影機からモデルまでの投影距離を h とすれば，

$$c = \frac{1}{2}\left(1 + \frac{h^2}{a^2}\right) = \frac{1}{2}\left(1 + \frac{f^2}{y'^2}\right) \tag{9.45}$$

で与えられるものである．

⑧ P_1 を κ_2 で消す．すなわち①と同じ操作を繰り返す．
⑨ P_2 を κ_1 で消す．すなわち②と同じ操作を繰り返す．
⑩ P_3（またはP_5）を φ_2 で消す．すなわち，③と同じ操作を繰り返す．
⑪ P_4（またはP_6）を φ_4 で消す．すなわち，④と同じ操作を繰り返す．

これで標定が一通り終り，各点での視差がすべて消えているはずであるが，もしまだ少量の視差が各点に残っていれば以上の操作を繰り返す．

相互標定は，図化機を用いるときこのようにして行うことができるが，計算によっても行うことができる．これは，相互標定の条件，すなわちすべての標定点で縦視差が0となり，2つの写真上の対応する点から出た光線が交わるという条件を解析幾何学的に表して方程式をつくり，これを解いて，この条件を満たす写真の傾きを求めるものである．

相互標定を理解するには，この解析的な方法のほうが，先に述べた図化機による方

350 第9章 写真測量

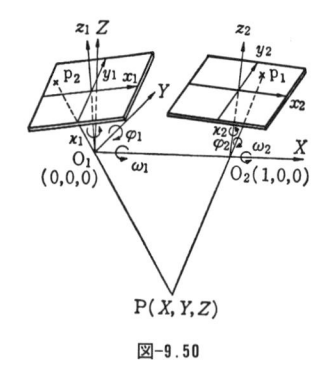

図-9.50

法よりも容易であると思われるので，以下に簡単にその方法を示しておくことにする．

一対の傾きのある写真からなる1つのモデルを考え，**9.2.12**の場合と同じように，写真座標系とモデル座標系を**図-9.50**に示されるようにとる．すなわち，それぞれの写真面に平行に xy 面をもち，各投影中心 O_1, O_2 を原点とする写真座標系 (x_1, y_1, z_1), (x_2, y_2, z_2) を設け，さらに O_1 を原点とし O_1O_2 の方向に X 軸をもち，$\overline{O_1O_2}=1$ とする直交座標系 (X, Y, Z) を設ける．

このとき，$p_1(x_1, y_1, f)$, $p_2(x_2, y_2, f)$ より出た光線が $P(X, Y, Z)$ で交会しているとすれば，縦視差 $P_y=0$ であるから，式 (9.42)，(9.43) の関係で，$X_{01}=Y_{01}=Z_{01}=Y_{02}=Z_{02}=0$, $X_{02}=1$ とおいて

$$P_y = \frac{a_{21}'x_1 + a_{22}'y_1 + a_{23}'f}{a_{31}'x_1 + a_{32}'y_1 + a_{33}'f} - \frac{a_{21}^2 x_2 + a_{22}^2 y_2 + a_{23}^2 f}{a_{31}^2 x_2 + a_{32}^2 y_2 + a_{33}^2 f}$$

$$= \frac{\begin{bmatrix} x_1(\sin\omega_1 \sin\varphi_1 \cos\kappa_1 + \cos\omega_1 \sin\kappa_1) \\ + y_1(-\sin\omega_1 \sin\varphi_1 \sin\kappa_1 + \cos\omega_1 \cos\kappa_1) - f\sin\omega_1 \cos\varphi_1 \end{bmatrix}}{\begin{bmatrix} x_1(-\cos\omega_1 \sin\varphi_1 \cos\kappa_1 + \sin\omega_1 \sin\kappa_1) \\ + y_1(\cos\omega_1 \sin\varphi_1 \sin\kappa_1 + \sin\omega_1 \cos\kappa_1) + f\cos\omega_1 \cos\varphi_1 \end{bmatrix}}$$

$$- \frac{\begin{bmatrix} x_2(\sin\omega_2 \sin\varphi_2 \cos\kappa_2 + \cos\omega_2 \sin\kappa_2) \\ + y_2(-\sin\omega_2 \sin\varphi_2 \sin\kappa_2 + \cos\omega_2 \cos\kappa_2) - f\sin\omega_2 \cos\varphi_2 \end{bmatrix}}{\begin{bmatrix} x_2(-\cos\omega_2 \sin\varphi_2 \cos\kappa_2 + \sin\omega_2 \sin\kappa_2) \\ + y_2(\cos\omega_2 \sin\varphi_2 \sin\kappa_2 + \sin\omega_2 \cos\kappa_2) + f\cos\omega_2 \cos\varphi_2 \end{bmatrix}}$$

$$= 0 \qquad (9.46)$$

となる．

ここで，XYZ 座標系を X 軸の周りに適当に回転させることにより $\omega_1=0$ とすることができるから，上式のなかでパラメータとして残るのは $\kappa_1, \varphi_1, \kappa_2, \varphi_2, \omega_2$ の5つだけになる．

したがって5つの対応する点の写真座標を測定し，式 (9.46) を5つつくることにより，これらを五元連立方程式として解けば，写真撮影時にそれぞれの写真がもっていた相対的な傾き $\kappa_1, \varphi_1, \kappa_2, \varphi_2, \omega_2$ を求めることができる．

実際には標定点は，先に述べたように6点あるいはそれ以上の点をとって余りの測定を行い，最小二乗法によりパラメータを求める．

このようにして相互標定のパラメータが求められると，これより，写真上の標定点 p_1 および p_2 のモデル座標 $p_1(X_1, Y_1, Z_1)$, $p_2(X_2, Y_2, Z_2)$ が **9.2.12** の式 (9.31) の関係より

$$\begin{bmatrix} X_1 \\ Y_1 \\ Z_1 \end{bmatrix} = \begin{bmatrix} \cos\varphi_1 & 0 & \sin\varphi_1 \\ 0 & 1 & 0 \\ -\sin\varphi_1 & 0 & \cos\varphi_1 \end{bmatrix} \begin{bmatrix} \cos\kappa_1 & -\sin\kappa_1 & 0 \\ \sin\kappa_1 & \cos\kappa_1 & 0 \\ 0 & 0 & 1 \end{bmatrix} \begin{bmatrix} x_1 \\ y_1 \\ f \end{bmatrix} \quad (9.47)$$

$$\begin{bmatrix} X_2 \\ Y_2 \\ Z_2 \end{bmatrix} = \begin{bmatrix} 1 & 0 & 0 \\ 0 & \cos\omega_2 & -\sin\omega_2 \\ 0 & \sin\omega_2 & \cos\omega_2 \end{bmatrix} \begin{bmatrix} \cos\varphi_2 & 0 & \sin\varphi_2 \\ 0 & 1 & 0 \\ -\sin\varphi_2 & 0 & \cos\varphi_2 \end{bmatrix}$$
$$\times \begin{bmatrix} \cos\kappa_2 & -\sin\kappa_2 & 0 \\ \sin\kappa_2 & \cos\kappa_2 & 0 \\ 0 & 0 & 1 \end{bmatrix} \begin{bmatrix} x_2 \\ y_2 \\ f \end{bmatrix} + \begin{bmatrix} 1 \\ 0 \\ 0 \end{bmatrix} \quad (9.48)$$

となる．

このとき交会する点Pのモデル座標$P(X, Y, Z)$は，直線p_1P，およびp_2Pを表す次の式

$$\frac{X}{X_1} = \frac{Y}{Y_1} = \frac{Z}{Z_1} = k \quad (9.49)$$

$$\frac{X-1}{X_2-1} = \frac{Y}{Y_2} = \frac{Z}{Z_2} \quad (9.50)$$

より

$$k = \frac{Y_2}{X_1 Y_2 - X_2 Y_1 + Y_1} \quad (9.51)$$

$$X = kX_1 \quad (9.52)$$

$$Y = kY_1 \quad (9.53)$$

$$Z = kZ_1 \quad (9.54)$$

として求められる．

このようにして，傾きのある写真においても計算によって相互標定を行うことができ，**9.2.9**に示された鉛直な写真の場合と同様に，コンパレーターで測定された写真座標を立体座標であるモデル座標に変えることができる．

b) 絶対標定 (absolute orientation)

相互標定が完了すれば被写体と相似な立体モデルができ上がる．しかし，このモデルは被写体に対して3つの軸の周りの回転角$K, \varPhi, \varOmega$をもっており，またそのモデルが被写体をどれだけ縮尺したものであるかは不明である．

この被写体とモデルの間の回転角をなくし，さらに縮尺を決めることを絶対標定と呼んでいる．先に述べた相互標定およびこの絶対標定を行ったときのモデルのありさまを模式的に表したのが**図-9.51**である．

絶対標定を行うには地上での座標がわかっていて，しかもその点の像が写真に写っ

ているいわゆる標定基準点が必要である．その最小限必要な基準点の数は，モデルの水準面に対する傾き $Φ, Ω$ を決めるためには高さ Z のわかっている点が3点，モデルの平面的な回転 K と縮尺 M を決めるためには平面位置 X, Y がわかっている点が2点である．

このことを解析幾何学的に表現すれば次のようになる．相互標定の結果つくられたモデル上の点 P′ は，図-9.51のように投影中心 O_1 を原点とし，O_1O_2 方向が X' 軸で，$\overline{O_1O_2}=1$ とする座標系 (X', Y', Z') で表されている．この座標系は地上の座標系 (X, Y, Z) に対して各軸 X, Y, Z の周りに $Ω, Φ, K$ だけそれぞれ回

(a) 相互標定完了後のモデルとモデル座標系
(b) 絶対標定完了後のモデルと地上座標系

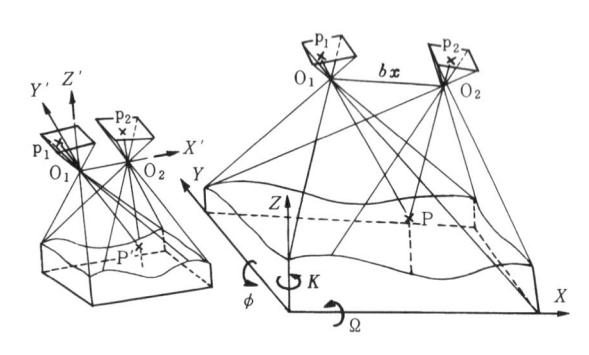

図-9.51 標定後のモデル

転しており，また縮尺も M 倍となっている．そのため P′ 点は地上の基準点 P に対応しているとすれば，2つの座標系の間には次のような関係が成り立つ．

$$\begin{bmatrix} X \\ Y \\ Z \end{bmatrix} = M \begin{bmatrix} 1 & 0 & 0 \\ 0 & \cos Ω & -\sin Ω \\ 0 & \sin Ω & \cos Ω \end{bmatrix} \begin{bmatrix} \cos Φ & 0 & \sin Φ \\ 0 & 1 & 0 \\ -\sin Φ & 0 & \cos Φ \end{bmatrix}$$
$$\times \begin{bmatrix} \cos K & -\sin K & 0 \\ \sin K & \cos K & 0 \\ 0 & 0 & 1 \end{bmatrix} \begin{bmatrix} X' \\ Y' \\ Z' \end{bmatrix} + \begin{bmatrix} X_0 \\ Y_0 \\ Z_0 \end{bmatrix} \quad (9.55)$$

ここで，(X_0, Y_0, Z_0) は投影中心 O_1 の XYZ 座標系での値である．

絶対標定はこの $M, Ω, Φ, K, X_0, Y_0, Z_0$ の7つのパラメータを求めることであり，そのためには地上座標の既知の点が3点，例えば (X, Y, Z) が既知の点2点と，Z が既知の点1点があれば，式(9.55)より7つの方程式をつくり，これを解くことにより決定することができる．

図化機により絶対標定を行うには，これらの標定基準点を図紙上に所定の縮尺でプロットして描画台上におき，相互標定されたモデルを図化機の基線長 b_x の調整により縮小または拡大し，同時に図紙を描画台上で平面的に回転させ，モデル内の基準点の位置がこのプロットされた基準点に合致するようにし，さらにモデル内の基準点

の高さがそれに対応する図紙上の基準点の高さに合致するように傾き Φ および Ω をモデルに与えればよい．実際の作業にあたっては，この絶対標定のための基準点は上に述べた必要最小限の数より2，3点多めに設けられ，信頼性を高めるように配慮される．

9.4.3 空中三角測量

写真測量においては，9.4.2に述べられたように絶対標定のため平面座標 X, Y の知られている点が2点以上，標高値 Z がわかっている点が3点以上，標定のための基準点として必要である．既設の基準点がこの必要数だけなければ，地上で三角測量や多角測量あるいは水準測量を行って新たに基準点を設置しなければならない．しかし，現地でのこれらの地上測量には多大の時間，労力を要し，経済上，能率上好ましくない．そこで，可能な限り少数の標定基準点を用いて多くの写真の絶対標定を効率的かつ正確に行う方法が要請される．空中三角測量 (aerial triangulation) は，9.4.2で述べた一対の重複写真の相互標定，絶対標定の原理を3枚以上の写真の標定問題へ拡張し，数多くの写真の絶対標定を順次あるいは同時に効率的に行う方法である．

図-9.52に示されるように数台の投影機をもつ実体図化機を想定してみよう．このような実体図化機において，端の投影機から順に連続する写真をかける．第1，第2の写真よりできる第1モデルをまず相互標定し，さらにこのモデル内にある標定基準点を用いて絶対標定する．ついで第3の写真の傾きと投影機間隔のみを調整して，第2写真との間で相互標定し，第2モデルをつくる．こ

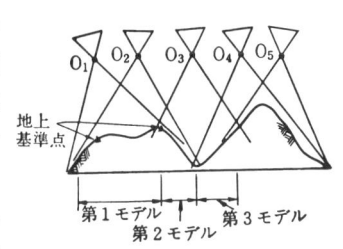

図-9.52　モデルの接続

れによりこの第2モデル内にたとえ標定基準点がなくても絶対標定がなされたのと同じようにモデルがつくられ，第1モデルとつながった形になる．このように，相互標定を繰り返すことによりモデルを結合させ，すべての写真を統一された座標系（コース座標系）に合わすことを接続標定 (successive orientation) という．しかもこの一連のモデルは，第1モデルに従って絶対標定された形になっている．接続標定による空中三角測量は，ちょうど片持梁の橋桁をブロックごとにつないで延ばしてゆく操作と似ているので，ブリッジング (bridging) と呼ばれている．

一般の実体図化機では投影機は2台しかない．しかし，例えばツァイスC8，プラニマートやウィルドA7のような一級図化機では，光学的あるいは機械的に投影光線の方向を変えてブリッジングが可能なようになっている．すなわち第1モデルを標定したのち，第1番目の写真を外してその投影機に第3番目の写真をかければ，左右

が逆となっても第2, 第3の写真の間で第2モデルがつくられるようになっている．そのため接続標定は第3の写真の傾きと投影機間隔を調整することによって行うことができる．

以上により，モデルに含まれる任意の点のモデル座標値を読み取ることにより，その絶対座標値を求めることができる．このことは，既設の標定基準点がなくても，各モデル内に自由に絶対座標既知の標定点を設けることが可能であることを意味している．これを標定基準点の増設という．

第1モデル以外の他のモデルに含まれる既設の標定基準点については，このモデルでの座標が求められ，それと既に知られているその点の地上座標との比較がなされる．これにより，接続されたモデルのもつ誤差をチェックすることができる．

実際には，一連のモデルは種々の誤差のためわい曲するので，この2つの値の間の食い違いは無視できない量となる．そのためすべての既設の標定基準点における誤差の二乗和が最小となるように，全体のモデルを主として二次式による写像変換により補正することが行われる．

この変換の計算を行うのであれば，初めから第1番目のモデルは必ずしも絶対標定をする必要はなく，相互標定のみが行われた第1モデルに，第2, 第3……を接続標定して一連のモデルをつくり，この一連のモデル内にあるすべての標定基準点を用いて，これらの点での食い違いの二乗和が最小になるよう，全体のモデルの傾きおよび縮尺を補正する計算を行って，一連のモデル全体について絶対標定することもできる．このような計算を行う場合は基準点の配置は必ずしも9.3.4で述べたような形でなくてもよく，一連のモデル全体の中に必要な点がまんべんなく配置されていればよい．

以上のような過程をたどって，すべてのモデルにそれぞれのモデルが単独で絶対標定がなされるに十分な数の標定基準点を増設する．

空中三角測量はこのように一級図化機を用いて行うことができるが，一級図化機なしでもコンパレーターにより標定点の写真座標を測り，それをもとにして数学的モデルをつくって，相互標定，接続標定および絶対標定を計算で行って標定要素を決め，任意の標定点の座標を求めて行うことができる．この方法を解析空中三角測量と呼んでいる．

これまでは，1コース内のモデルを結合して空中三角測量を行う場合（これをコース調整あるいはストリップ調整という）に説明を限定してきたが，一般には広い地域において幾コースにも渡って写真撮影がなされるため，これら複数コースの写真群を効率的に絶対標定する方法が必要になる．複数コースあるいはその写真群をブロックと呼び，ブロック内の全写真を順次あるいは同時に絶対標定することをブロック調整

(block adjustment) という．計算機が発達した現在では，ブロック調整を解析的な方法で行うことが可能になった．

ブロック調整では，コース，モデルあるいは写真を基本単位とし，単位間で共有される標定点(これをタイポイントと呼ぶ)と地上の標定基準点によって絶対標定がなされる．具体的な方法は，基本単位として何を用いるかによって，多項式法，独立モデル法，バンドル法に大別される．以下，これらの方法の概要を述べる．

① 多項式法(block adjustment by polynomials)：この方法では，接続標定されたコースを基本単位とし，隣接コースに重複して含まれるタイポイントと標定基準点を利用して多項式の座標変換によって絶対標定を行う．簡便な手法であるが，各コース内の相対座標を固定する方法であるので，コース調整で生じた誤差が蓄積することになり，精度は低い．

② 独立モデル法(independent model's method)：独立モデル法は，モデルを基本単位とする調整法である．すなわち，まず一対写真ごとに相互標定を行ってモデルを形成する．そして，これらの独立モデル群を，モデル間で共有するタイポイントと標定基準点を利用して同時に絶対評定する．モデル間の結合には，一般に三次元相似変換(ヘルマート変換)が用いられる．

③ バンドル法(bundle adjustment)：バンドル法は，個々の写真を基本単位とし，標定基準点やタイポイント(写真を単位とするのでパスポイントと同じ)の光束(バンドル)の共線条件からすべての写真の絶対標定を同時に行う方法である．原理的には，一対の重複写真の相互標定，絶対標定の原理を3枚以上の写真に拡張したものと言える．調整計算には，各写真の投影中心の位置と傾き(外部標定要素)のみでなく，画面距離，主点位置のずれ，レンズひずみなどに関連する内部標定要素を未知変量とすることも可能である．このように，内部標定と外部標定を同時に行うバンドル法を，セルフキャリブレーション付きバンドル法という．写真を単位とするバンドル法は，誤差理論の立場から最も厳密な方法であり，一般に最も高い精度が得られる．

なお，これまでの記述で明らかなように，バンドル法と独立モデル法は，3枚以上の重複写真を絶対標定する手法であり，ブロック調整に限らず，解析空中三角測量の汎用的な方法と言うことができる．

9.4.4 地形図の図化

写真の標定が終わると，図化機の中に被写体と全く相似な縮尺化された光学的モデルが形成されている．そこで，このモデルを観測して地形図を図化することができる．図-9.53はA7図化機を用いて図化作業を行っているところを示している．

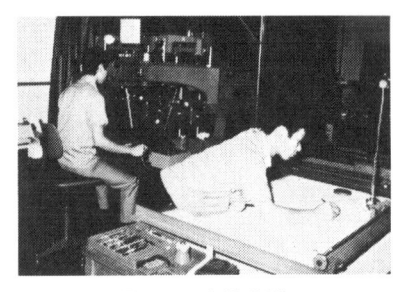

図-9.53　地形図図化

図化する縮尺は用いる空中写真の縮尺や図化機の性能によって制約を受けるが，一，二級A図化機を用いる場合，一般的にいって写真縮尺の5～1/2倍の範囲内である．図化作業は大別して，地物（道路，鉄道，家屋などの人工物や，土地利用，地類界などの自然物）を描く平面図化と，地形の等高線図化に区分することができる．すなわち，図化機のメスマークを描こうとする地物に常に接するように，地物の輪郭に沿ってメスマークを水平と鉛直方向に同時に動かすことにより平面図化が行われ，一方，図化機の高さ目盛を一定の値に保持しながら，地表面にメスマークが接するようにメスマークを平面的に動かすことにより等高線が描かれる．この場合，メスマークの動きの軌跡が，メスマークと連動したペンにより，図紙の上に地物の平面図や等高線として描き表される．

樹木の繁茂したような所では，地表面にメスマークを接触させることはできず，誤差の大きい等高線を描くことになるので，このような区域は後で現地での地形測量によって補うことが必要である．

9.4.5　地形図の編集および製図

図化機で描かれた地形図は図化素図とも呼ばれ，これを透写板を用いて図式に適合するよう編集素図に透写し，現地調査などで補測した成果を付け加えたり，地名などの注記を書き込むなどの編集作業を行う．また，編集素図を用いて，ポリエステルフィルム上に地形図原図と複製用ポジ原図を作成する製図作業を行う．

なお近年では，スクライビングシートと呼ばれる，薄い粘土状のスクライブベースでコーティングしたポリエステルフィルムを専用のカッターで彫ることで，印刷用の原版にすることがしばしば行われている．

9.4.6　写　真　図

a）モザイク写真

写真は中心投影されたものであり，正射投影に基づいてつくられた地図とは，幾何学的性質が異なるものである．したがって，たとえ鉛直に撮影された写真といえども，地図の完全な代用とはなりえない．

図-9.54　モザイク作業

9.4 地形図の図化　357

しかし図上で直接長さを読み取ったりするのでなく，その地域を概観したり，定性的な情報を得ようとしたりする場合には，空中写真をそのままつなぎ合わせてつくる写真図は極めて有用である．何枚かの写真をつなぎ合わせるとき，そのままでは写真のつなぎめで各写真に写る地物が大きく食い違う可能性があるので，写真のなるべく真中の部分を用いて，各写真のつなぎめで道路，鉄道，河川などの大きな地物にずれがないように貼り合わせる．**図-9.54**はその作業を示している．このようにしてつくられる写真図を略集成によるモザイク写真 (mosaics あるいは photo-mosaic) と呼ぶ．

b) 偏位修正

実際の空中写真はそれぞれ鉛直写真ではなく傾きをもっており，また縮尺も異なっている．したがって，個々の写真の傾きを修正してほぼ鉛直写真とし，かつ縮尺を一定にするように修正すれば，より精度の高いモザイク写真が得られる．これを厳密集成によるモザイク写真という．

傾いた写真を鉛直写真に修正し，かつ任意の縮尺に変換することを偏位修正 (rectification) という．**図-9.55**は偏位修正の基本的な原理を示している．この図からも明らかなように，偏位修正とは傾きのある写真平面から鉛直写真面への射影変換を行うことにほかならない．鉛直写真面を上下に移動させることにより写真の縮尺を変更することもできる．

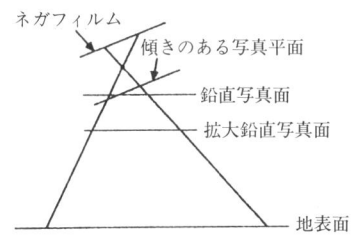

図-9.55　偏位修正の基本原理

偏位修正を行う方法には，解析的な方法，すなわち射影変換の未知パラメータを基準点に基づいて推定する方法もあるが，ここでは偏位修正機を用いる方法について概説する．偏位修正機 (rectifier) は，**図-9.56**に示すように投影面を上下に移動できるようにし，かつ2軸 (図の x 軸および y 軸) 周りに回転できるようにした装置である．さらに偏位修正機では，**図-9.57**に示すようにレンズ面の角

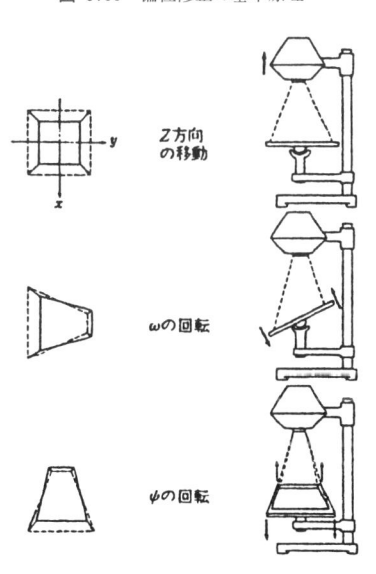

図-9.56　偏位修正機の投影面にいろいろな移動を与えたときの写真像のゆがみ (アルベルツ/クライリング：写真測量ハンドブックを参考)

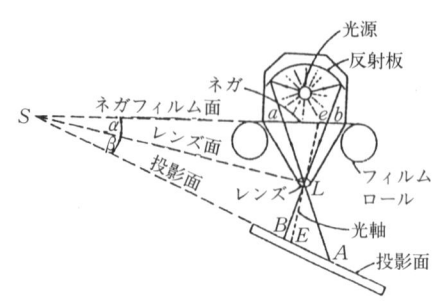

図-9.57 偏位修正機の基本構造

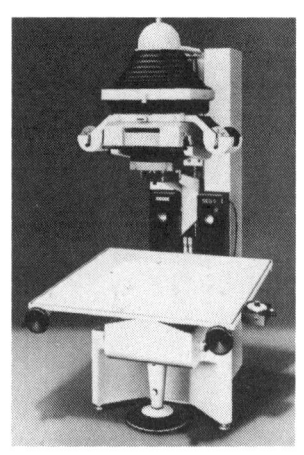

図-9.58 偏位修正機ツァイス SEG 5

度を任意に変更可能になっている必要がある．これは，ネガフィルム上の映像をレンズを通してある面に投影する場合，投影面全体で焦点のあった映像，すなわち投影面全体で鮮明な映像を得るためには，レンズ面，フィルム面および投影面が同一直線で交わる必要があるという条件を利用するためである．この条件は，1896年にオーストリアのシャインプルーク (Scheimpflug) が考案した原理であり，シャインプルークの条件 (Scheimpflug's condition) と呼ばれるものである．この条件を機械的に実現した図-9.57のような構造により，任意の傾きの写真を射影変換して鉛直写真に変換することができるのである．図-9.58は代表的な偏位修正機の概観を示す．

c) 正射写真図

傾いた写真は偏位修正によって鉛直写真に変換されるが，投影法は中心投影のままであり，地図に用いられている正射投影 (ortho projection) とは異なるものである．したがって，平坦な場所では特に大きな問題はないが，地形に起伏がある場所では写真の幾何学的な性質は地図のそれとはかけ離れたものとなる．このような歪みを除くため，中心投影された写真をあたかも正射投影された写真のように変換することを写真の正射変換 (orthophotography) といい，これにより作成された写真を正射写真あるいはオルソフォト (orthophoto) という．正射写真は地形図などと重ね合わせることができ，等高線その他の地図表記を写真上に描くことにより，地図としての機能をより十分に備えた写真図を作成することが可能になる．このようにして作成された写真図を正射写真図あるいはオルソフォトマップ (orthophotomap) という．

空中写真の正射変換を行う1つの方法はいわゆる等高線帯法による偏位修正である．この方法では，一定の等高線帯ごとにこの部分を基準の縮尺で投影するものである．**図-9.59**はこの過程を概念的に示している．このようにすれば各等高線帯ごとに偏位修正された写真ができ，これをすべての等高線帯について行えば，写真全面につ

9.4 地形図の図化　*359*

いて偏位修正された写真図が完成する．

　この等高線帯をさらに厳密にし機械化した方法が，**図-9.60**に示されるオルソフォトプロジェクターによる方法である．等高線帯法では，等高線帯ごとに偏位修正を行うのに対して，この方法では微少なスリットの部分

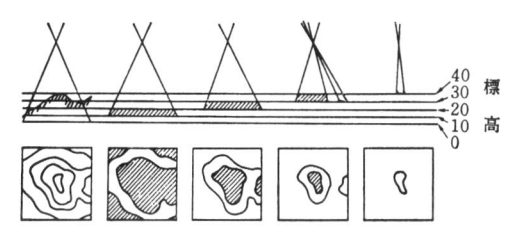

図-9.59　等高線帯法による写真図作製の過程
（武田通治：測量学概論より）

だけについて，その部分の平均標高に合わせて偏位修正した写真を焼き付ける．このスリットはモデルの全面を走査し（**図-9.61**），全体の写真を焼き付ける．**図-9.62**は，このようにして作成された正射写真に等高線を記載した正射写真図の例である．

　この方法によってもスリット内の部分については比高による像のゆがみは残るので，地図と同じような完全な正射投影図とはならない．しかしながらスリットは十分小さいので，通常はスリットの継目ごとでの像のずれは見分けられない程度のものである．オルソフォトマップは幾何学的厳密さと，写真のもつ豊富な情報の両者を兼ね備え，しかも地図のように図化作業を必要とせず，工程の短縮が図られるという大きな利点を有しているので，広く用いられている．

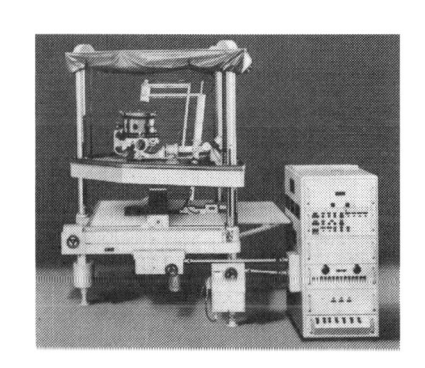

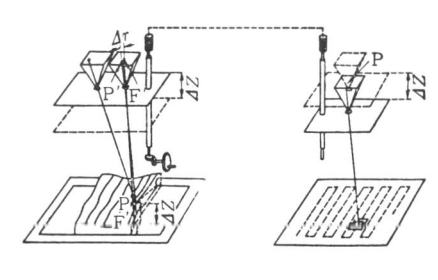

図-9.60　ツァイス オルソプロジェクター GZ 1

図-9.61　オルソフォトプロジェクターによる正射変換の原理（ツァイスカタログより）

図-9.62　正射写真図(オルソフォトマップ)

9.5　ディジタルマッピング

9.5.1　ディジタルマッピング概説[12),13)]

　実体図化機を用いた地図作成は，必ずしも効率的な作業であるとは言えない．特に，広域を対象とした標定作業の労力は膨大なものである．この標定作業を可能な限り効率的に行うため，**9.4.2**でも述べた標定要素を計算機によって解析的に求める，いわゆる解析写真測量(analytical photogrammetry)の概念が登場した．解析写真測量を図化機によって実現するためには図化機に計算機を組み込み，駆動系を計算機で制御する必要がある．このような設計思想に基づいて開発されたのが解析図化機(analytical plotter)である．

　ディジタルマッピング(digital mapping)とは，この解析図化機を用いて標定作業を効率化するとともに，ディジタル形式の図化データを取得し，その編集作業を経て，最終的にディジタル形式の地図データ(数値地図データ)を得る技術をいう．も

ちろん，従来の実体図化機に座標記録装置（エンコーダ）を接続すれば，ディジタル形式の図化データが得られるという点で，ディジタルマッピングが可能である．しかし，解析図化機を用いれば単体で数値地図データの取得が可能であることから，ディジタルマッピングの技術は，解析図化機の開発に負うところが大きいといえる．

実体図化機では地物の形状を正確になぞって図化を行うが，ディジタルマッピングでは地物を構成する主要な点を取得すれば，その接続関係の定義によって図化データが得られるため，図化・編集作業が効率的である．また，図化後の編集作業が多い小縮尺の地図より，道路などが実寸かつ真位置に記される1/2500程度以上の大縮尺の地図（国土基本図，都市計画図等）の作成に適していると言える．

作成されたデータは，都市計画策定支援等のため地理情報システム（第14章参照），近年普及が著しい自動車ナビゲーションシステムなどさまざまなシステムで利用可能である．また，地図データの一層の普及を図るため，システム間のデータの交換フォーマットとして標準化仕様が国土地理院を中心に定められ，わが国の標準的なデータ交換方式として用いられている．

また近年では，ディジタルマッピングからさらに進んだ技術として，空中写真をスキャナーなどによって数値化したデータや，CCDカメラや電子スチルカメラによって撮影した数値画像データを用い，画像処理によって自動的に標高値を算出したり，地物を自動認識して地図作成を行う，ディジタルフォトグラメトリィ（digital photogrammetry）の技術が開発されつつある．

なお，欧米では既成図をディジタイザーなどによって数値化することも含め，数値地図データを取得する技術を総称してディジタルマッピングと呼ぶことが多いが，わが国では，解析図化機による数値地図データの作成技術とディジタルフォトグラメトリィの技術をもって狭義にディジタルマッピングと呼ぶのが一般である．

9.5.2 解析図化機

解析図化機は，計算機を中心として，写真座標を読み取るステレオコンパレーターと自動製図を行うための静電プロッターなどがその周辺装置として組み合わされたものである．ステレオコンパレーターによりパスポイントの写真座標を測定すると直ちに相互標定計算がなされ，さらに標定基準点の座標を与えると絶対標定が行われて，写真の数学モデルが作成される．また，標定基準点の地上座標から直接相互標定と絶対標定を行うことを可能にする解析図化機もある．したがって，コンパレーターで任意の写真座標を読み取れば，その地上座標が直ちに計算され，またコンパレーターで地物や等高線を追跡すると，その軌跡上の各点の位置があらかじめ指定された距離間隔あるいは時間間隔で地上座標として求められ，これに基づいて自動製図機により直

ちに地形図などとして出力することができる．

解析図化機の特徴として，以下の点があげられる．

① 内部標定で指標の残存誤差の計測が可能：実体図化機では，写真を写真架台にセットするときに4つの指標の位置をあらかじめ指定された部分に一致させる必要があった．これは熟練を要する作業であったが，解析図化機では写真架台の任意の位置にセットし，その後指標位置を計測すれば自動的に指標の残存誤差が最小になるよう，機械座標から写真座標への変換式を求めることができる．

② 空中三角測量が容易：解析図化機はコンパレーターの機能も有しているため，測定された基準点などの写真座標と地上座標を空中三角測量用ソフトウェアに入力すればよい．

③ 効率的な外部標定（相互標定・絶対標定）が可能：地上座標を求める方法には，相互標定を行い写真座標からモデル座標への変換式を求めた後，絶対標定により基準点とモデル座標値とから地上座標への変換式を求める方法と，基準点などの写真座標と地上座標から外部標定により直接変換式を求める方法とがあるが，いずれの方法でも，外部標定に要する時間は大幅に短縮できる．

④ 座標を数値として取得することが可能：指示した任意の地点の三次元座標を取得することが可能である．

⑤ 図化が終了した部分を確認しながら図化作業を進めることが可能：実体図化機においては，図化が終了した部分を描画台で確認しながら作業を行っていた．一般的には，描画台と図化機の位置が離れているため，図化作業には図化を行う作業者と描画台で図化を指示する作業者が必要であった．しかし，解析図化機では，作業者が見やすい位置にディスプレイを設置し図化の状態を確認できるだけでなく，写真投影像上に図化データを光学的に表示する機能（スーパーインポーズ機能）を付加することも可能であり，図化作業者だけで図化の終了した部分を確認することが可能である．

⑥ さまざまな投影による写真の標定・図化が可能：通常の実体図化機は中心投影の写真を標定できるだけであるが，座標変換のソフトウェアを追加することでさまざまな投影法に基づく写真の標定が可能である．例えば，スポット衛星のHRV（CCDラインセンサー）による出力画像のステレオペアを用いる場合（**10.3**参照），専用の座標変換ソフトウェアを導入すれば図化することが可能である．

⑦ 図式記号を自動図化することが可能：図式記号をフォントとして登録すれば，指示した位置に図式記号を図化することができる．

表-9.3 主な解析図化機の仕様と性能

機種	光学系倍率 ×	浮標サイズ (μm)	最小読定単位 (μm)	測定精度 (μm)
SD 2000 (ライカ)	3～18	25～140	1	5
BC 3 (ライカ)	6～20	25 または 40	1	2
P 3 (カールツァイス)	5～20	36 または 72	1	2
P 2 (カールツァイス)	7.5～30	30 または 60	1	2
TRASTER T15 (マトラ)	10, 17, 27	40	1	2

　現在普及している主な解析図化機の仕様，性能をまとめたものを表-9.3に示す．またこれらのうち，代表的な機種であるSD 2000およびP 3をそれぞれ図-9.63および図-9.64に示す．解析図化機は当初は高価な機器であったが，現在では実体図化機より安価なもの(2 000～3 000万円程度)がほとんどである．また解析図化機は，作業を効率化できる点でも，熟練を要しない点でも，また維持管理が簡単な点でも実体図化機に比べて勝っており，現在では解析図化機が図化機の主流になりつつある．

図-9.63 解析図化機 SD 2000 (ライカ)

　わが国におけるディジタルマッピングは，1983年(昭和58)より始められたが，平成6年度までに約5 600 km²の地域の国土基本図あるいは都市計画図がディジタルマッピングによって作成されている．

9.5.3 ディジタルテレインモデル

　伝統的な等高線による地形表現は，地図においては最も便利でわかりやすい方法であるが，地形データを計算機によって処理する際には必ずしも適当な方法ではない．

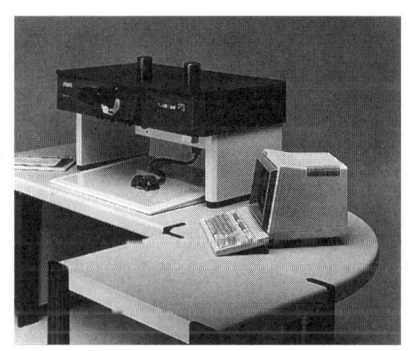

図-9.64 解析図化機 P 3 (カールツァイス)

　例えば，道路などの路線設計において等高線から土工量を算定する場合を考えてみよう．土工量は，一般的に路線の平面設計，縦断設計が定まったところで，地形図上

で横断面を切り，等高線から必要な高さを読み取り，これを横断図の形で方眼紙などにプロットして，その面積を測定することで求められる．この方法は簡単であるが，多大な労力と時間を要するため，多くの代替路線について土工量を求め比較検討することが困難である．これらの代替路線から最適なものを効率的に見いだすためには，ある一定の範囲内で自由に路線を変えてみても，地形の測定をやり直すことなく，その路線についての縦横断地形が得られ，直ちに土工量を求めることを可能にする必要がある．

このような目的のため考えられたのが，ディジタル テレイン モデル (digital terrain model : DTM) である．DTM は，規則的あるいは不規則に配列された地上の点の平面座標と標高を計算機に管理するものであり，解析の容易さから，ディジタルマッピングによる地図作成においても DTM によって地形の情報を整備することが認められている．

DTM の表現方法はさまざまであるが，その中でも代表的なものを以下に述べる．

a) スキャンラインモデル (scan line model)

ある間隔ごとに断面を切り，この断面をその上の点の距離と標高で表現するものである．この最も単純な形が格子状のグリッド各点の標高を測定・記録するいわゆるメッシュ法である．スキャンニングの間隔が比較的大きい場合，地形の詳細な起伏が十分表現できなくなる可能性がある．このような場合，重要な地性線に沿って点を加えることが必要となる．

b) 地性線モデル (basic relief line model)

地形変化が顕著な地性線に沿って点を取り，その座標を測定・記録する方法である．しかし，どの地性線や地性線上の点を選定するかは観測者の判断に頼らねばならず，一様な精度での表現が難しい．さらに，これを徹底させて乱数発生により全くランダムに点を設定する方法も考えられるが，重要な点が脱落したり，不要な点を多く取ったりする可能性がある．

c) TIN モデル

面上に不規則に標高値を取得し，それらの点を図-9.65のように三角形の頂点として地形を表現する方法．一般に，TIN (Trianglated Irregular Network) と呼ばれる．この方法は取得密度を変えることが可能であり，単純な地形の場所でデータの効率化を図り，地性線などの精密なデータが必要な部分でデータを多く取得できるという特徴がある．また，傾斜などの計算を効率的に行うことができる．

DTM を構成するための数値地形データを得るには，解析図化機によって必要とする地点の平面座標と標高を順次記録していくのが一般であるが，これを自動化する試

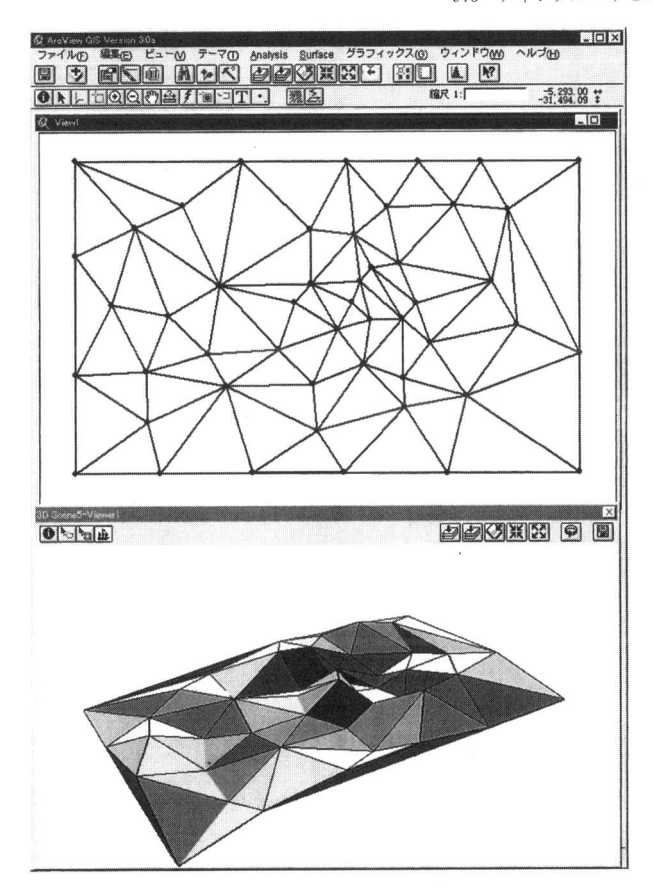

図-9.65 TIN による地形表現の例

みもなされている．例えば，ライカ社の解析図化機 BC2 では，あらかじめ地形データを取得する地域の範囲や方向，および距離間隔などを指定しておけば，自動的に取得位置を移動させその座標と標高値を記録していくことができる．一方，メッシュ単位の標高データを作成するような場合には，各地点での高精度な標高計測を必要としないため，既製の地形図から等高線を数値化し，適当な内挿補間法によって標高データを自動作成するという方法も利用される．現在，全国レベルで整備されている最も詳細な DTM である 50 m メッシュ標高データ (基本図数値情報) はこの方法により作成されている．その他近年では，**9.5.5** で述べるように，ディジタルフォトグラメトリィ装置を用いたステレオマッチングによって自動的に標高データを取得することも

可能になりつつある．

DTMは，先に述べた道路設計等の土木設計のほか，第14章に述べる地理情報システムの普及と相まって，都市計画等に際しての景観設計や河川の流域解析など，広く多方面に応用されている．

9.5.4 ディジタルマッピングの標準化[12),13)]

解析図化機で取得された図化データは，一般的にCADなどの図形処理ソフトウェアを用いて編集処理される．図形処理ソフトウェアに要求される基本機能の例をまとめたものを**表-9.4**に示す．また，行政界等，既存の資料から得られるデータは別途ディジタイザーで入力され，図化データとまとめて最終的なデータが作成される．

図化データの編集に用いられるシステムは多数販売されており，例えば，マップキャド，インターグラフ，コンピュータービジョン，NIGMASなどがあげられる．しかし，地図データの編集はシステム独自のフォーマットで行われるため，異なるシステムを用いて作成されたデータを併用したり，あるいは別のシステムを用いて作成されたデータを修正する場合に，データの互換性を保つ必要がある．そのため，地図データの作成方法およびデータ交換の標準化を目的として，1988年(昭和63)に国土地理院を中心にディジタルマッピング作業要領が作成された．作業要領に規定される標準化データ仕様の考え方は以下のとおりである．

表-9.4 地図編集システムにおける主な図形処理機能

	機能概要		機能概要
図形生成	点または記号の生成	図形編集	図形の回転
	線の生成		図形(建物等)の直角補正
	円または円弧の生成		指示図形のハッチング
	その他の曲線の生成	文字編集	注記，記号の表記および編集
図形編集	図形の切断	その他	図形をレイヤごとに管理
	図形の接合		図形の表示領域・カテゴリーの指定
	図形の移動，回転		図形データの読込み・保存
	図形のコピー，消去		ディジタイザーから図形の入力
	指示図形のハッチング		図形データのフォーマット変換
	図形の属性変更		メニューの追加

a) レコード構成

標準化データは以下のレコードから成る階層構造により作成する．

i) インデックスレコード　　平面直角座標系，測量計画機関名などから構成される．座標系が同じ地図群のヘッダーレコードである．

 ii) 図郭レコード　　図郭番号，名称，地図情報レベル（下記 b) 参照），範囲を示す座標値などから構成される．1枚の地図のヘッダーレコードである．

 iii) グループヘッダーレコード　　地物の種類を表すヘッダーレコードであり，表現分類コード（下記 c) 参照），地物の個数（すなわち要素レコードの個数）などから構成される．

 iv) 要素レコード　　1つ1つの地物の属性を表すレコードであり，表現分類コード，下位の座標レコードの座標値の個数，代表点の座標値などから構成される．点データの場合はこの要素レコードまでであり，座標レコードは伴わない．

 v) 座標レコード　　地物を構成する点の座標値で構成される．一般的には X, Y, Z の三次元座標であるが，等高線の場合には要素レコードの属性に数値を記載し，X, Y の二次元座標で表す．

b) 地図情報レベルによる精度の管理

　地図は地上の実態を一定の縮尺で表現したものであり，この縮尺が地図の精度や表示内容を間接的に示す指標である．一方，ディジタルマッピングにより取得された座標値は，縮尺によらない地上座標であり，また細かな地物も取得可能であることから，地図で表現する場合の精度や内容を示す指標として，「地図情報レベル」が導入されている．地図情報レベルは縮尺の逆数で表され，例えば地図情報レベル2500とは 1/2500 地形図と同等な精度・内容であることを示す．

c) 表現分類コードによるデータ管理

　表現分類コードは，地図に描かれた地物の属性を表すコードで，国土基本図では4桁の数値として表される．このうち上2桁はレイヤコードと呼ばれ，大まかな属性（例えば，行政界）を表し，下2桁はレイヤコードを細分化した属性（例えば，都道府県界等）を表す．

9.5.5　ディジタルフォトグラメトリィ[14,15]

　ディジタルフォトグラメトリィ (digital photogrammetry) とは，解析図化機を用いたディジタルマッピング技術をさらに進歩させ，数値形式の空中写真（数値画像データ）を用いて半自動的に図化を行う技術である．

a) 数値画像データの取得

　数値画像データの取得方法としては，CCDカメラや電子スチルカメラで撮影して直接取得する方法，ビデオカメラで撮影されたアナログ画像を数値化する方法，フィルムカメラで撮影されたフィルムをスキャナーなどで数値化する方法に分けられ

る.現在では,電子スティルカメラやビデオカメラの画質では判読に不十分であること,CCDカメラでも完全に位置ひずみのない画像データを取得することが困難であることなどの理由で,フィルムをスキャナーで数値化する方法が一般的であるが,今後の技術開発によりCCDカメラなどによって数値画像データを直接取得することも十分可能になろう.

b) ディジタルフォトグラメトリィの概要

ディジタルフォトグラメトリィ技術は大きく2つの分野からなる.1つは,ステレオマッチング(stereo matching)による標高データの自動取得,もう1つは地物・植生などの自動認識である.

i) ステレオマッチングによる標高データの取得 ステレオペアの空中写真の視差には,写真の傾き(飛行機の傾き)によって生じる縦視差と標高の違いによって生じる横視差がある.ステレオマッチングとは,標定作業によって縦視差を消去した後,左右写真の対応点に存在する横視差を写真全体にわたって解析的に求め,標高を自動的に計測する方法をいう.

ステレオマッチングの主要問題は,左右写真の数値画像データから左右写真間の対応点をいかに見いだすかである.現在のところ,この方法は相関法によるマッチングと特徴ベースのマッチングに大別される.相関法によるマッチングとは,あらかじめ相関窓で検索範囲を指定し,左右画像の対応点を画像値(画像の色濃度)の相関係数などで求める方法である.この場合,最初粗い画素で検索を行って対応点の位置を絞り込み,順次細かい画素で検索を行い位置を特定するコーストゥファイン(coarse to fine)法がしばしば用いられる.一方,左右画像に共通する特徴のある部分,すなわちエッジ部分やスポット部分を基準にして左右画像を対応づける方法が特徴ベースのマッチングである.実際には対応候補点が多くなり,誤った対応点の検出が避けられないため,相関法を組み合わせて用いることが多い.

これらの方法を用いて左右画像の対応点が得られると,左右の写真座標から標高を求めることができる.これは **9.2.9** に述べたように,求めたい地点の写真座標を (x_{1A}, x_{2A}),基準高の地点の写真座標を (x_{1B}, x_{2B}) とすると,基準高からの比高差 h は撮影高度を H として,

$$h = \left(\frac{1}{x_{1A}-x_{2A}} - \frac{1}{x_{1B}-x_{2B}}\right)(x_{2B}-x_{1B})H \tag{9.56}$$

で表される.

ii) 画像の自動認識技術の現状 画像値の分布をあらかじめ登録しておいた地物のパターンなどと比較して最も可能性が高い地物に分類したり,あるいは画像の輝度値から直接分類するといった方法が中心である.建物についてはパターンを数多く

登録すれば，ある程度判別が可能であると言われている．分類・判別の具体的な方法としては，リモートセンシングデータの分類法 (**10.6** 参照) と同様に，最尤法などの統計的な手法が用いられるのが一般である．

c) ディジタルフォトグラメトリィ装置

フィルムのディジタル化から標高データの作成までを行うディジタルフォトグラメトリィ用ワークステーションとしては，カールツァイス社とインターグラフ社が共同で開発したフォトスキャン (**図-9.66**)，ライカ社で開発された DSW・DPW などが代表的な機種である．これらの機種は大まかにスキャナー部，図化用ワークステーション部からなり，解析図化機同様，標定，空中三角測量，スーパーインポーズによる地形図修正などを対話的に行うことが可能であるほか，DTM の作成，地図の背景図として利用可能な数値正射写真画像の作成，DTM からコンターを発生させたり鳥瞰図を作成することができる．

しかし，現在開発されているシステムでは画像の自動認識はほとんど行うことができず，現状では標高データの取得にとどまっている．また標高データの取得に当たっても隠蔽部分，陰の部分，水部など数値的に解析することが困難な部分があること，DTM を用いて作成した等高線は滑らかではなく見づらいことなどの問題がある．今後，人工知能によるパターン認識技術が進展することにより，地物の自動認識が可能になることが期待される．

図-9.66 フォトスキャンシステム (カールツァイス)

9.6 地上写真測量 (terrestrial photogrammetry)

9.6.1 地上写真測量概説

地上写真測量とは，地上の2点から撮影した写真を用いて行う写真測量で，ダムサイトなど空中写真からでは撮影しきれない地点の地形測量などのほか，構造物の変位測定や史跡，文化財の調査や記録保存のためなどに広い応用範囲をもつものである．空中写真測量と比較して被写体までの距離が短いことから，近接写真測量 (close range photogrammetry) と呼ばれることもある．

地上写真測量は空中写真測量と原理的には変わるものではないが，その撮影カメラを地上に設置するので，空中測量にはない種々の特徴をもっている．

空中写真測量では撮影位置がわからず、また写真面も任意の傾きをもっている。そのため、これらの標定要素を **9.4.2** で述べたように撮影された写真から求めなければならない。これに対し、地上写真では撮影カメラの位置ならびに撮影方向はあらかじめわかっているので、標定作業もいたって簡単である。また空中写真ではカメラが航空機とともに移動するので、それによるブレを防ぐため、露出時間は数百分の1秒のオーダーであることが必要であり、このためレンズを明るくし、またフィルムの感光度も高くしておかなければならないが、地上写真ではカメラは動かないので露出時間を長くでき、したがってレンズもそれほど明るくする必要がなく、フィルムも感光度の高いものよりも粒子が細かく解像力のよいものを用いることができる。また重量はあまり問題にならないし、撮影間隔も適当に選べることが多いので、ロールフィルムでなく伸縮の少ないガラス乾板を用いることができる。空中写真では撮影基線長と撮影高さの比(これを基線比と呼ぶ)は1/2〜1/15ぐらいでおおよそ一定であるが、地上写真ではこの基線比にあたる撮影基線長と奥行の比は、近い場所と遠い場所により1/40〜1/4ぐらいまで大きく変化する。したがって、奥行についての精度は近い場所と遠い場所では大きく異なる。

9.6.2 地上写真の撮影

地上写真測量の場合には、その撮影の仕方に**図-9.67**に示すような3つの方法がある。

① 両カメラの撮影軸が撮影基線に対して直角になるようにして撮影する方法で、最も広く使われる〔図-9.67(a)〕。

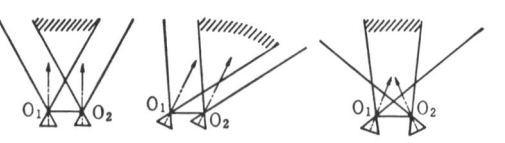

(a) 直角撮影　(b) 偏角撮影　(c) 収れん撮影

図-9.67 地上写真の撮影法

② 両カメラの撮影軸を撮影基線に対して同量の角度だけ左または右に水平偏角して撮影する方法である〔同図(b)〕。

③ 両カメラの撮影軸を撮影基線に対してある角度だけ内側に向けて、すなわち水平収れん状態で撮影する方法でカメラの光軸は互いに交差する〔同図(c)〕。このようにすると撮影基線長が長くなったときと同じ結果になるので高い精度が得られる。

地上写真の撮影では単独なカメラを用いる場合と、ある距離を隔てて設置された2個のカメラを固定して同時に用いる場合とがある。前者はダム地点や山岳地の地形図作製など、被写体が不動のものの撮影に用いられ、被写体までの距離に応じてそのカメラ間隔は自由に変えられる。このカメラは、暗箱タイプのカメラの上にセオドライ

トなどの方向を決める測角儀（経緯儀）がのせられているので写真経緯儀（フォトセオドライト）と呼ばれているが，カメラとセオドライトの作動は同時または別々に行われる機構になっている．撮影軸に対して，カメラの角度は任意の水平角度をとりうるものと，ある一定の角度しか振れないものとがある．カメラとセオドライトは一体になって三脚の上に取り付けられ，撮影軸を水平にする気泡管がついている．適当に決められた基線の両端に三脚をセットし，その一方の三脚上に写真経緯儀，他方にターゲットを置き，カメラ方向と写真軸の関係をあらかじめ決めたうえで，カメラ付属セオドライトでターゲットを視準することにより，一定または任意方向の撮影が可能となる．次に写真経緯儀とターゲットを取り替えて撮影すれば，一対のステレオペアーの写真が得られる．図-9.68は写真経緯儀ウィルドフォトセオドライトを示している．

図-9.68 ウィルドフォトセオドライト

2個のカメラを用いる場合は，カメラは1本の基線桿の両端に取り付けられ，そのカメラ軸は基線に対して直角方向に固定されているのが普通である．このようなカメラはステレオカメラと呼ばれる．ほとんどのステレオカメラの基線間隔は40 cmまたは120 cmに固定されているが，特殊な型のものはその基線間隔が変えられるようになっている．カメラの基線桿の中央を三脚の上に固定して，全体を適当な高さに手動ハンドルでリフトし，全体を適当な方向に向けて撮影を行うことができる．カメラ撮影軸は普通は水平で撮影するが，カメラをある角度だけ傾けて撮影できるようになっているものもある．カメラの焦点距離は一般に55〜65 mmの範囲である．図-9.69に示されているのはツァイス SMK 120であるが，これは焦点距離65 mmで$f=11$のレンズをもち，90×120 mmの乾板が挿入されるカメラで，基線間隔は120 cmとなっている．撮影有効範囲は5〜40 m程度である．

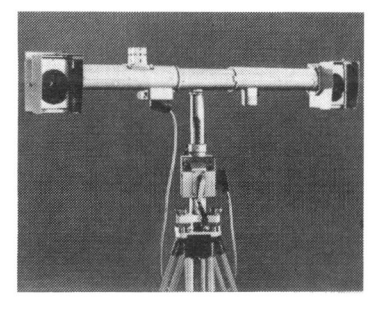

図-9.69 地上写真ステレオカメラ ツァイス SMK 120

地上写真測量においてもモデルの縮尺と傾きを決めるために，一般に最小限1モデルに3つの標定基準点が必要である．これらの点の座標を前もってなんらかの方法で測量して決めておき，標識を設けておかねばならない．

9.6.3 地上写真の図化

　地上写真測量と空中写真測量は，原理的には撮影の方向が違うだけで他は全く同じである．すなわち，空中写真では Z 軸が実際の高さの方向であるのに対し，地上写真では高さの方向が Y 軸で，Z 軸は奥行方向になっている．そのため真横にとった地上写真から平面図をつくるときには，Y 軸の動きを固定して X 方向と Z 方向にメスマークをモデルの表面に沿って動かさねばならない．しかし，先に述べた A 7 や C 8 のような一級図化機におけるように Z と Y のハンドルを切り替えられる構造の機械を用いれば，X と Y 方向にハンドルを動かせることにより，メスマークの動きは自動的に描画台の上に平面図を描きだす．このような構造の機械でハンドルを切り替えることなく，Z を固定してメスマークを動かすと，その軌跡は撮影基線に平行に切った断面図を描くことになる．地上写真測量専用の図化機では，もともとハンドルとメスマークの動きの関係を A 7 や C 8 での切り替えた状態に固定して設計されており，2 つのハンドルを動かせば実際の奥行方向と撮影基線の方向にメスマークは移動し，平面図が描かれるようになっている．**図-9.70** は地上写真図化機の 1 つツァイステラグラフを示している．

　図化機での標定は，地上写真の場合は撮影位置や方向がわかっているので極めて簡単であり，平行撮影の場合は図化機の写真架台の傾きを水平にして写真をかければ，

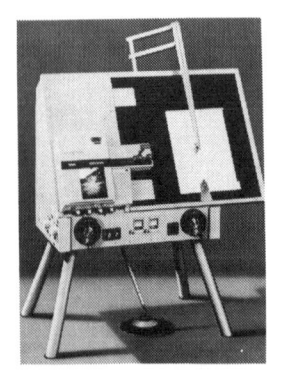

図-9.70 地上写真用図化機ツァイステラグラフ

図-9.71 急斜面の地上写真測量（パシフィック航業カタログより）

縦視差はほとんどないはずである．しかし，図化機の調整誤差などのためある程度の縦視差は残るので，標定要素を少し動かしてこれを消去する必要がある．

図化を行う要領は空中写真の場合とほぼ同じであるので，ここではその説明は省き，図化された成果の一例として，空中写真からは撮影できない急峻な斜面の地上写真測量によって作製された地形の測面図を図-9.71に示しておく．

9.7　写真測量の応用

写真測量は地図作製の分野においてだけでなく，今日は広範にわたる分野で利用されている．本節では，それらのうち直接に土木工学に関連をもつものについてのみ概説する．

写真測量は被写体の撮影時の状態を記録し，それを再現する1つの情報処理手段である．したがって，いずれの応用分野においても写真測量のこの機能が利用されるのであるが，これに加えて写真測量のもつ独特な性質が応用されている．以下にその特徴がどのような分野で用いられているかを示すことにする．

9.7.1　三次元的測定

立体的位置の測定は，他の測定方法と比べて写真測量特有のものである．そのため地形測量をはじめとして複雑な形状をなす物体の測量が写真測量によりなされる．建造物，史跡文化財の記録や調査，種々の構造物の立体的な変位の測定などがこれであって，主に地上写真測量によって行われる．

図-9.72はその一例であって，地上写真測量により測定，図化した結果を示している．

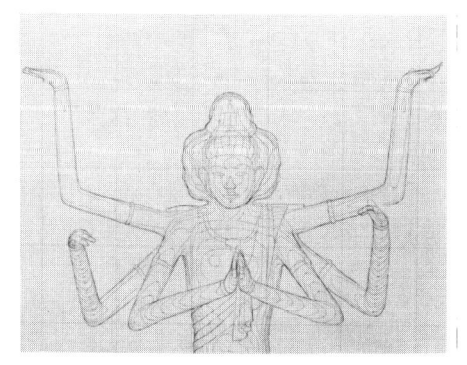

図-9.72　写真測量による記録

9.7.2 上空からの広範囲にわたる調査

空中写真は広域にわたる地表の状態を巨視的にとらえることを可能にする．したがって，地形，地質の判読とあいまって，交通路の路線選定，ダムなどの水利施設の位置選定などに広く利用される．

道路や鉄道の概略の路線選定の段階では，主として反射実体鏡のように簡単に実体視ができる器械が用いられる．さらに詳細に各種の社会的，自然的条件を調べて可能な路線を地形図あるいは写真図上に設定していく段階では，先に9.4で述べたムルティプレックスやバルプレックスあるいはダブルプロジェクターといった余色の図化機を用いると非常に効果的である．対象としている地域の空中写真をこれらの図化機にかけて，光学的なモデルを，しかも，描画机上においた地形図に重なり合うようにしてつくる．この光学モデルを観察し，路線位置を制約する種々のコントロール条件を調べながら，可能な路線をこのモデルの下に重なっておかれている地形図の上に書き込んでいく．このことは，ちょうど地形の立体模型を使って路線を選定する，あるいは空から地上を見て路線を選定していくのと同じことを可能にしているといえる．特にここにあげたような図化機を用いる場合，余色眼鏡さえかけていれば，何人でもその光学モデルの周りに集まって，この立体モデルを観察し検討しながら路線を決めていくことができる．また必要に応じて，各地点の標高など数量的な測定も同時に行うことができる．

9.7.3 瞬間の記録

写真は被写体の瞬時の状態を記録する．したがって，動的に変化する現象や川の流れの調査をはじめとする移動する物体の測定，あるいは災害の記録などへの応用面をもつのは，主としてこの特質によるものである．

このような時間的変化をもつ被写体の状態を測定するには，位置の測定とともに撮影時間間隔の測定もなされねばならない．高い精度が要求される場合にはシャッターの作動に連動する時刻測定装置が利用される．

移動する物体の速度を測る場合，実体観測するとその速度の大きさが実体モデル上では高低差として現れるという，いわゆるカメロン効果を応用することもある．

いま図-9.73に示されるように，飛行速度 V で道路に沿って飛ぶ航空機より空中

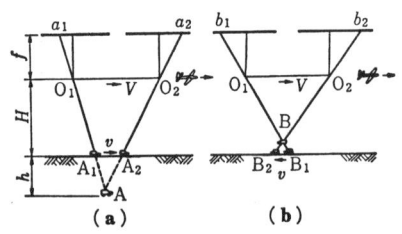

図-9.73 動く被写体の浮き沈み効果

写真を撮影したとする．道路上を航空機と同じ方向に速度 v で走っている自動車 A は写真 1 では a_1 に，写真 2 では a_2 に写る．この写真を用いて道路や周囲の建物が立体像を結ぶように標定し観察すると，自動車 A は道路より沈んでいるように見える．図-9.73(a) はこの関係を示している．同様に図-9.73(b) に示されるように航空機の飛行方向と逆方向に走る車 B は道路より浮いて空中にあるかのように見える．こうした現象の起こる理由は，これらの図を見れば明らかであろう．

このとき，この浮き沈みの高さ h は次のようになる．

すなわち，写真 1 と 2 の撮影の時間間隔を t とすると $\overline{O_1O_2}=Vt$ となり，$\overline{A_1A_2}=vt$ であるから，撮影高度を H とすると，

$$\frac{H+h}{Vt}=\frac{h}{vt} \tag{9.57}$$

よって

$$h=\frac{v}{V-v}H \quad \text{または} \quad v=\frac{h}{H+h}V \tag{9.58}$$

となる．写真の縮尺を知って撮影間隔 $\overline{O_1O_2}=B$ を求めておけば

$$v=\frac{h}{H+h}\frac{B}{t} \tag{9.59}$$

とも書ける．

したがって，V と H，または B, t と H を求めておくと，浮き沈みの高さ h を測ることにより上式から自動車の速度 v を求めることができる．

多くの車が道路上を走行しているこうした写真を眺めれば，速い速度の車の浮きまたは沈みは大きく，遅い車のそれは小さいので，速度の分布を一見して知ることができる．

この方法を特に川や海での表面流速の測定に用いると，流速の平面的な分布のありさまが水面の高低差の形で観察でき，極めて興味深い．

図-9.74 交通事故現場の写真

瞬時の記録ではないが，迅速に記録をするという写真測量の特徴を利用したものが，図-9.74 および図-9.75 に示されるような交通事故の現場の調査である．

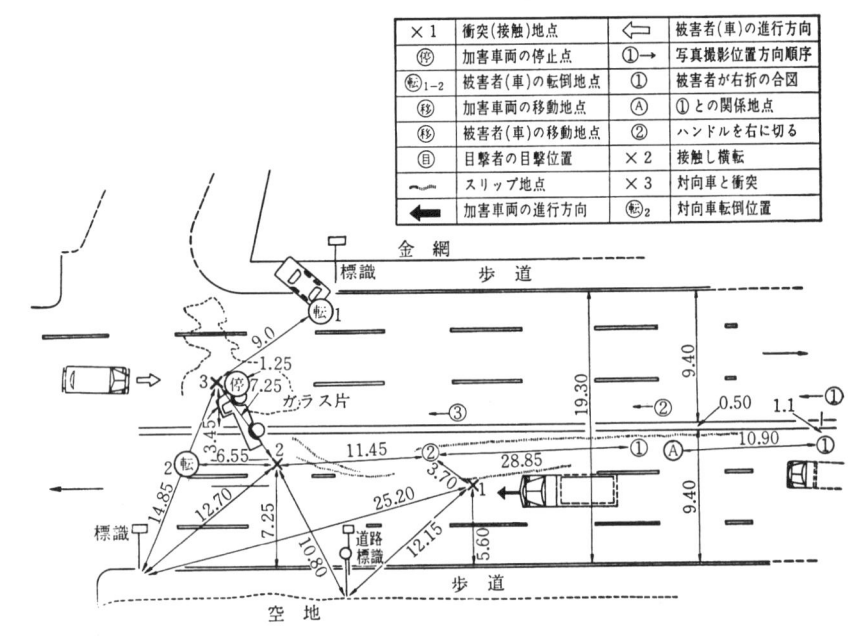

図-9.75 写真をもとに図化した平面図(アサヒ光学提供)

9.8 写真判読

9.8.1 写真判読概説

写真判読(photo interpretation)は,主として空中写真上に示される被写体の種類に関する質的情報を定性的にとらえる技術である.

空中写真判読は,2つの段階を考えることができる.第1段階は写真から直接観察し読み取ることであり,第2段階は直接観察されたものから,帰納的にまたは演繹的に必要な情報を判定または推定することである.前者の判読は,例えば,地形図作製に際して田畑の種類や道路の舗装状態などを写真より読み取る場合など広く用いられるものである.後者のものは狭義の写真判読であり,専門的な知識と経験が要求され,地質を写真から判別したりする場合などに用いられる.

空中写真判読の利点としては,次のような事柄をあげることができる.

① 短期間に広域にわたる情報を入手することができる.
② 対象地域を総合的にさまざまな情報の組み合わされたものとしてとらえることができる.

③ 現地に直接立入ることが困難な場合でも情報を得ることができる．
④ 原情報は写真として正確に記録され保存される．

しかし，次のような欠点ももつ．

① 一般に相対的な判別しかできないので，現地調査またはそれに代わる他の基準となる情報を必要とする．
② 直接的には表面，または表面近くのものの情報しか得られない．
③ 写真の色調とそれによって構成されるパターン，および立体的な形態を媒体として判読するので，これらで表現されない対象は判読することができない．
④ 一般に航空機を利用し，写真という検知記録方法をとるため，天候や太陽高度に左右されやすい．

9.8.2 写真判読の一般的方法

判読に用いられる写真には種々のものがあり，それぞれ**表-9.5**に示されるような対象の調査に主として用いられる．

空中写真には，地表の状態が色調（濃淡，カラー写真では色彩），像の形と大きさ，キメ (texture)，パターンとして記録されている．そして例えば地質判読の場合には，色調，キメのほか写真上に見いだされる水系模様，植生型，地形，線状構造などが判読に際しての重要な要素となる．

表-9.5

種 類	主 な 判 読 対 象
パンクロ写真	形態を判読要素とするもの，地質，植物など
赤外線写真	植物や水の判読
カラー写真	色が判読要素となるもの
赤外カラー写真	植物の種類や活力の判読
マルチスペクトル写真	広範な利用面をもつが，特に植物の判読
熱映像	温　度

これらの諸要素の判読結果を比較検討することにより，地表の性状を分析し，岩質や構造などの地質状態を分類し判定がなされる．

空中写真の判読の一般的な手順は次のようである．

① 撮影計画：目的の設定，写真縮尺の決定，写真の種類，範囲，レンズの選定などを行う．
② 撮影と写真の作成

③ 判読基準の作成：判読項目の写真的特徴を判読の要素に従って整理する．
④ 判読：判読基準をもとに，広域の判読と部分的，重点的な判読を行う．
⑤ 現地調査：判読結果の確認，照合，補足，訂正などを行う．
⑥ 整理：現地調査の資料をもとに再び判読を行い，結果のまとめを行う．

9.8.3 地物および土地利用の判読

建造物や道路などの人工構造物，地形，植生や土地利用などを空中写真から判読することは，地図作成に際しては量的な測定に勝るとも劣らない重要性をもっている．これらの判読は適切な縮尺の空中写真を使えば一般に容易であり，1枚の写真からでもある程度まで判読が可能である．しかし，実体図化機や反射実体鏡などを用いて実体観察をすると，より明瞭な判定ができる．

しかしながら，植生の判読などにはそれらの写真像の示す特徴を知っておかねばならない．例えば，桑畑は夏の写真では暗灰色でヘイズがかったきめを示し，その高さが地表より2〜4m高く観測される．一方，茶畑は台地あるいは丘陵地の緩斜面に多く，茶の樹の列は灰色と黒灰色が交互にならぶ平行な筋としてみえる．といった特徴を示す．さらに詳細な植生分類を必要とする場合は，赤外線写真，赤外カラー写真，マルチスペクトル写真などを用い，各植生の反射特性を利用して判読することが必要になる．

空中写真測量による地図作成に際しての地物判読でなく，他の何らかの土地調査，例えば土地利用状況の調査などの目的で空中写真判読を行う場合には，通常，既存の空中写真を購入すればよい．これは必ずしも所望の時点や縮尺の空中写真は得られないが，新たに撮影するよりもはるかに安価に，かつ迅速に得られることはいうまでもない．現在，ほぼ全国にわたって確実に購入しうる空中写真は**表-9.6**のものである．

表-9.6 市販されている空中写真

撮影年	縮尺	写真サイズ	対象地域	頒布先	備考
1946〜48	約 1/40 000	23×23	日本全域	日本地図センター	アメリカ軍撮影
1952〜	約 1/20 000	18×18	山岳部	日本林業技術協会	林野調査用
1956〜	1/33 000 または 1/40 000	23×23	日本全域	日本地図センター	1/25 000 地形図作成用
1960〜	1/10 000 または 1/20 000	23×23	日本各地	〃	国土基本図(1/2 500 または 1/5 000)用
1974〜	平地部 1/8 000 中間 1/10 000 山地部 1/15 000	23×23	日本全域	〃	カラー

9.8.4 地形および地質の判読[16]

　地形分類は道路，鉄道などの路線計画や土地造成計画あるいは防災計画上の基礎資料を提供するものであるが，空中写真判読は，広域的な形態把握を可能とするため，この地形分類調査において枢要な手段である．地形分類においてはまず地形の不連続な変化域を境界にして地形界を描き，この地形界に囲われた単位地形を分類する．単位地形の分類は空中写真判読による形態把握のみでなく，ボーリングや放射性元素による年代測定をも含めた現地調査により地形の形成営力や形成時期，構成物質を調べ，これらを総合的に判定して行う．そのため，わが国での空中写真判読は，均質な地質をもつ地域に分類し，ボーリングなどを含む現地での調査を効率化するのにもっぱら用いられるのが一般である．

　地質の判読は写真の色調差を利用する方法と上記の地形分類によって求めた微地形をもとに推定する方法があり，通常この2つの方法が組み合わされて用いられる．写真上の色調は，対象物の色，含水比，構成物質などに基づく反射率の差を示すものであり，適切なフィルターとフィルムの組合せによってそれらを強調した写真が得られる．土壌の含水量の差はそれを強調する赤外線写真を利用し，色調差の濃度測定によりこれを量的に把握し，地質の判別に用いることができる．微地形的特徴の分類は地質判読の中心となるものであり，多くの場合，空中写真判読による地質調査と呼ばれているものは空中写真判読による微地形分類による地質の推定である．堆積地形や変動地形，火山地形では，例えば扇状地と扇状地礫層，溶岩流地形と溶岩といったように，地形形態と地質または地質構造の間に一定の対応関係が認められることが多い．したがって，このような場合，地形判読は直ちに地質推定につながる．しかしながら，さらに詳細な分類は通常極めて困難であり，前記の微地形分類や写真色調による分析を総合して判定されねばならない．

　図-9.76は道路計画地域の写真判読による地質調査結果の一例である．

　こうした地質の判読は，地形地質の構成が単純な外国の開発途上地域などでは極めて有効であるが，地形地質の構成単位が小さく，かつ複雑でしかも表面は植物などにより被覆されているわが国では，空中写真判読のみによって地質を判定することは一般に困難である．

380 第9章 写真測量

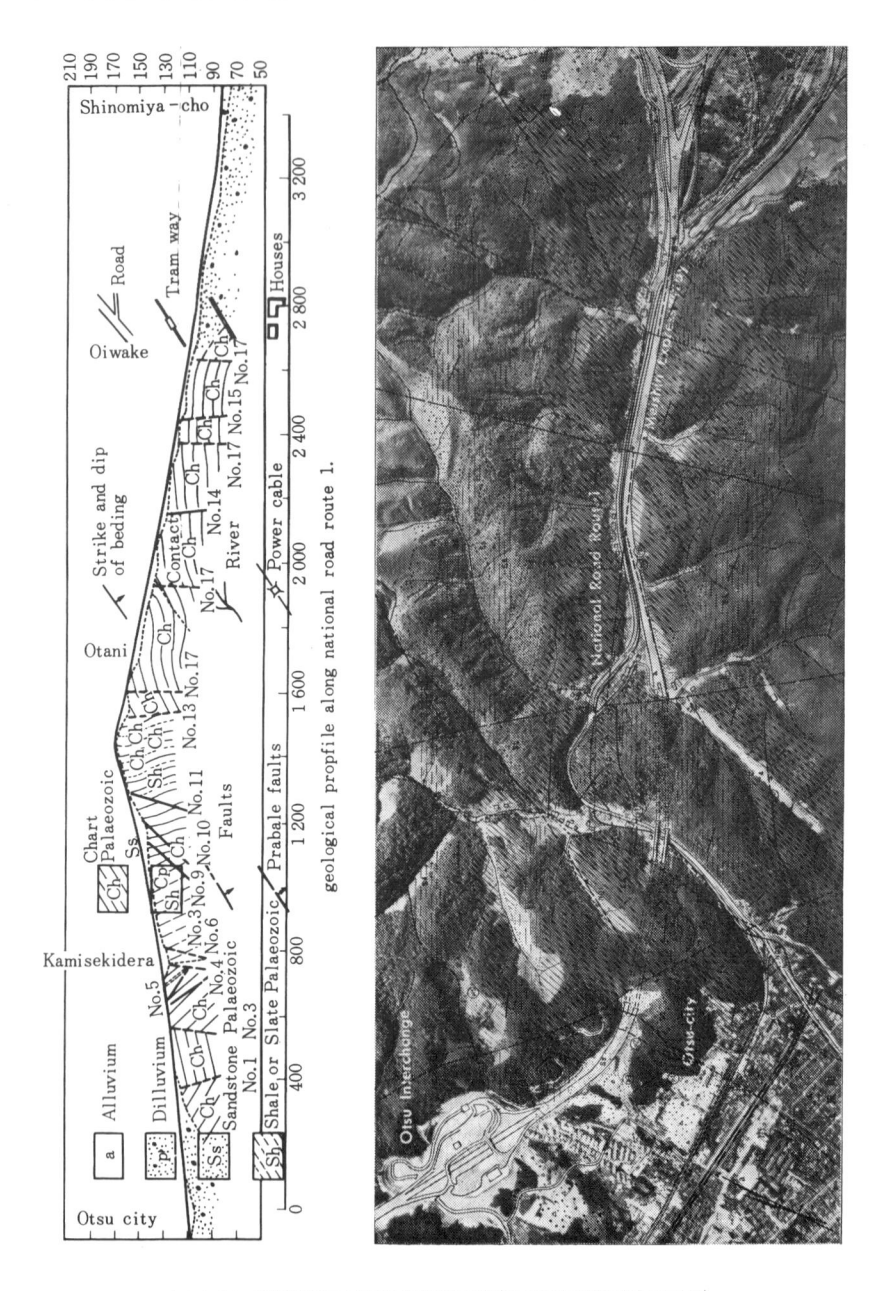

図-9.76 道路計画地域の地質判読の例(アジア航測株式会社提供)

参 考 文 献

〈写真測量〉
1) 西尾元充:空から測る,技報堂出版
2) Kissam : Surveying, McGraw-Hill
3) 武田通治:測量学概論,山海堂
4) 中島 巌:森林航測概要,地球出版社
5) 尾崎幸男:写真測量概説,森北出版
6) 尾崎幸男:写真測量,森北出版
7) 篠 邦彦:写真測量,山海堂
8) G. Lehmann : Photogrammetrie, Walter de Cruyter & Co.
9) K. Schwidefsky : Photogrammetrie, B.G. Teubner
10) J. アルベルツ,W. クライリング編著,佐々波清夫,西尾元充訳:写真測量ハンドブック,画像工学研究所
11) The American Society of Photogrammetry : Manual of Photogrammetry

〈ディジタルマッピング〉
12) (財)日本測量調査技術協会編:ディジタルマッピング,鹿島出版会
13) 建設省国土地理院:国土地理院時報「コンピュータマッピング特集」
14) 村井俊治他:ディジタルフォトグラメトリ,写真測量とリモートセンシング,Vol. 32, No. 6, 1993
15) 動体計測研究会編:イメージセンシング,(社)日本測量協会

〈写真判読〉
16) 日本写真測量学会編:空中写真の判読と利用

第10章　リモートセンシング

10.1　概　　説

　リモートセンシング(remote sensing)とは，広義には電磁波，重力，磁力，音波などを利用して，離れた位置から直接手に触れずに目的とする対象物を調査することをいう．しかし，工学，特に土木工学の分野でリモートセンシングという場合には，地表や大気から反射あるいは放射される電磁波を，人工衛星や航空機に搭載したセンサーによって感知し，これによって対象物の状態を調査，解析する技術を指して言うのが一般である(**図-10.1**参照)．

　センサー(sensor)は，地表などから入射される電磁波をそのまま収集する受動方式と，地表に向けて電磁波を照射し，その反射波を収集する能動方式に分けられる．前者には，カメラやスキャナーが相当する．空中写真などのいわゆる写真は，カメラをセンサーとしたリモートセンシングの成果である．一方後者には，レーザー光を利用したレーザーレーダーなどが相当する．受動方式，能動方式のいずれの場合も，感知した電磁波の情報から対象物の状態を調査するまでの一連の技術的な原理はほぼ同じである．

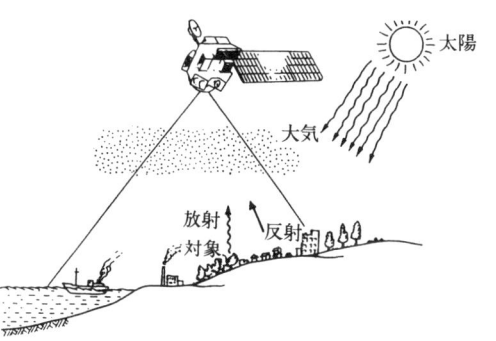

図-10.1　衛星リモートセンシング概念図(日本リモートセンシング研究会編：図解リモートセンシング，(社)日本測量協会より)

　リモートセンシングは，各物体が固有の分光特性(spectral characteristics)を有することを利用してその状態を知る技術である．分光特性とは，ある物体から反射あるいは放射される電磁波の強度が波長の大きさによってどのように変化するかを示したものである．すなわち，ある物体からの電磁波を感知し，これをプリズムなどによっていくつかの波長帯(band)に分光し，各波長帯ごとの電磁波の強度を観測する

ことによって，その物体の分光特性が明らかになる．そしてこの結果を，あらかじめ調査しておいた，状態が既知の物体の分光特性と比較対照することにより，対象物体の状態を推定することが可能になる．

リモートセンシングの魅力は，従来の観測技術と比べて広域の情報を同時に，しかも計算処理が容易な数値データとして入手できるという点にある．また，人工衛星を利用したリモートセンシングでは，一般に十数日という周期で繰り返して情報を得ることが可能である．これらのことから，リモートセンシングの応用分野は多岐にわたる．陸域では，広域を対象とした土地被覆の調査，特に植生の調査や定期的なモニタリングに有効であり，また水域では，海面水温や汚濁の調査などに利用されている．また，低解像度（地上分解能の低い）センサーを利用して，地球・大陸規模での環境モニタリングを行う試みもなされている．

本章では，データの入手が比較的安価かつ容易で，また広域の情報入手が可能な人工衛星リモートセンシングを中心に，その原理やデータの処理方法の概要を述べることにする．ただし，航空機リモートセンシングの場合も，その基本的な部分は同じである．

10.2 リモートセンシングの原理

リモートセンシングは，物体が電磁波に対して固有の分光特性を有することを利用する調査技術であることは既に述べた．ここでは，物体が反射・放射する電磁波とは何か，これを測定することによってなぜ物体の状態が調査できるのかをより具体的に説明する．

10.2.1 電磁波の種類と性質

電磁波とは，真空中や物質中を電磁場の振動が伝搬する波のことをいう．われわれが目にする光（可視光）や，電波・赤外線・紫外線などはすべて電磁波である．電磁波は，その波長（周波数）の大きさによって性質が大きく異なることから，歴史的に便宜上区別して呼ばれているに過ぎない．表-10.1および図-10.2に，波長の大きさと電磁波の種類の関係を示す．

人工衛星リモートセンシングでは，一般に，可視光・近赤外・短波長赤外領域，熱赤外領域，マイクロ波領域の3つの波長領域の電磁波が利用される．正確に言えば，この3つの波長領域の電磁波のみを衛星に搭載したセンサーで感知できる．このことは，電磁波がその波長の大きさによって電離層の通過性が異なることに起因している．図-10.3は，電磁波の波長の大きさと電離層の通過性の関係を概念的に示した

10.2 リモートセンシングの原理

表-10.1 電磁波の種類と主な用途

名称			波長範囲	主な用途
紫外線			10 nm～0.4μm	
可視光線			0.4～0.7μm	光通信
赤外線	近赤外		0.7～1.3μm	
	短波長赤外		1.3～3μm	
	中間赤外		3～8μm	
	熱赤外		8～14μm	
	遠赤外		14μm～1 mm	
電波	サブミリ波		0.1～1 mm	
	マイクロ波	ミリメートル波 (EHF)	1～10 mm	衛星通信・レーダ・マイクロ波通信
		センチメートル波 (SHF)	1～10 cm	自動車電話
		デシメートル波 (UHF)	0.1～1 m	
	超短波 (VHF)		1～10 m	テレビ放送
	短波 (HF)		10～100 m	短波通信・短波放送
	中波 (MF)		0.1～1 km	ラジオ放送
	長波 (LF)		1～10 km	電波航法・船舶通信
	超長波 (VLF)		10～100 km	

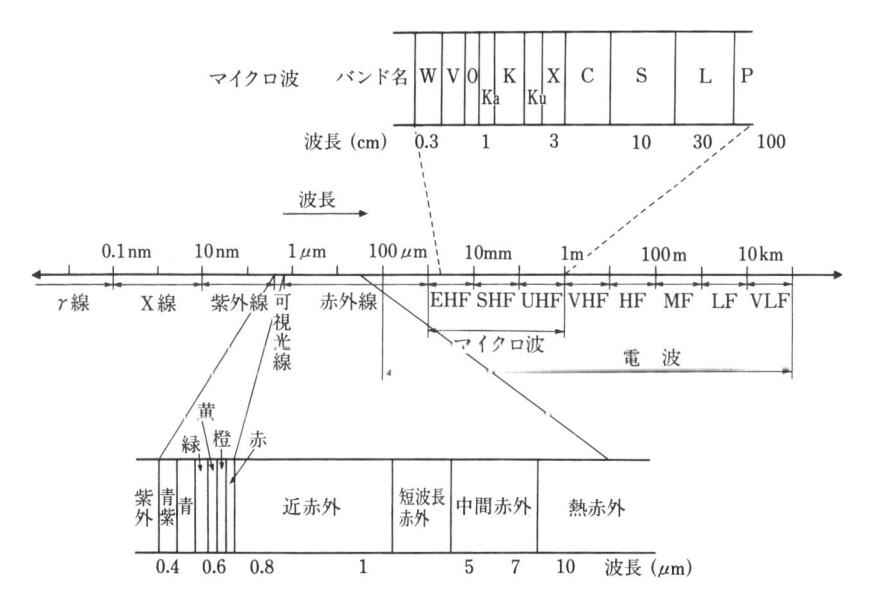

図-10.2 リモートセンシングで利用される電磁波

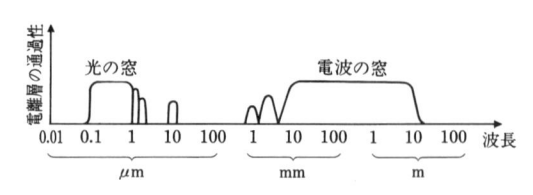

図-10.3 電磁波の波長の違いによる電離層の通過性

ものである．電離層を通過できる電磁波の波長は，約 0.1～3 μm，約 10 μm，そして，約 1 mm～10 m の領域である．これらのうち，特に通過性の高い 0.1～1μm，10 mm～10 m の波長領域は，それに相当する電磁波の名称から，おのおの，「光の窓」，「電波の窓」と呼ばれている．太陽の光が地上に届くのは「光の窓」があるからであり，人工衛星を利用したテレビ中継が可能なのは，テレビ放送で利用される超短波が「電波の窓」を通過できるからである．なお，「電波の窓」より大きな波長の電磁波が電離層を通過できないのは，電磁波が電離層で反射されるからである．中波を利用するラジオ電波が比較的遠隔地でも受信できるのはこの反射があるためである．一方，「電波の窓」より小さな波長の電磁波や，「光の窓」前後の波長領域の電磁波が電離層を通過できないのは，水蒸気，酸素，窒素などの分子や原子に電磁波が吸収されることが主な原因である．

10.2.2 電磁波の反射・放射とリモートセンシング

これまで「物体から反射あるいは放射される電磁波」という表現を使ってきた．ここでは，この電磁波の反射，放射という現象をより具体的に説明する．

物体が電磁波を反射するのは，その物体が電磁波を受けているからであり，必ずその電磁波を放射した物体が存在する．この放射源の代表的なものが太陽である．太陽は，平均約 0.5μm の電磁波を放射している．この電磁波が「光の窓」を通過して地表に届く．地表の物体はこの電磁波を受け，その一部を吸収し，残りを反射する．これまで，物体から反射される電磁波と表現していたのは，このことを主に指している．ここで，太陽が放射する電磁波は平均約 0.5μm であるから，その主なものは可視光であることは言うまでもない．しかし，その電磁波の波長は分散をもっており，可視光より波長の短い紫外線や，波長の長い近赤外線や短波長赤外線も放射している．目に見えないこれらの電磁波も太陽から照射され，これが地表で反射され，「光の窓」を通過して人工衛星のセンサーまで届く．

一方物体は，それ独自が電磁波の放射源になる．それは，物体が温度を持っているためである．これを熱放射という．一般に地表物体は，常温 (絶対温度 300 K 程度) で約 10μm の電磁波を放射するが，温度の上昇に従って放射電磁波の波長が短くなることが知られている．例えば，鉄は常温から熱せられて 700 度くらいになると赤くなりはじめる．これは，常温では目に見えない熱赤外線を放射していた鉄が，熱せら

れて温度が上がることによって放射する電磁波の波長が短くなり，ついには目に見える可視光（赤領域）にまで波長が短くなることを意味している．なお，物体が放射する約 $10\mu m$ の電磁波が電離層を通過することは前項で述べたとおりである．また，太陽放射と同様に物体の熱放射も波長に大きな分散を有しており，常温でも微弱なマイクロ波を放射することが知られている．

以上のように，太陽光の反射ならびに物体の熱放射は，無人為の自然現象であり，これらの電磁波は電離層を通過して宇宙空間へ届く．これらの電磁波を利用したリモートセンシングが，10.1 で述べた受動方式のリモートセンシングの代表例である．しかし，この種の受動方式リモートセンシングには1つの難点がある．それは，可視光や熱赤外線などの比較的短波長の電磁波は，大気中に含まれる分子（水蒸気，炭酸ガス，オゾン，窒素などの分子）やエアロゾル（水滴，スモッグ，ごみなど）によって吸収，散乱されやすいということである．したがって，可視光や熱赤外線などを利用した受動方式のリモートセンシングは，天候に大きく左右され，雨や曇りの日には事実上利用できない．そこで，大気などの影響を比較的受けにくい，すなわち可視光などより波長の長いマイクロ波を利用したリモートセンシングの技術が開発されている．その1つは，物体が微弱ながら熱放射するマイクロ波を測定する方法であり，天候に左右されない唯一の受動方式衛星リモートセンシングである．もう1つは，人工衛星などに搭載したレーダからマイクロ波を地表に放射し，その反射波（正確には反射波の散乱の強さ）を測定する方法であり，能動方式のリモートセンシングの代表例として近年数多くの試みがなされている．

10.2.3 物体の分光特性

リモートセンシングによって物体の状態が調査できるのは，物体が固有の分光特性を有しているからである．ここでは，リモートセンシングの原理の本質とも言うべき，この分光特性について説明する．

分光特性（スペクトル特性；spectral characteristics）とは，物体が反射あるいは放射する電磁波の強さが波長によって異なる性質をいう．物体の分光特性の最も身近な例は，人が目にする物体の色である．赤く見える物体は，その物体が可視光のうちでも特に赤領域の電磁波を強く反射しているからにほかならない．また，白く見えるものは，赤や青，緑の領域の電磁波を同時にまたそれらをすべて強く反射しているからである．このように，その物体が反射する電磁波を観測すれば，その物体の状態（この場合は色）がわかるのである．リモートセンシングでは，可視光以外の電磁波も収集するので，人には見えない物体の状態もわかる．これは，リモートセンシングの大きな魅力である．前項でも示した，物体の温度に応じて放射する電磁波の波長が

異なることがその代表例であり，物体は温度が上昇するにつれて波長の短い電磁波を放射するようになる．これは，電磁波の観測で物体の温度という状態を知ることができることを意味している．

物体の分光特性を詳細に観測することにより，色や温度以外にもさまざまな情報を読みとることができる．**図-10.4**は，植物の一般的な分光反射特性を示している．植物の反射は，可視領域において0.5～0.6μmにピークがある．その両端で反射が小さいのは，葉に含まれるクロロフィル(葉緑素)が0.4～0.5μmと0.65μmくらいの波長の電磁波を強く吸収するためである．多くの植物が緑色に見えるのは，このように0.5～0.6μm(緑領域)の電磁波を比較的大きく反射するからである．また，可視光以上の波長域に注目すると，植物では0.75～1.3μmの近赤外線の領域の電磁波を極めて強く反射することがわかる．これは，葉の細胞構造によるものである．その結果，目には見えない近赤外領域の電磁波の観測が，植物の有無の判定に大きく寄与することになる．

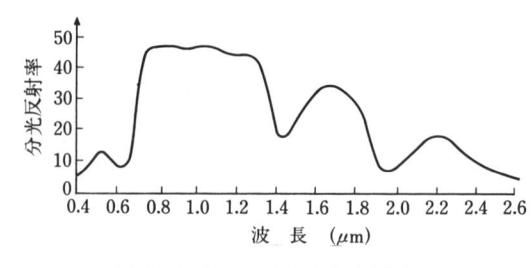

図-10.4 植物の一般的な分光反射特性

リモートセンシングにおいては，一般にセンサーに入射した電磁波をプリズムのようなものでいくつかの波長帯(バンド)に分光し，各バンドごとに電磁波の強さを測定する．したがって，図-10.4のように，波長に対して連続的な情報を得るわけではない．しかし，離散的にではあっても，いくつかのバンドの電磁波の強さを測定することにより，その分光特性の概略を知ることはできる．換言すれば，どのような波長域の電磁波を測定できるかによって，そのセンサーの利用分野が決まる．

なお，入射した電磁波をいくつかのバンドに分光して記録するセンサーを総称してマルチスペクトルスキャナー(multi spectral scanner)と呼ぶ．

10.3 人工衛星とセンサー

10.3.1 プラットホームの種類[2),3)]

リモートセンシングを行うためのセンサーを搭載する飛行体をプラットホームという．プラットホームは，航空機(ヘリコプターを含む)，スペースシャトル，人工衛星に大別される．ここでは，おのおのについて代表的なリモートセンシングの方法を述べる．

a) 航空機

航空機によるリモートセンシングは，航空機にカメラやスキャナーを搭載して地上を撮影あるいは走査する方式である．いわゆる空中写真は，カメラを用いた航空機リモートセンシングの成果である．スキャナーを用いた場合は，原理的には人工衛星リモートセンシングと同様である．航空機の場合，通常は数百 m，高々度でも 5～20 km の上空を飛行する．したがって，衛星リモートセンシングと比較して解像度(地上分解能)の高い(写真で言えば，1 画素に対応する地上の面積が小さい)データを入手できる．また，大気による電磁波の吸収，散乱の影響を受けにくく，また電離層の通過性が問題とされないために，波長の短い γ 線を利用したリモートセンシングも可能である．しかし，低空飛行するという制約から，広域の情報を同時に入手可能というリモートセンシングの利点をいかしにくく，また緊急性の高い用途に利用できる一方，航空機の利用は高額なために定期的な調査には利用しにくいといった問題もある．

b) スペースシャトル

スペースシャトルは，高度 200～250 km を飛行する帰還可能な有人人工衛星である．種々の宇宙空間実験で知られるように多目的な衛星であるが，リモートセンシングのためのプラットホームとしても利用されている．航空機と同様にカメラを搭載し，撮影したフィルムを持ち帰ることが可能である．超高々度の航空機リモートセンシングとして位置づけることもできる．種々のセンサーの搭載が可能であるが，最もよく知られているものに，1984 年のスペースシャトルに搭載された大画面カメラ(Large Format Camera：LFC)がある．縮尺にして 80 万分の 1 の空中写真を撮影し，超広域の地図作成への可能性が示された．

c) 人 工 衛 星

人工衛星によるリモートセンシングは，1972 年にアメリカ航空宇宙局(National Aeronautics and Space Administration：NASA)が世界初の地球観測衛星 LANDSAT を打ち上げて以来，急速に研究開発が進んだ．人工衛星としては，極軌道上にあって地球を周回する軌道衛星，ならびに赤道上空の静止軌道に固定された静止衛星に大別される．軌道衛星は主に多目的な地球観測衛星として利用され，静止衛星は一般に気象衛星として利用される．わが国で現在そのデータを利用することができる主な人工衛星については **10.3.3** で具体的に説明する．

10.3.2 センサーの種類[1)～3)]

リモートセンシングのためのセンサー(sensor)は，カメラ，メカニカルスキャナー，固体センサー，レーダーなどに分けられる．ここでは主なものについて概説する．

a) カメラ

カメラとは、一般には可視光、特別な用途の場合には、近赤外・赤外などの波長領域の電磁波を受け、その強度を二次元画像としてフィルムに記録するセンサーである。リモートセンシングではマルチスペクトルカメラがよく用いられる。マルチスペクトルカメラは、入射する電磁波をいくつかの波長帯に分け、おのおのの波長帯ごとに白黒(濃淡)写真を撮影するものである。波長帯への分光は、可視光の場合にはR(赤)、G(緑)、B(青)の三原色(三波長帯)に分解するバンドパスフィルターを用いる。また、赤外領域では可視光を通過させない専用フィルターを用いる。各波長帯ごとの写真は、単独で利用されるほか、適宜色合成され、いわゆるカラー写真として利用される。一般の写真が、可視光のみを対象とするのに対し、マルチスペクトルカメラでは近赤外、赤外領域も対象とするため、前節で述べたように植生の判読などに有効に利用される。

b) メカニカルスキャナー

メカニカルスキャナー(mechanical scanner あるいは optical mechanical scanner)とは、光学系に機械的に動作する回転鏡あるいは振動鏡を入れ、走査しながら電磁波を集光するセンサーである(図-10.5参照)。

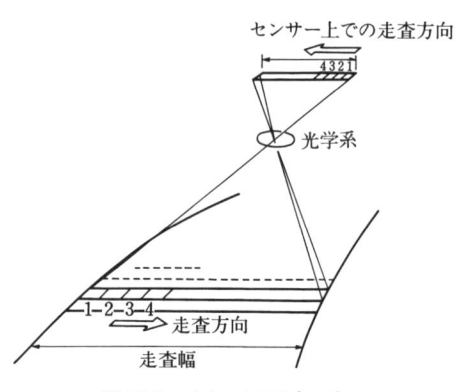

図-10.5 メカニカルスキャナー

マルチスペクトルスキャナーであるのが一般であり、まず集光した電磁波を回折格子やダイクロイックミラー(dichroic mirror)などでいくつかの波長帯に分光する。そして、分光された電磁波の強さは、光電変換器によって電気信号として記録される。図-10.5に示されるように、走査はプラットホームの飛行方向と垂直下向きに行われる。1回の走査の幅を光学系からみた角度で表したものを視野角(field of view)という。データは、視野角を一定の微小単位角に分割して記録される。すなわち、回転鏡が等速回転し、一定の微小時間間隔でデータを記録する。この微小単位角を瞬間視野角(instantaneous field of view:IFOV)という(図-10.6参照)。瞬間視野角に対応するデータは、リモートセンシングによって得られる情報の最小単位であり、これを画素あるいはピクセル(pixel)という。また、1画素に対応する地上での長さを地上分解能あるいは解像度という。地上分解能は、データの空間的な最小単位を示し、どのような人工衛星の

データを利用するかを考える際の最も重要な指標の1つである．

なおスキャナーでは，カメラのように対象域を同時に面的に撮影するのではなく，飛行するプラットホームから走査することにより結果として面的な画像を得ることができる．このため，地上に対してすき間や重複なくデータをとれるように，飛行体の速度，走査の速度や視野角をうまく調整する必要がある．

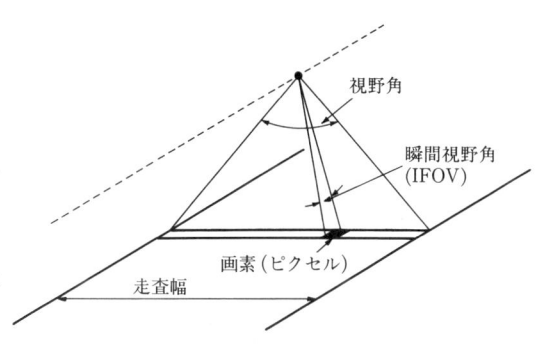

図-10.6 視野角と瞬間視野角

c) 固体センサー

固体センサー (solid sensor) とは，シリコンフォトダイオードなどの半導体素子を線状あるいは格子状に密に多数個並べ，この上に結像させた光学的な像を電気信号に変換するセンサーをいう．メカニカルスキャナーと同様に固体センサーもマルチスペクトルスキャナーであるのが一般であり，分光の後，電磁波の強度が電気信号化されることに変わりはない．半導体素子の集合を CCD (charge coupled device) といい，固体センサーのことを CCD センサーという場合もある．また，線状に検知素子を並べたセンサーをリニアアレイセンサー (linear array sensor) またはリニアアレイ CCD，格子状に並べたものをエリアセンサー (エリア CCD) という．より一般的なものはリニアアレイセンサーである．リニアアレイセンサーのことをプッシュブルームスキャナー (push broom scanner) と呼ぶこともある．

リニアアレイセンサーでは，**図-10.7** に示すように，メカニカルスキャナーの走査に相当するように検知素子を配置する．したがって，1素子によって検知されるデータが，1画素すなわち1ピクセルのデータになる．

d) レーダー

レーダー (radar) とは，電波を発射し，対象物から反射する電波をアンテナで受信することにより画像データを作成する装置である．カメラ，スキャナーが受動的なセンサーであるのに対し，レーダーは能動的なセンサーである．電波としては，マイクロ波を用

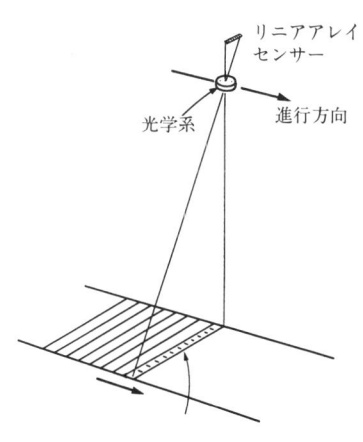

図-10.7 リニアアレイセンサー

いるのが一般である．前節で述べたように，マイクロ波は天候に左右されないという利点をもっている．

レーダーは，アンテナの機構の違いによって，実開口レーダー (side-looking airborne radar：SLAR) と合成開口レーダー (synthetic aperture radar：SAR) に分けられる．SLAR は，主に航空機リモートセンシングに利用される．マイクロ波を飛行方向に直角に発射し，その反射波をアンテナで受信する．スキャナーと同様に，二次元画像を作るには飛行速度と電波の発受信をうまく同期させることが必要である．SLAR の地上分解能は，アンテナの長さにほぼ比例することが知られている．したがって，分解能を向上させるにはアンテナを長くしなければならないが，飛行体の安定航行のためにこれは一般に難しい．一方，SAR は，この問題点を解消するために開発された．詳細については割愛するが，反射電波の強度とともに位相を測定し，これを利用して仮想的に長大なアンテナを用いたときと同等の機構を作り出す方法である．SAR の利用には，飛行体の極めて安定した航行が要求されるため，人工衛星に搭載されるのが一般である．

10.3.3 主な人工衛星とセンサー[1),2)]

人工衛星は，10.3.1 で述べたように，軌道衛星と静止衛星に分けられるが，リモートセンシングに利用されるのは一般に軌道衛星である．

軌道衛星は，ほぼ南北方向の極軌道を周回する衛星で，高度 700～1 000 km 程度の安定した円軌道を運行する．周回性の特徴から，地球の土地被覆や植生，海洋の状態などを定期的に調査する多目的な地球観測衛星として利用される．これまでに数多くの衛星が打ち上げられ，実利用に供されてきた．

ここでは，代表的な衛星と搭載されているセンサーについて概説する（**表-10.2** 参照）．後述するように，これらの中には現時点においてその運用を終えている，あるいは故障により機能停止に至っている衛星も含まれている．しかし，それらの衛星が過去に収集したデータは現在でも一般に入手可能であり，現在運用中の衛星から得られるデータと適宜併用することにより，土地被覆変化の時系列的分析などに有効に利用されることが期待されている．

なお本項では，読者の参考のために，現在打ち上げが計画されている高分解能衛星についてもその計画の概要を示し，また，わが国の静止気象衛星「ひまわり」についても補足的に解説する．

a) LANDSAT (ランドサット)

アメリカによって 1972 年に第 1 号が打ち上げられて以来，実利用の実績が最も多い衛星である．現在は，1982 年，1984 年におのおの打ち上げられた第 4 号，第 5 号

が運用されている．これらの衛星の高度は約705 km，回帰周期(同一地域上空に再び戻ってくるまでの期間．回帰日数ともいう)は17日である．

センサーとしては，MSS (Muli-spectral Scanner System)，TM (Thematic Mapper)の2つのメカニカルスキャナーが搭載されている．MSSは，可視光，近赤外領域に4つの波長帯(バンド)をもち，TMではさらに短波長赤外，熱赤外領域も加え，計7つのバンドをもっている．MSSの地上分解能は約80 m，TMは可視光から短波長赤外領域の6つのバンドで約30 m，熱赤外域の1つのバンドで約120 mである．

表-10.2 主なリモートセンシング衛星とセンサー

衛 星 名	軌道要素	センサー			
		センサー名	波長域 (μm)	地上分解能	観測幅
LANDSAT-4 (1982) LANDSAT-5 (1984) (アメリカ)	高度：約705 km 傾斜角：約98度 回帰周期：17日	TM	0.45〜0.52 0.52〜0.60 0.63〜0.69 0.75〜0.90 1.55〜1.75 2.08〜2.35	30 m	185 km
			10.40〜12.50	120 m	
		MSS	0.50〜0.60 0.60〜0.70 0.70〜0.80 0.90〜1.10	80 m	
SPOT-1 (1986) SPOT-2 (1990) SPOT-3 (1993) (フランス)	高度：約832 km 傾斜角：約99度 回帰周期：26日	HRV	0.50〜0.59 0.61〜0.68 0.79〜0.89	20 m	60 km
			0.51〜0.73	10 m	
MOS-1 (1987) MOS-1 b (1990) (日本)	高度：約909 km 傾斜角：約99度 回帰周期：17日	MESSR	0.51〜0.59 0.61〜0.69 0.72〜0.80 0.80〜1.10	50 m	100 km
		VTIR	0.50〜0.70	0.9 km	1 500 km
			6.00〜7.00 10.5〜11.5 11.5〜12.5	2.7 km	
		MSR	23.8 GHz	31 km	317 km
			31.4 GHz	23 km	

衛星	諸元	センサー	波長域	分解能	観測幅
JERS-1 (1992) (日本)	高度：約568 km 傾斜角：約98度 回帰周期：44日	VNIR	0.52～0.60 0.63～0.69 0.76～0.86	18 m×24 m	75 km
		SWIR	1.60～1.71 2.01～2.12 2.13～2.25 2.27～2.40		
		SAR	1.275 GHz	18 m	
ADEOS (1996) (日本)	高度797 m 傾斜角：約99度 回帰周期：41日	OCTS	0.402～0.422 0.433～0.453 0.480～0.500 0.510～0.530 0.555～0.575 0.655～0.675 0.745～0.785 0.845～0.885 3.55～3.85 8.25～8.75 10.5～11.5 11.5～12.5	700 m	1 400 km
		AVNIR	0.40～0.50 0.52～0.62 0.62～0.72 0.82～0.92	16 m	80 km
			0.52～0.72	8 m	
NOAA-12 (1991) NOAA-14 (1994) (アメリカ)	高度： 　NOAA-12 　　約833 km 　NOAA-14 　　約870 km 傾斜角：約99度	AVHRR	0.58～0.68 0.725～1.10 3.55～3.93 10.3～11.3 11.5～12.5	1.1 km	2 700 km

b) SPOT (スポット)

　フランスを中心に開発された衛星で1986年に第1号が打ち上げられた．西欧による初の地球観測衛星である．これまでに計3号が打ち上げられ，現在は1990年，1993年にそれぞれ打ち上げられた第2号，第3号が運用されている．衛星の高度は約832 km，回帰周期は26日である．

　センサーには，HRV (High Resolution Visible imaging system) というリニアアレイセンサーが用いられている．HRVは，可視光領域に単一バンドしかもたないパ

ンクロモードと，可視光から近赤外領域に計4バンドもつマルチスペクトルモードの2つのシステムからなる．パンクロモードは，単バンドであるが地上分解能は約10 mと高い．マルチスペクトルモードは約20 mである．SPOTの大きな特徴は，HRVという高解像度センサーを有していることに加え，このセンサーを2台搭載することにより，航測用の空中写真と同様に画像を空間的に重複して取得できるように設計されていることである．これを利用して，標高の計測や衛星写真の立体的表示などの試みがなされている．

c) MOS-1

MOS-1は，わが国が開発した最初の地球観測衛星であり，1987年2月19日，種子島宇宙センターからN-Ⅱ型国産ロケットで打ち上げられた．一般には「もも1号」と呼ばれている．その後，後継機としてMOS-1bが1990年に打ち上げられた．ともに，高度約909 km，回帰周期17日である．MOS-1，MOS-1bはそれぞれ1995年，1996年にバッテリーの寿命のために運用を終えているが，取得データは現在でも利用されている．

センサーは，MESSR (Multispectral Electronic Self-scanning Radiometer) というリニアアレイセンサー，VTIR (Visible and Thermal Infrared Radiometer) というメカニカルスキャナー，MSR (Microwave Scanning Radiometer) というマイクロ波放射計の3つである．MESSRは，可視光から近赤外領域に計4つのバンドをもち，地上分解能は約50 mである．VTIRは，可視光領域には単バンド，中間赤外から熱赤外領域に3バンドをもち，海面温度の計測を目的に開発された．しかし，VTIRの赤外領域3バンドの地上分解能は約2.7 kmと低い．MSRは地表が放射する微弱なマイクロ波を検知するものであり，水蒸気や氷雪の状態観測を目的に搭載された．

d) JERS-1

JERS-1もわが国が開発した衛星で，1992年に種子島宇宙センターよりH-Iロケットで打ち上げられた．一般には「ふよう1号」と呼ばれている．MOS-1が海洋観測を主体としたのに対し，JERS-1は多目的の地球観測衛星である．衛星高度は約568 km，回帰周期は44日である．

センサーには，OPS (Optical Sensor) というリニアアレイセンサーと合成開口レーダーSARが搭載されている．OPSは，可視光から近赤外領域に3バンドもつVNIR (Visible and Near Infrared Radiometer) と短波長赤外領域に4バンドもつSWIR (Short Wavelength Infrared Radiometer) から構成される．SARは地上分解能18 mを有する高解像度センサーである．

e) ADEOS

ADEOSもが国が開発した衛星で，1996年8月にH-IIロケットで打ち上げられた．一般には「みどり」と呼ばれる．衛星高度は約797 km，回帰周期は41日である．ADEOSは地球環境の監視を主たる目的とされたが，1997年6月に太陽電池の故障で機能停止となった．すなわち，現在では運用期間内に取得されたデータのみが利用可能である．

ADEOSの代表的な観測センサーとしては，リニアアレイセンサーAVNIR (Advanced Visible and Near-Infrared Radiometer：高性能可視近赤外放射計)，メカニカルスキャナーOCTS (Ocean Color and Temperature Scanner：海色海温走査放射計)があげられる．AVNIRは16 m (一部8 m) という高い地上分解能を有し，熱帯雨林の伐採や大規模火災等の監視への利用が期待され，OCTSは地球規模での海面温度の観測などへの利用が期待された．

なお1998年10月には，同じく地球環境問題の監視を目的に，低分解能であるが回帰周期4日という高頻度観測特性を有するADEOS-IIの打ち上げが計画されている．

f) NOAA

アメリカの気象観測衛星であり，アメリカ海洋大気庁(National Ocean and Atmospheric Administration：NOAA)が開発したところから，NOAA (ノア)と呼ばれる．1978年からこれまでに計10個の衛星が打ち上げられ，現在，NOAA 12号とNOAA 14号が運用されている．衛星高度は12号が約833 km，14号が約870 kmである．NOAA衛星は常時，2機体制で運用される．1つの衛星で地上の同一地域を1日に2回観測することができ，日中に関しては12号が午前，14号が午後の観測を行っている．

いくつかのセンサーが搭載されているが，代表的なものはメカニカルスキャナーのAVHRR/2 (Advanced Very High Resolution Radiometer) である．AVHRR/2は，可視光から赤外領域に5つのバンドを有している．NOAAの最大の特徴は，地上分解能が約1.1 kmと低いことである．低分解能であることは，陸域などの詳細な観測には不利であるが，地球規模での海洋，陸域，大気の観測にはデータ量が膨大になりすぎないことから逆に有利となる．これまでにも，世界規模での植生分布のモニタリングなど，数多くの利用実績がある．

g) 高分解能商業衛星

1994年にアメリカ連邦議会が軍事偵察衛星技術の商業利用を許可して以来，民間機関による高分解能(高解像度)衛星の打ち上げ計画が相次いでなされてきた．そして，1999年9月，世界で初の高分解能商業衛星IKONOSの打ち上げが成功した．ここでは，このIKONOSを中心に代表的な高分解能商業衛星の計画について概説する．

i) IKONOS アメリカ Space Imaging 社の商業衛星で，通称イコノス．1999年9月24日，カリフォルニア州のバンデンバーグ空軍基地より打ち上げに成功した．同10月14日，世界で初の高分解能衛星画像（ワシントン D.C. 地区）が世界一斉に公開され，わが国でも同11月前半には札幌，東京の画像が次々に公開され，大きな反響を呼んだ．

IKONOS はセンサーとしてプッシュブルームスキャナーを搭載し，走査幅は衛星直下で約11 km である．衛星直下の最高地上分解能は，パンクロデータで0.82 m，マルチスペクトルデータで3.3 m を有する．一般的な空中写真の分解能（20 cm 程度）には及ばないまでも，飛行高度が680 km とはるかに高いため，得られる画像はほぼオルソ（正射）画像となる利点がある．センサーの姿勢制御により，地上分解能2.1 m を許容すれば，同一地域の毎日の撮影が可能であり，またステレオ撮影によって高さデータの取得も可能となる．さらに，デジタル画像データは，従来の衛星画像の8 bit（256階調）をはるかに超える11 bit（2 048階調）を有し，地物の判別，特に陰の部分での識別を格段に容易にする鮮やかな画像を提供する．画像の幾何精度は，GPSと地上基準点によって，水平位置精度1 m 程度を確保できる．これは，国土地理院の1/2 500 地形図の精度に準じる．なお，わが国の撮影時刻は，午前10時30分前後である．

ii) Quick Bird アメリカ Earth Watch 社の商業衛星．当初予定されていた1997年の打ち上げが延期され，現在のところ2000年前半での打ち上げが予定されている．現在計画されている Quick Bird の搭載センサーやデータ提供の仕様は IKONOS とほぼ同様であり，プッシュブルームスキャナーを搭載し，前後左右の斜視観測を可能にし，同一地域の観測を1.5 日程度の間隔で可能にする．

表-10.3 運用，計画中の主な高分解能衛星

衛星	軌道要素等	波長領域 (μm)		地上分解能
IKONOS	衛星高度：680 km	パンクロ	0.45〜0.90	0.82 m
	回帰周期：11 日	マルチ	0.45〜0.52	3.3 m
	再帰観測周期：		0.52〜0.60	
	3 日（分解能1 m の場合）		0.63〜0.69	
	1 日（分解能2.1 m の場合）		0.76〜0.90	
Quick Bird	衛星高度：600 km	パンクロ	0.45〜0.90	1 m
		マルチ	0.45〜0.52	4 m
			0.53〜0.59	
			0.63〜0.69	
			0.76〜0.89	
Orb View	衛星高度：470 km	パンクロ	0.50〜0.90	1 m

iii) Orb View　アメリカ Orbital Imaging 社の商業衛星．1号機の打ち上げは1999年に予定されていたが延期され，現在のところ 2000 年 6 月の打ち上げが予定されている．仕様の詳細は一般に明らかにされていないが，地上分解能 1 m のパンクロデータのほか，マルチスペクトルデータの提供が計画されている．

h) 静止衛星

　赤道上空約 35 800 km の静止軌道に固定された人工衛星を静止衛星といい，気象観測を主な目的に打ち上げられている．わが国の気象予報などに利用されている「ひまわり」はその代表例である．1977 年，アメリカのケネディ宇宙センターから第 1 号が打ち上げられた．現在稼働しているのは 1995 年に種子島宇宙センターから H-II ロケットで打ち上げられた第 5 号である．「ひまわり」は「もも」や「ふよう」と同様に愛称名であり，正式名称は GMS (Geostationary Meteorological Satellite) である．

　主なセンサーは，VISSR (Visible and Infrared Spin Scan Radiometer) というメカニカルスキャナーである．可視光領域に 4 バンド，熱赤外領域に 1 バンドを持っている．地上分解能は可視光で約 1.25 km，熱赤外で約 5 km である．可視光 4 バンドは主に雲の検出に利用される．

　気象観測用の静止衛星は国連の世界気象監視計画の一環として各国が協力体制をしいている．「ひまわり」のほか，アメリカの GOES が 2 個，欧州宇宙開発機関の METEOSAT，インドの INSAT が各 1 個の，計 5 個の静止衛星がほぼ等間隔に配備され，地上の雲の様子などを同時に観測できるようになっている．

　なお，**10.3** で示した主な衛星のより詳細な仕様，色合成画像の例，あるいは打ち上げ計画などの最新情報は，以下のインターネット・ホームページで参照することができる．

　NASA　　　http : //www. nasa. gov/
　宇宙開発事業団　　http : //www. nasda. go. jp/
　(財) リモート・センシング技術センター　　http : //www. restec. or. jp/
　Space Imaging 社　　http : //www1. spaceimaging. com/

10.4　リモートセンシングデータの補正処理

10.4.1　リモートセンシングデータの形式[3]

　リモートセンシングデータは，センサーがカメラの場合にはフィルムに記録される．このフィルムがリモートセンシングの成果となり，その後の処理は通常の写真現

像と基本的には差がない．一方，センサーがスキャナーやレーダの場合には，リモートセンシングの成果は一般に電磁波の強度が数値表現化されたデータとして得られる．ここでは，メカニカルスキャナーやリニアアレイセンサーを使った場合を例に，この数値データがどのような形式で利用者に提供されるかを述べる．

メカニカルスキャナーやリニアアレイセンサーは，プラットホームに搭載され，移動しながら地表を走査し，データを収集する．このとき，各センサーは一定の走査幅をもち，またデータは瞬間視野角（IFOV）に相当する画素（ピクセル）単位に記録されることは前節で述べたとおりである．また，マルチスペクトルセンサーの場合には，データはいくつかの波長帯（バンド）ごとにも記録される．これらのデータを提供する際の形式を概念的に示したものが**図-10.8**である．ここで，ラインとは走査方向の画素の並びを意味する．メカニカルスキャナーやリニアアレイセンサーは一定の走査幅をもつ．したがって，1ライン上の画素数 m は固定される．一方，センサーは移動しながら常時観測するので，データを提供する際のライン数に関して物理的な制約はない．そこで，ライン数はデータの提供や処理の簡便性を考慮して人為的に一区切りが決められる．このようにして，リモートセンシングデータは，n 行 m 列の配列の形式で提供される．この配列がフィルムで言えば1コマに相当することからシーンと呼ばれる．

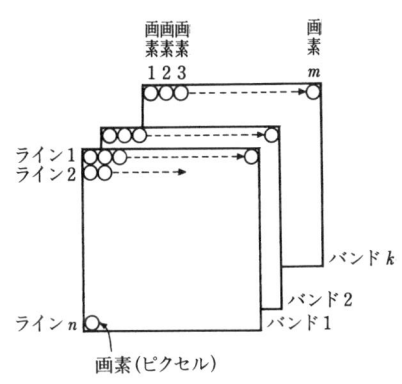

図-10.8 リモートセンシングデータの形式

なお，これまで電磁波の強度が数値データに変換されると述べてきたが，提供されるデータは電磁波の強度そのものを示す物理量ではなく，これをいくつかの段階（階調）に離散化（量子化）して無次元量で表現される．これはデータの管理を効率化，統一化するためである．一般には，0～255 の 256 階調（$256=2^8$）の 1 バイトのデータで表される．

10.4.2 放射量補正

リモートセンシングは，物体が固有の分光特性をもつことを利用した調査技術である．しかし，種々の原因のために，同じ物体を観測したリモートセンシングデータが異なるスペクトル分布として表現されることがある．このことを放射量のひずみといい，これを除去し，物体の分光特性の固有性を確保することを放射量補正

(radiometric correction)という．ここでは，放射量の代表的なひずみとその補正方法を概説する．

a) センサーに起因するひずみと補正

レンズを利用した光学系では，レンズ中央部が明るく周辺部が暗くなるという現象が起こる．これを周辺減光(vignetting)という．周辺減光は理論的に補正することができる．

メカニカルスキャナーを用いたリモートセンシングデータを画像化すると，一定間隔に縞模様が生じる場合がある．これをスキャンラインノイズ(scan line noise)という．例えば，LANDSATのMSSの画像では，6ラインごとにノイズが入ることが知られている．これは，MSSでは各バンドごとに6個の検知器を使って走査し，1回の走査で6ライン分のデータを収集する方式をとっていることに起因する．このような方式のとき，各検知器の感度特性が異なると縞模様ができる．また，リニアアレイセンサーを用いたときに，縦方向にノイズが見られる時がある．リニアアレイセンサーでは，横方向に線状に素子を並べたCCDを利用するが，これらの素子に感度の差があると，画像の縦方向に線状のノイズが入ることになる．このノイズや上記のスキャンラインノイズの補正には，素子や検知器の出力値に対して，事前に実験的に求めておいた補正関数を適用して調整する方法がとられる．

b) 太陽高度に起因するひずみと補正

太陽高度が高いときなどに，光が地表面で強く反射，拡散され，地表のある部分がその周辺部より明るくなることがある．これをサンスポット(sun spot)という．サンスポットと上記の周辺減光は，ともに画像内に明暗をつけることから，シェーディング(shading)と呼ばれる．サンスポットがある場合には，周辺減光とサンスポットを合わせ，シェーディングとして同時に補正することが多い．シェーディングの補正には，シェーディングに起因する画像の明るさは全域的に滑らかに変化し，物体本来の分光特性による画像の明るさは比較的局地的に変化するという性質を利用する．具体的には，フーリエ解析などで画像の明るさの変化の滑らかな曲面(シェーディング曲面)を抽出し，全体から分離する方法がとられる．

c) 大気に起因するひずみと補正

太陽光は地表に届く前に大気によって吸収・散乱される．また，地表からの反射，放射電磁波は大気によって吸収・散乱されてセンサーに届く．さらに，センサーには，地表からの反射，放射される電磁波に加え，太陽光の大気による散乱光(atmospheric scatteringまたはpath radiance)も入射する．これら大気による影響を補正することを大気補正(atmospheric correction)という．

大気補正の代表的な方法は2つある．1つは，大気の吸収・散乱モデルを作成し，

これにデータ収集時の大気の状態(水蒸気濃度,エアロゾル濃度など)を外生的に与え,吸収・散乱による変化分を推定する方法である.もう1つは,調査対象地域に反射特性が既知の標識物体を置いたり,また対象地域内の適当な物体の反射特性を地上で実験的に測定しておくことにより,リモートセンシングデータと大気の影響を受けないデータとの比較対照を行って補正式を作成する方法である.

10.4.3 幾 何 補 正

リモートセンシングデータは,プラットホームの姿勢,センサーのメカニズム,地球の自転などの影響を受けているため,そのまま画像化すると幾何的にひずんだ画像が得られる.この幾何的なひずみを補正することを幾何補正(geometric correction)という.ここでは,まずリモートセンシングデータの代表的な幾何的なひずみを説明し,その後に補正の方法について述べる.

a) 代表的な幾何学的ひずみ

i) センサーに起因するひずみ　メカニカルスキャナーでは,瞬間視野角(IFOV)が画素(ピクセル)に相当することは既に述べた.このため,1画素の面積は走査ラインの中央部より周辺部で大きくなる.これをパノラマひずみ(panoramic distortion)という.視野角と地表距離との関係は明確であるので,パノラマひずみに限定すれば,補正は比較的容易である.視野角と距離との関係はtanの関係にあるのでタンジェント補正と呼ばれる.このほか,センサーに起因するひずみには,走査ラインの間隔とライン内の画素の間隔が異なる場合に生じる画像の縦横の縮尺のひずみなどがある.

ii) プラットホームに起因するひずみ　メカニカルスキャナーでは,1ラインを走査する時間内にもプラットホームは進行している.したがって,走査ラインは厳密にはプラットホームの進行方向と直角にはならない.このため,リモートセンシングデータの画像は,長方形が平行四辺形に変形するような,せん断的なひずみを必然的にもつ.このほか,プラットホームが安定姿勢を保たずに航行することにより種々のひずみが生じる.

iii) 地球の形状や自転に起因するひずみ　軌道衛星によるリモートセンシングの場合には,観測中の地球の自転も無視できない.地球の自転によって,上記のせん断ひずみと同様な幾何的ひずみが生じる.その他,地球の曲率,標高などによってもひずみが生じる.

b) 幾何補正の方法

幾何補正の方法はシステム補正と地上基準点による方法に大別される.
システム補正(systematic correction)とは,幾何的なひずみが,センサーやプ

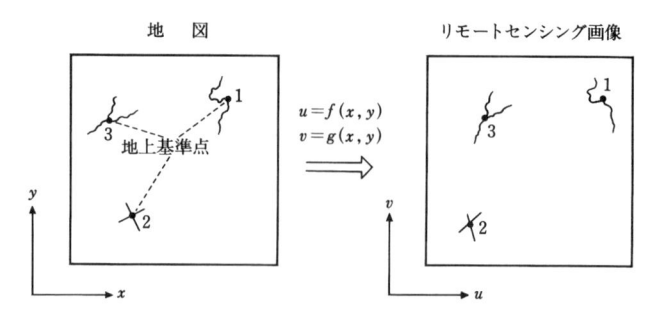

図-10.9 地上基準点を用いた幾何補正

ラットホーム，地球の幾何学的な条件に起因することを考慮して理論的に補正する方法である．バルク補正 (bulk correction) ともいう．しかし，観測中にも常時変化するこれらの幾何学的な条件をすべて知ることは現実上不可能であり，システム補正の精度は一般に高くない．

地上基準点による方法は，リモートセンシングデータをある特定の座標系に位置合せをしたいときに利用する．例えば，対象とする地域の地図と同じ座標系で表現したいようなときである．リモートセンシングデータは，ラインとピクセルからなる配列データであるから，二次元の座標をもっている．これを，(u, v) 座標系とする．一方，位置合せを行いたい地図の座標系が (x, y) であるとする．このとき，幾何補正はこれら2つの座標系の変換式，$u=f(x,y), v=g(x,y)$ を求める問題である．変換式には，せん断変形を表現するアフィン変換や，射影変換，多項変換などが用いられる．そして，これらの変換式の未知のパラメータを，2つの座標系での座標値が既知の地点(地上基準点)を用いて推定する．一般には最小二乗法が用いられる．地上基準点としては，リモートセンシングデータを画像化したときに鮮明に表され，座標を特定化しやすい地点が選ばれる．図-10.9は，幾何補正の方法を概念的に示している．なお幾何補正の問題は，リモートセンシングデータに限らず，複数の地理情報を同一の座標系に統一したいときに必ず生じる共通の問題である．**14.6.2** に，より一般的な問題として変換式などを述べているので参照されたい．

さて，上記の方法でリモートセンシングデータの座標 (u, v) と地図座標 (x, y) の関係式が，$u=f(x,y), v=g(x,y)$ のように推定されたとしよう．これにより，任意の地図座標 (x, y) に対するリモートセンシングデータの座標 (u, v) を求めることができる．このとき，(u, v) が整数値であれば，ライン，ピクセルが確定するが，一般には実数値になる．そこで，任意の地図座標 (x, y) のリモートセンシングデータを知るには，それに対応する実数値座標 (u, v) の周辺でリモートセンシングデータを

内挿することが必要になる．この内挿法には，最近隣の画素データを割り当てる最近隣法 (nearest neighbor method) や，近隣画素のデータと画素までの距離を変数とする適当な内挿関数を作成する方法 (interpolation method) などがある．

なお，リモートセンシングデータの地上分解能は，正確には区切りのよい数値にならない．例えば，LANDSAT の TM データの分解能は約 30 m であるが，当然のことながら正確に 30 m であるわけではない．リモートセンシングデータを利用するときは，地図上での一定間隔（例えば，地上で 20 m, 50 m 間隔といった区切りのよい数値）にデータを並び変え，いわゆるグリッドデータにしておくと都合がよい．これを再配列（リサンプリング：resampling）という．上記の内挿は，この再配列の処理に利用されるのが一般である．

10.5　リモートセンシングデータの画像表現

リモートセンシングデータは，あくまで画素単位の数値データであり，これを視覚的にわかりやすい画像として表現するためには，画素ごとに色を割り当てる必要がある．ここでは，その代表的な方法を述べる．

10.5.1　加法混色と減法混色

リモートセンシングデータは一般に複数のバンドのデータ，すなわちマルチスペクトルデータである．これに色をつけるための一般的な方法は，3 つのバンドを選び，それぞれに色の三原色のいずれかを割り当てるという方法である．これは，色の三原色を合成することにより，ほぼすべての色を作り出すことができるという表色理論に基づいている．三原色による色合成は加法混色と減法混色という 2 つの方法に分けられる．

加法混色は，複数の色の光を集めて別の色を作り出す方法である．光を集中させれば，その反射強度も上がり明るくなることから加法混色と呼ばれる．混色の原色には，いわゆる光の三原色，R (赤), G (緑), B (青) が利用される．R, G, B を等量で合成すると白色光になる．合成する量が小さくなれば黒に，大きくなれば白に近づく．カラーテレビや計算機のディスプレイではこの合成方法（RGB 合成）がと

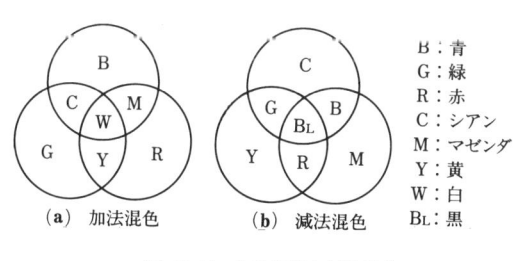

B：青
G：緑
R：赤
C：シアン
M：マゼンタ
Y：黄
W：白
B_L：黒

図-10.10　加法混色と減法混色
(a) 加法混色　(b) 減法混色

られている.

　減法混色は, 色フィルターなど, 光を吸収する媒質を重ね合わせて別の色を作り出す方法である. 色の混色で反射率が弱まり暗くなることから減法の名が付けられている. 混色の原色として一般に用いられるのは, C (シアン: 青緑), M (マゼンタ: 赤紫), Y (黄) である. これらは一般にインクの三原色と呼ばれる. R, G, B と同様に, C, M, Y も等量で合成すると白色光になる. ただし, 減法混色であるから, 合成する量が小さくなれば白に, 大きくなれば黒に近づく. カラー印刷機, インクジェットプリンターなどはこの方式である.

　以上の関係を概念的に示したのが図-10.10 である. リモートセンシングデータの処理は一般に計算機でなされる. したがって, 計算機のディスプレイに画像として表現することがまず重要になる. そこで, 以下では, R, G, B の加法混色による方法を中心に, 色合成の方法を説明する.

10.5.2　フォールスカラー合成[6]

　リモートセンシングデータの3つのバンドのデータに, R, G, B のいずれかを割り当て色合成する方法をフォールスカラー合成 (false color composite) という. リモートセンシングでは, いくつかの波長帯ごとにデータを得る. したがって, どのような色合成をしても, 人間が見るのと全く同じ画像を作り出すことは不可能である. また, リモートセンシングでは可視光領域以外のデータも収集する. これらのデータに色を割り当てれば当然のことながら, 人には見えない情報が視覚化される. 以上のことから, フォールス (疑似) カラーという言葉が使われるのである.

　フォールスカラー合成の代表的なものに, トゥルーカラー (ノーマルカラー) 合成 (true color composite または normal color composite) と赤外カラー合成 (infrared color composite) がある. トゥルーカラー合成は, 可視光の赤, 緑, 青の領域に近いバンドのデータを, おのおの R, G, B に割り当てる方法である. これによると, 人間が実際に宇宙空間から地上を見た光景にかなり近い画像が得られる. このことからトゥルーカラー合成以外の合成をフォールスカラー合成という場合もある. 赤外カラー合成は, 近赤外領域に相当するバンドのデータを強調するために, 近赤外領域のバンドに R, 可視光の赤領域に相当するバンドに G, 緑領域に相当するバンドに B を割り当てたものである. 赤外線カメラで撮影したものと同様な画像が得られる. 植物の分光特性は, 図-10.4 に示すように, 近赤外領域で反射率が高い. したがって, 赤外カラー合成した画像では植物の多い地域が赤色で強調されて示されることになる. 口絵1は, LANDSAT の TM データを赤外カラー合成して画像化した例である.

なお，カラー合成の方法の呼称については完全な統一がなされていない．特にわが国では，上記のトゥルーカラー合成（ノーマルカラー合成）のことを，天然色に近いということからナチュラルカラー合成 (natural color composite) と呼ぶ場合がある．また，近赤外領域にGを割り当てると，植生のある地域が緑系の色で表示され，植生に対してもつ人間の視覚イメージに近いことから，近赤外領域にGを割り当てる方法を総称してナチュラルカラー合成と呼ぶ場合がある．

三原色に割り当てる方法では，LANDSATのTMデータのように7つのバンドがあっても，そのうち3つのバンドのデータでしか画像化できない．すべてのバンドのデータを加味して画像化するときには，主成分分析などで三次元のデータに縮約し，これに色を割り当てる方法などが用いられる．

なお，これまではマルチバンドのリモートセンシングデータを例にカラー合成の方法を述べてきたが，リモートセンシングには単バンドの方式もある．このような場合には，適当な色を割り当てた濃淡画像で示す方法やシュードカラー変換 (pseudo color transform) という方法が利用される．シュードカラー変換は，図-10.11に示すように，そのバンドのデータの変化に対してR，G，Bを適当な方式で割り当てる方法である．この図の例であれば，RGBの合成によって，データの値が大きくなるにつれ，青，シアン，緑，黄，赤，マゼンタの順に色が滑らかに変化する．このことは，加法混色を示した図-10.10(a)を見ればわかる．連続的に色を変化させることによって，違和感が少ない色表現が可能になる．

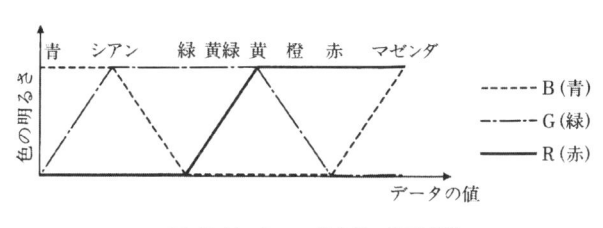

図-10.11 シュードカラー表示の例

10.5.3 HSI 合成による画像表現[8)]

RGBによる色合成は色を定量的に扱うときに非常に便利である．しかし，RGB空間は人が知覚する色の変化と非線形な関係にあることが知られており，このため，人が色調を調整する操作には必ずしも適したものではない．このような問題に対し，人の色知覚により適合した色表現方法がある．マンセル表色系 (Munsell color system) に代表される色の三属性，すなわち，色相 (hue：H)，彩度 (saturation：S)，明度 (intensity：I) に基づく表色がそれである．色相とは，いわゆる色調のことである．可視光域の光を短波長から長波長になるに従い，一般に青紫，青，青緑，緑，黄緑，黄，橙，赤というように抽象表現するが，これが色相である．彩度とは各色相の

鮮やかさを示す尺度であり，明度とはその色相の明るさを示す尺度である．これらは相互に独立な概念である．

HSIによる色表現は人の心理的な色知覚に基づいて考案されたものであり，RGB空間との物理的な対応関係はない．しかし，その関係は感覚的には比較的明瞭であり，HSI空間とRGB空間を相互に変換するモデルがいくつか考案されている．リモートセンシングデータの画像表現においてこの相互変換は重要である．例えば，RGB合成した画像が鮮明でないようなときに，これをHSIに変換したうえで，彩度や明るさの調整を行い，再びRGBに変換して表示するような試みは頻繁になされる．また，あるセンサーで収集された3つのバンドと別のセンサーで収集された単一バンドを合成するときに，まず前者の3バンドにRGBを割り当て，これをHSIに変換し，明度（I）のみを後者の単一バンドの値に置き換えて再びRGBに戻すような操作がなされる．これは，LANDSATのTMデータ（マルチバンド，分解能：約30 m）とSPOTのパンクロHRVデータ（分解能：約10 m）のように特性が異なるデータを合成するときに有効である．マルチバンドのTMデータと高分解能のHRVデータを効果的に組み合わせる表示方法である．

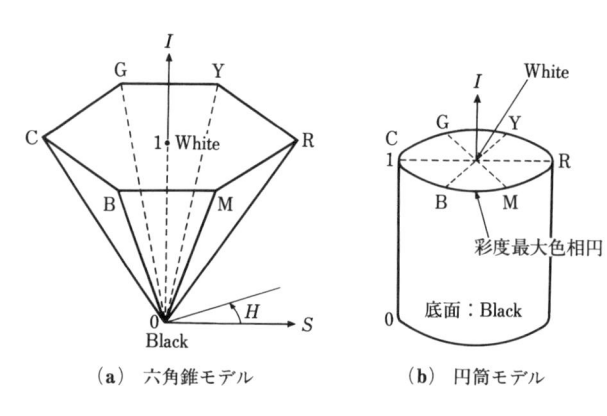

HSIとRGBの変換方法について簡単に説明しておく．10.5.1で述べたように，R, G, Bを等量合成すると白色光になる．これはR, G, Bが混ざると色調が認識できなくなり，鮮やかさ（S）が失われることに相当する．また，R, G, Bを強く混色すると白に，弱く混色す

（a）六角錐モデル　　（b）円筒モデル

図-10.12　HSI-RGB変換モデルの例

ると黒になることは，R, G, Bの大きさが明るさ（I）に相当することが理解できる．一方，色相（H）は色調を示し，本来，赤，黄，緑といったように定性的なものである．しかし，先に述べたように，色相は波長の大きさに対応しており，連続量との関係は深い．以上のような観点から，いくつかの相互変換モデルが提案されている．ここでは，代表的なモデルとして六角錐モデルと呼ばれるものを示す（**図-10.12**）．このモデルでは，6つの色相を定義している．すなわち，波長にほぼ対応して，R（赤），Y（黄），G（緑），C（シアン），B（青），M（マゼンタ）である．ここで，M（マゼ

ンタ：赤紫）は最も波長の長いR（赤）と最も短いB（青）の加法混色である．すなわち，波長の最長部と最短部をつないだ六角形で色相を環状に表現しているのである．彩度(S)，明度(I)の定義は上記の説明から明らかだろう．なお，実際には，Hは角度，S，Iは0～1に規格化され，図-10.12に示す円筒座標系で表現することが多い．このモデルに基づく変換式は多くの画像処理用ソフトウェアに導入されている．

10.6 リモートセンシングデータの分類

10.6.1 教師付き分類と教師無し分類

　リモートセンシングデータの分類とは，各画素がもつ特性に応じてその画素をいくつかのクラス（カテゴリー）に分類することをいう．ここで，画素の特性とは，一般には各バンドの値であるが，その他の地理情報（例えば，標高データなど）を加えても構わない．とにかく，その画素の特性を表すデータであればよい．このデータの並びを特徴ベクトルという．また，分類クラスは一般には土地被覆に関するもの，例えば，水，土，アスファルト，植物といったものである．なぜなら，リモートセンシングは物体の分光特性を利用したものであり，リモートセンシングで調査可能なものは基本的には地表の物質，すなわち土地の被覆である．ただし，土地被覆と土地利用は言うまでもなく関係が深く，意味解釈もしやすいところから，市街地，水田，畑といった分類クラスを設ける場合も多い．

　分類には，一般的に統計的な手法が用いられる．前節で述べたリモートセンシングデータの画像化は，データを視覚化して人の判読能力で情報を読みとる方法であるのに対し，分類は機械的に情報を抽出する方法であると言えよう．

　分類の方法は，教師付き分類と教師無し分類に分けられる．

　教師付き分類(supervised classification)とは，特徴ベクトルと分類クラスとの対応関係が明確な画素をあらかじめ抽出しておき，これに基づき分類モデルを作成する方法である．分類クラスは事前に設定しておく．分類モデルを作成するためのクラス既知の画素データ（特徴ベクトル）のことをトレーニングデータ(training data)という．トレーニングデータを『教師』として分類モデルを作成するのである．なお，トレーニングデータを収集するためには，リモートセンシング画像に明確に写っている部分が一体何であるかを現地調査や地図判読によって吟味する必要があり，分類クラスの設定も一般にはこのような調査に基づいて行う．このように，画像の一部について画素データと地上の状態との関係を明らかにすることをグランドトルース(ground truth)という．トレーニングデータのことをグランドトルースデータということもある．

一方，教師無し分類 (unsupervised classification) とは，まず無作為に抽出した画素集合に対し，特徴ベクトルが類似したものどうしをクラスター分析などによってクラス分けする．そして，これをトレーニングデータとして分類モデルを作成する．クラスごとにトレーニングデータがあることでは教師付き分類と同じであるが，クラスの設定の仕方に大きな差がある．教師付き分類では，分類処理結果をどのように利用するか，あるいはグランドトルースなどを通して現実にどのようなクラスでの分類が可能かを総合的に判断して，人が分類クラスを決める．これに対して教師無し分類では，詳細なグランドトルースを必要としないという利点があるものの，統計的にクラス設定がなされ，各クラスが何を意味するものかは事後的に解釈するよりほかはない．なお，教師無し分類では，対象地域の全画素に対してクラスター分析を適用してクラス分けするときもある．このようなときには，分類モデルを介さずに，クラスター分析で分けられた各クラスに対する意味解釈のみでリモートセンシングデータの分類作業は終了する．

10.6.2　最尤法による教師付き分類

ここでは，クラスごとにトレーニングデータが得られたとき，どのように分類モデルを作成するかを述べる．数多くの分類モデルが提案されているが，統計的な分類法で最も基本的かつ確率論に整合した手法は，最尤法 (maximum likelihood method) に基づく分類法 (maximum likelihood classifier) である．

いま，特徴ベクトル $\boldsymbol{X}=(x_1, x_2, \cdots, x_n)^t$ が与えられたときに，この特徴ベクトルを有する画素が分類クラス ω_i $(i=1, 2, \cdots, M)$ である確率 (事後確率) は，ベイズの法則 (Bayes rule) より以下のようになる．

$$P(\omega_i|\boldsymbol{X}) = \frac{P(\boldsymbol{X}|\omega_i)P(\omega_i)}{\sum_{j=1}^{M} P(\boldsymbol{X}|\omega_j)P(\omega_j)} \tag{10.1}$$

ここで，

　　　$P(\omega_i|\boldsymbol{X})$：特徴ベクトル $\boldsymbol{X}$ がクラス ω_i である確率 (事後確率)
　　　$P(\boldsymbol{X}|\omega_i)$：クラス ω_i における特徴ベクトル $\boldsymbol{X}$ の確率密度関数
　　　　　　　　（条件付き確率）
　　　$P(\omega_i)$：クラス ω_i の生起確率 (事前確率)

特徴ベクトル $\boldsymbol{X}$ が与えられたときには，各クラスへの $P(\omega_i|\boldsymbol{X})$ を計算し，最大値をとるクラスへその画素を分類すればよいことは明らかである．ここで，式(10.1)の分母は確率への規格化のための項であり，クラスによらず一定である．また $P(\omega_i)$ は，トレーニングデータが無作為抽出であれば，トレーニングデータ内のクラスの比

率として推定することはできるが，一般には不明であり，どのクラスも一定と仮定するのが通常である．以後の説明でも，$P(\omega_i)$ はクラスによらず一定と考えることにする．

このとき，式 (10.1) より，分類問題において $P(\omega_i|X)$ の最大と $P(X|\omega_i)$ の最大は等価になり，各クラスごとに確率密度関数 $P(X|\omega_i)$ を求めればよいことになる．この確率密度関数は不明であるため，適当な分布を仮定してその関数形をトレーニングデータから推定する方法をとる．一般には正規分布を仮定する．このとき，$P(X|\omega_i)$ は多変量正規分布 (n 次元) の確率密度関数であり，次のようになる．

$$P(X|\omega_i) = \frac{1}{(2\pi)^{n/2}|\boldsymbol{\Sigma}_i|^{1/2}} \exp\left\{-\frac{1}{2}(X-\boldsymbol{\mu}_i)^t \boldsymbol{\Sigma}_i^{-1}(X-\boldsymbol{\mu}_i)\right\}$$
$$= \frac{1}{(2\pi)^{n/2}|\boldsymbol{\Sigma}_i|^{1/2}} \exp\left\{-\frac{1}{2}d_i^2\right\} \quad (10.2)$$

ここで，$\boldsymbol{\mu}_i$ はクラス ω_i の平均ベクトル，$\boldsymbol{\Sigma}_i$ はクラス ω_i の分散共分散行列である．また，d_i^2 は個体群の分散共分散を考慮して群間の距離を定義するものであり，マハラノビスの汎距離 (Mahalanobis' distance) と呼ばれる．

いま，クラス ω_i のトレーニングデータの画素数が n_i であり，これらの画素の特徴ベクトルが $X_k^i (k=1, 2, \cdots, n_i)$ であったとしよう．このとき，クラス ω_i においてこれらの特徴ベクトルが観測されたのは，それが確率的に最も確からしかった (同時確率密度が最大であった) からと考える．これが 2.2.1 で述べた最尤法の考え方である．この際，クラス ω_i の確率密度関数は $P(X|\omega_i) = P(X|\boldsymbol{\mu}_i, \boldsymbol{\Sigma}_i)$ であり，観測が独立であると仮定すると，同時確率密度，すなわち尤度 (likelihood) は次のようになる．

$$L(\boldsymbol{\mu}_i, \boldsymbol{\Sigma}_i) = \prod_{k=1}^{n_i} P(X_k^i|\boldsymbol{\mu}_i, \boldsymbol{\Sigma}_i) \quad (10.3)$$

式 (10.3) の対数をとってその最大化問題を解くと，$\boldsymbol{\mu}_i, \boldsymbol{\Sigma}_i$ の最尤推定値はおのおの以下のようになる．[9]

$$\boldsymbol{\mu}_i = \frac{1}{n_i} \sum_{k=1}^{n_i} X_k^i \quad (10.4)$$

$$\boldsymbol{\Sigma}_i = \frac{1}{n_i} \sum_{k=1}^{n_i} (X_k^i - \boldsymbol{\mu}_i)(X_k^i - \boldsymbol{\mu}_i)^t \quad (10.5)$$

さて，式 (10.2) に戻り，その対数をとると次のようになる．

$$\log P(X|\omega_i) = -\frac{n}{2}\ln 2\pi - \frac{1}{2}\ln|\boldsymbol{\Sigma}_i| - \frac{1}{2}(X-\boldsymbol{\mu}_i)^t \boldsymbol{\Sigma}_i^{-1}(X-\boldsymbol{\mu}_i) \quad (10.6)$$

したがって，第 1 項は定数であるから，$P(X|\omega_i)$ の最大化と次式の最小化は等価である．

$$g(X|\omega_i) = \ln|\Sigma_i| + (X - \mu_i)^t \Sigma_i^{-1}(X - \mu_i)$$
$$= \ln|\Sigma_i| + d_i^2 \qquad (10.7)$$

これにより,次のことが言える.[10]

① $|\Sigma_i|$ がクラスによらず一定と仮定すれば,最尤分類法はマハラノビスの汎距離最小化の分類法と等価である.

② さらに,Σ_i がクラスによらず一定と仮定すれば,最尤分類法は線形判別分析法と等価になる.〔式 (10.6) で Σ_i が一定であると,各クラスに共通である項以外は線形になる.〕

③ さらに,Σ_i が単位行列の整数倍行列であると仮定すれば,最尤分類法はユークリッド距離最小化分類法と等価になる.

10.6.3 クラスター分析による教師無し分類

本項では,教師無し分類の骨格をなすクラスター分析について概説する.

a) クラスター分析の種類

クラスター分析 (cluster analysis) とは,特性の類似した個体どうしをグループ (クラスター) 化する方法の総称である.類似度の評価には種々の距離指標が用いられる.クラスター分析の方法は階層的クラスタリングと非階層的クラスタリングに大別される.

階層的クラスタリング (hierarchical clustering) では,まず全個体をおのおののクラスターと見なす.すなわち,初めの時点でのクラスター数は個体数(リモートセンシングデータであれば画素数)に等しい.次に,クラスター間の類似度(距離)を計算して最も類似度の大きいクラスターどうしを統合し新たなクラスターを形成する.この時点でクラスター数は1つ減る.以後,クラスター間の類似度計算,統合の過程を繰り返し,クラスターの数が設定した数になるまで同様の操作を行う.一方,非階層的クラスタリング (non-hierarchical clustering) では,初期状態として適当なクラスターに全個体を分類しておくことから始める.以後は,各個体とクラスター間の類似度計算を繰り返し,順次各個体が属するクラスターを組み替えていく.階層的クラスタリングでは,一度あるクラスターに統合された個体がその後のクラスター形成過程で別々のクラスターに分離されることはないのに対し,非階層的クラスタリングではこれが起こりうる.また,階層的クラスタリングでは,事前にクラスター数を与えることはできても,形成されたクラスターに関する意味づけは事後的に行う.一方,非階層的クラスタリングでは,あらかじめ意味づけを行ったクラスター設定をし,その意味づけの範囲内で可能な限り類似度の異なるクラスターを形成していく.

クラスター分析の方法は数多く提案されている.それらの詳細は多変量解析などの

専門書を適宜参照されたい。[11] ここでは，リモートセンシングデータの教師無し分類によく利用される階層的クラスタリングの概要について若干の説明を加えることにする。

b) 階層的クラスタリングの概要

階層的クラスタリングでは，まず個体(画素の特徴ベクトル)どうしの類似度を計算することから始められる．個体間の類似度を定義する距離指標にはユークリッド距離やマハラノビスの汎用距離などが用いられる．クラスター分析の手法を特徴づけるのは，クラスター間の距離をいかに定義するかであり，これにより種々の方法が提案されている．

いま，クラスター k とクラスター m の距離 d_{km} を計算することを考えよう．また，クラスター m はクラスター i とクラスター j が統合されたものであるとする．すなわち，d_{km} を計算する時点では，それ以前の計算において d_{ij}, d_{ik}, d_{jk} の各距離の計算は終了していることになる．クラスターが1組ずつ統合されていく階層的クラスタリングにおいては，上記の前提がクラスター間の距離を計算する際の一般形である．現在提案されている種々の手法は，以下のような d_{km} の定義式で体系的に整理されている．

$$d_{km} = \alpha_i d_{ik} + \alpha_j d_{jk} + \beta d_{ij} + \gamma |d_{ik} - d_{jk}| \tag{10.8}$$

または

$$d_{km}^2 = \alpha_i d_{ik}^2 + \alpha_j d_{jk}^2 + \beta d_{ij}^2 + \gamma |d_{ik}^2 - d_{jk}^2| \tag{10.9}$$

ここで，$\alpha_i, \alpha_j, \beta, \gamma$ はパラメータであり，これらのパラメータの違いによって各手法が特徴づけられる．例えば，d_{km} を d_{ik} と d_{jk} の最小値で定義する最短距離法と呼ばれる方法があるが，この方法は式(10.8)によって以下のように示される．

表-10.4 代表的なクラスター分析の統一的表現

方法 \ パラメータ	α_i	α_j	β	γ	距離
(1) 最短距離法	$\frac{1}{2}$	$\frac{1}{2}$	0	$-\frac{1}{2}$	d
(2) 最長距離法	$\frac{1}{2}$	$\frac{1}{2}$	0	$\frac{1}{2}$	d
(3) メジアン法	$\frac{1}{2}$	$\frac{1}{2}$	$-\frac{1}{4}$	0	d
(4) 重心法	$\frac{n_i}{n_m}$	$\frac{n_j}{n_m}$	$-\frac{n_i n_j}{n_m^2}$	0	d^2
(5) 群平均法	$\frac{n_i}{n_m}$	$\frac{n_j}{n_m}$	0	0	d^2
(6) ウォード法	$\frac{n_k + n_i}{n_k + n_m}$	$\frac{n_k + n_j}{n_k + n_m}$	$-\frac{n_k}{n_k + n_m}$	0	d^2

$$d_{km} = \frac{1}{2}d_{ik} + \frac{1}{2}d_{jk} - \frac{1}{2}|d_{ik} - d_{jk}|$$

$$= \begin{cases} d_{ik} & \text{for } d_{ik} \leq d_{jk} \\ d_{jk} & \text{for } d_{ik} \geq d_{jk} \end{cases} \tag{10.10}$$

表-10.4は，最短距離法を含む代表的な手法の各種パラメータならびに距離 (d_{km} か $d_{km}{}^2$) の定義を示している．ただし，最短距離法と最長距離法以外の各手法は，個体間の距離をユークリッド距離で定義したときに限り，式 (10.9) の一般形で記述できる．なお，表中の $n_i, n_j, n_k, n_m(=n_i+n_j)$ は，各クラスターの個体数を示している．

参 考 文 献

1) 日本リモートセンシング研究会編：図解リモートセンシング，(社) 日本測量協会
2) 日本リモートセンシング研究会：リモートセンシングハンドブック，宇宙開発事業団
3) 土木学会編：土木工学ハンドブック第四版，第18編「リモートセンシング」，技報堂出版
4) Paul M. Mather : Computer Processing of Remotely-Sensed Images, JOHN WILEY & SONS
5) John A. Richards : Remote Sensing Digital Image Analysis, Springer-Verlag
6) Thomas M. Lillesand, Ralph W. Killer : REMOTE SENSING AND IMAGE INTERPRETATION, JOHN WILLEY & SONS
7) W. G. Rees : PHYSICAL PRINCIPLES OF REMOTE SENSING, CAMBRIDGE UNIVERSITY PRESS
8) 高木幹雄他編：画像処理アルゴリズムの最新動向，新技術コミュニケーションズ
9) 尾崎　弘，谷口慶治：画像処理，共立出版
10) 奥野忠一他：続多変量解析法，日科技連
11) 例えば，河口至商：多変量解析入門 II，森北出版

第11章 路線測量

　道路，鉄道，運河等の交通路のほか，上下水道，かんがい，排水等の水路，および電力線，通信線等の路線構造物を計画，設計するための測量調査と，計画された路線を現地に敷設し，工事を行うための測量を総称して路線測量 (route surveying) と呼ぶ．そのなかでも道路や鉄道の路線測量は必要とする精度も高く，路線の幾何学的形状も高度なものとなる．単に路線測量という場合には，道路や鉄道を対象とした路線測量を指すのが一般である．

　本章では，この道路や鉄道の路線測量について解説する．初めに，道路や鉄道の幾何学的形状について概説し，その測量方法について示すことにする．さらに，路線測量のうち特殊でかつ困難の多いトンネル測量について述べることにする．

11.1 路線計画の方法と路線測量

　道路や鉄道が構想されてから，それが建設され，機能するまでには，いくつかの計画，設計および施工の段階が経られ，そのそれぞれの段階ごとに測量調査が必要となる．

　計画の最も初期の段階は，基本計画あるいは整備計画と呼ばれ，その交通施設の必要性やそのもたらす広域的な経済的，社会的および環境的な効果や影響を考慮して，路線の通過するおよその位置や，インターチェンジ，駅などを決めるものである．この計画段階では一般に1/50 000または1/25 000地形図が用いられる．わが国ではこの地形図は国土基本図として整備されているので，計画段階では新たに測量を行う必要はない．この計画段階において路線の可能な通過地域が幅数kmの帯として求められ，計画をさらに進めることが決まると，次に実施計画と呼ばれる計画設計段階に入る．

　実施計画は，経済的，技術的そして環境的な観点から最も適切な路線の位置と形状を決め，工事実施のための細部設計を行うもので，予備設計と詳細設計と呼ばれる2つの段階の調査設計作業がなされる．

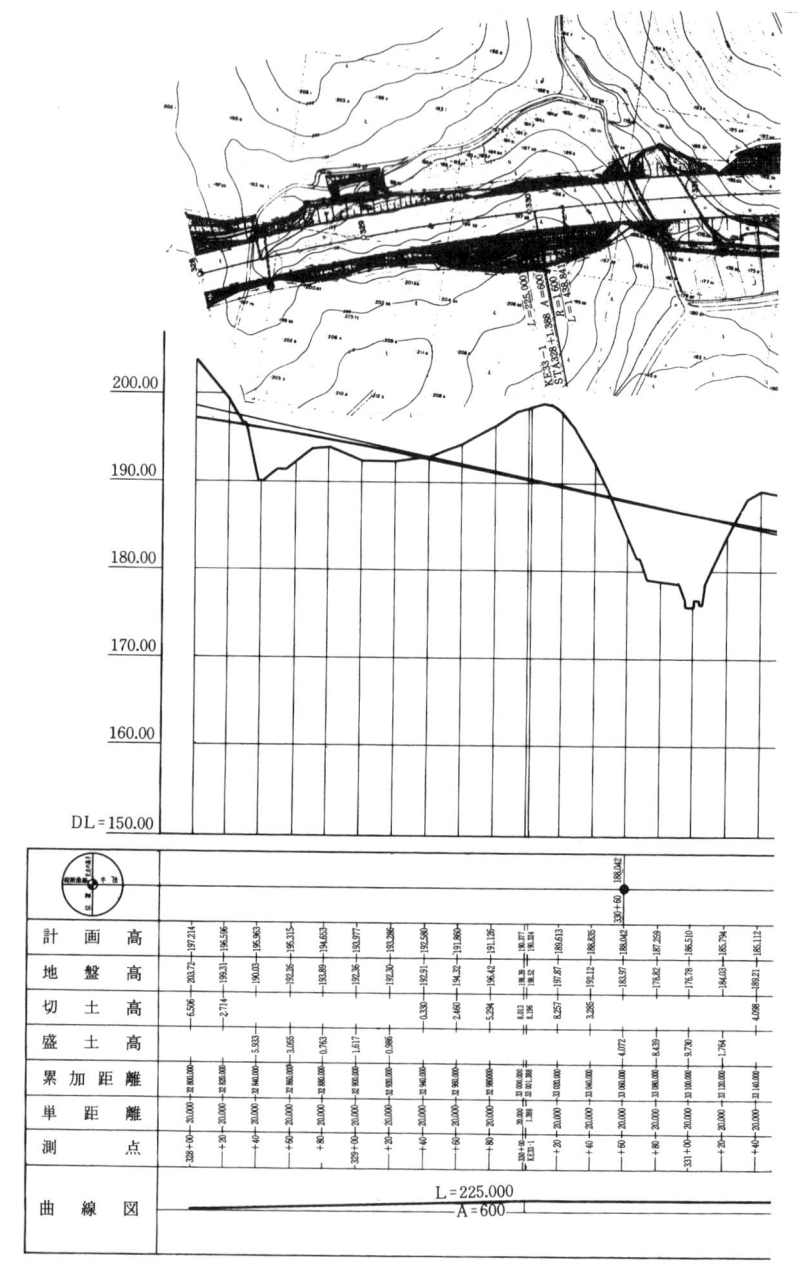

図-11.1 高速道路

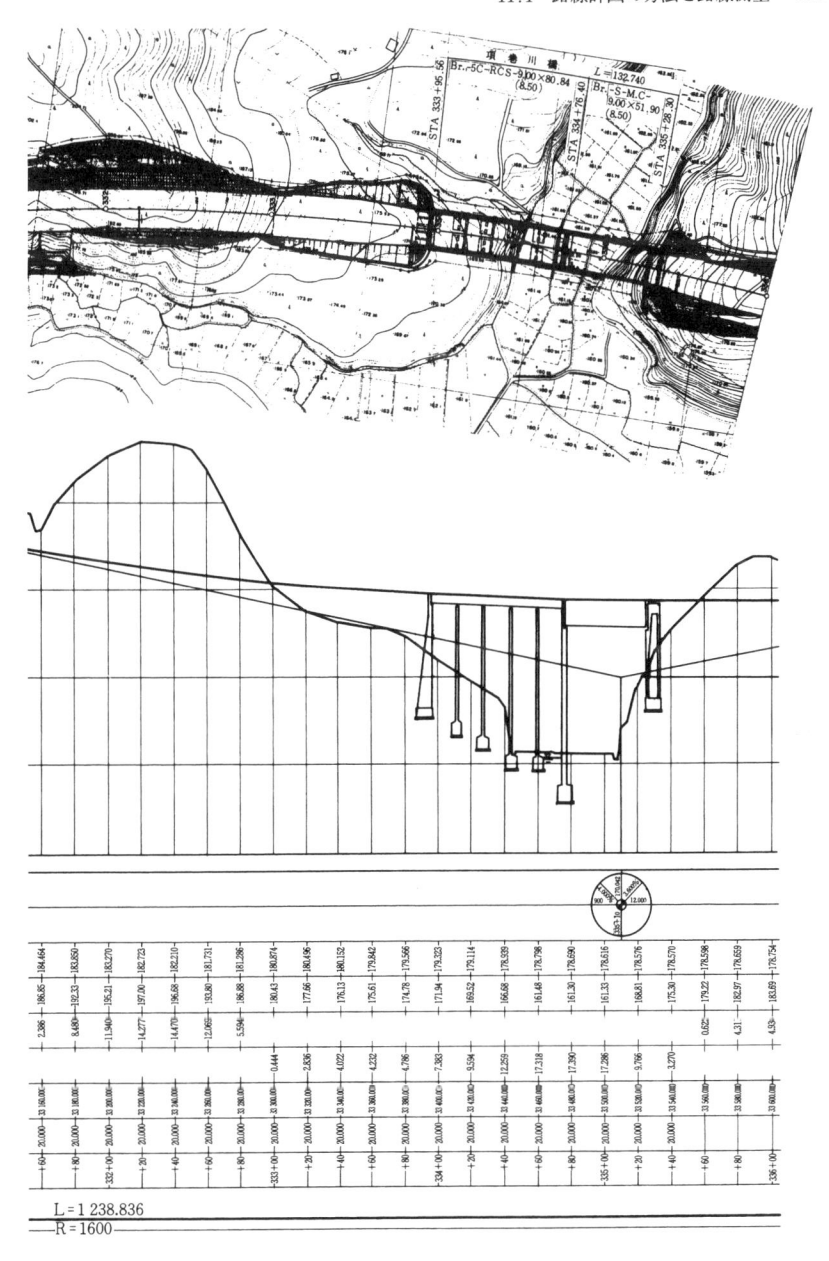

11.1 路線計画の方法と路線測量　*415*

の平面図と縦断図

予備設計は一般に1/2 500～1/5 000の地形図をもとにして，図上で路線選定を行い，主要な構造物の概略の設計をして工事費を見積るものである．この図上での路線選定のための地形図は，国土基本図として既に整備されている地域ではそれを使うことができるが，未整備の地域では前の計画段階において求められた路線通過可能地帯について，新たに空中写真測量を行ってつくることが必要である．また地形図をつくる代りに空中写真を実体観察したり，あるいはオルソフォトマップ（正射投影写真図）を用いたりすることもしばしば行われる．予備設計の段階では，路線可能地帯の中に何本かの比較路線を選んで図上にその中心線を描き，その各中心線について図から中心線上の地形の標高や横断する河川，道路等々の位置や形状を読みとり，これらが縦断図として示される．予備設計の結果，経済性や環境的，技術的見地から最も望ましい中心線が選ばれると，この路線を中心とする幅1km内外の帯について空中写真測量を実施し，1/1 000地形図が作製される．この空中写真測量に際して地上基準点設置のための測量は多角測量により，さらに最近ではGPS測量によって行われる．設置された地上基準点は後の中心線設置測量のための基準点としても用いられる．

実施設計は，この1/1 000地形図上で予備設計により求められた中心線をさらに詳細に検討し，最も適切と思われる中心線の線形を確定し，これについて各横断面の構造や幾何形状を決め，工事実施に十分な詳細設計図をつくり上げるものである．**図-11.1**は高速道路の実施設計における1/1 000平面図と縦断図の一例を示している．

実施設計において確定された中心線は一般に**20 m**ごとの測点の座標で表現され，その値をもとに**11.5**に述べられるような中心線設置測量により，現地に測点杭が設けられる．さらに路線の建設のために必要とする用地幅が図上で求められると，これに従って用地測量が行われ，用地境界に境界杭が設けられる．

設置された中心線に沿って水準測量を行い，図上で求められたよりさらに正確な縦断図をつくり，また必要に応じて，トータルステーションを使ったり，場合によってはスタジア測量により詳細な横断測量を実施する．重要な構造物の計画位置では地形測量を行って縮尺の大きい地形図を作製し，これをもとにして設計された橋台など構造物の位置が現地に設置される．

工事施工に際しては，このほか切取りや盛土の法面の位置を示す遣（やり）形測量も必要となる．

工事が完成すれば，完成した構造物が設計図と合致しているかどうかを調べる竣工測量や精算すべき工事数量を求めるための測量が行われる．

以上述べてきたように道路や鉄道が計画されてからこれが完成するまでには，何回にもわたる各種の測量が必要である．これらを大別すると，次のようになろう．

① 路線選定のための地形図作製を目的とする測量

② 選定された中心線設置のための測量
③ 工事施工および監理のための測量

①の測量は最近では航空写真測量で行われるのが一般であり，これについては第11章で述べられたし，また③の測量は第3〜5章で述べられた距離，角および水準測量の応用であるので，トンネルの測量以外はここでは詳細な説明は省略することにし，以下では②の路線設置のための測量を中心にして述べることにする．

11.2 路線の幾何構成

11.2.1 路線の幾何形状

道路，鉄道などの路線の幾何的形状は，路線の中心線の空間的な形と中心線に直交する切断面である横断面の形状により表される．

空間的な曲線である中心線は，これを平面上に投影してみた平面線形 (planimetric alignment) と，この平面線形に沿う縦断面上に投影された縦断線形 (vertical alignment) により表される．平面線形を構成する曲線としては直線，円曲線および種々の形の緩和曲線 (transition curve) が用いられ，縦断線形には一様な勾配を示す直線と種々の形の縦断曲線 (vertical curve) が用いられる．

路線の横断面 (cross section) は，中心線を基準にしてその両側に必要な幅員をとって構成されるが，この幅員は平面線形のもつ曲率に従って拡幅される．また路面の横断方向の勾配も，平面線形の形状によって変化する．これを道路では片勾配 (super elevation)，鉄道ではカント (cant) と呼んでいる．このような路面の形を表す要素と，この路面の下部の構造すなわち法面や高架構造などの横断形状により，路線の横断面は決められる．

表-11.1 路線の幾何形状

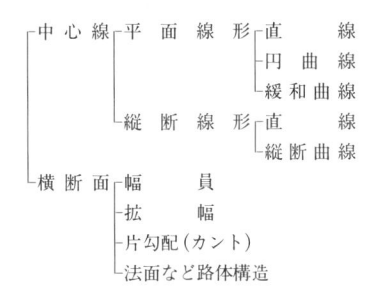

```
中心線 ┬ 平面線形 ┬ 直   線
       │          ├ 円 曲 線
       │          └ 緩和曲線
       └ 縦断線形 ┬ 直   線
                  └ 縦断曲線
横断面 ┬ 幅   員
       ├ 拡   幅
       ├ 片勾配(カント)
       └ 法面など路体構造
```

以上述べた路線の幾何的構成をまとめると，表-11.1 のようになる．

路線設計においては，これらの幾何形状がすべて決められ，それに従って路線測量を行い，工事が実施される．以下においては，これらの幾何形状を表す各要素について概略を述べることにする．

11.2.2 平面線形

平面線形は，路線の始点 BP から順次一定距離（一般に 20 m または 50 m）ごとに設けられた測点の座標と始点からの距離または測点番号により表される．平面線形と

して最も簡単なものは直線と円曲線のみからなるもので，単曲線とも呼ばれる．図-11.2はこの単曲線の一部分を示したものであるが，単曲線においては円弧の半径Rと円弧の始点(BC)と終点(EC)における接線の交角(IA)を決めれば，図-11.2に示されるように曲線各部の諸元は一義的に決まる．

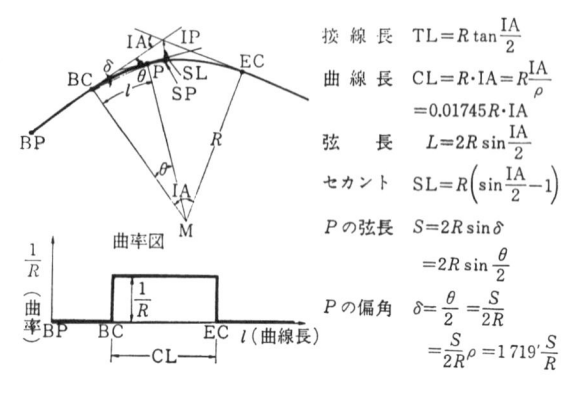

接線長　$TL = R \tan \dfrac{IA}{2}$

曲線長　$CL = R \cdot IA = R \dfrac{IA}{\rho}$
　　　　　　$= 0.01745 R \cdot IA$

弦長　　$L = 2R \sin \dfrac{IA}{2}$

セカント　$SL = R\left(\sin \dfrac{IA}{2} - 1\right)$

Pの弦長　$S = 2R \sin \delta$
　　　　　　$= 2R \sin \dfrac{\theta}{2}$

Pの偏角　$\delta = \dfrac{\theta}{2} = \dfrac{S}{2R}$
　　　　　　$= \dfrac{S}{2R}\rho = 1719' \dfrac{S}{R}$

図-11.2　単曲線の諸元

円弧と直線のみからなる単曲線は，その路線を走行する車両のなす走行軌跡とは一致しないものである．すなわち，単曲線においては図-11.2の曲率図に示されるように曲線の曲率は円弧部に入ると0から$1/R$に不連続に変化するが，実際に滑らかに走行する車両においてはこの曲率は図-11.3に示されるようにほぼ漸増的に変化するものである．このような中心線の線形と車両の走行軌跡のずれは，低速で走行する場合はあたり問題とはならないが，速度が増すにつれ車両の円滑で安全な走行に大きな影響をもつ．そこで中心線の線形をできる限り走行軌跡と一致させるため，緩和曲線(transition curve)と呼ばれる曲線を図-11.4のように直線と円弧の間に挿入することが必要となる．なお，図-11.2や図-11.4に示されるIPは，路線中心線において円曲線や緩和曲線を間に挟む2つの直線の交点(intersection point)を示す．接線交点あるいは交会点などと呼ばれることもあるが，一般にはその英語名からIP点と呼ばれることが多い．

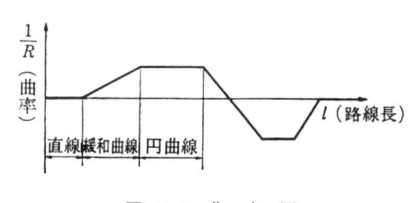

図-11.3　曲率図

路線の曲線半径には，走行上の安全性からみて，速度に応じた最小の限界が設けられる必要がある．この値は道路の場合には，例えば設計速度が100 km/hでは460 m，60 km/hでは150 mであり，鉄道では線路等級に応じ本線部の一級線で800 m，三級線で400 m，新幹線で4 000 m（東海道

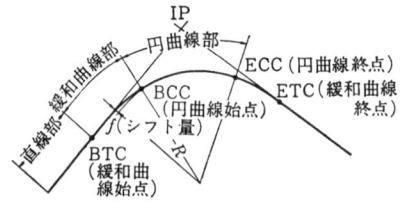

図-11.4　緩和曲線の挿入

新幹線では2 500 m)を標準としている．また緩和曲線は車両の回転の角速度や傾きが変化する区間であるので，あまりこの曲線長が短いと安全性，快適性において問題である．そのため緩和曲線の長さについても最小値の許容限度が規定されている．

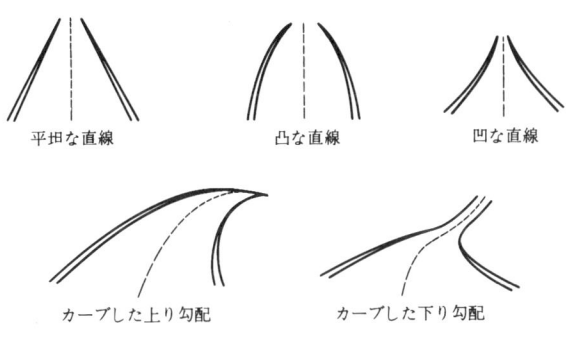

図-11.5 平面線形と縦断線形の組合せによる空間線形の基本形状[7]

平面線形は縦断線形との組合せによって，車両の運転者には路線が**図-11.5**に示されるような種々の見え方となる．したがって，この2つの線形が調和して，視覚的にも走行の安全においても適切なものであることが必要である．この線形の調和の検討のためには，**図-11.6**に示すような自動製図による透視図がしばしばつくられる．

緩和曲線の形としては種々のものがあるが，それについては，**11.3**に示す．

図-11.6 道路透視図の一例（国際航業株式会社提供）

11.2.3 縦断線形

路線の縦断線形は一様な勾配区間と，勾配の変化する付近において挿入される縦曲

線区間とからなる．一様な勾配 (gradient) は，tangent を百分率または千分率で示して表現されるが，一般に道路ではパーセント (%) で，鉄道ではパーミル (‰) で表される．

縦断勾配の最大値はその路線を走行する車両の登坂性能に主として依存するが，道路においては設計速度に応じ2～9%であり，鉄道では特殊な例を除けば10～35‰である．

この勾配の変化する地点において，車両の円滑な走行と視距の確保のために挿入される縦曲線としては，円曲線または放物線が用いられるのが一般である．

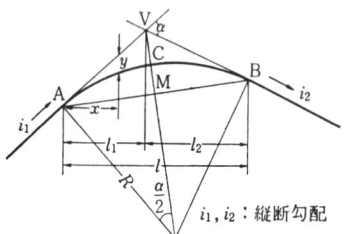

a) 円曲線による縦断曲線

円曲線はわが国では主に鉄道で用いられて

図-11.7 円曲線による縦断曲線

いるが，その主要な諸元は，図-11.7の記号を用いると次のようになる．

$$\left.\begin{aligned}\overline{VA}=\overline{VB}&=R\tan\frac{\alpha}{2}\fallingdotseq R\frac{i_1-i_2}{2}\\l=l_1+l_2&=2R\sin\frac{\alpha}{2}\fallingdotseq 2R\tan\frac{\alpha}{2}\fallingdotseq R(i_1-i_2)\\\overline{CM}&=R\left(1-\cos\frac{\alpha}{2}\right)\fallingdotseq R\frac{(i_1-i_2)^2}{8}\\\overline{VC}=\overline{AM}\tan\frac{\alpha}{2}&-\overline{CM}\fallingdotseq R\tan^2\frac{\alpha}{2}-R\left(1-\cos\frac{\alpha}{2}\right)\\\fallingdotseq R\frac{(i_1-i_2)^2}{4}&-R\frac{(i_1-i_2)^2}{8}=\frac{R(i_1-i_2)^2}{8}=\frac{\overline{VA}^2}{2R}\end{aligned}\right\} \quad (11.1)$$

このように縦断曲線単径 R を与えると縦断曲線長 l が定まる．R としては，国鉄では直線部で3 000 m，曲線部で4 000 m，新幹線では10 000 mと規定している．

この曲線を設置するためには，曲線上の任意の点を図-11.7に示されるように (x, y) で表すことが必要である．計算は厳密に行えば極めて繁雑なものとなるので，実際には次のように放物線に近似して計算する．すなわち

$$l_1\fallingdotseq\frac{1}{2}l=\frac{R}{2}(i_1-i_2) \quad (11.2)$$

として縦断曲線の始点 A を決め，これを原点として次式により縦距 y を求める．

$$y=\frac{x^2}{2R} \quad (11.3)$$

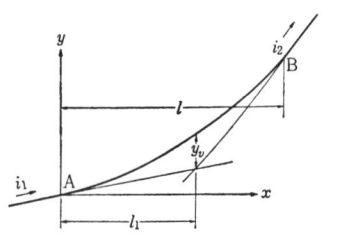

b) 放物線による縦断曲線

道路の縦断曲線として一般に用いられる二次放

図-11.8 放物線による縦断曲線

物線は，図-11.8 で示される記号を用いれば，次のように表される．

$$y=\frac{1}{2K}x^2+i_1 x \tag{11.4}$$

任意の点の勾配 i は，その変化を x に比例させるとすると

$$i=\frac{1}{K}x+i_1 \tag{11.5}$$

任意点の曲線半径を R とすれば

$$R=\frac{\left[1+\left(\frac{dy}{dx}\right)^2\right]^{3/2}}{\frac{d^2y}{dx^2}}=K(1+i^2)^{3/2} \tag{11.6}$$

となる．i^2 は 1 に比べて極めて小さいから，これより

$$R\fallingdotseq K \tag{11.7}$$

となり，式 (11.5) より

$$R\fallingdotseq K=\frac{x}{i-i_1}=\frac{l}{i_2-i_1} \tag{11.8}$$

である．よって

$$y=\frac{i_2-i_1}{2l}x^2+i_1 x \tag{11.9}$$

となる．勾配変化点における縦距 y_v はこれより

$$y_v=\frac{i_2-i_1}{2l}l_1^2 \tag{11.10}$$

となる．またこの場合，点 B において，この放物線から求めた縦距

$$y_B=\frac{i_2-i_1}{2l}l^2+i_1 l \tag{11.11}$$

と，直線勾配より求めた縦距

$$y_B=i_1 l_1+i_2 l_2 \tag{11.12}$$

は一致しなければならないから

$$\frac{1}{2}(i_2-i_1)(l_1+l_2)+i_1(l_1+l_2)=i_1 l_1+i_2 l_2 \tag{11.13}$$

である．これより

$$(l_1-l_2)(i_1-i_2)=0 \tag{11.14}$$

となる．すなわち $i_1 \neq i_2$ であるから

$$l_1=l_2 \tag{11.15}$$

となり，したがって，先の y_v は

$$y_v=\frac{1}{8}(i_2-i_1)l \tag{11.16}$$

となる.

縦断曲線長 l は車両の縦方向の運動量の変化による衝撃の軽減および安全な視距の確保を考慮して決められるが，その最小値は設計速度に応じて規定され，100 km/h では 85 m，40 km/h では 35 m としている．

以上のように，道路では縦断曲線として放物線が用いられることが一般であるが，その曲線の表示は，円曲線で近似したときの円曲線半径

$$R = 100\frac{l}{i_1 - i_2} \tag{11.17}$$

で示されることが多い．

11.2.4 路線の幅員構成と拡幅

路線の幅員は，走行する車両幅にその車両が設計速度で安全に通過できる余裕を加えたものとして，その路線の種別や等級により一定の値で規定されている．

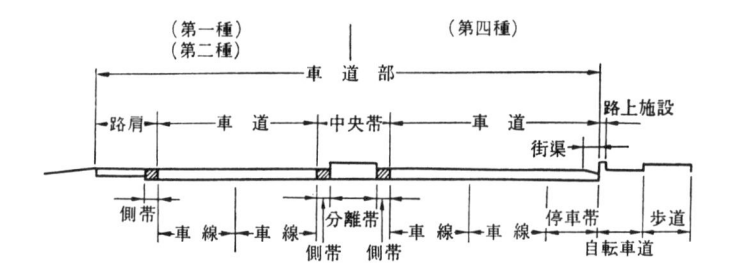

図-11.9 道路の標準横断面（日本道路協会：「道路構造令の解説と運用」より）

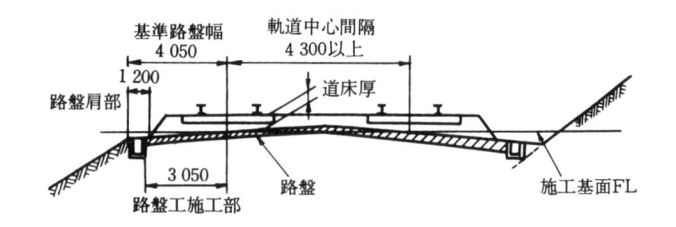

図-11.10 新幹線の標準横断面例

図-11.9 は道路の幅員構成を示したものであり，また図-11.10 は鉄道の標準横断面

を示したものである．これらは直線部の幅員構成であるが，曲線部においては路線幅を拡幅する必要が生ずる．

a) 道路車線の拡幅 (widening)

自動車が曲線区間を走行するときは，図-11.11に示されるように後輪は前輪より曲線の内側に片寄って通過するので，車線幅を図の ε だけ増加させなければならない．拡幅は原則として車線の内側に行われるが，その必要な大きさは図において

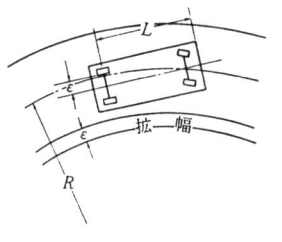

$$\varepsilon = R - \sqrt{R^2 - L^2} \fallingdotseq \frac{L}{2R} \quad (11.18)$$

図-11.11 車輪の軌跡と拡幅

となる．ただし，R：車線中心線の半径(車両前端中心の回転半径)，L：車両の前面から後車輪までの距離．

ただし，トレーラー車を対象として考えた場合は必要拡幅量はこれよりも大きくなり，高速道路やこれに近い規格の道路ではセミトレーラーを考えて必要拡幅量が決められている．

拡幅は，高速道路においては250 m以下の曲線半径の場合に，一般の道路では150 m以下の場合につけられ，その大きさは曲線半径に応じて0.25～2.00 mである．

これらの拡幅量は円曲線区間に対してのものであり，直線部と円曲線部の間ですりつけがなされねばならない．すりつけは，一般に緩和曲線全長にわたって行われるが，それには次のような方法がある．

① 緩和曲線区間で一様にすりつける．すなわち図-11.12において

$$W = \frac{l}{L} W_0 \quad (11.19)$$

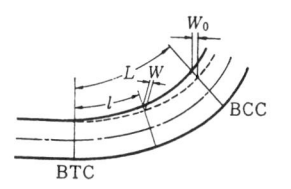

図-11.12 拡幅のすりつけ

② すりつけ端が滑らかになるように高次の放物線を用いてすりつける．すなわち

$$W = \left[4\left(\frac{l}{L}\right)^3 - 3\left(\frac{l}{L}\right)^4 \right] W_0 \quad (11.20)$$

③ 道路中心線および車道の内縁線を拡幅量の分だけ内側にずらせ，この線形を新たに緩和曲線を用いて設定する(図-11.13)．この方法は主として高速道路に用いられ，一般道路では①または②の方法によることが多い．

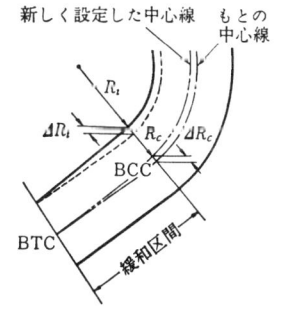

図-11.13 中心線のシフトによる拡幅のすりつけ

b) 鉄道線路のスラック (slack)

鉄道車両では，2つまたはそれ以上の車軸が互いに剛結され，図-11.14 に示されるいわゆる固定軸距をもっている．そのため半径の小さい曲線部を走行するときは，直線部と同じ軌間であると，レールと車輪のフランジとの接触点が車軸の線よりずれ，車輪とレールがきしり合い，損傷や脱線の危険をもたらす．そのため内側レールを曲線内側にずらし，軌間を拡幅することが必要となる．この拡幅をスラックといい，JR(旧国鉄) では次の2式の中間値をとって必要なスラック量としている．

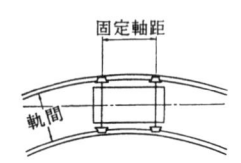

$$S=\frac{6\,000}{R}-5, \qquad S=\frac{5\,300}{R}-5 \qquad (11.21)$$

図-11.14 鉄道のスラック　ただし，R：曲線半径 (m)，S：スラック (mm)．

スラックは過大となると車輪が落ち込む危険性をもつので，その最大値に限度があり，JR ではこれを 30 mm としている．この値により固定軸距の最大値が与えられれば最小曲線半径が制約され，JR ではこの固定軸距を 4.6 m として 120 m を最小曲線半径としている．

そのほか曲線部では，外側レールに次に述べるカントをつけるので，外側の道床高さが増し，したがってその法面のために施工基面幅を外側に拡幅する必要が生ずる．

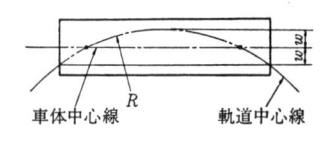

また車両が曲線部を通過するときは，図-11.15 のように車体の端部および中央部はそれぞれ曲線の外側および内側にはり出すため，図の w だけ両側に建築限界を拡大することが必要であり，また複線部においては軌道中心間隔を $2w$ だけ広げなければならない．

図-11.15 曲線部における車体中心線の位置

以上のような曲線部での種々の拡幅は，緩和曲線区間で漸次すりつけられる．

11.2.5 路線の横断勾配

車両が曲線部を走行するとき，曲線部の外側へ向かって遠心力が作用し，そのため車両が外側へ滑ったり，転倒したりする危険性が生じる．この危険を避けるため，道路においては路面に横断勾配をつけて外側を高くし，また鉄道においては外側レールを高くする．これを道路では片勾配と呼び，鉄道ではカントと称している．

a) 道路の片勾配

速度 V (km/h) で走行する自動車が半径 R の曲線部で曲線外側へ滑り出さないための条件は，図-11.16 よりわかるように

$$V^2 \leqq 127R(f+i) \qquad (11.22)$$

11.2 路線の幾何構成

遠心力 $F = \dfrac{G}{g}\dfrac{v^2}{R}$

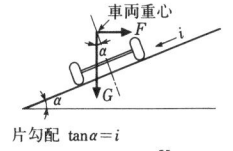

車両が滑り出さないためには
$F\cos\alpha - G\sin\alpha \leqq f(F\sin\alpha + G\cos\alpha)$

これより
$\dfrac{v^2}{gR} - i \leqq f\left(\dfrac{v^2}{gR}i + 1\right)$

片勾配 $\tan\alpha = i$

車の速度 $v(\text{m/s}) = \dfrac{V}{3.6}(\text{km/h})$

重力加速度 $g = 9.81\,\text{m/s}^2$

$fi \fallingdotseq 0$, とすれば
$V^2 \leqq 127R(f+i)$

図-11.16 曲線部における遠心力と片勾配

である．ただし，f：横滑りに対する路面とタイヤの間の摩擦係数，i：路面の横断勾配．

このように，道路の片勾配 i の必要な大きさは自動車の速度と曲線半径に依存する．しかしあまり大きな片勾配をつけると，設計速度よりずっと小さい速度で走る車は不自然なハンドル操作を要求され，また制動時や氷結時には横滑りの危険が生じる．そこで，そのとりうる値にはおのずから限度があり，わが国では道路の種別やその地域の気候条件により最大値が 6～10% と規定されている．

直線部においては車の走行上からは横断勾配は必要としないが，排水などのため舗装道路では 1.5～2.0% の勾配が付される．

直線部と円曲線部の間あるいは異なる円曲線の間においては，片勾配が順次変化するようすりつけを行うことが必要となる．このすりつけは原則として緩和区間全長で行われるが，片勾配のすりつけがあまり急であることは望ましくなく，路線長に沿うすりつけ割合が設計速度に応じて 1/200～1/50 と決められている．逆に緩和区間長はこの制限により規定されるともいえる．

すりつけには種々の方法があるが，ここではその一例として**図-11.17**のような方法を示しておく．これは直線部から円曲線部に移行する場合を示したものであるが，路面の回転の中心は車道中心にとり，車道の左側縁の高さは実線で，右側縁は破線で示されている．この場合，緩和曲線全長にわたって一様にすりつけると横断勾配が水平に近くなる区間が増え，雨水の排除が困

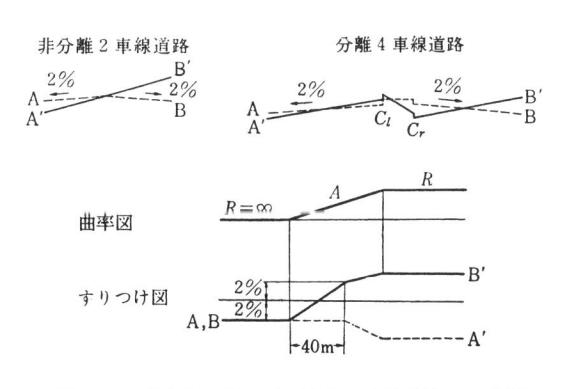

図-11.17 片勾配のすりつけ（直線—緩和曲線—円曲線）

難になるおそれがあるため，横断勾配が2%以下の区間長に40 mという制限が加えられている．

b) 鉄道のカント

鉄道における横断方向の勾配すなわちカントについても，その考え方は先に述べた道路の場合と同様であるが，この場合は道路の場合のように横滑りを考える必要はなく，遠心力と重力の合力がレール面に直角になるようにカントを考える．すなわち図-11.18において

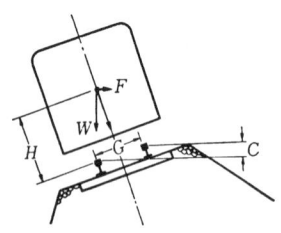

$$F/W = C/G \tag{11.23}$$

図-11.18 遠心力とカント

である．ここで，F：遠心力，W：重量，C：カント，G：軌間．したがって，道路の場合と同様に

$$F = \frac{W}{g}\frac{v^2}{R} \tag{11.24}$$

より，必要なカント量は，

$$C = \frac{Gv^2}{gR} = \frac{GV^2}{127R} \tag{11.25}$$

となる．ただし，v：速度 (m/s)，V：速度 (km/h)．

しかしカント量がある大きさ以上となると，車両がその区間で停止し，遠心力がなくなったときに内側に転倒するおそれがあるので，その大きさには限界がある．JRでは停止した車両の重心線が，軌道中心より $G/6$ 以上偏らないようにカントの最大値を決めている．すなわち，軌条面より車両の重心までの高さを $H = 1\,700$ mm としたとき，$G = 1\,435$ mm では，

$$\frac{HC}{G} \leqq \frac{G}{6} \tag{11.26}$$

より，$C \leqq 202$ mm となる．

カントは一般に緩和曲線全長にわたり，外側レールを一様な割合で上げてすりつけが行われる．

11.3 緩和曲線 (transition curve)

11.2.2で述べたように，路線の平面線形の構成要素として直線や円曲線のほか，種々な形の緩和曲線が挿入され，それによって車両の円滑な走行と片勾配や拡幅のすりつけが図られる．

ここでは，その緩和曲線のうち最も一般的ないくつかのものについて，その特徴と

11.3.1 クロソイド曲線 (clothoid curve)

図-11.19において直線から半径 R の円弧までを曲率が一様に変化する緩和曲線で接続するとする．このとき曲線上での任意の点 $P(x, y)$ における曲率を $1/r$，接線角を τ，緩和曲線始点 (BTC) からの P までの曲線長を l とするとき，点 P をこの曲線上で微少な長さ dl だけずらし，そのときの接線角 τ の変化を $d\tau$ とすれば，

$$dl = r d\tau \tag{11.27}$$

なる関係が成り立つ．

いま，曲率と曲線長が比例する，言い換えれば，曲線半径が曲線長に反比例するような曲線を考え，その比例定数を A^2 とすると

$$rl = A^2 \tag{11.28}$$

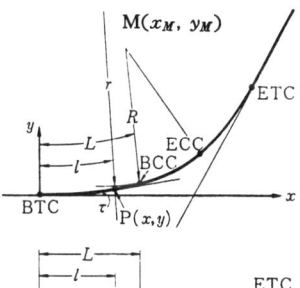

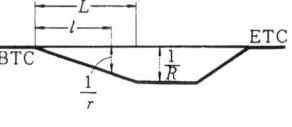

図-11.19 クロソイドによる緩和曲線

と書けるから，式 (11.27) は，

$$\frac{d\tau}{dl} = \frac{l}{A^2} \tag{11.29}$$

となる．これを積分して

$$\tau = \int_0^l \frac{l}{A^2} dl = \frac{l^2}{2A^2} + C \tag{11.30}$$

となる．ここで，C は積分定数である．$l=0$ で $\tau=0$ であるから

$$\tau = \frac{l^2}{2A^2} = \frac{l}{2r} \tag{11.31}$$

となる．さらに

$$dx = dl \cos \tau, \quad dy = dl \sin \tau \tag{11.32}$$

であり，式 (11.29) および式 (11.31) より

$$d\tau = \frac{l}{A^2} dl = \frac{\sqrt{2\tau}}{A} dl \tag{11.33}$$

であるから

$$dx = \frac{A}{\sqrt{2\tau}} \cos \tau \, d\tau, \quad dy = \frac{A}{\sqrt{2\tau}} \sin \tau \, d\tau \tag{11.34}$$

したがって

$$x = \frac{A}{\sqrt{2}} \int_0^\tau \frac{\cos \tau}{\sqrt{\tau}} d\tau, \quad y = \frac{A}{\sqrt{2}} \int_0^\tau \frac{\sin \tau}{\sqrt{\tau}} d\tau \tag{11.35}$$

となる．この中の三角関数を級数展開して積分すると

$$\left. \begin{array}{l} x = A\sqrt{2\tau} \left(1 - \dfrac{\tau^2}{5 \cdot 2!} + \dfrac{\tau^4}{9 \cdot 4!} - \dfrac{\tau^6}{13 \cdot 6!} + \cdots \right) \\ y = A\sqrt{2\tau} \left(\dfrac{\tau}{3} - \dfrac{\tau^3}{7 \cdot 3!} + \dfrac{\tau^5}{11 \cdot 5!} - \dfrac{\tau^7}{15 \cdot 7!} + \cdots \right) \end{array} \right\} \tag{11.36}$$

が得られる．これがクロソイド曲線と呼ばれる曲線で，**図-11.20** に示されるような渦巻形となる．

クロソイド曲線は，先に述べたように曲線半径が曲線長に反比例して漸減してゆく特徴をもち，その変化の度合はクロソイドパラメータと呼ばれる比例定数 A によって規定される．

クロソイド曲線を用いたとき円曲線の中心 (x_M, y_M) は，図-11.19 において

$$\left. \begin{array}{l} x_M = x_E - R \sin \tau_E \\ y_M = y_E + R \cos \tau_E \end{array} \right\} \tag{11.37}$$

となる．ただし，ここでの x_E, y_E および τ_E はそれぞれ BCC での x, y, τ であり，式 (11.31) および式 (11.36) において $l = L, r = R$ とおいた値である．

クロソイド曲線は道路の線形としてきわめて一般的に用いられる．

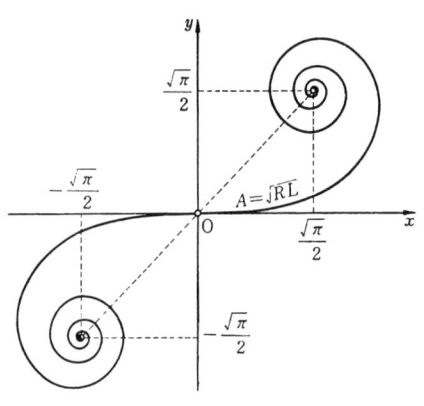

図-11.20 クロソイド曲線

なお，クロソイド曲線を用いた線形の表現においては，しばしば BTC や ETC，すなわち直線からクロソイド曲線に移行する点を KA と表記し，BCC や ECC，すなわちクロソイド曲線から円曲線に移行する点を KE と表記する．KA，KE はドイツ語表記であり，それぞれクロソイド曲線の原点 (始点)，終点を意味する．

11.3.2 三次らせん (cubic spiral)

式 (11.32) において，$\sin \tau \fallingdotseq \tau$ とおけば

$$dy = \tau \, dl \tag{11.38}$$

である．緩和曲線終点すなわち円曲線始点 BCC までの曲線長を L とすれば

であるから，式 (11.31) より

$$RL = A^2 \tag{11.39}$$

$$\tau = \frac{l^2}{2A^2} = \frac{l^2}{2RL} \tag{11.40}$$

と書ける．したがって

$$dy = \frac{l^2}{2RL} dl \tag{11.41}$$

となる．これを積分し，$l=0$ で $y=0$ の条件を入れると

$$y = \frac{1}{6RL} l^3 \tag{11.42}$$

が得られる．

　これはクロソイド曲線の近似式とも見なしうるものであって，半径の大きい円曲線に接続する緩和曲線としては，クロソイドの代りに計算の簡略なこの曲線が用いられてきた．

11.3.3　三次放物線 (cubic parabolla)

式 (11.42) において，$l=x$ とおくと

$$y = \frac{1}{6RL} x^3 \tag{11.43}$$

が得られる．

　図-11.21 はこの曲線の主要な諸元を示すものである．この曲線は曲線長をその接線への投影距離で近似しているので，クロソイドへの近似性は三次らせんよりも劣るが，計算が極めて簡単であるので，鉄道において広く用いられている．しかしその仮定からして，急角度で回転する曲線（中心角の大きい曲線）が使われることの多い地下鉄のような路線の緩和曲線としては適切ではない．

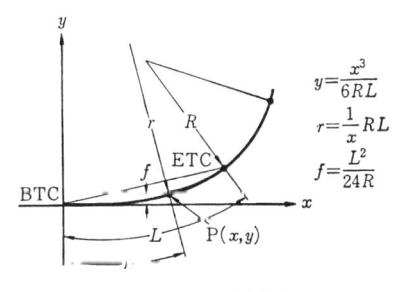

図-11.21　三次放物線

11.3.4　レムニスケート曲線 (lemniscate curve)

　曲線半径が BTC よりの弦長 ρ に反比例する曲線をレムニスケート曲線と呼ぶ．曲線上の任意の点 $P(x, y)$ を極座標 (ρ, δ) で表すと，その点における半径 r は，

$$r = \frac{\left[\rho^2 + \left(\frac{d\rho}{d\delta}\right)^2\right]^{3/2}}{\rho^2 + 2\left(\frac{d\rho}{d\delta}\right)^2 - \rho\frac{d^2\rho}{d\delta^2}} \tag{11.44}$$

であるから

$$\rho^2 = 2a^2 \sin 2\delta \quad (ただし, \ a:定数) \tag{11.45}$$

とおくと

$$r = \frac{2}{3}a^2\rho \tag{11.46}$$

となり，弦長と半径が反比例する．

この a はクロソイドパラメータに相応するものであり，レムニスケート曲線の大きさを決める．

接線角 τ は，

$$\tan \tau = \frac{dy}{dx} = \frac{dy/d\delta}{dx/d\delta}$$

$$= \frac{\frac{d}{d\delta}(a\sqrt{2\sin 2\delta}\sin\delta)}{\frac{d}{d\delta}(a\sqrt{2\sin 2\delta}\cos\delta)}$$

$$= \tan 3\delta \tag{11.47}$$

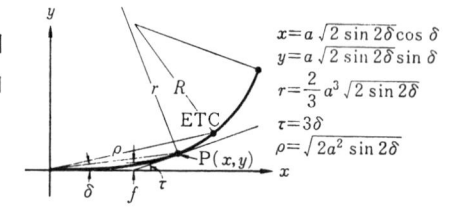

図-11.22 レムニスケート曲線

$x = a\sqrt{2\sin 2\delta}\cos\delta$
$y = a\sqrt{2\sin 2\delta}\sin\delta$
$r = \frac{2}{3}a^3\sqrt{2\sin 2\delta}$
$\tau = 3\delta$
$\rho = \sqrt{2a^2\sin 2\delta}$

となる．また曲線の諸元は図-11.22に示されたようになる．

11.3.5 半波長正弦逓減曲線 (half wave length sine-diminishing curve)

クロソイド曲線は，車両走行の平面的な軌跡からみる限り緩和曲線としては理想的な形状をもつものであるが，図-11.19にみるようにBTCやBCCにおいて曲率の変化が滑らかでないため，片勾配あるいはカントという路線の横断方向勾配の変化がこれらの点において不連続となるという欠点をもっている．この点を改めるため，図-11.23に示されるように半波長の正弦曲線を用いて曲率およびカントの変化を滑らかにした緩和曲線が，わが国のJR新幹線において採用されている．

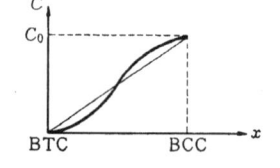

この曲線の形は，以下のような式で表される．まず，

$$\frac{1}{r} \fallingdotseq \frac{d^2y}{dx^2} \tag{11.48}$$

図-11.23 正弦波によるカントの変化

とし，かつ $l \fallingdotseq x$ と考えて，図-11.23に示されたカントの変化率を正弦波として

$$C = \frac{C_0}{2}\left(1 - \cos\pi\frac{x}{L}\right) \tag{11.49}$$

なる式で与える．ただし，C：横座標 x におけるカント，L：緩和曲線長，C_0：円曲線部におけるカント．円曲線半径を R とするとき

$$\frac{R}{r} = \frac{C}{C_0} \tag{11.50}$$

であるから，式 (11.48) より

$$\frac{1}{r} \doteqdot \frac{d^2y}{dx^2} = \frac{C}{C_0 R} \tag{11.51}$$

である．これに式 (11.49) を代入して積分すると

$$y = \frac{1}{4R}x^2 + \frac{L^2}{2\pi^2 R}\left(\cos\frac{\pi x}{L} - 1\right) \tag{11.52}$$

が得られる．この曲線形の諸元は図-11.24 に示されている．

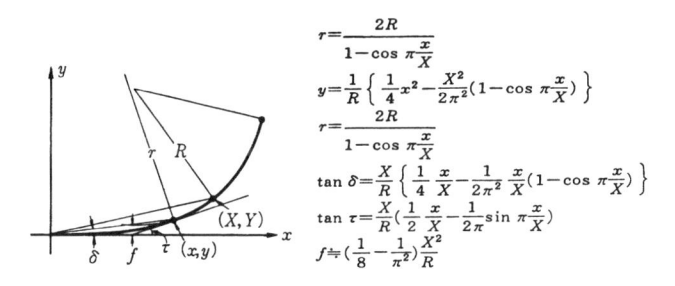

$$r = \frac{2R}{1 - \cos\pi\frac{x}{X}}$$

$$y = \frac{1}{R}\left\{\frac{1}{4}x^2 - \frac{X^2}{2\pi^2}\left(1 - \cos\pi\frac{x}{X}\right)\right\}$$

$$r = \frac{2R}{1 - \cos\pi\frac{x}{X}}$$

$$\tan\delta = \frac{X}{R}\left\{\frac{1}{4}\frac{x}{X} - \frac{1}{2\pi^2}\frac{x}{X}\left(1 - \cos\pi\frac{x}{X}\right)\right\}$$

$$\tan\tau = \frac{X}{R}\left(\frac{1}{2}\frac{x}{X} - \frac{1}{2\pi}\sin\pi\frac{x}{X}\right)$$

$$f \doteqdot \left(\frac{1}{8} - \frac{1}{\pi^2}\right)\frac{X^2}{R}$$

図-11.24 半波長正弦逓減曲線

11.4 平面線形の座標計算

11.4.1 座標による路線位置の表示

路線の位置は地形図の上で選定されるが，その正確な位置は，円曲線の始点 (BC また BCC)，終点 (EC または ECC)，緩和曲線の始点 (BTC)，終点 (ETC)，IP 点などの主要点の座標，および路線の始点から 20 m または 50 m などの等間隔にとられた中間点の座標を計算によって求めることにより確定する．また，図-11.25 のようにこれらの点を改めて地形図上に描き入れる．

そしてこの座標値に基づいて，現地に中心杭が設置される．

これに用いられる座標系は，適宜採用された局地的な座標系か国の平面座標系かのいずれかである．局地的な座標系としては，IP 点を結ぶトラバースの各測線に沿って x 軸を設けるものが一般であり，既設路線の改良などを目的とした計画にお

いてしばしば用いられる。一方，平面直角座標系（これを以後測地座標系と呼ぶ）は，高速道路や新幹線の建設のように長い区間にわたる路線を計画する場合に広く採用されている。

以下においては，後者の測地座標系による座標表示の場合について，クロソイド曲線を用いた道路線形を例にとり座標計算の方法を示すが，局地座標系や鉄道などの他の場合の方法についても，これより類推できるはずである。

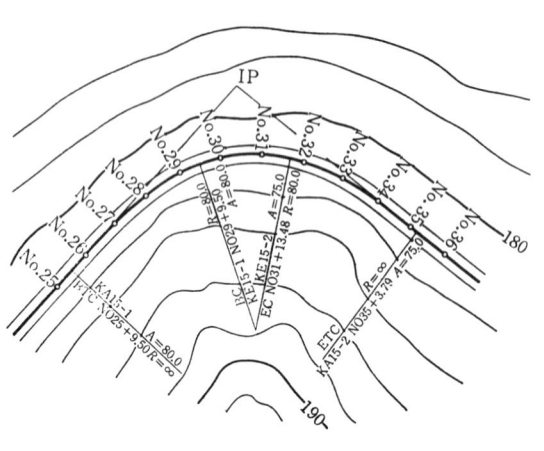

図-11.25 中心線の表示

11.4.2 クロソイド曲線の計算[9]

11.3.1で示したクロソイド曲線では，一般に式(11.36)のようにその曲線上の点の座標 (x, y) は表されるが，さらに

$$A=\sqrt{rl} \tag{11.53}$$

$$\tau=\frac{l}{2r} \tag{11.54}$$

を用いると，次のようにも書き表すことができる。

$$x=l\left(1-\frac{l^2}{40r^2}+\frac{l^4}{3\,456r^4}-\frac{l^6}{599\,040r^6}+\cdots\cdots\right) \tag{11.55}$$

$$y=\frac{l^2}{6r}\left(1-\frac{l^2}{56r^2}+\frac{l^4}{7\,040r^4}-\frac{l^6}{1\,612\,800r^6}+\cdots\cdots\right) \tag{11.56}$$

また，図-11.26の $x_M, \Delta r, y_M$ は，

$$x_M=x_E-R\sin\tau_E \tag{11.57}$$

$$\Delta r=y_E+R\cos\tau_E-R \tag{11.58}$$

$$y_M=R+\Delta r=y_E+R\cos\tau_E \tag{11.59}$$

となる。ここで，(x_E, y_E) は図-11.26のKE点の座標で上の式(11.55)，(11.56)において $r=R, l=L$ とおいたものである。

クロソイド曲線は，パラメータ A を変えると図-11.27のように相似的に変化するので，$A^2=1$ とおく，すなわち

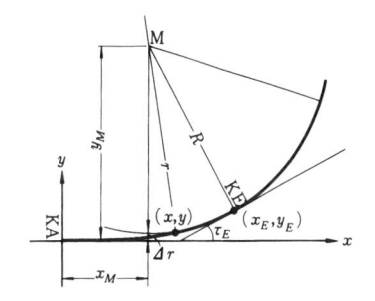

図-11.26 クロソイドと円曲線の中心

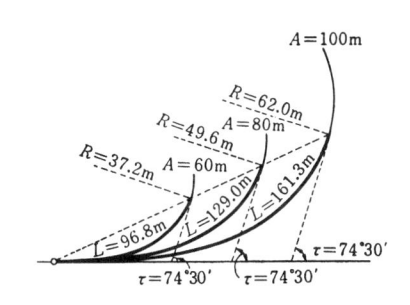

図-11.27 クロソイドの相似性

$$\frac{R}{A} \cdot \frac{L}{A} = 1 \tag{11.60}$$

となる単位のクロソイド曲線をつくると，他の任意のパラメータ A の曲線は R, L, y などの長さに関しては単位クロソイドを A 倍したものとなり，τ などの角や $\Delta r/R$ のような無次元の諸元は R/A または L/A が等しい点では単位クロソイドと常に等しくなる．

クロソイド曲線の計算を簡便にするために，クロソイド表と呼ばれる数表がつくられている．この数表は，通常用いられるクロソイドパラメータ A のそれぞれについて各 R に対する $L, \tau, x, y, x_M, \Delta r, \sigma$ などの値を示す表か，あるいは単位クロソイド表と呼ばれる表からなっている．単位クロソイド表では L/A の種々の値について，$R/A, y_M/A, \Delta r/A, x/A, y/A$ や τ, σ が数表として示されている．

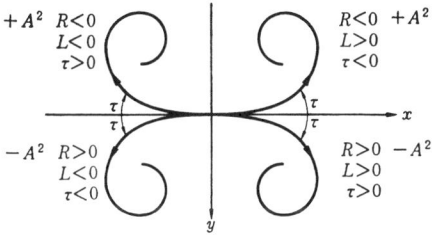

図-11.28

クロソイド曲線を用いた線形の計算は，今日では計算機を用いて行われることがほとんどであり，クロソイド表を用いることは少なくなった．

クロソイド曲線を用いた線形計算を計算機を用いて行う場合，式(11.36)を次のように表現すると三角関数の場合と同じような取扱いができて便利である．すなわち sincl (クロソイドサイン)，coscl (クロソイドコサイン) を

$$\text{sincl } \tau = \tau - \frac{3}{5}\frac{\tau^3}{3!} + \frac{5}{9}\frac{\tau^5}{5!} - \frac{7}{13}\frac{\tau^7}{7!} + \cdots \cdots \tag{11.61}$$

$$\text{coscl } \tau = \frac{2}{3}\frac{\tau^2}{2!} - \frac{4}{7}\frac{\tau^4}{4!} + \frac{6}{11}\frac{\tau^6}{6!} + \frac{8}{15}\frac{\tau^8}{8!} - \cdots \cdots \tag{11.62}$$

と定義すると，式(11.36)は式(11.53)および式(11.54)を用いて

$$x = 2\,r\,\mathrm{sincl}\,\tau \qquad (11.63)$$

$$y = 2\,r\,\mathrm{coscl}\,\tau \qquad (11.64)$$

と書ける．また，式(11.57)，(11.59)に示された接円の中心の座標 x_M, y_M は次のように表示できる．

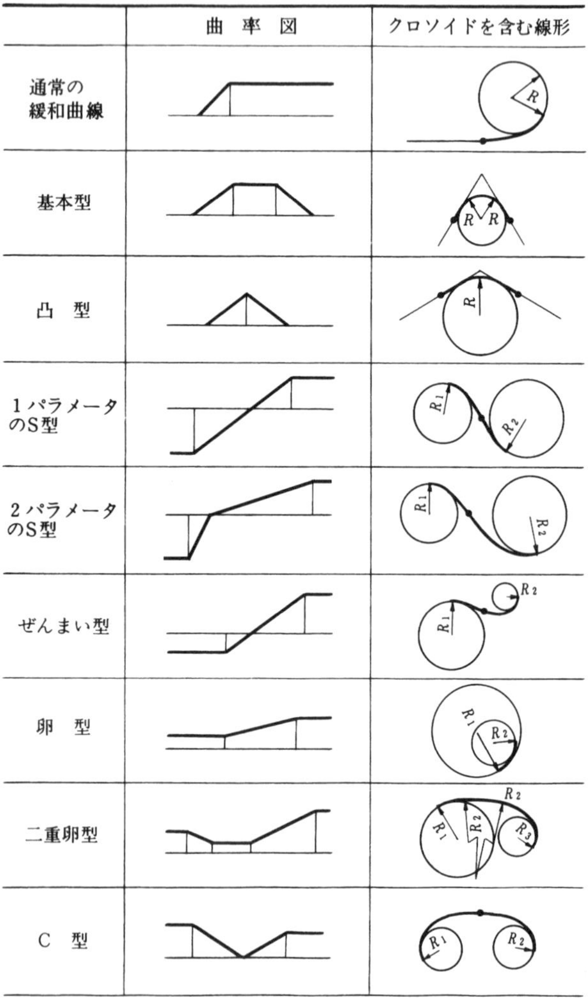
曲 率 図
クロソイドを含む線形
通常の緩和曲線
基本型
凸 型
1パラメータのS型
2パラメータのS型
ぜんまい型
卵 型
二重卵型
C 型
R
R R
R
R1 R2
R1 R2
R2 R1
R1 R2
R2 R1 R2 R3
R1 R2

図-11.29　円とクロソイドの種々の組合せ[7)]

$$x_M = x_E - R \sin \tau_E$$
$$= R(2 \operatorname{sincl} \tau_E - \sin \tau_E) \tag{11.65}$$
$$y_M = y_E + R \cos \tau_E = R(2 \operatorname{coscl} \tau_E + \cos \tau_E) \tag{11.66}$$

計算を機械的に進めるには，クロソイドパラメータ A^2 や曲線半径 R，接線角 τ，曲線長 L に，図-11.28 に示されるような符号をつけると便利である．ここではクロソイド曲線はすべての象限に存在し，曲線半径 R は進行右回りのときは正，左回りは負に，曲線長 L は曲線が原点方向に進むときは正，原点から出る方向に進むときは負になるように決められ，それに従って τ および A^2 に符号がつけられている．

クロソイドを用いた線形においては，円曲線や直線との組合せの関係により，図-11.29 に示されたような種々の曲線形がある．このいずれの場合の計算においても，この符号の定義に従えば，上記の計算式をそのまま用いることができる．

11.4.3 2つの座標系の間の変換式

クロソイド曲線の式はクロソイド始点 KA を原点とする座標系 (x, y) で表されているので，これを測地座標系 (X, Y) に変換することが必要である．図-11.30 はこの2つの座標系の関係を示しているが，この場合，2つの座標系の間の回転角を φ とすれば，次の関係が成り立つ．

$$\begin{pmatrix} X \\ Y \end{pmatrix} = \begin{pmatrix} \cos \varphi & -\sin \varphi \\ \sin \varphi & \cos \varphi \end{pmatrix} \begin{pmatrix} x \\ y \end{pmatrix} + \begin{pmatrix} X_0 \\ Y_0 \end{pmatrix} \tag{11.67}$$

ここで，(X_0, Y_0) は xy 座標系原点の X, Y 座標である．

これより，2つの点の両座標系での座標が求められていれば，それを上式に代入することにより $\cos \varphi$, $\sin \varphi$, X_0, Y_0 を求めることができ，両座標系の間の変換式が決められる．線形の計算においては，この座標変換の関係式を用いれば機械的かつ容易にできることが多いので，以下ではこれを用いて行うこととする．

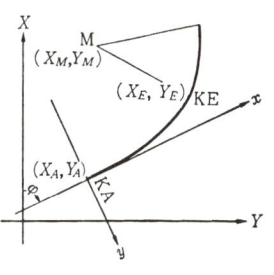

図-11.30

11.4.4 主要点座標の計算

路線の中心線の図上での選定は円弧定規やクロソイド定規を用いて行う．円弧定規は種々の半径の円曲線の形につくられており，クロソイド定規は図-11.31 のように種々のクロソイドパラメータをもつ曲線形につくられたものである．これらの定規を用いて，可能な限り正確に中心線を描く．この図上の中心線からその主要点の座標を厳密に決めるには，いくつかの方法があるが，ここではその最も一般的なものである

直線を初めに決める方法と，円曲線を先に決める方法について示すことにする．

a) 直線を先に決める方法

線形が主として直線から成り立っていたり，IP 点から線形が決められてゆく場合などでは，まず直線（主接線）上の 2 点の座標または直線式を先に決定し，その後この直線に接するようクロソイド曲線および円曲線の位置を計算で求める．

図-11.32 の IP_1, IP_2, IP_3 の座標 $(X_1, Y_1), (X_2, Y_2), (X_3, Y_3)$ が決められており，このような接線の間をパラメータ A_1 のクロソイド，半径 R の円曲線およびパラメータ A_2 のクロソイドで結べばよいことが，図上選定によって求まっているとする．ここで，KA_1 を原点とする第 1 局地座標と KA_2 を原点とする第 2 局地座標が図のように定義されている．また，各局地座標の x 軸方向の方位角を φ_1, φ_2 とする．

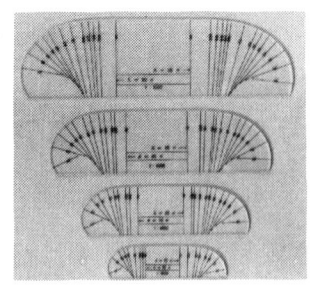

図-11.31

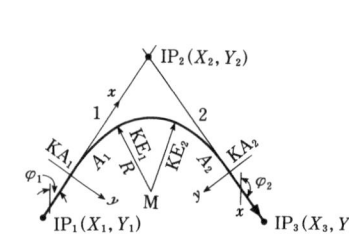

図-11.32 2つの主接線を固定する方法

i) 局地座標系での計算 まず，第 1 局地座標系においてクロソイド終点 KE_1 と円曲線中心 M の座標を求める．

KE_1 の接線角 τ_1 は，式 (11.53) および式 (11.54) から

$$\tau_1 = \frac{A_1^2}{2R^2} \tag{11.68}$$

と求められる．したがって，KE_1 の局地座標 (x_{E_1}, y_{E_1}) は式 (11.63) および式 (11.64) から

$$x_{E_1} = 2R \operatorname{sincl} \tau_1 \tag{11.69}$$
$$y_{E_1} = 2R \operatorname{coscl} \tau_1 \tag{11.70}$$

と得られる．また，M の局地座標 (x_{M_1}, y_{M_1}) は，式 (11.65) および式 (11.66) から

$$x_{M_1} = 2R \operatorname{sincl} \tau_1 - R \sin \tau_1 \tag{11.71}$$
$$y_{M_1} = 2R \operatorname{coscl} \tau_1 + R \cos \tau_1 \tag{11.72}$$

のように求めることができる．

次に，第 2 局地座標において，M と KE_2 の座標を求める．KE_2 の接線角 τ_2 (x 軸負方向に対する) は式 (11.68) と同様に次のように求められる．

$$\tau_2 = \frac{A_2^2}{2R^2} \tag{11.73}$$

したがって，x 座標の正負に注意しながら，第 1 局地座標のときと同様の計算を行うことにより，KE_2 の局地座標は，

$$x_{E_2} = -2R \operatorname{sincl} \tau_2 \tag{11.74}$$

$$y_{E_2} = 2R \operatorname{coscl} \tau_2 \tag{11.75}$$

のように，また M の局地座標 (x_{M_2}, y_{M_2}) は，

$$x_{M_2} = -2R \operatorname{sincl} \tau_2 + R \sin \tau_2 \tag{11.76}$$

$$y_{M_2} = 2R \operatorname{coscl} \tau_2 + R \cos \tau_2 \tag{11.77}$$

と得られる．

なお，クロソイド表では主要な R, A の組合せに対して円曲線中心点およびクロソイド終点の局地座標が表形式に整理されている．したがって，計算機を利用できないようなときは，クロソイド表は極めて便利な資料となる．

ii）測地座標への変換 上記の計算により，局地座標系でのクロソイド始終点および円曲線中心点の座標が求められたことになる．

測地座標 (X, Y) への変換は，式 (11.67) を使って，第 1 局地座標であれば

$$\begin{pmatrix} X \\ Y \end{pmatrix} = \begin{pmatrix} \cos \varphi_1 & -\sin \varphi_1 \\ \sin \varphi_1 & \cos \varphi_1 \end{pmatrix} \begin{pmatrix} x \\ y \end{pmatrix} + \begin{pmatrix} X_{A_1} \\ Y_{A_1} \end{pmatrix} \tag{11.78}$$

によって，また第 2 局地座標であれば

$$\begin{pmatrix} X \\ Y \end{pmatrix} = \begin{pmatrix} \cos \varphi_2 & -\sin \varphi_2 \\ \sin \varphi_2 & \cos \varphi_2 \end{pmatrix} \begin{pmatrix} x \\ y \end{pmatrix} + \begin{pmatrix} X_{A_2} \\ Y_{A_2} \end{pmatrix} \tag{11.79}$$

により変換すればよい．ここで，$(X_{A_1}, Y_{A_1}), (X_{A_2}, Y_{A_2})$ はクロソイド始点 KA_1, KA_2 の測地座標である．

これらの変換式を使うためには，$\cos \varphi_1, \sin \varphi_1, \cos \varphi_2, \sin \varphi_2$ および (X_{A_1}, Y_{A_1})，(X_{A_2}, Y_{A_2}) を求めなければならない．

IP_1 と IP_2 の距離を l_1，IP_2 と IP_3 の距離を l_2 とすれば，回転を決める行列の各要素は以下のように求めることができる．

$$\cos \varphi_1 = \frac{X_2 - X_1}{l_1}, \qquad \sin \varphi_1 = \frac{Y_2 - Y_1}{l_1} \tag{11.80}$$

$$\cos \varphi_2 = -\frac{X_2 - X_3}{l_2}, \qquad \sin \varphi_2 = -\frac{Y_2 - Y_3}{l_2} \tag{11.81}$$

$(X_{A_1}, Y_{A_1}), (X_{A_2}, Y_{A_2})$ は未知変数であるが，局地座標と測地座標を関係づける 4 つの関係式を与えることにより求めることができる．種々の方法が考えられるが，ここではその 1 つの例を示そう．

まず，KA_1, KA_2 がおのおの $IP_1 \sim IP_2, IP_2 \sim IP_3$ 上にあることを利用して

$$\frac{Y_1-Y_2}{X_1-X_2}=\frac{Y_1-Y_{A_1}}{X_1-X_{A_1}}=\tan\varphi_1 \tag{11.82}$$

$$\frac{Y_3-Y_2}{X_3-X_2}=\frac{Y_3-Y_{A_2}}{X_3-X_{A_2}}=\tan\varphi_2 \tag{11.83}$$

の2つの関係式が得られる.また,2つの局地座標系でおのおの求めた円曲線中心Mの測地座標は同じになるはずだから,式(11.78)および式(11.79)から

$$\begin{pmatrix}\cos\varphi_1 & -\sin\varphi_1\\ \sin\varphi_1 & \cos\varphi_1\end{pmatrix}\begin{pmatrix}x_{M_1}\\ y_{M_1}\end{pmatrix}+\begin{pmatrix}X_{A_1}\\ Y_{A_1}\end{pmatrix}=\begin{pmatrix}\cos\varphi_2 & -\sin\varphi_2\\ \sin\varphi_2 & \cos\varphi_2\end{pmatrix}\begin{pmatrix}x_{M_2}\\ y_{M_2}\end{pmatrix}+\begin{pmatrix}X_{A_2}\\ Y_{A_2}\end{pmatrix} \tag{11.84}$$

となる関係式(未知変数にとっては2つの関係式)が得られる.

したがって,式(11.82),(11.83)および式(11.84)から$(X_{A_1}, Y_{A_1}), (X_{A_2}, Y_{A_2})$を求めることができる.

また,円曲線の長さLは,円曲線の中心角をθとすると

$$\tau_1+\theta+\tau_2=\varphi_2-\varphi_1 \tag{11.85}$$

であることから

$$L=R\theta=R(\varphi_2-\varphi_1-\tau_1-\tau_2) \tag{11.86}$$

と得られる.

例題 11-1 図-11.32において$R=400$ m,$A_1=250$,$A_2=300$であり,IP$_1$,IP$_2$,IP$_3$の座標が,それぞれ$(3\,121.34, -0\,097.44)$,$(3\,418.56, 0.420.84)$,$(3\,221.96, 0, 910.09)$と与えられているとき,主要点の座標および円曲線の長さを求めよ.

解 ここでは,簡便な方法として,計算をせずにクロソイド表から円曲線中心,クロソイド終点の局地座標を求める.

クロソイド表から,$A_1=250$で$R=400$ mのとき,
$$x_{M_1}=78.03, \quad y_{M_1}=R+\varDelta R_1=400.00+2.54=402.54$$
$$x_{E_1}=155.66, \quad y_{E_1}=10.15$$

また,$A_2=300$で$R=400$ mのとき,xの符号に注意して
$$x_{M_2}=-111.20, \quad y_{M_2}=400.00+5.26=405.26$$
$$x_{E_2}=-223.23, \quad y_{E_2}=20.98$$

一方,IP$_1$とIP$_2$の距離l_1,IP$_2$とIP$_3$の距離l_2は,
$$l_1=\sqrt{(X_2-X_1)^2+(Y_2-Y_1)^2}=597.46$$
$$l_2=\sqrt{(X_3-X_2)^2+(Y_3-Y_2)^2}=527.27$$

であるから,各局地座標のx軸の方位角φ_1,φ_2の三角関数は,
$$\cos\varphi_1=\frac{X_2-X_1}{l_1}=0.49747$$

$$\sin\varphi_1 = \frac{Y_2 - Y_1}{l_1} = 0.86747$$

$$\cos\varphi_2 = \frac{-X_2 - X_3}{l_2} = -0.37287$$

$$\sin\varphi_2 = \frac{-Y_2 - Y_3}{l_2} = 0.92789$$

$$\tan\varphi_1 = \frac{\sin\varphi_1}{\cos\varphi_1} = 1.7438$$

$$\tan\varphi_2 = \frac{\sin\varphi_2}{\cos\varphi_2} = -2.4885$$

となる．したがって，式 (11.82), (11.83) および式 (11.84) は，以下のようになる．

$$\frac{-97.44 - Y_{A_1}}{3\,121.34 - X_{A_1}} = 1.7438$$

$$\frac{910.09 - Y_{A_2}}{3\,221.96 - X_{A_2}} = -2.4885$$

$$\begin{pmatrix} 0.49747 & -0.86747 \\ 0.86747 & 0.49747 \end{pmatrix} \begin{pmatrix} 78.03 \\ 402.54 \end{pmatrix} + \begin{pmatrix} X_{A_1} \\ Y_{A_1} \end{pmatrix}$$
$$= \begin{pmatrix} -0.37287 & -0.92789 \\ 0.92789 & -0.37287 \end{pmatrix} \begin{pmatrix} -111.20 \\ 405.26 \end{pmatrix} + \begin{pmatrix} X_{A_2} \\ Y_{A_2} \end{pmatrix}$$

連立方程式を解けば，

$$\begin{pmatrix} X_{A_1} \\ Y_{A_1} \end{pmatrix} = \begin{pmatrix} 3\,280.93 \\ 180.87 \end{pmatrix}$$

$$\begin{pmatrix} X_{A_2} \\ Y_{A_2} \end{pmatrix} = \begin{pmatrix} 3\,304.76 \\ 704.03 \end{pmatrix}$$

のように局地座標の原点の測地座標は求まる．

あとは式 (11.78) および式 (11.79) を用いて

$$\begin{pmatrix} X_M \\ Y_M \end{pmatrix} = \begin{pmatrix} \cos\varphi_1 & -\sin\varphi_1 \\ \sin\varphi_1 & \cos\varphi_1 \end{pmatrix} \begin{pmatrix} x_{M_1} \\ y_{M_1} \end{pmatrix} + \begin{pmatrix} X_{A_1} \\ Y_{A_1} \end{pmatrix}$$
$$= \begin{pmatrix} 0.49747 & 0.86747 \\ 0.86747 & 0.49747 \end{pmatrix} \begin{pmatrix} 78.03 \\ 402.54 \end{pmatrix} + \begin{pmatrix} 3\,280.93 \\ 180.87 \end{pmatrix}$$
$$= \begin{pmatrix} 2\,970.56 \\ 448.81 \end{pmatrix}$$

$$\begin{pmatrix} X_{E_1} \\ Y_{E_1} \end{pmatrix} = \begin{pmatrix} \cos\varphi_1 & -\sin\varphi_1 \\ \sin\varphi_1 & \cos\varphi_1 \end{pmatrix} \begin{pmatrix} x_{E_1} \\ y_{E_1} \end{pmatrix} + \begin{pmatrix} X_{A_1} \\ Y_{A_1} \end{pmatrix}$$

$$=\begin{pmatrix}0.49747 & -0.86747\\ 0.86747 & 0.49747\end{pmatrix}\begin{pmatrix}155.66\\ 10.15\end{pmatrix}+\begin{pmatrix}3\,280.93\\ 180.87\end{pmatrix}$$

$$=\begin{pmatrix}3\,349.56\\ 320.95\end{pmatrix}$$

$$\begin{pmatrix}X_{E_2}\\ Y_{E_2}\end{pmatrix}=\begin{pmatrix}\cos\varphi_2 & -\sin\varphi_2\\ \sin\varphi_2 & \cos\varphi_2\end{pmatrix}\begin{pmatrix}x_{E_2}\\ y_{E_2}\end{pmatrix}+\begin{pmatrix}X_{A_2}\\ Y_{A_2}\end{pmatrix}$$

$$=\begin{pmatrix}-0.37287 & -0.92789\\ 0.92789 & -0.37287\end{pmatrix}\begin{pmatrix}-223.23\\ 20.98\end{pmatrix}+\begin{pmatrix}3\,304.76\\ 704.03\end{pmatrix}$$

$$=\begin{pmatrix}3\,368.53\\ 489.07\end{pmatrix}$$

また円曲線の長さ L は,

$\varphi_1=1.0501$

$\varphi_2=1.9529$

$\tau_1=\dfrac{A_1{}^2}{2R^2}=\dfrac{250^2}{2\times 400^2}=0.1953$

$\tau_2=\dfrac{A_2{}^2}{2R^2}=\dfrac{300^2}{2\times 400^2}=0.2812$

であるから, 式 (11.86) より

$L=R(\varphi_2-\varphi_1-\tau_1-\tau_2)$

　　$=400\,(1.9529-1.0501$

　　　$-0.1953-0.2812)$

　　$=170.52\,\text{m}$

b) 円曲線を先に決める方法

線形が直線を含まずクロソイド曲線と円曲線だけから成り立っているような場合は, a) のような方法は使えず, 図-11.33 のように隣り合う3つの円曲線のうち, 両端の2つの円曲線の位置を先に決め, 与えられたパラメータのクロソイド曲線が正しくそれらの円曲線に接続されるよう中間の円曲線の位置を求める方法を用いる.

まず図上で円曲線1の上の2点の座標 $(X_1, Y_1), (X_2, Y_2)$ を読み取り, これを半

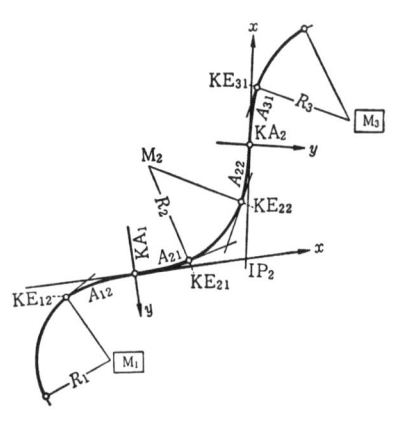

図-11.33 2つの円曲線を固定する方法

径 R_1 の円曲線の式に代入する．すなわち

$$\left.\begin{array}{l}(X_1-X_{M_1})^2+(Y_1-Y_{M_1})^2=R_1^2 \\ (X_2-X_{M_1})^2+(Y_2-Y_{M_1})^2=R_1^2\end{array}\right\} \tag{11.87}$$

この連立方程式を解き，円曲線中心 $M_1(X_{M_1}, Y_{M_1})$ を求める．この場合，連立方程式の解として得られた2つの異なる値から，実際の円曲線中心に相当するほうの解を選ばねばならない．

同様にして円曲線3の中心 $M_3(X_{M_3}, Y_{M_3})$ の位置を決める．

円曲線1の中心 $M_1(X_{M_1}, Y_{M_1})$ と円曲線2の中心 $M_2(X_{M_2}, Y_{M_2})$ の間の距離 l_1 は，この2つの円曲線の間に挿入される2つのクロソイド曲線のパラメータが A_{12}, A_{21} と与えられていれば，これより次のように表すことができる．まず

$$\tau_{12}=\frac{A_{12}^2}{2R_1^2}, \qquad \tau_{21}=\frac{A_{21}^2}{2R_2^2} \tag{11.88}$$

から，図-11.33 の KA_1 を原点とする xy 座標系で表された M_1 および M_2 の座標 $x_{M_{12}}, y_{M_{12}}, x_{M_{21}}, y_{M_{21}}$ は，

$$\left.\begin{array}{l}x_{M_{12}}=x_{E_{12}}-R_1 \sin \tau_{12}=2R_1 \operatorname{sincl} \tau_{12}-R_1 \sin \tau_{12} \\ y_{M_{12}}=y_{E_{12}}+R_1 \cos \tau_{12}=2R_1 \operatorname{coscl} \tau_{12}+R_1 \cos \tau_{12} \\ x_{M_{21}}=x_{E_{21}}-R_2 \sin \tau_{21}=2R_2 \operatorname{sincl} \tau_{21}-R_2 \sin \tau_{21} \\ y_{M_{21}}=x_{E_{21}}+R_2 \cos \tau_{21}=2R_2 \operatorname{coscl} \tau_{21}+R_2 \cos \tau_{21}\end{array}\right\} \tag{11.89}$$

として，計算あるいはクロソイド表より求められる．これより

$$l_1^2=(X_{M_2}-X_{M_1})^2+(Y_{M_2}-Y_{M_1})^2=(x_{M_{21}}-x_{M_{12}})^2+(y_{M_{21}}-y_{M_{12}})^2 \tag{11.90}$$

となる．同様に M_2 と M_3 の間の距離 l_2 は，

$$l_2^2=(X_{M_3}-X_{M_2})^2+(Y_{M_3}-Y_{M_2})^2=(x_{M_{31}}-x_{M_{22}})^2+(y_{M_{31}}-y_{M_{22}})^2 \tag{11.91}$$

と表される．これより，式(11.90)と式(11.91)を連立方程式として解くことにより，まだ決められていない円曲線中心 $M_2(X_{M_2}, Y_{M_2})$ が求められる．

このようにして3つの円曲線中心がすべて定まれば，各主要点の測地座標は，次のような座標変換を行って求めることができる．

KA_1 を原点とし，この点での接線を x 軸とする図-11.33 に示されたような座標系 x, y と測地座標系 X, Y との間には，M_1 については，

$$\begin{pmatrix}X_{M_1}\\Y_{M_1}\end{pmatrix}=\begin{pmatrix}\cos \varphi_1 & -\sin \varphi_1 \\ \sin \varphi_1 & \cos \varphi_1\end{pmatrix}\begin{pmatrix}x_{M_{12}}\\y_{M_{12}}\end{pmatrix}+\begin{pmatrix}X_{A_1}\\Y_{A_1}\end{pmatrix} \tag{11.92}$$

M_2 については，

$$\begin{pmatrix}X_{M_2}\\Y_{M_2}\end{pmatrix}=\begin{pmatrix}\cos \varphi_1 & -\sin \varphi_1 \\ \sin \varphi_1 & \cos \varphi_1\end{pmatrix}\begin{pmatrix}x_{M_{21}}\\y_{M_{21}}\end{pmatrix}+\begin{pmatrix}X_{A_1}\\Y_{A_1}\end{pmatrix} \tag{11.93}$$

が成り立つ．ここで，X_{A_1}, Y_{A_1} は KA_1 の座標である．

したがって，これらの式を連立方程式として解けば，$X_{A_1}, Y_{A_1}, \cos\varphi_1, \sin\varphi_1$ が求められる．

これより $KE_{12}(X_{E_{12}}, Y_{E_{12}})$ および $KE_{21}(X_{E_{21}}, Y_{E_{21}})$ は，

$$\left.\begin{array}{l}\begin{pmatrix}X_{E_{12}}\\Y_{E_{12}}\end{pmatrix}=\begin{pmatrix}\cos\varphi_1 & -\sin\varphi_1\\\sin\varphi_1 & \cos\varphi_1\end{pmatrix}\begin{pmatrix}x_{E_{12}}\\y_{E_{12}}\end{pmatrix}+\begin{pmatrix}X_{A_1}\\Y_{A_1}\end{pmatrix}\\\begin{pmatrix}X_{E_{21}}\\Y_{E_{21}}\end{pmatrix}=\begin{pmatrix}\cos\varphi_1 & -\sin\varphi_1\\\sin\varphi_1 & \cos\varphi_1\end{pmatrix}\begin{pmatrix}x_{E_{21}}\\y_{E_{21}}\end{pmatrix}+\begin{pmatrix}X_{A_1}\\Y_{A_1}\end{pmatrix}\end{array}\right\} \tag{11.94}$$

として得られる．

KA_2, KE_{22}, KE_{31} についても全く同様にして，KA_2 を原点とする xy 座標系と測地座標系の間の変換式を用いて求めることができる．

このとき円曲線2の中心角 θ_2 は，

$$\theta_2=\varphi_2-\varphi_1-(\tau_{21}-\tau_{22}) \tag{11.95}$$

であるから，円曲線2の長さ L_2 は，

$$L_2=R_2\theta_2=R_2(\varphi_2-\varphi_1-\tau_{21}+\tau_{22}) \tag{11.96}$$

となる．

11.4.5 中間点座標の計算

中間点は，中心線上に路線の始点より始めて20mごと（場合によっては50mごとなど）に設けられ，始点よりの累加距離で例えば12km340m00と表されたり，測点番号として No. 617 とか STA. 12+17 と表示される．中心線の現地への設置のためにはこの中間点の座標が必要となるが，これは 11.3 に述べたクロソイド曲線の線形の場合には，次のようにして計算される．

図-11.34 の KA 点の累加距離を S_A とし，計算すべき中間点の累加距離を S_i とすると，S_i がパラメータ A のクロソイド上にある場合

$$\left.\begin{array}{l}\tau_i=\dfrac{L_i^2}{2A^2}=\dfrac{(S_i-S_A)^2}{2A^2}\\R_i=\dfrac{A^2}{L_i}=\dfrac{A^2}{S_i-S_A}\end{array}\right\} \tag{11.97}$$

として，この中間点の (x, y) 座標を式 (11.63) および式 (11.64) より

$$x_i=2R_i\operatorname{sincl}\tau_i, \quad y_i=2R_i\operatorname{coscl}\tau_i \tag{11.98}$$

と求める．

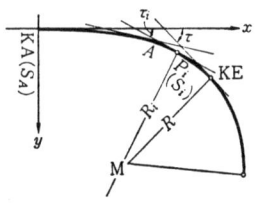

図-11.34 クロソイド上の中間点

測地座標系とこの xy 座標系の間には，

$$\begin{pmatrix} X_i \\ Y_i \end{pmatrix} = \begin{pmatrix} \cos\varphi & -\sin\varphi \\ \sin\varphi & \cos\varphi \end{pmatrix} \begin{pmatrix} x_i \\ y_i \end{pmatrix} + \begin{pmatrix} X_A \\ Y_A \end{pmatrix} \quad (11.99)$$

が成り立っているから，これに上の x_i, y_i を代入すれば，その測地座標 X_i, Y_i が得られる．

中間点 i が円曲線上にあるときは，**図-11.35** に示されるように円曲線始点 KE を原点とし，その点での接線方向を x 軸とする x, y 座標を考え，KE および円曲線中心の両座標系での値，$(X_E, Y_E), (0, 0), (X_M, Y_M), (0, R)$ を用いて変換式

$$\begin{pmatrix} X_M \\ Y_M \end{pmatrix} = \begin{pmatrix} \cos\varphi & -\sin\varphi \\ \sin\varphi & \cos\varphi \end{pmatrix} \begin{pmatrix} 0 \\ R \end{pmatrix} + \begin{pmatrix} X_E \\ Y_E \end{pmatrix} \quad (11.100)$$

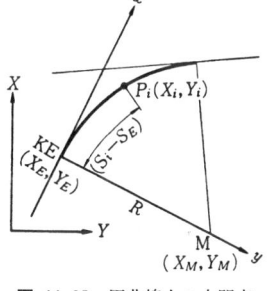

図-11.35 円曲線上の中間点

をつくり，これより $\cos\varphi, \sin\varphi$ を決める．

このようにすれば中間点 i の x, y 座標は，KE の累加距離を S_E として

$$\left. \begin{aligned} x_i &= R\sin\frac{S_i - S_E}{R} \\ y_i &= R\left(1 - \cos\frac{S_i - S_E}{R}\right) \end{aligned} \right\} \quad (11.101)$$

であるから

$$\begin{pmatrix} X_i \\ Y_i \end{pmatrix} = \begin{pmatrix} \cos\varphi & -\sin\varphi \\ \sin\varphi & \cos\varphi \end{pmatrix} \begin{pmatrix} x_i \\ y_i \end{pmatrix} + \begin{pmatrix} X_E \\ Y_E \end{pmatrix} \quad (11.102)$$

となる．

11.5 中心杭の設置

ここでは，11.4 で示した主要点や中間点の座標計算結果に基づいてこれらの点を現地に設置する方法について述べる．このための測量を中心線測量と呼ぶ．

11.5.1 主要点の設置

主要点の設置に先立ち，路線に沿って基準点測量を実施する．具体的には，各主要点から必ず 1 点以上の基準点を見通せるように基準点を設置し，多角測量や GPS 測量などによって各基準点の位置を決定する．なお，基準点測量の精度は 4 級以上とすることが公共測量作業規程によって定められている．

基準点測量を実施することにより，各主要点の座標はすでに決められているので，

基準点と主要点との相対的な位置(座標の差)を求めることができる.

以後は, 図-11.36 に示すように, 基準点と主要点の距離 S と, 基準点からみた主要点の方向角 T を利用して, 順次主要点の杭を打つという作業を行えばよい. 例えば, 設置する主要点の座標を (X_i, Y_i), 基準点座標を (X_o, Y_o) とすれば, 座北方向角 T は,

$$T = \tan^{-1}\left(\frac{X_i - X_o}{Y_i - Y_o}\right) \tag{11.103}$$

として計算できる. なお, 座北方向角ではなく, 他の基準点からの方向角を用いても構わない.

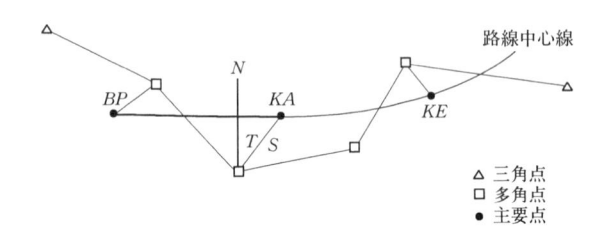

図-11.36 主要点の設置

一般には, 基準点にトータルステーションを設置し, 主要点のおおよその位置に反射プリズムをおき, 基準点からの距離と方向角の計算値を見ながら反射プリズムを正確な位置に誘導することにより杭を打つ点を決定する.

なお, GPS 測量のリアルタイム・キネマティック方式 (RTK 方式) を利用すれば, 1つの基準点のみを利用するだけで, 以後はアンテナを誘導しながら主要点を順次測設することが可能である. したがって, 天空の開けた地域での路線中心杭の設置には今後 GPS 測量が有効な測量方式となろう.

11.5.2 中間点の設置

中間点の設置においても基本的には主要点設置と同じ方法を用いる. しかし, 基準点からすべての中間点を視準できるわけではない. そこで, 主要点も適宜基準点として利用し, かつ周辺の地形や地物の条件によって種々の方法を使い分けて効率的に中間点を設置する. ここでは, クロソイド曲線始点 (KA) を準点として中間点を設置する方法について述べる.

なお, 11.4.5 で述べたように, クロソイド曲線上の中間点座標は, 初めに KA を原点とする局地座標系で計算され, この結果が測地座標系に変換される. しかし,

KAを基準とした中間点設置の場合であれば，局地座標系での中間点の座標値があれば十分であり，測地座標系への変換の必要はない．

以下に代表的な方法について概説する．[8]

i) 接線からのオフセット (x_i, y_i) を用いて中間点 P_i を設置する方法〔図-11.37(a)〕 (x_i, y_i) は中間点の座標計算において求められているものであり，新たな計算は必要としないが，すべて距離測定であるため見通しのよい平坦地でしか使えない．

ii) 弦からのオフセット (d_i, f_i) を用いて P_i を設置する方法〔図-11.37(b)〕 d_i, f_i は x_i, y_i より

$$d_i = x_i \cos\varphi - y_i \sin\varphi,$$
$$f_i = x_i \sin\varphi + y_i \cos\varphi \quad (11.104)$$

である．

ここで

$$\left.\begin{array}{l}\cos\varphi = \dfrac{x_E}{\sqrt{x_E{}^2 + y_E{}^2}} \\ \sin\varphi = \dfrac{y_E}{\sqrt{x_E{}^2 + y_E{}^2}}\end{array}\right\} \quad (11.105)$$

である．

iii) 極角 σ_i と動径 ρ_i を用いて P_i を設置する方法〔図-11.37(c)〕 KAからの見通しがよく，P_i までの距離測定が容易な場合に使われる．極角 σ_i と動径 ρ_i は次のように求められる．

$$\sigma_i = \tan^{-1}\frac{y_i}{x_i}, \quad \rho_i = \sqrt{r_i{}^2 + y_i{}^2}$$
$$(11.106)$$

iv) 極角 σ_i と弦 S_i を用いて P_i を設置する方法〔図-11.37(d)〕 KA点から P_i への極角と，隣り合う P_i 間の弦長 S_i を測定して順次に設置してゆく方法で，**iii)** のように動径を測るには距離が長すぎる場合にはこの方法がよい．S_i は次のようになる．

$$S_i = \sqrt{\sqrt{(x_i - x_{i-1})^2 + (y_i - y_{i-1})^2}} \quad (11.107)$$

v) 弦角 δ_i と弦長 S_i を用いて P_i を設置する方法〔図-11.37(e)〕 隣り合う測

(a) 接線からのオフセット (x_i, y_i) を用いて中間点 P_i を設置する方法

(b) 弦からのオフセット (d_i, f_i) を用いて P_i を設置する方法

(c) 極角 σ_i と動径 ρ_i を用いて P_i を設置する方法

(d) 極角 σ_i と弦 S_i を用いて P_i を設置する方法

(e) 弦角 δ_i と弦長 S_i を用いて P_i を設置する方法

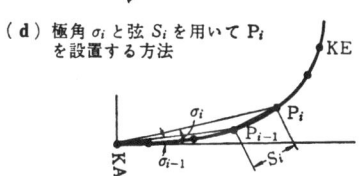

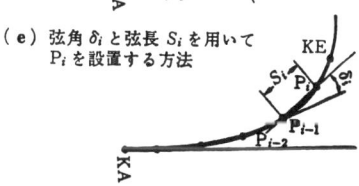

図-11.37 中間点設置法

点間の弦のなす角 δ_i と弦長 S_i を用いて順次設置する方法で，トランシットを移し替えて角観測を行うことが繁雑であるが，長い区間の見通しが困難な場合にはこの方法に限られる．弦角 δ_i は次のように計算される．

$$\delta_i = \tan^{-1}\frac{y_i}{x_i} - \tan^{-1}\frac{y_{i-1}}{x_{i-1}} \qquad (11.108)$$

以上，クロソイド曲線区間を例にとり中間点の設置方法を示してきたが，円曲線部についても座標系を図-11.38のように考えれば，ほぼ同じ方法を用いて設置することができる．

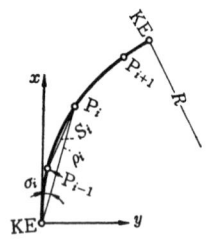

図-11.38 円曲線上の中間点設置法

11.6 トンネル測量

11.6.1 概　　説

トンネル測量 (tunnel surveying) は路線測量の特殊な場合であり，一般の路線測量に比べてはるかに困難な条件下にある．それは，トンネル内の中心線設置測量は通例，一端で正しい位置が決められた開トラバースによってのみ行われるものであり，しかもこれを別の測量方法で検証することが不可能なため，測量結果が誤りのないものであるかどうかは貫通して初めて判明するものであるからである．トンネル測量の誤りは重大な損失を招くものであるから，誤りを防ぎ，必要な精度が確保されるよう，トンネルの規模や工法あるいは地形条件などに応じて適切な測量方法をとることが極めて重要である．

トンネル工事においては，一般に次のような測量が必要である．

ⅰ) 坑外基準点設置のための測量　トンネル掘削のための測量および坑内，坑外の各種の測量のための基準点を設置し，さらに坑口，立坑，横坑などの位置を設定する測量で，多角測量や三辺測量と水準測量により，国家基準点などと結合して設けられる．平面測量においては近年ではGPS測量も用いられる．

ⅱ) 坑外細部測量　坑口および仮設物や土捨場の計画のために必要な1/100～1/500地形図を作製するための測量で，基準点成果に基づいて平板測量などで行う．

ⅲ) 坑内測量　トンネル掘削時において，中心線を坑内に設置し，また掘削や支保工，形枠設置を検査するための測量で，トラバース測量，水準測量により行う．

本節では，これらのトンネル工事に関連する測量のうち，坑外の細部測量は一般の地形測量とあまり変わるものではないので，坑外基準点の設置測量と坑内測量につい

11.6.2 坑外基準点測量[15]

　路線選定が行われ，地形図上でトンネルの位置が決定されたなら，このトンネル位置を現地に設置するための基準点を坑口付近，および立坑などの作業坑がある場合はその付近に設置する．

　トンネルの中心線は，これが両端の坑口から掘進された場合，中央部の貫通地点で±10 cm 以下の誤差で合致することが一般に必要である．したがってこの基準となる基準点設置測量においては，その座標の中等誤差が±数 cm 以下であることが要求される．それゆえ，基準点測量の方法はこの精度の要求を満たしうる適切なものでなければならない．一般にその方法は，トンネルの延長やこれが通る山岳の地形によって異なる．

　延長 1 km 程度以下のトンネルの場合は，一般の路線測量と同様に近くの三角点その他の基準点より多角測量や GPS 測量により，また水準点より水準測量により一端の坑口付近に基準点を設け，これをさらに山の反対側へ同様の測量で結合し，坑口付近に他方の基準点を設ける．この基準点をさらに三角点，水準点など近くの既設の基準点に結合する．

　1 km 程度より長いトンネルの場合，比較的短くしかも地形が急峻でない場合は多角測量でも行われるが，長大なトンネルや急峻な山岳地では，GPS 測量や三辺測量あるいは測角と測距を組み合わせた測量を行って両坑口や作業坑付近に設けた基準点の座標を決めることが多い．この場合，その網を両端で既設の三角点に結合すれば，新たに基線測量や方位角測定をする必要がなくなり便利であるが，7～8 km 以上の長大トンネルの場合，これでは精度的に不十分となり，別に基線を設けて三角網を組むことが必要である．

　基準点設置に際しては，方位角を示すための方位基準点も設置しておくことが必要である．方位基準点は地形条件の許す限り，基準点より離れた位置に設けるべきである．

　図上で選定され，座標が決定された坑口および作業坑の位置は，これらの基準点より多角測量あるいは前方交会法により現地に設置する．またトンネル中心線に沿って地表面に中心線を設置する，いわゆる表面測量を行う場合もある．これにより，両坑口や作業坑の基準点の位置の点検を行うことができる．

　図-11.39 は，長大トンネル坑口および斜坑，立坑の位置を決めるに際して組まれた三角網の一例を示している．また図-11.40 は同じく長大トンネルの坑外での基準点測量網の一例であるが，この場合は中心線の直線に沿って地表に長い距離の多角路

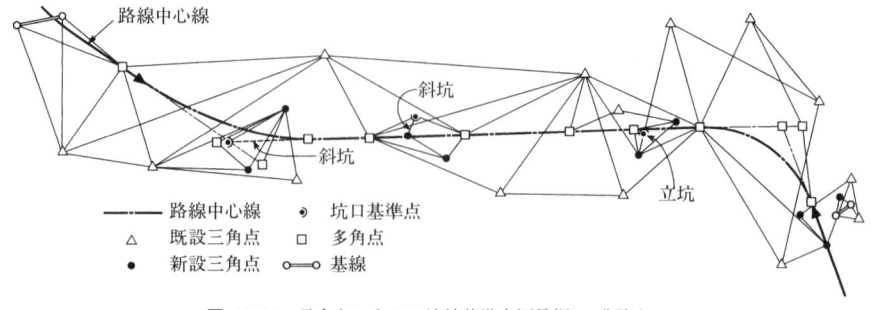

図-11.39 長大トンネルの坑外基準点測量網—北陸トンネルの例—(千葉喜味夫：総合測量より)

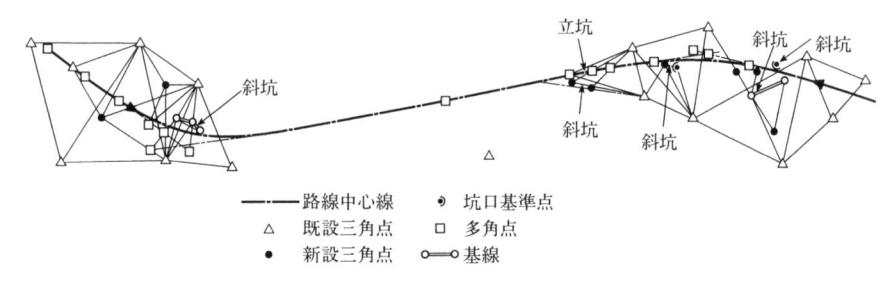

図-11.40 長大トンネルの基準点測量(大清水トンネルの例)

線を設け，その中間の山頂に設けられた点より光波測距儀を用いてその距離を測定し，この直線を基準にして両側に設けられた三角網と関係をつけている．最近では光波測距儀により長い距離が精度よく測定できるようになったため，中心線の大部分が1つの直線であり，また坑口間が山頂を介して見通しよく結びうる場合には，トンネル全長にわたって三角網を組むことなく，このような方法で基準点測量が行われる例もしばしばである．

基準点は工事作業の障害になったり，変位したりする場所に設けてはならない．また設置した後は，動いたり損傷をうけたりすることがないよう，十分保護しなければならない．

11.6.3 作業坑から坑内への測点移設

長大トンネルでは工期の短縮，工事費の節約などのため，立坑，横坑あるいは斜坑などの作業坑を掘削することが多い．この場合，これら作業坑付近に設けられた坑外基準点より中心線の位置および高さを坑内に決め，測点を設置することが必要であ

る．この際，横坑や斜坑では基本的に本坑における中心線測量の方法を用いることができるが，立坑では俯角が90度近くなることや，作業坑断面が小さいなどの理由から特殊な方法が用いられる．ここでは，中心線の真上に立坑がある場合を例に，この特殊な測量方法を概説する．

　i）光学的方法　　立坑が浅く，またその断面積が十分に大きい場合には，トランシットを用いて比較的容易に中心線の移設が行える．まず，図-11.41のように坑口付近の中心線上にA, B点をとりトランシットを据える．そして，これらの点から同じく中心線上にある他のC, D点をおのおの視準し，望遠鏡を鉛直方向に回転させることによって坑内に中心線方向を示すP_1, P_2を決定する．

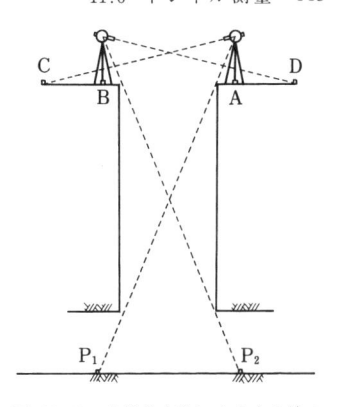

図-11.41　光学的方法による中心線の移設

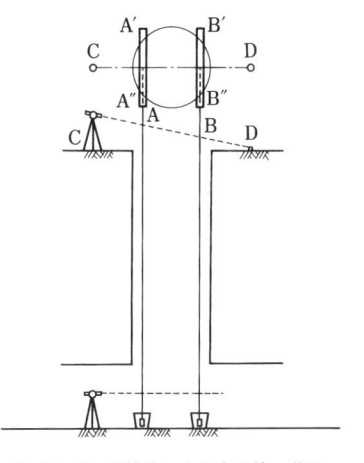

　ii）鋼線法　　この方法は，地上における中心線から鉛直方向に2本の鋼線を吊り下げ，これにより中心線を直接坑内に移設する方法であり，立坑における測量の最も一般的なものである．まず，図-11.42のように地上中心線上にC, D点を設け，それにピアノ線を張って中心線方向を示す．次に，立坑をまたぐように横木A′, A″, B′, B″をC, D間に張ったピアノ線に接するように設置する．そして，ピアノ線と横木との交点A, Bから鋼線をおのおの吊り下げ，これらを坑内においてトランシットで視準して中心線の方向を決定する．この際，吊り下げた鋼線の下部には錘を付け，振動を抑えるために錘を油または水の入ったバケツの中に入れる．

図-11.42　鋼線法による中心線の移設

　iii）ジャイロ・セオドライトによる方法　　この方法は，立坑が深く，上記i），ii）の方法では技術的に困難な場合に用いられる方法で，地上における中心線の真北方向とのなす角を利用して坑内にその方向を移すものである．まず，立坑の坑口より鋼線法によって中心線の1点を坑内に移設する．そして，移設した点にジャイロ・セオドライト（ジャイロ付きセオドライト）を設置し，真北方位角と次の測点までの距離を利用して中心線を坑内へ移す．

(a) 直接水準測定法　　　**(b) 間接水準測定法**
図-11.43　立坑からの水準点の移設

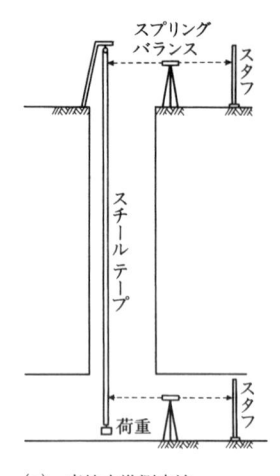

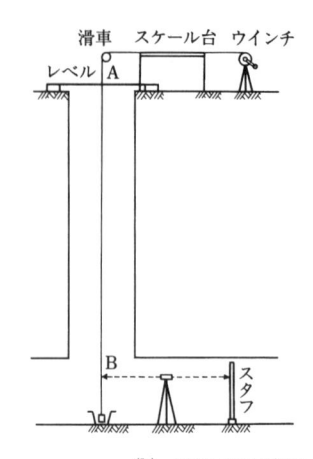

以上のような種々の方法によって坑内へ中心線を移設した後，立坑付近の水準点から坑内測点の標高を求める．この際，立坑が深くないときには，図-11.43(a)のようにスプリング・バランスに目盛り付きの鋼巻尺を一定の荷重で吊るし，それを標尺として坑内，坑外においておのおのレベルによる測定を行えばよい．これを直接水準測定法と呼ぶ．立坑が深くなり，100 m を超えるくらいになると，直接的な方法の適用は困難になる．このような場合，図-11.43(b)のように鋼線を吊り下げ，その鋼線に A, B の印を付けた後，ウィンチによってそれを巻き取り，AB 間の距離を測定する方法をとる．これを間接水準測定法と呼ぶ．この場合にも，鋼線の振動を抑えるために，錘は油または水の入ったバケツに入れることが必要である．また，鋼線の荷重などによる伸びを考慮し，距離の測定においては，その荷重と同等の力を加えた状態で測定を行う必要がある．

11.6.4　坑内測量

坑内測量としては，設計された中心線を掘削が進むに従って奥へ進めて中心線測点を設置する測量と，この測点を基準としてトンネル工事施工上必要な点を決める測量がある．

中心線測点を決める測量は坑口の測点から順に多角測量によって行われるが，曲線部では辺長を長くとることが困難であるため，測量にあたっては測点での器械の致心の精度を高めることに特に留意しなければならない．

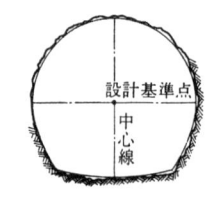

図-11.44　トンネル切端断面

坑内測量は掘削の進行とともに進められるが，その過程を一般的に述べると次のようになる．

① 後方の測点から設計に基づく水平角をとり，トンネルの切端（掘削の前面）に中心線位置を記す．同時

に近くのBMよりトンネルの設計基準点の高さを求め，その位置を切端に示す．これを基準にして切端の掘削を進める（**図-11.44**）．

② その後20m程度掘進したなら，トンネル天端（上面頂部）または路盤に杭を打ち，この上に中心線を，多角測量により設置する．

③ 以上の方法により150～200m前進したとき，後方の測点より辺長の長い多角測量をもう一度行い，中心線測点の位置を最終的に決める．

④ 水準測量を行って測点の高さを決定する．

坑内での測量には照明つきのトランシットを用い，また視準目標には測針をたて，これを背後よりすりガラスを通して照明する．

トンネル内で下げ振りを用いずに鉛直方向に点を移すために，光学的鉛直器が用いられることがある．これは**図-11.45**に示されているように，直上あるいは直下方向を視準するための望遠鏡と視準線を鉛直に設定するための水準器からなっており，天井の点を路盤に移し替えたりするのに便利である．

11.6.5 断面測量

掘削したトンネル断面の形状を測定することをトンネル測量における断面測量という．断面測量は，竣工検査やトンネル変形調査などに必要なことは言うまでもないが，掘削作業中においても，計画断面との比較によって余掘り（余分な断面掘削）の位置や量を確認するために随時行われる．断面測量の代表的な方法を以下に示す．

図-11.45 レーザー鉛直器（ウィルド2NL＋レーザー発振器）

i) 写真による方法　単写真あるいは立体写真を用いた写真測量の手法によって断面形状を図化する方法である．

ii) プリズムによる方法　これは簡単な幾何学原理に基づく方法で，古くから用いられているものの1つである．**図-11.46**のように基線長が変化する測定器にレーザー発振

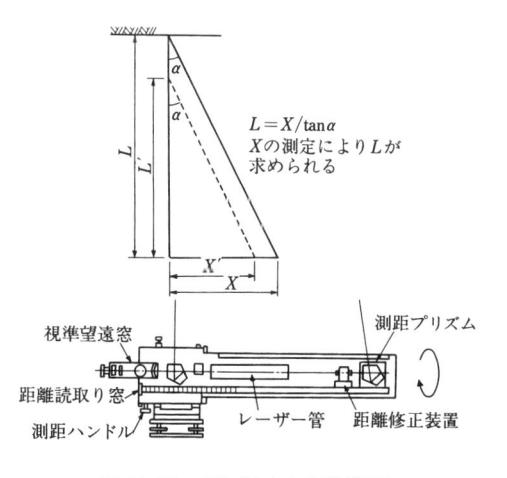

$L = X/\tan\alpha$
Xの測定によりLが求められる

図-11.46 プリズムによる断面測量

器を組み込み，プリズムによって掘削断面にレーザースポットを照射する．そして，基線長 X を変化させることによって，このスポットを視準し，図のような一定の角 α をもつ直角三角形を作り距離を測定する．この装置自体を回転させることによって断面形状を求めることができる．

iii）　光波測距儀による方法　　この方法は，図-11.47 に示すように，ノンプリズム型光波測距儀を車両などの専用架台に搭載し，測定対象となる壁面への斜距離を測定することにより断面形状を求める方法である．測距儀の位置と方向は，後方に別途設置したレーザートランシットによって，専用架台に取り付けた測位用の光波反射プリズムと方向検出用の2枚のレーザー受光板を視準することにより求められる．斜距離を測定するために，切端へ近づかずに目標断面の形状を測定できるという利点を有しており，作業の安全性を著しく向上させることができる．

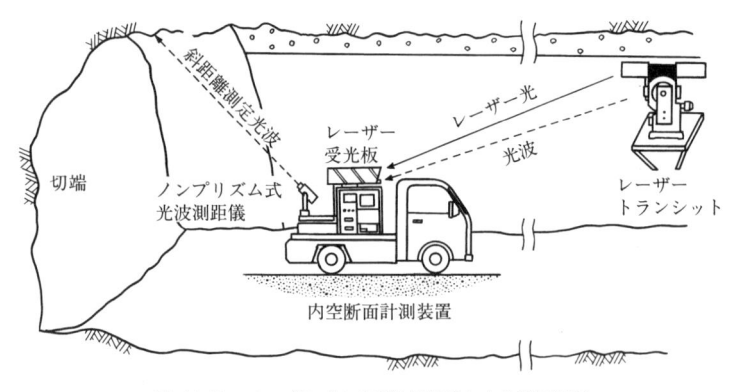

図-11.47　ノンプリズム式光波測距儀による断面測量

参 考 文 献

〈路線測量全般〉
1）　中川徳郎：応用測量，山海堂
2）　石原藤次郎，森　忠次：測量学　応用編，丸善
3）　Hickerson : Route Survey and Design, McGraw-Hill
〈道路測量〉
4）　千葉喜味夫：道路測量の手法，山海堂
5）　米内　優，鍛治晃三：道路測量，山海堂
6）　(社)日本道路協会：道路構造令の解説と運用
7）　ローレンツ：道路の線形と環境設計，鹿島出版会
8）　(社)日本道路協会：クロソイドハンドブック
9）　Kasper, Schürba, Lorenz : Die Klothoide als Trassierungselement, 5. Aufl. Dümmler Verlag

〈鉄道測量〉
10) 高橋　寛：鉄道工学，森北出版
11) 岡田　宏：新体系土木工学66　鉄道，技報堂出版
〈トンネル測量〉
12) 中川徳郎：応用測量，山海堂
13) 檀原　毅：測量工学，森北出版
14) 藤井鹿三郎他：近代測量学，技術書院
15) 千葉喜味夫：総合測量，工学出版
16) 土木学会トンネル工学委員会編：トンネル標準示方書(山岳編)・同解説，土木学会
17) (社)日本測量協会：測量学事典

第12章　河川測量および沿岸海域測量

　河川測量および沿岸海域測量は，河川および海岸の形状を測量し，さらに水深を測定する測量である．河川測量では流速を測定することにより，流量を測量することも行われる．沿岸海域測量では船を用いて測量することが多いので，船の位置と水深の測量が基本となる．また，沿岸海域測量では水深や船位のみでなく，海底の底質や地質などの調査も行われる．

12.1　河川測量

12.1.1　概　　説

　河川測量 (river surveying) とは，河川の計画，工事および管理に必要な資料として河川の平面図，縦断面図および横断面図をつくるとともに，河川の水位，深浅，勾配，流速および流量を測定することをいう．
　河川測量の作業を分類すると，次の5つになる．
　① 平面測量
　② 高低測量
　③ 流量測定
　④ 水位観測
　⑤ その他雨量観測，工作物調査など
　これらの河川測量は，建設省の定めた公共測量作業規程に準拠して実施されることが多い．

12.1.2　平面測量

　平面測量は，大きく分けると基準点測量と細部地形測量からなる．平面測量を行う範囲は河川の大きさや目的によって異なるが，一般に図-12.1に示されるように堤外地すなわち両岸の堤防の間の部分はもちろん，堤内地すなわち堤防に対し河川と反対側300 m以内の区域に及ぶことが多い．堤防のないところでは，洪水位の達する地

点よりさらに両側に100mぐらいの範囲を考えればよい.

a) 基準点測量

基準点は，河川に沿って2～3kmごとに，多角測量などにより国家基準点と結合して設置する．その精度は1級基準点測量に準じるが，地形その他の制約がある場合は2級基準点測量によってもよい．

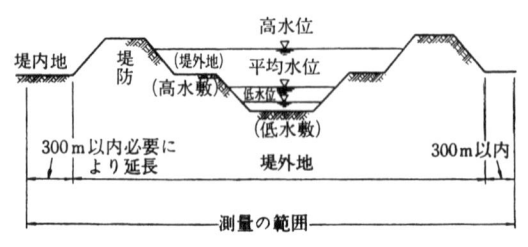

図-12.1 河川敷の名称[3)]

b) 細部地形測量

基準点が設置されたら，必要に応じて3～4級基準点測量に準じた多角測量を行い，細部地形測量用の図根点を設ける．これに基づき，平板測量や直接測距などにより細部地形測量が行われる．最近では，空中写真測量により細部地形測量が行われることが一般である．

地形測量では，河川の形態，堤防，地目別，河川に付属する工作物，乗船場，道路，鉄道，行政界，神社仏閣，墓地，水準基線，量水標，家屋，その他重要な地物はすべて測定しなければならない．

平面図に示される河岸や寄州などの水際線は，平水位における水面の位置で示される．平面図の縮尺は，計画調査段階では1/2500，実施計画段階では1/1000または1/500である．このうち特に1/2500の平面図は河川の計画や維持管理の基本となるもので河川基本図と呼ばれることがある．

12.1.3 高低測量

高低測量には次の4つが含まれる．

① 縦断測量
② 横断測量
③ 深浅測量
④ 河口深浅測量

a) 縦 断 測 量

縦断測量は河川両岸の縦断図を作成することを目的に，左右両岸に設けられた距離標，堤防，量水標零点，水門，樋門および樋管，橋台，その他必要箇所の高さを測定するものである．

この場合，水準測量の起終点として水準基標を用いるものとする．水準基標は地盤の移動しないような場所に，両岸5kmごとに設置される．水準測量は必ず往復2回

以上行う．

水準測量は，東京湾平均海面(中等潮位)を基準面として国家水準点を基準として行われることになっているが，計画の便宜上，河川によっては特に別に定められた基準が用いられることがある．この場合，東京湾平均海面との比高が求められている．例えば，**5.1.2**で述べたように荒川，中川，多摩川水系などはAP(Arakawa Peilの略，東京湾平均海面に対する比高 $-1.1344\,\text{m}$)と呼ばれる基準面からの標高で表される．このような基準面としては，このほか，YP(江戸川，利根川： $-0.8402\,\text{m}$)，OP(淀川： $-1.3000\,\text{m}$)，KP(北上川： $-0.8745\,\text{m}$)，SP(鳴瀬川： $-0.0873\,\text{m}$)，AP(吉野川： $-0.8333\,\text{m}$)，OP(雄物川： ± 0)，MSL(木曽川： ± 0)などがある．

縦断測量の必要精度は3級水準測量以上である．

縦断測量の成果は，下流を左にして距離を1/1 000，高さを1/100の縮尺の縦断面図に表す．

b) 横 断 測 量

横断測量は河川の横断面図を作成することを目的に，河川の両岸に設置した距離標を結ぶ横断直線上において地形変化を測定するものである．横断測量の範囲は平面測量の範囲に準ずる．

距離標(kilometer markerまたはdistance marker)は，**図-12.2**に示すように，次のような手順で設置される．

① 河口または幹川との合流点に，起点の距離標を設ける．起点は左岸，右岸どちらでも構わないが，なるべく合流部に近い位置とする．

② 起点のある一方の岸に沿って100 mまたは200 mごとに設置し，他岸には設置された距離標から河身にほぼ直角な見通し線上に設置する．したがって他岸の距離標の距離の間隔はそれぞれ異なる．

③ 杭番号を，No. 0, No. 1, No. 2, ……または，0.0, 0.1, 0.2, ……などのように追加距離がわかるように下流から上流に向かって順次つける．

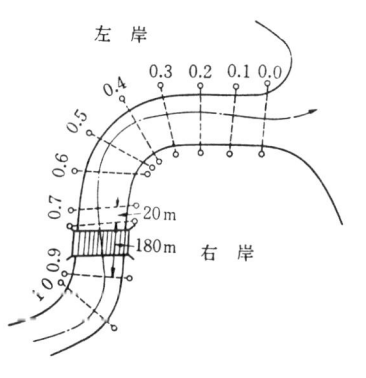

図-12.2 距離標の設置

④ 100 mまたは200 mの箇所に障害物があって距離標の設置が不可能なときは，図-12.2に示すように，その前後の杭が200 mまたは400 mになるようにおく．

⑤ 距離標を設置する場合には，現地で直接測量しながらその場所を決めていっ

てもよいが，あらかじめ平面図に距離標の位置を定めておいて現地に移すほうが便利である．

横断測量を行う場合，両岸の水際には水際杭（水面杭）を打ち測量時の水位を標記し，さらに付近の水位標（量水標）の同時刻での水位との関係を明らかにしておくとよい．

河川の横断測量では，陸上部分の横断測量と，次に述べる深浅測量の結果を合わせたものが成果として横断面図の形で表される．

横断面図は，左岸を左にし左岸距離標を基点として，距離 1/1 000，高さ 1/100 の縮尺で製図される．

c) 深 浅 測 量

深浅測量 (sounding) は，横断測量の際に設けた水際杭を基準にして行われる．普通，横断測線に沿って 5 m ごとに水深を測定し，さらに河底の土質や砂礫の大きさなどを調査する．水深が急変する箇所はそのつど測定する．

水深を測るには，河川の深さと流速に応じて，測桿，測錘または音響測深機（エコーサウンダー：echo sounder）が用いられる．水深の測定値と水際杭による水位の標高から，河底の標高が求められ，横断図に河底の断面および水位が記入される．水深を測定する断面線および位置は河の幅が大きくないときは，目盛をつけたロープを見通し線方向に張り，これに基づいて位置を定めればよい．河の幅が広く水深が大きいときは見通し線上に測量船を誘導し，見通し線と直角の方向にとった基線の一端におかれたトランシットから基線と測量船のなす角を測定することにより，船の位置を求めればよい．

河口深浅測量の場合，一般に河幅が広く，深いため，沿岸海域の測量と同じような扱いをするので，**12.2** を参照されたい．

12.1.4 流 量 測 定

流量測定 (discharge measurement) は，年間を通じていろいろな水位に対応する流量を測定して，水位と流量の関係を明らかにすることによって河川流量を把握し，河川の計画，設計，施工，維持管理に際しての基礎資料とすることを目的としている．

a) 流量測定の方法

流量測定には次のような方法のいずれかが用いられる．

① 河川断面の小分割された断面ごとの流速を測定し，流速と断面積の積和によって流量を計算する方法．この場合，流速の測定には流速計が用いられる．

② 浮子などの流速の測定から平均流速を推定し，平均流速と河川の総断面積を

乗じて流量を計算する方法．
③　水面勾配を水準測量から求め，平均流速公式を求め，さらに流量を計算する方法．
④　堰を設け，堰の形状と越流水深から流量を求める方法．

b) 流量測定の場所の選定

流量測定の方法によっても異なるが，一般的には，比較的直線的に流れている所で一様な断面が続く所がよい．また，洪水時に越流したり堆積や洗掘の起きない所で，橋や合流などの影響を受けない所がよく，渦や逆流の起きる所は避ける．

c) 流速計

河川測量の分野において流速計 (current meter) とは，河川断面内のある測点においてその点を通過する流水の速度を測定する装置のことをいう．最も一般的に利用されているものは，流水のもつ運動エネルギーを回転翼の回転運動に変換し，その単位時間当たりの回転数から流速を推定する回転式流速計である．単位時間当たりの回転数と流速との関係式を流速計方程式といい，一般に以下のような1次式で表す．

$$v = an + b$$

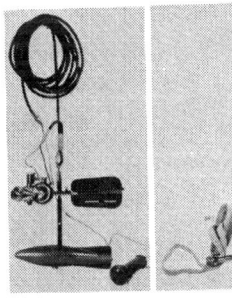

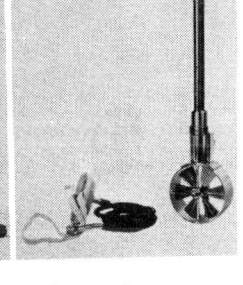

図-12.3　流速計

ここで，v：流速 [m/s]，n：1秒当たりの回転数，a, b：パラメータである．パラメータは，実験データなどから最小二乗法によってあらかじめ求めておく．

回転式流速計は，翼の回転軸が流れに垂直か水平かによって，プライス型流速計，スクリュー型流速計に分けられる．プライス型流速計は，流水と垂直方向すなわち深さ方向に回転軸を有し，そのまわりに付けた数個のカップが流れによって回転する仕組みになっている．一方，スクリュー型流速計は，流水と水平方向に回転軸を有し，それに付けたスクリューやプロペラが流れによって回転する仕組みになっている．図-12.3はスクリュー型流速計の例である．

その他の流速計としては，磁界中を電導体が通過するとき，その物体の速度に比例して起電力が発生するというファラデーの電磁誘導の法則に基づき流速を測定する電磁式流速計，流水面に一定周波数の電波を照射し，ドップラー効果によってその反射波に生じる周波数変調を検知して流速を測定する電波流速計，超音波の水中における伝播速度が流れの方向や速度によって異なることを利用して流速を測定する超音波流速計などがある．

d) 流速計による流量測定

流速計を支持棒やワイヤを用いて河川断面の所定の位置に吊してその点の流速を測定するという作業を繰り返し行うことにより流量を測定する方法.

流速を測定する測線は、図-12.4 に示されるように、約 5 m ごとにまたは測線数が 7～10 以上の等間隔になるようにとる. また、測線間隔の 1/2 の水深ごとに流速を測定すると、精度がよくなる.

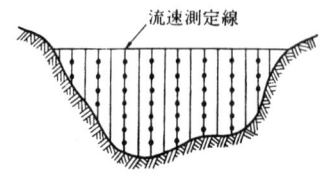

図-12.4 流速測定断面

一般に流速は、水深によって変化し、さらに水位や風向などによっても変化する. したがって、種々の水位や異なる条件のもとで流量観測をする必要がある. また洪水位のときの流量は特に重要なので、流量測定の機会を逃さないように準備しておくことが大切である.

河の水深が大きい場合には、橋や船または両岸に張ったワイヤに吊るしたかごから流速の測定を行う. 船を用いる場合、主ロープと補助ロープを用いて船が流されないようにして測定する. 各測線の平均流速を求める場合、深さ方向の流速を細かく測定して正確な流速曲線を描いて、これから求めるのが最も精度がよい. しかし、作業を急ぐ場合や、河川の状況から多数の点の流速を測定することが困難なときは、次に示すように、数点の流速から平均流速を推定する.

① 1点測定法：水面から 0.6 の深さ（水深の 6 割の深さ）の流速 $V_{0.6}$ を平均流速とする.

$$V_m = V_{0.6}$$

② 2点測定法：水面から 0.2 と 0.8 の深さの流速の平均を平均流速とする.

$$V_m = \frac{1}{2}(V_{0.2} + V_{0.8})$$

③ 3点測定法：水面から 0.2, 0.6 および 0.8 の深さの流速を用い、次の式から平均流速を求める.

$$V_m = \frac{1}{4}(V_{0.2} + 2V_{0.6} + V_{0.8})$$

各測線の平均流速から、全体の流量を算出するには、各測線を挟む小区間の断面積 A_i とその測線上の平均流速 V_i との積の和を求めればよい.

$$Q(全流量) = A_1V_1 + A_2V_2 + \cdots\cdots + A_nV_n$$

e) 浮子による流量測定

河川の適当な区間に浮子 (float) を流し、その流れに要した時間から流速を測定する方法. 流速は図-12.4 のように河川断面をいくつかに分割した測定断面ごとに求

め，河川流量は各測定断面の流速と面積の積和によって算定する．

　浮子の流れの時間観測は，河川両岸に設置されている一対の距離標や水際杭の見通し線を基準線とし，2つの基準線の間を浮子が流れる時間をストップウォッチなどで計測するというのが一般的な方法である．基準線は通常，上流側を第1見通し線，下流側を第2見通し線と呼ぶ．浮子の投下は橋梁から行うのが一般であるが，投下後しばらくは浮子が上下して安定しないため，第1見通し線の少なくとも50m以上上流に投下するようにする．

　浮子法は精度は高くないが簡便な方法であり，洪水時など，流れが速くて流速計が利用できない場合に用いられる．

　なお，浮子の流れる速度はその浮子の材質や形状などによって異なる．したがって，浮子の種類によって，浮子の流れる速度から測定断面の平均流速へ換算する補正係数が決められている．代表的な浮子は，表面浮子と棒浮子（さお浮子ともいう）である．表面浮子は空瓶や木片などを用いた最も簡単なものである．表面浮子の流れる速度は河川表面の流速に近いものであり，浮子の流れる速度に対して，大きな河川で0.9，小さな河川で0.7~0.8を，補正係数として乗じて平均流速に換算される．表面浮子による方法は，風，波，渦などの影響を受けやすいために高い精度は望めないが，洪水時などの緊急時にはしばしば利用される．一方，棒浮子は水深とほぼ等しい長さの竹筒やパイプを用い，その底部に小砂利などを錘として入れ，筒を鉛直に立てて流下させるものである．棒浮子は全水深の影響を受けるため，その速度は平均流速にかなり近いものになる．しかし，流下区間中の水深が一定であるわけではなく，また表面浮子ほどではないが風などの影響も受ける．一般には，補正係数として0.9~1.0を乗じて平均流速に換算される．

f）平均流速公式による流量測定

　水面勾配，および河床の状態を表す粗度係数を測定，調査あるいは仮定することにより，平均流速公式(formula of mean current velocity)を利用して流量を推定する方法．この際，水面勾配は，水際に100m程度の間隔で杭を打ち，それに合図により同時に水位を示す印をつけ，水準測量にによって比高を測定する方法で求めるのが一般である．また粗度係数は，用いる公式や河床の状態により大方の値が決められている．平均流速公式による方法は簡便であるが，実測に基づかないために高い精度は期待できない．

　代表的な平均流速公式であるシェジーの公式(Chezy's formula)とマニングの公式(Manning's formula)について以下に示す．

　　ⅰ）シェジーの公式
$$V_m = C\sqrt{RI}$$

ここで，R：径深，$R=A/S=$断面積/潤辺，I：水面勾配
　　　　C：シェジーの流速係数(潤辺の粗度と径深によって決まる係数)
Cの値は，普通ガンギレ・クッターの公式を用いて，次の式から計算される．

$$C=\frac{\dfrac{1}{n}+23+\dfrac{0.00155}{I}}{1+\left(23+\dfrac{0.00155}{I}\right)\dfrac{n}{\sqrt{R}}} \quad \text{(m-s 単位)}$$

ここで，n は粗度係数であり，潤辺の性質によって異なる．潤辺の主な性質に対する n の値は**表-12.1**のようである．

ⅱ) マニングの公式

$$V_m=\frac{1}{n}R^{2/3}I^{1/2}$$

(m-s 単位)

ここで，n は粗度係数で，表-12.1に示したものと同じものを用いてよい．

表-12.1

潤辺の性質	n の範囲
平滑なセメント塗	0.010〜0.012
土の地盤，直線で等断面	0.017〜0.025
良好な粗石積	0.015〜0.020
石底，両岸に草の茂ったもの	0.025〜0.040
土底，両岸石張り	0.028〜0.035
砂礫，雑草の多い河川	0.030〜0.040

g) **堰による流量測定**

河川に堰(せき)を設けることによって，下流の水位の影響を受けない状態を作り出し，堰の越流水深(上流水深と堰頂高の差)と流量との関係式から平均流速を算定する方法．一般には単に堰法(weir method)と呼ばれる．また，越流水深と流量の関係式は堰公式と呼ばれる．堰としては通常，上流からの流水を射流として完全越流させるために，**図-12.5** に示すような堰の上部を刃型にした刃型堰が用いられる．刃型堰は，その形状から全幅堰，四角堰，三角堰に分けられ，後述するようにその各々について堰公式が提案されている(**図-12.6**)．

堰法では，下流の水位の影響が排除されるため，越流水深の測定，ならびに堰の形状に関する調査や記録が正確ならば，比較的高い精度で流量を算定できる．越流水深は，一般にフックゲージやポイントゲージを用いて 1 mm 以内の精度で測定できる．堰法は，小さな河川や人工水路，ダムなどの流量測定に用いられるほか，トンネル掘削時の湧水量の測定にも利用されている．

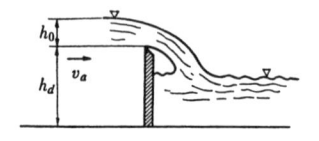

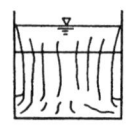

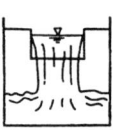

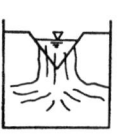

図-12.5　刃型堰

(a) 全幅堰　(b) 四角堰　(c) 三角堰
図-12.6　堰の形

i) 刃形全幅堰　堰の幅 b が水路の幅と等しく，越流水深が h_0 のとき，越流量 Q は次の式で与えられる．

$$Q = C b h_0^{3/2}$$

ここで，C は次の式より求められる．

$$C = 1.785 + \left(\frac{0.00295}{h_0} + 0.237\frac{h_0}{h_d}\right)(1+\varepsilon)$$

ここで，h_d：上流水深（水路底面より堰頂までの高さ）
　　　　ε：補正項で，$h_d \leq 1\,\mathrm{m}$ のとき $\varepsilon = 0$，$h_d > 1\,\mathrm{m}$ のとき $\varepsilon = 0.55(h_d - 1)$

この式の適用範囲は，$b \geq 0.5\,\mathrm{m}$，$0.3\,\mathrm{m} \leq h_d \leq 2.5\,\mathrm{m}$，$b/4 \leq h_0 \leq h_d$ である．

　ii) 刃形四角堰　堰の幅 b が水路幅 B より小さい場合であって，次の式から越流量が求められる．

$$Q = C b h_0^{2/3}$$

$$C = 1.785 + \frac{0.00295}{h_0} + 0.237\frac{h_0}{h_d} - 0.428\sqrt{\frac{(B-b)h_0}{B h_d}} + 0.034\sqrt{\frac{B}{h_d}}$$

適用範囲は，$0.5\,\mathrm{m} \leq B \leq 6.3\,\mathrm{m}$，$0.15\,\mathrm{m} \leq b \leq 5\,\mathrm{m}$，$0.15\,\mathrm{m} \leq h_d \leq 3.5\,\mathrm{m}$，$0.06 \leq b h_d / B^2$，$0.03\,\mathrm{m} \leq h_0 \leq 0.45\sqrt{b}\,\mathrm{m}$，である．

　iii) 刃形三角堰　普通切欠きの角は直角にとられる．直角三角堰の場合には次の式が用いられる．

$$Q = K h_0^{5/2}$$

$$K = 1.354 + \frac{0.004}{h_0} + \left(0.14 + \frac{0.2}{\sqrt{h_d}}\right)\left(\frac{h_0}{B} - 0.09\right)^2$$

適用範囲は，$0.5\,\mathrm{m} \leq B \leq 1.2\,\mathrm{m}$，$0.1\,\mathrm{m} \leq h_d \leq 0.75\,\mathrm{m}$，$0.07\,\mathrm{m} \leq h_0 \leq 0.26\,\mathrm{m}$，$h_0 \leq B/3$ である．

　h) 水位−流量曲線による流量測定

　目的とする地点の水位と流量の関係式をあらかじめ求めておくことにより，測定した任意の水位から流量を算定する方法．関係式としては一般に，流量 Q を水位 h の2次関数，例えば

$$Q = a(h+b)^2$$

のように表したものが用いられる．ここで，a, b はパラメータであり，過去の水位と流量の観測データに基づき最小二乗法で推定される．

　この方法の利用は，水位と流量に関する十分な数の観測データが得られ，関係式を精度よく安定的に推定できることが条件であり，洪水や地震などにより河川断面が大きく変化したと予想される場合には関係式を再推定する必要がある．また，一般に1つの関係式は，ある範囲の水位にしか精度よく適用できないため，水位をいくつかの

区間に分け,区間ごとに関係式を推定しておくことも必要である.なお,洪水時などにおいては増水時と減水時では同じ水位であっても流量が大きく異なるため,この方法は適用できない.

12.1.5 水位観測

水位観測 (water level survey) は,観測者自身が水位標により直接読み取る方法と,自記水位計という装置により自動的に記録する方法とがある.

水位観測の場所は,放流口,取水口,他河川との合流・分流点など,河川の計画や維持管理において重要な地点,あるいは川の流れが穏やかで不規則な水位変化のないような地点とする.一般に約5kmおきに永久観測所を設け,かつ必要に応じて臨時観測所を設ける.水位観測は,一般に12時間または6時間おきに定期的に行うが,洪水時などでは逐次観測頻度を増やすようにする.

a) 水位標

水位標 (water gauge) とは,水位観測の基準となる標尺で,水中に鉛直に立てられた杭に目盛板を取り付けたものや,橋台や護岸壁に目盛板をはめ込んだり,直接ペンキで目盛を描いたものなどがある.量水標とも呼ばれる.目盛の0位は最低水位よりも下に,また目盛の最高位は最高水位よりも十分上にとるようにする.そのため,水位変化の激しいところでは,これらの水位の変化を読み取れるように,水位標を河岸に何段かに分けて設置する.水位標0位の標高は,国家水準点からの測量により正確に求めておく.

b) 自記水位計

自記水位計 (automatic water gauge) は,水面の昇降の時間的な変化を自動的に記録するための装置であり,河口付近など治水,利水上重要な地点,あるいは水位標からの読み取りによる観測が不便な地点に設置される.ただし,自記水位計を用いる場合でも必ず水位標を併設し,適宜記録の照合を行い,自記水位計の精度の管理を行う必要がある.

自記水位計は,その方法により,浮子式,圧力式などに分けられる.浮子式水位計は,水面の昇降によって浮子が上下することを利用する方法で,最も基本的な方法である.浮子が平衡錘とワイヤで連動し,水面の変化によって滑車が回転する.滑車にはペンホールダーが取り付けられており,時間経過に応じて回転する記録用紙に自動的に水位を書き込む.圧力式水位計は,水中の静水圧を利用して水位変動を自動記録する方法である.水底に受圧器を設置して水面の昇降を水圧変動に置き換え,水圧と水位との関係から水位を算定し,記録する.

c) 水位の分類

　水位観測が同じ地点で継続的に実施されることにより，その地点の水位変動が記録として蓄積される．しかし，河川の計画や維持管理において，これらの膨大な観測資料を常に検討対象とするのは困難である．そこで，その地点の水位の状態を速やかにかつ概略的に把握できるようないくつかの特徴的な水位指標でもって，観測記録を代表させる方法がとられる．

　ⅰ) 最高水位(highest high water level：H.H.W.L) または最低水位(lowest low water level：L.L.W.L)　過去のある期間における最高または最低の水位をいう．年最高(最低)水位，月最高(最低)水位というように用いられる．

　ⅱ) 平均水位(mean water level：M.W.L)　過去のある期間における観測水位の単純平均を平均水位という．

　ⅲ) 平均高水位(mean high water level：M.H.W.L) または平均低水位(mean low water level：M.L.W.L)　過去のある期間のおいて，その平均水位より高い水位の平均を平均高水位といい，平均水位より低い水位の平均を平均低水位という．

　ⅳ) 平水位(normal water level)　過去のある期間において，その水位よりも高い水位の観測回数と低い水位の観測回数が等しいような水位．一般には平均水位より少し低い．

　ⅴ) 最多水位(most frequent water level)　過去のある期間において最も多くの頻度で起こった水位．

　農業利水や発電計画には，上記の水位分類とは少し異なっていて，次のような水位指標を用いることがある．

　① 洪水位：最高水位で数年に1回起こる出水の水位．
　② 高水位：毎年2,3回起こる出水の水位．
　③ 平水位：1年を通じ，185日間はこの水位より下がらない水位．
　④ 低水位：1年を通じ，275日間はこの水位より下がらない水位．
　⑤ 渇水位：1年を通じ，355日間はこの水位より下がらない水位．

12.2　沿岸海域測量

12.2.1　概　　説

　海の測量は航行目的のため海図をつくる水路測量と，土木工事等のため海底地形図などをつくる沿岸海域の測量に分けられる．ここでは後者，すなわち港湾工事，水路管理，海岸改修工事，渡海架橋工事，河口工事およびその他の海中工事などのために，海底の地形，障害物および海岸または汀線の形状を測量することを中心に述べる

ことにする．沿岸海域測量では，この地形測量と同時に，海底の地質，漂砂，潮流，潮汐，海流，波浪，風，侵食または堆積などの調査も行われることが多い．

沿岸地域の測量の範囲は，目的によって異なるが，港湾工事，海岸改修工事，河口工事などのためには，海岸付近の比較的浅い10～25m程度の深さまでの海底地形がわかればよいことが一般であるが，渡海架橋工事では，浅い方で10～20m，深い方で水深50～100mぐらいの所に橋脚をたてることも考えられる．この場合，橋脚をたてる約200m四方ぐらいの狭い範囲の極めて精度のよい海底地形図が必要となる．

従来の海の測量は，航海の安全を守るための水路測量が主であったために，岩礁など航海に障害になるものの確認測量が中心であった．この場合，比較的広い範囲の海の測量が必要であるが，精度はあまり要求されなかった．これに対し近年では，本州・四国間の渡海架橋工事，関西国際空港の埋立て工事，羽田国際空港の沖合い展開工事などの沿岸域の大規模工事が実施されるようになり，数cm～数十cm程度の高精度な海底地形測量が必要になっている．

海域での測量が陸上での測量より格段に困難であるのには，いくつかの理由がある．その第一は，海面下は陸上と違って見えないことである．太陽光は10～30m程度しか透過せず海底は暗く，また微粒子が多いため光は散乱されたり，吸収されたりして，照明をしても遠くへは届かない．これに代わるべき方法として電磁波の利用が考えられるが水中では電波は伝播せず，音波を用いるのが唯一の方法である．また，測定は一般に船上から行われるが，船の位置は常に動くものであり，固定した基準点とはなりえないので，船の正確な位置決めを行う必要がある．

このような事情のため，海の測量では，その方法に陸上とは異なった独特の方法がとられるが，得られる精度は地上の測量ほどの高精度は望み難いのが一般である．

しかしながら，浅海域だけでなく，大陸棚上などでの海洋開発が今後一層進むと考えられ，それにつれて海域の測量はその必要性とともに深さと範囲をますます広げてゆくことになると思われる．

12.2.2 海図の基準面

陸上の水準測量では，東京湾の平均海面を基準として標高が定められているが，海の測量の成果を表す海図（nautical chart）では陸上と異なる基準面が用いられる．

図-12.7は海岸地形を示している．海図に示されている海岸線は陸地の地図と同様，平均高潮面の汀線である．陸上の高さはその土地の平均海面から測られるが，水深は基本水準面からの深さで表される．基本水準面は各国ともインド大低潮面をとることに統一されている．このインド大低潮面はほとんどの港湾での最低潮位に相当する．すなわち基本水準面はこの海域においてこれ以上低くならないと考えられる水面

と見なしてよい．水深をこのような基準面に従って表すのは，もちろん航行上の安全のためである．

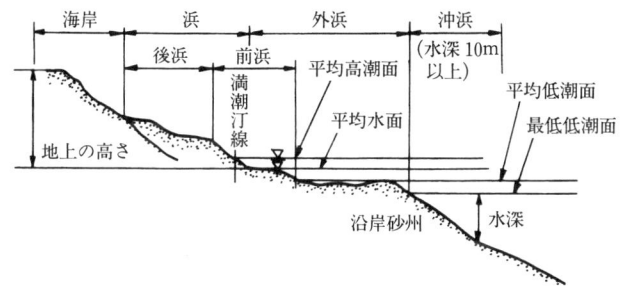

図-12.7 海岸の地形と基準面

各地での平均海面は，東京湾の平均海面と30 cm くらい異なることがあるので注意しなければならない．渡海架橋のように陸上の施設との整合性が要求されるものは，陸の測量に用いられている基準面と同じものを用いるほうが便利なときもある．

12.2.3 海域の地図[3]

沿岸海域の地図としては種々のものが現在，政府により作成され一般に供されているが，その主要なものを挙げると以下のようである．

《海図（海上保安庁水路部発行）（図-12.8）》
① 航海図：灯台等の航路標識や沿岸部の地形や目標物についても図示した沿岸域航海用海図で，縮尺は 1/500 000 内外．
② 海岸図：沿岸地形や航路標識等詳細に示した海図で，縮尺は 1/200 000 のものが多い．日本沿岸全域がカバーされている．
③ 港泊図：港湾，漁港，海峡部等船舶の航行にとって最も重要な地域について水路を中心に水深，航路標識，接岸施設等を細部にわたり示した海図で，縮尺は 1/50 000 以上．

《海底地形図》
① 1/200 000 海底地形図：大陸棚について水路部が作成．
② 1/50 000 海底地形図：沿岸12海里程度までの範囲について 10 m 等深線により表現されている．水深は海図と同様，最低潮面を基準にして示されている．
③ 1/25 000 海底地形図：国土地理院が一部作成した浅海域（水深40m程度まで）の海底地形図で等深線の基準面は陸上の地形図と同様，東京湾平均海面を

468　第12章　河川測量および沿岸海域測量

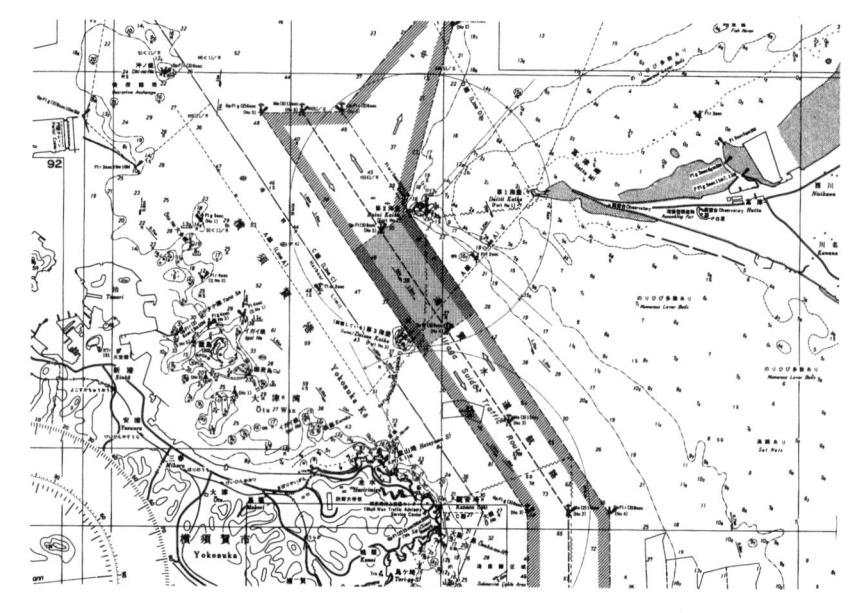

図-12.8　海図（水路図誌複製「海上保安庁承認第 560307 号」）

用いている．等深線は 1 m 間隔である．この海底地形図には海底の地質も岩，礫，砂，粘土等と分類されて記入されている．さらに，この地形図に沖積層の厚さやその構成物質等まで記入された海底土地条件図も一部作成されている．

12.2.4　深 浅 測 量

　水深の測定には音響測深機（エコーサウンダー：echo sounder）が広く用いられる．しかし，場合によっては古くからの方法であるポールやレッド（錘）による方法が用いられたり，まれには空中写真測量も応用される．

　a）　音響測深機による方法

　音響測深機は，発信部から発生された超音波が海底から反射して戻ってくるまでの時間の差から，発信部と海底との距離を求める装置である．実際には，測量船に取り付けられた音響測深機により，ある測量線上を走る船の下の海底までの水深が連続的に記録紙に記録されるようになっている．音響測深機は，50～200 kHz の高周波の超音波を発信する装置と，これを受信して記録紙に記録する装置からできている．

　一般に周波数が高いほど海底の表面から反射し，低いほど海底より少しもぐってから反射してくる．そのため，底質を調査するためのものは低周波の超音波が用いられ

る.

　超音波が水中を伝播する速度は，一般に1500m/sとされているが，海水の密度，深さ，温度によって異なる．そのため，音響測深機を用いて測深する前に，あらかじめ円盤上の板を水中のいろいろな深さに沈め，音響測深機の記録紙上に記録された水深と，実際の水深との関係を求めておき，後で水深の補正を行うようにする．これをバーチェックという．

　音響測深機では，一般に船のほぼ鉛直下に音波を照射する方式が用いられる．このため，水底の起伏を面的にとらえるためには船を縦横に移動させながら深浅測量を繰り返す必要があった．しかし近年では，マルチビーム方式音響測深機(multi-beam echo sounder：MBES)が用いられるようになり，海底地形図を効率的に作成することが可能になっている．MBESは，船底において送波器を進行方向に，受波器を進行方向と直角方向に設置したものであり，送波器から扇状に音波を照射しながら，その反射波を受波器で受けて広範囲の水深を同時に測定することを可能にする装置である(図-12.9)．

　なお，音響測深機によって測定される水深は測定時における船からの水深であることは言うまでもない．したがって，最低潮位面下の水深などを求めるためには，測定時の船の高さ方向の位置を知る必要がある．最も簡単な方法は，測深の初めと終わりの時刻を求めておいて，近くの験潮場の験潮記録から船の位置を知る方法である．しかし，この方法では測定時の局地的な波浪の影響などは考慮できず精度は低い．そこで，**12.2.5**で述べる船位測量を実施し，船位と水深を同時に測定することが必要になる．

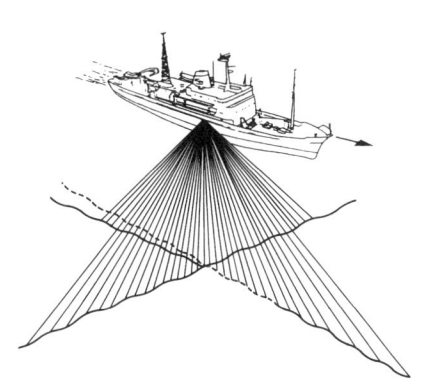

図-12.9　マルチビーム方式による深浅測量
（日本リモートセンシング研究会：図解リモートセンシング，(社)日本測量協会より）

h)　ポールまたはレッドによる方法

　この方法は，浅い海や港湾などで測量用のロープを張り，これに沿って船上からポールまたはレッドを降ろして水深を読み取る．レッドは，伸縮のないワイヤの先端に5～6kgのおもりが吊り下げられたもので，ワイヤには水深を測定する目盛がつけられている．海底が軟泥の場合には，レッドの下端に30～40cmの円盤を取り付ける．

　この方法による測深の場合，ポールやレッドを鉛直に降ろすことが大切である．こ

の方法は，気象や海象の条件のよいときに行わないと，船の揺れ，波などのためにポールやレッドが正しく鉛直に降りなかったり，船が傾いたり，測量用ロープが流されたりするので，誤差が生じやすくなる．

c) 空中写真測量による方法

空中写真測量の原理を海底の地形にまで拡張して応用する方法が考えられるが，次のようないくつかの問題が残る．

① 写真に海底が撮影されていない所は測定できない．そのため，比較的きれいで浅い所の海が対象となる．特にきれいな所では10m近い深さの海底が見える．浮遊土砂などがあると海底は見えなくなる．

② 太陽光によるハレーションが写りやすい．これを避けるためには，太陽高度が30°以下のとき撮影するか，あるいは画面の隅の方だけにしかハレーションが起きないように配慮する．

③ 空気中と水中との光の屈折率の違いにより，実体視をした場合，実際の深さより浅く見える．そのため屈折率による水深の補正をしなければならない．

④ 海岸近くでは，画面全体にわたってよい基準点やパスポイントを選定しにくい．

上に述べたような理由から，この方法はまだ十分に実用化されたものではないが，次に述べるような利点を有している．

① 海岸付近の全体の地形がよくわかる．例えば，岩礁，砂地あるいは海草の分布などがわかる．

② 潮汐や海流，または，河川からの排水パターンなど流れや拡散のパターンなどがわかる．

③ 船による調査ができないような場所の状態がわかる．

④ 汀線から陸の細部地形測量に役立つとともに，陸上の測量と海の測量とを関係づけるのに便利である．

d) レーザー測深機による方法

航空機を用いる深浅測量の方法として近年注目されているものにレーザーによる方法があり，航空写真による方法と同様に，海底火山地域，危険礁海域などの測量船が立ち入ることができない海域での深浅測量に利用されつつある．

この方法では，航空機に登載したパルスレーザー発光器から緑色および近赤外のレーザー光を鉛直下に照射する．このとき，レーザー光の一部は海面で反射し，他は水中を通過して海底で反射して航空機の受光器まで戻る．水深は，海面からの反射波と海底からの反射波の到達時間差から求めることができる．水深を精度よく測定するためには，海底から反射する光を捕捉しなければならず，なるべく水中で散乱，吸収

されないようなレーザー光線を用いる必要がある．緑色光は水中での直進性が高く，このために利用される．しかし，水深が大きくなったり，水中の濁りがあるとこれにも限界が生じ，レーザー光による測深は一般には水深20～30 m程度までに限られる．

12.2.5 船位測量[6]

　海の測量は測量船を用いて行われることが多い．このため海上にある船の位置を求めることが必要となる．船の位置を求めることを船位測量という．また，地図上で定めた点を実際の海上に移すような位置決めの問題も船位測量のなかに含まれる．

a) トランシットによる方法

　船を用いて深浅測量を行う場合，図-12.10に示されるように，汀線に直角に近い方向に測線を設け，測線上を測量船が走行するように誘導される．測線は，普通50～100 m間隔に設けられ，500～1 000 m間隔に陸上に設けられた多角点などの固定基準点P, Q, Rなどに結合されるようにする．また測線1, 2, 3などの延長上に見通し杭1′, 2′, 3′などをたて，これに測旗をつけ，沖の測量船から見通せるようにする．

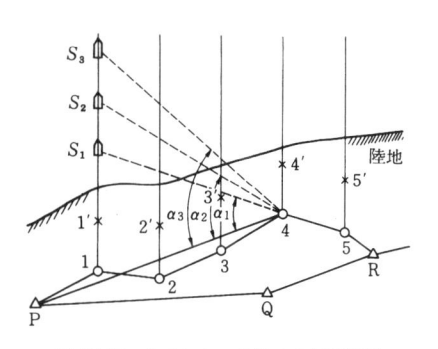

図-12.10　トランシットによる船位測量

　トランシットを用いて，例えば測線1-1′上の船の位置を求めるには，適当な既知点，例えば4にトランシットを据え，S_1, S_2, S_3などに誘導された船に対する角$α_1$, $α_2$, $α_3$などをつぎつぎと読み取り，測線上の船の位置を求めればよい．

　この方法は，船が定められた測線上を正しく走るという前提でその位置が求められているので，船が測線上から外れた場合大きな誤差を生じる．実際には，風や潮流，操船技術から2～10 m近くの誤差が生じる場合がある．

　海岸に設置された基線の両端におかれた2台のトランシットから，それぞれ基線と船のなす角を同時に測定し，前方交会法により船の位置を求める方法も用いられる．この方法は，同時に角観測をすることが大変なことと，2台のトランシットと船のつくる三角形が測線の始終点で極端な鋭角または鈍角になりやすくなるため，奥行方向の位置誤差が生じやすい欠点がある．この方法による位置精度は，20秒読みのトランシットを用いた場合，約1～5 mの範囲である．

b) 六分儀による方法

図-12.11 に示すように，船の上から六分儀 (sextant) を用いて測線 1-1' を見通しながら，A の目標があらかじめ設定していた角 θ_1 を過ぎるときを合図して船の位置を求める．この方法は，トランシットによる方法に比べてさらに精度が落ちる．六分儀は，任意の平面内にある 2 点間の角度を測定する光学器械で，図-12.12 はその一例である．主として船舶上で，天体の高度を測定して船位を測定するのに用いられる．

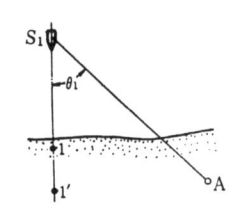

図-12.11 六分儀による船位測量

c) 円座法

これは，船の上で六分儀を用いて陸上の 3 点を見通し，後方交会法によって船の位置を求める方法である．まず，船上の六分儀を用いて，陸上の 3 点 A, B, C を見通して，図-12.13 に示すように，船 S との間でできる 2 つの三角形の内角 ∠ASB および ∠BSC を読み取る．次に，等しい弧に対する円周角は常に一定であることを利用して，A, B および B, C を通って，内角がそれぞれ ∠ASB および ∠BSC になるような 2 つの円弧を描く．このときの 2 つの円弧の交点が船の位置を与える．

図-12.12 六 分 儀

この方法は簡便である反面，内角が極端に小さくなったり大きくなったりすると，精度は落ちる．また六分儀による角観測の精度は，トランシットに比べて相当悪いので，精度はあまりよくない．

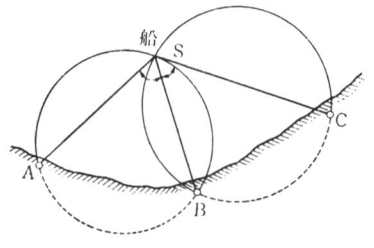

図-12.13 円座法による船位測量

d) トータルステーションによる方法

陸上の基準点にトータルステーション (4.5 参照) を据え付け，船に搭載した反射鏡までの直線距離，水平角，鉛直角を同時に測定して船の位置を求める方法である．

ここで，光波測距儀による距離測定は，反射光を処理する原理上，反射鏡が固定されていないと正確な距離を求めることができない．光波測距儀の測定誤差は基線距離 2～3 km で 1 cm 程度であるが，これには数秒の測定時間を要する．船位測定は，船が移動している中での測定が前提であるから，陸上で利用される測距方式をそのまま利用することはできない．そこで，測定誤差の低下を許容し，測定時間を短縮する方法が用いられる．トータルステーションによる船位測量の誤差は一般に 5 cm 程度で

ある．

　トータルステーションを用いると，船の平面位置と高さが空間上の点として求められるので，船のピッチングや水面勾配および潮汐などの補正が不要となる．したがって，図-12.14に示すように，音響測深機による水深測定と，光波測距儀による船位測定を連動させると，極めて能率的にかつ精度よく海底地形測定が可能となる．

　なお，4.4.1で述べたように，光波測距儀を高精度に利用できる距離は2～3kmである．したがって，トータルステーションによる船位測定は，陸上基準点からこの範囲内にある船にしか利用できない．

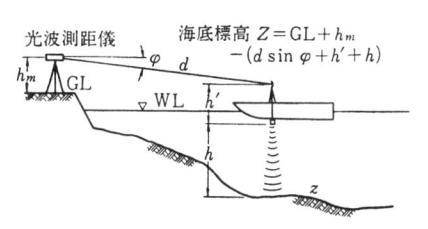

図-12.14　トータルステーションと音響測深機との同時測定による水深測定

e) 電波測距儀による方法

　この方法は，主に航海中の船の位置を求めるために，図-12.15に示されるように船から陸上の2つの従局に向かって超短波の変調波を発信し，反射してきた電波の位相差を測定することによって距離を求め，それより船の位置を定めるものである．測定範囲は，一般に50km程度であるが，装置によっては500kmの到達距離を有するものもある．

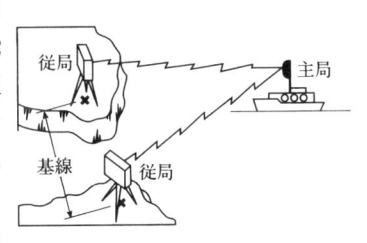

図-12.15　電波測距儀による船位測量

　電波測距儀による方法では，電波利用の許可申請が必要であることに注意が必要である．また，電波の海面反射などの影響を受けるために，2～3kmの範囲内ではトータルステーションによる方法より精度は格段に低い．この範囲での電波測位の一般的な精度は1m程度である．

f) GPSによる方法

　GPSによって船の三次元位置を直接測定する方法である．図-12.16に示すように，固定局(基準点)を地上に設置し，ディファレンシャル測位あるいは干渉測位によって固定局からの相対測位を行う．

　GPS測位であるため，基準

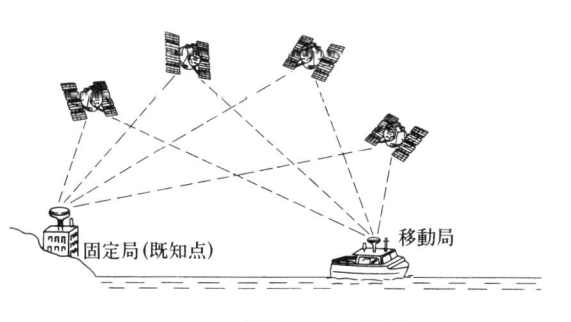

図-12.16　GPSによる船位測量

点と船の間の見通しを必要としないこと，船の追尾を行う必要がないことなどがトータルステーションによる方法と大きく異なる利点である．測定範囲も光波測距儀のように限定されず，数十〜数百 km の範囲内での測定が可能である．また，雨，霧などの天候の条件に影響を受けず，電波測位のように海面反射の影響もない．

GPS による船位測量の精度はディファレンシャル測位で数 m である．さらに高精度な測位が必要とされる場合には，干渉測位が用いられる．船が移動するために静的干渉測位を用いることはできず，測定時間が短いキネマティック測位が利用される．静的干渉測位ほどの精度は得られないが，数 cm〜10 cm 程度の精度を比較的容易に得ることができる．

このように，従来手法と比較して GPS による船位測量の利点は多く，今後は船位測量の主流となるものと思われる．

12.2.6 汀線測量

汀線測量 (shore line surveying) は，最低低潮面の水際線から暴風雨の波が到達する付近までの測量をいう．汀線測量の目的は，波浪や風のために汀線付近の変化を調べて海岸改修などの基礎資料を得ることである．特に海岸が欠壊している所などでは，汀線測量によって漂砂量を知ることができる．

汀線測量は一般に深浅測量と同時に行い，深浅測量のとき設けた測線と同じ断面を測量する．平板測量によってもよいし，最近では空中写真測量が用いられるときもある．汀線測量は定期的に行うようにし，変化を常に知っておくことが大切である．

12.2.7 海底地質の調査[5]

海底地形の測定に際して，海底土地条件を調べるために海底地質調査がしばしば行われる．その方法としては以下のものがある．

ⅰ) 直接観察による方法　ダイバーまたは水中テレビなどにより，直接海底面の観察を行う．しかし，この方法は水深 50 m 程度しか調査できない．また，表面の状態しかわからない．

ⅱ) 直接採取による方法　海底の物質を直接採取によりサンプリングする．採取の方法には，底質サンプラー，落下式コア採取器を用いたり，海底ボーリングやドレッジングなどがある．海底ボーリング以外は，海底の表面に近い所のサンプルしかできない．

ⅲ) 音波探査による方法　音波の発生により海底の異なる地層からの反射波をとらえ，これを連続的に記録紙に記録して間接的に地質調査を行う．音波の発生方法に多くの方法があり，例えば磁わい振動子による方法(ソノプローブ，ソノストレー

タなど），高圧空気の爆発による方法（サイスミックプロファイラー），電磁誘導による方法（ソナーブーマなど），水中放電による方法（スパーカー，ジオソナーなど），ガス爆発による方法（ラス，ダイノサス，ガスガンなど），超音波による方法（ボイムソナー，サイドルッキングソナーなど）などいくつかのものがあり，それぞれ水深や海底土地条件に応じて最も適当なものが応用されている（**図-12.17**）．

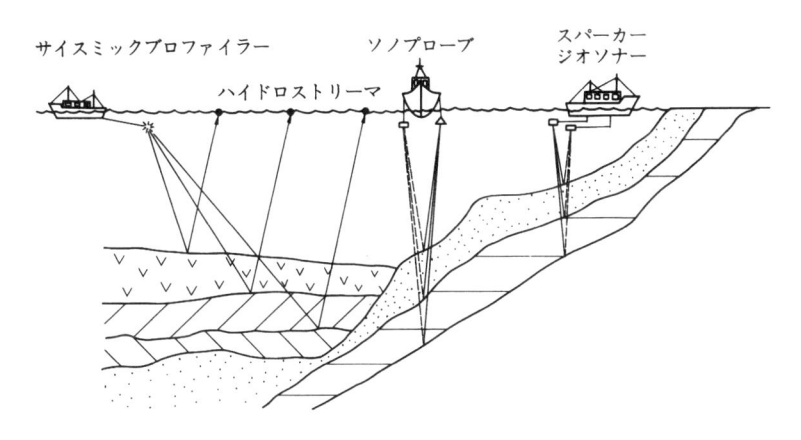

図-12.17 種々の音波探査法

参 考 文 献

〈河川測量〉
1) 石原藤次郎，森　忠次：測量学　応用編，丸善
2) 建設省技術調査室編：公共測量作業規程
〈沿岸海域測量〉
3) 高崎正義：地図のはなし，NHKブックス
4) 佐藤一彦，内野孝雄：海洋測量ハンドブック，東海大学出版会
5) Alan Ingham：Sea, Surveying, John Wiley & Sons．
6) 土木学会編：土木工学ハンドブック「測量編」，技報堂出版
7) 日本リモートセンシング研究会：図解リモートセンシング，(社)日本測量協会

第13章 地籍調査

13.1 概　　説[1]

　土地は国民の社会的，経済的諸活動を支える基盤であり，国家にとっての貴重な資源である．土木事業は，この貴重な土地に対して何らかの加工を施す行為であり，土地の特性に対する正しい理解は土木事業に関与する者にとって必要不可欠な基礎知識である．土地は以下のような特性がゆえに，他の資源，財とは一線を画す．
　① 非移動性：各土地の位置は固定されており，運搬不可能である．
　② 非個体性：土地は個体的に独立分離して存在するものではなく，これらの区分は人為的な認識によってのみ可能である．
　③ 分割・合併の可能性：個体性でないことを換言すれば，土地の境界の変更は自在であり，分割・合併が可能である．
　④ 非代替性：個々の土地の資質・位置はすべて異なるものであり，完全に同じ物で代替することはできない．
　⑤ 永続性：何千年という年月や天変地異を考えない限り，土地は永続し消耗することはない．
　⑥ 有限性：土地は原則的に再生産することができない．埋立等によって生産するにしても，実質的に大量生産は不可能である．

　このような自然的特性に加えて，土地はその利用にかかわるいくつかの特性を有している．
　① 用途の多様性：土地は多様な用途に用いられ，またその用途は変更し得る．
　② 立体性：土地の利用は地表面のみを意味するものではなく，それは上下の空間的広がりをもつ．
　③ 外部性：土地の利用は外部性をもち，周辺の土地の利用に際しての効用に影響を与える．
　④ 効用の可変性：土地の資質は社会基盤施設の整備や用途規制等の変更によって変わり，ひいてはその利用の効用が変化する．

このような土地の自然的・社会経済的特性のために，土地には，例えば地籍調査による境界の確定や登記による所有権の保護，公共の福祉を優先するための所有権の制限，土地価格の評価，それに基づく課税，開発利益の吸収といった，種々の公的制度が必要となる．中でも地籍調査は，非個体性という特異な性質をもつ土地に対して，種々の制度を適用するための地理的な単位を定めるものであり，土地に関する最も基礎的な調査といえる．本章では，測量技術の重要な応用分野の1つである，この地籍調査について概説する．

地籍調査 (cadastral survey) は，一筆ごとの土地について，その所有者，地番，地目，境界，地積を調査，測量することにより，土地の戸籍ともいうべき地籍を明確化することを目的として行われる．

これらの成果は，地籍図，地籍簿として取りまとめられ，都道府県知事の認証を受けた後，市町村または都道府県によって保管され，固定資産税の課税，公共事業における計画や用地買収，公有地の管理，災害時の復旧事業などに幅広く利用される．また，地籍調査の成果の写しは管轄登記所に送付され，土地登記簿の正式な資料として利用される．これにより，土地の所有権は保護され，土地の取引や利用にかかわる種々の制度が公正，安全，かつ円滑に運用されるのである．

近年，土地政策審議会，新総合土地政策推進要綱などでの提言を見るまでもなく，土地政策を的確に実施するための前提条件として，土地の所有，利用，取引などに関する土地情報を総合的かつ体系的に整備することの必要性が各方面で強く指摘されているところである．このような情勢において，土地に関する最も基礎的な調査としての地籍調査の重要性はますます高まっている．

13.2 地籍調査の歴史的経緯

わが国の地籍調査の歴史は，律令時代の大化の改新において，班田収受のために行われた土地調査にまで遡ることができる．その後の主だったものとしては，天正，文禄年間に行われた豊臣秀吉による「太閤検地」があり，また明治時代初期の地租改正事業のための土地調査がある．これらのいずれもが，その時代を代表する歴史的な大事業であったが，その主たる目的は税制の改革，効率化であり，国土の開発と保全を目的に土地の実態を明らかにするという「国土調査」としての理念をもつものではなかった．

わが国において，この国土調査の必要性が真に認識されたのは第二次大戦後のことである．戦後，荒廃した狭い国土に8000万人に達する人口を抱えるわが国において，経済の再建はきわめて困難に満ちたものであった．そこで，限られた国土を最大

限に安全かつ合理的に利用することによって経済復興を図ろうとし，そのためには国土の実態を明らかにした正確な土地資料が必要であった．しかしながら，わが国には，先に述べた明治初期の地租改正事業で行われたきわめて不正確な土地調査の成果があるに過ぎなかったのである．

当時，全国規模での土地調査の実施を検討していたのは，経済企画庁の前身である経済安定本部資源委員会であったが，1949年(昭和24)，同委員会は「土地調査に関する勧告」を公表し，その冒頭において，次のように近代的な地籍調査の重要性を訴えている．「我が国の土地調査は，明治の初葉に行われた改租処分と地押調査によるものの外には，土地の資料とすべきものはない．この調査の結果は，台帳面積に表されているが，測量方法の幼稚と，収税関係を考慮した縄延び等の関係で極めて不正確である．従って，現在宅地や耕地でありながら，依然として公簿上は山林原野であり，その山林原野も実面積の何十分の一にしかあらわされていないものもある．（中略）また，土地台帳面積と実測面積が異なっていても法的にこれを否認する方法がない．このように何をもって真の面積とするかは，再度土地調査が施行されぬ限り誰にも分からないのである．地目別面積さえ確定されないので，従って土地利用計画の樹立は不可能である」．

このような苦境を打破するため，1951年(昭和26)，国土調査法が「国土の開発及び保全並びにその利用の高度化に資するため，国土の実態を科学的かつ客観的に調査する」(同法第1条)ことを目的に制定され，地籍調査は，土地分類調査，水調査とともに国土調査としての位置づけがなされた．しかし，その主たる事業である地籍調査の進捗は思わしくなく，1957年(昭和32)，国土調査法の改正が行われ，第1条も「国土の開発及び保全並びにその利用の高度化に資するとともに，あわせて地籍の明確化を図るため，国土の実態を科学的かつ総合的に調査する」と改められ，地籍調査の重要性がより明示されるに至ったのである．

また，1962年(昭和37)には国土調査の一層の推進を図るべく国土調査促進特別措置法が制定され，1963年(昭和38)にはこれに基づき第1次国土調査事業十箇年計画が閣議決定され，以後今日に至るまで計4次にわたる計画が策定され，営々として調査が進められている．

13.3 地籍調査の方法

地籍調査は，① 一筆ごとの土地について，その所有者，地番，地目および境界を確定する一筆地調査，② その調査に基づいて筆界の位置を測量する地籍測量，③ 地籍測量の成果に基づき，一筆ごとの面積を求める地積測定，および ④ これらの成果

を地籍図，地籍簿に取りまとめる過程に大別される．ここでは，これらの内容について概説する．

13.3.1 一筆地調査

一筆地調査は，一筆ごとの土地に対し，その所有者，地番，地目，筆界を現地において確認，調査し，境界杭(筆界標示杭)を設置する作業であり，原則として土地所有者の現地立会いのもとに行う．一筆地調査は地籍測量を行うための基礎作業であり，これが正確かつ公正に行われて初めて，地籍調査の最終成果である地籍図および地籍簿が真に意味のあるものとなる．

一筆地調査の最も大きな特徴は，土地所有者の立会いのもとに行われることである．これは，所有者等の同意のもと，公正に調査を進めることを目的としているが，これがために所有者の協力が得られない場合には，調査が遅々として進まないことになる．特に，筆界の調査では，土地取引や相続などの利害が直接からむため容易でないことが多い．

これまで，一筆，筆界，地番，地目といった用語を用いて地籍調査の説明を行ってきた．これらの用語は，大方の意味は理解できようが，その明確な定義となると一般には知られていない．ここでは，国土調査法などの条文をもとに，これらの用語のより明確な定義を示しておく．

a) 一筆 (parcel)

筆(ヒツ)とは，土地登記簿に土地を登記する場合の土地の単位であり，その土地の所在，地番，地目，地積，所有者によって識別される．それぞれの筆を一筆(イッピツ)と呼び，またその土地のことを一筆地と呼ぶ．

b) 筆界 (boundary of parcel)

筆界とは，登記上の土地の単位である一筆の境界をいう．なお，筆界上の点を筆界点といい，一般に筆界が分岐する地点および屈曲する地点を指す．

c) 地番

地番とは，一筆ごとの土地に付けられた番号であり，その設定は登記官の権限で行われる．地番は市・区・町・村・字またはこれに準ずる地域を地番区域とし，その区域ごとに1番から起こされるが，合筆があると欠番が生じ，また分筆があると枝番が付与される．

d) 地目

地目とは，土地の現況をその主たる用途によって示す土地の種類別名称である．地目は一筆の土地ごとに定めるものであるから，一筆の土地に二種類以上の地目を定めることはできない．土地登記簿上の地目は，その主たる用途により，田，畑，宅地，

塩田，鉱泉地，池沼，山林，牧場，原野，墓地，境内地，運河用地，水道用地，用役水路，ため池，堤，井溝，保安林，公衆用道路，公園，雑種地の21に区分されている．ただし，鉄道用地と学校用地についてはその旨表示することとされている．

13.3.2 地籍測量

地籍測量 (cadastral surveying) は，一等～四等三角点の国家基準点をもとにして，一筆地調査において設置された筆界点の位置を求める測量である．具体的な方法は，国土調査法により，地上法，航測法，併用法に分類されている．これらの関係の概略を示したものが図-13.1 である．

a) 地 上 法

地上法は，多角測量などのいわゆる地上測量に基づいて地籍測量を行う方法で，図根測量と一筆地測量に大別される．

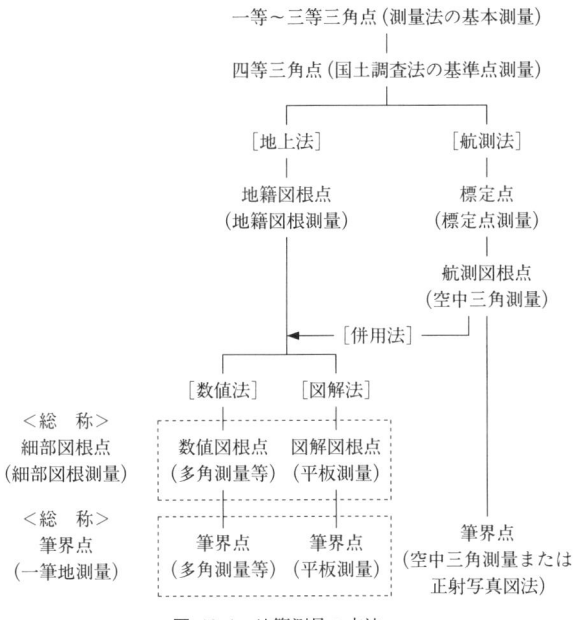

図-13.1 地籍測量の方法

図根測量は，後の一筆地測量のための基準点(図根点)を設置するための測量をいう．まず，国家基準点を与点として基準点(地籍図根点)を設置する地籍図根測量を行う．ここで，図根点が不足していると考えられる場合には，既設の地籍図根点などを与点として新たな基準点(細部図根点)を設置する細部図根測量を実施する．細部図根測量では，平板測量による図解法が認められてはいるが，近年では光波測距儀やトータルステーションを用いる数値法が原則とされている．

図根点を基準にして，筆界点を直接測量する方法を一筆地測量という．細部図根測量と同様に数値法と図解法とがあるが，近年では数値法による一筆地測量が一般的になっている．なお，細部図根測量と一筆地測量を総称して，地籍細部測量と呼ぶ．

なお近年では，図根測量には GPS 測量も利用されており，また，国土地理院は一筆地測量を効率化するために RTK-GPS 方式の実用化を検討している．

b) 航 測 法

航測法は，国家基準点や地籍図根点などを標定点とし，空中三角測量などによって筆界点の位置を求めるものである．航測法には，空中三角測量によって直接筆界点の座標値を求める航測数値法と，空中三角測量などをもとにして作成した正射写真図上で筆界点の位置を求める正射写真図法とがあるが，近年では後者が用いられることはまずない．いずれにしても，航測法においては，筆界点に対空標識が設置され，それが空中写真に写ることが不可欠であるが，都市部においては対空標識が建物等の陰になり写真に写らない場合も多い．また，一般的な空中写真測量の精度は都市部における地籍測量としては不十分である．このため，航測法は，広大かつ平坦な農地等の地籍測量には適するが，都市部においての適用は困難である．また，農地等への適用においても，補備測量として適宜地上測量を組み合わせる必要がある．

c) 併 用 法

併用法は，空中三角測量を用いて，地籍図根点に相当する航測図根点を求めた後，地上法と同一の方法で地籍細部測量を行う方法であり，地上測量の省力化に大いに貢献するものである．特に，山林混在地域のように地籍図根点を多く必要とする地域において有効である．

13.3.3 地積測定

地籍測量の成果に基づき，一筆ごとの面積を求める作業を地積測定という．一筆地測量が数値法で行われている場合には，筆界点の座標値から直接地積を計算することができる．したがって，数値法が普及している現在においては，地積測定の過程は地籍測量と完全に連動した作業となるが，図解法が主流であった時代においては，平板測量で描かれた地籍図原図から面積を如何に正確に求めるかは大きな課題であり，地積測定は地籍調査の重要な過程の1つであった．

図解法でなされた場合の地積測定の方法には様々なものがあるが，一般的な方法は図上座標法と呼ばれるものであり，ディジタイザーで一筆地の外周の屈折点の座標値を読み取り，これを用いて面積を求める方法である．そのほかにも，地籍図をフィルム等に複写し，一筆地ごとに正確に切り取った試料を一定の光源によって照射することにより，その反射光量または透過光量を光電管と電流計によって測定して面積を求める方法（光学的図上法），現地で距離や角の測定値に基づき，三斜法，三辺法などの伝統的な方法により面積を求める方法（現地距離法），図面上においてプラニメータを用いて面積を算出する方法（プラニメータ法）などがある．

13.3.4 地籍図，地籍簿の作成

地籍調査の成果は，まず地籍図，地籍簿の原案ともいうべき地籍図原図，地籍簿案としてまとめられる．地籍図原図および地籍簿案は，20日間の一般閲覧に供せられ，その過程において，誤り等の申し出があれば適宜修正されるなどして，正式な地籍図，地籍簿となる．

地籍図 (cadastral map) は，当該地域が属する平面直角座標系の原点から X 軸 (縦) 方向に 30 cm，Y 軸 (横) 方向に 40 cm ごとに図郭を設け，毎筆ごとの筆界，地番，および長狭物の種類，国家基準点や図根点の位置，図郭の座標値などを記載したものである．その縮尺は一般に，都市部においては 1/250 から 1/500，また農地，山林部においては 1/1 000 から 1/5 000 が用いられる．また，国土調査法によって地籍測量の誤差の限度が定められているが，それは筆界点の基準点からの位置誤差 (平均二乗誤差) にして，都市部で 2～7 cm，農地で 15～25 cm，林地で 50～100 cm 程度となっている．許容誤差は地域によってかなり異なっており，特に都市部においては，高地価，土地所有の細分化といった点から極めて高い測量精度が要求されている．図-13.2 は地籍図の例を示す．

地籍簿 (cadastral book) は一筆ごとの土地について，地番，地目，地積および所有者の住所，氏名等を記載した簿冊である．図-13.3 は地籍簿の例を示す．

13.3.5 地籍調査に準ずる調査

国土調査事業としての地籍調査とは別個のものであるが，土地改良事業，土地区画整理事業，ほ場整備事業等においては，換地処分などの際に街区や画地を確定するための精度の高い測量 (確定測量) が行われている．

国土調査法第 19 条 5 項では，これら地籍調査と類似の調査を実施した者が，その成果について政令で定める手続により国土調査の成果としての認証を申請した場合，内閣総理大臣あるいは主務大臣は，その成果が地籍調査と同等以上の精度および正確さを有すると認められる場合において，それを国土調査成果と同一の効果があるものとして指定できることを定めている．これにより，公費の二重投資を避け，また正確な調査成果の有効利用が可能になる．この指定は，一般に「19 条 5 項指定」と呼ばれる．

484　第13章　地籍調査

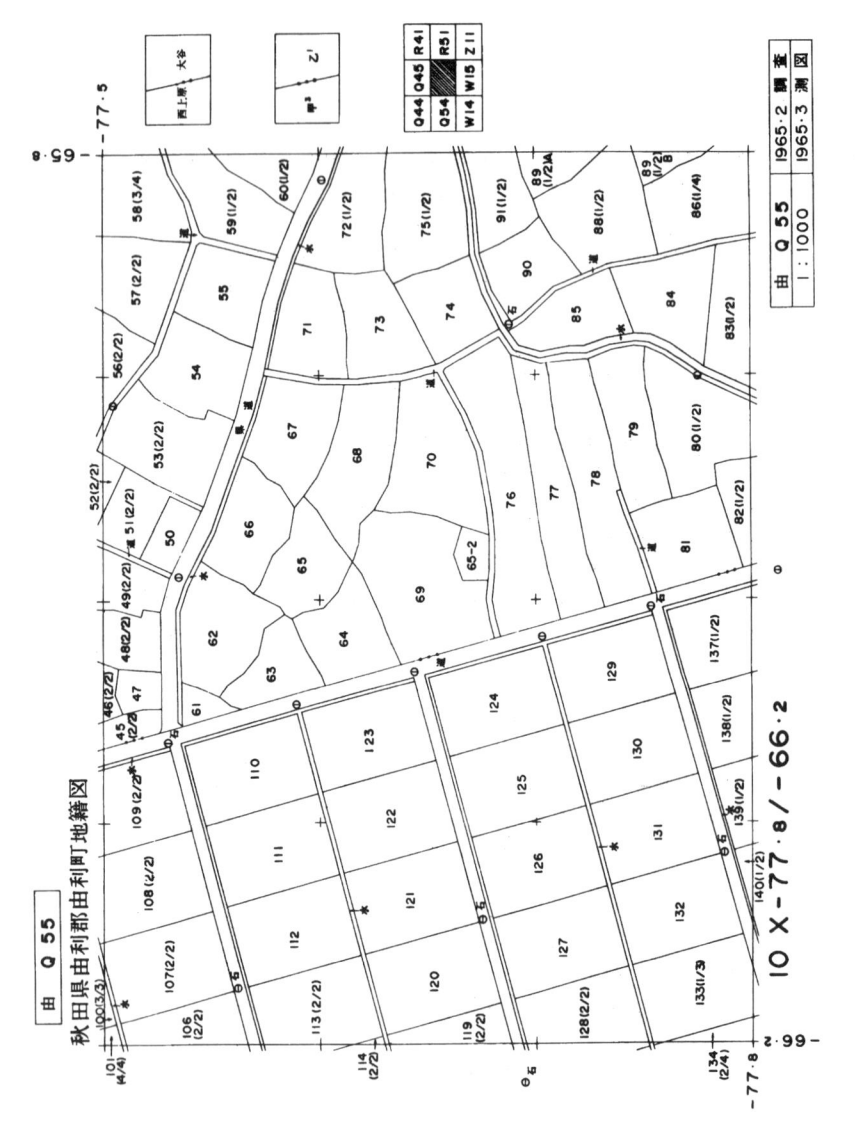

図-13.2　地籍図の例(国土庁資料より)

13.4 地籍調査と関連する土地制度

地籍簿の記載例

地籍調査前の土地の表示					地籍調査後の土地の表示					原因及び	地図
字名	地番	地目	地積 ha / a / m²	所有者の住所及び氏名又は名称	字名	地番	地目	地積 ha / a / m²	所有者の住所及び氏名又は名称	その日付	番号
小松	560	山林	21 / 25 /	65 山田一郎		560-1		/ 11 / 15		昭和20年以下不詳一部地目変更560-1, 560-2に分筆	松J 11-2
						560-2	畑	/ 10 / 50		560から分筆	〃
〃	561	田	1 / 16 /	38 大下三郎				/ 7 / 93		562, 563を合筆	松J 11-4
〃	562	田	2 / 03 /	〃						561に合筆	
〃	563	田	4 / 11 /	〃						561に合筆	
〃	564 イ	田	3 / 16 /	62 山下太郎		564-1		/ 3 / 50		564-1と地番変更 地積錯誤	松L 11
〃	565	宅地	2 / 72 / 09	11 大山太郎						異動なし	〃
〃	566	宅地	2 / 92 /	105 山田一郎			畑	/ 9 / 65		昭和060年4月15日 地目変更 地積錯誤	松K 13
						仮567	原野	/ 1 / 16	121 田中敏夫	原因不詳 (未登記)	松N 15
〃	568	畑	1 / 16 /	135 杉上一夫				/ 1 / 21	45	昭和60年12月1日 住所移転 地積錯誤	松Q 11

(この用紙の大きさは、B4版とする)

図-13.3 地籍簿の例(国土庁資料より)

13.4 地籍調査と関連する土地制度

地籍調査は土地に関する最も基礎的な調査であり,その成果である地籍図と地籍簿は登記や課税などの制度の基礎情報として利用される.ここでは,地籍調査の成果が,不動産登記,固定資産税務にどのように関連するかを述べる.なお,図-13.4はこれらの概要を示したものである.

13.4.1 地籍調査と不動産登記

不動産登記は,不動産登記法に基づき,国の機関(登記所)が一定の帳簿(登記簿)に不動産(土地および建物)の物理的状況と権利関係を公示することによって,国民の不動産にかかわる取引の安全と円滑化に寄与することを目的とした制度である.

地籍調査と不動産登記の関連は大方以下のとおりである.地籍図と地籍簿は,都道府県知事の認証を受けたのち,一般に調査の実施主体である市町村によって保管され,その写しは国土調査法第20条1項により管轄登記所に送付される.登記所に送付された地籍図は不動産登記法第17条の規程により,登記所の備え付け図(土地登

486　第13章　地籍調査

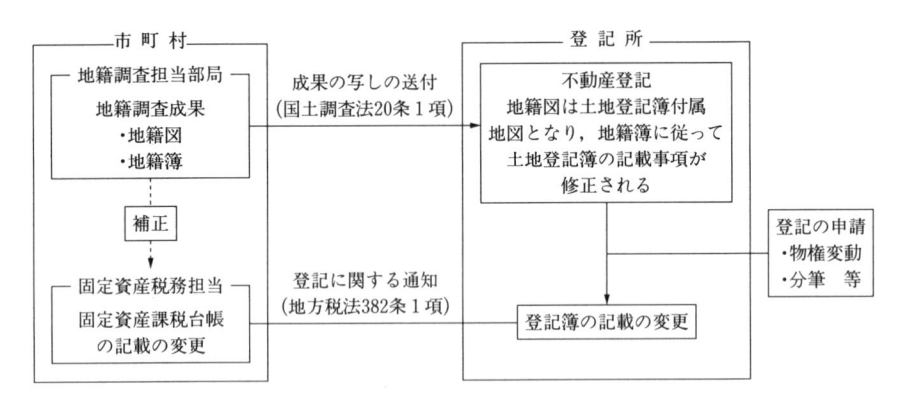

```
┌─ 市町村 ──────────┐                              ┌─ 登記所 ──────────────┐
│ ┌─ 地籍調査担当部局 ─┐│   成果の写しの送付         │     不動産登記          │
│ │   地籍調査成果     ││ ──────────────→          │  地籍図は土地登記簿付属  │
│ │   ・地籍図         ││ (国土調査法20条1項)       │  地図となり, 地籍簿に従って│
│ │   ・地籍簿         ││                           │  土地登記簿の記載事項が │
│ └──────┬─────────┘│                              │     修正される         │
│        │補正         │                              └────────┬──────────┘
│        ▼             │                                       │              登記の申請
│ ┌─ 固定資産税務担当 ─┐│  登記に関する通知         ┌──────────▼──────────┐ ・物権変動
│ │  固定資産課税台帳   ││ ──────────────→          │    登記簿の記載の変更   │ ・分筆　等
│ │   の記載の変更     ││ (地方税法382条1項)        │                       │
│ └──────────────────┘│                              └─────────────────────┘
└───────────────────┘
```

図-13.4　地籍調査と不動産登記, 固定資産税務の関係

記簿付属地図) として用いられ, また送付された地籍簿によって土地登記簿の表題部の記載事項が修正される. 不動産登記法第17条によって登記所に備えられた土地登記簿付属地図, すなわち地籍調査によって作成された土地登記簿付属地図のことを, 不動産登記法第17条地図, または単に17条地図という.

この17条地図以外の土地登記簿付属地図は, 旧土地台帳法により定められた付属地図であり, 一般に公図と呼ばれる. 公図は, 明治初期の地租改正事業の成果を基礎として1887年(明治20)頃から作成された地押調査図(いわゆる字限図)が基本になっている. このような公図の多くは, 明治の初期に「縄伸び(縄延び)」と呼ばれる課税逃れのための測量が頻繁に行われたこともあって, 一筆の土地が現況より小さく作図されているなど, 一般に極めて不正確である.

なお, 地籍調査成果が反映された土地登記資料(土地登記簿および付属地図)は, 調査時点における正確な土地資料であるが, 土地の所有, 利用の状況は常に異動が生じるものである. したがって登記所は, 土地登記の申請があった場合には, その異動の内容に基づいて登記資料の更新を行うことになっている. しかし, 地籍調査において行われる測量の精度と, 登記資料の更新に際して行われる測量の精度が必ずしも統一されていないこと, また, 実際には正式な登記手続を経ない異動が見られることなどの問題がある.

13.4.2　地籍調査と固定資産税務

固定資産税の課税を適正に実施するためには, 土地をはじめとする固定資産の所在, 所有者, 面積, 利用形態などを台帳として整理することが不可欠である. この台帳を固定資産課税台帳という.

地籍調査と固定資産税務との関連においてまず考えられるのは，固定資産税は市町村税であるから，市町村が自ら地籍調査成果を維持管理，更新し，これに基づき固定資産課税台帳を作成する方法である．しかし，地籍調査成果の更新を義務づける法律はなく，唯一，地籍調査作業規程準則が「(市町村は)地籍調査後の土地の異動等については，地籍図写及び地籍簿写を用いて継続的に補正する」(第89条2項)ことを定めているに過ぎない．このため，市町村が地籍調査成果を確実に更新していくことは財政上などの理由から実際上困難であり，地籍調査直後の固定資産課税を除き，地籍調査成果が固定資産税務に直接反映されることはほとんどない．

一方，地方税法第382条1項は，登記所に保管されている登記資料に異動が生じた際には，その内容を市町村長に通知することを義務づけており，また同条3項により，市町村長は登記所からの通知に基づき固定資産課税台帳の記載事項を訂正することになっている．地籍調査成果は登記資料に確実に反映されるため，結果として地籍調査成果は間接的に固定資産課税台帳に反映されることになる．

しかし，地籍調査が完了している地域は後述するように未だ少なく，また仮に完了していても，前述のとおり，登記所における登記資料の更新にはいくつかの問題がある．特に重要な問題は，土地の異動の中には正式な登記手続を経ていないものがあるということである．したがって，登記所からの通知だけから固定資産課税台帳を変更するのは課税の公平性の観点から望ましくない．そこで市町村は，毎年，課税客体である土地資産の状況を現地調査や航空写真により独自に調査しなければならないのが現状である．

13.5 地籍調査の現状と課題

13.5.1 地籍調査の進捗状況

国土調査は現在，1990年(平成2)に策定された第4次国土調査事業十箇年計画(平成2年～11年度)に基づき進められている．平成9年度末現在，地籍調査が完了した地域は11万5141km²であり，調査対象面積(国土面積から国有林，湖沼等を除いた約28万5500km²)の約40%に過ぎない(**表13.1**)．すなわち，その他の60%近い土地において，先に述べた一般に不正確な土地資料が現実の土地取引や登記手続，固定資産課税などの基礎資料となっているのである．**図-13.5**は，明治の地租改正時に作成された地押調査図(字限図)と同地域の地籍調査後の地籍図を比較したものである．このような不正確な地籍が，これまでいくどとなく土地紛争の原因となってきたのである．

西欧においては，例えばフランスや旧西ドイツでは19世紀初頭のナポレオンの時代から近代的な地籍調査が開始され，フランスでは1930年に，旧西ドイツでは1970

488 第13章 地籍調査

表-13.1 地籍調査の進捗状況(平成9年度末現在)

地域区分	要調査面積 (km²)	調査完了面積 (km²)	進捗率 (%)
DID 地域	10 300	1 379	13
DID 地域以外の宅地	15 700	7 082	45
農　地	83 200	51 776	62
林　地	176 300	54 903	31
合　計	285 500	115 141	40

資料：国土庁調べ
(注) DID 地域とは，国勢調査報告により人口集中地区と指定された地域(人口密度4 000人/km² の区域が連担して人口5 000人以上を有する地域)を示す．

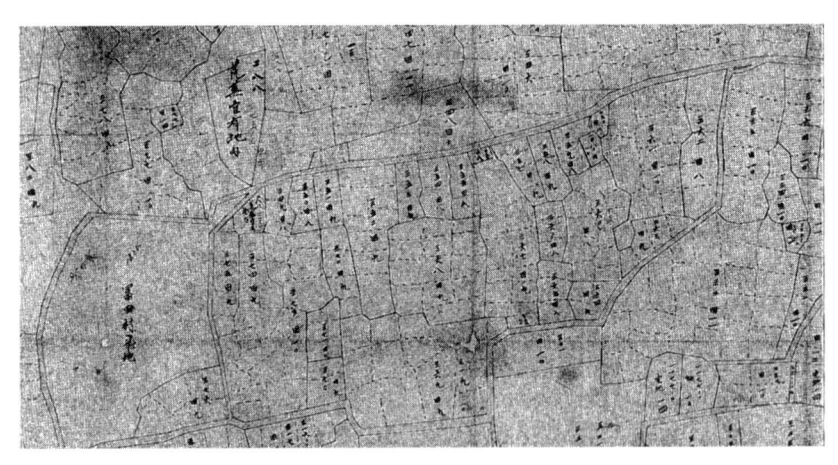

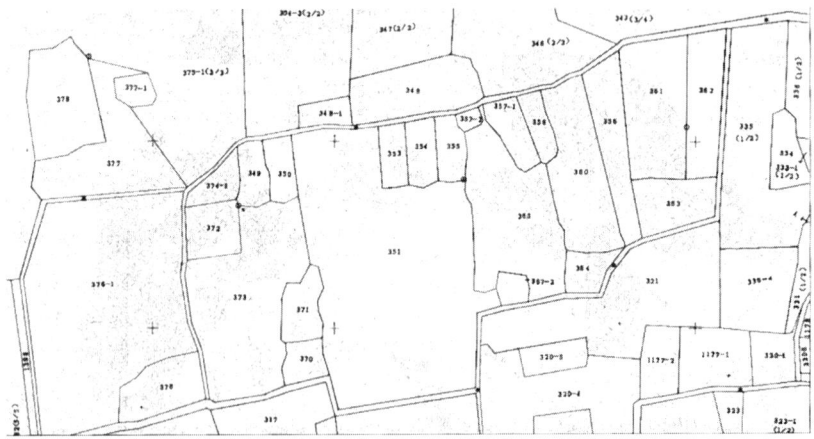

図-13.5 字限図(上)と地籍図(下)の比較(国土庁資料より)

年代に，全国土の調査を完了している．現在，西欧の多くの国では異動に伴う更新作業が進められると同時に，調査成果のデータベース化がなされ，種々の土地関連行政に利活用がなされている．アジア諸国においても，韓国や台湾では主要地域の調査を完了し，更新の段階にある．諸外国のこのような状況をみるとき，わが国の調査の遅れはきわめて不面目なものとして受け止めざるを得ない．

わが国の地籍調査の実態についてさらに憂慮されるのは，調査の進捗状況に顕著な地域格差が見られることである．人口集中地域(DID地域)，いわゆる都市部の進捗率は約13％に過ぎない．また，図-13.6は，平成9年度末現在での都道府県別の進捗率を示すが，これによれば，進捗率が数％程度の地域が未だ数多い．このことは，国土調査のもつ「国土の実態を総合的に明らかにする」という理念から逸脱したものといわざるを得ない．都市部における進捗率の低さは，筆数が多いこと，土地の異動が多いこと，高い地価が起因して土地への権利意識が強いことなどが原因となっている．しかし，これらの事情があるからこそ科学的な手法に基づく正確な地籍調査が不可欠なのであり，またその成果を広く利活用した的確な土地政策が必要なのである．

地籍調査が完了し，それが永続的に維持管理されてこそ，土地の保有情報は常に正しく公的に認知され，土地取引，ならびに各種土地関連施策は安全，公正，円滑に進められるのである．地籍調査の促進，ならびにその維持管理体制の徹底は，わが国土地政策の最重要な課題の一つである．

国土庁では，現在，地籍調査，特に都市部の地籍調査の促進を目的に，以下のような事業を重点的に実施している．

ⅰ) 都市部地籍調査促進事業　地籍調査の完了していない地域において，公図に記載されている筆界などの内容と実際の状況が著しく乖離しているような地域を一般に地図混乱地域という．都市部地籍調査促進事業は，地籍調査を実施する以前において，地図混乱の程度を現地調査などによって概略調査し，地籍調査を優先する地域を検討したり，調査を実施する際の問題点を明らかにすることを目的としている．

ⅱ) 地籍情報緊急整備事業　この事業は，一筆地調査を網羅的に実施する前に，官官，官民境界の調査を先行的に行い，必要最小限の地籍情報を短期間で整備することを目的としている．これにより，将来の一筆地調査に際しての基礎資料となる調査図を作成することができ，また官民境界が明らかになるために公有地管理への利用が可能になる．また，官民境界の確定によって，結果として多くの街区の形状が確定されるため，第14章で述べる地理情報システムの基図(ベースマップ)としての利用が期待されている．

ⅲ) 土地異動情報追跡型地籍調査事業　都市部などにおいては，分筆などの土地異動に伴い，精度の高い測量が個別に行われているにもかかわらず，それらの成果

490　第13章　地籍調査

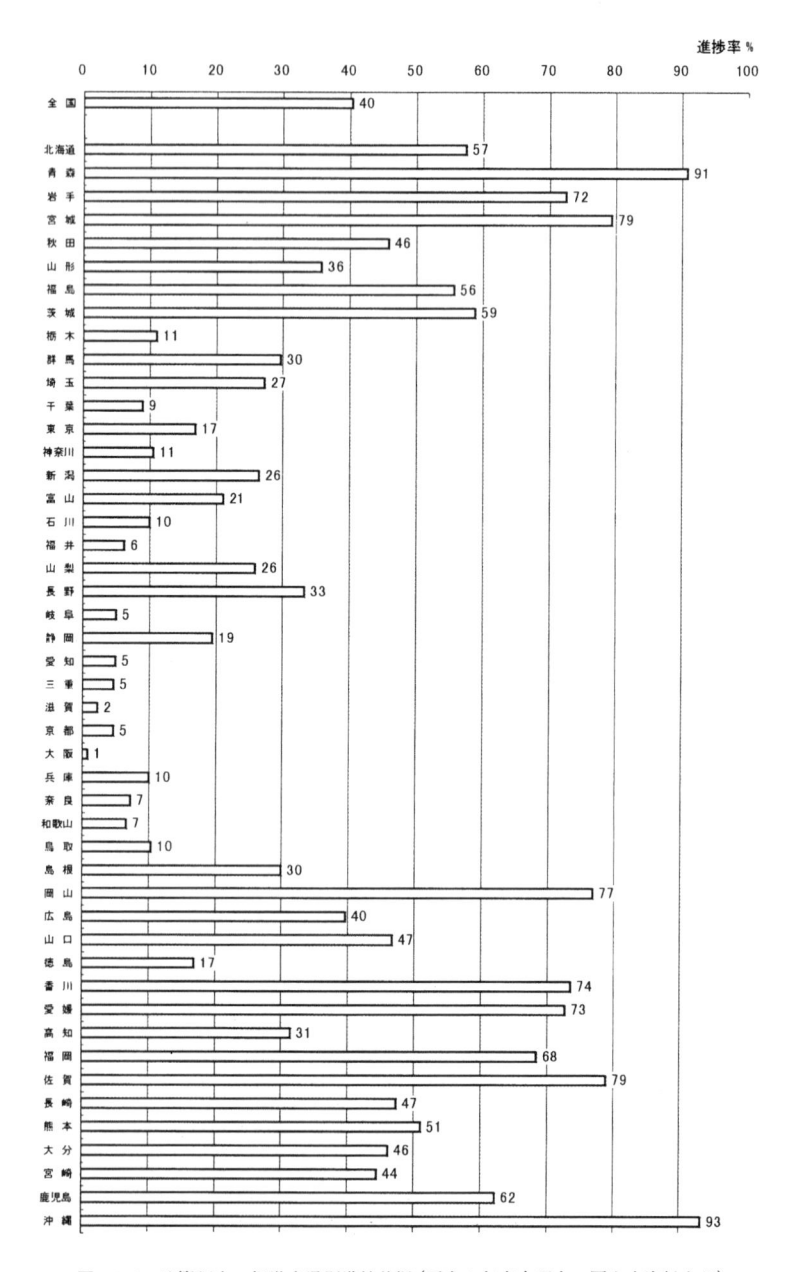

図-13.6　地籍調査の都道府県別進捗状況（平成9年度末現在，国土庁資料より）

は国の平面直角座標系に厳密に連結されていないために，測量成果が地籍調査に反映されない．この事業は，今後土地異動が多く見込まれる地域において，あらかじめ測量の基礎となる基準点を設置し，当該地域での測量の効率化を支援するとともに，その成果を収集，管理しておくことにより，後年の地籍調査の基礎資料とすることを目的としている．またあわせて，当該地域で実施された開発事業などに伴う確定測量成果の国土調査法第19条5項指定を促進することを目的としている．

13.5.2 多目的地籍

地籍は，土地の一筆ごとに，その所有者，地番，地目，境界，地積を明らかにした，土地に関する最も基礎的な情報であり，これらの情報は，各種土地関連行政において広範に利活用されるべきものである．

地籍情報を直接的に利用できる分野として，土地の管理的な業務がある．不動産登記のほか，固定資産税務，公有地管理，上下水道管理，用地買収，災害復旧事業などへの利用がこれにあたる．また，都市計画行政や農林行政を合理的に実施するには，土地の筆界，地目を踏まえた地域現況の精査が必要であり，特に土地区画整理やほ場整備の事業の実施にあたっては，その前提として，筆界の正確な位置が不可欠である．これらのほかにも，地籍図は土地の筆界を表した唯一の正確な地図であり，各種主題図のベースマップとして，その利用範囲は多様である．

しかしながら，地籍情報の利用はこれまで，その利用が法律で定められている不動産登記を除けば，固定資産税の課税，災害時の復旧事業等の一部の利用に限定されていたのが現状である．登記を主目的とした地籍を「登記地籍」あるいは「所有権地籍」，土地課税を主目的とした地籍を「課税地籍」と呼ぶ場合があるが，地籍情報はあたかもこれらの目的のためにあるかのように誤解をしている人が少なくない．地籍調査は国土調査の一つであり，国土調査の目的は「国土の開発および保全に資する」ことにある．地籍情報は，その情報が

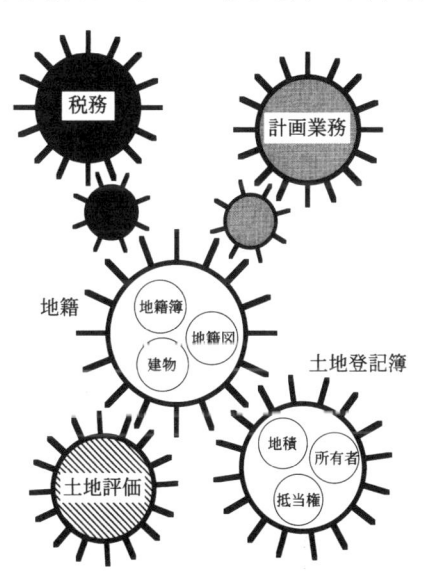

図-13.7 多目的地籍の概念図
(出典：Vermessungs und Kartenwesen, Baden-Württemberg 州測量局)

土地関連行政においてもつ意義からしても、また国土調査の理念からしても、本来「多目的地籍 (multi-purpose cadastre)」でなければならないのである。図-13.7 は、地籍情報の利活用が進んでいるドイツにおいてしばしば用いられる多目的地籍の概念図である。地籍情報が整備されることにより、それと連動して種々の土地関連行政が円滑に進められる様子が示されている。

これまで地籍情報が十分に利活用されなかった理由としては以下のようなことが考えられる。第一に、多くの地域においては未だ地籍調査の進捗率が低く、行政において広く利用する段階にないと考えられていること。第二に、地籍調査の担当部局とその成果を利用するべき部局が異なるために、実際の利用には図面や資料の貸借、取り扱い等に関する部局間の取り決めが必要となり、これらの作業に関しての煩雑感が定着していること。第三に、多くの土地関連部局では、これまで地籍情報に依存せずに通常の業務を遂行しているのが現状であり、地籍情報に対する逼迫した需要が表面化してこないこと。第四に、地籍情報に限らず、各種土地行政において多種多様な情報を組み合わせて利活用するための方法やその技術的指針が示されていなかったこと、などである。

したがって、地籍情報の利活用を促進するための第一の方法は、地籍調査を促進することであり、そのためには、調査が完了した地域において積極的に利活用を行い、地籍情報の意義やその具体的な利活用の方法を調査の未実施地域に対し広く啓蒙していくことが重要になる。すなわち、地籍調査の促進と利活用の促進を表裏一体とした漸進的な進展策が必要になる。

国土庁では、以上のような背景のもと、地籍調査成果の利活用が比較的進んでいる自治体をモデル市町村として指定し、これらの自治体での利活用の実際を広く広報する事業を実施している。また、地理情報システムを核とした地籍調査成果利活用システム（多目的地籍システム）を試作し、これによって地籍調査の意義や利活用の具体的な方法を啓蒙する活動を行っている。これについては、14.7.1 においても具体例を含め説明しているので参照されたい。

参 考 文 献

1) 土木学会編：土木工学ハンドブック、土地・不動産編、技報堂出版
2) 土木学会編：土木工学ハンドブック、測量編、技報堂出版
3) (社)日本測量協会編：現代測量学、地籍測量、(社)日本測量協会
4) (社)日本測量協会編：測量学事典、(社)日本測量協会
5) 中村英夫、清水英範：地籍調査の現状と課題、日本不動産学会誌、Vol. 9, No. 1, 1994
6) 清水英範：地籍調査の促進とその利活用に向けて、測量、Vol. 44, No. 6, 1994
7) 全国国土調査協会：地籍調査のすすめ、地球社

第14章　地理情報システム

14.1　概　　説

　地理情報システム (Geographic Information System : GIS) とは，地理情報，すなわち地図や統計情報など，空間的な位置と関係づけられる情報を同一の座標系のもとに一元的に管理し，これらを種々の目的のために効率的かつ合理的に利用することを支援する計算機システムである．多種多様で膨大な情報をいかに管理し，これを意思決定にいかしていくかという問題は現代社会が抱える共通の課題でもある．このような状況のもと，GIS は施設管理，固定資産管理，都市計画，環境管理計画など，また近年ではマーケティングやナビゲーションシステムなど，地理情報を扱うあらゆる分野において注目され，普及しつつある技術である．

　測量は GIS にとって，地理情報の空間的な位置を定めるための必要不可欠な学問であり技術である．また GIS は，測量の貴重な成果を一層利用するうえで極めて有効な道具と言ってよいだろう．本章では，測量学を学ぶ者が是非とも把握しておく必要がある GIS の基礎的な理論や技術について述べることにする．

　従来から測量の主要な成果は，地形図や種々の主題図などのいわゆる紙地図であった．それは地図というものが，地物の空間的な位置や内容を最もわかりやすく一般の人々に表現しうる唯一の媒体であったからである．しかし，地図には主にその物理的な特性から以下に示すような限界を有している．

①　近年では耐久性に優れるポリエステルベースの地図も作製されているが，一般には地図は紙であり，破損を受けやすい．また，地図は基本的に三次元の実空間を平面へ投影させたものである．したがって，実空間の幾何学的な関係 (距離，方向角，面積など) をすべて保つ地図を作成することは不可能である．

②　実空間のあらゆる情報を地図に描くことは物理的に不可能である．また，地図の利用者も，いたずらに多くの情報を描いた地図よりも，必要とする情報のみをわかりやすく示してくれる地図を望むのが一般である．そこで，地図は地形図や各種の主題図 (例えば，土地利用図，土地条件図など) といったように

内容別に区別され，また個々の地図もいくつかの縮尺によって作製される．これらのことから，行政等の各部局で利用される地図は必然的に膨大なものとなり，それらの管理は容易なことではない．また，ある目的のために地図を利用しようとしても，必ずしも目的に合致した地図が得られるわけではない．このようなときには，利用者が地形図などをベースにそこに必要な情報を書き込み，独自に目的に合う主題図を作成することになる．一般にこれらの作業に要する労力，費用は少なくない．

③ 地図の利用者にとって，地図は見るだけのものではなく，ある分析を行うための基礎資料であることが少なくない．例えば，ある都市の土地利用分布を分析したいとき，その一環として町丁目ごとに土地利用別の面積を表の形式で整理したいという場合もあるだろう．そのためには，土地利用図の上で面積を計測し，集計するという作業が必要になる．従来，このような図面上での計測作業はプラニメーターなどの機器を用いるにせよ，基本的には手作業で行うより方法はなかった．これらの作業は，必要な情報が複数の地図に描かれているようなときにはさらに複雑になる．

GIS は，データベース，計算幾何学，画像処理などの計算機関連技術を駆使することにより，以上述べた種々の問題を軽減することを目的としている．GIS は，地図をはじめとする多様な地理情報を同一の，あるいは相互に関連づけられた座標系のもとにデータベースとして管理する．したがって，情報の機械的な一元管理を可能にし，かつ必要な情報を正確，迅速に検索することができる．また，これらの情報を適宜重ね合わせて利用目的に添った主題図を自由に作成できるのである．さらには，後述するさまざまな検索，解析機能を利用することにより，従来であれば多大な労力を強いられてきた種々の分析作業を著しく効率化するのである．幸い，近年では，トータルステーション，ディジタルマッピング，GPS 測量，リモートセンシングなどの技術の進展，普及があり，測量成果そのものが直接数値データとして得られるようになっている．GIS は，測量成果の管理はもちろんのこと，これらの貴重な情報をより有効かつ広範に利用していくうえで必要不可欠な技術と言えよう．

GIS は，① 計算機のハードウェア，② 地理情報をデータベース化したり，種々の検索・解析処理を行う地理情報処理ソフトウェア，③ データの入出力機器など，を中心に構成される．GIS が普及しはじめた 1970 年代においては，計算機関連機器の性能は低く，また極めて高価なものであった．また，地理情報処理ソフトウェアについても，利用者が独自に開発するか，あるいは購入するにしても，その価格は一般の利用者からみて決して安価なものではなかった．しかし近年では，計算機関連機器の性能の向上は著しく，価格も一般の利用者が十分購入可能な水準になってきた．さら

に，さまざまなハードウェアを対象とした操作性の高い汎用的な地理情報処理ソフトウェア (GIS ソフトウェア) が数多く市販されており，利用者は目的や計算機環境を考慮して，これらのソフトウェアを適宜選択して購入できるようになっている．なお近年では，この GIS ソフトウェアをもって単に GIS ということも多い．

14.2 地理情報の数値表現方法

14.2.1 幾何情報と属性情報

地図がそうであるように，実世界の情報をある媒体に記録するためには一定の形式に従った抽象化が必要である．地理情報システム (GIS) においても例外ではない．GIS の場合，地図とは異なり，記録される媒体が情報を直接視覚的にとらえられないデータベースであり，あらゆる処理がこのデータベースに基づいてなされるため，むしろ地図以上に抽象化の方法に厳密性が要求される．

地理情報が他の情報と一線を画す特徴は，それらが単独かつ相互に空間的な位置と関連づけられていることである．したがって，情報の視覚化をはじめとして種々のデータ処理の利便を図るため，情報を抽象化する際にも位置の情報を明示的に扱うことが重要になる．一般に GIS の分野では，位置およびそのつながりとしての形状を表す情報を幾何 (図形) 情報 (geometric data)，その位置がどのような内容，状態であるかを表す情報を属性情報 (attribute data) として区別し，これらの組合せで地理情報を表現する．

14.2.2 基本的な表現方法

地理情報を数値データとして表現するための抽象化の方法をデータモデルあるいは地理情報モデルといい，一般にはラスターモデルとベクターモデルに大別される．図 14.1 は，おのおののデータモデルの基本的な考え方を示したものである．

a) ラスターモデル

ラスターモデル (raster model) とは，対象とする空間 (地域) を必要な精度で一定の区画に分割し，そのそれぞれに属性情報を与える方法である．

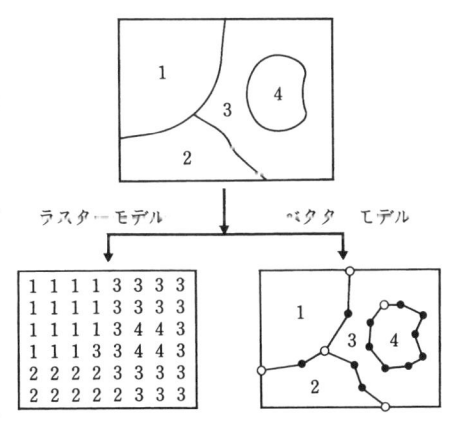

図-14.1 地理情報の数値表現のためのデータモデル

一定区画としては，平面直角座標では等間隔線で分割された正方形の区画（グリッド，わが国ではメッシュということもある）が用いられるのが一般であるが，三角形，六角形による分割法が利用されることもある．また経緯度座標では，一定間隔の緯度，経度線で分割された図形が用いられることが多い．

なお，リモートセンシングやスキャナーによって取得される数値画像情報（色に対応した数値情報）は，一定間隔の点〔小面積のグリッドと考えればよい，これをピクセル（pixel）という〕ごとの数値情報であり，同様にラスターデータである．ラスターとは，そもそもこの数値画像情報のことであり，上記のグリッド（メッシュ）データとは区別して用語を定義する場合もある．

b) ベクターモデル

ベクターモデル（vector model）とは，図形情報を利用目的や必要な精度に従って，点，線分，面（領域）によって近似的に定義し，属性情報をこれらに対応させて与える方法である．具体的には，駅や郵便局などの位置は点として，鉄道や道路などは線分として，土地利用や行政区域などは面として表現する．ただし，小縮尺地図において線分で表現されていた道路が大縮尺地図では幅をもった情報として表現されるように，点，線分，面での表現は，データベース化した情報をどのような目的に利用するか，あるいは情報にどの程度の精度を要求するかに依存することは言うまでもない．

c) ラスターモデルとベクターモデルの特性比較

ラスターモデルでは，データがその位置と対応した配列として表現されるため，データ処理のためのプログラム開発が容易である．また近年では，スキャナーによって図面の濃淡や色を直接数値情報として入力することが可能であり，これを用いて地形図を数値画像情報として直接入力したり，土地利用を色分けした図面から自動的に土地利用グリッドデータを作成することが可能になっている．

しかし，個々のグリッドごとに属性を管理するために，例えば道路データであれば，その位置を表示するだけであれば問題はないが，その道路が他の道路とどのように接続しているかを検索処理するのは困難である．地図の情報処理においては，このような図形の接続関係のほか，図形どうしの包含関係，交差関係など，図形の位相関係を検索する問題が多い．また，位置の精度の二乗に比例してデータ量が増大するという欠点もある．

一方，ベクターモデルの場合，地図の図形情報の位相関係を，点，線分，面の属性情報として定義することが比較的容易であり，位相関係を考慮するような解析を行う場合には極めて有効である．また，データ量は基本的には位置精度に比例して増大するのみである．ベクターモデルの短所は，データの入力を一般にはディジタイザーなどを用いた手作業に頼らざるを得ないことである．なお，**14.6** に述べるように近年，

スキャナーによって作成した数値画像データから，細線化処理などによってベクターデータを自動生成する試みもなされているが，その利用は種々の原因のために一部の利用に限られている．

いずれにせよ，ラスター，ベクターのどちらのデータモデルを採用するかは，地理情報の種類や利用目的，ハード・ソフトウェア両面での計算機環境などによって異なってくる．しかし，これらは二者択一ではなく，相互の長所をいかした利用も可能である．例えば，地形図をベースにした土地利用図を入力する場合，種々の解析に利用することが予想される主題情報（土地利用）はベクターモデルで表現し，背景情報としての表示などを目的とする地形図情報はスキャナーによってラスターデータとして入力するといったことが可能である．

なお，データの管理，検索処理などの効率化の観点から，ラスターモデル，ベクターモデルのおのおのに対して，より具体的なデータモデルが数多く提案されている．これらを理解しておくことは，GISでのデータ管理の実際やデータベースとデータ処理の関係を知るうえで極めて重要である．**14.3**，**14.4**では，いくつかの代表的なデータモデルを解説し，これらを例題として地理情報の数値表現方法をより具体的に示すことにする．

14.3 ラスター型データモデル

ラスターモデルは，基本的には二次元配列である．しかし，配列の形式のままでの管理をすれば，一般に位置の精度の二乗に比例してデータ量が増大するという問題があり，そのため主にデータ量を軽減する（データ圧縮を行う）ことを目的に種々のデータモデルが提案されている．ここでは，代表的なモデルであるラン・レングス符号化とクォドトゥリーモデルについて解説する．

なおここでは，行政区域や土地利用といった空間的に広がりをもつ情報を**図-14.2**のようにグリッドデータで表現することを想定して各モデルを説明する．図の (1, 2, 3, 4) の各属性は，市町村や土地利用（住宅地，商業地など）の名称に対応した識別番号（ID番号）と考えればよい．

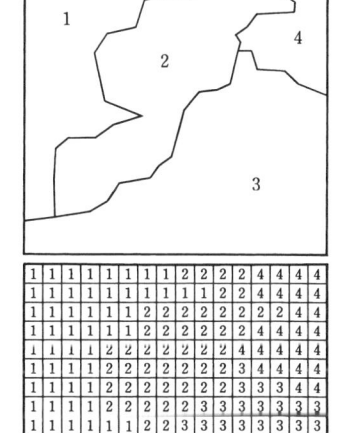

図-14.2 地理情報のグリッドデータとしての表現

14.3.1 ラン・レングス符号化

空間的に広がりを持つデータの場合，配列の各行だけに注目すれば同一の属性が連続することが多い．このように，属性データの行方向の連続したつながり（これを，ランという）に注目してデータを表現する方法をラン・レングス符号化 (run-length coding) あるいはスキャンラインモデル (scan line model) という．

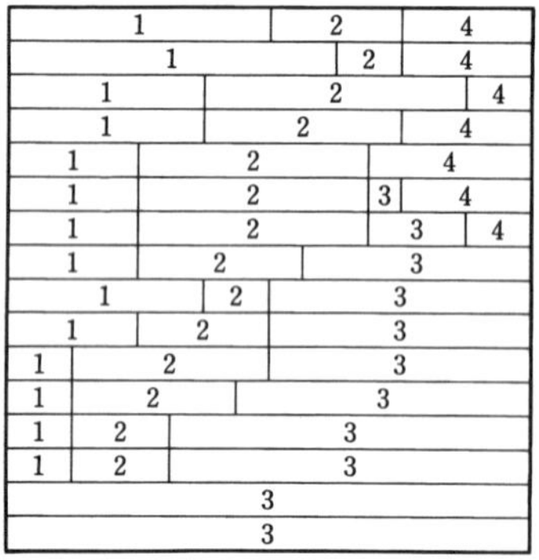

例えば，図-14.2の配列の1行目の属性データを列挙すると，

  $(1,1,1,1,1,1,1,1,2,2,2,2,4,4,4,4)$

図-14.3 ラン・レングス分割

のようになる．ところが，このデータ列を"はじめの8つは属性1，次の4つが属性2，その次の4つが属性4"と考えれば，1行目の属性データの表現は，連続する数とその属性によって$(8,1,4,2,4,4)$と表現すれば十分であることは明らかである．これにより，単純に考えてもデータ量は6/16になる．他の行についても同様な方法でデータ量を減らすことができる（**図-14.3**参照）．

14.3.2 クォドトゥリーモデル

クォドトゥリーモデル (quadtree model) も，属性データが空間的に連続することに注目する方法である．ラン・レングス符号化と異なるのは，行（横）方向のみならず縦横方向の平面的な連続性を考慮することにある．

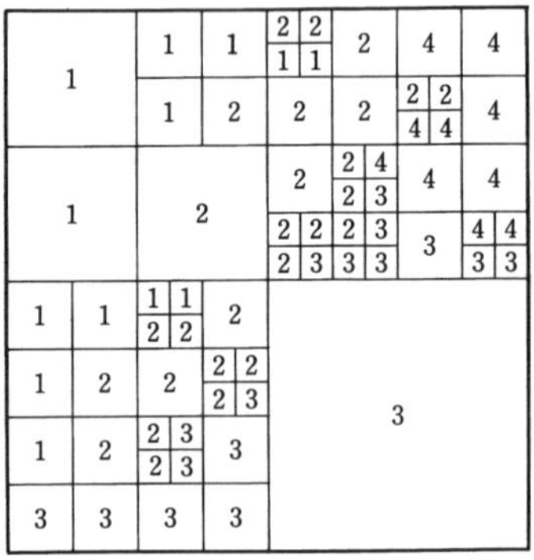

具体的には，まず$2^n \times 2^n$個のグリッドを縦横二等分し，$2^{n-1} \times 2^{n-1}$個のグリッドをもつ4つのブロックにする．また，この各ブロックの内部が同一の属性データのみで構成されていなければ，同様の4分割を行い，最終的にはすべてのブロックの内部が均一な属性データで構成されるまで繰り返す．**図-14.4**

図-14.4 クォドトゥリー分割

は，図-14.2のデータをクォドトゥリー分割した例である．また**図-14.5**は，ある一

定の規則(この場合，左から，北西：NW，北東：NE，南西：SW，南東：SE)に従ってトゥリー表現したものである．データベースでは，このトゥリーをある一定の形式で管理する．

クォドトゥリーモデルは，データの高度な圧縮性に加え，トゥリー構造を利用してさまざまな縮尺でのデータの検索や出力を迅速に行えるという利点を有している．

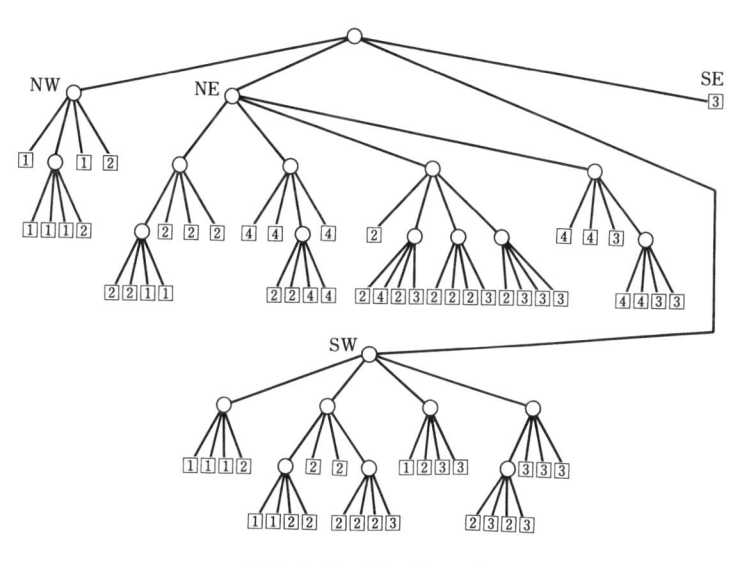

図-14.5 クォドトゥリーモデル

14.4 ベクター型データモデル[3),4)]

ここでは，行政区域や土地利用のように，空間的な広がりを持ち，かつ地域を間隙なく埋め尽くすような地理情報をベクターモデルで表現することを想定して，いくつかの代表的なモデルを解説する．解説に際しては，図-14.6 に示す図形情報を共通の例題とすることにより，各モデルの特徴やその相違を明確にする．

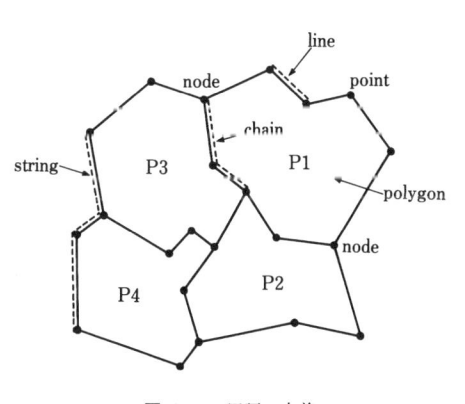

図-14.6 用語の定義

14.4.1 用語の定義とデータモデルの分類

a) 用語の定義

これまで，ベクターモデルでは地理情報の図形情報を面，線分，点の幾何要素の集合で表現すると述べてきたが，データモデルの説明に入る前に，図-14.6を例により具体的に用語の定義をしておく．

ⅰ) 面に関する用語　面は閉じた線分を境界とする図形で表現する．この図形は一般に多角形であることから，ポリゴン(polygon)という．なお，内部に空域のあるドーナッツ状の図形も，境界が閉じた線分で構成されるのでポリゴンである．

ⅱ) 点に関する用語　座標が具体的に定義された点をポイント(point)という．なお，線分の交点を示すポイントを特にノード(node)という．

ⅲ) 線分に関する用語　線分は点列で表現する．なお，線分はその特性から以下のような用語で区別して定義されることがある．

ライン(line)：隣接する2つのポイントを結ぶ線分．
ストリング(string)：2つのポイント間を結ぶ折れ線分．
チェイン(chain)：ノードとノードを結ぶ線分．アーク(arc)と呼ぶ場合もある．

b) データモデルの分類

ポリゴンとチェインやポイントとの位相関係をどの程度強く考慮するかという観点から種々のデータモデルが提案されている．ここでは，以後の説明の便宜上，これらを3つに分類しておく．

ⅰ) スパゲッティモデル(spaghetti model)　図形全体を座標の順列のみで表現するモデル．

ⅱ) ポリゴンモデル(polygon model)　ポリゴンをチェイン(あるいはポイント)の集合として表現し，ポリゴンと座標を独立に管理するモデル．

ⅲ) 位相モデル(topological model)　ポリゴン間の隣接関係を明示的に考慮して表現するモデル．

14.4.2 スパゲッティモデル

代表的なスパゲッティモデルとして，ストリング-座標モデルとポリゴン-座標モデルを取り上げ，図-14.7を例に各モデルの説明を行う．

a) ストリング-座標モデル

図形の境界をストリングの集合で定義し，各ストリングを座標の順列で表現するモデル．図-14.7の情報をこのモデルで記述すると，例えば表-14.1のようになる．ストリング-座標モデルは，ポリゴンという概念をもたない簡略なモデルである．地理

14.4 ベクター型データモデル　501

情報の管理や表示のみを目的とした場合であれば，このような簡単なモデルで十分な場合がある．

b) ポリゴン - 座標モデル

図形全体をポリゴンの集合で定義し，各ポリゴンの境界線を座標の順列として表現するモデル．図-14.7の情報をこのモデルで記述すると**表-14.2**のようになる．座標の順列に対してポリゴンの境界であるという意味づけがなされたことにより，あるポリゴンに注目した検索や表示が可能になる．

しかし，ポリゴン-座標モデルには次のような問題点がある．まず，ポリゴンの境界を明示するために，境界線を構成する座標列（リスト）は重複して管理されることになり，データ管理の効率性の面で問題がある．また，境界線を重複管理するということは，ある境界線を修正したときに，関連する2つのポリゴンの座標リストの変更が必要であることを意味している．このとき片方のリストの変更を忘ると，**図 14.0**のようにポリゴンの境界線が整合しなくなる．一般にGISのデータベース整備には，**14.6**で述べるように手作業に頼った膨大な入力・編集作業を必要とするため，このようなミスが頻繁に起こる可能性がある．このように，本来1つであるはずの境界線が複数の座標列で定義されてしまうことによって起こる問題を総称してスライバー（あるいはスリバー）問題 (slivering problem) という．

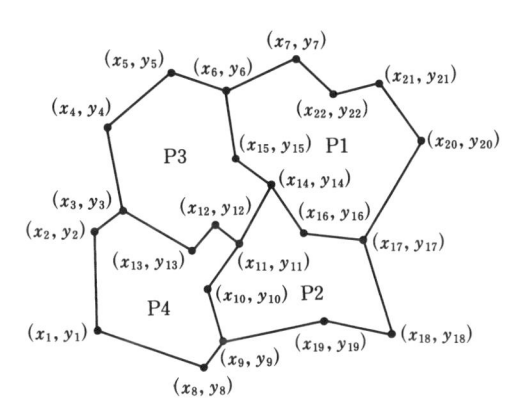

図-14.7　スパゲッティモデル

表-14.1　ストリング-座標モデル

string	coordinate list
S 1	$(x_1, y_1), (x_2, y_2), \cdots, (y_6, y_6), (x_7, y_7)$
S 2	$(x_1, y_1), (x_8, y_8), \cdots, (x_{22}, y_{22}), (x_7, y_7)$
S 3	$(x_9, y_9), (x_{10}, y_{10}), \cdots, (x_{13}, y_{13}), (x_3, y_3)$
S 4	$(x_{11}, y_{11}), (x_{14}, y_{14}), (x_{15}, y_{15}), (x_6, y_6)$
S 5	$(x_{14}, y_{14}), (x_{16}, y_{16}), (x_{17}, y_{17})$

表-14.2　ポリゴン - 座標モデル

polygon	coordinate list
P 1	$(x_6, y_6), (x_7, y_7), \cdots, (x_{15}, y_{15}), (x_6, y_6)$
P 2	$(x_{14}, y_{14}), (x_{16}, y_{16}), \cdots, (x_{11}, y_{11}), (x_{14}, y_{14})$
P 3	$(x_5, y_5), (x_6, y_6), \cdots, (x_4, y_4), (x_5, y_5)$
P 4	$(x_3, y_3), (x_{13}, y_{13}), \cdots, (x_2, y_2), (x_3, y_3)$

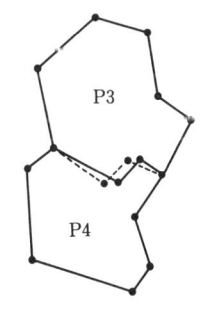

図-14.8　スライバー問題

14.4.3 ポリゴンモデル

このモデルは，ポリゴンとその境界線の座標列を直接関係づけるのではなく，ポリゴンとチェイン（あるいはポイント）の関係を定義し，チェインやポイントがどの座標で構成されるかは別個管理する方法である．代表的なモデルとして，ポリゴン-ポイントモデルとポリゴン-チェイン-ポイントモデルを紹介する．

a) ポリゴン-ポイントモデル

ポリゴンとその境界線を構成するポイントの関係のみを定義し，各ポイントの座標は別個管理するモデル（図-14.9，表-14.3参照）．

表-14.3 ポリゴン-ポイントモデル

polygon	point list
P 1	p 6, p 7, ⋯, p 15, p 6
P 2	p 14, p 16, ⋯, p 11, p 14
P 3	p 5, p 6, ⋯, p 4, p 5
P 4	p 3, p 13, ⋯, p 2, p 3

point	coordinate
p 1	(x_1, y_1)
p 2	(x_2, y_2)
⋮ p i	(x_i, y_i)
p 21	(x_{21}, y_{21})
p 22	(x_{22}, y_{22})

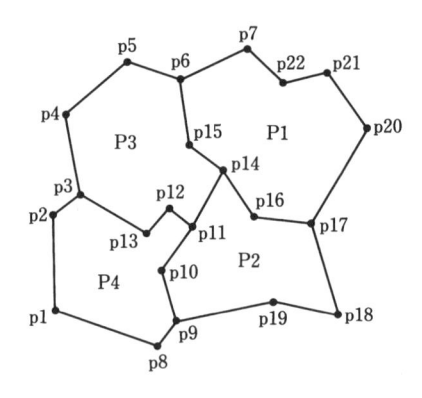

図-14.9 ポリゴン-ポイントモデル

座標を重複管理しないので，スパゲッティモデルのポリゴン-座標モデルと比較してデータ量は少なくてすむ．しかし，次のような問題点も抱えている．まず，座標の重複管理を回避できるが，ポイントのID番号は重複管理される．また，境界線を編集したときに，ポイントの座標のみを変更したときは問題ないが，ポイント数を変更したようなときにはスライバー問題が生じる可能性がある．

b) ポリゴン-チェイン-ポイントモデル

ポリゴンとチェインの関係，チェインとポイント関係をおのおの定義し，これらとは別個にポイントの座標を管理するモデル（図-14.9，図-14.10，表-14.4参照）．

このモデルでは，チェインのID番号は2つのポリゴンで重複管理せざるをえないが，ポイント，座標の重複管理を回避できる．また，チェインとポイントの関係が定義されるのでスライバー問題も生じない．構造的に極めて理解しやすく，広く利用さ

表-14.4 ポリゴン-チェイン-ポイントモデル

polygon	chain list
P 1	C 3, C 9, C 7
P 2	C 4, C 5, C 8, C 9
P 3	C 7, C 8, C 6, C 2
P 4	C 5, C 1, C 6

chain	point list
C 1	p 9, p 8, p 1, p 2, p 3
C 2	p 3, p 4, p 5, p 6
⋮	
C 8	p 11, p 14
C 9	p 14, p 16, p 17

point	coordinate
p 1	(x_1, y_1)
p 2	(x_2, y_2)
⋮	
pi	(x_i, y_i)
⋮	
p 21	(x_{21}, y_{21})
p 22	(x_{22}, y_{22})

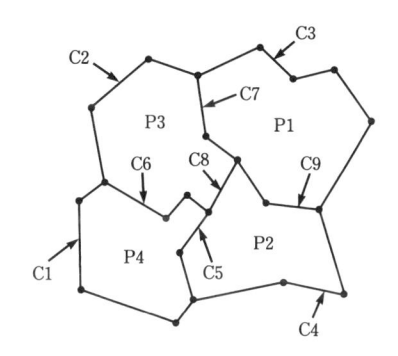

図-14.10 ポリゴン-チェイン-ポイントモデル

れているモデルである．ただし，ポリゴンを中心とした階層的な管理であり，ポリゴン間の隣接関係を検索しようとするときは，チェインリストから重複するチェインを検索する作業を要する．

14.4.4 位相モデル

位相モデル (topological model) は，ポリゴン間の位相関係を明示的に定義するモデルである．最も代表的なモデルは，アメリカ統計局 (U. S. Bureau of the Census) が国勢調査区 (census tract) の形状管理のために開発した DIME (Dual Independent Map Encoding) モデルであり，これを基本形としてその後いくつかのモデルが提案されている．ここでは，まず DIME モデルについて説明し，その後，これを改良したモデルを紹介する．

a) DIME モデル

DIME モデルは，ライン (隣接する 2 つのポイントを結ぶ線分) に方向 (始点と終点) を与え，その左右のポリゴンを管理するモデル (**図-14.11，表-14.5** 参照)．

DIME モデルでは，ポリゴン間の隣接関係を明確に定義できる，あるいは境界線を重複管理しなくてよいといった大きな利点を有している．また，データの冗長性と

その幾何的な関係を利用して,例えば次のように入力ミスを発見することができる.いま,あるポリゴンに注目し,それを左右のいずれかに持つラインを列挙すればそのポリゴンの境界線を抽出できる.このとき,境界線を構成する各ラインの始終点が与えられているから,そのポリゴンが閉ループになっているかどうかがわかる.もし閉じていなければ,左右ポリゴンの定義,ポイント,ラインに関するID番号の定義などに間違いがあったことになる.

一方,DIMEモデルではチェインの定義がないために,次のような問題点があることに注意が必要である.まず,チェインを構成するラインが多いときには,各ラインごとに左右ポリゴンを管理する方式はデータ量の面で極めて不利になる.アメリカ統計局が最初に試みた調査区のデータベース化では,調査区が四角形などの比較的少多角形で表現される場合が多かったので特に問題はなかった.(調査区は一般に街区であり,アメリカでは街路が碁盤目状の線形をしている場合が多い.)しかし,わが国の街区や行政区域を表現するようなときには大きな問題になる.また,チェインの定義がないために,スライバー問題が生じる場合もある.

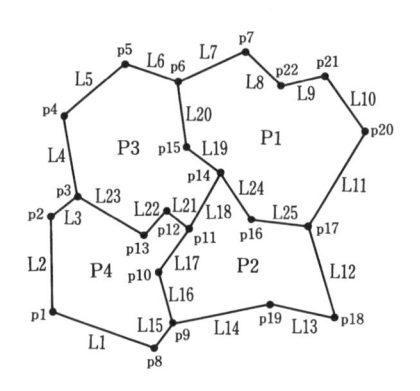

図-14.11 DIMEモデル

表-14.5 DIMEモデル

line	point		polygon		point	coordinate
	from	to	left	right	p 1	(x_1, y_1)
L 1	p 8	p 1	0	P 4	p 2	(x_2, y_2)
L 2	p 1	p 2	0	P 4	p 3	(x_3, y_3)
⋮	⋮	⋮	⋮	⋮	⋮	⋮
L 21	p 11	p 12	P 4	P 3	p 22	(x_{22}, y_{22})
⋮	⋮	⋮	⋮	⋮		
L 25	p 16	p 17	P 1	P 2		

b) POLYVRTモデル

POLYVRTモデル(Polygon Converter Model)は,DIMEモデルに対してチェ

インの定義を明示化したモデルであり，DIME モデルとポリゴン-チェイン-ポイントモデルを統合したモデルである(**図-14.12，表-14.6** 参照)．なお，表-14.6 のポリゴン番号 0 は対象域外を示している．

表-14.6 POLYVRT モデル

chain	node		polygon	
	from	to	left	right
C 1	n 6	n 4	0	P 4
C 2	n 4	n 1	0	P 3
C 3	n 1	n 5	0	P 1
C 4	n 5	n 6	0	P 2
C 5	n 6	n 3	P 4	P 2
C 6	n 3	n 4	P 4	P 3
C 7	n 2	n 1	P 3	P 1
C 8	n 3	n 2	P 3	P 2
C 9	n 2	n 5	P 1	P 2

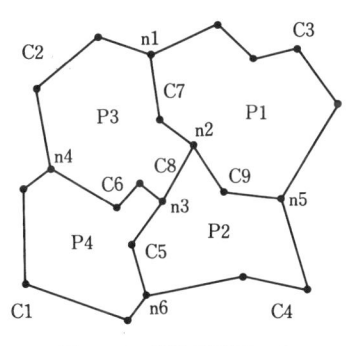

図-14.12 POLYVRT モデル

　このモデルによって，上記の DIME モデルの問題点をほぼ回避できる．位相関係の定義が明確なために検索・解析アルゴリズムを開発しやすいという大きな利点があり，またデータ量の面からも効率的なモデルであるため，高機能な GIS に広く利用されているデータモデルである．なお，DIME モデルの改良モデルではあるが，その基本的な部分はすべて DIME モデルに準じているため，この POLYVRT モデルを含めて DIME モデルという場合もある．

14.5　地理情報システムによる情報の検索・解析手法[7]

14.5.1　地理情報システムと計算幾何学

　地理情報をある一定の規則に従ってデータベース化することにより，情報の検索や解析の手順もアルゴリズムとして客観的に表現することが可能になる．市販されている GIS の汎用ソフトウェアでは，種々の検索・解析に共通に用いられるような代表的なアルゴリズムがプログラムとして組み込まれており，利用者はプログラムの具体的な内容を知ることなしに容易に利用することができる．

　さて，GIS の検索・解析に限らず，広く幾何学的な問題を計算機で効率的に処理す

るアルゴリズムを研究する分野として計算幾何学(computational geometry)がある．計算幾何学の歴史は浅い．伊理によれば，1970年代中ごろ，ノースウェスタン(Northwestern)大学やエール(Yale)大学において，多くの初等幾何学的問題の解法に対して，算法理論，特に計算複雑度の理論の立場から独創的な改良を提案し，問題自身の複雑度を論じたのが，今日壮大な展開をみせている計算幾何学の黎明であったという．[7] ここで，計算複雑度の理論とは，対象とする問題の計算量がその問題の規模(図形を構成する点の数など)に従ってどのくらい大きくなるかを論ずるものである．GISやCAD (Computer Aided Design)，CG (Computer Graphics)などで対象とされる図形処理の問題には，人が経験やパターン認識によって比較的簡単に解を見いだせるようなものであっても，計算機で解くには多大な時間を要する問題が少なくない．この計算時間は，GISなどのシステムの実行可能性を評価する際の最重要な要素である．例えば，ある駅が存在する市町村を検索する問題を解くのに数十分もかかっていたら，業務を支援するシステムとしての実用性は無いに等しい．計算幾何学は，この数十分を数分，さらに数秒に短縮するための研究であるといってよい．計算幾何学が，数多くの幾何学的問題の効率的解法を見いだし，これらの蓄積によって，今日のGISあるいはCAD，CGなどの技術的な進展と普及が支えられているのである．

本節では，計算幾何学とは何か，また計算幾何学の進展によりGISでどのような検索・解析処理が実用的なレベルで実行可能になっているかを概説することにする．まず，次項では，計算幾何学において重要な役割を果たす"複雑度"の概念について説明する．以上の準備を経て，14.5.3では，計算幾何学の最も基礎的な問題の1つである点位置決定問題(直線分を辺とする平面グラフがある場合に，与えられたある1点を含む面を検索する問題)を取り上げ，具体的な解法の例を示すことにする．GISの検索・解析機能は，点位置決定問題をはじめとする数多くの幾何学的問題の組合せによって実現される．14.5.4では，このような基礎的な問題の概要を述べるとともに，これらによってGISでどのような検索・解析が可能になっているかを説明する．

14.5.2 計算幾何学とアルゴリズムの評価

計算幾何学は，幾何学的な問題を効率よく解くアルゴリズムを見つけだす学問である．したがって，ある問題を解くアルゴリズムが複数存在するときには，それらの効率性を何らかの方法で評価する必要がある．

さて，ある幾何学的問題を解くときには，図形が表現されているデータ構造を適当なデータ構造に変換しておくと，その後の処理が比較的簡単になることがある．特

に，頻繁に利用する問題では，多少手間でもあらかじめ前処理によってデータ構造を変更しておくと有利である．以上のことから，問題を解くアルゴリズムはこの前処理も含めて開発され，アルゴリズムの効率性の評価も以下の3つの観点からなされるのが一般である．

① 前処理のための計算時間
② 前処理の結果を記憶しておくための計算機の記憶領域
③ 問題を解くための計算時間

計算幾何学では，以上の計算時間や記憶領域を対象とする図形の規模 n（一般に図形を構成する点の数が用いられる）が与えられたときに，n の増加に従って，計算量や記憶領域がどのくらい増加するかという観点から議論する．最も良く用いられる指標は，n の増加に対して計算時間や記憶領域が，最悪の場合，n のどのような関数 $f(n)$ に比例して増加するかを示す $O(f(n))$ という指標である．例えば，$O(n)$ は n に比例して計算時間や記憶領域が増加することを示し，$O(n^2), O(\log_2 n)$ は，おのおのの $n^2, \log_2 n$ に比例して増加することを示す．このように定義される $O(f(n))$ を総称して，計算の複雑度 (computational complexity) という場合がある．

14.5.3 計算幾何学の例題：点位置決定問題[8],[9]

ここでは，計算幾何学の基礎的な問題の1つである点位置決定問題 (point location problem) を例に，解法やその複雑度がどのように求められるかを説明する．点位置決定問題は，対象とする平面がいくつかの面ですき間なく覆われている場合に，ある点 Q が与えられたとき，Q が含まれる面を求める問題である．

a) 前処理なしの解法

前処理なしの解法としては，Jordan の閉曲線定理を応用した鉛直線算法と呼ばれる解法がよく知られている．まず**図-14.13**のように，図形に対して Q の鉛直方向に y 座標が十分大きなもう1つの点 Q′ を与え，Q と Q′ を結ぶ線分を考える．なお，図形の頂点数を n とする．このとき，QQ′ の線分と各面の交点を考えると，奇数の交点をもつ面が Q を含む面になる．この処理は，結局，線分 QQ′ と各辺の交点を求める問題であり，計算の手間はオーダー的には辺の数に比例する．また辺の数は，点の数に比例すると考えられる．したがって，鉛直線算法の計算時間は $O(n)$ ということになる．

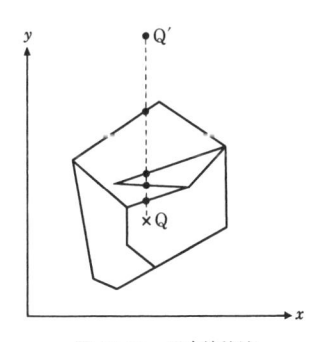

図-14.13 鉛直線算法

b) 前処理を行う解法

前処理を行う解法は数多く提案されているが,ここでは一例としてスラブ分割法 (slab method) と呼ばれる解法を示す.この解法では,図-14.14 に示すように,まず図形の各頂点を通る水平線によって平面を $(n+1)$ 個のスラブとよばれる領域に分割し,これに y 方向に対して順番を付ける.次に,各スラブにおいて,スラブと交差する辺の左右関係を求める(スラブ内において辺は交差することはないので左右関係が求められる).

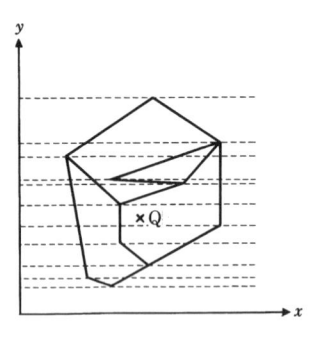

図-14.14 スラブ分割

このような前処理を行うことによって,以下の手順でこの問題を解くことができる.

① y 方向の二分探索によって,点 Q を含むスラブを求める.
② そのスラブにおいて,x 方向の二分探索により Q を含む面を求める.

さて,以上の解法の計算時間と記憶領域を考察してみよう.まず前処理において $O(n)$ より大きな計算を要する処理は,スラブの y 方向の並び替え,すなわちソーティングと,各スラブごとに x 方向に対して辺のソーティングを行う作業である.ここで,一般に 1 方向のソーティングは,対象数が m 個のとき,$O(m)$ の記憶領域によって $O(m \log_2 m)$ の計算時間で解けることが知られている.[7] したがって,y 方向のスラブのソーティングは,記憶領域 $O(n)$,計算時間 $O(n \log_2 n)$ で解ける.また 1 つのスラブ内の x 方向の辺のソーティングは,1 つのスラブに最悪 n のオーダーの辺が存在することが予想されるから,やはり記憶領域 $O(n)$,計算時間 $O(n \log_2 n)$ で解ける.スラブは $(n+1)$ 個であるから,結局のところ,スラブ内の x 方向の辺のソーティングは領域 $O(n^2)$,計算時間 $O(n^2 \log_2 n)$ で解くことができる.以上をまとめると,前処理のために

記憶領域:$O(n) + O(n^2) = O(n^2)$
計算時間:$O(n \log_2 n) + O(n^2 \log_2 n) = O(n^2 \log_2 n)$

を必要とする.(なお,この前処理の計算時間を $O(n^2)$ にする解法も提案されているが,手順が複雑なためここでは省略する.)

一方,以上の前処理の後,1 回の質問に対しては,二分探索を 2 回行う.二分探索とは,全体を二等分して質問対象がどちらに属すかを順次検討していく方法であり,計算時間は $O(\log_2 n)$ となる.したがって,1 回の質問に対する計算時間は,この 2 倍で結局のところ,$O(\log_2 n)$ である.

前処理を行わない鉛直線算法による解法が,$O(n)$ の計算複雑度であったことを考

えると，多数回の質問がなされることが予想される場合には，スラブ分割法が極めて有効な解法であることがわかる．

14.5.4　地理情報システムの検索・解析機能

ここでは，計算幾何学の種々の問題の中から，実用の観点から特に重要な以下の4つの代表的な問題を取り上げ，その概要を示す．また，これらの問題がGISのいかなる検索・解析機能として実現されているかを述べる．

① 幾何学的探索問題
② 重なり問題
③ ボロノイ(Voronoi)図構成問題
④ 幾何学的最適化問題

a) 幾何学的探索問題

幾何学的探索問題(geometric search problem)とは，点，線分，面によって構成される図形(台集合)に対して，質問対象(点，線分，面など)が与えられたときに，ある条件(交差，包含関係など)を満たす台集合の要素を列挙する問題を総称していう．前項で示した点位置決定問題は，この幾何学的探索問題の代表例である．その他の問題としては，質問面(多角形，円，半平面など)が与えられたときに，その面に含まれる点を列挙する領域探索問題(range search problem)，質問線分が与えられたときに，これと交差する線分を列挙する線分交差探索問題(segment intersection search problem)などがある．いずれの問題も，GISの基本的な検索機能として重要なことは言うまでもない．

b) 重なり問題

重なり問題(geometric overlay problem)とは複数の図形が与えられたときに，相互に交わる共通部分(線分と線分の交点，面と面の重なり部分など)を判定したり，列挙する問題をいう．GISでは，主題の異なる複数の地図情報を重ね合わせ，新たな主題情報を作り出す作業が多く，重なり問題は極めて重要である．

重なり問題を応用したGISの代表的な解析機能として，一般に"オーバーレイ"と呼ばれる機能がある．オーバーレイは，単なるディスプレイ上での視覚的な重ね合わせを指していう場合もあるが，ここで言うオーバーレイとは，同一座標系に存在する複数の地図情報(図形および属性情報)を参照し，図形の交差，包含関係によって新たな地図情報をデータベース上に生成する問題をいう．**図-14.15**は，複数の地図情報のオーバーレイによって，新たな図形・属性情報を生成する様子を示したものである．このような処理によって，属性に関するAND, ORなどのブール演算に基づく検索やクロス集計などが容易になり，種々の地域分析に応用することができる．例え

地理情報1（例 表層地盤）　　地理情報2（例 土地利用）

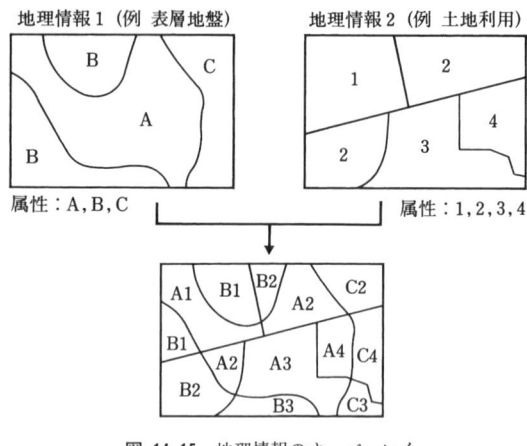

属性：A, B, C　　　　　　　　属性：1, 2, 3, 4

図-14.15　地理情報のオーバーレイ

ば，ともに面のデータとして表現されている表層地盤と土地利用のデータをオーバーレイ処理し，表層地盤別に各土地利用の面積を表の形式に整理するといったことが可能になる．オーバーレイは，一般にバッファーと呼ばれる処理と組み合わせることによって，さらに効果的に利用できる．バッファーとは，ある特定の図形要素（点，線分，面）から任意に設定した一定距離以内にある領域（バッファー領域）を面の情報として表現する処理である．これによって例えば，中心線を線分で表現した幹線道路や点で表現した駅に対して適当な距離のバッファー処理を行い，生成したバッファー領域と土地利用データをオーバーレイ処理することにより，幹線道路沿道や駅周辺の土地利用を抽出することができる．

c) **ボロノイ図構成問題**

いくつかの点 $z_i\,(i=1, 2, \cdots, n)$ が与えられたとき，z_i からの距離が他のどの点からの距離よりも小さい領域を，点 z_i の勢力圏という．ボロノイ図構成問題 (Voronoi diagram problem) とは，$z_i\,(i=1, 2, \cdots, n)$ の各点の勢力圏の境界線を求める問題をいう．図-14.16 は，ボロノイ図の例である．GISでは，駅や公園，学校などの施設を点で表現し，その分布を議論することがしばしばあり，このような場合にボロノイ図構成問題を有効に利用できる．例えば，小学校からのボロノイ図を作成し，これが学校区の現況とどれくらい違っているかを分析することができる．また，計画中の新駅を含む地域全体の駅からボロノイ図を作成して駅勢圏（ただし，駅へのアクセス条件は直線距離のみに依存すると仮定した場合の駅勢圏）を設定し，駅勢圏の人口や土地利用から，新駅を利用す

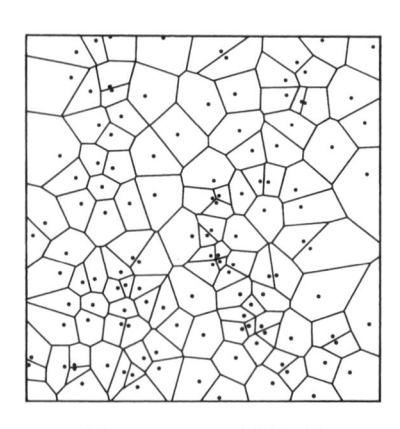

図-14.16　ボロノイ分割の例

る乗客の需要を算出したりといった利用が可能になる．

なお，ボロノイ図構成問題は，上述のように一般には点に対して適用されるものであるが，線分や面に対しても拡張できる．

d) 幾何学的最適化問題

与えられた図形に対し，距離や面積などに関する最適な（ある基準を最大あるいは最小にする）図形要素やその組合せを求めたり，最適な図形要素を新たに生成する問題を総称して幾何学的最適化問題 (geometric optimization problem) という．基本的な問題としては，いくつかの点が与えられたときに，これらをすべて含む面積最小の円を求める問題（最小包含問題），いくつかの点が与えられたときに，2 点間の距離が最大となる点対を求める問題（最大点対問題）などがある．これらの基礎的な問題は種々の検索・解析の部分問題として利用され，またこれらの問題の解法にボロノイ図構成問題が有効に利用できることが多いなど，幾何学的最適化問題は計算幾何学の他の問題と特に密接な関係を持っている．

幾何学的最適化問題の中でも実用上特に重要なものとして，ネットワーク問題 (network problem) が挙げられる．ネットワークとは，グラフの枝に距離（物理距離だけでなく時間距離や費用を含めた広義の距離抵抗）などの属性を与えたものである．ネットワーク問題は，ネットワーク上である基準を最適化する経路やその最適値を求める問題である．代表的な問題に，2 点間の距離に関する最短経路を求める最短経路問題 (shortest path problem)，各枝に容量制約を与えたときに 2 点間の最大流量やそのときの飽和枝を求める最大流問題 (maximum flow problem) などがある．道路や上下水道，ガス管網，通信網などは，すべてネットワークとして表現しうるものであり，ネットワーク問題がこれらの計画や設計に有効に利用できることは容易に理解できるだろう．

14.6　地理情報の入力・編集と幾何補正

14.6.1　地理情報の入力と編集

地図をはじめとする地理情報を数値データとして計算機に入力する方法は次の 3 つに大別される．
① 数値測量（成果を数値データとして取得できる測量）の成果を入力する方法
② 既存の地図から入力機器を利用して数値データを入力する方法
③ 既製の数値データを購入して入力する方法
以下におのおのの方法の概要を述べる．

a) 数値測量の成果を入力する方法

近年では，トータルステーション，ディジタルマッピング，GPS測量などの普及により，測量成果そのものを数値データとして得ることができるようになっている．これらの測量成果のデータ構造を地理情報システム (GIS) のデータ構造に変換するソフトウェアを用意しておくことにより，ベクター型データベースを自動的に作成することができる．

また，ラスター型データの数値測量成果としては，人工衛星や航空機からのリモートセンシングデータやCCDカメラで撮影した数値画像データなどがあり，ラスターデータを処理できるGISであれば，これらのデータを直接入力することができる．

b) 既存の地図から入力する方法

この方法は，既製の地図や独自に作成した図面から，ディジタイザーやスキャナーといった機器を利用して数値データを作成する方法である．

図面のディジタイザー入力とは，図面上の目標物の輪郭をカーソルなどを使ってトレースすることにより，指定した座標系における座標値を直接数値データとして取得する方法である．ディジタイザー入力は，後述するように一部自動化も試みられているが基本的には手作業に頼ることが多く，多大な労力を要する作業である．しかし，原理的に理解しやすく，手軽に利用でき，またある程度熟練した人であれば最も確実性のある方法であることから，ベクター型データの入力方法としては最も一般的な方法といってよい．なお，属性データの入力は，図形データの入力と並行して行うか，図形データの入力後に行う．

図面のスキャナー入力とは，図面を光学的に走査することにより，一定間隔のラスターデータを直接入力する方法である．スキャナーの場合，入力されるのは基本的には数値化された色に関する情報であり，属性データを自動入力するには属性と色の対応関係を定義する必要がある．

近年では，ディジタイザー入力の煩雑さを軽減するなどの目的で，図面を一度スキャナーでラスターデータとして入力し，このデータをベクターデータに変換する処理も試みられている．これをラスター・ベクター変換 (raster-vector conversion) という．変換の基本的な手順は，① ラスターデータとしての入力，② 目標物の輪郭線の抽出，③ 輪郭線の細線化処理，④ ベクターデータの生成，のとおりである．ここで，②と③の過程について若干の説明をしておく．図面上で線分として描かれている目標物を高精度な(データ取得間隔の短い)スキャナーで入力すると，その目標線分は線状ではあるけれども数画素(ピクセル)の幅をもった画素集合として認識される．このため，目標線分をベクターデータにするには，線状画素集合の中心線を抽出する必要がある．これが③の細線化処理 (thinning) である．

この方法の最大の問題は，種々の情報が記載されている地図の中から目標物の輪郭のみをいかにして抽出するかという点にある．そこで，地図から一度目標物だけを転記した新たな地図を作成し，これに上記の方法を適用するのが一般である．転記の作業が比較的容易なものであれば，ディジタイザーによる入力作業の時間や入力ミスを軽減できる有効な方法である．

なお，いずれの方法をとるにせよ，既存の地図から数値データとして入力する過程には，少なからず人手による作業が含まれ，また基本的には1枚1枚の図葉単位に作業を進める必要がある．したがって，入力後には，① 入力ミスなどの発見と修正，② 図面間にまたがる図形データの接続などの編集作業を必要とする．入力ミスは，14.4.4 で述べたように，図形の位相関係を表現したデータベースから自動的に抽出できる場合もあるが，基本的には人手に頼らざるを得ない．また接続作業においても，自動化の研究が試みられているが，現状では人手で行うのが一般である．

c) 既製の数値データを入力する方法

これまで述べたように，GIS を利用する過程において最も労力と経費を必要とするのがデータの入力あるいは更新の作業である．GIS が一部の専門家のみで利用されていた時代はともかく，近年のように GIS の意義と必要性が広く認知され，また実際に普及している状況において，同じ地域の地図情報が多くの人や機関によって別々に重複して入力されるのは社会的に極めて非効率なものと言わざるをえない．また，GIS へのニーズの高まりから，数値地図データを作成して市販するという事業も，採算性のある商業活動として進められつつある現状にある．このような背景のもと，官民のいくつかの機関によって種々の数値地図データの整備が行われるようになってきた．

ここでは，建設省国土地理院が整備しているデータの中から，都道府県や市町村，都市圏を対象として GIS を開発しようとしたときに利用価値が高いと考えられるデータを紹介しておく．

　i) 数値地図　　近年，情報インフラ (information infrastructure) という言葉がしばしば聞かれるようになってきた．国民の福祉の向上のために社会に広く，共通に必要とされる情報データベースを意味する言葉である．地図において，この情報インフラに相当するものは言うまでもなく地形図であり，GIS においては，地形図のデータベースがその役割を担う．

国土地理院は，地方自治体や企業が GIS を整備する際のベースマップとすることを目的に，1/25 000 と 1/10 000 の地形図に記載されている主たる地図要素のデータベース化の事業を進めてきた．これらのデータは「数値地図」と呼ばれている．**表-14.7** は，1/10 000 の地形図データベースである「数値地図 10 000」のデータ項目で

ある．行政界のデータが提供されるため，これに適宜，人口などの統計データを属性データとして付与することにより，都道府県や都市圏といった広域を対象としたGISを比較的容易に開発できるようになった．

表-14.7 数値地図10 000のデータ項目

行政界	都道府県界，郡市界，特別区界，指定都市の区界，町村界，町・大字界，丁目・字界
道路	一般道路（土地・地下） 有料道路（地上・地下）
水部	水涯線
基準点	三角点，水準点，多角点，公共基準点，標石のない標高点
建物記号	都道府県庁，市役所，町村役場，警察署，郵便局，消防署，官署，学校，幼稚園，保育園，図書館，公民館，病院，銀行，デパート，ホテル，旅館，工場，倉庫，神社，寺院，キリスト教会，発電所，史跡，名勝
注記	市・特別区・区・町村名，居住地名，道路・通り名，鉄道名，駅名，水部名，その他の注記

一方，1/25 000や1/10 000の地形図では，市町村を対象として種々の目的のためにGISを整備する際には情報の内容や精度の面から不十分であることが多い．特に，1995年の阪神・淡路大震災を契機に，都市域を対象とした精度の高いGISの整備とその有効利用の必要性が各界に強く認識されたこともあり，より大縮尺の地形図のデータベース化への期待が高まった．国土地理院は，1995年の補正予算により，三大都市圏を対象に1/2 500相当の地形図データベース，ならびにこれを有効利用するための種々のシステム環境を整備するプロジェクトを開始した．これを空間データ基盤整備事業という．地形図データベースは，各自治体で作成されている1/2 500の都市計画基本図を中心とし，これに1/10 000の地形図や1/500の道路台帳図などの情報を加えて作成されている．現在，これらのデータの一部は，上記の「数値地図」の一環として「数値地図2 500」として刊行されているが，一般には「空間データ基盤」と呼ばれている．表-14.8に空間データ基盤の主たるデータ項目（数値地図10 000と重複する内容は省く）とそのデータ構造を，図-14.17に出力図の例を示す．行政界はもちろんのこと街区界までがポリゴンとしてデータ化されていること，道路の中心線がベクターデータ化されていること，また背景データとして家屋がラスターデータとして入力されていることなどが大きな特徴である．これにより，街区単位での属性データの管理，分析が可能になり，また最短経路探索をはじめとする道路交通条件の分析が容易になることから，GISが都市計画，防災計画などに一層利用されることが期待さ

れている．

表-14.8 空間データ基盤の主たるデータの項目と構造

街　　区	ポリゴン，ポイント
道路中心線，車道/歩道境界，道路界	ベクター
河川中心線，河川の境界	ベクター，ポリゴン
鉄　道，駅	ベクター，ポリゴン
公　園　等	ポリゴン
建　　物	ラスター（公共建築物はポリゴン）

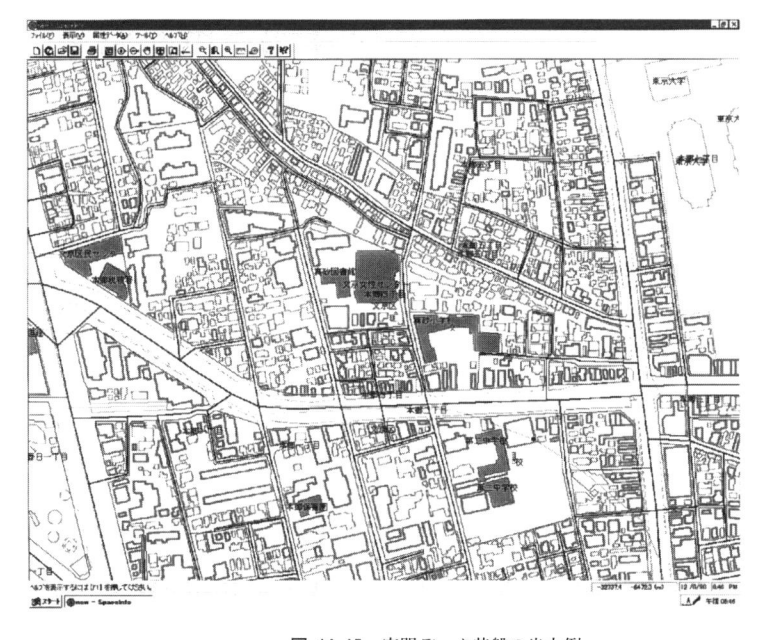

図-14.17 空間データ基盤の出力例

ii) 宅地利用動向調査データ　　首都圏，中京圏，近畿圏の三大都市圏を対象として，主に都市的土地利用のメッシュデータを整備したもの．一般に「細密数値情報」という．大都市圏の土地利用分布を10mメッシュという高解像度のデータとして把握できるという点が最大の特徴である．また，5年ごとに整備されており〔首都圏では1974年（昭和49）から〕，時系列的な分析にも効果的に利用できる．表-14.9に，細密数値情報の内容を示しておく．

表-14.9 細密数値情報の項目と内容

項 目	内 容	位置の表現	原資料
土地利用	山林・荒れ地, 田, 畑, 造成中地, 空地, 工業用地, 住宅地(3区分), 商業・業務用地, 道路, 公園等, 公共・公益施設用地, 河川・湖沼, その他の15区分	10 m メッシュ	空中写真等 (基図として都市計画図, 1/2.5万 地形図)
行政区域	市町村コード	〃	〃
土地区画整理事業区域	事業開始年, 事業終了年	〃	自治体, 公社, 公団等の資料
土地規制区域	国有林, 史跡名勝, 宅地造成, 風致地区等の18区域	100 m メッシュ	1/5万土地利用基本計画図, 防災・保全規制現況図等
DID	人口集中地区	〃	国勢調査報告書付図
用途地域・容積率	都市計画法に基づく用途地域・容積率	〃	都市計画資料
時間帯・沿線域・距離帯	中心部(山手線, 梅田駅, 名古屋駅)からの致達時間, 距離	〃	国土数値情報から編集
土地利用基本計画	都市計画区域, 森林地域, 農業地域, 自然公園等	〃	〃
地価公示	公示地価	〃	〃
地形	標高・傾斜	〃	〃

14.6.2 幾何補正

入力・編集された数値地図データは，一般におのおのの地理情報が定義されている座標系のもとでのデータである．これらの座標系が，例えば同一の平面直角座標であれば問題はないが，種々の媒体で提供される地理情報が同じ座標系で管理されている保証はない．このようなときには，おのおのの座標系を，GISで一元管理するための統一座標系に変換する必要がある．この座標変換のことを幾何補正(geometric correction) という．

幾何補正の方法は，系統補正(システム補正)と，基準点を利用した座標変換法に大別される．前者は，座標系間の幾何学的な関係が自明の場合に，その幾何学的関係

を利用して変換を行う場合である．GISの汎用ソフトウェアには，いくつかの座標系間の変換式が装備されていることも多い．これに対して後者は，座標系間の幾何学的関係が不明である場合や，局地的に高精度な補正を行う必要があるときなどに用いられる．具体的には，双方の座標系において座標が既知であるいくつかの点を基準点として利用して，設定した座標変換式の未知パラメータを最小二乗法によって推定する方法である．代表的な変換式としては，ヘルマート変換，アフィン変換，射影変換，多項変換などが挙げられる．

ここでは，(x, y)座標を(u, v)座標に変換することを例に，これらの概要を以下に述べる．なお，式中のx, y, u, v以外の記号は未知パラメータを示す．

ⅰ) ヘルマート変換 (Hermert transformation)
$$u = ax + by + c$$
$$v = -bx + ay + d$$
ヘルマート変換は，拡大・縮小(縮尺の変更)，平行移動，回転を表現する．

ⅱ) アフィン変換 (affine transformation)
$$u = ax + by + c$$
$$v = dx + ey + f$$
アフィン変換は，ヘルマート変換に加え，長方形を平行四辺形に変形するようなせん断変形を表現する．

ⅲ) 射影変換 (projective transformation)
$$u = \frac{ax + by + c}{px + qy + 1}$$
$$v = \frac{dx + ey + f}{px + qy + 1}$$
射影変換はアフィン変換を包括した変換であり，ある平面においてアフィン変換を施した図形を，一般にそれとは平行でない他の平面に中心投影する変換である．

ⅳ) 多項変換 (polynomial transformation)
$$u = a_0 + a_1 x + a_2 y + a_3 x^2 + a_4 xy + a_5 y^2 + \cdots\cdots$$
$$v = b_0 + b_1 x + b_2 y + b_3 x^2 + b_4 xy + b_5 y^2 + \cdots\cdots$$
多項変換は高次多項式で表現した変換であり，一般に基準点座標を高精度に再現できる．

なお座標変換は，図形の位相関係(交差関係，包含関係など)を保持することが必要最小限の条件となる．なぜなら，基準点座標が高精度で再現されていても，元図形の位相関係が崩れたのでは不合理だからである．この観点から言えば，上記のヘルマート変換，アフィン変換，射影変換は理論的に同相写像 (topological transformation) であり，また直線分は必ず直線分に変換されるという特性を有するために元図形の位相関係は完全に確保される．一方，多項変換の場合は必ずしも同相変換にならないため，位相関係が確保されているかを必ず事後的に確認する必要がある．また，多項変換では多くのパラメータを用いるために，基準点の再現性が極めて高くなる代りに，それ以外の座標値の再現性が極端に低くなる可能性がある．そのため，基準点を2つのグループに分け，まず第1グループで座標変換式を推定し，次に第2グループの基準点を用いて，推定した変換式の精度を検討するといったことが必要である．また，いくつかの座標変換式を推定し，AIC 基準 (Akaike's Information Criterion) などを用いて変換式としての統計的な汎化性を比較しておくことも重要である．

14.7 地理情報システムの利用の現状と課題

GIS は，地図をはじめとする種々の地理情報の管理を効率化するとともに，その有効利用を支援する計算機システムである．したがって，地理情報を扱うおよそすべての分野において，GIS の利用が期待されている．土木工学に関わる分野を例にすれば，① 供給・処理施設，道路，公園などの都市施設や土地・不動産の管理，② 道路，鉄道，河川，港湾，エネルギー施設などの土木設計，そして ③ 都市計画，防災計画，環境管理計画，交通計画といった地域計画の諸分野である．

本節では，まず，これら土木工学分野における GIS の利用の現状を概説する．そして，GIS の整備とその有効利用を一層進展させるうえでの課題について，特に測量と深く関わる点を中心に整理する．

14.7.1 都市管理分野における GIS の利用

a) 都市施設管理システム

供給・処理施設や道路，公園など都市施設の管理業務は，従来から地図や台帳という媒体によって資料を整理するのが一般であったため，地図の幾何情報や属性情報を管理，処理する GIS は OA 機器の一環として比較的実務に受け入れられやすい．また，管理業務において必要とされるデータの種類や GIS の検索・解析機能は一般に限定的であり，専用の GIS の開発も比較的容易である．このような背景により，施設管理は GIS の利用が旧来から最も進んでいる分野の1つとなっている．中でも，電力，ガス，上下水道などの供給・処理施設に関わる個々の機関においては，従来から，管轄圏域の膨大な配管網の管理，保守をいかに効率化するかが大きな課題であったため，早くから GIS が導入され，有効利用がなされてきた．現在では，これらの情報を道路管理業務の支援という観点から一括管理する試みもなされている．

図-14.18 は，(財)道路管理センターが中心となって整備している道路管理システムの例であり，指定した区域の埋設配管の平面図，断面図を出力したものである．このようなシステムにより，道路管理や道路工事などの業務を飛躍的に効率化している．

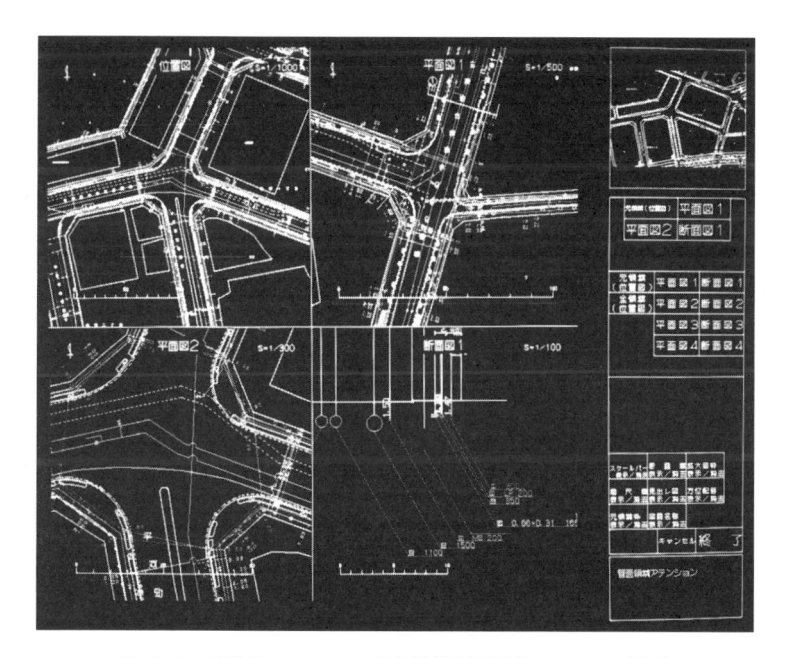

図-14.18　道路管理システムの出力例 [(財)道路管理センター提供]

b)　土地情報管理システム

土地情報管理システムとは，土地の所有，利用，取引などの基礎情報を管理し，土地に関わる種々の業務を効率化することを目的としたシステムの総称である．最も代表的なものは，地籍情報，すなわち土地の筆界(所有界)，所有者，地番，地目(土地利用)などを GIS に管理する地籍情報管理システムであり，不動産登記，固定資産課税などに関する業務への情報提供を効率化するとともに，都市計画等へ有効利用することを目的としている．しかしながら，わが国おいては地籍調査の進捗率が低いこともあって，システムの整備を行っている自治体は未だ一部に限られている．国土庁は，GPS を利用して地籍測量のための図根点(基準点)を飛躍的に増大させ，また地籍情報管理システムを整備するためのマニュアル(多目的地籍整備マニュアル[10])を作成するなど，地籍調査やその成果の GIS 化を促進するプロジェクトを積極的に進

めており，これらを契機に地籍情報管理システムを整備する自治体が増加することが期待されている．

図-14.19 に，地籍調査の意義を広く啓蒙することを目的に，国土庁が中心となり開発した地籍調査成果利活用システムの出力例を示す．地籍図と建物情報，用途地域情報をオーバーレイ処理することにより，用途不適格建築や建ぺい率不適格建築を検索することが可能になる．

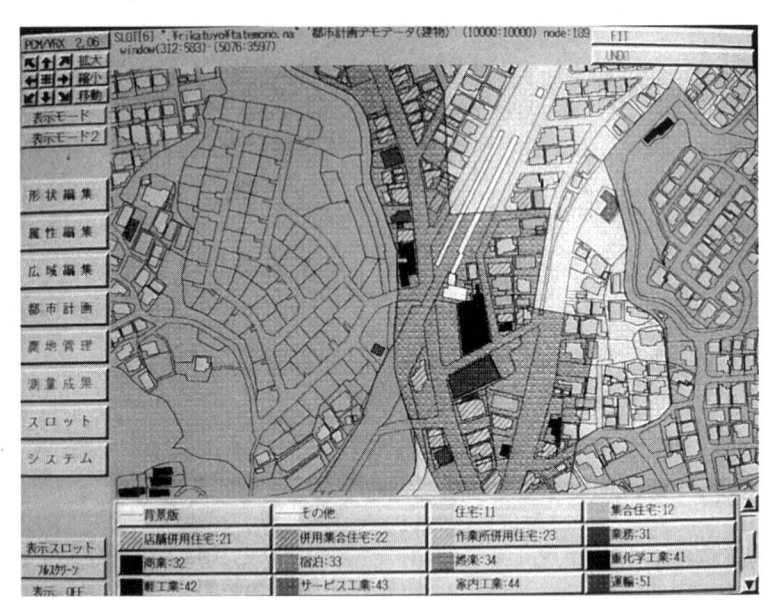

図-14.19 地籍調査成果利活用システムの出力例

14.7.2 土木設計分野における GIS の利用

土木施設の設計業務は，従来から CAD (Computer Aided Design) の導入がなされるなど，計算機の有効利用が進んでいる分野である．CAD は 3 次元物体の形状のデータベース化と，設計に関わる種々の解析や表現を支援するシステムであるが，空間座標系のもとで位置や形状のデータを管理，処理するという点において，その技術の基本的な部分は GIS の技術と同じである．例えば，9.5.3 において，地形の起伏を表現するための TIN モデルを説明したが，CAD においてもこれと同じ形状モデルがしばしば利用される．したがって，データの管理，処理技術としての GIS は，旧来から土木の設計分野において十分に普及していたといえる．図-14.20 は，土砂崩れで道路が損壊した地域において，道路の復旧設計を CAD によって支援している例

である．

　GIS の土木設計分野への応用という観点から問題となるのは，設計の対象地域における地物の 3 次元形状の入力に多くの労力と時間を強いられていることである．近年では，前節で述べたように，国土地理院が「数値地図 10 000」や「数値地図 2 500 (空間データ基盤)」を公開するなど，情報インフラとしての地形図データベースの整備も進んでいる．しかし，これらのデータベースにおける等高線のデータは，背景図としての利用が可能なだけのラスターデータであり，直接的には地形に関するデータの処理が行えない．現在のところ，地形データを計算機処理することを前提とした情報インフラとしては，国土地理院によって 50 m グリッド単位のデータが整備され公開されているに過ぎず，一般には土木設計に直接利用できるほどの精度を有してはいない．土木設計 CAD に直接入力し利用できる程度の精度を有する GIS データが，公的な機関で整備され公開されることが期待されている．

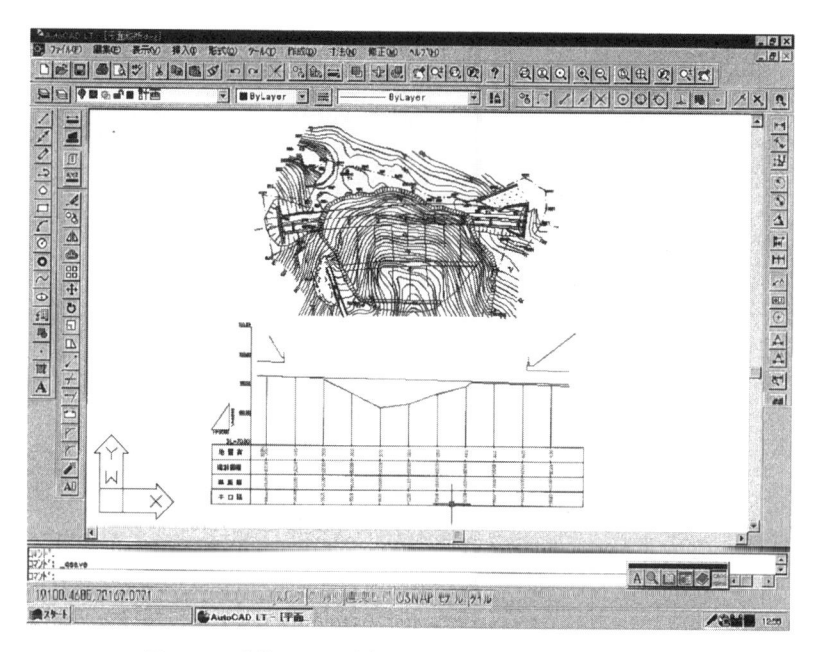

図-14.20　道路設計への CAD の利用例 (三井建設株式会社提供)

14.7.3　地域計画分野における GIS の利用

　都市計画，防災計画，環境管理計画，交通計画といった地域計画の分野は，以下のような背景により，GIS の有効利用が特に期待されている分野である．

① 地域計画の立案には，地形，土地利用，環境，交通，地価などをはじめとし，地域の自然的かつ社会経済的な，多種多様な情報を必要とする．これらの情報は一般に関係機関，部局に散在し，また地図や台帳をはじめ多様な媒体で管理されている．したがって，これらの情報の管理，更新を一元化し，計画に必要な情報を迅速，かつ正確に検索できるような体制が必要である．

② 地域計画の立案は，地域の現況を正しく把握し，地域計画上の問題点，改善すべき点を抽出することから始まる．この過程においては，例えば，土地利用，建物用途，道路といった単体の地理情報ではなく，幹線道路沿道の土地利用，用途地域別の建物用途といったように，複数の情報を組み合わせた考察，分析を必要とするのが一般である．

③ 地域計画は，従来からその立案過程が不明瞭，恣意的であるとの批判をしばしば受けてきた分野である．行政に関する情報公開，あるいは住民参加型の行政の必要性がこれまで以上に指摘される現代において，計画に関わる問題認識や，計画案の立案，評価の過程，そしてそれらの結果としての計画決定事項を，住民にわかりやすく，かつ説得力ある形で提示する必要性はきわめて大きい．

以上の背景を踏まえ，わが国におけるGISの地域計画への利用の現状について，特に法定都市計画を中心に見てみよう．

a) 都市計画決定情報縦覧システム

地方自治体における窓口業務の一つに都市計画決定情報の縦覧がある．これは，市民からの問い合わせに応じて用途地域等の地域地区の指定，土地区画整理事業や市街地再開発事業，道路の都市計画決定等の法定都市計画の内容を提供するものであり，従来から職員や市民が直接地図を調べることにより行われてきた．都市計画決定情報縦覧システムは，GISを用いて都市計画決定情報に関する管理業務を効率化するとともに，窓口業務による市民サービスの向上を図ることを目的とするシステムである．

このシステムでは，検索の直接的な対象となる都市計画決定情報のみをベクターデータとして管理し，地形図等の背景情報はラスターデータとして管理すればよいというデータベース整備上の利点があり，システム開発が比較的容易である．また，窓口業務という特定の目的であるために，業務の効率化による時間や労力の節約が比較的明瞭に現れ，費用対効果が明確になることから，システムの整備のための庁内の合意形成が得られやすいという利点もある．これらのことから，都市計画決定情報縦覧システムは，政令指定都市をはじめ，多くの自治体に普及している．図-14.21は，都市計画決定情報縦覧システムの出力例である．市民は，指定した地点の用途地域や，建築制限などの計画情報を検索でき，かつ出力図のカラーコピーを実費で購入で

きるようになっている．

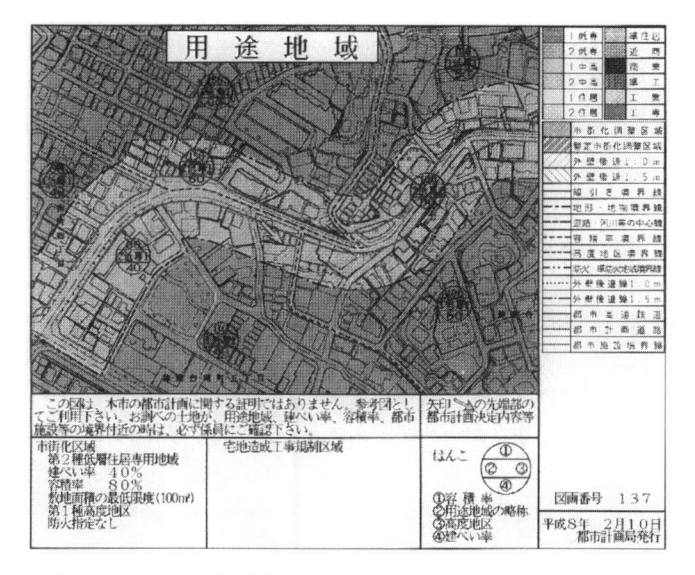

図-14.21 都市計画決定情報縦覧システムの出力例（株式会社パスコ提供）

b) **都市計画情報管理システム**

　地方自治体には，都市計画に関する基礎的な情報の調査（都市計画基礎調査）を5年おきに実施し，その結果を上位機関に報告することが都市計画法によって義務づけられている．都市計画基礎調査の項目は，都市計画の立案に一般に必要とされる情報をほぼ網羅しており，従来これら多様な情報の収集，管理，あるいは報告書の作成のための統一様式への集計作業や図面作成などに多大な労力が費やされてきた．都市計画情報管理システムは，GISを活用することにより，都市計画基礎調査をはじめとする都市計画行政の日常，定期的なデータの作成，管理，処理，主題図作成などの作業の効率化を目的としたシステムである．

　近年，ディジタルマッピングの普及により，都市計画基本図を数値データベースとして作成する自治体が増えてきたこと，都市計画決定のための法定図書の図面として計算機からの出力図を利用することが建設省により認められたことなどを背景に，都市計画情報管理システムを導入する自治体が増えつつある．

c) **都市計画策定支援システム**

　法定都市計画をはじめとする地域計画の策定においては，地域の問題の所在の明確化，問題を改善するための計画案の提示，計画案を実行した場合の地域への影響の分

析,そして費用対効果の観点からの計画案の評価といった過程をとることが必要であり,かつこれらの過程を可能な限り客観的に行わなければならない.都市計画策定支援システムは,上記の都市計画情報管理システムを発展させ,GISの空間検索,解析機能を駆使することにより,地域計画の客観的な策定過程を支援することを目的としたシステムである.換言すれば,地域計画における情報の管理,分析,そして計画策定までの一連の過程をGISで支援することを目指すものであり,都市計画情報管理システムを導入している多くの自治体で試行がなされている.しかしながら,法定都市計画,都道府県や市町村の長期総合計画など,実際の計画策定過程へGISを利用している自治体は未だ一部に限られている.計画の客観性がこれまで以上に要請される時代において,都市計画策定支援システム実現への期待はきわめて大きい.

筆者らは,このような観点から各種法定都市計画をGISで支援するための方法ならびにシステム開発に関する研究を行ってきた.[11] 図-14.22は,その一環として開発された地区計画のための居住環境評価システムの出力例である.GISの検索・解析機能を使って,街区単位の詳細な属性情報が作成され,別途開発した地震危険度評価手法によって街区単位での地震危険度が評価されている.

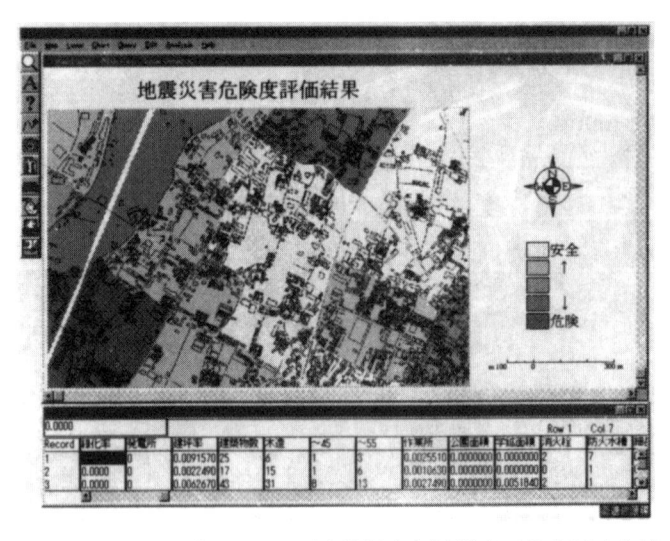

図-14.22 居住環境評価システムの出力例(東京大学測量/地域計画研究室作成)

14.7.4 GISの整備に関する今後の課題

a) 空間データ基盤整備の促進

計算機関係機器やGISソフトウェアの低廉化が進む現代において,GISを整備,

運用する際の費用の多くは，データの初期入力と定期的な更新に要する経費である．したがって，データ整備への重複投資の回避，貴重なデータの質的な維持管理などの観点から，多くの自治体や企業が共通して利用するような一般的な地理情報を情報インフラとして国が先行的に整備する意義はきわめて大きい．建設省国土地理院による「空間データ基盤整備事業」は，現在のところ，首都圏，中京圏，近畿圏の三大都市圏に限り進められているが，その対象地域の拡大と継続的なデータの更新は今後の大きな課題である．

近年では，ディジタルマッピングの普及により，地方自治体においても都市計画図(1/2500地形図)の数値データベース化が進んでおり，前記の都市計画情報管理システムを整備する自治体が増えてきた．これらのデータでは，各建築物がポリゴンデータとして管理され，属性データとして建物の用途や構造などが付与されているのが一般である．一方，前節で述べたとおり，国土地理院による空間データ基盤においては，建築物は背景図のためのラスターデータとして管理されているに過ぎない．したがって，自治体で整備されている都市計画情報管理システムは，国による空間データ基盤を補完する地域独自の空間データ基盤として重要な意味をもっている．地方自治体による大縮尺地図データベースの整備とその公開に対する期待は大きい．

また，先にも述べたとおり，わが国の地籍調査の進捗率は低く，1996(平成8)年度末現在において国土の要調査面積の約40％の地域において調査が完了しているに過ぎない．土地の所有とその境界に関する地籍情報は，土地に関わる最も基礎的な情報であり，空間データ基盤の一つとして位置づけられるべきものである．地籍調査の進捗とGISを用いたその成果の利活用は，わが国の大きな課題である．

b) GISにおけるデータ管理の標準化

国や自治体による空間データ基盤の整備が十分でない現状においては，GISの整備のためには，独自にデータを入力，あるいは住宅地図会社などの民間地図会社が開発する数値地図データを購入するなどして，GISの骨格となる地図データベースを作成することになる．この際，個々のシステムによりデータ管理方法が異なるために，利用し得るGISソフトウェアが限定されたり，異なる機関で開発されたデータを組み合わせて利用することができないといった問題が生じる．また近年，情報産業や公的機関による情報サービスの一環として，インターネットを利用してGISの情報を公開する試み，さらにはインターネットを通してGISソフトウェアを操作したりGISのデータを入力・更新したりする試み(これらを総称して，インターネットGISと呼ばれることがある)がなされているが，この際においても同様の問題が生じる．さらには，システムが違えば，同じ名称のデータであっても，データの内容や精度が異なるという場合もある．例えば，道路データファイルという名前のもとに，あるシステ

ムでは1/25 000の地形図から道路中心線が入力され，別のシステムでは1/500の道路台帳付図から道路境界線が入力されていたりする．

以上のような問題を解決するためには，GISにおけるデータの管理方法，データの内容や精度の表現方法などについての標準化が必要になり，しかも産業や技術開発に関する国際競争のボーダレス化の進む昨今においては，国際的なレベルでの標準化が期待されている．現在，ISO (International Organization for Standardization，国際標準化機構) により，GISにおけるデータ管理の方法全般に対する標準化の検討が進められており，その動向が注目されている．

c) 3次元GISの開発

現在のGISは基本的には地物の平面形状とその基本的な属性を管理する2次元GISである．しかし，土地の高度利用が活発に進む地域において，都市計画や土木・建築工事をGISで支援するには，地物の位置や形状，およびその内容を3次元情報として管理する3次元GISの開発に期待が寄せられている．

3次元GISの典型的な例は，前述の道路埋設物の管理システムであり，これにより道路工事，特に地下工事における事前の調査が飛躍的に効率化されている．しかしながら，都市の広範囲のデータを3次元情報として取得するのは，実際上非常に困難である．そこで，都市部においては，2次元GISをベースとしながら，地物の平面位置の属性データとして高さに関する情報を管理する方法がとられている．このような方式を2.5次元GISと呼ぶことがある．ディジタルマッピングを行っている地域においては，地形図データベースの作成過程において建物の高さを計測することが可能であり，建物ポリゴンの属性として高さのデータを管理する2.5次元GISを整備する自治体も増えてきた．図-14.23は，2.5次元GISの出力例であり，建物の用途と高さデータを用い，用途別に建物を色分け表示した3次元鳥瞰図が描かれている．

一方，空中写真測量に依存するこの方法では，建築物の詳細な3次元形状や，建築物や道路の付帯物 (例えば，広告看板，交通標識など) の内容および位置情報を取得するのは困難である．近年，GPSやINS (Inertial Navigation System，慣性航法システム) などの測位技術とディジタルフォトグラメトリや画像処理などの計測技術を統合し，自動車などの移動物体から3次元情報を効率的に取得する，いわゆるモービル・マッピングシステム (Mobile Mapping System) に関する研究，開発が活発に行われており，3次元GIS整備への応用が期待されている．

なお，GISを土木設計に応用するには，地形の標高，起伏に関する詳細情報が管理されているGISを必要とすることが多いが，先にも述べたとおり，わが国において広域を対象に整備され，公開されている最も詳細な地形データベースは50 mグリッド単位の標高データだけである．近年，ディジタルマッピングやGPS測量の普及に

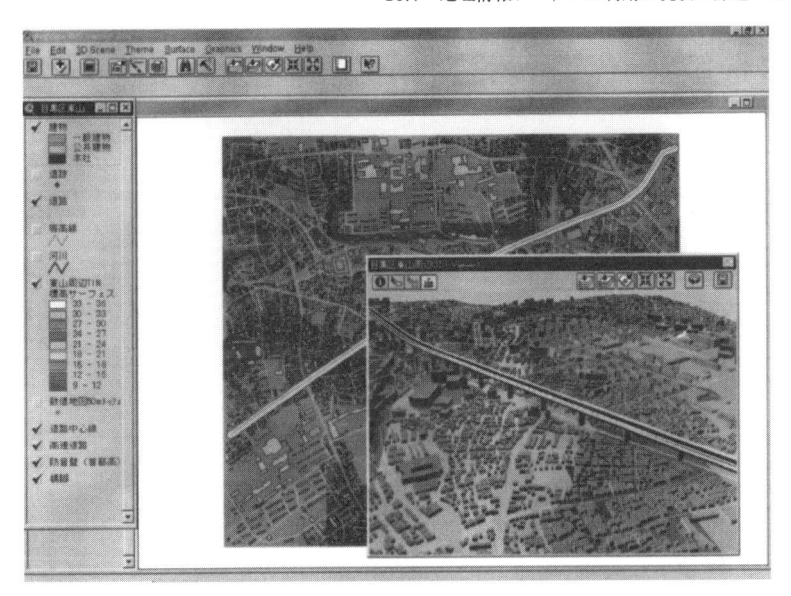

図-14.23 2.5次元GISの出力例(株式会社パスコ提供)

より，標高点データを高密度に整備することが比較的容易になっており，公的機関による標高点データの整備とその成果のデータベースの公開への期待が高まっている．

d) リアルタイムGISの開発

GISを利活用するためには，そこで管理されている種々のデータが必要に応じて最新情報へと更新される体制が整備されていなければならない．このため，公的機関により整備，公開される空間データ基盤は数年間隔で定期的に更新される必要があることは言うまでもない．

しかし，人口や土地所有の異動，土地利用や建物用途の変化が顕著に見られる大都市域での地域計画においては，空間データ基盤の更新間隔を補完するような情報収集システムが不可欠である．このような目的に対しては，GPSを活用した効率的な現地調査，またリモートセンシングや空中写真を活用した地物の変化地点の概略抽出といった測量・調査手法による対応が考えられるが，土地利用や人口の異動をはじめとする社会経済的な地域の変化を網羅的に調査するのは困難である．そこで，現在注目されているのが，住所変更，建築確認申請，不動産登記などに際して官公庁へ届け出される書類によってGISのデータの更新を行ったり，更新を行わないまでも，異動や変化の可能性のあるデータに対して，その内容を属性データとして付与するといったシステムである．このようなシステムを実現するためには，各種の届け出業務をコ

ンピュータ化するとともに，届け出書類に記載されている住所の情報を，位置座標の情報へと変換させることが必要になる．住所が位置座標に変換されることにより，その届け出の内容を，GIS で管理されているあらゆる情報と結合させることが可能になるからである．例えば，ある住所に転居届けがあったとしよう．この情報により，その該当する町丁目の人口を更新することは容易である．しかし，住所と街区は一般に1対1に対応しないため，住所の情報のみから街区人口の更新は行えない．しかし，住所が位置座標に変換できれば，その座標を介して街区が識別でき，街区人口を更新することが可能になるのである．住所と位置座標を対応させるデータベースを作成することをジオ・コーディング (geo-coding) といい，空間データ基盤整備事業の一環として整備が進められつつある．

　一方，緊急時や災害時の対応を GIS によって支援するような場合には，地域の状況をたとえ局地的にでもリアルタイムに把握し得るような情報収集システムが必要となっている．そこでは，GPS，さらにはモービル・マッピングシステムの応用が期待されている．いま，市民の通報により，火災や事故の発生がわかったとしよう．この時，ジオ・コーディングの成果などを利用し，市民の通報内容から火災や事故の所在を GIS 上に表示できる．一方，消防車などの緊急車両の位置は GPS によりリアルタイムで把握できる．これにより，緊急車両を現場に適切に誘導することが可能になる．また，大地震が発生し，大きな被害が生じていることが推察されているとしよう．このとき，公的機関が第一になすべきことは被害状況の正しい把握である．このような場合には，GPS を搭載した航空機やヘリコプターを利用したモービル・マッピングが有効である．被害の状況と位置が対応づけられることにより，緊急車両の配備・誘導はもちろんのこと，避難誘導や交通規制などの緊急対応，そして道路や港湾など基盤施設の復旧計画への円滑な移行を可能にするのである．

参　考　文　献

1) 坂内正夫，大沢　裕：画像データベース，昭晃堂
2) 中村英夫：都市と環境—現状と対策，ぎょうせい
3) R. G. Cromley : Digital Cartography, Prentice-Hall
4) D. R. Fraser Taylor : Geographic Information Systems, Pergamon Press
5) 中村英夫，清水英範他：都市・地域計画における地理情報システムの利用，(社)日本測量協会
6) H. Nakamura and E. Shimizu : Development and Utilization of Geographical Information System-Reviewed from Examples in Japan, Geo-Informations-Systeme, Vol. 3, No. 3, 1990.
7) 伊理正夫監修：計算幾何学と地理情報処理，共立出版
8) 今井　浩，今井桂子：計算幾何学，共立出版
9) F. P. プレパラータ，M. I. シェーモス(浅野孝夫・浅野哲夫訳)：計算幾何学入門，総研出版

10) 地籍調査成果利活用研究会編：多目的地籍システム整備マニュアル，公共事業通信社
11) 中村英夫，川口有一郎，清水英範他：地理情報システムを用いたシステム分析的都市計画，土木学会論文集，No. 476/IV-21，1993

測量史年表

	海 外	日 本	備 考
紀元前	3000-2000頃 古代エジプトでナイル川の耕地測量やピラミッド建設の測量 500頃 ピタゴラス(ギリシャ)が地球球体説を主張 400頃 テオドーラス(ギリシャ)が分度器を考案 350頃 アリストテレス(ギリシャ)が地球球体説を提唱 200頃 エラトステネス(エジプト)が地球の弧長を測量 150頃 トレミー(ギリシャ)が今日で言う単円錐図法を考案 プレストマイオス(ギリシャ)が角度の60進法を完成 130頃 長沙国深平防区図が作成される．現存する中国最古の地図 50頃 カエサル(シーザー)が全ローマ帝国の地籍測量を指令		4000頃 オリエント青銅文化起こる 3000頃 エーゲ文明始まる 3000-2000頃 古代エジプトがギザの大ピラミッド建設 2000頃 バビロニアがユーフラテス川横断トンネル(延長900m)建設 1200頃 トロヤ戦争 850頃 ギリシャ人の地中海進出 780頃 バビロニアがユーフラテス川に木橋架設 525 ペルシャがオリエント統一 312 ローマがアッピア街道の建設開始 272 ローマがイタリア半島統一 221 秦の始皇帝が中国統一 214 始皇帝が万里の長城の修築を始める 190頃 中国・長安で計画的都市造成 27 ローマ帝国建国
1 ― 14世紀	50頃 ヘロン(ギリシャ)が面積公式，測角儀を考案 624 唐が全国の地籍測量を開始 950頃 三角関数が考案される 1200頃 羅針盤が普及する	600 中国の海島算法(測量技術)が伝来 645 大化の改新に伴う地籍測量 712 度量衡が整備される 743 行基菩薩が海道図(行基図)を編集 759 東大寺開田図が作成される．現存する日本最古の地図	100-180頃 ローマ帝国全盛時代 ・350頃 大和朝廷が全国を統一 375 ゲルマン民族の大移動始まる ・552 日本に仏教伝来 618 隋滅び，唐興る ・630 遣唐使始まる ・645 大化の改新 ・710 平城京遷都 ・794 平安京遷都 1096 第1回十字軍遠征 1150頃 アンコール・ワット建設 ・1192 鎌倉開府 1271-95 マルコ・ポーロ(伊)東方旅行 ・1338 室町開府
15世紀	1410 プトレマイオスの地理書がラテン語に翻訳される		1450頃 ルネサンス盛期 グーテンベルグ(独)が活版印刷術を発明

測量史年表

	海外	日本	備考
15世紀			1453　東ローマ帝国滅亡 1492　コロンブス(伊)が新大陸発見，大航海全盛時代
16世紀	1543　コペルニクス(ポーランド)が地動説を提唱 1569　メルカトール(ベルギー)が円筒図法を考案し世界図を完成	1582-98　太閤検地	1517　ルターの宗教改革 1522　マゼラン(ポルトガル)が初の世界周航を達成 ・1543　ポルトガル人が種子島に漂着，鉄砲伝来 ・1549　日本にキリスト教伝来 ・1590　豊臣秀吉が全国統一
17世紀	1608　リッペルスハイ(蘭)が望遠鏡を発明 1610　ガリレイ(伊)が望遠鏡による初の天体観測 1611　ケプラー(独)が望遠鏡で天体観測 1614　ネーピア(スコットランド)が対数を発明 1617　スネル(蘭)が三角測量を考案．緯度1°の長さを測定 1624　ブリッグス(英)が常用対数表を完成 1631　ヴァーニヤ(仏)が副尺(ヴァーニヤ)を発明 1668　ニュートン(英)が反射望遠鏡を発明 1669　ピカール(仏)らが望遠鏡とヴァーニヤの付いた測角儀を用いて弧長測量 1675　グリニッジ天文台創設 1687　ニュートン(英)，ホイヘンス(蘭)らが地球扁平率を計算	1618　池田好雲が「元和航海記」を出版．天体緯度測定法，羅針盤使用法，水深測定法などが解説される 1633　村上昌弘が測量術書「測量指南」を出版 1648　樋口伝右衛門がカスパルからオランダ流西洋測量術を学び，「規矩伝法」を出版 1649　徳川幕府「検地の制」を制定 1654　玉川上水完成 1658頃　明暦の大火(1657)復興のため，北条氏長一門が明暦江戸測量図(万治年間江戸測量図)を作成 1670　遠近道印が「新板江戸大絵図」(寛文江戸図)を出版 1678　安井算哲(渋川春海)が江戸で北極星の高度を測定し北緯35°38′を得る	1603　江戸開府 1609　ケプラー(独)が惑星運動の法則を発表 1632　タージ・マハール築造(～1653) ・1639　鎖国が始まる 1661　ルイ14世親政(～1715) ・1674　関孝和が微算法を発明 1675　レーマー(デンマーク)が世界で初めて光速を測定 1678　ホイヘンス(蘭)が光の波動説を提唱 ・1683-87　河村瑞賢が淀川を開く 1687　ニュートン(英)が万有引力の法則を発見
18世紀	1727　オランダで作成された河口深度図で等深線が利用される．現在の等高線表現の原型 1730頃　セオドライトが発明される 1735-44　ブーゲ(仏)らによるペルー，モーペルチュイ(仏)らによるフィンランドでの子午線弧長の測量 1747　セザール・カッシニがフランス全土の地形図作成を開始(完成1818) 1761　ハリソン(英)がクロノ	1719　関孝和の門人，建部彦次郎が日本輿地図を作成．図解三角測量が実施される 1727　福田履軒が富士山の高さを測定．測定値は3 885.96 m (現在の標高との差は約110 m)．この頃，富士山の他にも，月山，鳥海山などの高さが測定される 1744　江戸の神田に天文台を建設 1800　伊能忠敬の全国測量(～1816)	1713　ダービー(英)がコークス高炉による製鉄法を発明 ・1716　享保の改革 1770　イギリス，産業革命に入る ・1774　解体新書出版される 1776　ワット(英)が実用蒸気機関を発明 ・1776　平賀源内がエレキテル(摩擦起電気)を発明 1789　フランス革命起こる 1794　ダーウィン(英)が生物進化の理論を発表 1799　ナポレオン時代(～1815)

測量史年表 533

	海　外	日　本	備　考
18世紀	メーターを発明 **1792-98** ドランブル(蘭)とメシャン(仏)がメートルの基準とする弧長測定のためにダンケルク～バルセロナ間約900 kmを測量 **1793** パリを通る子午線1象限弧長の1/1 000万として新しい長さの基準「メートル」が誕生 **1795** ガウス(独)が誤差理論を確立し, 最小二乗法を考案 **1799** フランスにおいて地形図の地形起伏の表現に初めて等高線が利用される **1800** ドランブル(蘭)が回転楕円体を発表		**1800** ハーシェル(英)が赤外線を発見
19世紀前半	**1802** ルジャンドル(仏)が最小二乗法を定式化 **1822** ガウス(独)が等角投影法を開発 **1839** ダーケル, ニィエプス(仏)が写真術を発明 **1841** ベッセル(独)が回転楕円体を発表 **1843** ベクレル(仏)が赤外線写真を発明 **1844** バベッジ(英)が解析機関(解析エンジン)を考案 **1848** フィゾー(仏)が高速回転歯車を使って光速を測定. いわゆるフィゾーの実験. この方法が光波測距の基本原理となる **1850頃** Yレベルが考案される	**1821** 伊能忠敬の測量成果に基づく大日本沿海輿地全図が完成 **19 C 前半** 全国各地で村絵図, 田畠絵図が組織的に作製される	**1801** リッター(独)が紫外線を発見 ・**1809** 間宮林蔵が間宮海峡発見 **1814** スティーブンソン(英)が蒸気機関車を発明 **1821** フラウンホーファー(独)が回折格子による光の波長測定に成功 ・**1823** シーボルト来日, シーボルト事件(1828) **1825** イギリスで世界初の鉄道が開通 **1837** アメリカ, 産業革命に入る ・**1841** 天保の改革 **1842** ドップラー(オーストリア)がドップラー効果を発見 **1847** ヘルムホルツ(独)がエネルギー保存の法則を発見
1851 ∣ 1870	**1851** ロスダー(仏)が写真測量技術を考案. 図解交会法による平板写真測量を実施 **1858** ナダール(仏)が気球を使って世界初の空中写真撮影に成功 **1865** ポロ(伊)が, 後にポロ・コッペの原理と呼ばれる立体写真の幾何学を再現する基本原理を考案	**1870** モレル(英)の指導のもと, 新橋-横浜間鉄道建設のための測量を開始	・**1854** 日米和親条約 **1863** ロンドンに世界初の地下鉄が開通 **1867** ノーベル(スウェーデン)がダイナマイトを発明 ・**1868** 明治維新 **1869** アメリカで大陸横断鉄道開通 スエズ運河開通

	海　外	日　本	備　考
1871 ｜ 1880	1874　コルニュ(仏)が光の回折現象の表現のためにフレネル積分の2つの積分式の関係(今日で言うクロソイド曲線)をグラフで表す 1875　国際メートル条約会議(パリ)でメートル原器を基準とすることを決定 1880　クラーク(英)がクラーク楕円体を発表	1872　工部省測量司がマックウェン(英)の指導により日本初の三角測量を実施 ファン・ドールン(蘭)が利根川の茨城県境町に最初の量水標を設置 1873　地租改正条例公布 北海道開拓使がワッソン(米)の指導により,全道の三角測量を開始 東京・霊岸島に量水標を設置 1874　主要河川の測量開始(淀川,利根川,信濃川等) 1875　内務省が関八州大三角測量を開始 小宮山大将が平板測量によって1/10 000地形図(習志野原)を完成 1876　陸軍参謀局が1/5 000東京図の作成に着手 東京-塩釜間で水準測量実施 1877　内務省が全国の市町村に地券図作成を指示．明治の地籍測量で字切図が作成される 1878　内務省が最初の基線測量を那須野原で実施 1879　日本工学会設立 1880　関東地域の1/20 000迅速図作成に着手 日本地震学会設立	1871　ニューヨークで地下鉄開通 ・1872　新橋-横浜間に鉄道開業 1876　ベル(米)が電話機を発明 ・1877　西南戦争 1878　エジソン(米)が電燈を発明 ・1878　ファン・ドールン(蘭)の指導により野蒜港(仙台港)の工事着手 ・1879　安積疏水着工
1881 ｜ 1890	1884　万国測地会議においてグリニッジ天文台(英)を通る子午線を経度0°とすることを決定	1882　クロフォード(米)が北海道の鉄道建設のための測量を開始(幌内-牛宮間) 磐越西線の路線選定に地形図が用いられる 陸軍が相模原基線を測量 1883　一等三角測量,一等水準測量開始 1884　陸軍省参謀本部に測量局設置 日本経緯度原点を港区麻布台に設置 陸軍省参謀本部測量局が全国を対象に1/20 000地形図の作成を開始 1886　東経135°の子午線時を日本標準時とする	・1884　日本初の分流式下水道が完成 ・1887　デレーケ(蘭)の指導により木曽三川分流工事が着工 1889　パリのエッフェル塔完成 ・1889　東海道本線(京橋-神戸間)が全通 ・1890　琵琶湖疏水竣工

測量史年表　535

	海　外	日　本	備　考
1891 ｜ 1900	1891　ハウク(独)が写真測量の数学的基礎となる透視図法の研究からパースペクトグラフ(透視図化機)を考案 1895　フィンスターヴァルダー(独)が地上写真経緯儀を開発 1896　シャインプルーク(オーストリア)が写真の偏位修正の基本原理である「シャインプルークの条件」を考案 1899　フィンスターヴァルダー(独)が内部標定,相互標定,絶対標定からなる標定理論を定式化	1891　日本水準原点を千代田区永田町に設置 度量衡法公布 1892　全国地形図整備計画の地図縮尺を 1/20 000 から 1/50 000 に変更	・1891　濃尾大地震 1892　ガソリン自動車が発明される ・1894　日清戦争 1895　ロンドンの下水道計画がほぼ完成 1898　ハワード(英)が田園都市論を提唱 ・1899　東京で近代上水道が完成 1900　ツェッペリン(独)が最初の飛行船を製造
1901 ｜ 1910	1901　プルフリッヒ(独)がステレオコンパレーターを開発 1909　プルフリッヒ(独)が地上写真用実体図化機を開発 ヘイフォード(米)がヘイフォード楕円体を発表 1910　国際写真測量学会(現在の国際写真測量・リモートセンシング学会：ISPRS)設立	1907　この頃,写真測量の技術が伝わる 1910　大都市部や軍事要地で 1/25 000 地形図作成に着手	1903　ライト兄弟(米)が人類初の動力飛行 ・1904　日露戦争 1905　アインシュタイン(独)が特殊相対性理論を発表 1908　フォード社(米)が自動車の大量生産を開始
1911 ｜ 1920	1912　クリューゲルがガウスの等角投影法に関する実用計算法を発表,ガウス-クリューゲル投影法(UTM座標系)の誕生 1915　ツァイス社(独)が航空写真用自動カメラを開発 1917　ドイツ空軍が撮影した航空写真でトロイの遺跡を確認	1911　沖繩の基線測量に際して日本で初めてインバール尺が利用される 1913　全国の一等三角測量完成 1914　土木学会設立 桜島噴火の溶岩流測量に図解地上写真測量が応用される	1911　辛亥革命始まる 1914　パナマ運河開通 第一次世界大戦(～1918) 1920　国際連盟設立
1921 ｜ 1930	1921　サントニ(伊)がスペースロッドを使った世界初の実体図化機ステレオカートグラフを開発 1924　グルーバー(独)が相互標定の機械的解法(グルーバー法)を発表 ツァイス社(独)が航空写真用実体図化機ステレオプラニグラフ C/1 型を開発	1921　度量衡法改正,メートル法を基本とすることを決定 1923　陸軍が関東大震災直後の東京全市の空中写真を撮影 1924　離島の一部を除き国土全域の 1/50 000 地形図整備が完了 1925　陸軍技術本部がステレオプラニグラフ C/1 型と半自動航空写真機を輸入 1926　利根川で俯瞰法による渡河水準測量が実験される 1928　関東大震災による地殻変動を測定し,日本水準原点の	・1923　関東大震災 1925　アメリカで世界初の実用テレビジョンが開発される ・1925　日本でラジオ放送開始 1926　ゴダード(米)が世界初の液体燃料ロケットの打上げ実験に成功 1927　リンドバーグ(米)が大西洋無着陸飛行に成功 ・1927　日本初の地下鉄開通(上野-浅草間) 1928　ベーリング海峡発見 1929　世界恐慌

536 測量史年表

	海外	日本	備考
1921 ｜ 1930		高さを現在の 24.4140 m に改訂 1930 頃 満州, 樺太で空中写真測量が実用化	
1931 ｜ 1940		1935 南樺太の石油資源探査に航空写真が利用される 1936 鉄道省が写真測量を導入	1931 ウィルソン(英)が半導体理論を発表 ・1931 満州事変 1932 フォン・ノイマン(米)が「量子力学の数学的基礎」を発表 ・1933 丹那トンネル開通 ・1939 第二次世界大戦(〜1945)
1941 ｜ 1950	1947 ベルグストランド(スウェーデン)が光波測距儀を開発 1948 ウィルド社(スイス)が広角航空写真用レンズを開発 1949 ウィルド社が実体図化機オートグラフ A7 を開発 1950 ツァイス社(独)が自動レベルを開発 英国陸地測量部のトンプソンらが解析空中写真測量の研究を開始	1946 アメリカ空軍が日本全土の空中写真撮影を開始 1947 日本写真測量学会設立 1949 測量法公布, 測量士の制度が始まる	・1941 関門海底トンネル開通 1945 国際連合設立 フォン・ノイマン(米)がプリンストン高等研究所でコンピュータの研究開発に着手 ・1945 農地改革指令 1946 モークリー, エカート(米)が真空管を使って世界初の電子計算機 ENIAC を開発 1948 ブラッティン(米)らがトランジスターを発明 ・1948 福井地震 ・1949 湯川秀樹が日本初のノーベル賞(物理学賞)を受賞 1950 朝鮮戦争勃発
1951 ｜ 1960	1955 シュート(カナダ)が解析空中三角測量の理論を発表 1958 米国航空宇宙局(NASA)設立	1951 国土調査法公布, 近代的地籍調査が開始される 1953 わが国独自の空中写真撮影を再開 第一次基本測量長期計画, 1/25 000 地形図の全国整備が計画される 1954 日本測地学会設立 建設省が平面直角座標系を告示 1959 地籍測量に航測併用法が採用される 1960 1/50 000 地形図の投影方法が UTM 図法(ガウス-クリューゲル投影法)に変更される 建設省国土地理院設立 国土地理院が空中写真撮影用	・1951 サンフランシスコ講和条約, 日米安全保障条約調印民間航空復活 ・1953 NHK がテレビ放送開始 1954 タウンズ(米)らがレーザーの基礎であるメーザーを発明 ・1954 洞爺丸台風 ・1956 佐久間ダム完成 1957 ソ連が世界初の人工衛星スプートニク 1 号の打上げに成功, 宇宙観測時代到来 ・1957 名神自動車道開通(〜65) 中央自動車道開通(〜82) 1958 アメリカがエクスプローラ 1 号の打上げに成功 ・1958 狩野川台風

測量史年表 537

	海　外	日　本	備　考
1951 ｜ 1960		飛行機「くにかぜ」を導入	・1959　伊勢湾台風 　　　　東海道新幹線整備開始 　1960　メイマン(米)が世界初の 　　　　レーザー発振に成功
1961 ｜ 1970	1961　アメリカがNNSS(米国海軍衛星航行システム)の開発開始 1960年代　米国・カナダを中心にGISの開発が始まる 1967　アメリカ-カナダ間でVLBI(超長基線電波干渉計)の実験に成功 He-Neレーザー使用の光波測距儀が開発される.遠距離(50-60 km)の光波測距を可能にした アメリカがNNSSを民間に公開 1969　アメリカのアポロ9号がマルチバンドカメラによる地球撮影に成功 Ga-As発光ダイオード使用の軽量・小型光波測距儀が開発される	1963　国土地理院が1/25 000土地条件図の作成を開始 1964　第二次基本測量長期計画.空中写真測量による全国の1/25 000地形図作成を開始 1965　国の基本図の縮尺を1/50 000から1/25 000に変更 1967　一等三角測量の改測完了(1947～) 1969　地震予知連絡会設置 宇宙開発事業団設立 1970　建設省が都市情報システム(UIS)プロジェクトを開始	・1961　国民所得倍増計画 ・1962　全国総合開発計画 ・1963　黒部ダム完成,青函トンネル着工 ・1964　東京オリンピック開催 東海道新幹線開業 　1965　ベトナム戦争勃発 アメリカがマリーナ・ロケットにより火星の写真撮影に成功 ・1966　八郎潟干拓事業が完成 ・1968　GNPが自由主義国で第2位に 　1969　アメリカのアポロ11号が月面着陸 アメリカで国家環境政策法(NEPA)制定.環境アセスメントに関する初の法制化 アメリカでインターネットの原型であるARPA netの実験始まる ・1969　新全国総合開発計画 東名自動車道開通 ・1970　日本万国博覧会開催 国産初の人工衛星「おおすみ」打上げ
1971 ｜ 1980	1972　アメリカが地球観測衛星ランドサット(LANDSAT)1号を打上げ ツァイス社が電子式タキオメーターを開発.トータルステーションの原型ができあがる 1973　アメリカ国防総省がGPSの開発を開始 1975　欧州宇宙機関(ESA)設立 1976　ツァイス社が世界初の実用解析図化機プラニコンプC-100を開発 1978　アメリカが気象観測衛星NOAAの打上げを開始(米).衛星を利用した地球観測モニタリングが始まる	1973　国土庁が全国カラー空中写真の撮影開始 1974　国土地理院が三辺測量を主体とする精密測地網測量を開始 国土地理院が大都市部を対象に1/10 000地形図作成に着手 国土地理院が1/25 000土地利用図の作成を開始 国土地理院が国土数値情報の整備を開始 1977　日本初の気象衛星「ひまわり(GMS)」を打上げ 建設省公共測量作業規程が制定される	・1971　東北新幹線開業(～1985) 　1972　ユネスコ総会で,いわゆる世界遺産条約が採択される ・1972　日本列島改造論 札幌冬季オリンピック開催 ・1973　第一次石油ショック ・1975　山陽新幹線開業 ・1977　第三次全国総合開発計画 ・1978　新東京国際空港開業 　1979　世界気象機関(WMO)の第1回世界気象会議で「地球温暖化」が初めて指摘される ・1980　アメリカがボイジャー1号により土星接近探査に成功

	海　外	日　本	備　考
1971 ｜ 1980	1979　国際測地学会および地球物理学会連合が国際標準楕円体として測地基準系1980(GRS80)を採用		
1981 ｜ 1990	1984　アメリカがスペースシャトルに搭載した大画面カメラにより縮尺1/80万の空中写真を撮影 1986　フランスが地球観測衛星スポット(SPOT)1号を打上げ	1981　国土地理院がVLBIを導入 1983　国土地理院が1/10 000地形図の作成を開始 1/25 000地形図の全国整備が完成する 1984頃　トータルステーションの普及が始まる 1986　国土地理院が基本図数値情報の整備を開始 1987　測地実験衛星「あじさい」を打上げ 海洋観測衛星「もも1号(MOS-1)」を打上げ．地球観測を目的とする国産初の人工衛星 国土地理院がGPS受信機を導入 1988　国土地理院がトータルステーションという用語を正式使用 京都で第16回ISPRS世界大会を開催 1990　国土地理院がキネマティックGPSの実験を開始	1981　アメリカが初のスペースシャトル(有人宇宙連絡船)打上げに成功 ・1981　神戸ポートアイランド完成 ・1983　日本海中部地震 1985　プラザ合意 ・1985　青函トンネル貫通，開業(1988) 1986　アメリカのスペースシャトル・チャレンジャー号が爆発事故 チェルノブイリ原発事故 ・1986　H-Iロケットの試験飛行に成功 ・1987　第四次全国総合開発計画 本四連絡橋(尾道-今治ルート)完成 1989　東西冷戦終結，東西ドイツ統一(1990) 天安門事件 ・1989　土地基本法制定 1990　アメリカでインターネットの商業利用始まる
1991 ｜ 2000	1993　アメリカ連邦議会が軍事衛星技術の民間転用を決議．高分解リモートセンシングへの道が開かれる アメリカがGPS衛星の初期配備完了．GPSの民間利用を正式宣言 アメリカが情報スーパーハイウェー構想を提唱 1994　ISO(国際標準化機構)がGIS技術の標準化の検討を開始 アメリカが国家空間データ基盤構想を提唱 1997　Earth Watch社(米)が商業用地球観測衛星Early Birdの打上げに失敗． 1999　Space Imaging社が世	1991　GPSを利用した初めての公共測量が実施される 1992　建設省が地球環境問題に対処するため，全地球規模で統一様式の地理情報を整備する「地球地図構想」を提唱 資源探査衛星「ふよう1号(JERS1)」を打上げ 1994　国土地理院が全国GPS連続観測網の初期配置を完了．GPSを用いた精密測地網測量を開始 1995　GIS関係省庁連絡会議が発足 国土地理院が空間データ基盤整備事業に着手 1996　地球観測衛星みどり(ADEOS)を打上げ．1997に	1991　ソビエト連邦消滅 中東湾岸戦争勃発 1992　国連環境開発会議(UN-CED)がリオデジャネイロで開催される．いわゆる地球サミット．「環境と開発に関するリオ宣言」が採択される 1993　ウルグアイーラウンド最終妥結 ・1993　環境基本法制定 1994　ユーロトンネル開通 ・1994　関西新国際空港開業 ・1995　阪神・淡路大震災 1997　香港，中国に返還 ・1997　東京湾横断道路開通 1998　ユーゴ・コソボ紛争勃発 ・1998　長野冬季オリンピック開催

	海　外	日　本	備　考
1991 ｜ 2000	界初の高分解能商業衛星INOKOSの打上げに成功．地上分解能1mの地球観測が可能になる	太陽電池の故障で機能停止 公共測量作業規程の改正に際し，基準点測量の基本方式から三角測量が除かれる **1998**　国土地理院が日本測地系の測地基準系1980 (GRS80)への変更を発表(2001より実施予定) **2000**　国土地理院がRTK-GPSを利用する公共測量作業マニュアルを作成	21世紀の国土のグランドデザイン(第五次全国総合開発計画) **1999**　トルコ大地震 台湾大地震 ・**1999**　運輸多目的衛星を搭載したH-Ⅱロケット8号機の打上げに失敗 ・**1999**　東海村で国内初の臨界事故 **2000**　史上初の南北朝鮮首脳会談

付表-1 確率積分 $I=\dfrac{1}{\sqrt{2\pi}}\displaystyle\int_0^t e^{-t^2/2}\,dt$ の数値表

t	0.00	0.01	0.02	0.03	0.04	0.05	0.06	0.07	0.08	0.09
0.0	0.00000	0.00399	0.00798	0.01197	0.01595	0.01994	0.02392	0.02790	0.03188	0.03586
0.1	0.03983	0.04380	0.04776	0.05172	0.05567	0.05962	0.06356	0.06749	0.07142	0.07535
0.2	0.07926	0.08317	0.08706	0.09095	0.09483	0.09871	0.10257	0.10642	0.11026	0.11409
0.3	0.11791	0.12172	0.12552	0.12930	0.13307	0.13683	0.14058	0.14431	0.14803	0.15173
0.4	0.15542	0.15910	0.16276	0.16640	0.17003	0.17364	0.17724	0.18082	0.18439	0.18793
0.5	0.19146	0.19497	0.19847	0.20194	0.20540	0.20884	0.21226	0.21566	0.21904	0.22240
0.6	0.22575	0.22907	0.23237	0.23565	0.23891	0.24215	0.24537	0.24857	0.25175	0.25490
0.7	0.25804	0.26115	0.26424	0.26730	0.27035	0.27337	0.27637	0.27935	0.28230	0.28524
0.8	0.28814	0.29103	0.29389	0.29673	0.29955	0.30234	0.30511	0.30785	0.31057	0.31327
0.9	0.31594	0.31859	0.32121	0.32381	0.32639	0.32894	0.33147	0.33398	0.33646	0.33891
1.0	0.34134	0.34375	0.34614	0.34850	0.35083	0.35314	0.35543	0.35769	0.35993	0.36214
1.1	0.36433	0.36650	0.36864	0.37076	0.37286	0.37493	0.37698	0.37900	0.38100	0.38298
1.2	0.38493	0.38686	0.38877	0.39065	0.39251	0.39435	0.39617	0.39796	0.39973	0.40147
1.3	0.40320	0.40490	0.40658	0.40824	0.40988	0.41149	0.41309	0.41466	0.41621	0.41774
1.4	0.41924	0.42073	0.42220	0.42364	0.42507	0.42647	0.42785	0.42922	0.43056	0.43189
1.5	0.43319	0.43448	0.43574	0.43699	0.43822	0.43943	0.44062	0.44179	0.44295	0.44403
1.6	0.44520	0.44630	0.44738	0.44845	0.44950	0.45053	0.45154	0.45254	0.45352	0.45449
1.7	0.45543	0.45637	0.45728	0.45818	0.45907	0.45994	0.46080	0.46164	0.46246	0.46327
1.8	0.46407	0.46485	0.46562	0.46638	0.46712	0.46784	0.46856	0.46926	0.46995	0.47062
1.9	0.47128	0.47193	0.47257	0.47320	0.47381	0.47441	0.47500	0.47558	0.47615	0.47670
2.0	0.47725	0.47778	0.47831	0.47882	0.47932	0.47982	0.48030	0.48077	0.48124	0.48169
2.1	0.48214	0.48257	0.48300	0.48341	0.48382	0.48422	0.48461	0.48500	0.48537	0.48574
2.2	0.48610	0.48645	0.48679	0.48713	0.48745	0.48778	0.48809	0.48840	0.48870	0.48899
2.3	0.48928	0.48956	0.48983	0.49010	0.49036	0.49061	0.49086	0.49111	0.49134	0.49158
2.4	0.49180	0.49202	0.49224	0.49245	0.49266	0.49286	0.49305	0.49324	0.49343	0.49361
2.5	0.49379	0.49396	0.49413	0.49430	0.49446	0.49461	0.49477	0.49492	0.49506	0.49520
2.6	0.49534	0.49547	0.49560	0.49573	0.49585	0.49598	0.49609	0.49621	0.49632	0.49643
2.7	0.49653	0.49664	0.49674	0.49683	0.49693	0.49702	0.49711	0.49720	0.49728	0.49736
2.8	0.49744	0.49752	0.49760	0.49767	0.49774	0.49781	0.49788	0.49795	0.49801	0.49807
2.9	0.49813	0.49819	0.49825	0.49831	0.49836	0.49841	0.49846	0.49851	0.49856	0.49861
3.0	0.49865	0.49869	0.49874	0.49878	0.49382	0.49886	0.49889	0.49893	0.49896	0.49900
3.1	0.49903	0.49906	0.49910	0.49913	0.49916	0.49918	0.49921	0.49924	0.49926	0.49929
3.2	0.49931	0.49934	0.49936	0.49938	0.49940	0.49942	0.49944	0.49946	0.49948	0.49950
3.3	0.49952	0.49953	0.49955	0.49957	0.49958	0.49960	0.49961	0.49962	0.49964	0.49965
3.4	0.49966	0.49968	0.49969	0.49970	0.49971	0.49972	0.49973	0.49974	0.49975	0.49976
3.5	0.49977	0.49978	0.49978	0.49979	0.49980	0.49981	0.49981	0.49982	0.49983	0.49983
3.6	0.49984	0.49985	0.49985	0.49986	0.49986	0.49987	0.49987	0.49988	0.49988	0.49989
3.7	0.49989	0.49990	0.49990	0.49990	0.49991	0.49991	0.49992	0.49992	0.49992	0.49992
3.8	0.49993	0.49993	0.49993	0.49994	0.49994	0.49994	0.49994	0.49995	0.49995	0.49995
3.9	0.49995	0.49995	0.49996	0.49996	0.49996	0.49996	0.49996	0.49996	0.49997	0.49997
4.0	0.49997	0.49997	0.49997	0.49997	0.49997	0.49997	0.49998	0.49998	0.49998	0.49998

付表-2 t 分布表

ϕ \ α	0.500	0.250	0.100	0.050	0.025	0.020	0.010	0.005
1	1.00000	2.41421	6.31375	12.70620	25.45170	31.82052	63.65674	127.3213
2	0.81650	1.60357	2.91999	4.30265	6.20535	6.96456	9.92484	14.08905
3	0.76489	1.42263	2.35336	3.18245	4.17653	4.54070	5.84091	7.45332
4	0.74070	1.34440	2.13185	2.77645	3.49541	3.74695	4.60409	5.59757
5	0.72669	1.30095	2.01505	2.57058	3.16338	3.36493	4.03214	4.77334
6	0.71756	1.27335	1.94318	2.44691	2.96869	3.14267	3.70743	4.31683
7	0.71114	1.25428	1.89458	2.36462	2.84124	2.99795	3.49948	4.02934
8	0.70639	1.24032	1.85955	2.30600	2.75152	2.89646	3.35539	3.83252
9	0.70272	1.22966	1.83311	2.26216	2.68501	2.82144	3.24984	3.68966
10	0.69981	1.22126	1.81246	2.22814	2.63377	2.76377	3.16927	3.58141
11	0.69745	1.21446	1.79588	2.20099	2.59309	2.71808	3.10581	3.49661
12	0.69548	1.20885	1.78229	2.17881	2.56003	2.68100	3.05454	3.42844
13	0.69383	1.20415	1.77093	2.16037	2.53264	2.65031	3.01228	3.37247
14	0.69242	1.20014	1.76131	2.14479	2.50957	2.62449	2.97684	3.32570
15	0.69120	1.19669	1.75305	2.13145	2.48988	2.60248	2.94671	3.28604
16	0.69013	1.19369	1.74588	2.11991	2.47288	2.58349	2.92078	3.25199
17	0.68920	1.19105	1.73961	2.10982	2.45805	2.56693	2.89823	3.22245
18	0.68836	1.18871	1.73406	2.10092	2.44501	2.55238	2.87844	3.19657
19	0.68762	1.18663	1.72913	2.09302	2.43344	2.53948	2.86093	3.17372
20	0.68695	1.18476	1.72472	2.08596	2.42312	2.52798	2.84534	3.15340
21	0.68635	1.18308	1.72074	2.07961	2.41384	2.51765	2.83136	3.13521
22	0.68581	1.18155	1.71714	2.07387	2.40547	2.50832	2.81876	3.11882
23	0.68531	1.18016	1.71387	2.06866	2.39788	2.49987	2.80734	3.10400
24	0.68485	1.17888	1.71088	2.06390	2.39095	2.49216	2.79694	3.09051
25	0.68443	1.17772	1.70814	2.05954	2.38461	2.48511	2.78744	3.07820
26	0.68404	1.17664	1.70562	2.05553	2.37879	2.47863	2.77871	3.06691
27	0.68368	1.17564	1.70329	2.05183	2.37342	2.47266	2.77068	3.05652
28	0.68335	1.17472	1.70113	2.04841	2.36845	2.46714	2.76326	3.04693
29	0.68304	1.17386	1.69913	2.04523	2.36385	2.46202	2.75639	3.03805
30	0.68276	1.17306	1.69726	2.04227	2.35956	2.45726	2.75000	3.02980
31	0.68249	1.17232	1.69552	2.03951	2.35557	2.45282	2.74404	3.02212
32	0.68223	1.17162	1.69389	2.03693	2.35184	2.44868	2.73848	3.01495
33	0.68200	1.17096	1.69236	2.03452	2.34834	2.44479	2.73328	3.00824
34	0.68177	1.17035	1.69092	2.03224	2.34506	2.44115	2.72839	3.00195
35	0.68156	1.16976	1.68957	2.03011	2.34197	2.43772	2.72381	2.99605
36	0.68137	1.16922	1.68830	2.02809	2.33906	2.43449	2.71948	2.99049
37	0.68118	1.16870	1.68709	2.02619	2.33632	2.43145	2.71541	2.98524
38	0.68100	1.16821	1.68595	2.02439	2.33372	2.42857	2.71156	2.98029
39	0.68083	1.16774	1.68488	2.02269	2.33126	2.42584	2.70791	2.97561
40	0.68067	1.16730	1.68385	2.02108	2.32894	2.42326	2.70446	2.97117
50	0.67943	1.16387	1.67590	2.00856	2.31091	2.40327	2.67779	2.93696
60	0.67860	1.16160	1.67065	2.00030	2.29905	2.39012	2.66028	2.91455
70	0.67801	1.15998	1.66691	1.99444	2.29064	2.38081	2.64790	2.89873
80	0.67757	1.15876	1.66412	1.99006	2.28437	2.37387	2.63869	2.88697
90	0.67723	1.15782	1.66196	1.98668	2.27952	2.36850	2.63156	2.87788
100	0.67695	1.15707	1.66023	1.98397	2.27565	2.36422	2.62589	2.87065
500	0.67498	1.15169	1.66791	1.96472	2.24817	2.33383	2.58570	2.81955
∞	0.67449	1.15035	1.66485	1.95996	2.24140	2.32635	2.57583	2.80703

索　引

ADEOS	396	MOS-1	395
AP	20, 152	MSS	393
AVHRR	396	NASA	389
AVNIR	396	NOAA	396
C/A コード	262	OCTS	396
CAD	506, 520	OP	152
CCD カメラ	367, 391	OPS	395
CG	506	Orb View	398
DGPS	268	OTF 法	276
DIME モデル	503	POLYVRT モデル	504
DTM	364	P コード	262
EDM	141	Quick Bird	397
EODM	141	RGB 合成	403
GDOP	266	RTK 方式	276
GIS	5, 22, 493	SAR	392
GIS の標準化	526	SLAR	392
GMS	398	SPOT	394
GPS	22, 259	TIN モデル	364
GPS/水準法	285	TM	393
GPS 衛星	261	t 分布	76
GPS 測地系	277	UTM 座標系	27
GPS 測量	3, 494	WGS-84	277
GRS80	25	Y コード	262
H-II ロケット	396	Y レベル	161
HRV	394		
HSI-RGB 変換モデル	406	**あ 行**	
HSI 合成	405		
IFOV	390	あ　アーク (GIS)	500
IKONOS	397	安積疎小	20
INS	526	字限図	486
IP 点	418	アフィン変換	402, 517
ISO	526	油壺験潮場	33
JERS-1	395	アメリカ海洋大気庁	396
Jordan の閉曲線定理	507	アメリカ航空宇宙局	389
LANDSAT	392	アメリカ統計局	503
LFC	389	アリストテレス	5
MESSR	395	アリダード	293
		アンチスプーフ	262

544 索　引

アンテナ・スワッピング …………… 274
　い　移器点 ………………… 153
緯距 …………………………………… 198
イコノス ……………………………… 397
異精度の測定 ………………………… 40
位相モデル …………………………… 503
一次基準点測量 ……………………… 34
一級図化機 …………………………… 342
1対回の観測 ………………………… 116
一等三角測量 ………………………… 184
一等三角点 …………………………… 34
一等水準測量 ………………………… 154
一等水準点 …………………………… 36
一等多角測量 ………………………… 35
一筆 …………………………………… 480
一筆地測量 …………………………… 481
一筆地調査 …………………………… 480
伊能図 ………………………………… 18
伊能忠敬 ……………………………… 17
色収差（望遠鏡の） ………………… 104
色の三原色 …………………………… 403
色の三属性 …………………………… 405
陰影法 ………………………………… 297
インターネットGIS ………………… 525
インド大抵潮面 ……………………… 466
インバール尺 ………………………… 134
　う　ヴァーニヤ ……………… 109
ウィルド社 …………………………… 343
浮子 …………………………………… 460
宇宙開発事業団 ……………………… 398
　え　エアリー楕円体 ………… 24
永久標識 ……………………………… 36
衛星測位システム …………………… 22
衛星リモートセンシング ………… 22, 4
エコーサウンダー ………………… 458, 468
エラトステネス ……………………… 5
エリアセンサー ……………………… 391
沿岸海域測量 ………………………… 465
遠近感 ………………………………… 319
円形水準器 ……………………… 112, 163

エンコーダ …………………………… 361
円座法 ………………………………… 472
鉛直角 ………………………………… 99
鉛直軸（望遠鏡の） ………………… 108
鉛直軸誤差 …………………………… 159
鉛直写真 ……………………………… 323
鉛直線算法 …………………………… 507
鉛直線偏奇 …………………………… 24
鉛直線偏差 …………………………… 284
　お　オイラー角 ……………… 332
横断測量（河川測量） ……………… 457
応用測量 ……………………………… 4
オーバーレイ（GIS） ……………… 509
遠近道印 ……………………………… 15
オプティカルマイクロメーター ……… 110, 161
重み係数 ……………………………… 52
オルソフォト ………………………… 358
オルソフォトマップ ………………… 358
音響測深機 ………………………… 458, 468
音波探査 ……………………………… 474

か　行

　か　カールツァイス社 ……… 343
海岸図 ………………………………… 467
回帰周期 ……………………………… 393
海上保安庁水路部 …………………… 467
海図 …………………………………… 466
海図の基準面 ………………………… 466
解析機関 ……………………………… 10
解析空中三角測量 …………………… 354
解析写真測量 …………………… 12, 360
解析図化機 ………………… 12, 341, 361
回折格子 ……………………………… 390
階層的クラスタリング ……………… 410
解像度 ………………………………… 389
海底地形図 …………………………… 467
海底ボーリング ……………………… 474
回転行列 ……………………………… 287
回転楕円体 …………………………… 24
外部標定要素 ………………………… 355

ガウス	10
ガウス・クリューゲル投影法	30
角観測法	121
較差	120
確定測量	483
角の観測方程式	212
角の閉合差	194
角方程式	241
確率誤差	49
確率密度関数	42
過誤	40
過高感	322
河口深浅測量	456
重なり問題	509
可視光	384
カスパル	15
河川基本図	456
河川測量	4, 455
画素	390
片勾配	417
カッシニ，セザール	8
カッシニ図	8
合焦方式（望遠鏡の）	106
仮定三次元網平均計算	283
加法混色	403
カメラ	390
カメロン効果	374
ガラス繊維巻尺	130
簡易調整法	194
ガンギレ・クッターの公式	462
間曲線	299
管形水準器	112
干渉測位	269
慣性航法システム	526
間接距離測量	129
間接水準測量	151
間接測定	40
観測差	120
観測方程式	65
観測方程式（GPS 測量）	282
観測方程式の重み	214
観測方程式法	94
カント	417
関東大震災	33
管路測量	4
緩和曲線	426
き 機械的投影法	342
幾何学的最適化問題	511
幾何学的探索問題	509
幾何情報	495
幾何補正	401, 516
器高式（水準測量）	156
擬似キネマティック方式	275
擬似距離	263
擬似雑音コード	262
基準点測量	2, 183
基準点測量の等級	183
気象衛星	398
基線	19, 185, 239
基線解析	281
基線ベクトル	269
軌道衛星	392
キネマティック測位	274
気泡管水準器	112
気泡管レベル	160
基本図数値情報	365
基本測量	21
球面収差（望遠鏡の）	104
境界杭	480
仰角	99
行基図	13
教師付き分類	407
教師無し分類	407
共線条件	334
局地直交座標	288
曲率半径	427
距離の観測方程式	211
距離標	457
近赤外線	388
近接写真測量	369

く	空間データ基盤 …… 514	光学機械的投影法 …… 342
偶然誤差 …… 40		光学的投影法 …… 341
空中三角測量 …… 353		公共測量 …… 21
空中写真 …… 316		公共測量地図 …… 296
空中写真測量 …… 4, 12, 315		航空機リモートセンシング …… 384
クォドトゥリーモデル …… 498		航空写真 …… 316
クラーク楕円体 …… 24		航空写真測量 …… 4, 12, 315
グラード …… 100		後視 …… 153
クラスター分析 …… 410		格子状システム（三角測量）…… 237
グランドトルース …… 407		公図 …… 486
グリッドデータ …… 496		合成開口レーダー …… 392
グリニッジ天文台 …… 19		合成レンズ接眼鏡 …… 105
グルーバー …… 11		航測数値法 …… 482
グルーバー法 …… 348		航測法 …… 482
クロススタッフ …… 7		高低差測量 …… 151
クロソイド曲線 …… 427		高低測量 …… 151
クロソイドパラメータ …… 428		高低測量（河川測量）…… 456
クロソイド表 …… 433		交点（多角網の）…… 189
クロフォード …… 20		高度角 …… 99
軍事偵察衛星 …… 396		坑内測量 …… 450
くんせん法 …… 297		港泊図 …… 467
くんのう法 …… 298		光波測距儀 …… 12, 141
け 経緯度原点 …… 19, 26		高分解能商業衛星 …… 396
経距 …… 198		後方交会法 …… 294
計曲線 …… 299		航法メッセージ …… 262
計算幾何学 …… 505		鋼巻尺 …… 131
計算の複雑度 …… 507		コース調整 …… 354
系統誤差 …… 40		コーストゥファイン法 …… 368
結合多角方式（多角測量）…… 188		国際地学および地球物理学連合 …… 24
結合トラバース …… 188		国際標準楕円体 …… 24, 25
ケネディ宇宙センター …… 398		国土基本図 …… 296
ケバ式 …… 8		国土調査事業十箇年計画 …… 479
ケバ法 …… 297		国土調査法 …… 21, 479
検基線 …… 239		国土調査法第19条5項 …… 483
原子午線 …… 30		国土地理院 …… 18
減法混色 …… 403		誤差曲線 …… 42
厳密調整法 …… 194, 211		誤差調整 …… 41
こ 坑外基準点測量 …… 447		誤差伝播の法則 …… 50
航海図 …… 467		誤差の三公理 …… 42
交会点 …… 418		誤差の法則 …… 41

誤差理論	11, 39	三角網	185
固体センサー	391	残差	41, 59
国家基準点	34, 183	残差方程式	65
コッペ	11	3次元 GIS	526
固定資産課税台帳	486	三次元網平均計算 (GPS 測量)	281
固定資産税務	486	三次放物線	429
弧度法	100	三重位相差	273
コファクター	52	三次らせん	428
コンパス法則	201	サンスポット	400
コンパレーター	328	3点法	295
コンペンセーター	165	三等三角測量	184
		三等水準測量	154

さ 行

さ　最確値	41, 59	三辺測量	3, 187, 221
最急勾配線	310	参謀本部陸地測量部	18
最近隣法	403	散乱光	400
サイクルスリップ	277	し　シーボルト	18
再現の原理	346	シェーディング	400
最高水位	465	シェジーの公式	461
最小二乗法	11, 59	ジオ・コーディング	528
サイスミックプロファイラー	475	ジオイド	23
細線化処理	512	ジオイド傾斜	284
最大流問題	511	ジオイド高	280
最多水位	465	ジオイド比高	284
最短経路問題	511	ジオイドモデル	285
彩度	405	紫外線	384
サイドルッキングソナー	475	自記水位計	464
再配列	403	色相	405
細部測量	4, 291	子午線収差	31, 126
細密数値情報	515	視差	320
最尤法	59, 408	視差差	320
撮影基線長	324	視差測定桿	325
座標の閉合差	194	視準線誤差	158
サブテンスバー	140	システム補正	401
座北	32	実開口レーダー	392
三角鎖システム	237	実体鏡	321
三角水準測量	169	実体図化機	341
三角測量	2, 184, 225, 236	実体モデル	346
三角点	34, 185, 239	自動レベル	160, 165
三角点の成果表	36	磁北	32
		シャインプルークの条件	358

射影幾何学	346
射影変換	402, 517
視野角	390
写真	316
写真経緯儀	371
写真座標	326
写真指標	323
写真図	356
写真測量	11, 315
写真の縮尺	329
写真の正射変換	358
写真の標定	334, 346
写真判読	315, 376
重回帰分析	76
19条5項指定	483
十字桿	7
十字線(望遠鏡の)	105
重相関係数	77
縦断線形(路線の)	419
自由度	48
シュードカラー変換	405
17条地図	486
周辺減光	400
主曲線	298
主題図	493
主点(写真の)	323
受動方式(リモートセンシング)	383
主要点(路線測量)	431
瞬間視野角	390
準拠楕円体	25, 277
商業衛星	396
条件のある測定	39
条件のない測定	39
条件方程式	81
条件方程式法	94
昇降式(水準測量)	156
焦点距離(レンズの)	102
情報インフラ	513
助曲線	299
所有権地籍	491
人工衛星	392
深浅測量(沿岸海域測量)	468
深浅測量(河川測量)	458
真北	32
信頼区間	75
信頼係数	75
す 水位-流量曲線	463
水位観測	464
水位の分類	465
水位標	464
水準器	112
水準儀	160
水準原点	19, 26, 34, 152
水準測量	151
水準点	34, 152
水準網	172
水準路線測量	151
水平角	99
水平軸(望遠鏡の)	108
数値地図	513
数値法(地籍測量)	481
図解法(地籍測量)	481
図化機	341
スキャナー	512
スキャンラインノイズ	400
スキャンラインモデル	364, 498
スクライビングシート	356
スクリュー型流速計	459
図形調整	242
図形の位相関係	496
図形の強さ	190, 244
スケールパラメータ	287
図根測量	481
図根点	291
図式記号	301
スタジアコンピューター	136
スタジア線	134
スタジア測量	134
スタティック測位	273
ステレオコンパレーター	328

索　引　549

ステレオ写真 …………………… 320
ステレオマッチング …………… 368
ストップ・アンド・ゴー方式 … 274
ストリング (GIS) ………………… 500
ストリング-座標モデル ………… 500
スネル ……………………………… 7
スパゲッティモデル ……………… 500
スペースシャトル ……………… 389
スペクトル特性 ………………… 387
スポット ………………………… 394
スライバー問題 ………………… 501
スラブ分割法 …………………… 508
スリップ調整 …………………… 354
スリバー問題 …………………… 501

せ　正規曲線 …………………… 43
正規分布 ………………………… 46
静止衛星 ………………………… 398
正射写真図 ……………………… 358
正射投影 ………………………… 319
整準装置 ………………………… 112
整飾 ……………………………… 307
整数値バイアス ………………… 270
正像用接眼鏡 …………………… 105
静的干渉測位 …………………… 273
精度指数 ………………………… 45
正保古国絵図 …………………… 14
精密測地網測量 ………………… 34
精密暦 (GPSの) ………………… 263
セオドライト …………………… 101
赤外カラー合成 ………………… 404
赤外カラー写真 ………………… 317
赤外線 …………………………… 384
赤外線写真 ……………………… 317
堰法 ……………………………… 462
接眼鏡 (望遠鏡の) ……………… 104
接線交点 ………………………… 418
接続標定 ………………………… 353
絶対標定 …………………… 338, 351
節点 (多角網の) ………………… 189
船位測量 ………………………… 471

線形判別分析法 ………………… 410
センサー ………………………… 389
前視 ……………………………… 153
線分交差探索問題 ……………… 509
前方交会法 ……………………… 294

そ　相関係数 …………………… 77
相関法 (ステレオマッチング) … 368
相互標定 ………………………… 346
測位 ……………………………… 1
属性情報 ………………………… 495
測地学 …………………………… 1
測地学座標 ……………………… 26
測地基準系 1980 ………………… 25
測地系 …………………………… 277
測地的測量 ……………………… 1
測定の重み ……………………… 54
測点調整 ………………………… 241
測標 ……………………………… 328
測標水準測量 …………………… 155
側方交会法 ……………………… 295
測量 ……………………………… 1
測量士 …………………………… 21
測量法 …………………………… 21
測距・測角混合型の測量 ……… 186
測距・測角混合型の調整計算 … 221
測距・測角を組み合わせた座標調整 … 229
測距・測角を組み合わせた図形調整 … 233
ソナーブーマ …………………… 475
ソノプローブ …………………… 474

た　行

た　大画面カメラ ……………… 389
大気補正 ………………………… 400
対空標識 ………………………… 338
ダイクロイックミラー ………… 390
太閤検地 …………………… 14, 478
大日本沿海実測録 ……………… 18
対物鏡 (望遠鏡の) ……………… 104
タイポイント …………………… 355
楕円体高 ………………………… 280

多角測量	3, 186, 188
多角点	34
多角網	188
高さの基準	152
高橋至時	17
タキオメーター	146
タキオメトリー	146
多項式法	355
多項変換	402, 517
多重解（GPSの）	271
多角測量の簡易調整法	194
田辺朔郎	20
種子島宇宙センター	395
多変量正規分布	409
玉川庄右衛門，清右衛門	15
玉川上水	15
多目的地籍	491
単位重みの分散	54
単位クロソイド	433
単円錐図法	6
段彩法	298
タンジェント補正	401
短縮スタティック測位	276
単純位相差	269
単純閉合トラバース	189
単測法	116
単独測位	263
断面図	310
断面測量	152, 292
断面測量（トンネル測量）	451
単列三角鎖	251
単路線方式（多角測量）	188
ち チェイン（GIS）	500
地押調査図	486
地球儀	7
地球球体説	5
地球楕円体	24
地形図	295
地形図図式	300
地形図データベース	513
地形図の図化	341
地形測量	4, 291
地形点測量	292
地形の表現	297
地上基準点	402
地上写真測量	369
地上分解能	389
地上法（地籍測量）	481
地図混乱地域	489
地図情報レベル	367
地性線	299
地性線モデル	364
地籍細部測量	481
地籍情報管理システム	519
地籍図	483
地籍図根測量	481
地積測定	482
地籍測量	4, 481
地籍調査	478
地籍薄	483
地租改正事業	478
地番	480
地目	480
中間点（路線測量）	442
中心杭の設置（路線測量）	443
中心線測量	443
中心投影	318
中等海面	33
中等曲率半径	26
中等誤差	49
直接距離測量	129
直接水準測量	153
直接測定	39
貯水容量	311
地理情報システム	5, 22, 493
地理情報モデル	495
て ディオプトリ	103
定誤差	40
ディジタイザー	512
ディジタルテレインモデル	363

ディジタルフォトグラメトリィ	361, 367
ディジタルマッピング	360, 494
汀線測量	474
ディファレンシャル測位	268
ティルティングレベル	162
データ圧縮	497
データモデル	495
テーラー展開	51
デレーケ	20
点位置決定問題	507
点高法	298
電子基準点	261
電子式セオドライト	12, 111, 146
電子式タキオメーター	146
電磁波	316, 384
電磁波測距儀	141
電子レベル	167
天然色カラー写真	317
電波測距儀	141
電波の窓	386
電離層	384
と 等角投影法	30
登記地籍	491
登記薄	485
東京実測全図	18
東京湾平均海面	33, 152
等高線	9, 298
等高線法	298
等勾配線	310
踏査	291
透視図	297
等精度の測定	40
道線法	17, 294
トゥルーカラー合成	404
道路管理システム	519
道路台帳図	514
トータルステーション	12, 146, 494
宅地利用動向調査データ	515
独立モデル法	355
都市計画基礎調査	523
都市計画決定情報縦覧システム	522
都市計画策定支援システム	523
都市計画情報管理システム	523
都市施設管理システム	518
土積曲線図	313
土地改良事業	483
土地区画整理事業	483
土地情報管理システム	519
土地政策審議会	478
土地登記薄	486
土地の特性	477
土地分類調査	479
トランシット	101
トランシット法則	201
度量衡	13
トレーニングデータ	407
ドレッジング	474
トレミー	6
トンネル測量	446

な 行

な 内部標定要素	355
ナチュラルカラー合成	405
斜め写真	323
ナビゲーションシステム	259
ナポレオン	9
縄伸び	486
に 2.5次元GIS	526
肉眼実体視	320
二次基準点測量	34
二重位相差	270
二等三角測量	184
二等水準測量	154
日本経緯度原点	19, 26
日本水準原点	19, 26, 34, 152
日本測地系	277
ニュートン	8
ね ネーピア	9
ネガティブ写真	320
熱赤外線	386

ネットワーク問題 ……………………… 511
熱放射 …………………………………… 386

の ノア ………………………………… 396
能動方式（リモートセンシング）……… 383
ノーマルカラー合成 …………………… 404
ノンプリズム型光波測距儀 …………… 452

は 行

は 倍角差 ………………………………… 120
倍角法 …………………………………… 117
パスポイント …………………………… 346
波長帯（電磁波の）……………………… 388
バッファー（GIS）……………………… 510
パノラマひずみ ………………………… 401
バベッジ ………………………………… 10
バルク補正 ……………………………… 402
パンクロマティック写真 ……………… 317
反射実体鏡 ……………………………… 321
阪神・淡路大震災 ……………………… 514
斑田収受 …………………………… 13, 478
バンド（電磁波の）……………………… 388
バンドパスフィルター ………………… 390
バンドル法 ……………………………… 355
半波長正弦逓減曲線 …………………… 430
反覆法 …………………………………… 117

ひ ピカール …………………………………… 8
非階層的クラスタリング ……………… 410
光の窓 …………………………………… 386
ピクセル …………………………… 390, 496
樋口伝右衛門 …………………………… 15
比高 ……………………………………… 325
筆 ………………………………………… 480
筆界 ……………………………………… 480
ひまわり（人工衛星）…………………… 398
標高 ………………………………… 152, 280
標高点 …………………………………… 300
標識 ……………………………………… 240
標尺 ……………………………………… 168
標準角 …………………………………… 226
標準正規確率密度関数 ………………… 46

標準正規曲線 …………………………… 46
標準偏差 ………………………………… 47
標定 ……………………………………… 346
標定角 …………………………………… 226
標定基準点 ……………………………… 338
標定誤差 ………………………………… 226
標定要素 …………………………… 334, 346
標本分散 ………………………………… 48
琵琶湖疎水 ……………………………… 20

ふ フォールスカラー合成 ………………… 404
フォトセオドライト …………………… 371
俯角 ……………………………………… 99
副スケール ……………………………… 110
福田履軒 ………………………………… 17
プッシュブルームスキャナー ………… 391
不動産登記 ……………………………… 485
不動産登記法第17条 …………………… 485
プトレマイオス ………………………… 6
不偏推定量 ……………………………… 48
不偏分散 …………………………… 48, 63
ふよう1号（人工衛星）………………… 395
プライス型流速計 ……………………… 459
プラットフォーム ……………………… 388
ブリッジング …………………………… 353
プルフリッヒ …………………………… 11
ブロック調整 …………………………… 354
分光特性 ………………………………… 387

へ 平均誤差 ………………………………… 49
平均二乗偏差 …………………………… 49
平均水位 ………………………………… 465
平均高水位 ……………………………… 465
平均流速公式 …………………………… 461
閉合多角方式（多角測量）……………… 189
平行投影 ………………………………… 319
閉合トラバース ………………………… 189
平水位 …………………………………… 465
ベイズの法則 …………………………… 408
平板 ……………………………………… 292
平板測量 …………………………… 4, 292
ヘイフォード楕円体 …………………… 24

平面線形（路線の）	417
平面測量（河川測量）	455
平面直角座標系	27
平面的測量	1
併用法（地籍測量）	482
ベクター型データモデル	499
ベクターモデル	496
ベッセル楕円体	24
ヘルマート変換	517
偏位修正	357
偏位修正機	357
偏回帰係数	77
偏心観測	123
偏心補正	124
ベンチマーク	155
辺方程式	241
ほ　ホイヘンス	8
ボイムソナー	475
方位角	32, 33, 125
望遠鏡	102
方眼北	32
方向角	33
方向角の取り付け	189
方向法	118
放散状システム（三角測量）	237
放射法	294
放射量補正	399
放送歴（GPSの）	263
法定都市計画	522
ポジティブ写真	320
母集団	47
補助基線	239
北極星	125
ほ場整理事業	483
母分散	47
ポリゴン（GIS）	500
ポリゴン-座標モデル	501
ポリゴン-チェイン-ポイントモデル	502
ポリゴン-ポイントモデル	502
ポルトラノ形海図	7

索　引　553

ポロ	11
ポロ・コッペの原理	346
ボロノイ図構成問題	510

ま　行

ま　マイクロ波リモートセンシング	387
マスカーブ	313
マックウェン	18
マニングの公式	461
マハラノビスの汎距離	409
間宮林蔵	18
マルチスペクトルカメラ	390
マルチスペクトルスキャナー	388
マルチビーム方式音響測深機	469
マンセル表色系	405
み　水調査	479
みどり（人工衛星）	396
め　明度	405
明暦江戸測量図	15
明暦の大火	15
メカニカルスキャナー	390
メスマーク	328
メッシュデータ	496
メッシュ標高データ	365
メルカトール	7
メルカトール図法	7
も　モービル・マッピングシステム	526
モザイク写真	356
モデル（写真の）	346
もも1号（人工衛星）	395
モレル	18

や　行

や　安井算哲	16
ゆ　ユークリッド距離最小化分類法	410
尤度関数	60
遊標	109
よ　横メルカトール投影	30
余色実体視	322
四等三角測量	184

ら行，わ行

ら ライカ社 ………………………… 365
ライン (GIS) …………………………… 500
ラグランジュの未定係数法 ……………… 81
羅針盤 …………………………………… 7
ラスター・ベクター変換 ……………… 512
ラスター型データモデル ……………… 497
ラスターモデル ………………………… 495
ラピッド・スタティック方式 ………… 275
ラムスデン形接眼鏡 …………………… 105
ラン・レングス符号化 ………………… 498
ランドサット …………………………… 392
り リアルタイム・キネマティック方式 … 275
リアルタイム GIS ……………………… 527
リサンプリング ………………………… 403
立体座標 ………………………………… 326
リニアアレイ CCD …………………… 391
リニアアレイセンサー ………………… 391
(財)リモート・センシング技術センター … 398
リモートセンシング …………… 317, 383, 494
リモートセンシングデータの分類 …… 407
流域面積 ………………………………… 311
流速計 …………………………………… 459
流量測定 ………………………………… 458
領域探索問題 …………………………… 509
リンドウ ………………………………… 20
林野測量 ………………………………… 4
れ 霊岸島験潮場 ………………………… 33
レーザー測深機 ………………………… 470
レーザーレーダー ……………………… 383
レーザープレーナー …………………… 167
レーザーレベル ………………………… 167
レーダー ………………………………… 391
レーマンの方法 ………………………… 295
レッド …………………………………… 469
レベル …………………………………… 160
レムニスケート曲線 …………………… 429
レリーフディスプレースメント ……… 323
レンズ（望遠鏡の） …………………… 102
連続キネマティック方式 ……………… 275
ろ 六分儀 ………………………………… 472
ロスダー ………………………………… 11
路線計画 ………………………………… 413
路線測量 …………………………… 4, 413
路線の横断勾配 ………………………… 424
路線の幾何形状 ………………………… 417
わ ワッソン ……………………………… 18

著者紹介

中村 英夫(なかむらひでお)
工学博士
武蔵工業大学環境情報学部教授
東京大学名誉教授
世界交通学会会長
元土木学会会長
元日本写真測量学会会長

清水 英範(しみずえいはん)
工学博士
東京大学大学院社会基盤工学専攻教授
日本写真測量学会理事
日本地理情報システム学会理事

測 量 学

定価はカバーに表示してあります

2000年2月10日 1版1刷発行
2017年3月30日 1版8刷発行

ISBN 978-4-7655-1568-9 C3051

著 者　中　村　英　夫
　　　　清　水　英　範

発行者　長　　　滋　彦

発行所　技報堂出版株式会社

〒101-0051 東京都千代田区神田神保町1-2-5
電　話　営　業　(03)(5217)0885
　　　　編　集　(03)(5217)0881
F A X　　　　　(03)(5217)0886
振替口座　00140-4-10
http://gihodobooks.jp/

日本書籍出版協会会員
自然科学書協会会員
工学書協会会員
土木・建築書協会会員

Printed in Japan

ⒸHideo Nakamura and Eihan Shimizu, 2000

落丁・乱丁はお取替えいたします。　　装幀　海保　透　　印刷・製本　愛甲社

本書の無断複写は，著作権法上での例外を除き，禁じられています。

● 小社刊行図書のご案内 ●

土木用語大辞典	土木学会編 B5・1678頁
土木工学ハンドブック（第四版）	土木学会編 B5・3000頁
交通行動の分析とモデリング	北村隆一・森川高行編著 A5・342頁
東京の交通問題	東京大学工学部交通工学研究共同体編 B6・226頁
都市の公共交通 —よりよい都市動脈をつくる	天野光三編 A5・360頁
東京のインフラストラクチャー（第二版）	中村英夫編著 A5・486頁
駅前広場計画指針	建設省都市局都市交通調査室監修 B5・136頁
魅力ある観光地と交通	国際交通安全学会編 B5・174頁
交通は地方再生をもたらすか	国際交通安全学会編 A5・306頁
交通が結ぶ文明と文化	国際交通安全学会編 A5・326頁
環境を考えたクルマ社会	交通と環境を考える会編 B6・210頁
それは足からはじまった	東京大学交通ラボ著 A5・432頁
続 道のバリアフリー	鈴木敏著 A5・206頁
道のはなしⅠ・Ⅱ	武部健一著 B6・各260頁

■技報堂出版　TEL編集03(5217)0881 営業03(5217)0885
FAX03(5217)0886